传感器技术与系统

李 川　李英娜
赵振刚　张长胜　编著

科学出版社

北京

内 容 简 介

传感器集信息的感知、采集、转换、传输和处理等多功能于一身,是实现现代化测量和自动控制的主要环节,本书力图对其从原理、系统和应用等层次展开讨论。

原理篇主要包括:金属传感器(第 2 章)、半导体传感器(第 3 章)、光纤传感器(第 4 章)、生物传感器(第 5 章)、波式与场式传感器(第 6 章)。

系统篇主要包括:测量系统与数据分析(第 7 章)、微机电系统(第 8 章)、纳机电系统(第 9 章)、智能传感器(第 10 章)、传感器网络(第 11 章)。

应用篇主要包括:机械参量(第 12 章)、热工参量(第 13 章)、电磁参量(第 14 章)、化学参量(第 15 章)、物联网中的传感器技术与系统(第 16 章)。

本书可供从事检测、仪器、仪表、自动化、物联网等技术和应用研究的科研人员、工程技术人员以及高等院校师生参考。

图书在版编目(CIP)数据

传感器技术与系统 / 李川等编著. —北京:科学出版社,2016.3
ISBN 978-7-03-047858-0

Ⅰ. ①传… Ⅱ. ①李… Ⅲ. ①传感器 Ⅳ. ①TP212

中国版本图书馆 CIP 数据核字(2016)第 056880 号

责任编辑:余 江 张丽花/责任校对:郭瑞芝
责任印制:徐晓晨/封面设计:迷底书装

科 学 出 版 社 出版
北京东黄城根北街 16 号
邮政编码:100717
http://www.sciencep.com

北京中石油彩色印刷有限责任公司 印刷
科学出版社发行 各地新华书店经销

*

2016 年 3 月第 一 版   开本:787×1092 1/16
2017 年 6 月第三次印刷   印张:29 1/2
字数:699 000
定价:98.00 元
(如有印装质量问题,我社负责调换)

前　言

公元前 5 世纪，Protagoras 在《论真理》中提出人是万物的尺度，把人作为衡量万物的标准。19 世纪，Mendeleyev 指出科学从测量开始；王大珩先生强调仪器仪表是人类认识世界的工具。在 Nobel 物理学奖和化学奖中约 1/4 属测试方法和测量仪器，1901 年，Roentgen 发现 X 射线，可用于电离计、闪烁计数器和感光乳胶片等检测，在医学上常用作透视检查，工业中用来探伤；X 射线衍射法已成为研究晶体结构、形貌和各种缺陷的重要手段；1979 年，Cormark 发明计算机控制的扫描层析诊断法，产生了医用和工业用 CT 仪器，能深入人体和物体内部进行观察；1986 年，Ruska 发明透射电子显微镜，分辨力可达 0.2nm，Binning 和 Rohrer 发明扫描隧道电子显微镜，可观察和定位单个原子；1991 年，Ernst 发明高分辨率核磁共振法，产生了核磁共振波谱仪，可完成分子成像，为分子结构和分子运动的研究创造了条件。2002 年，Fenn 发明了电喷雾电离源，促进了质谱技术在大分子分析领域，特别是生物大分子领域的广泛使用；田中耕一发明基质辅助激光解吸电离法，可分离生物大分子。

测量技术指标是一个国家科学与技术学科水平的量化标志。测量范围方面，电压纳伏至百万伏，电阻超导约 $10^{14}\Omega$，谐波到 51 次，加速度为 $10^{-4}g\sim10^{4}g$，频率测量至 $10^{12}Hz$，压力测量至 $10^{8}Pa$，温度测量接近热力学温度 $0\sim10^{8}K$ 等；测量精度方面，工业参数测量提高至 0.2%以上，航空航天参数测量达 0.05%以上，时间计量精度达 10^{-14}；测量灵敏度向单个粒子、分子、原子级发展；可靠性方面，一般可靠性为 $(2\sim5)\times10^{4}h$，高可靠的为 $2.5\times10^{5}h$；稳定性方面，高精度仪器小于±0.01%，一般仪器小于±0.1%；高温、高湿、高尘、腐蚀、振动、冲击、电磁场、辐射、深水、雨淋、高电压、低气压等条件下的环境适应性。

测量不但是检验科学理论的唯一标准，其重要结果往往指明了理论前进的方向。2013 年，因次原子粒子质量的生成机制理论，促进了人类对这方面的理解，并被 CERN 的大型强子对撞机的超环面仪器及紧凑 μ 子线圈探测器发现的基本粒子证实，Englert 和 Higgs 荣获 2013 年 Nobel 物理学奖。从而使粒子物理学中的标准模型成为一种被广泛接受的框架，可描述强力、弱力及电磁力这三种基本力及组成所有物质的基本粒子，基本粒子通过与遍布于宇宙的 Higgs 场耦合而获得质量。但 2015 年的 Nobel 物理学奖却授予了通过中微子振荡现象证实中微子有质量的梶田隆章和 McDonald，这一结果表明标准模型不能完成关于宇宙基本组成的理论描绘。2016 年 2 月 11 日，美国国家科学基金会与来自加州理工学院、麻省理工学院以及科学合作组织"激光干涉引力波天文台"（LIGO）的科学家共同宣布：LIGO 于 2015 年 9 月 14 日首次探测到引力波，证实了爱因斯坦 100 年前所做的预测，弥补了广义相对论实验验证中最后一块缺失的拼图。引力波携带着能量和信息，能溯源到宇宙大爆炸最初瞬间，检验宇宙大爆炸理论。

目前，计算机和各种智能计算单元的普及、信息互联技术的飞速发展，促进了传感器互联和信息收集，以及信息传感设备与互联网的进一步结合，在互联网+、工业化 4.0 或工业互联网等国家技术创新计划的带动下，传感器技术与系统将迎来前所未有的机遇与挑战。

本书受国家自然科学基金(No.51567013)、昆明理工大学信息检测与处理创新团队和昆明理工大学研究生核心课程建设项目的资助。特别感谢天津大学张以谟老师的谆谆教诲和刘铁根老师的长期支持。在编写的过程中，还得到了昆明理工光智检测科技有限公司、云南航天工程物探检测股份有限公司和云南电网有限责任公司电力科学研究院等单位的支持和帮助，在此一并表示感谢。在长期的教学过程中，还要感谢一直与我教学相长的研究生和本科生，以及参与撰写的李英娜、赵振刚、张长胜等老师。

李 川

2016 年 1 月于昆明理工大学

目　　录

前言
第1章　绪论 1
1.1　引言 1
1.2　信息传感与能量转换 1
1.3　传感材料的传感性能 2
1.4　传感材料的功能转换特性 22
1.5　传感器特性分析 27
1.6　测量 38
1.7　小结 41
参考文献 41

第一篇　原　　理

第2章　金属传感器 46
2.1　引言 46
2.2　电阻式传感器 46
2.3　电感式传感器 49
2.4　电容式传感器 51
2.5　振弦式传感器 51
2.6　热电偶 52
2.7　磁敏式传感器 53
2.8　超导体传感器 57
参考文献 57

第3章　半导体传感器 59
3.1　引言 59
3.2　半导体的基础物性 59
3.3　电阻式半导体传感器 62
3.4　压电式半导体传感器 63
3.5　半导体Hall传感器 64
3.6　光电式半导体传感器 65
3.7　生化敏半导体传感器 73
3.8　陶瓷传感器 77
参考文献 84

第 4 章　光纤传感器 ·· 86
- 4.1　引言 ·· 86
- 4.2　光强调制 ·· 86
- 4.3　波长调制 ·· 90
- 4.4　频率调制 ·· 93
- 4.5　相位调制 ·· 95
- 4.6　光学层析成像 ·· 97
- 4.7　偏振调制 ·· 99
- 4.8　光栅调制 ·· 100
- 4.9　分布式光纤传感器 ··· 103
- 参考文献 ·· 108

第 5 章　生物传感器 ·· 112
- 5.1　引言 ·· 112
- 5.2　生物传感器的基本结构 ·· 112
- 5.3　酶传感器 ·· 118
- 5.4　微生物传感器 ··· 124
- 5.5　基因传感器 ·· 127
- 5.6　免疫传感器 ·· 131
- 5.7　仿生传感器 ·· 136
- 5.8　生物芯片 ·· 138
- 5.9　有机材料传感器 ·· 139
- 参考文献 ·· 141

第 6 章　波式与场式传感器 ·· 144
- 6.1　引言 ·· 144
- 6.2　激光全息干涉仪 ·· 144
- 6.3　红外传感器 ·· 148
- 6.4　微波传感器 ·· 150
- 6.5　核磁共振 ·· 152
- 6.6　核辐射传感器 ··· 153
- 6.7　超声波传感器 ··· 158
- 参考文献 ·· 161

第二篇　系　　统

第 7 章　测量系统与数据分析 ··· 163
- 7.1　引言 ·· 163
- 7.2　测量系统 ·· 163
- 7.3　测量误差 ·· 178

  7.4 测量不确定度 ·· 186
  7.5 测量数据的分析与处理 ·· 203
 参考文献 ··· 217
第 8 章 微机电系统 ·· 219
  8.1 引言 ··· 219
  8.2 微效应 ··· 220
  8.3 微执行器 ··· 237
  8.4 微传感器 ··· 242
 参考文献 ··· 249
第 9 章 纳机电系统 ·· 252
  9.1 引言 ··· 252
  9.2 纳米科学与技术 ·· 252
  9.3 纳米测量技术 ·· 258
  9.4 纳米操作 ··· 270
  9.5 纳米传感器 ·· 272
 参考文献 ··· 279
第 10 章 智能传感器 ·· 281
  10.1 引言 ··· 281
  10.2 数据处理 ··· 282
  10.3 智能信息处理 ··· 290
  10.4 模糊传感器 ··· 298
  10.5 智能变送器 ··· 303
  10.6 虚拟仪器 ··· 305
  10.7 软测量 ·· 307
  10.8 多传感器的数据融合 ·· 313
 参考文献 ··· 321
第 11 章 传感器网络 ·· 323
  11.1 引言 ··· 323
  11.2 计算机系统接口总线 ·· 323
  11.3 计算机串行接口总线 ·· 324
  11.4 工业以太网 ··· 327
  11.5 标准仪器总线 ··· 328
  11.6 现场总线 ··· 331
  11.7 无线传感器网络 ·· 334
  11.8 IEEE 1451 传感器网络 ·· 337
 参考文献 ··· 340

第三篇 应 用

第 12 章 机械参量 ·· 342
12.1 引言 ·· 342
12.2 几何量与运动量 ·· 343
12.3 力学量 ·· 352
12.4 声学量 ·· 360
参考文献 ·· 363

第 13 章 热工参量 ·· 365
13.1 引言 ·· 365
13.2 温度 ·· 365
13.3 压力 ·· 372
13.4 流量和流速 ·· 377
13.5 密度 ·· 383
13.6 物位 ·· 387
13.7 黏度 ·· 389
参考文献 ·· 390

第 14 章 电磁参量 ·· 392
14.1 引言 ·· 392
14.2 电学单位 ·· 393
14.3 电参量 ·· 402
14.4 电磁兼容性 ·· 404
14.5 磁学单位 ·· 406
14.6 电磁场 ·· 410
14.7 光学 ·· 412
14.8 电离辐射 ·· 416
参考文献 ·· 417

第 15 章 化学参量 ·· 419
15.1 引言 ·· 419
15.2 化学计量 ·· 420
15.3 物理化学 ·· 420
15.4 无机分析测试技术 ·· 427
15.5 有机分析测试技术 ·· 431
15.6 气体成分 ·· 434
参考文献 ·· 440

第 16 章　物联网中的传感器技术与系统 ··········· 442
16.1　引言 ··········· 442
16.2　智能材料与结构 ··········· 443
16.3　工业 ··········· 446
16.4　生物医学 ··········· 453
16.5　自然生态 ··········· 453
16.6　人居环境 ··········· 454

参考文献 ··········· 459

第1章 绪　　论

1.1 引　　言

传感器是以材料的电、磁、光、声、热、力等功能效应和功能形态变换原理为基础，综合物理、化学、生物工程、微电子、材料、精密机械、微细加工、试验测量等学科，所形成的专门学科领域。传感器是能感受规定的被测量，并按照一定规律转换成可用的输出信号的器件或装置[1]，参见图 1.1-1，通常由敏感元件和转换元件组成，其中，敏感元件是直接感受被测量的部分，转换关系为 $y=\varphi(x)$；转换元件是将敏感元件输出量转换为适合传输和测量的信号部分，转换关系为本章末 $z=\psi(y)=\psi[\varphi(x)]=f(x)$。根据被测量类型，传感器可按四级分类(类、族、组、支)，参见本章末附图 1.1~附图 1.3[1-3]。当传感器的输出为规定的标准信号时，称为变送器。测量或指示被测量值的装置称为计、表和仪(器)。变送器、记录仪、调节器、手操器、运算器、执行机构和控制阀可称为自动化仪表。

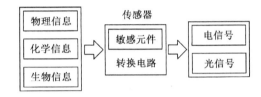

图 1.1-1　传感器的基本原理

1.2 信息传感与能量转换

传感器将电子(质量 9.11×10^{-31}kg，单位负电荷 1.6×10^{-19}C)、质子(质量 1.7×10^{-27}kg，单位正电荷)和中子(质量略大于质子，电中性)视为主要作用粒子。原子(直径约 10^{-10}m)由电子和原子核(直径约 10^{-14}m)组成。化学反应就是通过各原子之间的价电子交换或共享，使原子达到稳定电子结构的过程。传感器材料的信号或能量的转化都与这种价电子的运动有关，参见表 1-1。

表 1-1　键性与物性的关系

项目	离子键	共价键	金属键
结构特点	无方向性或不明显，配位数大	方向性明显，配位数小，密度小	无方向性，配位数大，密度大
机械性质	强度和硬度高，劈裂性良好	强度高，硬度大	强度有差异，有韧性
热学性质	熔点高，膨胀系数小，熔体中存在离子	熔点高，膨胀系数小，熔体中有分子存在	熔点有差异，导热性好，液体温度范围宽
电学性质	绝缘体，熔体为导体	绝缘体，熔体为非导体	导电体(自由电子)
光学性质	对红外吸收强，多是无色或浅色透明	折射率大，与气体的吸收光谱不同	不透明，有金属光泽

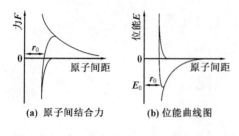

图 1.2-1　力和位能与原子间距的关系曲线

键的拆分和结合是敏感功能材料实施信号传输和功能变化的基本依据，价电子与价电子之间的相互作用可基本确定分子或晶体的主要物理性质。在固体中，原子间的结合力包括引力和斥力，参见图 1.2-1(a)。在平衡位置 $r_0 \approx 0.3\text{nm}$ 时，合力为零，对应于图 1.2-1(b) 中位能曲线的最低值。固体的弹性与图 1.2-1 中的引力、斥力曲线形状有关。

若固体的弹性模量为 K，温度上升到某一高度后，体积变化为 $\Delta V/V$，则该固体单位体积的弹性能 E_e 为

$$E_e = \frac{1}{2} K \left(\frac{\Delta V}{V} \right)^2 \tag{1.2-1}$$

设该固体的原子间距为 r，且体积变化百分比很小，有 $\Delta V/V = 3\Delta r/r$，则

$$E_e = \frac{9}{2} K \left(\frac{\Delta r}{r} \right)^2 \tag{1.2-2}$$

当 $r=r_0$ 时，有

$$K = \frac{1}{9r_0} \frac{\mathrm{d}^2 E}{\mathrm{d} r^2} \tag{1.2-3}$$

原子间的化学反应，主要取决于原子的外层电子数和空间分布。在结晶体中，原子或离子的排列通常是使固体的自由能降到最低。无论离子键、共价键还是金属键，它们的发生及形成，主要是通过这种构成键的过程，使材料中所有的原子都能得到稳定的电子外壳。由于形成化学键是价电子的直接作用，因此原子参与键合的价电子越多，其键能就越高。

传感器在接触到被测量对象的原始信息后，根据传感材料的性质，按照一定的规律和比例转化，然后再以电的形式输出信号[4-10]。传感器和被测物体之间信息的授受关系，也伴随着能量的授受关系（电能、热能、机械能间的物质效应）。传感器的能量变换以传达信息为目的，即灵敏地响应和有效地实现转换。为了减少干扰和其他副作用，常将转换的能量控制在最低极限。传感器把检测到的非电量信号变换成电信号，主要有如下四种类型。

(1) 守恒定理，包括能量守恒、动量守恒、电荷守恒等。转换的能量等于或小于原来的机械能，小于的情况主要是材料及传输的损耗。

(2) 传感器的工作原理服从相关的场与波动的规律，声、光、热、磁、应力等都是以波动和场的形式存在，分别源于声波、光波、红外波动、热振波动、磁场、应力场。

(3) 传感器进行能量和信号的转换和传输是由组成传感器的物质完成的，物质由粒子构成，可用统计规律来理解和应用这些粒子所体现的物质性质。

(4) 传感器在运行中受组成物质的固有特性约束。这些特性规定了该物质所具有的各种变化规律和特性，这些定律包含着物质固有的物性常数和定义各种物性常数的公式。

1.3　传感材料的传感性能

传感器以材料的电、磁、光、声、热、力等效应和功能形态变换原理为基础[4-15]。

1.3.1 力学性能

敏感材料的力学性能是指该材料在各种不同工作情况(载荷、速度、温度等)下,从开始受力(静力或动力)至被破坏的全过程所呈现的力学特征,例如,弹性模量、弹性极限、屈服点、强度极限、延展率、断面收缩率、硬度、韧性、持久极限和蠕变等。各类材料的弹性、强度、收缩和蠕变在很大程度上与化学组成、晶体结构、显微结构和宏观结构有关,也与外部条件(温度、环境介质、荷载、加载速度、时间)有关。

1. 弹性模量

对弹性体施加应力 σ_{xx} 时,沿平行方向和垂直方向分别产生伸长应变和收缩应变,即 ε_{xx} 和 ε_{yy},当这种变形服从 Hooke 定律时,称为弹性变形,即

$$\begin{cases} \sigma_{xx} = E\varepsilon_{xx} \\ \sigma_{yy} = (E/\mu)\varepsilon_{yy} \end{cases} \tag{1.3-1}$$

式中,E 是弹性模量(Young 模量);$\mu = \varepsilon_{xx}/\varepsilon_{yy}$ 是横向变形参数(Poisson 比)。

若对材料施加的是剪切应力或静压力,根据剪切 Hooke 定律,可得剪切模量 G 和体积弹性模量 K 为

$$\begin{cases} G = E/[2(1+\mu)] \\ K = E/[3(1+\mu)] \end{cases} \tag{1.3-2}$$

弹性模量反映了晶体成分和非晶成分的结合强度,结合能高的材料,其弹性模量一般也高。弹性模量 E 与剪切模量 G、体积弹性模量 K 和 Poisson 比 P 一样,表现为各向异性。由于微观结构组成的不规则排列,多晶或非晶材料在大多数情况下不显示各向异性。

在多晶相材料中,弹性模量 E 是各相弹性模量的平均值,如两相体系为

$$E = E_1 V_1 + E_2 V_2 \tag{1.3-3}$$

式中,E_1 和 E_2 是相 1 和相 2 的弹性模量;V_1 和 V_2 是相 1 和相 2 的体积分量。若相 1 具有基质特征,相 2 作为分散相位于其中,根据 Hashin 理论,弹性模量为

$$E = E_1 \left\{ 1 + \frac{A(1-E_2/E_1)V_2}{1-(A-1)[E_2/E_1+(1-E_2/E_1)V_2]} \right\} \tag{1.3-4}$$

式中,A 是常数。在孔隙率为 P 的类材料中,它对体系弹性模量 E 的影响可按式(1.3-4)导出的简化公式计算(适于低孔隙率和球性孔):

$$\begin{cases} E = E_0 e^{1-AP} \\ E = E_0 e^{-BP} \end{cases} \tag{1.3-5}$$

式中,E_0 是无孔时的弹性模量;P 是孔隙率;A、B 是常数。一般地,弹性模量随孔隙率的提高反而下降,这种关系也适合含有气泡的非晶体材料。大多数无机非金属传感器材料的弹性模量不仅取决于材料的密实性,也取决于微观结构的组成(包括带有相应应力的孔)以及前期工艺。例如,无机非金属晶体材料的弹性模量为 $(100\sim400)\times10^3\text{MPa}$;金属的弹性模量为 $(50\sim400)\times10^3\text{MPa}$;有机高分子的弹性模量为 $10^2\sim10^3\text{MPa}$。

实际材料的弹性行为还出现与时间有关的附加变形(弹性滞后作用,非弹性变形),在

经历一定时间后才能达到平衡状态。非弹性变形的存在，在应力-应变试验时出现能量损失，在σ-ε曲线上有一个非常明显的滞后，参见图 1.3-1。非弹性变形的来源包括：结构组成单元的位移、点缺陷的移动、外来原子的扩散、晶界黏性滑移等。

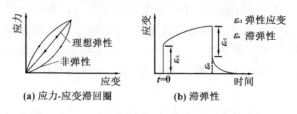

图 1.3-1　非弹性变形

2. 脆性

绝大多数无机非金属材料呈现脆性，到达弹性极限时直接被破坏，而金属会出现塑性变形，晶须的行为可能例外，参见图 1.3-2。若机械力的作用相对产生的应力分布弛豫时间很短，脆性表现得非常明显。脆性材料受力破坏时，一般无显著变形，而是突然断裂，其断裂面较粗糙，延展率和断面收缩率均较小。这时，机械能集中在一定的位置(应力峰)。在无机非金属材料中，缺乏位错、塑性变形和有效的裂纹障碍，应力不会消除，结果造成脆性断裂。而金属中，金属键和紧密球形堆积一般导致塑性变形。

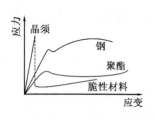

图 1.3-2　应力-应变曲线

脆性行为在一定条件下的无机非金属材料显示出不完全相同的特性，参见表 1-2。脆性只在材料中不出现由温度升高引起的塑黏性时才有意义。在一些纯晶体材料中，如果温度适当，在力的作用下会在断裂前出现流动现象。

表 1-2　影响材料脆性、半脆性和延展性的相关条件

力学性能	位错性质	单晶行为	多晶行为	断裂源
完全脆性	位错不运动	弹性直至断裂	弹性直至断裂	表面裂纹 内应力引起晶体内部断裂
部分脆性	位错运动 横向滑移困难 有限面滑移	塑性 屈服阶段长 部分延展性	弹性直至断裂	表面裂纹 颗粒界面滑移带碰撞导致劈裂
半脆性	位错运动 轻度横向滑移 有限面滑移	塑性 屈服阶段短 延展性好	断裂前部分塑性	表面裂纹
延展性	位错运动 横向滑移很少 滑移面无限	塑性 屈服阶段短 韧性断裂	塑性流动至韧性断裂	韧性断裂

3. 塑性

塑性是指材料受力时，当应力超过屈服点后，能产生显著的残余变形而不致断裂的性

质。残余变形被称为塑性变形。在金属晶格中，位错的迁移引起塑性流动，而不出现裂纹。在无机非金属材料的一些非常复杂的晶格中，位错由于受阻而产生裂纹；而在完全没有滑移面的无定形玻璃结构中，则不会出现引起塑性滑移的位错迁移。然而，在适当的条件下，无机非金属材料中也会有可延展性的迹象存在。由脆性到塑性的过渡取决于温度，参见图 1.3-3。含玻璃相的多晶材料随温度升高而塑性变形增加，这是由于玻璃在 T_{cnt} 温度点以上，开始出现黏性流动，造成塑性形变。

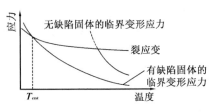

图 1.3-3 脆性向塑性转变与温度的关系

4. 韧性

韧性是指材料抵抗裂纹产生和扩展的能力，能表征材料断裂过程中单位体积材料吸收能量的量度。断裂过程中吸收的能量越多，材料的韧性越强；反之，断裂过程中吸收的能量越少，材料的韧性越低，抗断裂的能力越小。韧性可由拉伸应力-应变曲线下包络面积的大小来衡量。强度值高、延展性小的材料，应力-应变曲线下的面积小，则材料的韧性低；强度值低、延展性大的材料也是这样。因此，提高材料的韧性必须同时提高材料的强度和延展性。量度韧性的指标有两类：①冲击韧性，材料受冲击而破断的过程所吸收的冲击功的大小；②断裂韧性，材料裂纹尖端应力强度因子的临界值。

5. 抗力强度

力学强度是材料抵抗各种外来力学荷载的整体综合能力。抗拉强度是单位面积上导致材料结构组成单元之间的化学键分离和相互摩擦以及制造新表面的力。

理论强度 σ_{th} 约为弹性模量 E 的 1/10，定义为

$$\sigma_{th} = \sqrt{E\gamma/\alpha} \tag{1.3-6}$$

式中，γ 是表面能；α 是离子距离。实际上，某些单晶、晶须和完全没有缺陷的玻璃纤维的实际强度只有弹性模量的 1/100～1/10。理论强度和实际强度的差别主要是由于一定的应力集中在材料的某些局部区域。

1.3.2 热学性能

敏感材料的热学性能是材料在受热冲击时的热学特征。在热力学温度 0K 时，原子与原子之间、阳离子和阴离子之间的距离，几乎接近平衡位置，随时间变化也很小。当温度升高时，各粒子在原来位置上的振动逐渐变得激烈起来，振动增加到 10^{12} 次/s。随着温度的升高，振动的范围也逐渐加宽，能量也随之增大。传感器材料常需要传递热能信号或对热进行换能，相关的热性能包括比热容、热膨胀、热传递、热稳定性等。

1. 比热容

比热容是指物质加热升高 1K 时，单位体积所吸收的热量，相应的 1mol 物质所吸收的热量，称为克分子热容。克分子热容从 0K 开始在低温以 $(T/\theta_D)^3$（$\theta_D=hv/k$ 是特征温度）的速率上升；到达一定的温度后以 θ_D/T 的速率上升；当 $T \geqslant \theta_D$ 时，不再与温度有关，且服从于 Dulong-Petit 定律达到定值，约 $n \cdot 25 \mathrm{J \cdot mol^{-1} \cdot K^{-1}}$（$n$ 为化学分子式内的原子数目）。

2. 热膨胀

热膨胀是指温度改变 Δt 时，固体会在一定方向上使长度发生变化，其线膨胀系数为

$\alpha=\Delta L/(L\Delta t)$；或相对体积变化，其体膨胀系数为$\beta=\Delta V/(V_0\Delta t)$。固体的可逆热膨胀产生基于组成单元的元素的非谐热振动，取决于原子级因素(键型、键强)和晶体结构(晶向、各向异性)。因热膨胀与比热容有关，所以膨胀系数会随温度上升而变大；在温度大于θ_D时与比热容一样保持常数。但实际上，缺陷的出现，不存在热膨胀系数为常数的温度区域。

3. 热传递

热能的传递方式通常有对流、传导和辐射三种形式。在固体内只有传导和辐射两种形式。材料内部热传导受到原子能级、微观结构、环境和温度等因素控制。特别是辐射传递仅在完全特定的条件下发生。

4. 热应力

在加热或冷却时，由于物体受热不均匀或各组分的膨胀及收缩不同，所产生的应力称为热应力。在无机非金属材料中，由于制造条件和使用条件等，特别是如果存在温度梯度，就会产生各种应力。由热引起的应力变化通常被划分为以下几种。

(1) 暂时热应力，在均质和非均质材料中均有这种应力状态，由于温度梯度的存在而产生，温度达到平衡时消失。

(2) 淬火或冷却应力。在快速冷却阶段，由于需要平衡温度分布而出现的应力。这种应力会长久保留在材料中，但可通过退火使其消失。

(3) 永久热应力。一般存在于非均质材料中。特别是一些复合材料，由于不同的变形系数使得材料很容易形成和保持应力状态。

均质的非金属固体材料被加热和冷却时由于导热能力较小而产生温度梯度，这使材料在各个部位的热膨胀和收缩不同，从而产生应力，如玻璃。当熔融和成形的玻璃迅速冷却时，表面层受拉应力，内部受压应力，参见图 1.3-4(a)；继续冷却，应力状态与此相反，参见图 1.3-4(b)；这种状态一直保持着，除非再转变温度进行退火，应力才会消除。应力消除的速率 $d\sigma/dt$ 与应力σ成正比，与弛豫时间τ成反比，即

$$-\frac{d\sigma}{dt}=\frac{\sigma}{\tau} \tag{1.3-7}$$

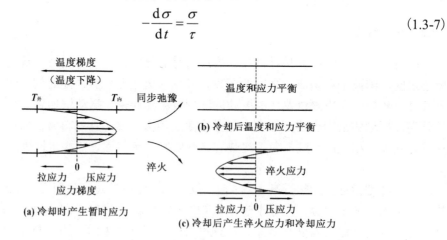

图 1.3-4 冷却过程中的温度和应力分布图

5. 热稳定性

热稳定性是材料抵抗温度变化的能力，金属材料在温度变化的情况下一般发生伸缩形

变，很少会被彻底破坏；非金属材料一般属于较脆性的弹性体，其热稳定性与热应力具有十分密切的关系。一种脆性材料突然遭受温度变化时是否破裂，取决于其是否能承受出现的应力，或者说这应力是否越过材料的抗拉强度（断裂强度）。影响热稳定性的因素很多：

$$R = \frac{\sigma}{\alpha E}\sqrt{\frac{\lambda}{C\rho_0}} \tag{1.3-8}$$

式中，R 是热稳定性系数；λ 是热导率；C 是热容；ρ_0 是密度。

通常，热稳定性表示为温度变化时不遭受破坏所能承受的最大温度差：

$$\Delta T_{\max} = \frac{3\sigma(1-\mu)}{2\alpha E} \tag{1.3-9}$$

在破坏性的裂纹扩散过程中，ΔT 值低时，剩余强度先是保持常数，接着在一个临界温度差突然直线下降，又一个阶段保持常数，最后随着温度差上升而连续下降，参见图 1.3-5。可通过提高抗拉强度、最大应变和导热能力提高热稳定性。

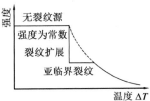

图 1.3-5 受热后材料的强度变化曲线

1.3.3 电导和介电特性

1. 导电能力与电导或电阻率

从电流导通的能力来看，材料一般可分为导体、半导体和绝缘体三类，参见表 1-3。

表 1-3 一些固体在室温（25℃）时的电阻率

金属	电阻率/(Ω·cm)	半导体	电阻率/(Ω·cm)	绝缘体	电阻率/(Ω·cm)
银	1.6×10^{-11}	锗	4.7×10^{-2}	玻璃	$10^6 \sim 10^{15}$
铜	1.7×10^{-11}	硅	5	云母	9×10^{11}
铝	2.8×10^{-11}	磁铁矿	1.0×10^{-1}	金刚石	10^{14}
铁	10×10^{-11}	锑化铟	2.0×10	氧化铝	10^{10}
铅	20×10^{-11}			聚乙烯	$10^{12} \sim 10^{14}$

由于电子的热散射，金属的电阻率随温度的升高而增加。通常，金属的电阻率正比于热力学温度 T。在低温时，许多金属材料的电阻率随温度 T^5 规律变化。根据 Madsen 定律，含少量杂质或缺陷的金属材料，其电阻率为 $\rho = \rho_0 + \rho(i)$，$\rho(i)$ 为电阻率与温度有关的部分，ρ_0 为与温度无关的部分。受到杂质与缺陷的影响，当 T 趋于 0K 时仅剩部分剩余电阻。

半导体和绝缘体在整个禁带范围内存在电子的热激发，在大部分温度范围内，其电阻随温度的升高而降低。在绝对零度时，所有的绝缘体或半导体都具有极好的绝缘性能，只是当温度升高时，产生的热活化过程才使它们产生电的传导。由于绝缘体的禁带宽（如金刚石的禁带宽度为 6eV），因此将其价带中的电子激发到导带就比较困难，在大多数情况下几乎不存在电导。

半金属（砷、锑、铋、硒、碲等）的电阻率比典型的金属低，但在半导体范围内，对温度变化的行为却像金属。另外，像金属一样，它们在能级上不存在禁带，但传导电子密度却较低，电子的迁移率也不高。

理论上，金属中电子导电主要靠 Fermi 能级附近的电子，只有这些电子才能在电场作用下改变状态，进入能量较高的状态参与导电。在外电场 E 的作用下，金属中的电子在无规则运动的基础上叠加一个有规则的运动，正电荷沿电场方向运动，负电荷则逆电场方向运动，产生宏观电流。根据欧姆定律，电流密度 J 与 E 成正比，即

$$J = \sigma E \tag{1.3-10}$$

式中，σ 是电导率，其倒数 $\rho=1/\sigma$ 为材料的电阻率。在一段长为 L，面积为 S，电阻率为 ρ 的导体中，电阻大小为

$$R = \rho \frac{L}{S} \tag{1.3-11}$$

2. 电介质的电导

在不是很强的电场下，工作的电介质的电导是由离子移动引起的，属离子性，电阻率 $\rho=10^6 \sim 10^{20}\Omega \cdot cm$。电介质的电导与加电压后的时间有关，刚加电压时，流过介质的电流很大，再下降到一恒定值，参见图 1.3-6，其中随时间而下降的那一部分电流成为吸收电流。

电介质的电导率 γ 可表示为

$$\gamma = nq\alpha = nqv/E \tag{1.3-12}$$

式中，n 是单位体积中电荷离子数；q 是离子的电荷量；v 是离子的运动速度；E 是电场强度；$\alpha=v/E$ 是电荷的迁移率。由于固体介质的结构比较紧密，故离子的移动需要更大的能量，因而固体介质的电导随温度上升而指数式地急剧增大：

$$\gamma = \frac{nq^2 f \delta^2}{6kT} e^{-\frac{U}{kT}} \tag{1.3-13}$$

式中，k 是 Boltzman 常数；T 是热力学温度；δ 是离子间距；f 是离子热振动频率；U 是位能价。

电介质的电导率与电阻率互为倒数，即 $\gamma=1/\rho$。电介质的电阻率可分为体(积)电阻率和表面电阻率两种情况，分别对应于不同的测量对象，参见图 1.3-7。

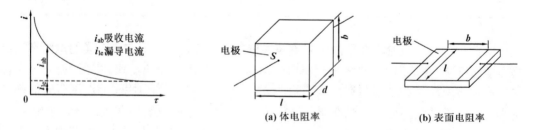

图 1.3-6 流过介质的电流与时间的关系　　图 1.3-7 体电阻率和表面电阻率

(1) 体电阻率 ρ_V 是指介质在单体体积电介质的电阻值：

$$\rho_V = R_V S/h = US/(I_V h) \tag{1.3-14}$$

式中，U 是外加电压；I_V 是流过介质的体积电流；R_V 是体积电阻；S 是被测介质上电极面积；h 是被测介质的厚度。

(2) 表面电阻率 ρ_S 是指一个正方形介质表面在其相对两边之间测得的表面电阻:

$$\rho_S = R_S L / B \tag{1.3-15}$$

式中，R_S 是表面电阻；L 是电极长度；B 是平行电极间相隔的距离。

中性固体介质中的电导主要由杂质离子引起，电阻率很大，可达 $10^{17} \sim 10^{19} \Omega \cdot cm$，一般也为 $10^{15} \sim 10^{16} \Omega \cdot cm$；在极性固体介质中，由于极性介质分子自身的离解，一般极性固体介质的电导比中性固体介质的电导大，电阻率低。极性弱的固体介质的体电阻率可达 $10^{15} \sim 10^{16} \Omega \cdot cm$，一般为 $10^{13} \sim 10^{14} \Omega \cdot cm$。

离子晶体介质的离子价数与电导有很大关系，低价离子组成的晶体比高价离子组成的晶体相比具有较高的电导。纯净而完善的离子式晶体介质的电阻率高达 $10^{17} \sim 10^{19} \Omega \cdot cm$，一般为 $10^{15} \sim 10^{16} \Omega \cdot cm$。这类介质中还会有分子离解和离子脱离晶格引起的电导。

当电场强度超过 $10^5 \sim 10^6 V/cm$ 时，固体介质的电导会随电场强度的增加而增加，这是由于在固体介质中，强电场作用下产生了显著的电子式电流。

3. 介质的极化、损耗和击穿特性

在电场作用下，电介质中带正、负电荷的微粒受电场力 E_q 的作用，分别沿顺电场或反电场方向移动，同时带电微粒又受到一个正比于位移 x 的回复弹性力 $F=Kx$ 的作用。当回复弹性力与电场力相等时，电荷微粒就停止位移。带电微粒的这种位移，会在介质中引起感应电矩，并在介质电极的极板之间聚积起感应电荷。另一种情况是电介质中原来就可能有电矩不为零的极性分子，在无外加电场作用时，它们因热运动而使分子在各个方向无序排列，对外界表现为中性。外加电场后，在电场力的取向作用下，极性分子沿外加电场方向排列占优势，会在介质中引起电矩，并在介质与电极之间聚积电荷。当外电场撤去以后，带电微粒的位移和极性分子的取向会消失。在外电场作用下，带电微粒的位移和极性分子的取向现象被称为电介质的极化现象。极化结果使电介质与电极相邻的两个表面形成符号相反的电荷，使极板上的电荷增多(如相对电极间为真空时)，参见图 1.3-8。

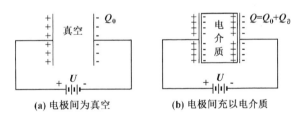

图 1.3-8 介质极化与介电常数的关系模型

电介质的极化程度可用相对介电常数 ε 表示:

$$\varepsilon = Q/Q_0 = (Q_\partial + Q_0)/Q_0 = 1 + Q_\partial/Q_0 \tag{1.3-16}$$

式中，Q_∂ 是电介质极化引起的极板上的感应电荷；Q_0 是电极间为真空，进行充电时极板上的电荷；$Q=Q_\partial+Q_0$ 是有介质存在，进行充电时极板上的总电荷。电荷 Q_∂ 和 Q_0 都大于 0，所以电介质的介电系数大于 1。真空的电解质 $\varepsilon_0=1$，此时电极间的电容为 $C_0=Q_0/U$。

若在电极间放入电介质材料，此时的电容为 $C=Q/U$，则

$$\varepsilon = Q/Q_0 = C/C_0 \tag{1.3-17}$$

两极板之间放入电介质后，其电容量比真空时增大了ε倍。

在物质的微观层面，可用极化强度J表示介质单位体积中的感应电矩数：

$$J = \alpha n_0 E' \tag{1.3-18}$$

式中，n_0是单位体积中的分子数；E'是分子所处的电场强度；α是分子极化率，表示单个分子在单位电场强度作用下所产生的感应电矩的大小。分子极化率以介电常数的形式满足Clausius-Mosotti方程：

$$\varepsilon = (1 + 8\pi n_0 \alpha/3)/(1 - 4\pi n_0 \alpha/3) \tag{1.3-19}$$

因此，介质分子的极化率越大，介电常数ε也越大，即介质的极化越强。

处于电场中的非导电材料在电场强度越过某一临界值时，丧失原有的绝缘性能的现象，被称为电介质的击穿。电介质被击穿时的电压就是击穿压U_{nd}，相应的电场强度被称为击穿电场强度(抗点强度)E_{nd}：

$$E_{nd} = U_{nd}/d \tag{1.3-20}$$

式中，d是击穿处介质的厚度。电介质的击穿电场强度是在均匀材料、均匀电场、标准电场频率(50Hz)下测定的。实际上，由于材料结构的不均匀以及电场的不均匀，造成击穿电场强度值的减小。此外，击穿电场强度值还与频率、温度等有关。

根据材料的结构，电介质击穿的机理有如下三种。

(1)电击穿是在强电场下，介质中的自由电子碰撞中性分子，使其激励或游离产生电子和正离子引起雪崩式的电子流而引起的。由于外界游离剂及光电效应的不断作用，在电介质中总是存在着一些自由电子和正离子作不规则的热运动。当加电场后，在电场力的作用之下发生定向运动，具有一个加速度，同时这些带电质点获得附加的能量W：

$$W = qV \tag{1.3-21}$$

式中，q是质点电荷；V是质点在自由程上的电压降。在均匀电场中，有

$$W = qE\lambda_{cp} \tag{1.3-22}$$

式中，E是电场强度；λ_{cp}是质点的平均自由程。带电质点所获得的这些能量，在运动的过程中不断与中性分子相碰撞，并把它的能量传给中性分子。当这些中性分子接受足够大的能量以后，就产生碰撞游离，分裂成电子和正离子。因此，产生碰撞游离的条件为

$$W \geqslant W_n \tag{1.3-23}$$

式中，W_n是分子游离能(气体的游离能量为$4 \sim 25 \text{eV}$)。

电击穿与加电压时间无关，撞击游离只要$10^{-8} \sim 10^{-7}$s就能完成，仅在瞬间就会发生并完成电击穿；电子脱离分子所需的能量及电子运动的速度从所加的电场获得，几乎与温度无关；与电击穿有关的因素是材料的微观结构和厚度，以及外加电场的形式和波形等。

(2)热击穿是由于材料具有电导和损耗，介质损耗会转变成热，使材料升温。由于温度增高又会使材料电导和损耗加大，发热增多。在散热条件不良时，就因为产生的放热量大于向周围介质散发的热量，使温度不断升高。任何材料能允许的最高工作温度是有限制的，超过这个限制时就会产生烧焦或烧毁而造成材料不可逆的热破坏。

热击穿时，U_{nd}随温度的增加而减小；U_{nd}随外加电压时间的增长而减小，外加电压时间越长，升温越高，越易发生热破坏；介质厚度与E_{nd}成反比，介质越厚，散热条件越差，

E_{nd} 越小。此外,发生热击穿的 U_{nd} 还与材料的耐热性、工作电压、电源频率等因素有关。

(3) 电化学击穿是指由于材料长期工作在高电压下,介质表面或体积内部的气体发生放电,同时产生臭氧(O_3)及五氧化二氮(N_2O_5)等强氧化性物质。这些物质能腐蚀大部分的有机介质,使其产生化学性质的破坏,由此引起电化学击穿。

工程上把物质性质随时间增长而变坏的不可逆过程称作老化。电化学击穿与材料的化学稳定性、含气体的量、电压作用时间、电场频率、环境温度等因素有关。

1.3.4 铁磁性

在磁场中容易被磁化的材料称为铁磁性材料,它具有类似于铁的磁性能,这种磁性能被称作铁磁性。在各种化学元素中,只有铁、镍、钴和稀土金属中的钆具有铁磁性。

1. 铁磁性

铁磁物质只有在一定温度之下才具有铁磁性,当温度超过一定值时,物质便消失了铁磁性。对于不同磁性物质有不同的临界温度,这个临界温度称作 Curie 温度。当温度升高时,物质中由于热扰动而产生的分子运动增强。这项运动是不规则的,将破坏铁磁物质中交换能的作用,而交换能则需保持原子磁矩有规则地平行取向。当温度升高到 Curie 温度时,热扰动所发生的能量等于交换力的能量,这便破坏了交换能的作用,结果使材料不再具有铁磁性能。热扰动抵消了交换能或是分子场的作用,参见图 1.3-9,交换

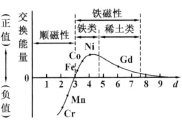

图 1.3-9 交换作用与原子间距的关系

作用可用铁磁材料的饱和磁化强度来表达。当温度接近 0K 时,铁具有最大的饱和磁化强度。交换作用使全部原子磁矩取同一方向,这时,铁磁物质便有最大的饱和磁化强度。当温度增高时,交换作用被减弱,当温度接近 Curie 温度时交换作用迅速被抵消,铁磁性完全消失。

2. 磁致伸缩

当磁化镍棒时,会发现在顺着磁场方向,镍棒的长度略微收缩,即磁致伸缩现象。越接近磁化的饱和强度,收缩量越大,镍材料最大收缩量可达百分之几十,即负磁致伸缩。有些材料,如含镍 68% 的铁镍合金在磁化方向上会出现伸长现象,伸长率大致和镍的收缩率相近,即正磁致伸缩。

3. 磁化曲线和磁滞回线

磁化是指材料中的磁矩受外加磁场作用,转向到与外加磁场相同的方向。当磁性物质中所有磁矩完全转向到与外磁场方向相同时,磁化达到饱和。材料磁化相当于在磁场方向

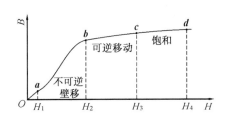

图 1.3-10 典型的磁化曲线

上附加了一个被外磁场感应出来的磁场,其磁场强度被称为感应磁场强度。磁性材料的磁化曲线表示了磁场强度 H 与所产生的磁感应强度 B 之间的关系,参见图 1.3-10。不同材料具有不同的磁化曲线。在不同磁场强度下,曲线可以分为四个阶段。第一阶段($0 \sim a$),曲线的斜率是小的。当磁场强度从 0 增加到 H_1 范围以内后,将场强减小到零,可使 H 与 B 的关系

按照原线退回到零点，即可逆的磁化过程。第二阶段($a \sim b$)，曲线的斜率很快增大，当磁场强度增量超出 H_1 后，再将其减小到原有值时，B-H 的关系不再循原曲线的轨迹变化，即不可逆的磁化过程。第三阶段($b \sim c$)，曲线的斜率比前一段低，在这个阶段中具有可逆的磁化过程。在第四阶段($c \sim d$)，曲线的斜率接近直线，只有当磁场加到很大时才出现。通常将两个增量比接近 1 时的曲线的 B-H 段称作技术饱和阶段。对于铁或一切金属磁性材料，在磁化曲线的 $0 \sim a$ 段主要是可逆的畴壁位移过程，在 $b \sim c$ 段主要是转动过程，也是可逆的。对于铁氧体磁性材料，结晶体的磁各向异性常数很小，一般只有铁的 10^{-2}。在低磁场下，在畴壁位移过程的同时，旋转磁化的成分也是很多的。即，在铁氧体材料中，两类磁化过程是混合进行的。

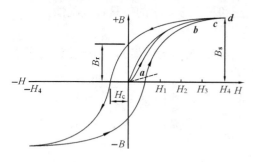

图 1.3-11　磁化曲线与磁滞回线

当磁场强度从零增加到如图 1.3-11 中的 H_4 后，逐渐减小磁场时材料的磁状态首先沿着 $d \sim c \sim b$ 曲线下降。当磁场降到 H_2 以下时，由于 $a \sim b$ 段磁化曲线是不可逆的，磁化便循着另一条件曲线变化，参见图 1.3-11，这时 B 数值的变化滞后于 H 的变化。若将 H 降至零，磁感应强度并不降到零而有一个剩余数值，即剩磁感应 B_r。若将磁场反向增加到 H_c 时磁感应才为零，这项磁感应强度 H_c 被称为矫顽场强。若再使磁场达到 $-H_4$ 后回到 $+H_4$，可得如图 1.3-11 所示的磁滞回线，图中，B_s 被称为饱和磁感应强度，这个回线是以坐标原点对称的。

4. 磁性材料的宏观表象和参数

1819 年，Oster 发现电流会在其流经的空间周围产生磁场。电流 I 通过一无限长导线，在距导线轴线 r 米处产生磁场强度 H：

$$H = I/(2\pi r) \tag{1.3-24}$$

材料在磁场强度为 H 的外加磁场作用下，会在材料内部产生一定的磁通量密度，即磁感应强度 B：

$$B = \mu H \tag{1.3-25}$$

式中，μ 是磁导率，单位磁场强度的外加磁场作用下产生的磁通量密度。在真空中，有

$$B_0 = \mu_0 H \tag{1.3-26}$$

式中，$\mu_0 = 4\pi \times 10^{-7}$ H/m 是真空磁导率。电子绕原子核运动、电子自旋以及旋转的带正电荷的原子核，都是磁偶极子。真空中，每单位外加磁场作用在磁偶极子上的最大力矩称为磁偶极矩 P_m，其与真空磁导率的比值 μ_0 称为磁矩 m。材料的宏观磁性本质上是组成材料的原子中电子的磁矩引起的，产生磁矩的原因有：①电子绕原子核的轨道运动，产生一个非常小的磁场，形成一个沿旋转轴方向的轨道磁矩；②每个电子本身作自旋运动，产生一个沿自旋轴方向的自旋磁矩，该磁矩比轨道磁矩大得多。因此，可把原子中每个电子都看作一个小磁体，具有永久的轨道磁矩和自旋磁矩。最小的磁矩称为 Bohr 磁子：

$$\mu_B = eh/(4\pi m) = 9.27 \times 10^{-24} \quad \text{A} \cdot \text{m}^2 \tag{1.3-27}$$

式中，e 是电子电量；h 是 Planck 常量；m 是电子质量。每个电子的自旋磁矩近似等于一个

Bohr 磁子，而电子的轨道磁矩因受不断变化方向的晶格场的作用，不能形成联合磁矩。原子核的自旋磁矩仅为电子自旋磁矩的千分之几，原子核是否具有磁矩，取决于其具体的电子壳层结构；若有未被填满的电子壳层，其电子的自旋磁矩未被完全抵消（方向相反的磁矩可互相抵消），则原子就具有永久磁矩。在磁性材料内部，B 与 H 的关系为

$$B = \mu_0(H + M) = \mu_0 H + B_i \tag{1.3-28}$$

式中，B_i 是磁性材料内的磁偶极矩 P_m 被 H 磁化而贡献的，而 H 只有在均匀且无限大的磁性材料中，才与无磁性材料时的外加磁场相同。

一般磁性材料的磁化，不仅对磁感应强度 B 有贡献，而且还可能影响磁场强度 H。图 1.3-12(a)给出了闭合环形磁心，其 $B=\mu_0(H+M)$，式中，H 等于外加磁场强度；而图 1.3-12(b)给出了缺口环形磁心，由于在缺口处出现表面磁极，导致在磁心中产生一个与磁化强度方向相反的磁场，即退磁场 H_d：

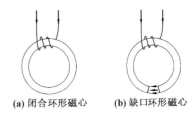

(a) 闭合环形磁心　　(b) 缺口环形磁心

图 1.3-12　环形磁心

$$H_d = -NM \tag{1.3-29}$$

式中，N 是退磁因子，无量纲，与磁体的几何形状有关。

材料的磁性还取决于材料中原子和电子磁矩对外加磁场的响应，可分为抗磁性、顺磁性、反铁磁性、铁磁性和亚铁磁性，前三种属弱磁性，后两种为强磁性，参见图 1.3-13。常用的磁性材料是强磁性的。以 Fe 为代表的材料，还包括 Co、Ni 等，在外磁场作用下，会产生很大的磁化强度，外磁场去除后仍能保持相当大的永久磁性，即铁磁性。具有铁磁性材料的磁化率可高达 10^6，使得磁化强度 M 远大于磁场强度 H。

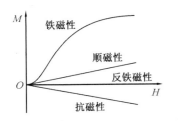

图 1.3-13　磁化强度与磁场强度的关系

1.3.5　铁电性

在没有外加电场的情况下，晶体正、负电荷中心不重合而呈现电偶极矩并具有类似的电滞回线，这种现象称为自发极化。

1. 铁电体和电滞回线

晶体的 32 种点群中，21 种不具有对称中心，其中只有 10 种点群晶体具有自发极化。凡呈现自发极化，并且自发极化的方向能因施加外电场而改变的单晶体或多晶体都称为铁电体。铁电体的电极化强度和外电场之间呈电滞现象，参见图 1.3-14。

2. 反铁电特性

反铁电晶体中含有反平行排列的偶极子，在没有外电场作用时，整个晶体也不显示剩余极化。反铁电体的主要应用是储能和换能。图 1.3-15 为反铁电体材料和铁电体材料储能过程的比较。当施加于铁电电容器的电场撤除时，由于铁电材料还保持一个较大的剩余极化，因此大部分充电输入的能量 W_F 被储存在材料

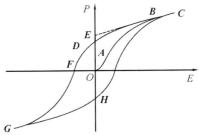

图 1.3-14　铁电体的电滞曲线

中，只有很小一部分 W_F' 被释放出来。而对于反铁电电容器，当电场降至零后，极化也同时消失，材料不储存多余的能量。除很小一部分能量 W_{AF}' 由于极化转向发热损耗外，输入能量的绝大部分 W_{AF} 以电能的形式释放出来。

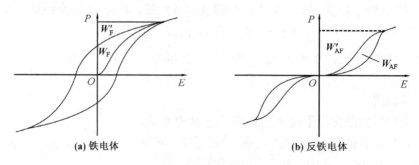

图 1.3-15 铁电体材料和反铁电体材料的储能过程

反铁电体在足够大的电场强度的作用下能转变为暂稳态铁电相，这是储能过程，当电场强度减小或撤销时，暂稳态的铁电相又变为稳态的反铁电相，这是释能过程。利用这一转变，可制成高压、大功率的储能电容器，这种储能电容器体积小、质量轻、储能密度高。

当物质从反铁电体转变为铁电体，或者从铁电体转变为反铁电体时，将产生应变，体积效应 $\Delta V/V=0.1\%\sim0.5\%$，利用这一性能可制成反铁电体电换能器。

1.3.6 光传感特性

1865 年，Maxwell 提出光是一种电磁波[16-19]，参见图 1.3-16。光通信使用的波长在近红外区 800~1700nm，频率为 $10^{14}\sim10^{16}$Hz，比常用的微波高 $10^4\sim10^5$ 量级，以光子为信息载体的光通信提供了一种重要的信息交换与传输手段[20-22]。

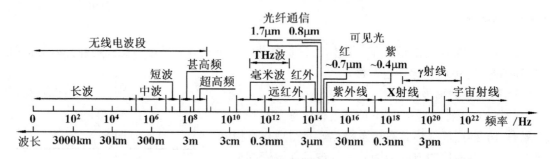

图 1.3-16 电磁波波谱图

1. 光的折射率

可见光和光通信所使用的波长远大于材料的原子线度(约0.5nm)，这种波一般不会被晶体结构所衍射，而是以直线形式通过均匀固相材料进行传播。光在真空中的速度为 $c\approx3\times10^8$m/s。当光从真空进入较致密的介质材料时，其传播速度会降低。光在真空中的速度 c 与在介质材料中的速度 $v_{材料}$ 之比被称为该介质材料的折射率 n：

$$n=c/v_{材料} \tag{1.3-30}$$

根据 Maxwell 电磁场理论，光在介质中传播速度为

$$v_{材料} = c/\sqrt{\varepsilon\mu} \tag{1.3-31}$$

式中，ε 是介质的介电常数；μ 是介质的磁导率。合并式(1.3-30)和式(1.3-31)，得

$$n = \sqrt{\varepsilon\mu} \tag{1.3-32}$$

由于一般非磁性材料的磁导率很小，故

$$n \approx \sqrt{\varepsilon} \tag{1.3-33}$$

一般材料的折射率大于 1，且折射率随材料介电常数的增大而增大。当材料的原子受到外电场的作用而极化时，正电荷沿电场方向移动、负电荷沿反电场方向移动，使得正、负电荷的中心发生相对位移。外加电场越强，正、负电荷中心间距越大，此时若有光的电磁辐射作用在材料中，则由于电磁辐射与原子的电子体系发生相互作用，导致光波减速。

各向同性的均质材料只有一个折射率，当光通过材料时，光速不因传播方向的改变而变化。当光通过某些晶体材料时，一般会分成振动方向相互垂直、传播速度不同的两条折射光线，即双折射现象。平行于入射面光线的折射率为常光折射率 n_o，不随入射角变化；与之垂直的光线的折射率不遵守折射定律，随入射角而发生变化，即非常光折射率 n_e。光沿晶体方向入射时只有 n_o 存在，光沿垂直于光轴方向入射时，n_o 达到最大值。

2. 光的吸收

在材料中传播时，光子能量使材料中的原子振动加剧或价电子跃迁，从而使光能的一部分变成热能，导致光能的衰减，即光的吸收。设光通过厚度为 x 的薄型平板材料，入射光强为 I_0，透射光的强度为 I，光强与厚度的关系满足 Bouguer-Lambert-Beer 定律：

$$I = I_0 e^{-\alpha x} \tag{1.3-34}$$

式中，α 是材料对光的吸收系数，取决于材料的性质和光的波长。

金属对光能吸收强烈，原因在于金属的价电子处于未满带，吸收光子后即呈激发态，不必跃迁到导带就会发生碰撞而发热。在可见光区，金属的吸收系数最大，半导体的吸收系数也较大，而绝缘材料的吸收系数很小。在紫外光波段，光子能量越来越大，达到禁带宽度时，绝缘性材料的电子就会吸收光子能量从满带跃迁到导带，导致吸收系数急剧增大。紫外波段光吸收端对应的波长 λ 与材料的禁带宽度 E_g 有关：

$$\lambda = hc/E_g \tag{1.3-35}$$

式中，c 是光速；h 是 Planck 常数。若希望材料在可见光区的透过范围大，就需紫外吸收端的波长要小，因此要求 E_g 大。绝缘材料在红外区还有一个由于离子弹性振动与光子辐射发生谐振消耗能量的吸收峰，要使该吸收峰远离可见光区，需选择热振动频率 γ 较小的材料。

材料对光的吸收可分为均匀吸收和选择吸收。若材料在可见光范围对各种波长的吸收程度相同，则称为均匀吸收，使材料随吸收程度的增加，颜色从灰变到黑；若材料对某一波长吸收系数很大，而对另一波长吸收系数很小，则称为选择吸收。透明材料的选择吸收使其呈现不同的颜色。

3. 光的色散与散射

材料的折射率 n 随入射光的频率减小(波长增大)而减小的现象，称为光的折射率的色

散。给定入射光波长时,材料的色散定义为 $dn/d\lambda$,常用倒数相对色散,即色散系数。

光在材料中传播时,遇到不均匀结构产生的次级波会与主波合成出现干涉现象,使光偏离原来的方向,而引起散射,从而减弱光束强度。例如,材料中小颗粒的透明介质、光性能不同的晶界、气孔或其夹杂物等。对于相分布均匀的材料,光减弱的散射规律为

$$I = I_0 e^{-sx} \tag{1.3-36}$$

式中,I_0 是入射光的强度;I 是光通过厚度 x 后的剩余强度;s 是散射系数。

s 与散射质点的大小、数量、光波长以及散射质点与基体的相对折射率等因素有关。当光的波长约等于散射质点的直径时,出现散射峰值。散射质点与基体的折射率相差越大,产生的散射越严重。同时考虑吸收因素和散射因素,可得

$$I = I_0 e^{-(\alpha+s)x} \tag{1.3-37}$$

4. 材料的透光性和颜色

光透过率是指光线通过材料后剩余的光能占原来入射时能量的百分比。光的能量可以用光照射强度来表示,也有采用放在一定距离外的光电管转换得到的电流强度来表示。在光路上分别测出插入厚度为 x 的材料前、后的光变电流强度 I_0 和 I。由于光既在材料的两个表面发生折射,又在材料内有吸收损失和散射损失,故光的透过率为

$$I/I_0 = (1-m)^2 e^{-(\alpha+s)x} \tag{1.3-38}$$

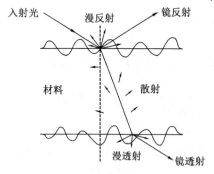

图 1.3-17 实际材料中的光反射与透射

式(1.3-38)表明,影响材料透光性的主要因素有吸收系数、反射系数、散射系数和材料厚度,且与入射光的波长、材料的化学组成、微观结构以及杂质缺陷等相关。此外,材料表面对光的反应也有影响。实际材料的表面并非十分光滑,光线通过时除了发生前述理想的镜反射和镜透射外,在粗糙表面还会因入射角参差不一而发生相当程度的漫反射和漫透射等现象,参见图 1.3-17,从而影响材料的光泽(反射率)、透明性(透过率、散射率和吸收率等)。

5. 发光和激光

光波是原子或分子发射出的具有一定波长和频率的电磁辐射。当材料的原子或分子从外部接收光能量成为激发态,然后从激发态回到正常态,以电磁辐射的形式放出所接收的能量,即发光。若材料接收光能量后立刻引起发光,中断能量供给后在 $10^{-7} \sim 10^{-8}$ s 内停止发光,即荧光。若材料不仅接收能量能发光而且中断能量供给后一段时间仍能发光,即磷光。

发光有两种途径:①激发态的原子或分子(简称粒子)无规则地放出一个光子而转变到正常态,称为自发发射;②激发态的粒子受到能量为两能级差 $h\nu = E_2 - E_1$ 的光子作用,使粒子转变到正常态同时产生第二个光子,称其为受激发射,这样产生的光为激光。激光具有时间和空间的相干性(同方向、同相位、同频率和同偏振),是一种单色和定向的相干光束。

当能量等于这两个能级间差值的光子趋近时,既有可能被吸收而发生自发发射,也有可能产生受激发射,这取决于高能态和低能态粒子的相对数目。若高能态粒子较多则受激发射占优势,反之则自发发射占优势。要想受激发射占优势,必要条件是使高能级的粒子数 N_2 多于低能级的粒子数 N_1,这称为粒子数反转,其比值为

$$N_2/N_1 = e^{(E_2-E_1)/(kT)} \tag{1.3-39}$$

1.3.7 声波传感特性

声波的传播需要介质，不能在真空中存在。根据声源在介质中的施力方向与波在介质中的传播方向不同，可分为三种主要波型：①纵波的质点振动方向与波的传播方向一致，能在固体、液体和气体中传播，气体中声速为344m/s，液体中声速为900～1900m/s；②横波的质点振动方向垂直于传播方向，只能在固体中传播；③声表面波(Surface Acoustic Wave，SAW)是一种在固体浅表面传播的弹性波，存在若干模式，主要包括Rayleigh波、Love波、Lamb波、表面横波、漏剪切SAW等。偏振方向与基片表面垂直的剪切波称为竖直剪切波(Shear-Vertical Wave，SV波)，与表面平行的剪切波称为水平剪切波(Shear-Horizontal Wave，SH波)，纵波也就是L波(Longitudinal Wave)。Rayleigh波质点的振动介于纵波与横波之间，沿表面传播，其振幅随深度增加而迅速衰减，表面波的能量几乎集中在物体表层一个波长的深度内，表面波质点振动的轨迹是椭圆，质点位移的长轴垂直于传播方向，短轴平行于传播方向，可用于表面探伤及制作表面波器件，如滤波器、延迟线等。在固体中，通常横波声速为纵波声速的一半，表面波声速约为横波声速的90%。

根据声波频率范围，参见图 1.3-18，声波可分为如下几种。①声波，人耳能感觉频率在 20～20kHz 范围的波动。不同频率和强度的声波作用于人耳会产生不同的声音感觉。②超声波，频率在20kHz 以上的声波，可穿透几十米长的金属，在介质中传播时的声速以及衰减情况与介质的许多物理性质有关，这使得超声波在探测和传感的应用方面占有极其重要的地位。③微波，频率在几十兆赫以上的超高频超声波。当微波工作频率为 100MHz 时，其深度仅为20μm，可在一个经过适当加工后的表面上进行传播。该表面是在基片上做出凸棱或凹槽，也可在基片上沉积一层低表面波传送的薄膜材料；还可以将传输层做成透镜状或栅状，使得表面波聚焦或反射。利用这种表面波特性，可开发多种相关的传感器。④次声波，频率低于 20Hz 的声波，可在火山、地震、海浪等自然界运动中产生，也可人为制造次声波。振动周期1s 的次声波，波长3400m，这种次声波在大气中因气体黏滞性和导热性引起的声能吸收比一般声波小得多。次声波受水汽以及障碍物的散射影响更小，可忽略。次声波可用于检测大气中的各类物理现象，如核爆炸等。次声波是一种平面波，沿着与地球表面平行的方向传播次声波。次声波对人体有影响，会使人产生不舒服的感觉，原因是频率小于 7Hz 的次声波与人脑的α节律频率相同，对大脑影响特别大。另外，功率强大的次声波还可能严重损坏人体的内部器官。

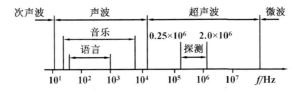

图 1.3-18 声波的频率范围

1. 声波的产生和传播

声波是一种机械波，由物体振动产生。由于介质的弹性和惯性作用，该质点会在平衡

位置附近来回振动,并带动附近质点依次振动起来,使得质点的机械振动由近及远地传播,从而形成声波。常见的波动公式为

$$c = h\nu \tag{1.3-40}$$

当波长比介质的原子或分子的线度还小时,不能引起波动。在通常的温度和压强下,气体中传播的超声波频率达 $10^8 \sim 10^9$ Hz,固体中高达 10^{13} Hz。但当波长较质点间的距离数量级差不多时,声波衰减极大。实际应用中,超声波频率的上限在气体中为 10^6 Hz,在固体和液体中约为 10^9 Hz。表1-4给出了部分介质中声波的传播速度和声阻抗。

表1-4 几种介质的声速和特性阻抗

介质	密度ρ/(g/cm³)	纵波声速 c_l/(m/s)	横波声速 c_s/(m/s)	ρc_l/($\times 10^6$g/(cm²·s))	ρc_s/($\times 10^6$g/(cm²·s))
有机玻璃	1.18	2800	1460	0.3304	0.1723
铝	2.70	6260	3080	1.6902	0.8316
钢铁	7.70	5850	3230	4.5045	2.4870
水	1.00	1483	—	0.1483	—
甘油	1.26	1923	—	0.2423	—
空气	0.00129	340.0		0.0000439	

声波从金属层向空气层入射时,声阻抗相差较大,声波在界面上几乎全部反射,透射极少;声波从金属层向油层入射时,声阻抗相差较小,声波在界面上除反射外,还有部分透射。

机械波在弹性介质中的传播速度 c 取决于介质的密度 ρ、弹性模量 Y 和波的类型:

$$c = \sqrt{Y/\rho} \tag{1.3-41}$$

声波在液体与气体中传播时,速度为

$$c = \sqrt{B/\rho} \tag{1.3-42}$$

式中,B 是容变弹性模量。声波的传播造成介质稠密(或压缩)与稀疏(或膨胀)的区域中,体积由 V 变为 $V+\Delta V$,其压强由 P 变为 $P+\Delta P$。上述压缩和膨胀过程进行得很快,来不及与周围交换热量,该过程可视为绝热的。在绝热过程中,气体的容变弹性模量为

$$B = \gamma P \tag{1.3-43}$$

式中,γ 是气体的定压分子热容量与定容分子热容量之比。标准状态下,空气中的声速 $c \approx 331$ m/s。声波在多原子气体中传播时,有速度分散现象,即波速随频率变化。

声音的发生和传播涉及能量传递过程,声能密度 E 定位为单位体积传播的声能量:

$$E = p^2/(\rho c^2) \tag{1.3-44}$$

式中,p 是声压;ρ 是密度;c 是声速。

声音的传播过程还涉及声强,即单位时间内在该点给定方向通过垂直此方向单位面积上的能量。平面波的声强 I 定义为

$$I = p^2/(\rho c) = pv = \rho c v^2 \tag{1.3-45}$$

式中,v 是质点速度;ρc 是声阻率,是材料的重要声学性能之一。

在声学中,声压级 n 定义为对数比值分贝(dB):
$$n = 10\lg(I_1/I_2) \tag{1.3-46}$$
式中,I_1 和 I_2 分别为两个功率的量值。

声阻抗率 Z 定义为声压与振动速度的比值,在平面自由波时,声压与波速同周期,则
$$Z = p/v = \rho c \tag{1.3-47}$$
因此,声阻抗决定于介质的密度和波速,表示了介质的特性阻抗。

2. 声波的吸收、反射、折射和波型转换

在封闭空间中,声波入射到某一界面时,部分声能被吸收,其余被反射;声波继续传播时,则重复上述过程。由于声源不断供给能量,就会在空间形成一定的声能密度。当声源在封闭空间内停止发声后,残余声能仍能在此空间内往复反射而保留一段时间,被称为混响。声能密度下降为原有数值的百万分之一(声压级衰减60dB)所需要的时间,称为混响时间 T,若 β 表示单位时间内声能密度的对数衰变率,则
$$T = 13.8/\beta \tag{1.3-48}$$

对于内壁材料的平均吸声系数 a 较弱的空间($a<0.2$)有
$$T \approx 0.163V/(aS + 4mV) \tag{1.3-49}$$

对于内壁材料的平均吸声系数 a 较强的空间($a>0.2$),有
$$T \approx 0.163V/[-S\ln(1-a) + 4mV] \tag{1.3-50}$$

式中,V 是该封闭空间的总体积;S 是空间总的内表面积;m 是空气的声能衰变常数。

当声波频率较高时,可用几何声学方法计算封闭空间内的声场。把声波近似看作射线,声线表示从某点经无限小孔发出的部分球面波,具有明确的传播方向。只需考虑反射定律。若有几个声场的分量,不必考虑其相位关系,只要把它们的声能密度和声强简单相加。在某些特定的空间形状内,反射声可形成回声、声焦点或死点等现象。当不同壁面反射而到达听者的声音,其所经过的路程大于直达声17m时(相当于0.05s时间差),到达的反射将形成回声。壁面有凹面聚焦作用时,声能发生聚集作用,形成焦点。声音入射到任何物体时,一部分声能被物体反射,一部分被物体吸收,还有一部分会透过物体,即
$$|r|^2 + a + |t|^2 = 1 \tag{1.3-51}$$

式中,$|r|^2$ 是声能反射系数;a 是材料吸声系数;$|t|^2$ 是声能的透射系数。

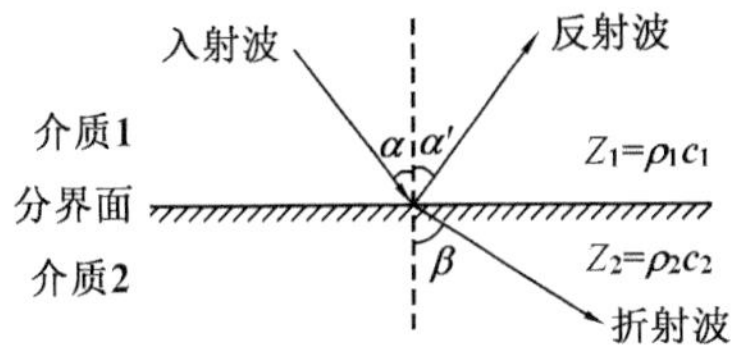

超声波从一种介质(特性阻抗为 $Z_1=\rho_1 c_1$)入射到另一种介质(特性阻抗为 $Z_2=\rho_2 c_2$)中时,在介质界面会产生反射和折射,参见图1.3-19,其中 ρ_1、c_1 分别为第一介质的密度与声速,ρ_2、c_2 为第二介质的密度与声速。超声波的反射和折射满足波的反射和折射定律:
$$\begin{cases} \sin\alpha/\sin\alpha' = c_1/c_1' \\ \sin\alpha/\sin\beta = c_1/c_2 \end{cases} \tag{1.3-52}$$

图1.3-19 波束的反射与折射

声音所产生的振动使得介质分子产生有规律、有指向性的运动,改变了原来恒定的静

压力。引起的比原静压力增高的量称为声压 p，单位为微巴（μbar）；单位时间内通过与波的传播方向垂直的单位面积上声的能量，称为声强度 I，单位为瓦/厘米^2（W/cm^2）。

（1）反射率 r_p 定义为反射声压 p_r 与入射声压 p_i 之比，参见图 1.3-20，即

$$r_p = p_r/p_i \tag{1.3-53}$$

当第二介质很厚的时候，可看作半无限介质，则介质中的波均为行波。在平衡状态下，界面上每边的总压力应相等，界面上每一边的速度应相等，即

$$\begin{cases} p_i + p_r = p_t \\ v_i \cos\alpha - v_r \cos\alpha' = v_t \cos\beta \end{cases} \tag{1.3-54}$$

v_r 前负号是因为反射波返回第一介质。

因为 $p = \rho c v = Zv$，所以

$$\frac{p_i}{Z_1}\cos\alpha - \frac{p_r}{Z_1}\cos\alpha' = \frac{p_t}{Z_2}\cos\beta \tag{1.3-55}$$

因为 $\alpha = \alpha'$，声压反射系数 r_p 为

$$r_p = \frac{Z_2\cos\alpha - Z_1\cos\beta}{Z_2\cos\alpha + Z_1\cos\beta} \tag{1.3-56}$$

特别当声波垂直入射时，$\alpha = \beta = 0$，式（1.3-56）化简为

$$r_p = \frac{Z_2 - Z_1}{Z_2 + Z_1} \tag{1.3-57}$$

当 $Z_1 < Z_2$ 时（如声波由钢材射入水中），$r_p < 0$，表示反射波与入射波反相位。

（2）反射系数 R 定义为反射声强 I_r 与入射声强 I_i 之比，参见图 1.3-20，即

$$R = \frac{I_r}{I_i} = \frac{p_r^2/Z_1}{p_i^2/Z_1} = \left(\frac{p_r}{p_i}\right)^2 = r_p^2 = \left(\frac{Z_2\cos\alpha - Z_1\cos\beta}{Z_2\cos\alpha + Z_1\cos\beta}\right)^2 \tag{1.3-58}$$

当声波垂直入射时，式（1.3-58）化简为

$$R = \left(\frac{Z_2 - Z_1}{Z_2 + Z_1}\right)^2 \tag{1.3-59}$$

（3）透射率 t_p 定义为透射声压 p_t 与入射声压 p_i 之比，即

$$t_p = p_t/p_i \tag{1.3-60}$$

当第二介质为半无限介质时：

$$t_p = \frac{2Z_2\cos\alpha}{Z_2\cos\alpha + Z_1\cos\beta} \tag{1.3-61}$$

垂直入射（$\alpha = \beta = 0$）时：

$$t_p = \frac{2Z_2}{Z_2 + Z_1} = 1 + r_p \tag{1.3-62}$$

当 $Z_2 > Z_1$ 时，$t_p > 1$，此时透射声压大于入射声压。如果从水射入钢，则 $t_p \approx 1.935$。

（4）透射系数 T 定义为透射声强 I_t 与入射声强 I_i 之比，即

$$T = \frac{I_t}{I_i} = \frac{4Z_1Z_2\cos^2\alpha}{(Z_2\cos\alpha + Z_1\cos\beta)^2} \tag{1.3-63}$$

垂直入射时：

$$T = \frac{I_t}{I_i} = \frac{4Z_1Z_2}{(Z_2+Z_1)^2} = 1 - r_p^2 \leqslant 1 \tag{1.3-64}$$

即此时透射声强不可能大于入射声强。

(5) 波型转换。当纵波以某一角度从第一种介质入射到第二种介质的界面时，除有反射和折射纵波外，还产生横波的反射与折射，参见图 1.3-20。在一定条件下，还可能产生表面波。各种类型的波速和其反射角（或折射角）正弦之比均相等，即

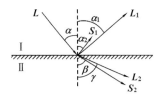

图 1.3-20　波型的转换

$$\frac{c_L}{\sin\alpha} = \frac{c_{L_1}}{\sin\alpha_1} = \frac{c_{S_1}}{\sin\alpha_2} = \frac{c_{L_2}}{\sin\gamma} = \frac{c_{S_2}}{\sin\beta} = c_p \tag{1.3-65}$$

式中，α 为入射角；α_1 为纵波反射角；α_2 为横波反射角；γ 为纵波折射角；β 为横波折射角；c_L 为入射介质内的纵波速度；c_{L_1} 为反射介质内的纵波速度；c_{S_1} 为反射介质内的横波波速；c_{L_2} 为折射介质内的纵波速度；c_{S_2} 为折射介质内的横波速度。式(1.3-65)成立的条件是其他波由入射纵波产生，沿界面的相速度相等，这些比值是这些波沿界面的相速度。

3. 声波的衰减

声波在介质中传播，随着传播距离的增加，能量逐渐衰减，衰减程度与声波的扩散、散射及吸收等因素有关。声压和声强的衰减规律为

$$\begin{cases} p = p_0 e^{-\alpha x} \\ I = I_0 e^{-2\alpha x} \end{cases} \tag{1.3-66}$$

式中，p_0 为声源距离为零时的声压；p 为声源距离为 x 时的声压；α 为衰减系数；I_0 为声源距离为零时的声强；I 为声源距离为 x 时的声强。

4. 超声空化效应

放置在液体中的超声换能器发射强超声时，液体中有大群气泡产生，气泡随声波膨胀和收缩，气泡闭合过程中产生高温、高压和强电场，空化空腔崩溃时有脉冲发光和发生冲击波的现象，即超声空化效应。

5. 声音的吸收

声音的吸收就是把声能吸收转换为热能的过程。当声波入射到多孔、透气或纤维状材料时，声波会进入材料并引起材料空隙中的空气和纤维发生振动，由于摩擦和黏滞阻力及材料导热作用，一部分声能转化为热能被耗散掉，所以材料具有吸声性能。一般把吸声系数 $\alpha > 0.2$ 的材料称为吸声材料。α 除受材料本身性质的影响外，还与材料的结构形式、声波的频率以及入射角等因素有关。

6. 水中声学

声波的水中阻力损失比空气中小，因此声波在水中比在大气中传播远。声音在水中的传播速度 v 与水的温度 T、杂质含量（含盐率 S，主要是 $MgSO_4$）以及压力等有关：

$$v = 1450 + 4.026T - 0.0366T^2 + 1.137(S-35) \tag{1.3-67}$$

在常压条件下,在水面上和水面下声速均随离开水面的距离增加而减小。在地面上一般随着高度提高,风速就提高,使声传播线呈凹形(从下面看);相反,水流在接近自由水面处最大,使水下声传播线呈凸形(自水面看)。

1.4 传感材料的功能转换特性

用于传感器的功能转换主要有[4-15]:①与物理效应有关的转换功能,主要有热-电、光-电、机-电、磁-电等;②与化学效应有关的转换功能,涉及电化学反应、氧化还原反应和催化反应等,将化学量转化为电信号,可分为电压测量型、电流测量型、电阻测量型和电容测量型等;③与生物效应有关的转换功能有酶反应、免疫反应、微生物组织变异等。

1.4.1 热-电转换特性

材料受热时,其内部的电导机制发生改变。在不同导体构成的闭合电路中,若使其结合部出现温度差,则在此闭合电路中将有热电流流过或产生热电势。

1. 金属的热-电效应

金属的热-电效应有 Seebeck 效应、Peltier 效应、Thomson 效应三种,参见图 1.4-1。

Seebeck 效应是热能转换为电能;Peltier 效应是电能转换为热能,是 Seebeck 效应的逆效应;Thomson 效应与 Peltier 效应相似,但只是同一种金属,参见表 1-5。

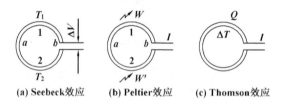

图 1.4-1 热电效应的原理图

表 1-5 三种热电效应的比较

效应	材料		温度情况	外电源	呈现的效应
Seebeck	金属	两种不同金属	两端保持不同温度	无	接触端产生热电势
	半导体	两种半导体	两端保持不同温度	无	两端产生热电势
Peltier	金属	两种不同金属	整体为某一温度	加	结点有 Joule 热外的吸、发热
	半导体	金属与半导体	整体为某一温度	加	结点有 Joule 热外的吸、发热
Thomson	金属	两条相同的金属丝	两金属丝各保持不同温度	加	温度转折处吸热或发热
	半导体	同种半导体	两端保持不同温度	加	整体发热(温度升高)或冷却

2. 半导体陶瓷热电特性

半导体陶瓷的基本特征是这种陶瓷具有半导体性质,其电阻率受外界环境温度变化的影响十分显著,可实现热-电转化,做成温度传感器。半导体陶瓷一般是氧化物或复杂氧化物。正常情况下,陶瓷的禁带 $E_g \geq 3eV$,通常为绝缘体。要使这些绝缘体成为半导体,必须对绝缘体进行半导体化处理,即必须在禁带形成施主能级或受主能级。半导体化处理的途径有两种:①控制成分使其偏离化合物的化学计量;②添加能形成附加能级的杂质,即掺杂。除了晶粒内部还有晶粒间界面的情况,也会对半导体陶瓷的热电性能起作用。

半导体陶瓷用于热电转换的称为热敏陶瓷,材料的电阻率随温度发生明显变化。电阻随温度的变化率定义为电阻温度系数 α_T:

$$\alpha_T = \frac{1}{R}\frac{dR_T}{dT} \tag{1.4-1}$$

式中,R_T 是材料在温度为 T 时的电阻。按照 α_T 的正、负值,可将热敏陶瓷分为正温度系数(Positive Temperature Coefficient,PTC);负温度系数(Negative Temperature Coefficient,NTC)以及临界温度热敏电阻(Critical Temperature Resistor,CTR),参见图1.4-2。

3. 热释电特性

一些电介质受热或冷却时会出现电极化激发起介质表面电荷,即热释电效应;反之,当外加电场于热释电材料时,电场的改变会引起它的温度变化,即电卡效应。

当温度(或红外线)作用到热释电晶体材料上时,晶体内部的自发极化状况发生改变,参见图1.4-3。若温度升高了 $\Delta T = T_B - T_A$,则自发极化 P_s 由 A 点降到了 B 点。这种变化响应,即自发极化的变化量 $\Delta P_s = P_s(T_A) - P_s(T_B)$,可通过外电路测到。流过的电流为

$$I = \frac{dP_s}{dt} = \frac{dP_s}{dT}\frac{dT}{dt} = p\frac{dT}{dt} \tag{1.4-2}$$

式中,$p = dP_s/dT$ 被称为热释电系数。

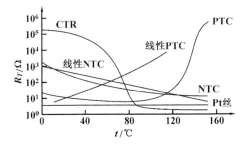

图1.4-2 各类热敏陶瓷的阻温特性及其与金属(Pt)的对比

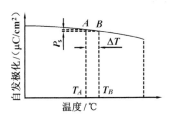

图1.4-3 自发极化的温度变化

1.4.2 光-电转换特性

图1.4-4给出了各类光-电转换现象,其中,光电子发射多见于可见光和紫外光波段;光电导效应多用于可见光和红外光波段。红外光波段的功能转换效应涉及热-电效应。从紫外光到可见光波段涉及的光-电效应主要是外光电效应、内光-电效应和另一些电-光效应。

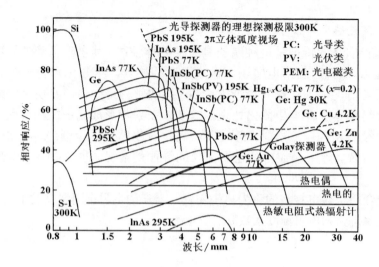

图 1.4-4 辐射探测器的频谱灵敏度

1.4.3 机-电转换特性

将应力、应变、旋转、位移等机械量变为可监测的电量有多种材料和方法,在传感器领域中使用最广泛的是压电材料的压电效应。

晶体按对称性可分为 32 个晶族,其中有对称中心的 11 个晶族没有压电效应,而无对称中心的 21 个晶族中的 20 个呈现压电效应。在无对称中心的晶体上施加应力时,晶体发生与应力成比例的极化,导致晶体两端表面出现符号相反的电荷,即正压电效应;反之,当对这类晶体施加电压时,晶体将产生与电场强度成比例的应变,即逆压电效应。

对于一般固体,应力 T 引起相应的应变 S,用弹性模量联系起来,即 $T=YS$。压电材料在被施加应力时除了产生应变还产生额外的电荷,产生的电荷量与施加的应力成比例。对于压力和张力来说,其符号是相反的,介质电位移 D(单位面积的电荷)与应力 T 的关系为

$$D = Q/A = dT \tag{1.4-3}$$

式中,d 的单位为库/牛(C/N)。这是正压电效应。

逆压电效应是指施加电场 E 时成比例地产生应变 S,其产生的应变为膨胀或为收缩,取决于样品的极化方向,关系为

$$S = dE \tag{1.4-4}$$

式中,d 的单位为米/伏(m/V)。

式(1.4-3)和式(1.4-4)中的比例常数 d 被称为压电应变常数,对于正效应和逆效应来说,d 在数值上是相同的,即有关系:

$$d_{ij} = \frac{D_i}{T_j} = \frac{S_i}{E_j} \tag{1.4-5}$$

制作用来产生机械振动或运动的压电材料,希望有较大的压电常数 d。

压电电压常数 g 表示内应力所产生的电场,或应变所引起的电位移的关系:

$$g = d/\varepsilon \tag{1.4-6}$$

由机械应力而产生电压的材料,希望具有高的压电电压常数 g。

压电应力常数 e 将应力 T 和电场 E 联系起来:

$$T = -eE \tag{1.4-7}$$

压电劲度常数 h 把应变 S 和电场 E 联系起来:

$$E = -hS \tag{1.4-8}$$

1.4.4 磁-电转换特性

电荷的流动可以产生磁现象,流动的电荷本身也可与受到的磁力作用而改变运动的性质,因此磁-电功能是可相互转化的。

1. Hall 效应

当磁场垂直作用在有电流通过的固体元件上时,在与电流方向和磁场方向垂直的方向上将产生电动势,此现象称为 Hall 效应,产生的电压称为 Hall 电压。

表 1-6 列出了几种金属材料的 Hall 系数,其中 Hall 系数还与温度有关。

表 1-6 几种金属材料的 Hall 系数 (20℃)

金属	$R_H / (\times 10^{-19} m^3/C)$	金属	$R_H / (\times 10^{-19} m^3/C)$
Al	−0.3	Cs	−7.8
Cu	−0.55	Be	2.44
Ni	−0.61	Zn	0.33
Au	−0.72	Cd	0.60
Ag	−0.84	Fe	0.24
Co	−1.3	Bi	−100
Li	−1.7	Sb	200
Na	−2.5	Rh	370
K	−42		

除了金属材料,半导体也存在 Hall 效应,参见表 1-7。

表 1-7 一些半导体材料的 Hall 系数

半导体材料	$R_H / (m^3/C)$	半导体材料	$R_H / (m^3/C)$
Si	-10^8	InSb(N 型)	−470
Ge	-10^5	InAs(N 型)	−9000

2. 磁阻效应

当磁场对有电流流过的材料发生作用时,会使其电阻值增加,这种现象称为磁阻效应。磁阻效应所引起的电阻增量一般比较小,同时还要注意材料的形变引起的 Hall 电压的变化。当材料的电子有效质量(固体内的电子质量不同于静止时的电子质量)为各向同性时,磁阻效应与材料的 Hall 迁移率 μ_H 及磁通密度 B 之积的平方成正比。比例系数决定于电流与磁场

间夹角 θ，即

$$\frac{\Delta \rho}{\rho} = 0.273(\mu_H B)^2 \sin^2 \theta \tag{1.4-9}$$

电流和磁场方向垂直称为横向磁阻效应，平行时称为纵向磁阻效应，前者效应比较显著。电子有效质量各向同性时，纵向磁阻效应为零。当电子有效质量非各向同性而只有立方对称时，磁阻效应正比于 $(\mu_H B)^2$。但这时比例系数不仅取决于 θ，还需考虑电流相对材料晶轴的方向。在各向异性的情况下，一般纵向磁阻效应不为零。

1.4.5 与化学现象有关的功能转换特性

当检测的对象是化学物质时，可通过化学反应引起电信号的改变。与化学现象有关的功能转换特性的基本原理主要涉及电化学和表面化学，化学功能转换可分为直接转换和间接转换两种情况：直接转换是将被测化学量直接变为电量或电信号；间接转换是对被测的化学量先进行识别再转换。化学量转化的传感器有能量变换型的，还有能量控制型的，如由于吸附某些特定的化学物质引起电导率渐变的情况。

将化学量转换成电量或电信号的主要形式是：①转换成电压量或信号，可用毫伏计测得；②转换成电流量或信号，可用电流计测得；③转换引起电阻值变化，可用电导率仪或欧姆表测得；④转换引起电容量变化，可用静电计或电容仪测得。

气敏传感器是化学传感器的主要形式，具有以下几种类型：①电压测量型(毫伏计)，包括表面电位门限阈值变化(如氢气敏元件、离子选择性的场效应晶体管 FFT)，电池电动势浓淡电池电动势差变化(如固体电解质 O_2 敏元件)；②电流测量型(电流计)，包括离子传导气体吸附和吸附水的离子传导(如陶瓷湿敏元件)，电子传导由于吸附分子的作用引起传导电子(空穴)浓度变化(如表面控制型半导体气敏元件)，电阻测量型吸附、燃烧或强氧化使材料电阻发生变化(如接触燃烧式敏感元件)，静电容型由于表面吸附引起电容变化(如湿敏元件)。

1.4.6 与生物效应有关的功能转换特性

利用与生物效应有关的转换功能的敏感元件可称为生物敏感元件，生物敏感传感器包括生物物质对检测对象的选择功能(也称识别功能或敏感功能)和转换功能，参见图 1.4-5。具有选择功能的物质既要与被检测生物体互相亲和并具有固定化作用，又要具有进行特定生物识别的功能材料。具有识别物质功能的生物传感器有固定化酶-酶传感器、固定化生物-组织传感器、固定化微生物-微生物传感器和固定化抗体(抗原)-免疫传感器等。功能转化部分由利用与化学现象有关的转换功能的电化学装置构成，此外也可使用具有利用物理现象功能的装置。

图 1.4-5 生物传感器的基本原理框图

用各种分子识别功能物质可构成多种相关的传感器,与生物效应有关的转换功能涉及化学的和物理的,主要形式如下。

(1)电化学的形式,随着酶的分子识别,生物体中的特定物质的量发生增减。通过适合的电极(如离子选择电极、过氧化氢电极、氢离子电极等)将这种物质的增减变为电信号。

(2)热变化的形式,有些生物功能膜在分子识别时伴随着热变化,将热变为电信号,可由生物功能膜加上热敏电阻构成。

(3)光变化的形式,有些生物功能膜在分子识别时伴随着发光的现象产生,可参照光-电转化的模式将光转换成电信号。

(4)直接变换的形式,一些生物功能膜在分子识别时会形成复合体,而这一过程若在固体表面进行,则固体表面的电位发生变化。将此表面电量的变化量检出即为直接变换。

1.5 传感器特性分析

传感器的输入-输出特性反映了输入-输出特性与内部参数的关系、误差产生的原因和规律、量程关系等重要内容。根据被测参量的变化,传感器检测系统可分为如下两种情况[23-26]。

(1)被测参量基本不变或变化很缓慢时,即准静态量,可用检测系统的静态参数(静态特性)来对这类准静态量的测量结果进行表示、分析和处理。

(2)被测参量变化很快时,要求检测系统的响应更为迅速,利用检测系统的一系列动态参数(动态特性)来对这类动态量的测量结果进行表示、分析和处理。

一般情况下,传感器的静态特性与动态特性是相互关联的,传感器的静态特性会影响到动态条件下的测量。

通常把被测参量称为传感器的输入(激励)信号,传感器的输出信号称为响应。因此,可把整个检测系统看成一个信息通道来进行分析,即组成检测系统的信号放大、信号滤波、数据采集、显示等环节。理想的信息通道能不失真地传输各种激励信号。通过对检测系统在各种激励信号下响应的分析,可以推断、评价检测系统的基本特性与主要技术指标。研究和分析检测系统的基本特性,主要有三方面的用途。

(1)通过传感器的已知基本特性,由测量结果推知被测参量的准确值,即传感器对被测参量进行通常测量的过程。

(2)根据该传感器各组成环节的已知基本特性,按照已知输入信号的流向,逐级推断和分析各环节输出信号及其不确定度。

(3)根据测量得到的(输出)结果和已知输入信号,分析传感器的基本特性。

1.5.1 传感器的静态特性

静态特性是被测量为准静态量时传感器的输入-输出特性,参见图 1.5-1。被测量处于稳定状态时,对传感器重复测试,则检测系统的输出值 y 与被测量的输入值 x 满足关系:

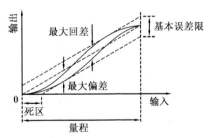

图 1.5-1 传感器的被测量值与输出值的关系

$$y = a_0 + a_1 x + a_2 x^2 + \cdots + a_n x^n \tag{1.5-1}$$

式中，a_0是零位输出（偏置量）；a_1是传感器的灵敏度；a_2，…，a_n是非线性系数。若非线性系数不大，可用切线或割线代替该段实际静态特性曲线，即传感器静态特性的线性化。设计传感器时，应将测量范围定义在静态特性最接近直线的范围。传感元件具有储能效应，如弹性元件的变形、磁滞效应等，可使仪表的实际上升曲线和下降曲线不重合，形成环状，即滞环；此外，测量仪表内部传动机构的间隙和摩擦阻力或放大器有一定灵敏限值，当输入量较小时，输出量不发生变化或变化很小，即特性曲线的不灵敏区或死区。

1. 测量范围

传感器的测量范围，是按规定的精度对被测变量进行测量的允许范围。测量范围的最大值、最小值分别称为测量上限、下限，量程x_{FS}为测量上、下限值x_U和x_L之差：

$$x_{FS} = x_U - x_L \tag{1.5-2}$$

2. 灵敏度

传感器的灵敏度s定义为检测系统的输出变化量dy与被测量的输入变化量dx之比：

$$s = a_1 = \lim_{\Delta x} \left(\frac{\Delta y}{\Delta x} \right) = \frac{dy}{dx} \tag{1.5-3}$$

对于给定系统，s的变化Δs被称为褪色，其灵敏度误差为

$$\delta_s = \Delta s / s \tag{1.5-4}$$

3. 线性度（非线性误差）

线性度δ_L定义为校准曲线与拟合直线间最大偏差Δy_{max}与满量程输出值y_{FS}之比：

$$\delta_L = \pm(\Delta y_{max} / y_{FS}) \tag{1.5-5}$$

利用最小二乘法拟合的直线，其校准点与对应的拟合直线上的点之间的残差平方和最小。设拟合直线方程式为

$$y = kx + b \tag{1.5-6}$$

若实际校准测试点有n个，则第i个校准数据y_i与拟合直线上相应值之间的残差为

$$\Delta_i = y_i - (kx_i + b) \tag{1.5-7}$$

最小二乘法拟合直线的原理就是使$\sum_{i=1}^{n} \Delta_i^2$对$k$和$b$的一阶偏导数等于零，即

$$\begin{cases} \dfrac{\partial}{\partial k} \sum_{i=1}^{n} \Delta_i^2 = 2\sum_{i=1}^{n}(y_i - kx_i - b)(-x_i) = 0 \\ \dfrac{\partial}{\partial b} \sum_{i=1}^{n} \Delta_i^2 = 2\sum_{i=1}^{n}(y_i - kx_i - b)(-1) = 0 \end{cases} \tag{1.5-8}$$

则k和b可表示为

$$\begin{cases} k = \left(n\sum_{i=1}^{n} x_i y_i - \sum_{i=1}^{n} x_i \sum_{i=1}^{n} y_i \right) \bigg/ \left[n\sum_{i=1}^{n} x_i^2 - \left(\sum_{i=1}^{n} x_i \right)^2 \right] \\ b = \left(\sum_{i=1}^{n} x_i^2 \sum_{i=1}^{n} y_i - \sum_{i=1}^{n} x_i \sum_{i=1}^{n} x_i y_i \right) \bigg/ \left[n\sum_{i=1}^{n} x_i^2 - \left(\sum_{i=1}^{n} x_i \right)^2 \right] \end{cases} \tag{1.5-9}$$

将获得的 k 和 b 值代入式(1.5-6)即可得到拟合直线,按式(1.5-7)可求出误差的最大值 $\Delta i_{\max}$,即非线性误差。大多数传感器的校正曲线是通过零点的,或者使用零点调节使它通过零点。某些量程下限不为零的传感器,也应将量程下限作为零点来处理。

4. 分辨力

信噪比 SNR 是将信号 y_i 从噪声背景 y_N 中识别出来的度量:

$$\text{SNR} = y_i/y_N = sx_i/y_N \tag{1.5-10}$$

噪声决定了传感器精确反映被测量的最低极限量,参见图 1.5-1,系统分辨力 R_x 定义为输出相当于噪声 y_N 若干倍时的被测量,即

$$R_x = C_R y_N/s = \max|\Delta x_{i,\max}| \tag{1.5-11}$$

式中,$C_R=1\sim 5$ 是分辨系数;y_N 与带宽有关。当灵敏度 s 固定时,可通过改善瞬时特性提高分辨力。在传感器输入零点附近的分辨力称为阈值(死区、失灵区或钝感区)。

5. 零点漂移(稳定性)

在无输入或固定输入时的长时间工作情况下,传感器的输出与原指示值(零值)的偏差为零点漂移(稳定性误差),反映了传感器的长时间工作稳定性:

$$D_0 = y_{\text{offset}}/y_{\text{FS}} \tag{1.5-12}$$

式中,y_{offset} 为最大零点漂移(相应偏差);y_{FS} 为传感器的满量程输出:

$$y_{\text{FS}} = y_{\max} - y_{\text{offset}} \tag{1.5-13}$$

式中,$y_{\max}$ 为传感器的最大输出信号。

6. 满量程输出漂移

满量程输出漂移(灵敏度变化或传感器系数变化)反映了传感器的输入-输出特性曲线的斜率随时间变化:

$$D_{\text{FS}} = |y_{\text{FS,max}} - y_{\text{FS},0}|/y_{\text{FS}} \tag{1.5-14}$$

式中,$y_{\text{FS},0}$ 为初始满量程输出;$y_{\text{FS,max}}$ 为最大漂移满量程输出;y_{FS} 为满量程输出。

7. 热漂移(温度稳定性)

热漂移 D_T 是温度变化 ΔT 时,传感器输出值的偏离程度。即温度变化 1°C 时,输出最大偏差 Δy_T 与满量程 y_{FS} 之比:

$$D_T = \Delta y_T/(y_{\text{FS}}\Delta T) \tag{1.5-15}$$

8. 动态范围

检测范围就是系统的最大输出信号,即系统的满量程,参见图 1.5-1。动态范围定义为检测的标尺刻度 y_{FS} 与噪声 y_N 之比:

$$\Delta R = y_{\text{FS}}/y_N \tag{1.5-16}$$

9. 迟滞

迟滞(回差)是相同工作条件下,在同一次校准中同一输入量的正、负行程的输出值之间的最大偏差,参见图 1.5-1。回差 δ_H 是最大偏差 Δy_H 或半最大偏差与满量程输出之比:

$$\delta_H = \pm \Delta y_H/(C_H y_{\text{FS}}) \tag{1.5-17}$$

式中,$C_H=1$ 或 2 是回差系数。

10. 重复性

重复性是在相同工作条件下，输入量按同一方向在全测量范围内连续变化多次所得特性曲线的不一致性。重复性测量的偶然误差，即重复性 δ_k 可用各测量值正负行程标准偏差最大值的两倍或三倍与满量程的比值表示：

$$\delta_k = \pm C_k \sigma / y_{FS} \tag{1.5-18}$$

式中，$C_k=2$ 或 3 是重复性系数。σ 是标准偏差：

$$\sigma = \sqrt{\frac{1}{n-1}\sum_{i=1}^{n}(y_i - \bar{y})^2} \tag{1.5-19}$$

式中，y_i 是测量值；$\bar{y}$ 是测量值的算术平均值；n 是测量次数。

11. 精度

精度表征测量结果与真值相符合的程度，有如下三个指标。

(1) 精密度 δ 是随机误差引起的测得值与真值的偏离程度，其中，测量的重复性是同一测量者用同一传感器在相当短的时间内对同一量做连续重复测量时，测量结果的接近程度；测量的复现性是不同的测量方法，不同的观测者，不同的测量仪器，在不同的实验室内，用较长的时间间隔对同一量做多次测量时，测量结果的接近程度。

(2) 正确度 ε 是系统误差引起的测得值与真值的偏离程度。

(3) 准确度（精确度）τ 是系统误差和随机误差共同引起的测得值与真值的偏离程度，通常表示为测量误差的相对值。常用精确度等级 A（0.005、0.02、0.05、0.1、0.2、0.35、1.0、1.5、2.5、4）进行分挡：

$$A = (\Delta y / y_{FS}) \times 100\% \tag{1.5-20}$$

式中，A 表示传感器的精度；Δy 表示测量范围内允许的最大绝对误差。

12. 环境适应性

环境适应性是传感器抵御外界干扰的能力，如抗冲击和振动、抗潮湿、抗电磁场干扰等能力。这种能力的数量概念一般不易给出，需要根据具体的情况具体分析。

13. 静态误差

静态误差是传感器在全量程内任一点的测量输出对理论输出的偏离程度：

$$\sigma = C_\sigma \sqrt{\frac{1}{n-1}\sum_{i=1}^{n}(\Delta y_i)^2} \tag{1.5-21}$$

式中，$C_\sigma=2$ 或 3 是静态误差系数；n 为测试点数。静态误差用相对误差表示：

$$\delta = \sigma / y_{FS} \tag{1.5-22}$$

静态误差是一项综合性指标，包括非线性、回差、重复性、灵敏度等误差，即

$$\delta = \pm\sqrt{\delta_L^2 + \delta_H^2 + \delta_R^2 + \delta_s^2} \tag{1.5-23}$$

1.5.2 传感器的动态特性

动态特性是指当输入量随时间变化时传感器的输入-输出特性，即动态特性是时间函数的被测参数，动态精度是一个随机过程。主要有三种模型：时域分析的微分方程、频域分析的频率特性、复频域的传递函数。动态特性好的传感器暂态响应时间短或频率响应宽。

1. 动态特性的一般数学模型

传感器的动态输入 $x(t)$ 和动态输出 $y(t)$ 关系可用微分方程式来描述。大多数传感器都是线性的或在特定范围内认为是线性的系统，可表示为常系数线性微分方程：

$$a_n\frac{\mathrm{d}^n y(t)}{\mathrm{d}t^n}+\cdots+a_1\frac{\mathrm{d}y(t)}{\mathrm{d}t}+a_0 y(t)=b_m\frac{\mathrm{d}^m x(t)}{\mathrm{d}t^m}+\cdots+b_1\frac{\mathrm{d}x(t)}{\mathrm{d}t}+b_0 x(t) \tag{1.5-24}$$

式中，t 表示时间；$a_0, a_1, \cdots, a_n$ 及 $b_0, b_1, \cdots, b_m$ 是常系数。对式(1.5-24)的微分方程求解，可得动态响应及动态性能指标。

(1) 在式(1.5-24)中，零阶传感器的系数有 a_0、b_0，微分方程简化为

$$y(t)=sx(t) \tag{1.5-25}$$

式中，$s=b_0/a_0$ 是静态灵敏度。

(2) 在式(1.5-24)中，一阶传感器的系数有 a_0、a_1、b_0，微分方程简化为

$$\tau\frac{\mathrm{d}y(t)}{\mathrm{d}t}+y(t)=sx(t) \tag{1.5-26}$$

式中，$\tau=a_1/a_0$ 是时间常数。

(3) 在式(1.5-24)中，二阶传感器的系数有 a_0、a_1、a_2、b_0，微分方程简化为

$$\frac{1}{\omega_0^2}\frac{\mathrm{d}^2 y(t)}{\mathrm{d}t^2}+\frac{2\xi}{\omega_0}\frac{\mathrm{d}y(t)}{\mathrm{d}t}+y(t)=sx(t) \tag{1.5-27}$$

式中，$\omega_0=(a_0/a_2)^{1/2}$ 是无阻尼系统的固有频率；$\xi=a_1[2(a_0a_2)^{1/2}]^{-1}$ 是阻尼比。

2. 传递函数

若 $x(t)$、$y(t)$ 的初始条件为零，对式(1.5-24)逐项进行 Laplace 变换，得

$$a_n S^n Y(S)+\cdots+a_1 SY(S)+a_0 Y(S)=b_m S^m X(S)+\cdots+b_1 SX(S)+b_0 X(S) \tag{1.5-28}$$

则系统的传递函数可表示为输出量的 Laplace 变换与输入 Laplace 变换之比：

$$H(S)=\frac{Y(S)}{X(S)}=\frac{b_m S^m+b_{m-1}S^{m-1}+\cdots+b_1 S+b_0}{a_n S^n+a_{n-1}S^{n-1}+\cdots+a_1 S+a_0} \tag{1.5-29}$$

若将传递函数的分子和分母多项式写成因子乘积的形式，即

$$H(S)=\frac{Y(S)}{X(S)}=\frac{b_m(s+B_1)(s+B_2)\cdots(s+B_m)}{a_n(s+A_1)(s+A_2)\cdots(s+A_n)} \tag{1.5-30}$$

因此，一个复杂的高阶传递函数可视为若干低阶(零阶、一阶、二阶)传递函数的乘积。

当检测系统的输出 $y(t)$ 与输入信号 $x(t)$ 满足关系

$$y(t)=A_0 x(t-\tau) \tag{1.5-31}$$

式中，A_0 和 τ 都是常量，即输出与输入只存在固定放大倍数为 A_0 和相移为 τ 的延时，则称这种检测系统为不失真系统。由式(1.5-31)可得不失真检测系统的频率响应为

$$H(\omega)=A(\omega)\mathrm{e}^{\mathrm{j}\varphi(\omega)}=A_0 \mathrm{e}^{-\mathrm{j}\omega\tau} \tag{1.5-32}$$

即，满足不失真测量的幅频特性和相频特性分别为

$$\begin{cases}A(\omega)=A_0\\ \varphi(\omega)=-\omega\tau\end{cases} \tag{1.5-33}$$

当 $A(\omega)$ 不等于常数时所引起的失真为幅度失真，$\varphi(\omega)$ 与 ω 之间不满足线性关系所引起的失真为相位失真。一般地，系统相频特性的线性段远比幅频特性的平直部分窄，所以在相位滞后有影响的传感器系统中就必须考虑相位的影响。

(1) 一阶系统的动态特性参数就是时间常数 τ。时间常数 τ 越小，装置的响应越快，近于不失真系统的通频带也越宽，所以一阶系统的时间常数 τ 原则上越小越好。

(2) 二阶系统，可分为三种情况。①当 $\omega<0.3\omega_n$ 时，$A(\omega)$ 段变化不超过 10%，但 $\varphi(\omega)$ 随阻尼比的不同剧烈变化。其中，当 ξ 接近零时，相位近似为零，可认为是不失真的，但系统容易产生超调和振荡现象，不利于测量；当 ξ 在 0.6~0.8 时，相频特性近似为一条起自坐标原点的斜线，大多的测量系统都选择在 $\xi=0.6$~0.8 内，此时可得较好的相位线性特性。②当 $\omega \geqslant (2.5$~$3)\omega_n$ 时，$\varphi(\omega)$ 接近 180°，且随 ω 变化很小，在后续测试电路或数据处理中减去固定相位差或把测试信号反相，则其相频特性基本满足不失真测量的条件，但高频幅值过小，不利于信号的输出与后续处理。③当 $0.3\omega_n<\omega<2.5\omega_n$ 时，系统的频率特性变化很大，需要具体分析。

3. 时域分析法

传感器在时域中的动态响应就是对输入的动态信号(周期信号、瞬变信号、随机信号)产生的输出，即微分方程(1.5-24)的解。

1) 零输入响应

当输入信号 $x(t)=0$ 时，输出为零输入响应。

(1) 零阶传感器的零输入响应为

$$y(t) = y(0) \tag{1.5-34}$$

式(1.5-34)表明，零阶传感器的零输入响应由初始条件 $y(0)$ 决定。

(2) 一阶传感器的零输入响应为

$$y(t) = y(0)\mathrm{e}^{-t/\tau} \tag{1.5-35}$$

(3) 二阶传感器由于起始条件而形成输出零输入响应，不同的阻尼比 ξ 有三种响应情况。

欠阻尼时，$\xi<1$，则二阶传感器的零输入响应为

$$y(t) = C\mathrm{e}^{-\xi\omega_0 t}\sin\left(\sqrt{1-\xi^2}\,\omega_0 t + \psi\right) \tag{1.5-36}$$

过阻尼时，$\xi>1$，则二阶传感器的零输入响应为

$$y(t) = C_1\mathrm{e}^{\left(-\xi+\sqrt{\xi^2-1}\right)\omega_0 t} + C_2\mathrm{e}^{\left(-\xi-\sqrt{\xi^2-1}\right)\omega_0 t} \tag{1.5-37}$$

临界阻尼时，$\xi=1$，二阶传感器的零输入响应为

$$y(t) = C_1\mathrm{e}^{-\xi\omega_0 t} + C_2\mathrm{e}^{-\xi\omega_0 t} \tag{1.5-38}$$

由此可知，当 $\xi \geqslant 1$ 时，阻尼作用较强，零状态响应不呈现振荡现象。当 $\xi<1$ 时，阻尼弱，呈现衰减振荡，频率为 $\sqrt{1-\xi^2}\,\omega_0$，即有阻尼固有频率，与外界信号无关，取决于本身参数。无阻尼时，$\xi=0$，振荡频率为无阻尼固有频率 ω_0，且永不衰减(实际上不可能)。

2) 冲激响应(权函数)

在 $t=0$ 时突然出现又消失的信号，可用冲激函数(δ 函数)表示：

$$\begin{cases} \delta(t) = \begin{cases} \infty, & t = 0 \\ 0, & t \neq 0 \end{cases} \\ \int_{-\infty}^{\infty} \delta(t) \mathrm{d}t = 1 \end{cases} \tag{1.5-39}$$

(1) 零阶传感器的冲激响应为

$$y(t) = s\delta(t) \tag{1.5-40}$$

(2) 一阶传感器的冲激响应为

$$y(t) = C_\delta \mathrm{e}^{-t/\tau} \tag{1.5-41}$$

式中，常数 C_δ 由 $t=0_+$ 的起始条件决定。通常将冲激响应 $h(t)$ 称为系统的权函数。当输入信号为任意函数 $x(t)$ 时，系统的零状态响应为

$$y(t) = \int_0^t h(t) x(t-\xi) \mathrm{d}\xi = h(t) * x(t) \tag{1.5-42}$$

式中，*号表示卷积。

由 $t=0$ 到 $t=0_+$ 积分，可得 $C_\delta = s/\tau$，则一阶系统的冲激响应（权函数）为

$$h(t) = \frac{s}{\tau} \mathrm{e}^{-t/\tau} \tag{1.5-43}$$

冲激信号出现瞬间，即 $t=0$，响应函数突然跃升，其幅度与 s 成正比，与时间常数 τ 成反比；$t>0$ 时作指数衰减，τ 越小衰减越快，响应波形越接近冲激信号。

(3) 二阶传感器的冲激响应对应不同的阻尼比 ξ 有三种冲激响应情况。

欠阻尼时，$\xi<1$，则二阶传感器的冲激响应为

$$y(t) = \frac{\omega_0 s}{2\sqrt{\xi^2-1}} \left[\mathrm{e}^{-\left(\xi+\sqrt{\xi^2-1}\right)\omega_0 t} - \mathrm{e}^{-\left(\xi-\sqrt{\xi^2-1}\right)\omega_0 t} \right] \tag{1.5-44}$$

过阻尼时，$\xi>1$，则二阶传感器的冲激响应为

$$y(t) = -\frac{\omega_0 s}{2\sqrt{\xi^2-1}} \left[\mathrm{e}^{-\left(\xi+\sqrt{\xi^2-1}\right)\omega_0 t} + \mathrm{e}^{-\left(\xi-\sqrt{\xi^2-1}\right)\omega_0 t} \right] \tag{1.5-45}$$

临界阻尼时，$\xi=1$，则二阶传感器的单位冲激响应为

$$y(t) = \omega_0^2 s \mathrm{e}^{-\omega_0 t} \tag{1.5-46}$$

3) 阶跃响应

一个起始静止的传感器若输入一个单位阶跃信号：

$$x = \begin{cases} 0, & t \leq 0 \\ 1, & t > 0 \end{cases} \tag{1.5-47}$$

给定初始条件下，求出传感器微分方程(1.5-24)的特解作为动态特性指标。

(1) 零阶传感器的阶跃响应为

$$y(t) = \begin{cases} 0, & t < 0 \\ s, & t \geq 0 \end{cases} \tag{1.5-48}$$

式(1.5-48)表明，阶跃响应与输入成正比。

(2) 一阶传感器的阶跃响应为

$$y(t) = s\left(1 - e^{-t/\tau}\right) \tag{1.5-49}$$

式中，时间常数τ是一阶传感器响应速度的重要参数，参见图 1.5-2。稳态响应是输入阶跃值的 s 倍，暂态响应是指数函数，总的响应要到 $t \to \infty$ 时才能达到最终的稳态值。工程上，把 $t=\tau$、3τ 或 4τ 时，即达到稳态值的 63.2%、95.0% 或 98.2% 作为一阶测量系统对阶跃输入的输出响应时间。由此可知，τ 越小，响应曲线越接近阶跃曲线。

(3) 二阶传感器的阶跃响应对应不同的阻尼比 ξ 有三种阶跃响应情况，参见图 1.5-3。

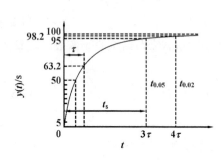
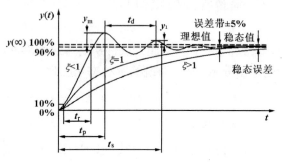

图 1.5-2 一阶系统的阶跃响应　　图 1.5-3 二阶传感器表示动态性能指标的阶跃响应曲线

欠阻尼时，$\xi<1$，则二阶传感器的阶跃响应为

$$y(t) = -s\left(1-\xi^2\right)^{-1/2} e^{-\xi\omega_0 t} \sin\left(\sqrt{1-\xi^2}\,\omega_0 t + \psi\right) + s \tag{1.5-50}$$

式中，$\psi = \arcsin(1-\xi^2)$。在图 1.5-3 中，只有 $\xi<1$ 时，阶跃响应才出现过冲，超过稳态值。式(1.5-50)表明，欠阻尼情况下，存在阻尼时的固有频率为 $\omega_d = \omega_0(1-\xi^2)^{1/2}$。上升时间 t_r 是输出由稳态值的 10% 变化到稳态值的 90% 所用的时间，t_r 随 ξ 的增大而增大，当 $\xi=0.7$ 时，$t_r=2/\omega_0$。稳定时间 t_s 是系统从阶跃输入开始到系统稳定在稳态值时所需的最小时间。对于稳态值给定为 $\pm5\%$ 的二阶传感器系统，当 $\xi=0.7$ 时，$t_s=3/\omega_0$ 最小。峰值时间 t_p 是阶跃响应曲线达到第一个峰值所需的时间。

超调量 σ 定义为过渡过程中超过稳态值的最大值 ΔA（过冲）与稳态值之比的百分数：

$$\sigma = \left[y(t_p) - y(\infty)\right]/y(\infty) \times 100\% \tag{1.5-51}$$

超调量 σ 与 $\xi = \left[(\pi/\ln\sigma)^2 + 1\right]^{-1/2}$ 有关，ξ 越大，σ 越小。

衰减振荡型二阶传感器的动态性能指标、相互关系及计算公式如表 1-8 所示。

表 1-8 $0<\xi<1$ 二阶检测系统时域动态性能指标

名称	计算公式
振荡周期 T	$T = 2\pi/\omega_d$
振荡频率 ω_d	$\omega_d = \omega_n\sqrt{1-\xi^2}$
峰值时间 t_p	$t_p = \pi/\left(\omega_n\sqrt{1-\xi^2}\right) = \pi/\omega_d = T/2$
超调量 σ	$\sigma = e^{-\pi\xi/\sqrt{1-\xi^2}} \times 100\% = e^{-D/2} \times 100\%$
响应时间 t_s	$t_{0.05} = 3/(\xi\omega_n) = 3T/D$，　$t_{0.02} = 3.9/(\xi\omega_n) = 3.9T/D$

续表

名称	计算公式
上升时间 t_r	$t_r = (1 + 0.9\xi + 1.6\xi^2)/\omega_n$
延迟时间 t_d	$t_d = (1 + 0.6\xi + 1.2\xi^2)/\omega_n$
衰减率 d	$d = e^{2\pi\xi/\sqrt{1-\xi^2}}$
对数衰减率 D	$D = 2\pi\xi/\sqrt{1-\xi^2} = -2\ln\sigma$

过阻尼时，$\xi>1$，则二阶传感器的跃迁响应为

$$y(t) = -\frac{\xi+\sqrt{\xi^2-1}}{2\sqrt{\xi^2-1}} s e^{(-\xi+\sqrt{\xi^2-1})\omega_0 t} + \frac{\xi-\sqrt{\xi^2-1}}{2\sqrt{\xi^2-1}} s e^{(-\xi-\sqrt{\xi^2-1})\omega_0 t} + s \tag{1.5-52}$$

临界阻尼时，$\xi=1$，二阶传感器的单位跃迁响应为

$$y(t) = -(1+\omega_0 t)s e^{-\omega_0 t} + s \tag{1.5-53}$$

图 1.5-3 表明，固有频率 ω_0 截止高，则响应曲线上升越快。而阻尼比 ξ 越大，则过冲现象减弱，当 $\xi \geq 1$ 时，完全没有过冲，也不存在振荡。

4. 频域分析法

传感器的频域动态性能由幅频特性和相频特性来表示，主要有通频带与工作频带以及系统固有角频率。

(1) 系统的通频带是对数幅频特性曲线上衰减 3dB 的频带宽度。

(2) 测试系统实用的是工作频带(幅度误差为 5%或 10%，较高的为 1%等)。对相位有要求的检测系统，相频特性在工作频带内相位变化应小于 5°、10°等。

(3) 当 $|H(j\omega)|=|H(j\omega)|_{\max}$ 时所对应的频率称为系统固有角频率 ω_n，确定了检测系统的固有角频率 ω_n 就可确定系统的可测信号频率范围，以及保证测量获得较高的精度。

若传感器输入信号 $x(t)$ 按正弦函数规律变化，微分方程(1.5-24)的特解为强迫振荡，则输出量 $y(t)$ 也是同频率的正弦函数，其振幅和相位随角频率 ω 变化：

$$\begin{cases} x(t) = A\sin(\omega t + \varphi_0) \\ y(t) = B\sin(\omega t + \psi_0) \end{cases} \tag{1.5-54}$$

式中，A、B、φ_0、ψ_0 是输入和输出的振幅和初相角。把式(1.5-54)代入式(1.5-29)，则传感器的频率传递函数(频率特性)为

$$H(i\omega) = \frac{b_m(i\omega)^m + \cdots + b_1(i\omega) + b_0}{a_n(i\omega)^n + \cdots + a_1(i\omega) + a_0} = \frac{B e^{j(\omega t + \psi)}}{A e^{j\omega t}} = \frac{B}{A} e^{j\psi} \tag{1.5-55}$$

传感器的频率特性包括：幅频特性为输出信号对输入信号幅值比 B/A；相频特性 ψ 为输出信号相位与输入信号相位之差。

大多数情况下并不要求输出 $y(t)$ 同时再现输入 $x(t)$ 的波形，而是允许输出 $y(t)$ 延迟一段时间 t_p。当正弦输入时，可不考虑延迟或人为将延迟时间移回来再与输入信号 $x(t)$ 比较，这时的动态误差就完全由模 $|H(j\omega)|$ 决定。当非正弦输入时，已经延迟的输出 $y(t)$ 能否再现输入的波形取决于两个条件：①平坦的幅频特性，为了保证输出波形不产生畸变，只有平坦的

幅频特性才能使输出中各次谐波的幅值比例关系与输入信号的各次谐波幅值比例关系相同；②与频率呈线性相移的相频特性，各次谐波的延迟时间应为 $t_p=\varphi_n/\omega_n$，只有输出的各次谐波保持相同的延迟时间才能再现输入波形，这就需要保持比值 φ_n/ω_n。具有这两个条件的网络，尽管输出波形延迟一段时间，但可重复原输入波形，这时可不被认为有动态误差。

在某些只需要测量有效值的场合，只关心输出 $y(t)$ 的有效值能否正确反映输入 $x(t)$ 的有效值，这时，可不必考虑输出波形因相移造成的波形畸变，只要求具有平坦的幅频特性以保持各次谐波的比例关系不变。

(1) 零阶传感器的传递函数和频率特性为

$$H\left(\frac{\mathrm{d}}{\mathrm{d}t}\right) = H(S) = H(\mathrm{j}\omega) = \frac{b_0}{a_0} = s \tag{1.5-56}$$

零阶传感器有理想的动态特性，输出与输入成正比，与频率无关，无幅值和相位失真。

(2) 一阶传感器的传递函数及频率特性可分别用运算传递函数、Laplace 传递函数、频率传递函数、幅频特性和相频特性来表示：

$$H\left(\frac{\mathrm{d}}{\mathrm{d}t}\right) = s\left(1+\tau\frac{\mathrm{d}}{\mathrm{d}t}\right)^{-1} \tag{1.5-57}$$

$$H(S) = s/(1+\tau S) \tag{1.5-58}$$

$$H(\mathrm{j}\omega) = s/(1+\mathrm{j}\omega\tau) \tag{1.5-59}$$

$$B/A = |H(\mathrm{j}\omega)| = s\left(1+\omega^2\tau^2\right)^{-1/2} \tag{1.5-60}$$

$$\psi = \arctan(-\omega t) \tag{1.5-61}$$

幅频 $|H(\mathrm{j}\omega)|$ 就是权函数的 Fourier 积分 $H(\mathrm{j}\omega)$ 的模，相频特性则为 $H(\mathrm{j}\omega)$ 的幅角。一阶系统的频率特性表明，当 $\omega\tau=1$ 时，传感器的灵敏度下降 3dB，即 $|H(\mathrm{j}\omega)|=0.707s$。取灵敏度下降到 3dB 时的频率为工作频带的上限，则一阶系统的上截止频率为 $\omega_\mathrm{H}=1/\tau$，因此时间常数 τ 越小，工作频带越宽。

(3) 二阶传感器的传递函数及频率特性可分别用运算传递函数、Laplace 传递函数、频率传递函数、幅频特性和相频特性来表示：

$$H\left(\frac{\mathrm{d}}{\mathrm{d}t}\right) = s\left(\frac{1}{\omega_0^2}\frac{\mathrm{d}^2}{\mathrm{d}t^2}+\frac{2\xi}{\omega_0}\frac{\mathrm{d}}{\mathrm{d}t}+1\right)^{-1} \tag{1.5-62}$$

$$H(S) = s/(S^2/\omega_0^2+2\xi S/\omega_0+1) \tag{1.5-63}$$

$$H(\mathrm{j}\omega) = s/\left[(\mathrm{j}\omega/\omega_0)^2+2\mathrm{j}\xi\omega/\omega_0+1\right] \tag{1.5-64}$$

$$B/A = |H(\mathrm{j}\omega)| = K\Big/\sqrt{\left[1-(\omega/\omega_0)^2\right]^2+4\xi^2(\omega/\omega_0)^2} \tag{1.5-65}$$

$$\psi = -\arctan\left\{2\xi(\omega/\omega_0)\Big/\left[1-(\omega/\omega_0)^2\right]\right\} \tag{1.5-66}$$

①当 $\omega\leqslant\omega_0$ 时，$|H(\mathrm{j}\omega)|\approx k$，$\varphi(\omega)\approx 0$，近似理想系统（零阶系统）；当 $\omega/\omega_0\ll 1$ 时，测量的动态参数和静态参数一致。加宽工作频带的关键是提高无阻尼固有频率 ω_0。

②当 $\omega\to\omega_0$ 时，幅频和相频特性都与阻尼比 ξ 有明显关系。当 $\xi<1$ 时，$|H(\mathrm{j}\omega)|$ 有极大值，

即出现共振现象；当$\xi=0$时，共振频率等于无阻尼固有频率ω_0；当$\xi>0$时，有阻尼的共振频率为$\omega_d = \sqrt{1-2\xi^2}\omega_n$。当$\xi=0.7$（最佳阻尼）时，幅频特性$|H(j\omega)|$的曲线平坦段最宽，且相频特性$\psi$接近斜直线。若取$\omega=\omega_0/2$为通频带，其幅度失真不超过2.5%，但输出曲线比输入曲线延迟$\Delta t=\pi/(2\omega_0)$。当$\xi=1$时，幅频特性曲线小于1，共振频率$\omega_0=0$，不会出现共振现象；但幅频特性曲线下降太快，平坦段反而变小了。

③当$\omega\gg\omega_0$，$|H(j\omega)|$接近零，ψ接近180°，即被测参数的频率远高于其固有频率时，传感器没有响应。

1.5.3 传感器的可靠性

规定条件下和规定时间内装置完成规定功能的能力称为仪表的可靠性[27-30]。可靠性是计量工作保证量值准确一致、正确可靠的重要内容，描述可靠性的常用参数指标如下。

(1) 可靠度(Reliability)是指产品或系统在规定条件(包括运行的环境条件、使用条件、维修条件和操作水平等)下和规定的时间内完成规定功能的概率。系统在时刻t的可靠度$R(t)$定义为系统的可靠运行时间变量T大于时间t的条件概率，即

$$R(t) = P(T>t) \tag{1.5-67}$$

与可靠度相对应的另一个特征量为不可靠度$F(t)$，即到t时刻为止的累积失效率：

$$F(t) = 1-R(t) \tag{1.5-68}$$

对N个产品，在规定工作条件和时间内有r个失效，$N-r$个正常工作，其可靠度为

$$R(t) = (N-r)/N \tag{1.5-69}$$

(2) 失效率(Failure Rate)又称故障率，是指系统工作t时间以后，单位时间内发生故障的概率。即某一时刻单位时间内，产品失效的概率$\lambda(t)$。设有N个产品，从$t=0$时刻开始工作，到t时刻已有$n(t)$个失效，此时残存数为$N-n(t)$，在此后的$(t, t+\Delta t)$时间间隔内失效$\Delta n(t)$个，则根据定义，失效率为

$$\lambda(t) = \frac{\Delta n(t)}{[N-n(t)]\Delta t} = \frac{\Delta n(t)/N}{[N-n(t)]/N \Delta t} = -\frac{dR(t)}{R(t)dt} \tag{1.5-70}$$

电子元器件、集成电路芯片经过老化筛选后，就进入偶发故障期，其故障是随机均匀分布的，故障率为常数。而电子元器件的平均寿命总是比整机高得多，即整机比元器件先进入损耗故障期。因此，常用失效率$\lambda(t)=\lambda_0$的情况，由式(1.5-70)可得

$$R(t) = e^{\int_0^t -\lambda(t)dt} = e^{-\lambda_0 t} = 1-F(t) \tag{1.5-71}$$

(3) 平均寿命(Mean Life)是系统寿命随机变量的数学期望，可修复系统是指从一次故障到下一次故障的平均时间或工作次数，即平均无故障时间MTBF；不可修复系统是指从工作开始到发生故障的时间或工作次数，即平均失效前时间(Mean Time to Failure, MTTF)。

对于可修复系统，当产品可靠度为$R(t)$时，平均寿命可表示为

$$t_{MTBF} = \int_0^\infty R(t)dt \tag{1.5-72}$$

当$R(t)$为指数分布时，则

$$t_{\text{MTBF}} = \int_0^\infty e^{\int_0^t -\lambda(\tau)d\tau} dt \tag{1.5-73}$$

当失效率 $\lambda(t)=\lambda$ 时，则

$$t_{\text{MTBF}} = 1/\lambda \tag{1.5-74}$$

$$R(t = t_{\text{MTBF}}) = 0.368 \tag{1.5-75}$$

这表明，若系统可靠度满足指数分布，则当系统工作到 t_{MTBF} 时，其可靠度为 0.368。

对于计量器具，测出其全部 n 个样品的寿命分别为 $t_1, t_2, \cdots, t_n$，则平均寿命估计为

$$\theta = \frac{1}{n}\sum t_i \tag{1.5-76}$$

在截尾实验中，若样品个数为 n，实验结束前测到 r 次失败，得寿命分别为 $t_1, t_2, \cdots, t_r$，则寿命计算如表 1-9 所示。

表 1-9 可靠性的主要指标

类 型		平均寿命估计
无替换	定数 r 个	$\hat{\theta} = \frac{1}{r}\left[\sum_{i=1}^{r} t_i + (n-r)t_r\right]$
	定时 r 个	$\hat{\theta} = \frac{1}{r}\left[\sum_{i=1}^{r} t_i + (n-r)t\right]$
有替换	定数 r 个	$\hat{\theta} = \frac{1}{r}nt_r$
	定时 r 个	$\hat{\theta} = \frac{1}{r}nt$

1.6 测　　量

测量是确定被测对象量值为目的的全部操作[1, 2, 31-40]，利用实验手段，把测量量 x 与作为计量单位的已知量 u 进行直接或间接的比较，求得比值 q 的过程：

$$x = qu \tag{1.6-1}$$

测量过程包括测量 5 个要素：①被测对象；②测量资源包括测量设备、测量人员和测量方法；③测量结果可分为工程与精密测量；④计量单位（测量单位）；⑤测量环境。测量系统的各个部分是互相联系和相互制约的，参见图 1.6-1。

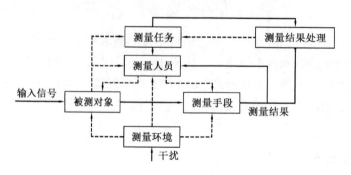

图 1.6-1　测量系统框图

1.6.1 测量方式

测量是对客观事物取得定量认识的一种手段。测量是一个比较过程,即将被测量同已知量相比较,以选定被测量与选定单位的比值,这个比值(数值)同单位结合在一起称为量值。特定目的的测量包括检定、校准、定值、定度和标定等[41-44]。

(1) 标定是使用标准器或高精度标准表(测量误差小于被测传感器容许误差 1/3 的高精度传感器)对被测传感器进行全量程比对性测量,检测仪器的准确度(精度)是否符合标准,对测试设备的精度进行复核,并及时对误差进行消除的动态过程。

(2) 校准是当传感器或检测仪器使用一段时间后,在全量程范围内选择包括起始点和终点的 5 个以上的校准点,进行的性能复测。对照计量标准,按校准周期进行,评定测量装置的示值误差,确保量值准确,属于量值溯源。在规定条件下,为确定计量仪器或测量系统的示值或实物量具或标准物质所代表的值与相对应的被测量的已知值之间的关系。

(3) 检定是对测量装置进行强制性全面评定,除了包括校准的全部内容之外,还需要检定有关项目,属于量值统一的范畴,是自上而下的量值传递过程[31]。

(4) 测试泛指生产和科学实验中满足一定准确度要求的实验性测量过程。

(5) 比对是指在规定条件下,对相同准确度等级的同类计量基准、计量标准或工作计量器具的量值进行相互比较。

1.6.2 计量

测量是认识世界的基础,计量通常是测量的逆操作,源于对数和量的认识[45-47]。计量具有精密性、一致性、溯源性和法制性四个基本特性。计量分为十大类:几何量、温度量、力学量、电磁学量、电子学量、时间频率量、电离辐射量、光学量、声学量和化学量。

1. 量与单位

量是可测量量的简称,表示现象、物体或物质的可定性区别和定量确定的一种属性。单位是定量表示同种量值而约定的特定量,具有名称、符号和定义,其数值为1。量值是由数值和计量单位的乘积所表示的量的大小。

微观粒子具有全同性,1967 年第 13 届国际计量大会定义,秒(原子秒、铯原子秒或原子时 AT)是铯 133 原子(^{133}Cs)基态的两个超精细能级之间跃迁所对应辐射的 9192631770 个周期所持续的时间,时间单位秒的复现不确定度达 10^{-14} 量级。协调世界时 UTC 采用国际原子时 TAI 的速率,通过闰秒方法使其时刻与世界时 UT(地球自转周期确定的时间)接近的时间尺度。时频计量测试技术具有动态测量特性、标准量值可通过电磁波传播、量值可采用量子跃迁为基准等特点,成为其他量值计量朝量子基准转化的先导。

国际普遍采用 1971 年第 14 届国际计量大会通过的国际单位制(SI),我国使用法定计量单位的基本指导原则是由以下单位构成的组合形式[48]。

(1) 国际单位制的 7 个基本单位:长度(m)、质量(kg)、时间(s)、电流(A)、热力学温度(K)、物质的量(mol)、发光强度(cd)。

(2) 国际单位制的 2 个辅助单位:平面角(rad)、立体角(sr)。

(3) 国际单位制的 19 个导出单位:频率(Hz),力、重力(N),压力、压强、应力(Pa),功、能量、热(J),功率、辐射通量(W),电荷量(C),电位、电压、电动势(V),电容(F),

电阻(Ω)，电导(S)，磁通量(Wb)，磁通量密度、磁感应强度(T)，电感(H)，摄氏温度(℃)，光通量(lm)，光照度(lx)，放射性活度(Bq)，吸收剂量(Gy)，剂量当量(Sv)。

(4)国家选定了14个非国际单位制单位：时间(min、h、d)，平面角(second(″)、minute(′)、degree(°))，旋转速度(r/min)，长度(n mile)，速度(kn)，质量(t、u)；体积、容积(L或l)，能(eV)，级差(Tex)。

2. 量值传递与溯源性

量值传递(单位量值传递)将国家计量基准所复现的计量单位量值通过各等级计量标准传递到工作测量仪器，以保证被计量对象量值的准确一致的全部过程。量值传递强调把计量单位传递到工作计量器具。量值传递的方式主要有四种。

(1)用实物标准进行逐级传递，把计量器具送到具有高一等级计量标准部门去检定；对于不便于运输的计量器具，则由上一级计量技术机构派员携带计量标准到现场检定。

(2)用计量保证方案(MAP)进行逐级传递，用统计的方法，对那些参加MAP活动的计量技术机构的校准质量进行控制，定量地确定校准的总不确定度，并对其进行分析。

(3)用发放标准物质(CRM)进行逐级传递，标准物质是具有一种或多种给定的计量特性，用以校准计量器具、评价计量方法或给材料赋值的物质或材料，适用于理化分析、电离辐射等化学计量领域的量值传递。

(4)用发播信号进行逐级传递，国家通过无线电台、电视台、卫星技术等发播标准的时间频率信号，用户可直接接收并在现场直接校正时间频率计量器具。

溯源性是指通过一条具有规定不确定的不间断的比较链，使测量结果或计量标准的值能与规定的参考标准（如国际计量标准或国家计量标准）联系起来的特性。

3. 计量检定

将国家基准所复现的计量单位量值通过标准逐级传递到工作用计量器具，通过检定进行量值传递或量值溯源，以保证量值的准确和一致，参见表1-10。

表1-10 检定的分类

按法制管理形式分类	强制检定	由政府计量行政部门指定的法定计量检定机构或授权的计量检定机构根据计量检定规程结合实际使用情况确定
	非强制检定	使用单位依法进行的检定，或有权对社会开展量值传递工作的其他计量检定机构进行的检定。计量行政部分应对其进行监督检查
按检定性质分类	首次检定	对从未检定过的计量器具所进行的检定(计量器具修理后的检定也可列为首次检定)
	随后检定	计量器具首次检定后的检定
	周期检定	根据检定规程规定的周期，对计量器具所进行的随后检定
	抽样检定	从一批相同的计量器具中，抽取有限数量的样品，作为代表该批计量器具所作的一种检定
	仲裁检定	用计量基准或社会公用计量标准进行的以裁决为目的的检定
	一次性检定	计量器具只作首次检定而不作周期检定的一种检定

检定方法可分为两类：①整体检定法，直接用计量基准、计量标准及配套装置来检定计量器具的计量特性，直接获取计量器具的不确定度或示值误差；②单元检定法(部件检定法或分项检定法)，分别测量影响受检计量器具准确度的各项因素所产生的误差，然后通过

计算求出总不确定度,有时需旁证试验,以证实其检定结果的正确性。

4. 计量管理

我国建立的科学计量技术保障体系包括:国家基准器、各级计量标准器和工作计量器具等,进入体系的计量测试机构必须具备如下四个方面的要求。

(1) 量值传递必须具有的国家计量基准、各级计量标准(标准物质)器具。

(2) 检定工作必须按照国家检定系统表和计量检定规程进行。

(3) 要有从事量值传递工作的计量技术机构和相应称职的计量检定人员。

(4) 建立文件化的质量体系,确保检定或校准数据的准确性和公正性。

1.6.3 检测与监测

传感器是检测系统的信号源,其性能直接影响检测系统的精度和其他指标[43,44]。检测是指在生产、科研、试验及服务等领域,为获得被测对象信息,利用传感器或检测仪器对测量对象进行实时或非实时的定性检查和定量测量。监测是指长期、连续、系统地对同一物体进行实时监视而掌握它的变化。

1.7 小　　结

为满足传感器技术蓬勃发展的现状及其对人才培养的需求,本书从原理、系统和应用等三个层面展开,内容可满足多层次的人员使用:从事传感器研制的人员,可偏重于原理篇和系统篇;从事传感器应用的人员,可偏重于应用篇。

原理篇从材料的角度,介绍了金属传感器、半导体传感器、光纤传感器、陶瓷传感器、有机材料传感器、生物传感器,以及以检测对象为介质的波式与场式传感器。

系统篇介绍了测量系统、微机电系统、纳机电系统,以及智能传感器和传感器网络;还分别讨论了以高斯统计原理为基础的测量误差和以海森堡测不准原理为基础的测量不确定度,展开测量数据的分析与处理,以及复杂环境中的多传感器测量与数据融合。

应用篇提供了重要的测量对象及其常见的传感器测量方法,包括:机械参量、热工参量、电磁参量和化学参量,最后在物联网产业的背景下,传感器在智能结构、工业、生物医学、自然生态和人居环境等五大应用领域的产业化发展。

参 考 文 献

[1] GB/T 7665—2005. 传感器通用术语. 北京: 中国标准出版社, 2005.

[2] 中国电子学会敏感技术分会, 北京电子学会, 北京电子商会传感器分会. 2004/2005 传感器与执行器大全(年卷): 传感器、变送器、执行器. 北京: 机械工业出版社, 2006.

[3] 张洪润. 传感器技术大全(上册). 北京: 北京航空航天大学出版社, 2007.

[4] 赵天池. 传感器和探测器的物理原理和应用. 北京: 科学出版社, 2008.

[5] 陈艾. 敏感材料与传感器. 北京: 化学工业出版社, 2004.

[6] 倪星元, 张志华. 传感器敏感功能材料及应用. 北京: 化学工业出版社, 2005.

[7] 蒋亚东, 谢光忠. 敏感材料与传感器. 成都: 电子科技大学出版社, 2008.

[8] 吴兴惠. 敏感元器件及材料. 北京: 电子工业出版社, 1992.

[9] 赵勇, 王琦. 传感器敏感材料与器件. 北京: 机械工业出版社, 2012.

[10] 焦宝祥. 功能与信息材料. 上海: 华东理工大学出版社, 2011.

[11] 陈杰, 黄鸿. 传感器与检测技术. 2版. 北京: 高等教育出版社, 2010.

[12] 付家才. 传感器与检测技术原理及实践. 北京: 中国电力出版社, 2008.

[13] 王俊杰. 传感器与检测技术. 北京: 清华大学出版社, 2011.

[14] 周杏鹏. 传感器与检测技术. 北京: 清华大学出版社, 2010.

[15] 陈岭丽, 冯志华. 检测技术和系统. 北京: 清华大学出版社, 2005.

[16] Maxwell J C. On Faraday's lines of force. The Scientific Papers of James Clerk Maxwell, 1890, 1:155-229.

[17] Maxwell J C. On physical lines of force. The Scientific Papers of James Clerk Maxwell, 1890, 1:451-513.

[18] Maxwell J C. A dynamical theory of electromagnetic field. The Scientific Papers of James Clerk Maxwell, 1890, 1:526-597.

[19] Maxwell J C. A Treatise on Electricity and Magnetism. Oxford: Clarendon Press, 1873.

[20] 张以谟. 光互连网络技术. 北京: 电子工业出版社, 2006.

[21] 李川, 张以谟, 赵永贵, 等. 光纤光栅: 原理、技术与传感应用. 北京: 科学出版社, 2005.

[22] 李川. 光纤传感器技术. 北京: 科学出版社, 2012.

[23] 费业泰. 误差理论与数据处理. 5版. 北京: 机械工业出版社, 2000.

[24] 沙定国. 实用误差理论与数据处理. 北京: 北京理工大学出版社, 1993.

[25] ISO/IEC. Guide to the expression of uncertainty in measurement, 98: 3-2008.

[26] JJF1059.1—2012. 测量不确定度评定与表示. 北京: 中国标准出版社, 2013.

[27] GB/T 2900.13—2008. 电工术语 可信性与服务质量. 北京: 中国标准出版社, 2009.

[28] Eisenhart C. Realistic evaluation of the precision and accuracy of instrument calibration systems. Journal of research of the National Bureau of Standards, 1963, 67C: 161-187.

[29] 周真, 苏子美. 传感器可靠性技术——敏感元件与传感器的寿命分布与可靠性指标. 传感器技术, 1995, 5: 56-58.

[30] 杨德真, 任羿, 王自力, 等. 基于公理设计的产品可靠性要求实现方法. 北京航空航天大学学报, 2014, 1: 63-68.

[31] JJF1001—1998. 通用计量术语与定义. 北京: 中国计量出版社, 2003.

[32] Doebelin E O. Measurement Systems Application and Design. 5th ed. New York: McGraw-Hill, 2004.

[33] 马宏, 王金波. 仪器精度理论. 北京: 北京航空航天大学出版社, 2009.

[34] JJF1006—1994. 一级标准物质技术规范. 北京: 中国计量出版社, 2000.

[35] ISO/IEC 17025. General requirements for the competence of testing and calibration laboratories. Switzerland, 2005.

[36] ISO 9000. Quality management systems——Fundamentals and vocabulary. Switzerland, 2005.

[37] ISO 10012. Measurement management systems-requirements for measurement processes and measuring equipment. Switzerland, 2003.

[38] Draper C S. McKay W, Lees S. Instrument Engineering. New York: McGraw-Hill, 1955.

[39] 仝卫国, 李国光, 苏杰, 等. 计量测试技术. 北京: 中国计量出版社, 2006.

[40] 张玘, 刘国福, 王光明, 等. 仪器科学与技术概论. 北京: 清华大学出版社, 2011.

[41] 张宪, 宋立军. 传感器与测控电路. 北京: 化学工业出版社, 2011.

[42] 王俊杰. 检测技术与仪表. 武汉: 武汉理工大学出版社, 2002.

[43] 李邓化, 彭书华, 许晓飞. 智能检测技术及仪表. 北京: 科学出版社, 2007.

[44] 余成波. 传感器与自动检测技术. 2版. 北京: 高等教育出版社, 2009.

[45] 《计量测试技术手册》编辑委员会. 计量测试技术手册, 第1卷 技术基础. 北京: 中国计量出版社, 1996.

[46] 张钟华. 现代计量测试技术的进展. 中国计量学院学报, 2006, 17(1): 1-7.

[47] 张钟华. 计量测试技术的新动态. 中国计量学院学报, 2009, 20(1): 1-7.

[48] GB 3100—1993. 国际单位制及其应用. 北京: 中国标准出版社, 1994.

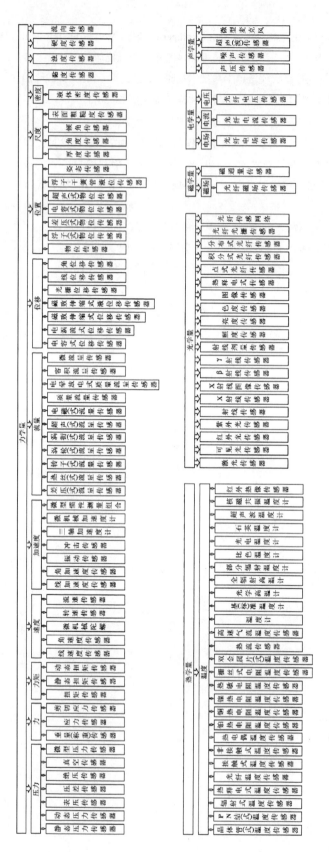

附图1.1 物理量传感器（GB/T 7665—2005）

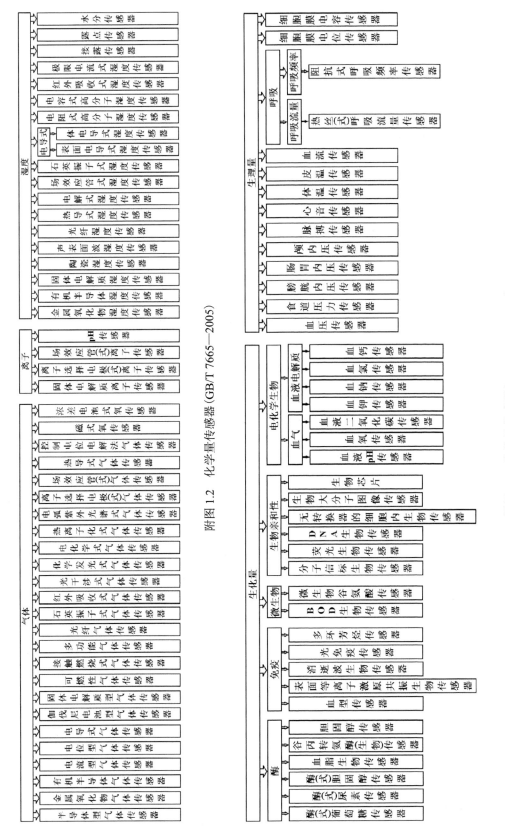

附图1.2 化学量传感器（GB/T 7665—2005）

附图1.3 生物量传感器（GB/T 7665—2005）

第一篇 原 理

第 2 章 金属传感器

2.1 引 言

早期的结构型传感器大多使用金属材料,金属材料的导电特性、磁学特性、热传导特性和热胀冷缩特性等与电子在金属材料中的自由电子和自旋状态有关[1,2],参见图2.1-1。

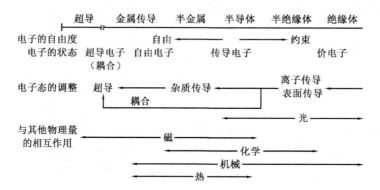

图 2.1-1 物质中电子自由度及其调整与化学和物理量的相互作用

2.2 电阻式传感器

电阻式传感器的基本工作原理是将被测量的变化转化为传感器电阻值的变化[3-8]。

2.2.1 应变式电阻传感器

应变是物体在外部压力或拉力作用下发生形变的现象。当外力去除后物体又能完全恢复其原来的尺寸和形状的应变称为弹性应变。传感器由在弹性元件(感知应变)上粘贴电阻应变敏感元件(将应变转换为电阻变化)构成。

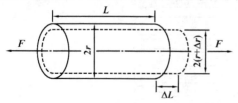

图 2.2-1 电阻丝的应变效应

1. 应变效应

当被测量作用在弹性元件上时,弹性元件在力、力矩或压力等作用下发生变形,变换成相应的应变或位移,然后传递给与之相连的应变片,引起应变敏感元件的电阻值发生变化,通过转换电路变成电量输出以反映被测量的大小,参见图 2.2-1。一根

具有应变效应的电阻丝，未受力时，电阻丝的电阻 R 为
$$R = \rho L / A \tag{2.2-1}$$
式中，ρ 是电阻丝的电阻率；L 是电阻丝的长度；A 是电阻丝的截面积。

电阻丝受拉力 F 作用时将伸长，横截面积相应减小，电阻率将因变形而改变(增加)，故引起的电阻值相对变化量为
$$\frac{\mathrm{d}R}{R} = \frac{\mathrm{d}\rho}{\rho} + \frac{\mathrm{d}L}{L} - \frac{\mathrm{d}A}{A} \tag{2.2-2}$$

若电阻丝是圆截面，即 $A=\pi r^2$ (r 为电阻丝的半径)，代入式(2.2-2)后，同时考虑变化量小，$\mathrm{d}R$、$\mathrm{d}\rho$、$\mathrm{d}L$、$\mathrm{d}A$ 可分别用 ΔR、$\Delta\rho$、ΔL、ΔA 代替，则
$$\frac{\Delta R}{R} = \frac{\Delta \rho}{\rho} + \frac{\Delta L}{L} - 2\frac{\mathrm{d}r}{r} \tag{2.2-3}$$

式中，$\Delta L/L$ 是电阻丝轴向(长度)相对变化量，即轴向应变 ε，即
$$\varepsilon = \Delta L / L \tag{2.2-4}$$

根据材料力学，径向应变可转换为轴向应变：
$$\frac{\Delta r}{r} = -v\frac{\Delta L}{L} = -\mu\varepsilon \tag{2.2-5}$$

式中，v 是电阻材料的 Poisson 比(金属时为 0.3)。式(2.2-5)表明，金属丝受拉力时，沿轴向伸长，沿径向收缩。将式(2.2-3)、式(2.2-5)代入式(2.2-4)，可得电阻丝的灵敏度系数或标准因子 K 为
$$K = \frac{\Delta R/R}{\varepsilon} = 1 + 2v + \frac{\Delta \rho}{\rho \varepsilon} \tag{2.2-6}$$

实验表明，在电阻丝拉伸极限内，电阻丝的相对变化与应变成正比，即 K 为常数。

2. 温度误差

电阻应变片的温度误差是环境温度的改变给测量带来的附加误差。

1) 电阻温度系数的影响

电阻应变片敏感栅的电阻丝阻值随温度变化 ΔT 的关系可表示为
$$R_T = R_0(1 + \alpha \Delta T) \tag{2.2-7}$$

式中，R_T 和 R_0 分别是温度为 T 和 0℃时的电阻值；α 是金属丝的电阻温度系数。式(2.2-7)表明，当温度变化 ΔT 时，电阻丝的电阻变化为
$$\Delta R_\alpha = R_T - R_0 = R_0 \alpha \Delta T \tag{2.2-8}$$

2) 试件材料和电阻丝材料的线膨胀系数的影响

设电阻丝和试件在温度为 0℃时的长度均为 L_0，其线膨胀系数分别为 β_s 和 β_g。若两者粘在一起，电阻丝产生的附加变形 ΔL、附加应变 ε_β 和附加电阻变化 ΔR_β 分别为
$$\begin{cases} \Delta L = L_0(\beta_g - \beta_s)\Delta T \\ \varepsilon_\beta = \dfrac{\Delta L}{L_0} = (\beta_g - \beta_s)\Delta T \\ \Delta R_\beta = K R_0 \varepsilon_\beta = K R_0 (\beta_g - \beta_s)\Delta T \end{cases} \tag{2.2-9}$$

因此，由温度变化引起应变片总电阻的相对变化量为

$$\frac{\Delta R_T}{R_0} = \frac{\Delta R_\alpha + \Delta R_\beta}{R_0} = \left[\alpha_0 + K(\beta_g - \beta_s)\right]\Delta T \tag{2.2-10}$$

环境温度变化导致附加电阻的相对变化取决于环境温度的变化ΔT，电阻应变片的性能参数K、α和β_s，被测试件的线膨胀系数β_g，环境温度变化引入的表观热应变ε_T为

$$\varepsilon_T = \frac{\Delta R_T/R_0}{K} = \left[\frac{\alpha_0}{K} + (\beta_g - \beta_s)\right]\Delta T \tag{2.2-11}$$

3. 金属电阻应变片

常用的金属电阻应变片的主要结构形式包括：①丝式应变片，一根金属细丝弯曲后用胶黏剂贴于衬底，参见图 2.2-2(a)，衬底用纸或有机聚合物等材料制成，电阻丝的两端焊有引出线，电阻丝直径为 0.012～0.050mm；②箔式应变片，利用光刻、腐蚀等制成的一种很薄的金属箔栅，参见图 2.2-2(b)，厚度一般为 0.003～0.010mm，表面积和截面积之比大，散热条件好，允许通过较大的电流，可做成任意的形状。金属电阻应变片的灵敏度系数表达式(2.2-6)中的 $1+2\nu$ 比$\Delta\rho/(\rho\varepsilon)$大得多，后者可忽略不计，即金属电阻应变片的应变灵敏度系数主要基于应变效应导致其材料几何尺寸的变化：

$$K \approx 1 + 2\nu \tag{2.2-12}$$

对可响应应变的金属材料，要求外加应力引入的应变产生的电阻变化率K高、线性度好、温度系数低。室温附近多用高比阻铜镍合金；300℃左右的中温区多使用卡尔马高电阻镍铬合金；500～600℃时使用镍铬合金；更高温度时使用 Pt-Ir 合金、Pt-W 合金。

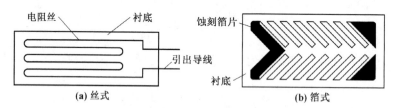

图 2.2-2　金属电阻应变片结构

2.2.2　热电阻

热电阻利用导体的电阻值随温度变化而变化的特性来实现对温度的测量，热电阻由电阻体、保护套管和接线盒等部件组成，参见图 2.2-3(a)。热电阻丝绕在骨架上，骨架采用石英、云母、陶瓷或塑料等材料制成，可根据需要将骨架制成不同的外形。为防止电阻体出现电感，热电阻丝通常采用双线并绕法，参见图 2.2-3(b)。此外，流过热电阻丝的电流一般不宜超过 6mA，否则会产生较大的热量，影响测量精度。

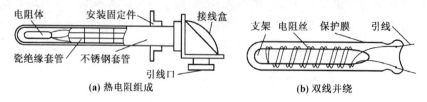

图 2.2-3　热电阻的结构图

1. 铂热电阻

国际温标 IPTS-68 规定,在–259.34～630.74℃温度域内,以铂热电阻温度计作为基准器。铂热电阻 R_T 与温度 T 的关系为

$$R_T = \begin{cases} R_0\left(1 + AT + BT^2\right), & 0 \sim 850℃ \\ R_0\left[1 + AT + BT^2 + C(T-100)T^3\right], & -200 \sim 0℃ \end{cases} \quad (2.2\text{-}13)$$

式中,R_0 是 0℃时电阻值;温度系数 $A=3.97\times10^{-3}℃^{-1}$,$B=-5.85\times10^{-7}℃^{-2}$,$C=-4.22\times10^{-12}℃^{-4}$。

2. 铜热电阻

在–50～150℃的温度范围内,铜热电阻与温度近似呈线性关系:

$$R_T = R_0(1 + \alpha T) \quad (2.2\text{-}14)$$

式中,$\alpha=4.28\times10^{-3}℃^{-1}$ 是 0℃时的铜热电阻温度系数。铜热电阻的电阻温度系数较大、线性好;但电阻率较低,电阻体的体积较大,热惯性较大,稳定性较差,100℃以上时易氧化。

3. 接触燃烧式气敏传感器

接触燃烧式气敏传感器可分为直接接触燃烧式和催化接触燃烧式两种。将铂等金属丝埋没在氧化催化剂中构成接触式气敏传感器,一般在金属线圈中通以电流,保持在 300～600℃的高温状态,当可燃性气体与预先加热的传感器表面接触时,在强催化剂的作用下,传感器表面发生燃烧现象,参见图 2.2-4。如果可燃性气体的气体含量较低,且完全燃烧,则传感器的电阻变化量与被测气体的含量成正比。燃烧式气敏传感器几乎不受周围环境湿度的影响,能对爆炸下限的绝大多数可燃性气体进行检测。但长时间使用后,其气敏特性会随着催化剂活性的降低而退化。

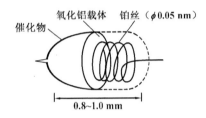

图 2.2-4 接触燃烧式气敏传感器的原理图

4. 热导率变化式气敏传感器

每种气体都有固定的热导率,混合气体的热导率可近似求得。用热导率变化法测气体含量时,以空气为基准比较被测气体。热导率变化式气敏传感器不用催化剂,不存在催化剂影响而使特性变坏的问题,除用于测量可燃性气体外,也用于无机气体及其含量的测量。

2.3 电感式传感器

电感式传感器建立在电磁感应基础上,把输入的物理量转换为线圈的自感系数 L 或互感系数 M 的变化,并通过测量电路将 L 或 M 的变化转换为电压或电流的变化[3-6, 9]。根据工作原理,电感式传感器可分为变磁阻式(自感式)、变压器式和涡流式(互感式)等。

2.3.1 变磁阻式传感器

变磁阻式(自感式)传感器中铁心和衔铁间的气隙厚度为 δ,参见图 2.3-1。衔铁移动时气隙厚度发生变化,引起磁路中磁阻变化,导致线圈的电感变化。线圈中的电感 L 为

$$L = \psi/I = W\Phi/I \tag{2.3-1}$$

式中，ψ是线圈总磁链；I是通过线圈的电流；W是线圈的匝数；Φ是穿过线圈的磁通。由磁路 Ohm 定律有

$$\Phi = IW/R_m \tag{2.3-2}$$

式中，R_m 是磁路总磁阻。因气隙很小，可认为气隙中的磁场是均匀的。在忽略磁路磁损的情况下，磁路总磁阻为

$$R_m = \frac{L_1}{\mu_1 A_1} + \frac{L_2}{\mu_2 A_2} + \frac{2\delta}{\mu_0 A_0} \tag{2.3-3}$$

式中，$\mu_0 = 4\pi \times 10^{-7}$H/m、$\mu_1$ 和 μ_2 分别为空气、铁心、衔铁的磁导率；L_1 和 L_2 分别为磁通通过铁心和衔铁中心线的长度；A_0、A_1 和 A_2 分别为气隙、铁心和衔铁的截面积(实际上近似为 $A_0 = A_1$)；δ 是单个气隙的厚度。当线圈匝数 W 为常数时，电感 L 只是磁路总磁阻 R_m 的函数。改变气隙厚度 δ 或气隙面积 A_0 均可改变磁阻并最终导致电感变化。

2.3.2 差动变压器式传感器

差动变压器式(互感式)传感器把被测量变化转换为线圈互感量变化的传感器，其二次绕组都用差动形式连接，包括变隙式、变面积式和螺线管式等结构形式。最实用的螺线管式差动变压器可测量 1～100mm 范围内的机械位移。螺线管式差动变压器由位于中间的一次绕组(绕组匝数为 W_1)、两个位于边缘的二次绕组(反向串接,绕组匝数分别为 W_{2a} 和 W_{2b})以及插入绕组中央的圆柱形铁心组成，参见图 2.3-2。

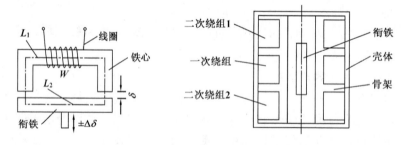

图 2.3-1　变磁阻式传感器的结构　　图 2.3-2　螺线管式差动变压器的结构图

2.3.3 电涡流式传感器

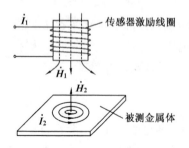

图 2.3-3　电涡流传感器原理

根据 Faraday 电磁感应定律，块状金属导体置于变化的磁场中或在磁场中作切割磁力线运动时，通过导体的磁通将发生变化，产生感应电动势。该电动势在导体表面形成电流并自行闭合，形状似水中的涡流，称为电涡流。电涡流集中在金属导体的表面，即趋肤效应。电涡流式传感器由传感器激励线圈和被测金属体组成，参见图 2.3-3。当传感器激励线圈中通以正弦交变电流时，线圈周围将产生正弦交变磁场，使位于该磁场中的金属导体产生感应电流，

该感应电流又产生新的交变磁场。新的交变磁场的作用是为了反抗原磁场，这就导致传感器线圈的等效阻抗发生变化。传感器线圈受电涡流影响时的等效阻抗 Z 为

$$Z = F(\rho, \mu, r, f, x) \tag{2.3-4}$$

式中，ρ 是被测体的电阻率；μ 是被测体的磁导率；r 是线圈与被测体的尺寸因子；f 是线圈中激磁电流的频率；x 是线圈与导体间的距离。式(2.3-4)表明，线圈阻抗的变化完全取决于被测金属导体的电涡流效应，如果只改变式中的一个参数，保持其他参数不变，传感器线圈的阻抗 Z 就只与该参数有关；若测出传感器线圈阻抗的变化，就可确定该参数。实际应用时通常改变线圈与导体间的距离 x，而保持其他参数不变。

2.4 电容式传感器

电容式传感器将被测量的变化转换为电容量的变化来实现测量[3-6, 10-12]，参见图 2.4-1。不考虑边缘效应时，电容量为

$$C = \varepsilon A/d = \varepsilon_0 \varepsilon_r A/d \tag{2.4-1}$$

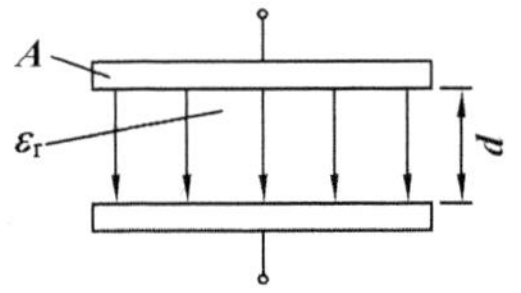

式中，A 是两平行板所覆盖的面积；ε 是极板间介质的介电常数；$\varepsilon_0 = 8.854 \times 10^{-12}$ F/m 是自由空间(真空)介电常数；ε_r 是极板间介质相对介电常数；d 是两平行板间的距离。当被测参数变化引起 A、ε_r 或 d 变化时，将导致电容 C 发生变化。电容式传感器可分为三种：变极板覆盖面积的变面积型、变介质介电常数的变介质型和变极板间距离的变极距型。

图 2.4-1 平板电容器的结构

2.5 振弦式传感器

在振弦式传感器中，拉紧的金属丝为振弦被放置在永久磁铁的磁场中；振弦的上端固定在支承中，下端与传感器可动部件相连；可动部件经调整后把振弦拉紧，其张力为 T，参见图 2.5-1，则振弦的固有振动频率 f 可表示为

$$f = \frac{1}{2l}\sqrt{\frac{T}{\rho_1}} \tag{2.5-1}$$

式中，l 为振弦的长度；ρ_1 为振弦的线密度，即单位长度的质量。式(2.5-1)表明，对于一根 l 和 ρ_1 已确定的振弦，其固有振动频率 f 是张力 T 的函数。由于振弦处于磁场之中，振动时会产生感应电势，其频率与振弦的振动频率一样，只要测出感应电势的频率就能得到振弦的固有频率 f，从而导出张力。振弦式传感器在承受负荷后，可动部分的位移将改变 T 的大小，因而振弦的频率也会改变，建立外界负荷与振弦频率改变量之间的对应关系，就是振弦式传感器的工作机理[2-6, 13-15]。

式(2.5-1)表明，振弦式传感器的特性曲线是抛物线，但在某个局部范围内可取直线来近似代替曲线，如 $T_1 = 2$kHz 和 $T_2 = 4$kHz，在这一小段中，线性误差小于±1%。为了取得特性曲线中较直的一段，初始频率不能为零。当被测力改变时，输出电势的频率就在初始频率附近变化。因此振弦式传感器在结构上可预先使振弦有一定的初始张力 T_0。当弦的张力因被测负荷的改变而增加 ΔT 时，频率由 f_0 增大到 f_c：

$$f_c = \frac{\sqrt{T_0 + \Delta T}}{2l\sqrt{\rho_1}} = \frac{1}{2l}\sqrt{\frac{T_0}{\rho_1}}\left[1 + \frac{1}{2}\frac{\Delta T}{T_0} - \frac{1}{8}\left(\frac{\Delta T}{T_0}\right)^2 + \cdots\right] \tag{2.5-2}$$

把传感器用两根振弦接成差动式,参见图 2.5-2,其初始张力均为 T_0,在被测负荷的作用后,一根弦的张力增加 ΔT 使 $T_1=T_0+\Delta T$,而另一根振弦的张力为 $T_1=T_0-\Delta T$。因此两根弦的振动频率也相应变为 $f_1=f_0+\Delta f$ 和 $f_2=f_0-\Delta f$。通过测量电路可测出两根弦的频率差来表示张力差,既可减小传感器的温度误差,也可减小非线性。

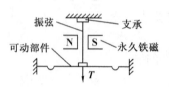 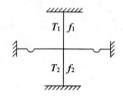

图 2.5-1　振弦式传感器的工作原理　　　　图 2.5-2　差动式振弦传感器

2.6 热 电 偶

1821 年,Seebeck 发现,两种不同的导体(铜和锑)两端相互紧密地连接在一起,组成一个闭合回路。当两接点温度不等($t>t_0$)时,回路中就会产生大小和方向与导体材料及两接点的温度有关的电动势(热电动势),形成电流,即热电效应(Seebeck 效应),参见图 2.6-1。这两种不同导体的组合称为热电偶,A、B 两导体为热电极。工作端(热端)t 测温时置于被测温度场中;自由端(冷端)t_0 恒定在某一温度。

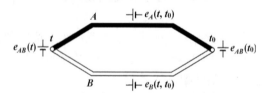

图 2.6-1　热电偶的结构图

实际上,热电动势来源于两种导体的接触电动势或单一导体的温差电动势。因此,热电偶回路总共存在两个接触电动势和两个温差电动势等四个电动势,参见图 2.6-1。但实践证明,热电偶回路中所产生的热电动势主要是由接触电动势引起的,温差电动势所占比例极小,可忽略不计;又因为 $E_{AB}(t)$ 和 $E_{AB}(t_0)$ 的极性相反,假设导体 A 的电子密度大于导体 B 的电子密度,且 A 为正极,B 为负极,因此回路的总电动势为

$$E_{AB}(t,t_0) = E_{AB}(t) - E_A(t,t_0) + E_B(t,t_0) - E_{AB}(t_0)$$

$$\approx E_{AB}(t) - E_{AB}(t_0) = \frac{kt}{e}\ln\frac{n_A(t)}{n_B(t)} - \frac{kt_0}{e}\ln\frac{n_A(t_0)}{n_B(t_0)} \tag{2.6-1}$$

国际电工委员会 IEC 推荐了 8 种标准化热电偶[3-6, 16, 17],表 2-1 是我国采用的符合 IEC 标准的 6 种热电偶的主要性能和特点。热电偶无需供电。为适应不同测量对象的测温条件和要求,热电偶的结构形式包括:普通型热电偶、铠装型热电偶和薄膜型热电偶。

表 2-1 标准化热电偶的主要性能特点

热电偶名称	测温范围	特　点
铂铑$_{30}$-铂铑$_6$	0～1700℃（超高温）	适于氧化性气氛中测温。测温上限高，稳定性好。广泛用于冶金、钢水等高温领域
铂铑$_{10}$-铂	0～1600℃（超高温）	适于氧化性、惰性气氛。热电性能稳定，抗氧化性强，精度高，热电动势较小。常用作标准热电偶或高温测量
镍铬-镍硅	−200～1200℃（高温）	适于氧化和中性气氛。测温范围宽、热电动势大，是非贵金属热电偶中性能最稳定的一种
镍铬-康铜	−200～900℃（中温）	适于还原性或惰性气氛。热电动势较其他热电偶大，稳定性好，灵敏度高
铁-康铜	−200～750℃（中温）	适于还原性气氛。电动势较大，但铁极易氧化
铜-康铜	−200～350℃（低温）	适于还原性气氛。精度高，在−200～0℃可制成标准热电偶，但铜极易氧化

2.7　磁敏式传感器

磁体一般定义为能够吸引铁、钴、镍一类物质的物体。磁敏式传感器是指对磁场参量（如磁感应强度 B、磁通 ϕ）敏感、通过磁电作用将被测量转换为电信号的器件或装置。

2.7.1　磁电感应式传感器

磁电感应式（电动式传感器）传感器利用导体和磁场发生相对运动而在导体两端输出感应电动势，是一种机-电能量变换型传感器[2-6, 18, 19]，直接从被测物体吸取机械能量并转换成电信号输出，无需供电电源，频率响应范围为 10～1000Hz。1831 年，Faraday 发现，当导体在稳定均匀的磁场中，沿着垂直于磁场方向作切割磁力线运动时，导体内将产生感应电动势。对于一个 N 匝线圈，则线圈内的感应电动势与线圈磁通 ϕ 的变化速率成正比，即

$$E = -N\frac{d\phi}{dt} \tag{2.7-1}$$

如果线圈相对于磁场的运动线速度为 v 或角速度为 ω，则式(2.7-1)可改写为

$$E = -NBLv = -NBS\omega \tag{2.7-2}$$

式中，B 是线圈在磁场的磁感应强度；L 是线圈的平均长度；S 是线圈的平均截面积。

1. 恒磁通式传感器

恒磁通式传感器在测量过程中使导体（线圈）位置相对于恒定磁通 ϕ 变化。磁路系统产生恒定直流磁场，磁路中的工作气隙固定不变，气隙中磁通也恒定不变。在恒磁通式传感器中，运动部件可以是线圈，也可以是磁铁，参见图 2.7-1。动圈式和动铁式的工作原理相同，将恒磁通电感式传感器与被测振动体固定在一起，当壳体随被测振动体一起振动时，由于弹簧较软，而运动部件质量相对较大，当被测振动体的振动频率远大于传感器固有频率时，

运动部件会由于惯性很大而来不及跟随振动体一起振动,近乎静止,振动能量几乎全部被弹簧吸收,于是永久磁铁与线圈之间的相对运动速度接近于振动体的振动速度,线圈与磁铁的相对运动将切割磁力线,从而产生与运动速度成正比的感应电动势:

$$E = -NBLv \tag{2.7-3}$$

式中,N是工作气隙中的线圈匝数(工作匝数);B是工作气隙磁感应强度;L是每匝线圈的平均长度;v是振动速度。

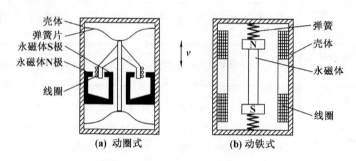

图 2.7-1 恒磁通电感式传感器

2. 变磁通式传感器

变磁通式(变磁阻式或变气隙式)传感器主要是靠改变磁路的磁通 ϕ 大小进行测量的,即通过改变测量磁路中气隙的大小改变磁路的磁阻,从而改变磁路的磁通 $\phi=NI/R_m$。图 2.7-2(a)是开磁路变磁通式,由永久磁铁、软磁铁、感应线圈和测量齿轮等组成。工作时线圈和磁铁静止不动;测量齿轮(导磁材料)被安装在被测旋转体上,随被测物一起转动。测量齿轮的凸凹导致气隙大小发生变化,会影响磁路磁阻的变化,每当齿轮转过一个齿,传感器磁路磁阻变化一次,磁通就跟随变化一次,线圈中产生感应电动势,其变化频率等于被测转速与齿轮齿数的乘积。这种传感器结构简单、输出信号较弱,且由于平衡和安全问题而不宜测量高转速。图 2.7-2(b)是闭磁路变磁通式,由装在转轴上的定子和转子、感应线圈和永久磁铁等部分组成。传感器的转子和定子都由纯铁制成,在它们的圆形端面上都均匀分布有凹槽。工作时,将传感器的转子与被测物轴相连接,当被测物旋转时就会带动转子旋转,当转子和定子的齿凸相对时,气隙最小、磁通最大;当转子与定子的齿凹相对时,气隙最大、磁通最小。这样,定子不动而转子旋转时,磁通就发生周期性变化,从而在线圈中感应出近似正弦波的电动势信号。变磁通式传感器对环境要求不高,它的工作频率下限较高,可达 50Hz,上限可达 100kHz。不同结构的磁电感应式传感器的频率响应特性不同,一般地,其频率响应范围为几十到几百赫兹,低的可至约 10Hz,高的可达 2000Hz。

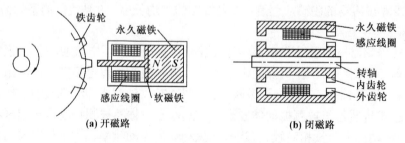

图 2.7-2 变磁通磁电感应式传感器结构

2.7.2 各向异性磁阻式传感器

在强磁性金属(Fe、Co、Ni及其合金)中,当外磁场的方向平行于磁体内部的磁化方向时,电阻几乎不随外磁场而变化,但若外磁场偏离内磁场的方向,则电阻减小,即各向异性磁阻效应。当达到500A/m左右的磁场强度时,电阻急剧变化,并在此磁场以上达到饱和,成为低磁场检测用的高灵敏度敏感材料[20, 21]。强磁性体金属的电阻率ρ依赖于强磁性体内的磁化强度M与电流I方向的夹角θ,即

$$\rho(\theta) = \rho_\perp + (\rho_\parallel - \rho_\perp)\cos^2\theta \qquad (2.7\text{-}4)$$

式中,$\rho_\parallel$和$\rho_\perp$分别是平行于M和垂直于M时的电阻率。沿薄膜磁阻元件纵向(容易磁化方向)为电流方向,在外磁场作用下,元件纵向的磁化转动一定角度θ,参见图2.7-3,磁阻效应元件的电阻随M的转动同时变化,M_i为没有外磁场时的磁化,I为电流。

通常用饱和状态时的$\rho_\parallel$和$\rho_\perp$表示磁阻效应率$\Delta\rho/\rho$:

$$\frac{\Delta\rho}{\rho} = \frac{\rho_\parallel - \rho_\perp}{\rho_\perp} \qquad (2.7\text{-}5)$$

在图2.7-4中,因外加磁场引起的电阻变化为ΔR,则元件电阻为

$$R = R_0 + \Delta R \cos^2\theta \qquad (2.7\text{-}6)$$

设元件的厚度为t,宽为w,长为l,外加电流为i,则元件两端的电压变化ΔV为

$$\Delta V = \rho i \frac{l}{wt}\left(1 + \frac{\Delta\rho}{\rho}\cos^2\theta\right) \qquad (2.7\text{-}7)$$

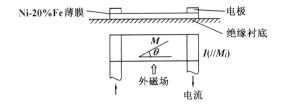

图 2.7-3 薄膜磁阻效应元件

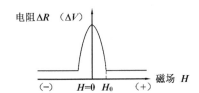

图 2.7-4 磁阻元件的响应曲线

因磁阻效应,若施加一定的电流,则元件两端电压因外磁场变化而变化,从而根据变化的端电压检测磁场。因为外磁场的变化正比于磁化旋转角θ,所以垂直于元件的外磁场强度H_e与元件端电压变化之间满足:

$$\Delta V = \rho i \frac{l}{wt}\left\{1 + \frac{\Delta\rho}{\rho}\left[1 - \left(\frac{H_e}{H_0}\right)^2\right]\right\} \qquad (2.7\text{-}8)$$

式中,H_0为元件不因外磁场作用而变化的磁场(磁阻变化饱和的磁场)。设H_k为薄膜的各向异性磁场,M_s为饱和磁化强度,μ_0为初导磁率,则$H_0 = H_k + \frac{t}{w}\frac{M_s}{\mu_0}$。作为敏感元件灵敏度的$\Delta R$随着两端间的电阻变高而变高。常用的Ni-20wt%Fe合金(坡莫合金)薄膜,其膜厚为30~300nm,w为数十微米,t从数十微米到几毫米。一旦靠近永久磁铁等磁场,磁阻元件的端电压就会发生变化,参见图2.7-5。

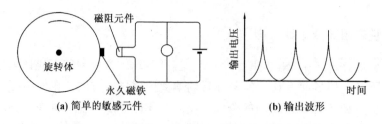

(a) 简单的敏感元件　　　　　**(b)** 输出波形

图 2.7-5　利用磁阻元件的简单敏感元件和输出波形

2.7.3　压磁式传感器

当铁磁材料受机械力作用(拉伸、压缩、扭曲等)时，在其内部产生应变，从而引起导磁率 μ 变化，即压磁效应[22]。当外加机械力消除后，铁磁材料的磁导率 μ 复原。铁磁材料受拉力时，在作用力方向，导磁率 μ 提高，而在与作用力相垂直的方向，导磁率 μ 略有降低；铁磁材料受到压力作用时，其效果则相反。压磁式传感器采用铁磁材料，通常是硅钢片、坡莫合金等。同样形状的硅钢片叠合在一起构成压磁元件，参见图 2.7-6(a)。压磁元件中间部分开有 4 个对称的小孔，孔 1、2 和 3、4 分别绕以绕组 $W_{1,2}$ 和 $W_{3,4}$。绕组 $W_{1,2}$ 通以激磁电流，通常称此绕组为激磁绕组；绕组 $W_{3,4}$ 产生感应电势，通常称为输出绕组。当 $W_{1,2}$ 通过一定的交变电流时，铁心中就产生磁场。把 4 孔之间的部分分为 A、B、C、D 四个区域，在传感器不受外力的情况下，参见图 2.7-6(b)，由于铁心中 A、B、C、D 四个区域的磁导率 μ 相同，磁力线呈轴对称分布，合成磁场强度 H 平行于输出绕组的平面，磁力线不与绕组 $W_{3,4}$ 交链，不产生感应电势。当传感器受力 F 时，参见图 2.7-6(c)，A、B 区域受到很大的压应力，而 C、D 区域基本上仍处在自由状态，因此 AB 区域的导磁率 μ 下降，磁阻增大；CD 区域的导磁率不变，这样部分磁力线不再通过 AB 区域，而绕过 CD 区域再闭合，因此磁力线原来呈现轴对称分布的状态被破坏，合成磁场强度 H 不再与 $W_{3,4}$ 平面平行，而与其交链，于是输出绕组中就产生感应电势 E。F 值越大，转移磁通越多，E 值也越大。对 E 经过电路的一系列处理后，就能建立 F 与电流 I 或电压 U 的线性关系，亦即可由 I、U 来表示被测力 F 的值。理论上，无外加作用力时，输出绕组无感应电势，但实际上由于不对称等原因(包括零件的几何尺寸和绕组的构成)，往往存在零电流 I_0 或零电压 U_0 输出。因此在电路上必须对 I_0 或 U_0 加以补偿。在测量大力值时，也常把若干单片联在一起形成多联单片。各个多联单片叠合而成的压磁元件，实际上是若干单体压磁元件的并列，把它们的激磁绕组和输出绕组分别串接起来，总的输出电流或电压即为各个单体输出的总和。

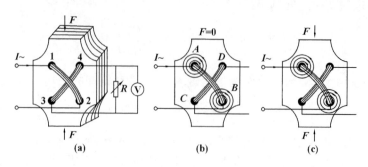

图 2.7-6　压磁元件的原理图

2.8 超导体传感器

超导体具有三个临界值,即临界电流密度、超导转变温度、临界磁场。Josephson 效应是指在两超导体间插入纳米量级的绝缘体,超导电流会从一块超导体无阻通过绝缘层到另一块超导体[23, 24],参见图 2.8-1(a)。该超导体/绝缘体/超导体(SIS)结被称为 Josephson 结,而结电流由两个超导体电子系的相位差$(\theta_2-\theta_1)$施加在结上的电压和磁场决定。若结的临界电流为 i_0,则 Josephson 电流 i_s 可表示为

$$i_s = i_0(\theta_2 - \theta_1) \tag{2.8-1}$$

Josephson 结通电时的电流-电压特性是在电压等于零的状态下也流过归因于两个超导体电子的相位差为 $\Delta\theta=\theta_2-\theta_1$ 的电流,且当 $\Delta\theta=\pi/2$ 时显示出最大电流 I_0,一旦超过 I_0 就不再流过超导电流,而产生常导电状态,参见图 2.8-1(b)。

超导量子干涉器件(Superconducting Quantum Device,SQUID)是在用超导体制作的环内引入一个或两个 Josephson 结制成的器件。图 2.8-2(a)是一个 Josephson 结的情况,检测电路中使用高频电流,即 RF SQUID[25]。图 2.8-2(b)利用直流驱动,即 DC SQUID[26]。SQUID 将两种现象,即磁通量化和 Josephson 隧穿现象相结合的磁通-电压转换器。所谓磁通量化是指超导环中的磁通 Φ 为磁通量子 $\Phi_0=2.068\times10^{-15}$Wb 的整数倍。

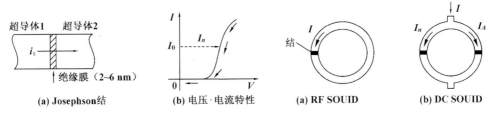

图 2.8-1 Josephson 结及其电压-电流特性   图 2.8-2 SQUID 的基本结构

SQUID 是已知灵敏度最高的检测器件,在微弱磁场检测中具有重要意义,并且由于建立了电压与频率、磁场与频率等关系,使得电压与磁场等量的测量在精度上也得到了极大提高。SQUID 传感器可检测到地球磁场十亿分之一的变化量,用于脑磁图、心磁图的检测,测出潜入海洋的潜艇产生的对地球磁场的干扰,或含油和矿床的地质层中的磁场分布(即深层的大地电磁测量),还可用于金属内部缺陷的检测,包括飞机零部件和汽车部件。

参 考 文 献

[1] 倪星元, 张志华. 传感器敏感功能材料及应用. 北京: 化学工业出版社, 2005.
[2] 蒋亚东, 谢光忠. 敏感材料与传感器. 成都: 电子科技大学出版社, 2008.
[3] 陈艾. 敏感材料与传感器. 北京: 化学工业出版社, 2004.
[4] 吴兴惠. 敏感元器件及材料. 北京: 电子工业出版社, 1992.
[5] 赵勇, 王琦. 传感器敏感材料与器件. 北京: 机械工业出版社, 2012.
[6] 焦宝祥. 功能与信息材料. 上海: 华东理工大学出版社, 2011.

[7] 肖国领. 电阻应变式传感器生产工艺分析. 传感器世界, 1996, 2(11): 32-35.

[8] 王彬, 杨鹏, 刘玉岩. 电阻应变式传感器的贴片及焊接技术. 衡器, 2002, 31(6): 29-31.

[9] 杨晓萍, 张增建. 感应式电感传感器的数学模型研究. 仪表技术与传感器, 1997, 9: 15-17.

[10] 杨道业, 徐锌锋, 李鹏. 双阵列式电容传感器特性研究. 传感技术学报, 2014, 27(10): 1336-1342.

[11] 郝魁红, 范文茹, 马敏, 等. 平面式电容传感器阵列测量复合材料技术研究. 传感器与微系统, 2014, 33(2): 35-38.

[12] 纪宗南. 电容传感器的设计. 自动化仪表, 1992, 13(3): 14-17.

[13] 张勇. 振弦式传感器的原理及校准方法被引量. 计量技术, 2008, 6: 54-56.

[14] 江修, 张焕春, 经亚枝. 振弦式传感器的频率敏感机理与应用被引量. 传感器技术, 2003, 22(12): 22-24.

[15] 杨元才. 振弦式传感器的研究. 水利电力机械, 1991, 1: 28-31.

[16] 周建军. 对标准化热电偶适用温度范围及特性的分析. 天津科技, 2014, 41(4): 72-73.

[17] 凌善康. 国际标准化热电偶分度表的新进展. 计量技术, 1994, 12: 28-30.

[18] 赵浩, 丁立军, 冯浩, 等. 一种新型磁电感应式转矩传感器的研制. 传感技术学报, 2014, 27(5): 600-604.

[19] 石延平, 陈季萍, 周庆贵. 一种新型磁电感应式动态非接触扭矩. 仪表技术与传感器, 2010, 5: 3-6.

[20] 高孝裕, 陈吉安, 周勇, 等. 磁性薄膜微电感器件的研究进展. 电子元件与材料, 2005, 24(4): 68-71.

[21] 孟庆波, 吴和泰. 磁敏元器件及传感器. 传感器世界, 2000, 6(6): 13-16.

[22] 石延平, 刘成文, 倪立学. 基于非晶态合金的压磁式力传感器. 传感技术学报, 2010, 23(4): 508-512.

[23] 陈竹年. 电磁量的自然单位和物理学的新效应. 计量学报, 1989, 10(1): 24-28.

[24] 李晓薇. 超导体/铁磁体-绝缘层-超导体隧道结的直流 Josephson 效应. 物理学报, 2002, 51(8): 1821-1825.

[25] 邱隆清, 张懿, 谢晓明. 基于高温超导 SQUID 的低场核磁共振研究. 低温与超导, 2008, 36(11): 29-33.

[26] 漆汉宏, 魏艳君, 王天生, 等. 硅双晶结高温超导直流量子干涉器件. 传感器技术, 2001, 20(1): 31-33.

第 3 章 半导体传感器

3.1 引 言

1948 年发明了半导体晶体管,1956 年,Robel 物理学奖授予了 Shockley、Bardeen 和 Bratton 三位主要发明者。目前半导体晶体管及其元件形成了第二代电子器件。半导体的主要特征是输运电流的荷电粒子(电子或空穴)的密度可在很宽的范围内变化,且可利用此变化对电阻进行控制。作为敏感元件,来自外界的信息和刺激对半导体的作用可改变其体内电子的运动状态和数目,并随外部作用的大小按一定规律转换为电信号[1-3]。

3.2 半导体的基础物性

作为敏感元件的半导体材料主要是无机的[4-6],如单一元素的 Si、Ge、Se 等;二元化合物有 GaAs、GaP、Insb、ZnS、CdS 等;还有多元化合物和有机半导体。结构上,有晶体半导体和非晶半导体[7],晶体半导体又分为多晶和单晶体,还有薄膜半导体。

3.2.1 半导体内的电子特性

在半导体中,电子由于晶格产生的周期性势垒,量子能级成为能带,参见图 3.2-1(a),横轴为波矢 K,是晶体动量的 $2\pi/h$ 倍(h 为 Planck 常数)。带隙能量(禁带宽度或能隙)通常为 0.1~3eV。导带能量的最小值与价带能量最大值的差为能隙 E_g。能量的最小点和最大点处于 Brillouin 区的同一波矢位置的半导体(GaAs)为直接跃迁型半导体,易产生发光跃迁;Si、Ge、GaP 为间接跃迁型半导体。若晶体冷却到热力学零度,则所有的价电子填充在价

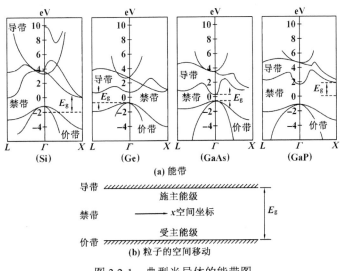

图 3.2-1 典型半导体的能带图

带中的量子能级,在空间内不能移动(成为绝缘体)。处在一定温度下或掺入杂质能使一部分电子激发到导带,在空间内自由移动,即传导电子起输运电流主体的作用。价带中没有被电子占有的量子能级可视为具有正电荷的粒子,即空穴。采用横轴为空间坐标、纵轴为量子能量的能带图表示粒子的空间移动,参见图3.2-1(b)。半导体的电流由电子和空穴输运,控制电子和空穴的浓度改变传导类型,即电流由电子产生N型,空穴产生P型。

3.2.2 半导体的电学性质

半导体晶体的电学性质可用其电阻表示。半导体的电阻率($10^{-4} \sim 10^{10}$ W·cm)介于导体和绝缘体之间。电阻率ρ的倒数为电导σ:

$$\sigma = 1/\rho = l/(RS) \tag{3.2-1}$$

式中,S为横截面积;l为样品长度;R为体积样品的电阻。Ohm定律可表示为

$$J = \sigma E \tag{3.2-2}$$

式中,J是电流密度;E是电场强度。若设电子电荷为e,传导电子密度(浓度)为n_e,速度为V_e,空穴密度为n_p,速度为V_p,则电流密度可表示为

$$J = n_e(-e)(-V_e) + n_p e V_p = e(n_e V_e + n_p V_p) \tag{3.2-3}$$

当加于半导体的电压不是太高时,漂移速度与电场E成正比:

$$\begin{cases} V_e = \mu_e E \\ V_p = \mu_p E \end{cases} \tag{3.2-4}$$

式中,电子的迁移率为μ_e,空穴的迁移率为μ_p。则外加恒定电场时的电流密度σ为

$$\sigma = e(n_e \mu_e + n_p \mu_p) \tag{3.2-5}$$

仅存在电子或空穴时的运动方程可表示为

$$m_e \frac{dV_e}{dt} = -eE - m_e \frac{V_e}{\tau_e} \tag{3.2-6}$$

式中,右边第二项为弛豫项;τ_e为散射时间,是电子碰撞的频度。式(3.2-6)的常解可导出:

$$\mu_e = e\tau_e/m_e \tag{3.2-7}$$

3.2.3 电学性质的温度依赖关系

电子占有能量为E的量子态的统计概率由Fermi-Dirac统计分布函数给出:

$$f(E) = \frac{1}{1 + e^{(E-E_F)/(kT)}} \tag{3.2-8}$$

式中,$k=1.38\times10^{-23}$ J/K为Boltzmann常数;T为热力学温度;E_F为Fermi能级。将半导体中能量间隔dE中的量子能级数换算成单位体积表示的态密度$D(E)dE$,参见图3.2-2。态密度函数在$E>E_c$和$E_v>E$时分别为向上或向下的抛物线,分别表示导带、价带的量子密度。

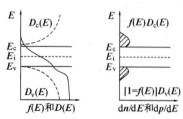

图3.2-2 电子和空穴的态密度分布函数图

若掺入杂质,带隙中产生谱线状的量子能级可用具有掺杂浓度 N_D 或 N_A 的分布函数 $f(E)$、传导电子密度 $f(E)D_c(E)$ 和价带空穴密度 $[1-f(E)]D_v(E)$ 来表示,参见图 3.2-2。将它乘以 Fermi 函数并积分,可得导电电子密度 n_c,空穴密度 p_v 和施主、受主可能俘获的电子 n_D 和空穴 p_A:

$$\begin{cases} n_c = \int_{E_c}^{\infty} D_c(E) f(E, E_F) dE \\ p_v = \int_{-\infty}^{E_c} D_v(E) \left[1 - f(E, E_F)\right] dE \\ n_D = \dfrac{2N_D}{2 + e^{(E_c - E_D - E_F)/(kT)}} \\ p_A = N_A \left(1 - \dfrac{2}{2 + e^{(E_c - E_D - E_F)/(kT)}}\right) \end{cases} \tag{3.2-9}$$

作为整体必须满足电中性条件,即

$$n_c + p_A = p_v + n_D \tag{3.2-10}$$

电中性条件是决定 Fermi 能级 E_F 的方程,其中,E_F 是统计力学中被称为 Gibbs 自由能或化学势的物理量,达到热平衡时,根据热力学第二定律要求具有同样的大小。不含杂质的半导体(本征半导体)满足式(3.2-10)要求的 Fermi 能级 E_F 及其决定的电子密度 n_c 分别为

$$\begin{cases} E_F = \dfrac{E_c + E_v}{2} + \dfrac{3}{4} kT \ln\left(\dfrac{m_p}{m_e}\right) \\ n_c = p_v = 2\left(2\pi h^{-2} \sqrt{m_e m_p}\right)^{\frac{3}{2}} e^{-\frac{E_g}{2kT}} \end{cases} \tag{3.2-11}$$

式中,E_g 是活化能。

对于只是 N_D 大,而 N_A 可以忽略的 N 型半导体,有

$$\begin{cases} E_F \approx E_c - kT \ln\left[\dfrac{2}{N_D} \left(22\pi h^{-2} m_e kT\right)^{\frac{3}{2}}\right] \\ n_c = 2\left(2\pi m_e h^{-2} kT\right)^{\frac{3}{2}} e^{-\frac{E_c - E_F}{2kT}} \end{cases} \tag{3.2-12}$$

当 E_F 在距(E_c-E_D)的下边很近时,$n_c \approx N_D$,自由载流子的密度决定于掺入的杂质。在低温下,电子落入施主能级,传导电子密度减小;在高温区,受热激发越过带隙的本征载流子起支配作用,并超过 N_D。

3.2.4 影响半导体物性的外场效应

载流子密度依赖于温度,而电子和空穴的迁移率也与温度有关。在固体内运动的电子由于散射而失去动量,其发生的概率对温度具有依赖性。在低于 150K 的温度下,温度越低,迁移率越小;高温区,温度越高,迁移率也越小;而在中间区域有最大值。高温区的迁移率受电子的晶格振动产生散射制约,而在低温区,杂质粒子产生的散射为制约的主要因素。

若电场增加,由式(3.2-3)可知电子速度增加导致电流增加。但是,当加速到一定程度时,散射几率也增加,加速度变得无效,从而产生速度饱和,即热电子效应。若进一步增加电场,则电子所具有的动能超过带隙能量,由于内部碰撞而产生新的电子、空穴对,产

生雪崩倍增(雪崩击穿)。由此引起的急剧低阻化与因气体的绝缘破坏而产生的放电相同。

由机械形变产生的效应主要是由通常构成晶格的原子相互间的配置发生变化而引起的能带结构变化。尤其是硅,由于导带的最小点在晶体能量空间被分为6个,所以当加上应力时,这些点间就产生能量差,从而电子集中于低能量的谷中。由于这种变化,电导受到调制。

光照将给予电子很大的能量,产生从价带到导带的量子跃迁,使电子-空穴对增加,增加电导,即光电导。在非平衡状态下产生出来的过剩载流子瞬间可复合接近热平衡状态。其中一个重要的渠道就是发光复合过程。对于 GaAs 和 InP 系化合物半导体而言,发光复合概率高,从而可制成效率高的发光元件和激光器。这些发光元件的输出特性也受外场的影响。这样一来,外场效应不仅对半导体的电学性质有影响,而且还使其光学性质发生变化。

3.3 电阻式半导体传感器

电阻式半导体传感器利用半导体的电阻值随外界参量变化而改变的原理进行传感。

3.3.1 压阻式半导体传感器

在应力的作用下,半导体晶体的能带结构发生变化,从而改变了载流子迁移率和载流子密度[8, 9],半导体敏感元件产生压阻效应时其电阻率的相对变化与应力σ间的关系为

$$\frac{\Delta\rho}{\rho} = \pi\sigma = \pi E \varepsilon \tag{3.3-1}$$

式中,π是半导体材料的压阻系数;E是半导体材料的弹性模量;ε是外加应力应变。因此,对于半导体电阻应变片来说,其灵敏度系数为

$$K \approx \frac{\Delta\rho}{\rho\varepsilon} = \pi E \tag{3.3-2}$$

灵敏度系数K的极性与导电类型(P型、N型)有关,其量值随晶体的取向而变。

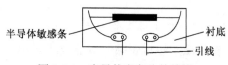

图 3.3-1 半导体应变片的结构

半导体应变片粘贴在被测物体上,参见图 3.3-1,随被测件的应变其电阻发生相应的变化。压阻效应型半导体压力敏感元件的缺点是特性随温度的变化大。

3.3.2 磁阻式传感器

磁阻元件利用磁场加在半导体上半导体电阻增加的磁阻效应[10],半导体电阻率增加的同时还包括电流分布随磁场而变、电流路径变长、电阻增加的形状效应。当磁场强度B不太大时,电阻率的增加为

$$\frac{\Delta\rho}{\rho} = (\mu B)^2 \tag{3.3-3}$$

而敏感元件的输入电阻R_B可表示为

$$R_B = V/I = R_0 g_m \rho/\rho_0 \tag{3.3-4}$$

式中,V为输入电压;I为输入电流;R_0、ρ_0为没有磁场作用时的输入电阻和输入电阻率;

g_m 为形状效应引起的电阻增加率。为使 g_m 大,只要使元件短而宽就行,而为使输出信号大,则希望 R_B 大,且容易与后续电路匹配。式(3.3-4)表明,作为磁阻元件材料,电阻率正比于迁移率的二次方。因此,多采用电子迁移率大的 InSb。为了形成有效的元件结构,在熔融状态下掺入 Ni,并使之析出具有方向性的针状 NiSb,在与电流成直角的方向上起到金属短路条的作用,从而得到电阻变化大的元件。

3.4 压电式半导体传感器

1680 年发现了石英晶体的压电效应,1948 年制作出第一只石英传感器。石英晶体的化学成分是 SiO_2,是单晶结构,理想形状为六角锥体,参见图 3.4-1(a)。石英晶体是各向异性材料,不同晶向具有各异性的物理特性[11],参见图 3.4-1(b),其中,z 轴(光轴)是通过锥顶端的纵向轴,沿该方向受力不会产生压电效应;x 轴(电轴)经过六面体的棱线并垂直于 z 轴,压电效应只在该轴的两个表面产生电荷集聚,即纵向压电效应;y 轴(机械轴)与 x、z 轴同时垂直,即横向压电效应。

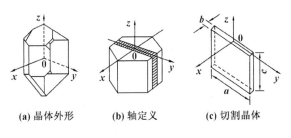

(a) 晶体外形　　**(b) 轴定义**　　**(c) 切割晶体**

图 3.4-1　石英晶体

从晶体上沿 y 轴方向切下一块晶片,参见图 3.4-1(c)。石英晶体切片受力发生压电效应,参见图 3.4-2,具体情况如下。

(1) 纵向效应:沿 x 轴方向施加作用力,在 yz 平面上产生电荷 q_x,即

$$q_x = d_{11} f_x \tag{3.4-1}$$

式中,d_{11} 是 x 方向受力的压电系数;f_x 是 x 轴方向的作用力。式(3.4-1)表明,沿电轴方向的力作用于晶体时所产生电荷量 q_x 的大小与切片的几何尺寸无关。

(2) 横向效应:沿 y 轴方向施加作用力,在 xy 平面上产生电荷,但极性方向相反,即

$$q_y = d_{12} \frac{a}{b} f_y = -d_{11} \frac{a}{b} f_y \tag{3.4-2}$$

式中,d_{12} 是 y 方向受力的压电系数(石英轴对称,$d_{12}=-d_{11}$);a 是切片的长度;b 是切片的厚度;f_y 是 y 轴方向作用力。式(3.4-2)表明,沿机械轴方向的力作用于晶体时产生的电荷 q_y 与晶体切片的几何尺寸有关;式中的"−"说明沿 y 轴的压力所引起的电荷极性与沿 x 轴的压力所引起的电荷极性相反。

(3) 电荷与沿 x 轴方向的剪切力成正比,与石英元件的尺寸无关。

(4) 沿 z 轴方向施加作用力,不会产生压电效应,没有电荷产生。

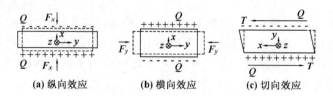

(a) 纵向效应　　(b) 横向效应　　(c) 切向效应

图 3.4-2　石英中的压电效应

压电传感器在承受沿其敏感轴的外力作用下产生电荷，相当于一个电荷源（静电发生器）。当压电元件电极表聚集电荷时，相当于以压电材料为电介质的电容器，电容为

$$C_a = \varepsilon \varepsilon_0 A / \delta \tag{3.4-3}$$

式中，C_a 为压电传感器内部电容；$\varepsilon_0 = 8.85 \times 10^{-12} \mathrm{F \cdot m^{-1}}$ 为真空介电常数；ε 为压电材料介电常数；A 为极板面积；δ 为压电元件厚度。因此，传感器既是电荷源又是电容器，当压电传感器未接负载，即负载开路时，可得压电传感器的开路电压为

$$U_a = Q / C_a \tag{3.4-4}$$

3.5　半导体 Hall 传感器

当载流导体或半导体处于与电流相垂直的磁场时，其两端将产生电位差的现象被称为 Hall 效应[12, 13]。作为半导体，若优先考虑灵敏度，则选择电子迁移率大的 InSb 和 InAs；若要求温度稳定性好，则选择禁带宽度大的 GaAs；磁场的精密测量可使用温度系数小的 InAsP；作为信号处理功能的集成电路时，则倾向于选择 Si、GaAs。

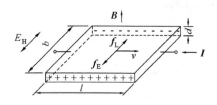

图 3.5-1　Hall 效应原理图

在一块长为 l、宽度为 b、厚度为 d 的长方形导电板上，两对垂直侧面各装上电极，参见图 3.5-1。当沿长度方向通入控制电流 I，在厚度方向施加磁感应强度为 B 的磁场时，导电板中的自由电子在电场作用下定向运动，此时，每个电子受到 Lorentz 力 f_L 的作用：

$$f_L = eBv \tag{3.5-1}$$

式中，e 是电子电荷；B 是磁场感应强度；v 是电子平均运动速度。

Lorentz 力 f_L 的方向在图中是向里的（右手法则），此时电子除了沿电流反方向作定向运动外，还在 f_L 作用下向里飘移，结果在导电板里底面积累了电子，而外表面积累了正电荷，形成附加内电场 E_H，即 Hall 电场。在 Hall 电场作用下，电子受到一个与 Lorentz 力方向相反的电场力的作用，此力阻止电荷的继续积聚，当在金属体内电子积累达到动态平衡时，电荷不再积聚，电子所受 Lorentz 力和电场力大小相等，即 $eE_H = eBv$，则

$$E_H = vB \tag{3.5-2}$$

相应的电动势称为 Hall 电动势 U_H：

$$U_H = E_H b = vBb \tag{3.5-3}$$

式中，b 是导电板宽度。

当电子浓度为 n，电子定向运动平均速度为 v 时，电流为

$$I = -nevbd \tag{3.5-4}$$

式中，d 是导电板厚度；负号表示 I 与 v 的方向相反。把式(3.5-4)代入式(3.5-3)，得

$$U_H = -\frac{IB}{ned} = R_H \frac{IB}{d} = K_H IB \tag{3.5-5}$$

式中，N 型半导体材料的 Hall 系数 R_H 和 Hall 灵敏度 K_H 分别定义为

$$R_H = -\frac{1}{ne} \tag{3.5-6}$$

$$K_H = \frac{R_H}{d} \tag{3.5-7}$$

一般地，电子迁移率远大于空穴的迁移率，所以制作 Hall 元件常采用 N 型半导体材料，如硅、锗、锑化铟和砷化铟等。但半导体材料对环境温度比较敏感，在一定的温度范围内有较大的温度系数。对于 N 型材料，多数载流子为电子，I 与 v 反向，则 Hall 灵敏度为

$$K_H = -\frac{1}{ned} \tag{3.5-8}$$

K_H 表征 Hall 元件在单位控制电流和单位磁感应强度时产生的 Hall 电压的大小。N 型材料的 K_H 为负值，P 型材料的 K_H 为正值。

式(3.5-5)给出的 Hall 电压是用控制电流来表示的，在 Hall 器件的使用中，电源电压常量为 U_c，由于 $U_c=EI$，而电子在电场中的平均迁移速度为

$$v = \mu E \tag{3.5-9}$$

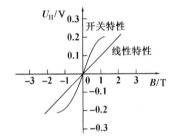

图 3.5-2 Hall 元件的特性

式中，μ 是单位电场强度下的电子迁移速率。联立式(3.5-3)和式(3.5-9)，得

$$U_H = E_H b = vBb \tag{3.5-10}$$

Hall 元件分为线性特性和开关特性两种，参见图 3.5-2。线性特性是指 Hall 元件的输出电动势 U_H 分别与基本参数 I、B 呈线性关系。开关特性是指 Hall 元件的输出电动势 U_H 在一定区域随 B 的增加迅速增加的特性。

3.6 光电式半导体传感器

光电式传感器将被测量转换为光波的变化，通过光电器件把光波的变化转换为相应的电量变化，实现对被测量的测量[14, 15]。在光作用下，使物体的电子逸出表面的现象为外光电效应(光电发射效应)。典型的光电器件是光电管、光电倍增管。在光作用下，光生载流子仍在物质内部运动，使物体电导率改变或产生光生伏特的现象称为内光电效应。光辐射使物体电导率发生变化的现象，称为光电导效应。光电传感器有效扩展了人类的视觉能力，使短波探测限延伸至紫外线、X 射线、γ 射线；长波探测限延伸至亚毫米波(THz)；半导体红外传感器广泛应用于红外制导、响尾蛇空对空及空对地导弹、夜视镜等军事领域设备。

根据不同的掺杂材料，参见图 3.6-1，半导体可分为三类[16-29]：①本征(I型)半导体，含杂质和缺陷极少的半导体，其导带电子数等于价带空穴数，Fermi 能级 E_F 位于禁带 E_g 的中间；②电子型(N型)半导体，通过掺杂使导带的电子数大于价带空穴数。掺杂施主杂质，Fermi 能级向导带方向移动，重掺时(N^+型)，Fermi 能级会进入导带；③空穴型(P型)半导体，通过掺杂使价带空穴数大于导带电子数，掺杂受主杂质，Fermi 能级向价带靠拢，重掺杂(P^+型)时，Fermi 能级会进入价带。

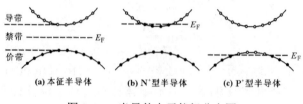

图 3.6-1　半导体电子能级分布图

3.6.1　半导体光电探测器

当半导体受光照时，材料吸收光子能量产生载流子，将光能转换为电能，其中，量子型光电探测器利用光电效应将光子直接转换为电信号，参见表 3-1。

表 3-1　半导体量子型光电探测器

类型	亚类	名称	材料	主要用途
光电导型探测器	本征型	光敏电阻	CdS、PbS HgCdTe InGaAs	可见-红外线检测 高速光检测
	非本征型		Ge: Au Ge: Cu Si: Ga	中～远红外检测
光伏型探测器	非放大型	PN 光电二极管 PIN 光电二极管 Schottky 光电二极管	Si、Ge GaAs InGaAsP HgCdTe	可见～红外线检测 高速光输出 光通信
	放大型	雪崩光电二极管 光电晶体管 光电可控硅	Si、Ge GaAs InGaAsP	高灵敏度光检测 高速光检测 光通信

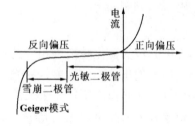

图 3.6-2　半导体 PN 结光敏区的反向偏压与电流的关系

反向偏置的半导体 PN 结光敏区有三个工作区，普通光敏光电二极管工作在二极管的雪崩发生之前，没有光电子放大功能；雪崩光电二极管工作在雪崩放大倍数与入射光的强度近似成正比的区域；Geiger 模式是在二极管的雪崩击穿区，参见图 3.6-2。

3.6.2　半导体发光二极管

半导体发光二极管(Light Emitted Diode, LED)利用半导体 PN 结自发发射，参见表 3-2，理论寿命为 $10^8 \sim 10^{10}$h，温度影响小，不存在模式噪声等。1989 年和 1993 年，因研发出高亮度蓝光 LED 和基于宽禁带半导体材料氮化镓(GaN)和铟氮化镓(InGaN)的具有商业应用价值的蓝光 LED 的赤崎勇、天野浩和中村修二获 2014 年 Nobel 物理学奖[30]。

表 3-2　LED 半导体材料

发光半导体材料	衬底	带隙	λ/nm	外量子效率 η_{out}/%	说明
GaAs	GaAs	直接	870～900	10	红外 LED
$Al_xGa_{1-x}As$ (0<x<0.4)	GaAs	直接	640～870	5～20	红-红外双异质结构 (DH) LED
$In_{1-x}Ga_xAs_yP_{1-y}$ (y=2.20x, 0<x<0.47)	InP	直接	1000～1600	>10	光通信用 LED
$In_{0.49}Al_xGa_{0.51-x}P$	GaAs	直接	590～630	1～10	绿、红 LED
$GaAs_yP_{1-y}$ (y>0.55)	GaAs	直接	630～870	<1	红-红外
InGaN 合金	GaN、SiC、红宝石、Si	直接	430～460		
掺 Zn-O 的 GaP	GaP	间接	700	2～3	红 LED
掺 N 的 GaP	GaP	间接	565	<1	绿 LED
$GaAs_yP_{1-y}$ (y>0.55) (掺 N 或 Zn、O)	GaP	间接	560～700	<1	红、橙、黄 LED
SiC	Si、SiC	间接	460～470	0.02	蓝 LED，效率低

直接带隙中的导带最低点和价带最高点的波矢相同，跃迁中动量不变，放出 ε_g 的光子，参见图 3.6-3(a)。间接带隙的导带最低点和价带最高点的波矢不同，跃迁中动量变化，有声子参与，伴有晶格热振动，放出 $\varepsilon_g \pm \hbar\omega_s$ 的光子，参见图 3.6-3(b)。

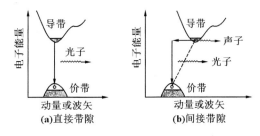

图 3.6-3　直接带隙和间接带隙半导体材料的能带结构与带间跃迁

面发射型 LED 在有源区内任意点处的光辐射均匀分布在 4π 立体角内，参见图 3.6-4，半导体的折射率 n_2 大于周围介质的折射率 n_1，有源区产生的光 I_0 到达表面出射时将发生折射，因而其面发光强度 $I(\theta)$ 与辐射方向与发光表面法线间的夹角 θ 有关：

$$I(\theta) = (n_1/n_2)^2 I_0 \cos\theta \tag{3.6-1}$$

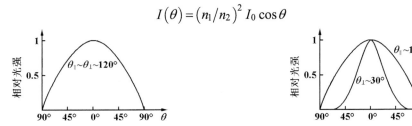

图 3.6-4　面发射型 LED 的远场光强分布图　　图 3.6-5　边发射型 LED 的远场光强分布

在边发射型 LED 中，异质结使垂直于结平面(⊥)方向形成定向光束，其角发散比平行于结平面(∥)方向小得多，参见图 3.6-5。窄的 GaAs-GaAlAs 双异质结 LED，垂直于结平面方向的半功率全角 $\theta_\perp$ 是有源区厚度 d 和结两侧 AlAs 含量差 Δx 的函数：

$$\theta_\perp \approx 20(\Delta x)d/\lambda_0 \tag{3.6-2}$$

3.6.3 半导体的受激辐射

半导体产生激光的三个基本条件是：载流子反转分布，使高能态的载流子数大于低能态的载流子数，以产生受激辐射；使光反馈的谐振腔，使激射光子增生，产生激光振荡；满足阈值条件，使光增益等于损耗，以形成稳态振荡。Alferov、Kroemer 和 Kilby 发明半导体异质结构，奠定了半导体微电子和光电子技术基础，荣获 2000 年 Nobel 物理学奖。表 3-3 对比了 LED、SLD 和 LD 的器件结构、工作原理、器件特性和应用领域。

表 3-3 LED、SLD 和 LD 的结构、原理、性能和应用比较

器件	LED	SLD	LD
器件结构	PN 结	复合区+吸收区+端面增透膜	异质结+谐振腔
光输出功率	小，通常小于 1MW	0.3～5mW	1～100W 或更大
光谱半宽 $\Delta\lambda$/nm	50～150	30～90	<0.5
相干长度	不相干	短，微米数量级	长，毫米数量级
光束发散角	120°	30°～40°	～15°×45°
工作原理	自发辐射	自发辐射+光放大	受激辐射+光放大
应用领域	显示、照明、短距离光通等	光纤陀螺、光纤传感	光纤通信、光盘存储、激光测距、光纤传感等

(1) 半导体 LD 是直接注入电流产生辐射跃迁，最终得到激光输出的，其阈值以电流密度 J 或电流 I 来表示，参见图 3.6-6。若 LD 的阈值电流为 I_{th}，当 $I>I_{th}$ 时才发出激光，且光功率随 I 线性增加。分别延长阈值前后的两段直线，交点对应的电流为阈值电流 I_{th}。

(2) LD 的模式可分为空间模和纵模(轴模)。其中，空间模的远场分布是输出光束沿轴线的光强分布；纵模是一种频谱，反映了发射光功率在不同频率或波长的分布。边发射半导体激光器具有非圆对称的波导结构，在垂直异质结平面方向(横向)和平行结平面方向(侧向)有不同的波导结构和光场限制，参见图 3.6-7。

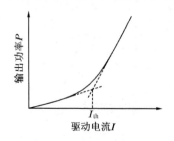

图 3.6-6 半导体的 P-I 特性曲线及其阈值电流

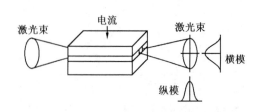

图 3.6-7 半导体激光器的横模与纵模

有源层约厚 0.15μm，以保证单横模工作；但侧向宽度相对较宽，发光面的光场在近场侧向表现出多光丝，在远场的侧向则对应光强分布，参见图 3.6-8。多侧模易使激光器的 P-I 特性曲线发生扭折(Kink)，使 P-I 曲线线性变坏。

(3) 半导体激光器的激射波长由禁带宽度 ε_g 决定，谐振条件决定着激光激射波长λ的精细结构或纵模谱，参见图 3.6-9。这些纵模之间的间隔$\Delta\lambda$和$\Delta\nu$分别为

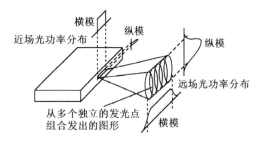

图 3.6-8 多侧模半导体激光器的近场与远场

$$\Delta\lambda = \lambda^2 / (2n_g L) \quad (3.6\text{-}3)$$

$$\Delta\nu = c / (2n_g L) \quad (3.6\text{-}4)$$

式中，c 为光速；n_g 为有源材料的群折射率。一般半导体激光器的纵模间隔为 0.5～1nm，激光介质的增益谱宽数十纳米，可出现多纵模振荡。

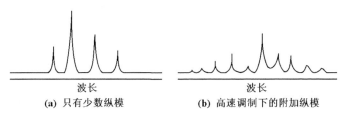

图 3.6-9 激光器的纵模谱

3.6.4 半导体激光放大器

改变半导体材料的成分，半导体光放大器(Semiconductor Optical Amplifier，SOA)或半导体激光放大器(Semiconductor Laser Amplifier，SLA)的工作波长理论上可覆盖 1280～1650nm，3dB 增益带宽可达 100nm。SLA 的光子受激辐射经波长位于半导体材料放大带宽内的信号光子产生的电子-空穴复合过程，实现对传输信号放大，参见图 3.6-10。

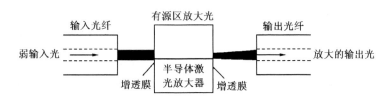

图 3.6-10 半导体激光放大器的原理图

在 Fabry-Perot 型 SLA 中，若驱动电流低于阈值，则不产生激光振荡；当向其一端输入光信号时，若频率处于激光二极管的频谱中心附近，便被放大，从另一端输出，参见图 3.6-11(a)。在行波(TW)型 SLA 中，两只端面镜都涂敷了防反射膜，反射率小于 10^{-4}，不形成 Fabry-Perot 谐振腔，光信号经有源波导层被放大，参见图 3.6-11(b)。

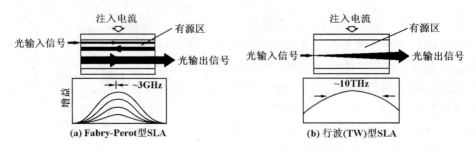

图 3.6-11 半导体激光放大器的结构及其增益谱

3.6.5 CCD 图像传感器

1970 年，Boyle 和 Smith 在 MOS(Metal Oxide Semiconductor)结构电荷存储器的基础上，提出电荷耦合器件(Charge Coupled Devices，CCD)，即以电荷转移为核心的固体图像传感器，以电荷包的形式存储和传递信息的半导体表面器件，如数码照相机、摄像机等，因发明半导体成像技术获 2009 年 Nobel 物理学奖[31]。

CCD 是按规律排列的 MOS 电容器阵列组成的移位寄存器，CCD 的单元结构是 MOS 电容器，参见图 3.6-12。其中金属为 MOS 结构的电极，称为栅极(栅极材料由能透过一定波长范围光线的多晶硅薄膜制成)，半导体作为衬底电极，在两电极之间有一层氧化物(SiO_2)绝缘体，构成电容，具有一般电容所没有的耦合电荷的能力。分辨率是摄像器件对物像中明暗细节的分辨力，主要取决于感光单元之间的距离。一张有 1024×768 个像素点的图像，就需要同样多个光敏元，即传递一幅图像需要由 MOS 光敏元大规模集成的器件。

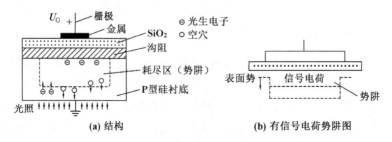

图 3.6-12 P 型 MOS 光敏元

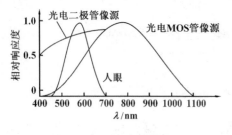

图 3.6-13 光谱灵敏度特性

图像传感器的灵敏度是指单位发射照度下，单位时间、单位面积发射的电量，参见图 3.6-13。光从表面照射传感器时，通过多晶硅层，使蓝光的灵敏度下降。从背面照射时，器件的厚度必须减小到约 10 μm。另外，在图像传感器表面加上多层抗反射的涂层，以增强其光学透性，则更为有效。硅的吸收波长为 400~1100 μm。

CCD 的基本功能是信号电荷的产生、存储、传输和输出。面阵型 CCD 图像器件的感光单元呈二维矩阵排列，能检测二维平面图像，参见图 3.6-14。

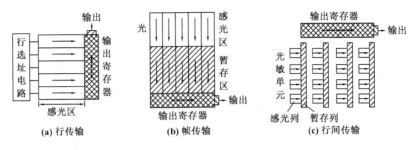

图 3.6-14　面阵型 CCD 的结构

(1) 行传输(Line Transmission,LT)面阵型 CCD 包括行选址电路、感光区、输出寄存器等，参见图 3.6-14(a)。当感光区光积分结束后，由行选址电路逐行地将信号电荷通过输出寄存器转移到输出端。在电荷转移过程中，必须加脉冲电压，与光积分同时进行，会产生拖影，故采用较少。

(2) 帧传输(Frame Transmission,FT)面阵型 CCD 由感光区、暂存区和输出寄存器三部分组成。感光区由并行排列的若干电荷耦合沟道组成，各沟道之间用沟阻隔开，水平电极条横贯各沟道，参见图 3.6-14(b)。假设有 M 个转移沟道，每个沟道有 N 个光敏单元，则整个感光区共有 MN 个光敏单元。在感光区完成光积分后，先将信号电荷迅速转移到暂存区，然后从暂存区逐行地将信号电荷通过输出寄存器转移到输出端。设置暂存区以消除拖影，以提高图像的清晰度并与电视图像扫描制式相匹配。单元密度高、电极简单；但增加了暂存区，器件面积相对于行传输型增大了一倍。

(3) 行间传输(Interline Transmission,ILT)面阵型 CCD 的感光区和暂存区行与行相间排列，参见图 3.6-14(c)。在感光区结束光积分后，同时将每列信号电荷转移入相邻的暂存区中，然后进行下一帧图像的光积分，并同时将暂存区中的信号电荷逐行通过输出寄存器转移到输出端。其优点是不存在拖影问题，但不适宜光从背面照射。感光单元面积小，密度高，图像清晰，这是用得最多的一种结构形式。

3.6.6　CMOS 图像传感器

CMOS 图像传感器的每个像素都包含一只光电二极管和两只 MOSFET 场效应管，当地址译码器产生 x 方向和 y 方向的扫描脉冲信号，两只 MOS 场效应管上同时有地址脉冲施加时，该像素点的光电信号才被输出，参见图 3.6-15。

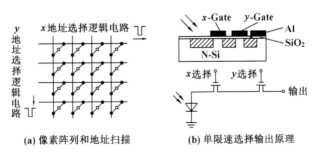

图 3.6-15　CMOS 型图像传感器的原理

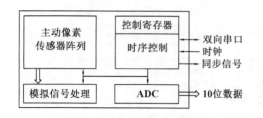

图 3.6-16　CMOS 主动像素图像传感器芯片的结构

CMOS 图像传感器是将光敏元件、放大器、A/D 转换器(ADC)、存储器、数字信号处理器和计算机接口电路等集成在一块硅片上的图像传感器。1969 年,出现被动像素单元,即每个像素单元含一只光敏元件和一只像敏单元寻址;1989 年,出现 CMOS 主动像素图像传感器,参见图 3.6-16,在图像传感器芯片上直接集成光电信号放大和处理电路,大幅提高了光电信噪比,并且可编程指定感兴趣的图像区域的输出。2000 年后,CMOS 在数字化功能、低功耗、小型化和低成本以及普及率方面都优于 CCD。

3.6.7　光寻址电位传感器

20 世纪 80 年代末,Hafeman 等利用表面光伏技术(SPV)的半导体敏感器件,发明了光寻址电位传感器(Light Addressable Potentiometric Sensor,LAPS),主要应用于离子检测,作为敏感传感器研究免疫分析、DNA 检测、细胞代谢。

LAPS 将金属-绝缘层-半导体(MIS)结构的金属层去掉,绝缘层直接与电解质接触形成电解质溶液绝缘层-半导体(EIS)结构,参见图 3.6-17。在偏置电压作用下,存在电容效应。红外高频调制光源选择性地照射 LAPS 芯片背面或正面的待定区域,导致 Si 片产生电子-空穴对而形成光电流,光电流随偏置电压变化而变化的 LAPS 曲线的形状和特征与 MIS 器件的高

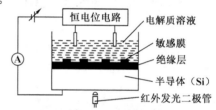

图 3.6-17　LAPS 的测量原理

频 C-V 曲线相似。根据电化学的 Nernst 定律,电解质与 H^+ 敏感膜的电化学作用使敏感膜表面形成与 pH 成正比的膜电位,从而导致绝缘体和半导体两端的电压产生一定的偏移。LAPS 是一种阵列芯片,在同一块硅片上,在绝缘层表面不同位置固定不同的生化敏感膜,形成各种分离的、化学势随电解质特异性改变的器件。当调制光束寻址照射芯片的不同单元时,将激活并产生光电流,采用锁相放大技术对光电流信号进行放大和采集。每个敏感区的光电流随外加偏置电压变化都会形成 LAPS 响应曲线。LAPS 响应曲线会根据被测液的浓度不同而向左或向右偏移,该偏移量代表溶液引起敏感膜的膜电位变化。根据偏移的毫伏值可检测出溶液浓度的变化。LAPS 已经被用来检测 pH、氧化还原电位、离子浓度、细菌生长、酶促反应及免疫反应[32]。

3.6.8　射线半导体传感器

半导体与射线相互作用产生电子-空穴对的过程,对α射线和β射线等带电粒子束是直接电离作用,对 X 射线和γ射线等电磁射线主要是光电效应、Compton 效应和由电子-空穴对的生成而产生的间接电离作用。产生一个电子-空穴对所需的射线平均能量 ε 与半导体的禁带宽度 E_g 之间存在如下近似关系:

$$\varepsilon = \alpha E_g + b \tag{3.6-5}$$

式中，$\alpha=2.8$；$0.5 \leqslant b \leqslant 5.0$。检测高能γ射线时，采用原子序号较大的 Ge 或 CdTe；α射线穿透物质的能力弱，可采用硅表面形成耗尽层的表面势垒型敏感元件；射线敏感元件的结构一般采用 PN 结型、PIN 型、表面势垒型等。

图 3.6-18 为使用半导体敏感元件的放射线能量分析图。若射线粒子入射在半导体上，则产生数量为ε除以粒子能量的电子-空穴对。电子-空穴对除被复合或俘获的以外，余下的都被敏感元件的电极收集。利用前置放大器可对具有波高正比于收集电荷总量的脉冲进行交换。此脉冲经过主放大器后输入波高分析器，并记录下与波高相应的频率分布。因为波高几乎与放射线粒子能量成正比，所得的频率分布表示放射线的能量谱。这样的分析系统被广泛用于原子反应堆测量和宇宙线天文学领域。利用半导体射线敏感元件能量分辨率高和易于小型化的优点，可将其用于放射性同位素图像装置或生物体内放射性同位素的计数。

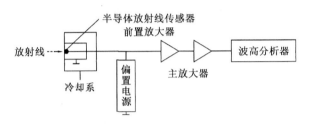

图 3.6-18 放射线能量分析装置图

3.7 生化敏半导体传感器

在描述半导体物性的理论公式中，形式上不存在化学的或生物的参数[1-7, 33-35]。

3.7.1 离子敏传感器

离子敏感器件是一种对离子有选择敏感作用的场效应晶体管（FET），由离子选择性电极（ISE）与金属-氧化物-半导体场效应晶体管（MOSFET）组合而成，简称 ISFET。ISFET 测量溶液（或体液）中的离子活度，即溶液中真正参加化学反应或离子交换作用的离子有效浓度的微型固态电化学敏感器件[36]。半导体工艺制作的金属-氧化物-半导体场效应晶体管的衬底材料为 P 型硅，参见图 3.7-1，用扩散法做两个 N^+ 区，分别称为源极 S 和漏极 D。在漏源极之间的 P 型硅表面，生长一薄层 SiO_2，在 SiO_2 上再蒸发一层金属，称为栅极 G。

如果将普通的 MOSFET 金属栅去掉，让绝缘体氧化层直接与溶液相接触；或将栅极用铂膜作为引出线，并在铂膜上涂覆一层离子敏感膜，从而构成一只 ISFET，参见图 3.7-2。当将 ISFET 插入溶液时，被测溶液与敏感膜接触处就会产生一定的界面电势，这一界面电势将直接影响 V_T 的值。此时 ISFET 的阈值电压与被测溶液中的离子活度的对数呈线性关系。根据场效应晶体管的工作原理，漏源电流又与 V_T 值有关，因此，ISFET 的漏源电流将随溶液中离子活度的变化而变化，于是从漏源电流就可确定离子的活度。不同的敏感膜检测的离子种类也不同，即具有离子选择性，例如，以 Si_3N_4、SiO_2、Al_2O_3 为材料制成的无机绝缘膜可测量 H^+、N^+；以 AgBr、硅酸铝、硅酸硼为材料制成的固态敏感膜可测量 Ag^+、Br^-、Na^+ 等。

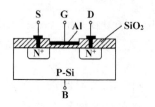
图 3.7-1 MOSFET 剖面图

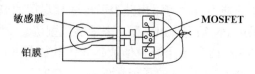
图 3.7-2 ISFET 结构示意图

3.7.2 生物场效应晶体管

生物场效应晶体管(BioFET)源于固态集成电路和离子选择性电极[33-35, 37]。半导体器件有电容型和电流型两种基本类型。在 N 型或 P 型半导体基片 Si 的表面形成 100nm 的氧化物(SiO_2)和金属(如 Al、Pd 等)薄层的 MOS 结构,这种结构在被施加电压时表现电导和电容特性,且电导率和电容随外加电压的变化而改变,因而称为 MOS 电容,参见图 3.7-3(a)。MOS-FET 在基片(P 型)上扩散成 2 个 N 型区,分别称为源和漏,从上面引出源极和漏极,源极和漏极之间有一个沟道区,在它上面生长一层 SiO_2 绝缘层,绝缘层上面再制成一层金属电极称为栅。常用的金属钯 Pd,对氢离子敏感,称为 Pd-MOS-FET 或 pH-FET、IS-FET。它有 4 个末端,栅极与基片短路,源极和漏极之间的电流叫漏电流,可忽略不计。如果施加外电压,同时栅极电压对基片为正,电子便被吸引到栅极下面,促进两个 N 区导通,因此栅极电压变化将控制沟道区导电性能(漏电流)的变化,参见图 3.7-3(b)。

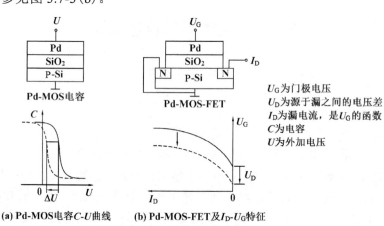

(a) Pd-MOS电容C-U曲线　(b) Pd-MOS-FET及I_D-U_G特征

图 3.7-3 MOS 器件及电特性

MOS-FET、IS-FET 和 BioFET 的区别可进一步参见图 3.7-4。将场效应晶体管的金属栅去掉,用生物功能材料直接取代便构成结合型 BioFET。

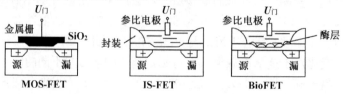

图 3.7-4 MOS-FET、IS-FET 和 BioFET 的区别

1. 分离型生物场效应晶体管

生物反应系统(如酶柱)与MOS-FET各为独立组件,这种传感系统常用于检测产气生物催化反应。以产氢酶促反应为例,H_2通过气透膜抵达MOS-FET表面,参见图 3.7-5。氢分子在金属表面被吸附溶解,部分氢原子向金属区内部扩散,并在电极作用下受极化,在Pd和SiO_2界面外形成双电层,导致电场电压下降,使 C-U 曲线漂移,参见图 3.7-3(a)。电压降与周围的氢有关,有下列等式:

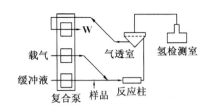

图 3.7-5 氢敏 Pd-MOS-FET 测定系统

$$\Delta U = C_1 (p_{H_2})^{0.5} \tag{3.7-1}$$

式中,C_1为常数,取决于Pd层的性质、膜厚、活性面积等;$p_{H_2} \leq 50$mg/L,C_1值一般为27mV/(mg/L)。氢原子可重新结合成氢分子或与氧结合成水分子,因此,氧分子的存在会降低传感器的灵敏度。在缺氧时,传感器的灵敏度为0.01mg/L,有氧时为1mg/L。然而氧的存在使传感器回复时间缩短,但如果将温度加到100~150℃也可缩短回复时间,在这个温度下,可防止水分在传感器表面聚积,因此,100~150℃通常作为MOS-FET的工作温度。在低的p_{H_2}时,响应时间通常为1min。

2. 离子敏场效应晶体管

离子敏场效应晶体管(ISFET)是电化学传感器发展过程中的一次飞跃。FET 生物传感器将酶或其他分子识别物质和ISFET结合构成。一般地,只要生化反应中能产生离子浓度包括pH的变化,就可借ISFET反映出来。在P型硅衬底上扩散两个N^+区作为ISFET的源区和漏区,参见图 3.7-6。在源区和漏区通过金属化引出电极,而栅区无金属栅。当器件放置在被测溶液中时,栅介质或离子敏感膜直接与被测溶液接触。为了防止导电溶液将源漏电极短路,必须把源电极和漏电极用绝缘材料保护起来。在溶液中设置一个参比电极,并施加一定的电压,通过施加一定的参比电压,使ISFET合理地工作。

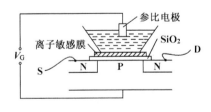

图 3.7-6 ISFET 的结构

在图 3.7-6 中,电解液相当于一个溶液栅。它与栅介质之间的界面处建立的电化学势能对 Si 片表面的沟道电导起着调制作用,因此可改变 ISFET 的漏电流。ISFET 对溶液中离子活度的响应,一般可用界面处的电化学势能对阈值电压的影响来说明。对于一个带有参比电极的 ISFET,φ_{ms}要用两个新项来代替,例如,表示电解溶液和栅介质层之间的电化学势φ_l和参比电极与电解液之间的结电位V_r。因此可得修正后的阈值电压为

$$V_T = \varphi_l + V_r - \left(\frac{Q_{ss}}{C_{ox}} - 2\varphi_f + \frac{Q_b}{C_{ox}}\right) \tag{3.7-2}$$

采用适当的参比电极(Ag-AgCl电极),V_r相当稳定。对于特定结构的ISFET,式(3.7-2)中其他各项均为常数,阈值电压V_T只随φ_l变化。φ_l决定于离子敏感膜的性质和电解液中离子的活度α_i(在稀溶液中与浓度相等)。根据能斯特关系,有

$$\varphi_1 = \varphi_0 + \frac{RT}{nF}\ln\alpha_i \qquad (3.7\text{-}3)$$

对于一价阳离子(H^+)，有

$$\varphi_1 = \varphi_0 + \frac{2.303RT}{F}\ln\alpha_i \qquad (3.7\text{-}4)$$

式(3.7-4)表明，阈值电压与离子活度的对数呈线性关系。由于 ISFET 的漏电流 I_D 与 V_T 有关，因此可通过测量漏电流来确定被测定溶液中离子的活度。若离子敏感膜材料不同，则可对不同离子响应，即对离子响应具有选择性。例如，SiO_2、SiN_4、Al_2O_3、Ta_2O_5 等对氢离子敏感，而硅酸铝对 Na^+ 敏感，Si_3N_4 对 K^+ 敏感。

离子敏感性场效应晶体管(ISFET)将生物分子识别元件或生物敏感膜(感受器)和半导体器件等电信号转换器(换能器)融合为生物电子学传感器。当酶、抗原(或抗体)、微生物等构成生物敏感膜并接触待测物质时，二者发生化学或物理变化，离子感应场效应晶体管等电子器件将这种变化转换成电信号输出，从而达到测量的目的。

利用酶固定化技术和半导体工艺技术把酶膜固定在栅极绝缘膜(Si_3N_4-SiO_2)上，绝缘膜直接接触溶液，界面的电位随溶液的离子浓度改变。进行测量时，酶的催化作用，使待测的有机分子反应生成 ISFET 能够响应的离子。当 Si_3N_4 表面离子浓度发生变化使 pH 改变时，表面电荷将发生变化。由于场效应晶体管的栅极对表面电荷非常敏感，因此，表面电荷的变化将引起栅极的电位变化，并对漏极电流进行调制，从而测得待测物的浓度，参见图 3.7-7。反应生成葡萄糖内酯，遇水后即分解为葡萄糖酸。由于葡萄糖酸的分解使酶膜附近的 pH 减小，从而场效应晶体管栅极表面的构造发生变化，造成界面电位和漏电流变化，通过测量输出电量变化即可检测出葡萄糖浓度及其变化。

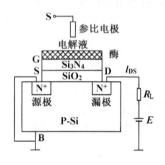

图 3.7-7 ENFET 的工作原理

3.7.3 气敏传感器

半导体式气敏传感器利用半导体气敏元件(主要是金属氧化物)同待测气体接触时，通过测量半导体的电导率等物理量的变化检测特定气体的成分或者浓度[38,39]。根据气敏材料在接触气体后引起电阻变化的本质不同，半导体气敏材料的敏感机理主要分为两大类：①表面电阻控制型利用检测气体和半导体表面化学吸附氧相互作用而引起半导体电导的变化来检测气体，常用半导体材料 SnO_2、ZnO、In_2O_3；②体电阻控制型利用检测气体与半导体组成元素发生反应产生半导体结构变化而引起的电阻变化来进行检测，代表材料是 γ-Fe_2O_3。

半导体气敏器件被加热到稳定状态下，当气体接触器件表面被吸附时，吸附分子首先在表面上自由扩散(物理吸附)，失去其运动能量，其间一部分分子蒸发，残留分子产生热分解而固定在吸附处(化学吸附)，参见图 3.7-8。这时，如果器件的功函数小于吸附分子的电子亲和力，则吸附分子将从器件夺取电子而变成负离子吸附。具有这种倾向的气体有 O_2 和 NO_2 等，称为氧化型或电子接收型气体。如果器件的功函数大于吸附分子的离解能，吸附分子将向器件释放出电子，而成为正离子吸附。具有这种倾向的气体有 H_2、CO、碳氢化合物、酒类等，称为还原型或电子供给型气体。由半导体表面态理论可知，当氧化型气体吸附到 N 型半导体,如 SnO_2、ZnO 上;或还原型气体吸附到 P 型半导体,如 MoO_2、CrO_3 上时,将使多数载流子(价带空穴)减少,电阻增大。相反,当还原型气体吸附到 N 型半导体或氧化型气体吸附到 P 型半导体上时,将使多数载流子(导带电子)增多,电阻下降。

已知清洁的空气电阻很大,当有杂质气体,特别是还原性气体时,电极间的电阻就会变小,利用这样的原理可制成电阻式气敏传感器。采用真空镀膜或溅射的方法,在处理好的石英或陶瓷基片上形成一薄层金属氧化物薄膜,如 SnO_2、ZnO 等,再引出电极,就构成了薄膜型气敏器件,参见图 3.7-9。SnO_2 和 ZnO 薄膜的气敏特性较好。该类器件灵敏度高、响应快、机械强度高、互换性好等。

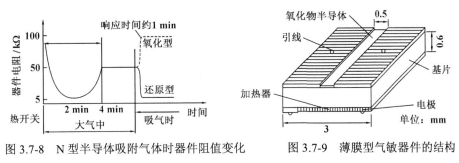

图 3.7-8 N 型半导体吸附气体时器件阻值变化　　图 3.7-9 薄膜型气敏器件的结构

目前电阻式气敏传感器已广泛应用于液化石油气、管道煤气等可燃性气体的泄漏检测,(浓度)定限报警等领域。

3.8 陶瓷传感器

功能陶瓷主要利用材料的电、磁、光、声、热和力等性能及其耦合效应;铁电、压电陶瓷,正(或负)温度系数陶瓷,快离子导体等陶瓷相关的铁电效应;压电效应;电阻-温变效应;快离子传导等效应来实现传感器将被测信号进行换能和传输的功能[40],参见表 3-4。根据陶瓷材料在 300~1600℃高温下的导电机制,可分为 P 型半导体、N 型半导体、P/N 型随氧分压而变的两性半导体、离子导体、快离子导体等五类。

表 3-4　用于传感器的功能陶瓷材料

名称	输出	原理		材料例子(形态)	应用
温度敏感元件	电阻变化	载流子浓度随温度变化	NTC	NiO、FeO、CoO、MnO、CoO-Al_2O_3、SiC	温度计、热辐射计
			PTC	半导体 $BaTiO_3$(烧结体)	过热保护元件
		半导体-金属相移		VO_2、V_2O_3	温度开关
	磁性变化	费里康铜磁性(常磁性)		Mn-Zn 相移系铁淦氧体	温度开关
	电动势	氧浓淡电池		稳定氧化锆	高温耐腐蚀
位置、速度敏元件	反射波形变化	压电效应		PZT:钛锆酸铅	探伤器、血流计

续表

名称	输出	原理	材料例子（形态）	应用
光敏元件	电动势	热释电效应	LiNbO₃、PZT、LaTaO₃、SrTiO₃	红外线检测
	可见光	反 Stokes 定律	LaF₃(Yb、Fr)	红外线检测
		波数倍增效应	压电体、LiNbO₃	红外线检测
		荧光	ZnS(Cu、Al)、Y₂O₂S(Eu)	阴极射线管
			ZnS(Cu、Al)	X 射线监控器
		热荧光	CaF₂	热荧光计
气敏元件	电阻变化	接触可燃性气体燃烧反应热	Pt 催化剂、Al₂O₃、Pt 系	可燃性气体浓度计报警器
		由于氧化物半导体的气体吸附引起的电荷移动	SnO₂、In₂O₃、ZnO、WO₃、NiO、γ-Fe₂O₃、CoO、Cr₂O₃、TiO₂、LaNiO₃、(Ba、La)TiO₃、ZnSnO₃	气体报警器
		气体热传导发热引起的温度变化	热敏电阻	高浓度气体用敏感元件
		氧化物半导体的化学量变化	TiO₂、CoO-MgO	汽车氧敏元件
	电动势	高温固体电解质氧浓淡电池	稳定化氧化锆(ZrO₂-CaO-MgO-Y₂O₃-LaO₃)、ThO₂-Y₂O₃	排气、不完全燃烧敏感元件
	电量	Coulomb 滴定	稳定氧化锆	稀薄气体燃烧氧敏元件
湿敏元件	电阻	吸湿离子传导	LiCl、P₂O₅、ZnO-Li₂O	湿度计
		氧化物半导体	TiO₂、NiFe₂O₄、Fe₃O₄胶体、Ni 铁氧体、ZnO	湿度计
	电容率	吸湿电容率变化	Al₃O₃	湿度计
离子敏元件	电动势	固体电解质浓淡电池	AgX₂、LaF₃、Ag₂S、玻璃薄膜	离子浓淡敏感元件
	电阻	栅极吸附效应 MOSFET	Si(H⁺用栅极材料：Si₃N₄/SiO₂，S²⁻用：Ag₂S，X⁻用：AgX、PbO)	离子敏 FET (ISFET)

3.8.1 压电式传感器

介质的压电效应包括如下内容。①对电介质沿一定方向施以外力使其变形时，其内部将产生极化现象而使其表面出现电荷集聚的现象，即正压电效应。具有压电效应的介质材料，在受力作用而变形时，在两个表面产生符号相反的电荷，外力去除后又重新恢复到不带电状态，使机械能转变为电能。②当在片状压电材料的两个电极面上加交流电压，压电片将产生机械振动，压电片在电极方向上产生伸缩变形，压电材料的这种现象称为电致伸缩效应，即逆压电效应，逆压电效应将电能转变为机械能。逆压电效应说明压电效应具有可逆性。③利用逆压电效应可以制成电激励的制动器（执行器）；基于正压电效应可制成机械能的敏感器（检测器），即压电式传感器。当有力作用于压电材料上时，传感器就有电荷（电压）输出。压电式传感器是典型的有源传感器，可用于动态力、机械冲击、振动等动态参数的测试。

利用压电材料制作滤波器、谐振换能器和标准频率振子等器件，主要是利用压电晶片的谐振效应。由于压电体具有压电效应，当对一个按一定取向和形状制成的有电极的压电晶片(或压电陶瓷片)输入电信号时，如果信号频率与晶片的机械谐振频率 f_r 一致，就会使晶片由于逆压电效应而产生机械谐振。而此晶片的机械谐振又由于正压电效应而输出电信号，因此这种晶片被称为压电振子。压电振子的等效电路和频率特性如图 3.8-1 所示。

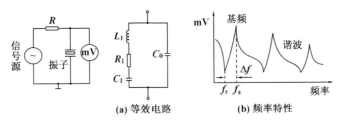

图 3.8-1 压电谐振子的等效电路和频率特性

压电材料的主要特性参数如表 3-5 所示，具体如下。
(1) 压电系数是衡量材料压电效应强弱的参数，影响压电输出的灵敏度。
(2) 弹性系数决定了压电器件的固有频率和动态特性。
(3) 介电常数是影响压电元件的固有电容，随之影响压电式传感器的频率下限。
(4) 机电耦合系数用于衡量压电材料在压电效应中的能量转换效率，对于正压电效应，机电耦合系数=(电能/机械能)$^{1/2}$；对于逆压电效应，机电耦合系数=(机械能/电能)$^{1/2}$。
(5) 压电材料的绝缘电阻将减少电荷泄漏，从而改善压电传感器的低频特性。
(6) 当温度升高到一定程度后，材料的压电特性将消失。压电材料失去压电特性的温度称为 Curie 温度或居里点。

表 3-5 常用的压电材料性能参数

性能参数 \ 压电材料	石英	钛酸钡	锆钛酸铅(PZT 系)		
			PZT-4	PZT-5	PZT-8
压电系数/(10^{-12}C/N)	d_{11}=2.31 d_{14}=0.73	d_{15}=260 d_{31}=−78 d_{33}=190	d_{15}=410 d_{31}=−100 d_{33}=230	d_{15}=670 d_{31}=−185 d_{33}=600	d_{15}=330 d_{31}=−90 d_{33}=200
弹性系数/(10^9N/m^2)	80	110	115	117	123
相对介电常数	4.5	1200	1050	2100	1000
机械品质因数	$10^5 \sim 10^6$		600～800	80	1000
体积电阻率/(Ω·m)	>10^{12}	10^{10}	>10^{10}	10^{11}	
Curie 点/(℃)	573	115	310	260	300
密度/(10^3kg/m^3)	2.65	5.5	7.45	7.5	7.45
静抗拉强度/(10^5N/m^2)	95～100	81	76	76	83

1. 压电陶瓷

压电陶瓷是人工制造的多晶体压电材料，其内部晶粒有一定的极化方向，在无外电场作用下，晶粒杂乱分布，其极化效应被相互抵消，此时压电陶瓷呈电中性，即无外电场作用的压电陶瓷不具有压电性质。在陶瓷上施加外电场，晶粒的极化方向发生转动，趋于按外电场方向排列，使材料整体极化。外电场越强，极化程度越高，让外电场强度大到使材料的极化达到饱和程度，即所有晶粒的极化方向都与外电场的方向一致，此时，去掉外电场，材料整体的极化方向基本不变，即出现剩余极化，这时的材料就具有了压电特性。此时，当陶瓷材料受到外力作用时，晶粒发生移动，将导致在垂直于极化方向（即外电场方向）的平面上出现极化电荷，电荷量的大小与外力呈正比关系。

常用的压电陶瓷材料是锆钛酸铅（$PbZrO_3$-$PbTiO_3$，PZT）等。若对压电陶瓷施加外力使之产生形变，则在陶瓷表面产生与外力成正比的电荷，使用压电陶瓷的敏感元件对动力、压力、转矩、加速度等参量的检测灵敏度高[41-43]。压电元件作为压电式传感器的敏感部件，单片压电元件产生的电荷很小，在实际应用中，通常采用两片或两片以上同规格的压电元件黏结在一起，以提高压电式传感器的输出灵敏度。压电元件所产生的电荷具有极性区分。在图 3.8-2(a)中，两只压电元件的负端黏结在一起，中间插入金属电极作为压电元件连接件的负极，将两边连接起来作为连接件的正极，即并联法。与单片相比，在外力作用下，正负电极上的电荷 $Q'=2Q$；总电容 $C_a'=2C_a$；其输出电压 $U'=U$。并联法输出电荷大、本身电容大、时间常数大，适合测量慢变信号且以电荷作为输出量的场合。在图 3.8-2(b)中，两只压电元件的不同极性黏结在一起，即串联法。在外力作用下，两压电元件产生的电荷在中间黏结处正负电荷中和，上、下极板的电荷量 $Q'=Q$；总电容 $C_a'=C_a/2$；输出电压 $U'=2U$。串联法输出电压大、本身电容小，适宜以电压作为输出信号且测量电路输入阻抗很高的场合。

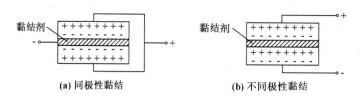

图 3.8-2　压电元件的连接方式

压电式传感器的敏感元件-压电元件在受力时将发生形变。按其受力及变形方式的不同，一般可分为厚度变形、长度变形、体积变形和厚度剪切变形等几种形式，参见图 3.8-3。

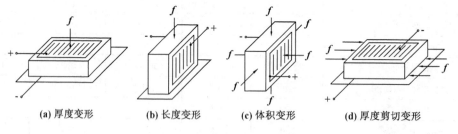

图 3.8-3　压电元件的变形方式

2. 声表面波传感器

声表面波是一种沿着物体表面传播、透入深度浅的弹性波，其频率范围一般为30MHz～30GHz，而传播速度仅为电磁波的五十万分之一。声表面波传感器对电、热、力、声、生物等因素敏感，广泛应用于工农业生产、航空航天、临床医学、食品工业等。

声表面波(Surface Acoustic Wave，SAW)传感器以声表面波器件为敏感元件，将被测量通过声表面波的速度或频率的变化反映出来，并转化成电信号输出。基本结构是在声表面波压电基片材料抛光面上制作两个叉指换能器(Interdigital Transducer，IDT)，实现声电转换。声表面波器件可看成一个由输入叉指换能器和输出叉指换能器构成的四端口网络，参见图 3.8-4，利用输入叉指换能器经由逆压电效应将输入的电信号转换成声信号输出。此声信号沿基板传播，最终由右边的输出叉指换能器将声信号转变成电信号输出。声表面波器件在压电基片材料感知周围物理量、化学量和生物量的变化引起声表面波器件振荡频率的偏移，利用声电换能原理的特性，进行各种信号处理，通过检测频率的变化来监测被测量。

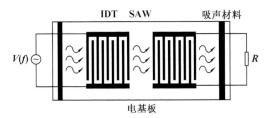

图 3.8-4 声表面波器件的基本工作原理

3.8.2 热释电传感器

随着温度的变化，晶体因结构上的变化导致电荷中心相对位移，而发生自发极化，从而在其两表面产生异号束缚电荷的现象为热释电效应。具有这种性质的材料称为热释电体，参见表 3-6，压电陶瓷属于热释电体。若在热释电体两边安上电极，并接上负载，则由温度变化感应出的表面电荷可通过负载形成热释电电流，利用热释电效应的敏感元件以物体辐射的红外线作为热源，并通过非接触方式进行检测。实用化的热释电型敏感材料主要是陶瓷类的 $PbTiO_3$、PZT 和单晶类的 $LiTaO_3$。$PbTiO_3$ 是强电介质，具有 Curie 点高、自发极化和电容率大的特点，可望作为高温、高频的压电材料。然而，纯 $PbTiO_3$ 烧结困难，可掺入 $Bi_{2/3}TiO_3$、$PbZn_{1/3}Nb_{2/3}O_3$ 等或使之与 La_2O_3 和 MnO_2 化合，并由于掺杂而开发出实用化的元件。热释电材料广泛应用于烹调用敏感元件、排气气体温度敏感元件、来客报知器、入侵者报警器、火灾报警器等民用机器；旋转体、高温体的非接触温度测量和非破坏检测等工业应用领域；涉及装入人造卫星进行环境污染监测和资源调查、皮肤温度测量、导弹检测等领域。

表 3-6 典型热释电体的特性

材料名称	热电系数 $\lambda/(10^8 C/(cm^2 \cdot K))$	介电常数 ε	Curie 温度 $T_c/℃$
TGS	4.8	35	49
$LiTaO_3$	2.3	54	618
PZT	2.0	380	270
$PbTiO_3$	6.0	200	470
PVF_2	0.24	11	~120
SBN	6.5	380	115
$LiNbO_3$	0.4	30	1200

红外线被物体吸收后将转变为热能，热探测器正是利用红外辐射的这种热效应。当热探测器的敏感元件吸收红外辐射后将引起温度升高，使敏感元件的相关物理参数发生变化，

通过对这些物理参数及其变化的测量可确定探测器所吸收的红外辐射[44]。热探测器响应波段宽，响应范围为整个红外区域，室温下工作，使用方便。热探测器主要有热敏电阻型、热电阻型、高莱气动型和热释电型等四种类型，其中，热释电探测器探测效率最高，频率响应最宽。热释电红外探测器根据热释电效应，检测物体辐射红外能量。热释电晶体已广泛用于红外光谱仪、红外遥感以及热辐射探测器，是红外激光的一种理想的探测器。

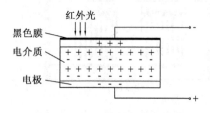

图 3.8-5　电介质的极化与热释电

在外加电场作用下，电介质中的带电粒子(电子、原子核等)受电场力作用，总体上，正电荷趋向于阴极、负电荷趋向于阳极，其结果使电介质的一个表面带正电、相对的表面带负电，参见图 3.8-5，这种现象就是电介质的"电极化"。铁电体的极化强度 P_s(单位面积上的电荷)与温度有关，温度升高，极化强度降低。温度升高到一定程度，极化将突然消失，该温度被称为 Curie 温度或 Curie 点，在 Cuire 点以下，极化强度 P_s 是温度的函数，利用这一关系制成的热敏类探测器称为热释电探测器。大多数电介质在电压去除后，极化状态随即消失；但铁电体在外加电压去除后仍保持着极化状态。

3.8.3　热敏电阻

热敏电阻是陶瓷温度敏感元件的代表[45]，热敏电阻的测温范围为-50～300℃，电阻值和电阻温度系数大、灵敏度高、热惯性小、响应速度快、寿命长、易于实现远距离测量等；但互换性较差。根据热敏电阻的电阻-温度特性，参见图 1.4-2，热敏电阻可分为三类。

(1) 负温度系数(NTC)热敏电阻在较宽的温度区域内其电阻值的对数与温度的倒数呈正比关系，如 Fe、Ni、Co、Mn 等过渡金属氧化物，多数情况下由具有尖晶石型、岩盐型、黑锰矿型、方铁锰矿型等晶型的化合物或其混合物组成，可使用的温度范围为-20～300℃。以 Fe、Co、Ni、Mn 氧化物为成分之一的三组分复合热敏电阻材料随成分的变化，其电阻率为 $10^3 \sim 10^8 \Omega \cdot cm$，热敏电阻常数为 1000～6000K。在具有可靠耐用的组分范围内，这两个特性之间有着显著的相关性，电阻率越大，热敏电阻常数也越大。大多数热敏电阻具有负温度系数，其阻值与温度的关系可表示为

$$R_{RT} = R_0 e^{B(T^{-1} - T_0^{-1})} \tag{3.8-1}$$

式中，B 是热敏电阻的材料常数，一般为 1500～6000K。NTC 热敏电阻具有高负电阻温度系数，适用于-100～300℃的测温。

(2) 正温度系数(PTC)热敏电阻具有正温度系数且在某一温度范围内其电阻呈非线性显著增加，这种特性不仅可作为温敏元件，且在作为电阻加热元件使用时还可完成开关的作用，同时兼有敏感元件、加热器、开关三个功能。即发热体的温度一上升，电阻就增加，具有使温度保持在特定范围的功能。PTC 采用的钛酸钡(BaTiO₃)系半导体，具有高介电常数，广泛用作电容材料。正温度系数的热敏电阻 R_{RT} 与温度 T 的关系可表示为

$$R_{RT} = R_0 e^{A(T - T_0)} \tag{3.8-2}$$

式中，R_0 是温度为 0℃(热力学温度为 273.15K)时的电阻值；A 是热敏电阻的材料常数。PTC 热敏电阻的阻值随温度升高而增大，有斜率最大的区域。当温度超过某一数值时，其电阻值朝正的方向快速变化，可用于电器设备的过热保护等。

(3)临界温度系数(CTR)热敏电阻中的 VO_2 在 68℃处具有相移点,由半导体导电变为金属导电,在相移点附近电阻急剧减小,在相移点边界低温侧的电阻率比高温侧的电阻率大3~4个数量级。利用此现象可制作骤变热敏电阻或临界热敏电阻。实用温度范围是60~70℃。此材料还易于薄膜化和厚膜化。由于是容易氧化的材料,需注意钝化和使用方法以避免早期劣化。VO_2系材料电阻骤变温度约为±1℃,VO_2系材料可用作定点温度触感元件。

3.8.4 多孔陶瓷

靠近固体物质界面附近的来自液相、气相溶质或气体分子的浓度与相内浓度不同的现象为吸附;吸附物质返回原来的相为脱附。根据吸附力的不同,吸附可大致分为:①受van der Waals力支配的物理吸附;②由离子键、共价键、配位键等化学键引起的化学吸附,参见表3-7。若温度和压力条件适当,则无论怎样的吸附媒介与吸附物质的组合都会发生物理吸附,吸附量主要依赖于表面结构和形态。化学吸附只在吸附分子和吸附媒介表面原子(离子)间产生化学键时发生,主要受表面化学反应活性支配。

表 3-7 物理吸附与化学吸附

参 数	物理吸附	化学吸附
选择性	没有	有(化合)
吸附热/(kJ·mol^{-1})	液化热(8~20)	化学反应热(40~800)
吸附力	van der Waals力	化学键
可逆性	容易脱附	难于脱附
吸附层	一层以上	一层以下
活化能	几乎没有	8~50kJ·mol^{-1}
吸附速率	快	比较慢

陶瓷的化学稳定性好,耐高温,多孔陶瓷的表面积大,易于吸湿和脱湿,响应时间可短至几秒[46]。陶瓷式电阻湿敏传感器的传感器表面与水蒸气的接触面积大,易于水蒸气的吸收与脱却;陶瓷烧结体能耐高温,物理、化学性质稳定,适合采用加热去污的方法恢复材料的湿敏特性;可通过调整烧结体表面晶粒、晶粒界和细微气孔的构造,改善传感器的湿敏特性。这种湿敏器件的感湿体外常罩一层加热丝,以便对器件进行加热清洗,排除周围恶劣环境对器件的污染。陶瓷式电阻湿敏传感器通常是两种以上金属氧化物混合烧结而成的多孔陶瓷,是根据感湿材料吸附水分后其电阻率会发生变化的原理进行湿度检测的。常以金属氧化物陶瓷为湿度敏感材料,其测湿范围宽,基本可实现全湿范围内的湿度测量;工作温度高,可达800℃;响应时间短。制作陶瓷式电阻湿敏传感器的材料有 ZnO-LiO_2-V_2O_5系、Si-Na_2O-V_2O_5系、TiO_2-MgO-Cr_2O_3系和 Fe_3O_4系等。前三种材料的电阻率随湿度的增加而下降,为负特性湿敏半导体陶瓷;后一种电阻率随湿度的增加而增加,为正特性湿敏半导体陶瓷。

参 考 文 献

[1] 赵勇, 王琦. 传感器敏感材料及器件. 北京: 机械工业出版社, 2012.

[2] 周杏鹏. 传感器与检测技术. 北京: 清华大学出版社, 2010.

[3] 陈岭丽, 冯志华. 检测技术和系统. 北京: 清华大学出版社, 2005.

[4] 凌玲. 半导体材料的发展现状. 新材料产业, 2003, 6: 6-10.

[5] 于灏, 蔡永香, 卜雨洲, 等. 第3代半导体产业发展概况. 新材料产业, 2014, 3: 2-7.

[6] 王占国. 半导体信息功能材料与器件的研究新进展. 中国材料进展, 2009, 28(1): 26-30.

[7] 朱黎辉. 中国半导体硅(多晶、单晶)材料发展60年. 新材料产业, 2009, 12: 24-28.

[8] 杜宗华. 半导体动态传感器. 传感器技术, 1989, 5: 42-46.

[9] 尹福炎. 半导体应变计与传感器. 传感器世界, 1996, 2(12): 31-41.

[10] 郑鑫, 黄钊洪. 新型InSb-In薄膜磁阻式振动传感器. 测控技术, 2004, 23(4): 10-11.

[11] 郑渊魁, 张昌文. 石英传感器. 传感器世界, 1996, 2(6): 57-61.

[12] 曲宏泽. 霍尔效应磁敏传感器及其应用. 自动化仪表, 1997, 18(10): 1-3.

[13] 周宏伟, 曾一平. InAs薄膜Hall器件. 传感器技术, 1998, 17(5): 19-21.

[14] 孙志君, 张瑞君, 欧代永, 等. 半导体光电子元器件技术现状与趋势. 电子科学技术评论, 2004, 5: 18-24.

[15] 张瑞君. 光电子技术在新军事革命中的应用. 电子科学技术评论, 2004, 2: 61-68.

[16] Yariv A. Optical Electronics in Modern Communications. 6th. Oxford: Oxford University Press, 2007.

[17] 彭江得. 光电子技术基础. 北京: 清华大学出版社, 1988.

[18] 李家泽, 阎吉祥. 光电子学基础. 北京: 北京理工大学出版社, 2002.

[19] 安毓英, 刘继芳, 李庆辉. 光电子技术. 2版. 北京: 电子工业出版社, 2007.

[20] 缪家鼎, 徐文娟, 牟同升. 光电技术. 杭州: 浙江大学出版社, 1995.

[21] 张中华, 林殿阳, 于欣, 等. 光电子学原理与技术. 北京: 北京航空航天大学出版社, 2009.

[22] Chow W W, Koch S W. Semiconductor-Laser Fundamentals: Physics of the Gain Materials. Berlin: Springer, 1999.

[23] Ghafouri-Shiraz H. Principles of Semiconductor Laser Diodes and Amplifiers: Analysis and Transmission Line Laser Modelling. London: Imperial College Press, 2003.

[24] Svelto O. Principles of Lasers. 5th ed. Berlin: Springer, 2009.

[25] Kapon E. Semiconductor Lasers I: Fundamentals. New York: Academic Press, 1999.

[26] Kapon E. Semiconductor Lasers II: Materials and Structures. New York: Academic Press, 1999.

[27] 黄德修, 刘雪峰. 半导体激光器及其应用. 北京: 国防工业出版社, 1999.

[28] 杨齐民, 钟丽云, 吕晓旭. 激光原理与激光器件. 昆明: 云南大学出版社, 2003.

[29] 陈英礼. 激光导论. 北京: 电子工业出版社, 1986.

[30] Akasaki I, Amano H. The Royal Swedish Academy of Sciences has award the Nobel Prize in Physics to blue LED inventors Isamu Akasaki, Hiroshi Amano and Shuji Nakamura, Electronics Weekly, 2014, 2604: 4.

[31] Boyle W S, Smith G E. Charge-coupled devices-A new approach to MIS device structures. IEEE Spectrum, 1970, 7(7): 18-27.

[32] 门洪, 胡德建, 穆胜伟, 等. 光寻址电位传感器及其应用. 传感器与微系统, 2008, 27(6): 12-14.

[33] 刘世利, 陈守臻, 赵倩, 等. 光电化学竞争法检测生物素. 分析化学, 2013, 41(10): 1477-1481.

[34] 吴远大, 安俊明, 李建光, 等. 硅基光波导化学传感器研究. 光学学报, 2009, 7: 1983-1986.

[35] 彭芳, 朱德荣, 司士辉, 等. 光电化学型半导体生物传感器. 化学进展, 2008, 20(4): 586-593.

[36] 陈伟平, 王东红. ISFET——库仑滴定分析仪. 仪器仪表学报, 1997, 18(1): 97-100.

[37] 曾磊, 王建业, 孙晓翔, 等. 基于 ISFET 的生物传感器研究进展. 微电子学, 2005, 35(3): 231-235.

[38] 吴玉锋, 田彦文, 韩元山, 等. 气体传感器研究进展和发展. 计算机测量与控制, 2003, 11(10): 731-734.

[39] 郝魁红, 王化祥, 何永勃. SnO_2 基半导体气敏元件低温特性研究. 传感器技术, 2004, 23(4): 22-24.

[40] 焦宝祥. 功能与信息材料. 上海: 华东理工大学出版社, 2011.

[41] 张军, 周喜, 钱敏, 等. 压电陶瓷在外力作用下的多次压电效应研究. 压电与声光, 2010, (32) 1: 101-103.

[42] 李灵芝, 肖定全, 朱建国, 等. 从 PZT 体系看无铅压电陶瓷的可能应用. 压电与声光, 2004, 26(6): 467-470.

[43] 张艾丽, 米有军. 热压法制备压电陶瓷/聚合物复合材料及性能研究. 现代技术陶瓷, 2013, 4: 13-16.

[44] 贺凤成, 王本. 热释电探测器及其应用. 红外技术, 1994, 16(3): 8-13.

[45] 李凯, 姜晶, 刘志远. 陶瓷热敏电阻的研究及应用现状. 化学工程师, 2008, 22(11): 42-44.

[46] 张晓霞, 山玉波, 李伶. 多孔陶瓷的制备与应用. 现代技术陶瓷, 2005, 26(4): 37-40.

第4章 光纤传感器

4.1 引　言

20世纪70年代末,国际电信联盟电信标准化部门(ITU-T)和国际电工委员会(IEC)从不同侧面设定光纤和光缆的标准、测量和测试方法标准。21世纪以来,中国通信标准化协会(CCSA)陆续制定和修订了国家标准和通信行业标准。光纤具有良好的传光特性,可用于信息传递,不需要其他中间介质就能把待测量值与光纤内的光特性变化联系起来[1-3],即光纤中的光(电磁信号中的近红外波段)受被测量的调制。光信号检测技术是从被调制的光信号中还原出原调制信号,参见图4.1-1。尽管光的强度、频率、波长(颜色)、相位、偏振态等都可被调制,但光电探测器只能响应光的强度。

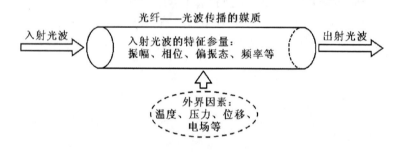

图4.1-1　光纤传感器的传感原理图

4.2　光强调制

20世纪70年代,已利用外界被测参量改变光纤中的光强度,光源经入射光纤耦合到光传感器受被测量对光强的调制[1-3]。

4.2.1　透射

1. 光闸型

在光闸型调制中,遮光屏受外界作用运动,使出射光纤中的光强发生变化[1, 3],参见图4.2-1。光闸把光纤和准直透镜与膜盒、波纹管、管式压力计、热膨胀元件或涡轮式流量计等位移传感器机械关联在一起。当光闸材料为透明液体时,液体的折射率、密封管的形状和光学系统将决定在输入和输出光纤之间的光耦合度。

2. 数字型

使用将变化量转换成n位代码输出的线性或角度数字编码器,其中,R_n一半透光,R_1码道分成2^{n-1}个开-关间隔[1, 4, 5],参见图4.2-2。根据码盘或码尺的起止位置确定转角或位移。循环码的相邻区域只有一位发生变化,不会因微小误差产生码道的提前或延后而造成输出的粗大误差[6]。增量式编码器只有 R_1 和 R_2 码道[5]。

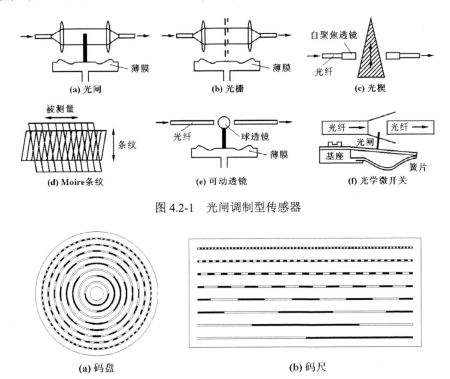

图 4.2-1 光闸调制型传感器

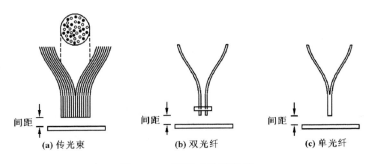

图 4.2-2 数字编码器

4.2.2 反射

反射式传感器是最早的光纤传感器之一[1, 2],如多纤、双纤和带 Y 型耦合器的单纤,参见图 4.2-3。光从光源耦合到光纤或传光束,射向被测物体再从被测物体反射到另一光纤或传光束,输出光强随物体距光纤探头端面的距离调制。

图 4.2-3 反射式传感结构

4.2.3 光模式

1) 光纤的微弯损耗

在空间周期为 Λ 的螺旋形塑料套的作用下,光纤的周期性弯曲使部分导模转化为辐射模，产生微弯损耗[1,7,8]，参见图 4.2-4。

2) 光纤的弯曲损耗

当光纤弯曲半径小于一定值时，光纤损耗将急剧增加。Elastica 型光纤传感器通过对自由悬垂光纤的两端施加力或力矩获得对光纤宏弯损耗的调制[6]。在光纤应变-位移传感器中引入拉敏区和压敏区，可实现位移的双向测量[9]，参见图 4.2-5。

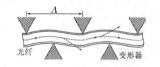

图 4.2-4 光纤的微弯调制法

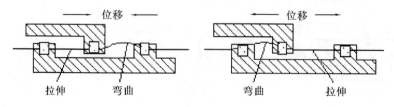

图 4.2-5 双向光纤弯曲损耗原理图

4.2.4 折射率

1) 倏逝波耦合型

传输型倏逝场型传感器有两种形式。受抑全反射(FTIR)中，光在棱镜-空气界面产生全反射，当倏逝场内存在吸收介质时，光疏介质中的倏逝场被部分吸收，反射光减弱，参见图 4.2-6(a)。衰减全反射(ATR)中，被测样本表面与棱镜底面贴近，光以大于临界角入射在棱镜-样本界面产生全反射，参见图 4.2-6(b)。当入射角等于临界角时，样本表面存在的倏逝场被荧光或磷光物质吸收使激发发射最强[10]。

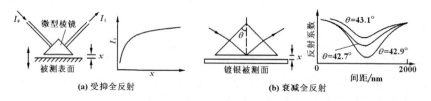

图 4.2-6 传输型倏逝场传感器

当两根光纤的包层完全或部分被剥去时，只要间距足够小，倏逝场就在两根光纤之间产生耦合，参见图 4.2-7。倏逝场光纤探头已应用于水听器[11]和光扫描隧道显微镜[12]。

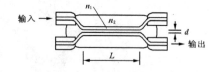

图 4.2-7 传感型倏逝场传感器

光波导生物传感器是在光波导表面上制备生物敏感膜，厚度可薄到 1nm 以下。它以检测生物敏感膜的变化引起对导向光束的微干扰，具有极高的灵敏度，通常导波折射指数变化检测灵敏度可达 10^{-6}，这种方法可进一步同 SPR 生物传感器、光纤传感器结合起来，实现微型光化学生物系统。

2) 等离子波型

倏逝波能引发金属表面的等离子波，当入射光的波长与入射角满足一定条件时，倏逝波引发的表面等离子波的频率和倏逝波的频率相等，从而发生共振，界面处的全反射条件被破坏，呈现衰减全反射现象，即表面等离子共振(Surface Plasmon Resonance，SPR)现象，能量从光子转移到表面离子[13]，参见图4.2-8。入射光大部分被吸收，反射光急剧减少，在反射光的反应曲线上形成吸收峰。表面等离子共振对附在金属薄膜表面的被测系统的折射率、厚度、浓度等条件敏感。信号激励原理主要有如下4种传感方法。

(1) 角度调制法固定入射光的波长，改变入射角度，观测反射光的归一化强度。
(2) 波长调制法固定入射光的角度，改变入射光的波长，观测反射光的归一化强度。
(3) 强度调制法是将入射光的角度和波长都固定，凭借强度的变化测量折射率的变化。
(4) 相位调制法是将入射光的角度和波长都固定，观测入射光与反射光的相差。

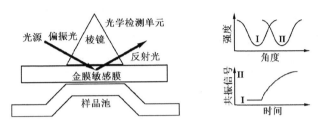

图4.2-8 表面等离子共振原理图

SPR生物传感器主要由光波导耦合器件金属膜、生物分子膜等组成，参见图4.2-9。用光纤作为光波导耦合元件的SPR生物传感器是将一段光纤中的一部分外包层剥去，在光纤芯上沉积一层高反射率金属膜，入射光线在光纤芯与光纤包层的界面上发生全反射，渗透过界面的倏逝波将在金属膜与生物分子膜的界面产生SPR，SPR对吸附在金属膜表面的基质(生物分子膜)的折射率变化非常敏感，从而引起等离子共振角(入射角)的改变。固定入射光角度，改变入射光波长，在光纤的出口端检测输出光强度与波长分布的关系可进行被测物的定量分析。

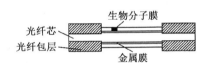

图4.2-9 SPR生物传感器的结构

SPR生物传感器具有非破坏性、高灵敏度和实时在线检测等优点，近年来在微生物检测、DNA分析、抗原/抗体分析等方面得到广泛的研究与应用。

4.2.5 光吸收损耗

X射线、γ射线等辐射会使光纤材料的吸收损耗增加，降低光纤的输出功率[1, 2]。用铅玻璃制成光纤，对X射线、γ射线和中子射线最敏感，铅玻璃材料制成的光纤吸收特性在$10mrad \sim 10^6 rad$之间为线性响应[14]，参见图4.2-10。

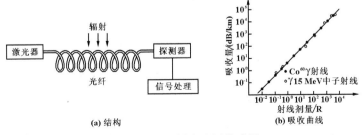

图4.2-10 辐射式光纤传感器

4.3 波长调制

波长调制(颜色调制)利用外界因素改变光纤中光的波长分布,通过检测光谱分布来测量被测参数[1]。

4.3.1 黑体辐射

物体的黑体辐射由黑体腔收集[15],温度探头是带有薄金属膜的石英遮光体包住的蓝宝石光纤端部,辐射被传送到分光仪或滤光片测出黑体温度,参见图 4.3-1。

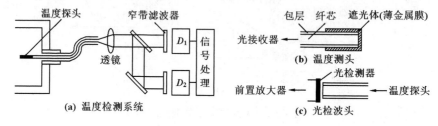

图 4.3-1 黑体辐射的调制原理图

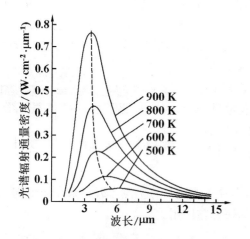

图 4.3-2 光谱辐射通量密度与温度和波长的关系

温度探头的薄金属膜壳体与外界热源接触,图 4.3-2 给出了辐射亮度 $E(\lambda, T)$ 与波长 λ 的关系,其满足随温度变化的 Planck 黑体辐射公式[1,15]:

$$E(\lambda,T) = 2\pi c^2 h \lambda^{-5} \left[e^{ch/(k\lambda T)} - 1 \right]^{-1}$$
$$\approx 2C_1 \lambda^{-5} e^{-C_2/(\lambda T)} \quad (4.3\text{-}1)$$

式中,$C_1 = \pi c^2 h = 3.74 \times 10^{-12} \text{W} \cdot \text{cm}^2$ 是第一辐射常数;$C_2 = hc/K = 1.44 \text{cm} \cdot \text{K}$ 是第二辐射常数;T 为热力学温度;h 为 Planck 常数;k 为 Boltzmann 常数。

一般物体不是绝对黑体,而是灰体,其光谱辐射功率谱可表示为

$$B(\lambda,T) = \varepsilon(\lambda,T) E(\lambda,T)$$
$$= 2\varepsilon(\lambda,T) C_1 \lambda^{-5} e^{-C_2/(\lambda T)} \quad (4.3\text{-}2)$$

式中,$B(\lambda, T)$ 为灰体的辐射功率密度;$\varepsilon(\lambda, T)$ 为物体的辐射率;由式(4.3-2)得

$$T = C_2 \lambda^{-1} \ln \left[2\varepsilon(\lambda, T) C_1 B^{-1} \lambda^{-5} \right] \quad (4.3\text{-}3)$$

该原理的测温上限受石英的熔点温度限制,下限受探测器的灵敏度限制。

4.3.2 荧光光谱

光致荧光是电磁波激发的光辐射,荧光光谱相对于吸收光谱往长波波段移动,其峰值

波长差就是 Stokes 频移[16-18]。根据产生荧光的基本微粒的类型，可分为如下几种。

(1) 原子荧光是原子外层电子吸收电磁辐射后，由基态跃迁至激发态，再回到较低能态或基态时，发射出的辐射，例如，共振荧光、直跃线荧光和阶跃线荧光。原子荧光光谱法测量待测元素的原子蒸气在特定频率辐射激发所产生的荧光强度来测定元素含量。

(2) X 射线荧光是利用初级 X 射线激发原子内层电子所产生的次级 X 射线。X 射线荧光分析法测量 X 射线荧光的波长及强度来进行定性和定量分析。

(3) 分子荧光(荧光)是处于基态的物质分子吸收激发光后跃迁到激发态，经转动、振动等损失部分激发能后，以无辐射跃迁到低振动能级再到基态，以产生辐射。

当荧光分子与合适波长的光波相互作用时，荧光分子内将产生电偶极子，初始运动方向平行于所加电场方向。若分子处于热(Brown)运动状态，则电偶极子辐射光子后会改变方向。荧光现象有两种基本应用：①标记，受外界因素，如测量环境中的化学物品、泵浦光照的有无等，使检测的荧光物质辐射光发生变化；②化学探测器，当分子去激励过程的速度比通常荧光辐射快，荧光会熄灭。

在荧光分光光度计中，输入光经第一单色器得所需激发光，照射到样品室的样品上；荧光经第二单色器照射到检测器，转换为相应的电信号，参见图 4.3-3。

生物光极是将生物敏感膜固定在光导纤维或光电二极管上制成。光纤生物传感器是生物光极的一种。光纤本身既可以作为固定生物分子的支体，又可作为光波传输的通道，两者组合在一起可以有效地研制成酶标记免疫传感器和酶促催化发光的酶传感器。从 1975 年起，第一支光纤氧传感器到光纤 pH、氨传感器等都得到了实际应用。化学发光属于自然荧光，近年来亦被用于研制生物光极，其优点是不需要激发光源。

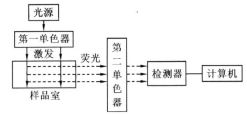

图 4.3-3 荧光分析仪的结构图

4.3.3 磷光光谱

固态物质的磷光分子受激态寿命为数毫秒到几个小时[16, 17]。磷光分子通过短冲击光激发，其辐射在一段时间内被探测。磷光现象有两个基本应用：①标记，撤去泵浦光仍有磷光辐射，可消除泵浦光的散射影响；②探测器，磷光可熄灭。

4.3.4 光声光谱

光声效应是物质吸收调制光解后通过无辐射弛豫放热而激发出声波效应。当照射在样品上的入射光按波长扫描时，可得物质在不同波长下的光声信号谱，光声信号谱可作为物质定性分析的依据；固定波长得到的光声信号，可作为定量分析的依据[18]。

1) 气态光声光谱

由光声池与光纤组成气体光声传感器，参见图 4.3-4，1300nm 的半导体 DFB 经 50：50 的耦合器将激光入射到等长的参考光纤和信号光纤，共振池有两个光窗和两个气体进出口，从两条光纤反射后形成的干涉光被 InGaAs 二极管探测[19]。950nm、0.6W 的 CO_2 气体激光器经两只ZnSe光窗和反光镜在纵向模式的圆柱形共振池中形成反射,当光纤长为4.5km时,光纤微音器检测乙醇的检出限是14ppb,检测臭氧的检出限是6ppb。

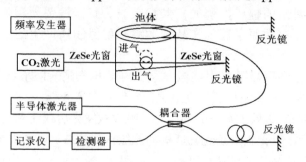

图 4.3-4　光纤微音器的工作原理图

2) 固态光声光谱

检测固体样品的光声池中,样品分子吸收光子后跃迁到激发态,再通过分子碰撞将能量传递给周围的气体介质,使气体介质产生周期性的压力变化,参见图 4.3-5。

光声检测具有散射光不影响测定及可对样品表面深度进行检测等特点,利用 Helmholtz 共振型固体样品池,光由两根光纤导入光窗,光声信号通过共振管导入微音器,参见图 4.3-6。微音器检测在室温下进行,样品池的不锈钢壳体置于液氮中,其温度检测范围为 77~300K,利用该池使用光声相位滞后的方法可研究材料的热学性质[20]。

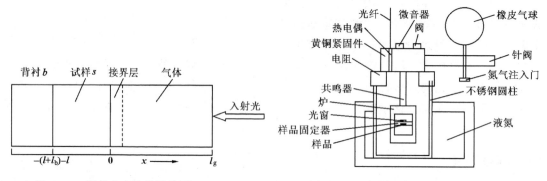

图 4.3-5　固体光声池的结构图　　　　图 4.3-6　固体低温池的结构图

3) 液体光声光谱理论

半径为 R_s 的激光束($\tau_L v > R_s$,v 为声速,τ_L 为脉宽)穿过盛有弱吸收液体的样品池时,形成细长圆柱形辐射区,参见图 4.3-7。假定激光脉冲宽 τ_L 大于检测器响应时间和样品无辐射弛豫的时间。当每个脉冲能量为 E_0 时,辐射区域体积吸收能量为

$$E_{abs} = E_0 \left(1 - e^{-\alpha l}\right) \tag{4.3-4}$$

式中,l 为吸收程长;α 为液体吸收系数。

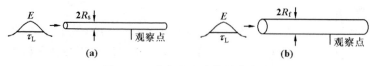

图 4.3-7　液体中光声信号的产生

液体声光检测将导光光纤导入分析液,参见图 4.3-8,8ns 脉宽的倍频 Nd：YAG 脉冲激光器经光纤入射到光声池,在 A、B 位置上各有一只聚偏氟乙烯(PVDF)的传感器接收光声信号,A、B 之间放置有中密度的玻璃过滤器。根据系统中 A、B 传感器所接收的声光信号波形、延迟时间等,可研究液体光声传输的规律与传感器的特性[21]。

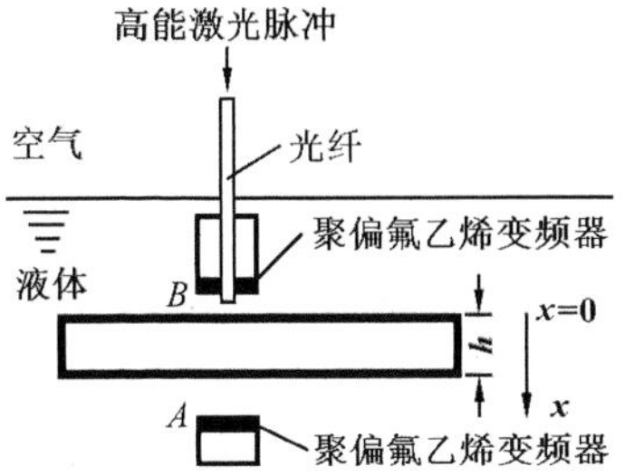

图 4.3-8　光纤液体光声池的结构图

4.3.5　气体的吸收光谱

气体吸收谱线反映了气体分子或原子的各种可能的能级之间的跃迁,反映了气体分子结构的信息,可鉴别不同的气体种类[22],参见表 4-1。

表 4-1　典型气体在近红外波段的吸收谱

气体种类	气体吸收峰波长(近红外波段)	污染源
臭氧(O_2)	无(280nm)	
二氧化碳(CO_2)	1570nm、1538nm	发动机废气、发电厂废气
甲烷(CH_4)	1650nm	煤矿煤层气体
水蒸气(H_2O)	1360～1400nm、1500nm、1580nm	
二氧化硫(SO_2)	无(299nm、4000nm)	发电厂废气
二氧化氮(NO_2)	790nm	
一氧化碳(CO)	1570nm	发动机废气、发电厂废气
一氧化氮(NO)	无(226nm)	发动机废气、发电厂废气
乙炔(C_2H_2)	1530nm	发动机废气、可燃易爆气体
硫化氢(H_2S)	1580nm	工业废气
氨气(NH_3)	1515nm	工业废气
盐酸(HCl)	1760nm	工业废气

当光源光谱覆盖一个或多个气体的吸收线,光通过待测气体就会发生衰减,输出光强 I、输入光强 I_0 和气体浓度 C 之间的关系满足 Beer-Lambert 定律：

$$I = I_0 e^{-\alpha LC} \qquad (4.3\text{-}5)$$

式中,α 是光吸收系数;L 是光通过气体的长度。常见气体的特征吸收谱线处于光纤的高损耗中红外区 2000nm～10μm,可检测气体在石英光纤窗口 1000～1700nm 的谐波谱。

4.4　频率调制

不考虑光纤中的非线性效应,光纤传感中的频率调制主要是指光学 Doppler 效应,利用外界因素改变光纤中光的频率,通过检测频率的变化来测量外界被测参数[1, 23]。

4.4.1　光学 Doppler 效应

光学 Doppler 效应是光源和探测器与被测物体发生相对运动时对接收光的频率产生影

响[24]。相对静止时，接收到的光频率为光的振荡频率；有相对运动时，接收到的光频率相对振荡频率发生了频移，频移与相对运动速度的大小和方向都有关。

静止激光器发出频率为 f_0 的平面波，其场解在静止时空坐标系 (r, t) 为

$$\boldsymbol{E} = \boldsymbol{E}_0 \mathrm{e}^{-\mathrm{i}(2\pi f_0 t - \boldsymbol{k}_i \cdot \boldsymbol{r})} \tag{4.4-1}$$

光入射到以速度 V 运动的物体上的 O' 点，参见图 4.4-1(a)。以 O' 为原点建立动态时空坐标系 (r', t')，根据狭义相对论，同一点在不同时-空坐标中的关系为

$$\begin{cases} r'_\parallel = (r_\parallel - Vt)(1 - V^2/c^2)^{-1/2} \\ r'_\perp = r_\perp \\ t' = (t - Vr_\parallel/c^2)(1 - V^2/c^2)^{-1/2} \end{cases} \tag{4.4-2}$$

式中，$r'_\parallel$ 表示与运动速度 V 平行；$r'_\perp$ 表示与运动速度 V 垂直。

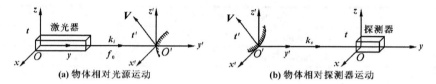

图 4.4-1 不同坐标中的位置矢量关系

从运动坐标系 (r', t') 来看，场解为

$$\boldsymbol{E} = \boldsymbol{E}_0 \mathrm{e}^{-\mathrm{i}(2\pi f_1 t' + \boldsymbol{k}_1 \cdot \boldsymbol{r}')} \tag{4.4-3}$$

式中，频率 f_1 为

$$f_1 = \left[f_0 - \boldsymbol{k}_i \cdot \boldsymbol{V}/(2\pi) \right] (1 - V^2/c^2)^{-1/2} \approx f_0 - \boldsymbol{k}_i \cdot \boldsymbol{V}/(2\pi) \tag{4.4-4}$$

入射到运动物体上的光发生反射或散射，反射或散射光在运动坐标系中的场解为

$$\boldsymbol{E}_\mathrm{s} = \boldsymbol{E}'_0 \mathrm{e}^{-\mathrm{i}(2\pi f_1 t' - \boldsymbol{k}_1 \cdot \boldsymbol{r}')} \tag{4.4-5}$$

在静止坐标系中，探测器接收散射光，参见图 4.4-1(b)，散射光的场解为

$$\boldsymbol{E}_\mathrm{s} = \boldsymbol{E}'_0 \mathrm{e}^{-\mathrm{i}(2\pi f_\mathrm{s} t - \boldsymbol{k}_\mathrm{s} \cdot \boldsymbol{r})} \tag{4.4-6}$$

这样，探测器接收到的频率为

$$f_\mathrm{s} = f_1 + \boldsymbol{k}_\mathrm{s} \cdot \boldsymbol{V}/(2\pi) = f_0 - \boldsymbol{k}_i \cdot \boldsymbol{V}/(2\pi) + \boldsymbol{k}_\mathrm{s} \cdot \boldsymbol{V}/(2\pi) \tag{4.4-7}$$

因此，光的 Doppler 频移为

$$f_\mathrm{D} = |f_\mathrm{s} - f_0| = V\left[\cos(\boldsymbol{k}_\mathrm{s}, \boldsymbol{V}) - \cos(\boldsymbol{k}_i, \boldsymbol{V}) \right]/\lambda \tag{4.4-8}$$

光学 Doppler 检测的测量灵敏度高，使用 He-Ne 激光器，运动速度为 1m/s 的频移达 1.6MHz，可测速度范围为 1μm/s～100m/s。

4.4.2 光纤 Doppler 技术

在光纤 Doppler 系统中，激光经偏振分束器和输入光学装置入射到多模光纤，光纤的另一端插入流体以测量流体或粒子的运动速度，光在流体中散射，其中一部分散射光被光纤收集，沿光纤返回[1,23,25]，参见图 4.4-2。系统的杂散反射主要发生在光纤的输入端面 B，

由于使用了偏振器，B 面的反射光直接返回激光器，而不会反射到光探测器影响参考光与信号光的干涉。多模光纤在几厘米距离内就会把输入光消去偏振，因此，运动物质的背向散射光和 A 端面的反射参考光能通过偏振分束器到达光探测器。

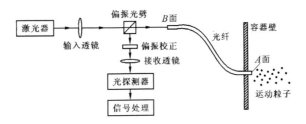

图 4.4-2　光纤 Doppler 测速计的原理图

入射光纤和接收光纤为同一根光纤，由式(4.4-8)可得探测器接收到的 Doppler 频移 f_D 与运动物体被测速度 V 之间的关系为

$$f_D = 2V\cos\theta/\lambda \tag{4.4-9}$$

光频差可通过两个光波的干涉进行测量，其中，参考光束来自相对被测移动物质为静止的光纤 A 端面的反射波。

4.5　相位调制

光电探测器不能直接测量光波的相位，可采用干涉技术将相位变化转化为强度变化。在光纤传感器中，光的干涉是在光纤干涉仪中实现的[1-3, 26-28]。

4.5.1　光纤 Michelson 干涉仪

利用单模光纤作为 Michelson 干涉仪的光路，参见图 4.5-1，可排除大气扰动，克服光路加长对相干长度的限制，光路长度可达 10^3m[1-3, 26, 27, 29]。激光器发出的光 I_0 被 3dB 耦合器分成两路，一路经参考臂 R 到达固定的光纤反射面；另一路经信号臂 S 到达可动光纤端面，被测场 $S_0(t)$ 与信号臂光纤相互作用，调制了信号光纤中的光相位。经固定光纤反射面和可动光纤端面的光被反射回来，再经 3dB 耦合器后一部分被光电探测器接收：

$$I = I_0(1+\cos\Delta\Phi)/4 \tag{4.5-1}$$

式中，两束相干光的相位差为

$$\Delta\Phi = 2\beta\Delta l \tag{4.5-2}$$

式中，β 是光在光纤中的传播常数；Δl 是光纤长度的变化。

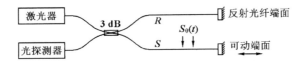

图 4.5-1　光纤 Michelson 干涉仪

4.5.2 光纤 Mach-Zehnder 干涉仪

在光纤 Mach-Zehnder 干涉仪中，相干光被 3dB 耦合器 1 等分为两束，分别在信号臂光纤 S 和参考臂光纤 R 中传输，外界信号 $S_0(t)$ 作用于信号臂，3dB 耦合器 2 使两束光再耦合，分成两束光经光纤输出到两只光电探测器[1-3, 26-28, 30]，没有或很少有光返回激光器，降低了相干噪声，参见图 4.5-2。根据双光束相干原理，两只光电探测器接收到的光强分别为

$$\begin{cases} I_1 = I_0(1+\alpha\cos\varPhi_S)/2 \\ I_2 = I_0(1-\alpha\cos\varPhi_S)/2 \end{cases} \tag{4.5-3}$$

式中，α 为耦合系数；$\varPhi_S$ 是信号臂和参考臂的相位差，包括调制信号 $S_0(t)$ 导致的相位差。

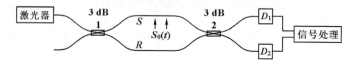

图 4.5-2 光纤 Mach-Zehnder 干涉仪

4.5.3 光纤 Sagnac 干涉仪

在光纤 Sagnac 干涉仪中，激光器的输出光经 3dB 耦合器分成 1∶1 的两束光耦合进入半径为 R 的 N 匝单模光纤圈的两端，光纤两端的出射光经分束器入射光探测器，参见图 4.5-3，光纤长度 L 可上千米，具有高灵敏度和高分辨力[1-3, 28, 31]。当 $\varOmega=0$ 时，从位置 1 发出的光沿相反方向经 $t=(2\pi RN)/c$ 时间后，相会于位置 1。当 $\varOmega\neq 0$ 时，经 $t=(2\pi RN)/c$ 的时间后，相会于位置 2，则逆时针 a 光束和顺时针 b 光束传播的光程为

$$L_a = 2\pi RN - \varOmega RNt \tag{4.5-4}$$

$$L_b = 2\pi RN + \varOmega RNt \tag{4.5-5}$$

因此，两相对传播的光波之间的光程差为

$$\Delta L = L_b - L_a = 2\varOmega NRt = 4\pi R^2 N\varOmega/c = 4AN\varOmega/c \tag{4.5-6}$$

式中，A 为光纤环的面积。相应的相位差为

$$\Delta\phi_R = 2\pi\Delta L/\lambda = 8\pi AN\varOmega/(\lambda c) \tag{4.5-7}$$

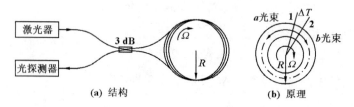

图 4.5-3 光纤 Sagnac 干涉仪

4.5.4 光纤 Fabry-Perot 干涉仪

光纤 Fabry-Perot 干涉仪在光纤内制造出两片高反射膜层，形成腔长为 L 的微腔[1-3, 26]，

参见图 4.5-4。当两只反射面的反射率皆为 R，入射光波长和光强分别为 λ 和 I_0 时，根据多光束干涉原理，光纤 Fabry-Perot 腔的反射输出 I_R 与透射输出 I_T 分别为

$$\begin{cases} I_R = 2R(1-\cos\Phi)(1+R^2-2R\cos\Phi)^{-1}I_0 \\ I_T = (1-R)^2(1+R^2-2R\cos\Phi)^{-1}I_0 \end{cases} \quad (4.5\text{-}8)$$

式中，Φ 为光学相位：

$$\Phi = 4\pi n_0 L/\lambda \quad (4.5\text{-}9)$$

式中，n_0 是腔内材料的折射率，当腔内材料为空气时，$n_0 \approx 1$。在 $R \to 1$ 的高反射率谐振腔中，由式 (4.5-8) 的 I_R 可得条纹中强度为半峰值的两点间的相位差为

$$\Delta\delta = 2(1-R)R^{-1/2} \approx 2(1-R) \quad (4.5\text{-}10)$$

常用的条纹精细度 F 定义为

$$F = 2\pi/\Delta\delta = \pi R^{1/2}(1-R) \quad (4.5\text{-}11)$$

外界参量作用于该微腔使其腔长 L 发生变化，调制了干涉信号。当镜面反射率 R 降低到一定值时，可用双光束干涉代替多光束干涉：

$$I_R = 2R(1-\cos\Phi)I_0 = D + C\cos\Phi \quad (4.5\text{-}12)$$

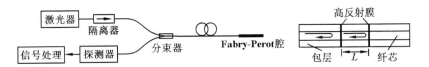

图 4.5-4 光纤 Fabry-Perot 干涉仪

非本征型光纤 Fabry-Perot 干涉仪是两只端面镀膜的单模光纤，端面严格平行、同轴，密封在长度为 D、内径为 d ($d \geqslant 2a$，$2a$ 为光纤外径) 的管道内[32]，参见图 4.5-5。D 是传感器的敏感长度，改变 D 的长度可调整传感器的灵敏度。当腔由空气间隙组成时，$n_0 \approx 1$，式 (4.5-9) 近似为 L 的单参量函数。当导管材料的热膨胀系数与光纤相同时，可补偿热胀冷缩导致的腔长 L 变化。

利用缓冲间隙，参见图 4.5-6，可减小 Fabry-Perot 腔受外加应力所产生的形变。

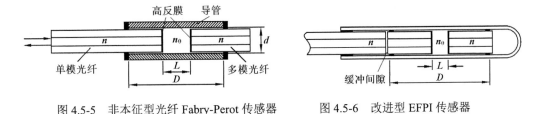

图 4.5-5 非本征型光纤 Fabry-Perot 传感器　　图 4.5-6 改进型 EFPI 传感器

4.6 光学层析成像

光学层析成像使用可见光或近红外光，可利用光通过被测介质后的光波振幅、相位、

偏振以及波长的变化来获取所需信息[33, 34], 尤其对生物体和人体无破坏作用; 与光纤连接构成了光纤层析成像系统, 探头尺寸可达微米量级。

4.6.1 光相干层析成像

光相干层析成像(Optical Coherence Tomography, OCT)采用低相干干涉技术(白光干涉或宽光谱干涉)和共焦显微镜原理, 参见图4.6-1, 分辨力可达微米级[35]。光纤1和光纤2构成了一个 MI 系统, 光源的低相干性使移动反射镜确保从两光纤返回的光是等光程时才能得到明显的干涉增强信号, 获得零级干涉条纹。反射镜移动时, 可对样品中不同层或不同深度成像。OCT 的测量精度和探测灵敏度可满足对生物组织的细微结构进行成像, 临床上实现对人体组织的非接触、无损伤的诊断和动态监测。

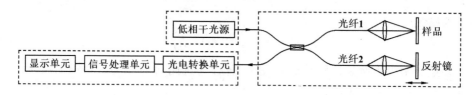

图 4.6-1 OCT 的成像原理图

4.6.2 光弥散层成像

光弥散层析成像(Diffuse Optical Tomography, DOT)利用生物组织被近红外光源阵列发出的光照射, 经过镜反射、多次散射和吸收后被光探测器阵列接收, 参见图4.6-2, 利用一个光传输的散射和吸收物理模型来研究被照射的生物组织, 并推算出吸收和散射体的位置和含量[36]。水、氧络血红蛋白和脱氧血红蛋白对这些入射的红外波长都是相对弱的吸收, 有利于确定生物组织中吸收和散射体的位置, 使光在组织中实现厘米深度成像。肿瘤的供血量比周围组织大而使光的吸收不同, DOT 已用于探测肺部肿瘤和检查大脑。

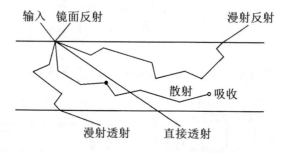

图 4.6-2 DOT 的成像原理图

4.6.3 光过程层析成像

光过程层析成像(Optical Process Tomography, OPT)与光通过介质时光强度的变化与光路上不同介质的分布以及介质的衰减有关[37]。在单色平行光和均匀介质的情况下, 光的传输特性符合 Lanbert 或 Beer 定律。当被测介质在各个方向或位置有足够多的投影数据时, 可利用一定的重建算法将被测信息用图像的形式表现出来。利用光纤可构成光纤过程层析成像(Optical Fiber Process Tomography, OFPT)技术[38], 参见图4.6-3。

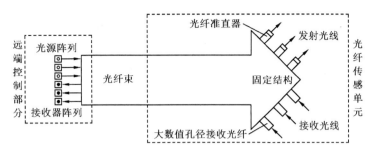

图 4.6-3 OFPT 的结构图

4.7 偏振调制

外界因素改变光的偏振特性,可通过检测光偏振态的变化来反映被测参量[1-3, 39]。光纤的偏振调制利用光纤的物理效应实现外界参量对光纤中光波偏振态的调制。

4.7.1 光纤的 Kerr 效应

熔融石英光纤是各向同性介质,在外加电场作用下,电场感应的光波折射率为

$$\begin{cases} n_\text{o} = n - 2^{-1}n^3 S_{12}E^2 \\ n_\text{e} = n - 2^{-1}n^3 S_{11}E^2 \end{cases} \tag{4.7-1}$$

熔融石英光纤的折射率变化为

$$\Delta n = K\lambda_0 E^2 \tag{4.7-2}$$

式中,K 是 Kerr 系数:

$$K = -S_{44}n^3\lambda_0^{-1} \tag{4.7-3}$$

光纤 Kerr 系数为 $K=5.4\times10^{-16}\text{m/V}^2$,且 Δn 和 E 之间是非线性关系。

4.7.2 光纤的 Faraday 效应

熔融石英的 Verdet 常数为 $V=4.47\times10^{-6}\text{rad/A}$。当光纤的长度为 l,沿长度方向的外磁场强度为 H 时,线偏振光通过它后偏振方向旋转的角度为

$$\Delta\varphi = VlH \tag{4.7-4}$$

当光的传播方向与磁场方向一致时,$V<0$,偏振面顺时针方向偏转,$\Delta\varphi$ 左旋;否则 $V>0$,偏振面逆时针方向偏转,$\Delta\varphi$ 右旋。

4.7.3 光纤的弹光效应

弹光效应(光弹效应)是应力应变引起的双折射效应,其中,纵向弹光效应是轴向应力作用下引起的光纤折射率变化;横向弹光效应是在通光正交方向的应力作用下,受力部分产生各向异性引起双折射。应力引起的感应双折射为

$$\Delta n = \rho\sigma \tag{4.7-5}$$

式中,ρ 是物质常数;σ 是施加的应力。光纤双折射使光波偏振变化,导致了光波相位的变

化。当光束通过的弹光材料长度为 l 时，光程差 $\Delta\beta$ 和相位差 $\Delta\varphi$ 为

$$\Delta\beta = \Delta n \cdot l = \rho\sigma l \tag{4.7-6}$$

$$\Delta\varphi = 2\pi\Delta\beta\lambda^{-1} = 2\pi\rho\sigma l\lambda^{-1} \tag{4.7-7}$$

4.8 光栅调制

利用光纤材料的光敏性，光纤光栅在光纤内形成空间相位光栅，在纤芯内成为窄带透射和反射滤波器，使光的传播行为得以改变和控制[1, 40-49]。

4.8.1 光纤 Bragg 光栅传感器

光纤 Bragg 光栅的折射率呈固定的周期性调制分布，调制深度与光栅周期均为常数，光栅波矢方向与光纤轴线方向相一致，参见图 4.8-1，折射率的纵向 z 分布为

$$n(z) = n_0 + \Delta n \cos(2\pi z/\Lambda) \tag{4.8-1}$$

式中，n_0 是光纤纤芯的平均折射率；$\Delta n = 10^{-5} \sim 10^{-3}$ 是导致折射率扰动的数量。光纤 Bragg 光栅的 Bragg 波长 λ_B 与光栅周期 Λ 和反向耦合模有效折射率 n_{eff} 满足光栅方程：

$$\lambda_B = 2n_{\text{eff}}\Lambda \tag{4.8-2}$$

式(4.8-2)表明，任何改变周期 Λ 和折射率 n_{eff} 的过程都将引起 Bragg 波长的移位。作为传感单元，光纤 Bragg 光栅的调制信息为波长编码的状态(绝对)测量[1, 2, 40, 45-49]。

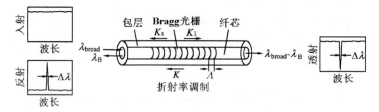

图 4.8-1 光纤 Bragg 光栅的折射率分布及其透射和反射特性

1. 应力应变传感模型

应力应变是直接引起 Bragg 波长移位的外界参量，不但导致光栅周期 Λ 变化，并且光纤的弹光效应 Δn_{eff} 使有效折射率 n_{eff} 随之变化[1, 2, 40-45]：

$$\Delta\lambda_B = 2n_{\text{eff}}\Delta\Lambda + 2\Delta n_{\text{eff}}\Lambda \tag{4.8-3}$$

式中，$\Delta\Lambda$ 是光纤在应力作用下的弹性形变。因此，应力引起 Bragg 波长移位主要包括光纤弹性形变、光纤弹光效应和光纤内部应力引起的波导效应。

1) 均匀轴向应力作用下的传感模型

均匀轴向应力是对光纤光栅进行纵向拉伸或压缩，各向应力可表示为 $\sigma_{zz} = -P$（P 为外加压强），$\sigma_{rr} = \sigma_{\theta\theta} = 0$，无切向应力，各方向的应变为

$$\begin{bmatrix} \varepsilon_{rr} \\ \varepsilon_{\theta\theta} \\ \varepsilon_{zz} \end{bmatrix} = \begin{bmatrix} \upsilon P/E \\ \upsilon P/E \\ -P/E \end{bmatrix} \tag{4.8-4}$$

式中，E 和 υ 分别为石英光纤的弹性模量和 Poisson 比。

考虑到熔融石英光纤的各向同性，均匀轴向应变 ε_{zz} 引起的相对 Bragg 波长移位为

$$\Delta\lambda_B/\lambda_B = \left\{1 - 2^{-1}n_{eff}^2\left[p_{12} - (p_{11} + p_{12})\upsilon\right]\right\}\varepsilon_{zz} = (1 - p_e)\varepsilon_{zz} = S_\varepsilon\varepsilon_{zz} \tag{4.8-5}$$

式中，p_e 为有效弹光常数：

$$p_e = 2^{-1}n_{eff}^2\left[p_{12} - (p_{11} + p_{12})\upsilon\right] \tag{4.8-6}$$

而 S_ε 为光纤光栅相对 Bragg 波长移位应变灵敏度系数：

$$S_\varepsilon = 1 - p_e = 1 - 2^{-1}n_{eff}^2\left[p_{12} - (p_{11} + p_{12})\upsilon\right] \tag{4.8-7}$$

熔融石英中，$p_{11}=0.121$，$p_{12}=0.270$，$\upsilon=0.17$，$n_{eff}=1.456$，则 $S_\varepsilon=0.784$。当波长 $\lambda_B=1550\text{nm}$ 时，单位纵向应变引起的 Bragg 波长移位为 $1.22\text{pm}/\mu\varepsilon$。

2）均匀横向应力下的传感模型

均匀横向应力下，沿光纤径向施加压力 P，光纤内部压力状态为 $\sigma_{rr}=\sigma_{\theta\theta}=-P$，$\sigma_{zz}=0$，无剪切应变，各方向的应变为

$$\begin{bmatrix} \varepsilon_{rr} \\ \varepsilon_{\theta\theta} \\ \varepsilon_{zz} \end{bmatrix} = \begin{bmatrix} -(1-\upsilon)P/E \\ -(1-\upsilon)P/E \\ 2\upsilon P/E \end{bmatrix} \tag{4.8-8}$$

在均匀横向应力作用下，弹光效应引起光纤 Bragg 光栅的相对 Bragg 波长移位为

$$\Delta\lambda_B/\lambda_B = \left[-(1-2\upsilon)E^{-1} + 2^{-1}E^{-1}n_{eff}^2(1-2\upsilon)(2p_{12}+p_{11})\right]\Delta P \tag{4.8-9}$$

3）任意正应力作用下的传感模型

任意正应力状态下的光纤压力张量可表示为

$$\begin{bmatrix} \sigma_{rr} \\ \sigma_{\theta\theta} \\ \sigma_{zz} \end{bmatrix} = \begin{bmatrix} -P \\ -P \\ -S \end{bmatrix} \tag{4.8-10}$$

则广义 Hooke 定理定义的应变张量为

$$\begin{bmatrix} \varepsilon_{rr} \\ \varepsilon_{\theta\theta} \\ \varepsilon_{zz} \end{bmatrix} = \begin{bmatrix} -[P(1-\upsilon)-S\upsilon]E^{-1} \\ -[P(1-\upsilon)-S\upsilon]E^{-1} \\ -[S-2P\upsilon]E^{-1} \end{bmatrix} = \begin{bmatrix} -(1-\upsilon)PE^{-1} \\ -(1-\upsilon)PE^{-1} \\ 2\upsilon PE^{-1} \end{bmatrix} + \begin{bmatrix} \upsilon SE^{-1} \\ \upsilon SE^{-1} \\ -SE^{-1} \end{bmatrix} \tag{4.8-11}$$

因此，任意正应力状态下的光栅应变灵敏度可表示为

$$(\Delta\lambda_B/\lambda_B)_{all} = (\Delta\lambda_B/\lambda_B)_{P_r=-P} + (\Delta\lambda_B/\lambda_B)_{P_z=-S} \tag{4.8-12}$$

式(4.8-12)表明，任意应力可分解为轴向和径向应力。

2. 温度传感模型

外界温度改变引起波长移位的主要因素是光纤热膨胀效应、光纤热光效应以及光纤内部热应力引起的弹光效应[1, 2, 50-54]。温度引起的应变为

$$\begin{bmatrix} \varepsilon_{rr} \\ \varepsilon_{\theta\theta} \\ \varepsilon_{zz} \end{bmatrix} = \begin{bmatrix} \alpha\Delta T \\ \alpha\Delta T \\ \alpha\Delta T \end{bmatrix} \tag{4.8-13}$$

忽略波导效应，光纤的温度灵敏度系数为

$$S_T = \frac{\Delta\lambda_B}{\lambda_B \Delta T} = \frac{1}{n_{eff}}\left[n_{eff}\alpha_n - \frac{n_{eff}^2}{2}(p_{11}+2p_{12})\alpha_\Lambda\right] + \alpha_\Lambda \quad (4.8\text{-}14)$$

式中，熔融石英光纤的热光系数 $\alpha_n = 8.6\times10^{-6}/°C$；线性热膨胀系数 $\alpha_\Lambda = 0.55\times10^{-6}/°C$。忽略波导效应，相对 Bragg 波长的温度灵敏度系数为 $8.765\times10^{-5}/°C$。纯熔融石英光纤的温度灵敏度系数基本上取决于材料的折射率温度系数，而弹光效应以及波导效应不对光纤光栅的波长移位造成显著影响，则光栅的温度灵敏度系数式(4.8-14)可简化为

$$S_T = \frac{\Delta\lambda_B}{\lambda_B \Delta T} \approx \alpha_n + \alpha_\Lambda \approx \alpha_n \quad (4.8\text{-}15)$$

3. 动态磁场的传感模型

Faraday 效应引起光纤 Bragg 光栅中左旋和右旋偏振光的光纤折射率的微弱变化。纵向磁场将导致光栅中两个圆偏振光的折射率变化，其结果是满足两个 Bragg 条件[1, 50-55]：

$$\begin{cases}\lambda_{B+} = 2n_+\Lambda \\ \lambda_{B-} = 2n_-\Lambda\end{cases} \quad (4.8\text{-}16)$$

式中，下标+、-分别表示右旋、左旋偏振光。在硅光纤中，对于 1300nm 波长，Verdet 常数 V 约为 8×10^{-5}rad/Gm，磁场引起的光纤折射率变化为

$$n_+ - n_- = VH\lambda/(2\pi) \quad (4.8\text{-}17)$$

利用干涉调制技术，可线性检测 1~10Gs 的磁场，适用于核磁共振(NMR)、等离子体约束和光谱学等领域。

4.8.2 长周期光纤光栅传感器

紫外光照射载氢锗硅光纤制成纤芯基模耦合到同向传输包层模的长周期光纤光栅[56-58]，参见图 4.8-2，其导波模与包层模、辐射模或其他导波模满足 Bragg 相位匹配条件：

$$\beta_1 - \beta_2 = \Delta\beta = 2\pi/\Lambda \quad (4.8\text{-}18)$$

式中，β_1 和 β_2 分别为发生耦合的两个模的传播常数；$\Delta\beta$ 是两个传播常数之差；Λ 为光栅周期。LPG 是一种透射型光栅，前向传输的 LP_{01} 模 $\beta_1 = \beta_{01}$ 与前向传输的第 n 阶包层模 $\beta_2 = \beta_{cl}^{(n)} > 0$ 耦合。$\Delta\beta$ 值较小，长周期光纤光栅的周期 $\Lambda > 100\mu m$。

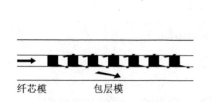

图 4.8-2 长周期光栅的折射率调制原理图

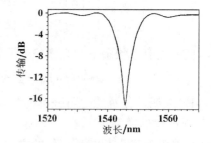

图 4.8-3 长周期光纤光栅的透射谱

波长满足谐振条件时，光波从纤芯中耦合到包层，包层中的倏逝光会在纤芯的导模中形成一系列的波长阻带。长周期光纤光栅具有一系列的分立吸收带，每个吸收带对应于导模到一个包层模的耦合，参见图 4.8-3。光栅方程(4.8-18)表明，应变和温度的变化产生纤

芯-包层折射率差，引起传输阻带的中心波长移位，选择不同的纤芯和包层参数，可获得$-0.7\sim1.5\text{pm}/\mu\varepsilon$的应变响应和$-0.2\sim0.15\text{nm/°C}$的温度响应。在式(4.8-18)中，传播常数为

$$\beta = 2\pi n_{\text{eff}}/\lambda \tag{4.8-19}$$

将式(4.8-19)代入式(4.8-18)，得

$$\lambda_n = \left(n_{\text{co}} - n_{\text{cl}}^{(n)}\right)\Lambda \tag{4.8-20}$$

式中，n_{co}是导模LP_{01}的有效折射率；$n_{\text{cl}}^{(n)}$是第n阶包层模的有效折射率；λ_n是导模耦合到第n阶包层模的波长。将式(4.8-20)对应变ε求导，则长周期光纤光栅的应变灵敏度为

$$K_\varepsilon = \frac{\mathrm{d}\lambda}{\mathrm{d}\varepsilon} = \left(n_{\text{co}}\frac{\mathrm{d}\Lambda}{\mathrm{d}\varepsilon} + \Lambda\frac{\mathrm{d}n_{\text{co}}}{\mathrm{d}\varepsilon}\right) - \left(n_{\text{cl}}\frac{\mathrm{d}\Lambda}{\mathrm{d}\varepsilon} + \Lambda\frac{\mathrm{d}n_{\text{cl}}}{\mathrm{d}\varepsilon}\right) = (1-p_{\text{co}})n_{\text{co}}\Lambda - (1-p_{\text{cl}})n_{\text{cl}}\Lambda \tag{4.8-21}$$

式中，应变引起的光栅周期变化为

$$\frac{\mathrm{d}\Lambda}{\mathrm{d}\varepsilon} = \Lambda \tag{4.8-22}$$

弹光效应引起的有效折射率变化为

$$\frac{\mathrm{d}n}{\mathrm{d}\varepsilon} = -p_{\text{e}}n \tag{4.8-23}$$

式中，p_{e}为有效弹光系数；p_{co}和p_{cl}分别为纤芯和包层的有效弹光系数。

将式(4.8-20)对温度T求导，则长周期光纤光栅的温度灵敏度为

$$K_{\text{T}} = \frac{\mathrm{d}\lambda}{\mathrm{d}T} = \left(n_{\text{co}}\frac{\mathrm{d}\Lambda}{\mathrm{d}T} + \Lambda\frac{\mathrm{d}n_{\text{co}}}{\mathrm{d}T}\right) - \left(n_{\text{cl}}\frac{\mathrm{d}\Lambda}{\mathrm{d}T} + \Lambda\frac{\mathrm{d}n_{\text{cl}}}{\mathrm{d}T}\right) = (\alpha+\xi_{\text{co}})n_{\text{co}}\Lambda - (\alpha+\xi_{\text{cl}})n_{\text{cl}}\Lambda \tag{4.8-24}$$

式中，ξ_{co}和ξ_{cl}分别为纤芯和包层的热光系数；热膨胀效应引起的光栅周期变化为

$$\frac{\mathrm{d}\Lambda}{\mathrm{d}T} = \alpha\Lambda \tag{4.8-25}$$

式中，α为光纤(纤芯和包层)热膨胀系数。热光效应引起的有效折射率变化为

$$\frac{\mathrm{d}n}{\mathrm{d}T} = \xi n \tag{4.8-26}$$

式中，ξ为材料的热光系数。

长周期光纤光栅的温度和应变灵敏度与纤芯和包层的参数有关[1, 50, 56-58]。

(1) 当包层的有效弹光系数p_{cl}与纤芯的有效弹光系数p_{co}相同时，长周期光纤光栅的应变灵敏度几乎为零；而当包层的热光系数ξ_{cl}与纤芯的热光系数ξ_{co}相同时，长周期光纤光栅的温度灵敏度也几乎为零。选择合适的包层参数，可制成对温度或应变不敏感的长周期光纤光栅传感器，从物理的层面解决光纤光栅传感器的温度和应变的交叉敏感问题。

(2) 不同包层模的有效折射率不同导致了温度和应变灵敏度不同。监测两个不同包层模的吸收波长移位，可在一根长周期光纤光栅上实现温度和应变的同时测量。

4.9 分布式光纤传感器

时分调制的分布式光纤传感器利用光纤的敏感性，集信息传输和传感于一身，只需一

个光源和一根探测线路,可沿光纤传输路径的传感对象进行检测。光在光纤传输的过程中,沿光纤各点会产生散射,散射光沿入射光相反的方向回到光纤的注入端,该背向散射光包含了光在光纤传输中损耗的信息。

4.9.1 Rayleight 背向散射

1976 年,Barnoski 等发明的光时域反射计(Optical Time Domain Reflectometer, OTDR)已成为检测光纤、光缆和连接器的重要测试手段[1, 2, 40-42, 59],参见图 4.9-1。光脉冲经耦合器进入光纤,部分后向散射光沿光纤返回,经 APD 转换为电信号,波长小于 600nm 的短波长光源必须避免在光纤中产生太多的荧光。

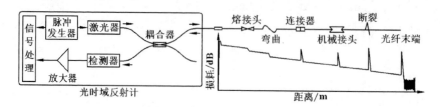

图 4.9-1 光时域反射计的工作原理图及其显示的光纤衰减曲线

考虑光纤损耗引起光信号指数衰减,当光纤由入射光能量为 P_0 的光脉冲激发时,接收到的时变后向散射光功率随距离 z 的变化为[1, 2, 59]

$$P_s(z) = 0.5 P_0 S(z) \alpha_s(z) v_g e^{-\int_0^z [\alpha_f(z') + \alpha_b(z')] dz'} \tag{4.9-1}$$

式中,α_s 是光纤衰减系数中的散射分量;α_f 和 α_b 分别是前向和后向的总衰减系数;v_g 是波导的群速度;因定向耦合器具有 3dB 损耗而引入了乘积因子 0.5;后向散射捕获率 S 定义为散射点的瞬间反向激励功率与总散射功率之比[43, 44]:

$$S = 0.25 (NA/n_1)^2 \tag{4.9-2}$$

式中,NA 是光纤的数值孔径;n_1 是光纤纤芯的折射率。

在光纤中,散射点离光注入端的距离 z 与双程传输时间 t 有关:

$$t = 2z/v_g \tag{4.9-3}$$

OTDR 的典型注入光能量为 10nJ,即峰值功率为 10mW,脉宽为 100ns 的脉冲;散射损耗系数 α_s 为 10^{-5}cm^{-1} 数量级;波导群速度 $v_g = 2 \times 10^{10} \text{cm/s}$;这时,光纤入射端功率在 10^{-5}W 数量级,经光纤的双程传输后(单向衰减 25dB),接收端功率为 10^{-10}W 数量级。当空间单元内的损耗大于 1dB 时,可从 OTDR 返回信号中探测到参量变化;信号的双程损耗为 2dB,光纤尾端返回信号的信噪比很低,光纤损耗型分布式传感器可测量的参数限制在约 10 个。

若后向散射捕获率为常数,则散射系数 α_s 引起的 OTDR 信号变化为

$$P_s(z) = A \alpha_s e^{-2\alpha z} \tag{4.9-4}$$

式中,α 为衰减因子;A 为常数(忽略信号来回传播损耗的变化)。

当变化由光纤中的衰减引起时,假定 α、S 均为常数,则

$$P_s(z) = Be^{-\int_0^z 2\alpha(z)\mathrm{d}z} \tag{4.9-5}$$

式中，B 为常数。

利用光纤中微小不均匀性产生的 Rayleigh 背向散射，通过 OTDR 技术来反映外界物理量的变化，如光纤的断裂、裂纹和异常损耗等。Rayleigh 散射与散射点的被测参量有关，利用 OTDR，可测量单模或多模光纤中的光纤损耗、偏振、数值孔径和散射损耗等[41-46]。

偏振光时域反射计（Polarization Optical Time Domain Reflector，POTDR）获取光纤各点的后向 Rayleigh 散射光的偏振态来检测相应点的被测量[45, 46]，参见图 4.9-2。

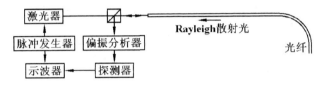

图 4.9-2 偏振光时域反射计

激光经偏振型分束器后成为线偏振光注入待测单模光纤，背向散射信号中与注入光的偏振方向垂直的线偏振分量经分束器出射到偏振分析仪。设线偏振光在 $z=0$ 处耦合进光纤，连续不断地沿光纤传播并受到 Rayleigh 散射，其中一部分散射光被传导返回到耦合点 $z=0$。发自光纤中 z 点到达 $z=0$ 处的背向散射光信号电场通常用下式表示：

$$\boldsymbol{E}_b(z) = \left[\boldsymbol{l}_x \cos(\omega t - 2\beta_x z) + \boldsymbol{l}_y \cos(\omega t - 2\beta_y z)\right]e^{-\alpha z} \tag{4.9-6}$$

式中，$\boldsymbol{l}_x$ 和 $\boldsymbol{l}_y$ 分别表示 x 和 y 方向的单位矢量；α 为光纤衰减系数。背向散射光经偏振型分束器反射到检测器，检测到的光电流经一个周期平均后变为

$$I_b(z) = C(a,b)e^{-2\alpha z}\sin^2(\Delta\beta z) \tag{4.9-7}$$

式中，$C(a, b)$ 是由与光纤衰减以及入射线偏振光的偏振方向有关的常数 a 和 b 决定的一个常数；双折射率 $\Delta\beta = |\beta_x - \beta_y|$，变化周期 Δz 为

$$\Delta z = \pi / \Delta\beta = L_b/2 \tag{4.9-8}$$

偏振光时域反射计的空间分辨力低，适于测沿低双折射单模光纤的双折射分布。

4.9.2 Raman 背向散射

Raman 散射是物质分子对光子的非弹性散射过程[47]。石英光纤的 Raman 增益谱[48]的频率范围为 40THz，在 13THz 附近有一个较宽的峰，参见图 4.9-3，其 Stokes 和反 Stokes 信号功率 $P(z)_{\text{Raman(S)}}$ 和 $P(z)_{\text{Raman(A-S)}}$ 随距离变化的关系为

$$\begin{cases} P(z)_{\text{Raman(S)}} = S(z)\alpha_f(z)\eta_{(S)}(z,T)V_g e^{-\int_0^z[\alpha_f(z') + \alpha_{bs}(z')]\mathrm{d}z'} \\ P(z)_{\text{Raman(A-S)}} = S(z)\alpha_f(z)\eta_{(A-S)}(z,T)V_g e^{-\int_0^z[\alpha_f(z') + \alpha_{bas}(z')]\mathrm{d}z'} \end{cases} \tag{4.9-9}$$

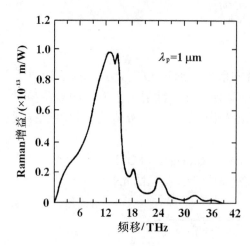

式中，$\eta_{(S)}(z,T)$ 和 $\eta_{(A-S)}(z,T)$ 分别为 Stokes 和反 Stokes 信号的有效量子效率。在 Raman 散射的情况下，存在着独立的后向 Stokes 散射损耗 α_{bs} 和反 Stokes 散射损耗 α_{bas}。

在硅光纤中，$\eta_{(A-S)}=10^{-3}$。室温下，Stokes 信号是反 Stokes 信号的 4 倍。当反 Stokes（高频带）与 Stokes（低频带）光谱中心分别为 λ_A 和 λ_S 时，若两者距 Raman 散射光谱中心线的频偏相同，对应的有效量子效率之比为

$$R(T)=\eta_{A-S}(z,T)/\eta_S(z,T)=(\lambda_S/\lambda_A)^4 e^{-hc\nu/(kT)} \tag{4.9-10}$$

图 4.9-3 熔融石英的 Raman 增益谱

式中，h 是 Planck 常数；c 是光在真空中的速度；k 是 Boltzmann 常数；T 是热力学温度；ν 是入射光的频率。反 Stokes-Raman 散射比 Rayleigh 散射的强度弱 20~30dB。为避免信号平均时间过长，可采用高峰值功率的脉冲激光器。Raman OTDR 利用通信单模光纤，参见图 4.9-4，温度分辨力为 1℃，空间分辨力小于 1m，测量时间约为 20s[49]。

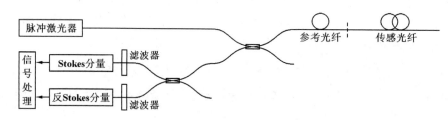

图 4.9-4 Raman OTDR 的测量原理图

4.9.3 受激 Raman 散射

波长为 633nm 的连续波 He-Ne 激光器和波长为 617nm 的 Nd:YAG 泵浦光发出的光沿光纤对向传输，则探测系统接收的信号受泵浦光产生非线性增益效应的影响[60]参见图 4.9-5。Raman 增益对偏振敏感，使用低双折射光纤，可探测横向应力。

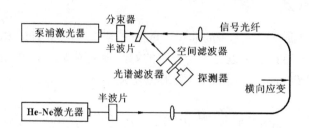

图 4.9-5 利用反向传播的泵浦脉冲 Raman 增益实现应变定位的原理图

4.9.4 Brillouin 背向散射

Brillouin 散射是声频声子对光子的非弹性散射过程,不同结构和纤芯有不同掺杂的石英光纤的 Brillouin 增益谱[61],参见图 4.9-6。在单模光纤中,入射光通过电致伸缩产生的声波引起介质折射率的周期性调制,通过散射泵浦光,由于 Doppler 位移与声速 v_a 移动的光栅有关,Bragg 衍射的散射光产生频移 v_B 为

$$v_B = 2nv_a/\lambda \tag{4.9-11}$$

式中,n 是光纤的有效折射率;λ 是入射光在自由空间中的波长;声速 v_a 为

$$v_a = \sqrt{(1-\kappa)(1+\kappa)^{-1}(1-2\kappa)^{-1}E\rho^{-1}} \tag{4.9-12}$$

式中,E、κ 和 ρ 分别是光纤的 Young's 模量、Poisson 比和密度。

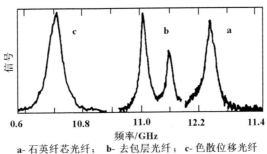

a- 石英纤芯光纤; b- 去包层光纤; c- 色散位移光纤

图 4.9-6 三种光纤的 Brillouin 谱

在光纤中,受应变和温度的影响,Brillouin 频移随之发生变化[62]:

$$\Delta v_B = \frac{\partial v_B}{\partial \varepsilon}\varepsilon + \frac{\partial v_B}{\partial \lambda}\Delta T \tag{4.9-13}$$

式中,$\partial v_B/\partial \varepsilon \approx 58\text{kHz}/\mu\varepsilon$ 为应变敏感系数;$\partial v_B/\partial T \approx 1.2\text{MHz}/°C$ 为温度响应系数。利用 Brillouin 散射光的频移现象;再根据 Brillouin 散射光回到光源起始点的时间 t,由

$$z = ct/(2n) \tag{4.9-14}$$

可得到沿光纤各点的变形量及距离,如图 4.9-7 所示。采用光放大的方法,可实现沿光纤路径场 80km 以上的连续分布传感测量。

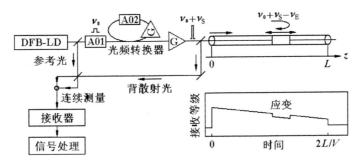

图 4.9-7 Brillouin OTDR 的测量原理图

4.9.5 受激 Brillouin 散射

利用二束光之间的受激 Brillouin 散射相互作用，可获得比自发 Brillouin 散射高 3~4 个数量级的信号。SBS 的 Stokes 频移约为 10GHz，带宽小于 2GHz，仅有后向传输 Stokes 波。对于 CW 泵浦或脉宽大于 1μs 的脉冲泵浦，SBS 的阈值小于 1mW；但脉宽小于 10ns 的短脉冲泵浦，几乎不产生受激 Brillouin 散射。当泵浦光频率与探测光频率的频差 Δν 与光纤中的 Brillouin 散射频移 $ν_a$ 一致时，光纤中的 SBS 使泵浦光向探测光转换，探测光被放大，测出探测光强度最大时的频差 Δν 就可求出光纤的应变 ε。基于 OTDR 的 Brillouin 光纤时域分析法(Brillouin Optical-Fiber Time Domain Analysis，BOTDA)利用了 Brillouin 增益谱的频移与温度和光纤应变有良好的线性关系[63-65]，参见图 4.9-8。

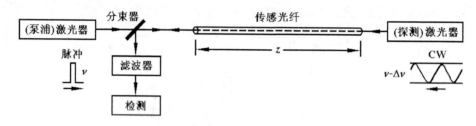

图 4.9-8 Brillouin 光纤时域分析法

参 考 文 献

[1] 李川. 光纤传感器技术. 北京：科学出版社，2012.

[2] Grattan K T V, Meggitt B T. Optical Fiber Sensor Technology: Advanced Applications-Bragg Gratings and Distributed Sensors. Boston:Kluwer Academic Publishers, 2000.

[3] Grattan K T V, Meggitt B T. Optical Fiber Sensor Technology: Fundamentals. Boston:Kluwer Academic Publishers, 2000.

[4] 李川，张以谟，李欣，等. 绝对式数字光纤传感器. 光电子·激光，2003，14(6)：559-561.

[5] 李欣，李川，张以谟，等. 增量式数字光纤传感器的数码检测. 光电子·激光，2001，12(4)：358-360.

[6] Karl F, Keith H W. Fiber-optic strain-displacement sensor employing nonlinear buckling. Applied Optics, 1997, 36(13): 2944-2946.

[7] Fields J N, Cole J H. Fiber microbend acoustic sensor. Applied Optics, 1980, 19: 3265-3267.

[8] Lagakos N, Cole J H, Bucaro J A. Microbend fiber-optic sensor. Applied Optics, 1987, 26(11): 2171-2180.

[9] 李川，张以谟，周枫，等. 光纤双向应变-位移点式传感器. 光子学报，2003，32(4)：448-450.

[10] Sincerbox G T, Gordan J G. Modulating light by attenuated total reflection. Laser Focus World, 1981, 11: 55-58.

[11] Sheem S, Cole J. Acoustic sensitivity of single-mode optical power dividers. Optics Letters, 1979, 4: 322.

[12] Pangaribuan T, Jiang S, Ohtsu M. Two-step etching method for fabrication of fibre probe for photon scanning tunneling microscope. Electronics Letters, 1993, 29(22): 1978-1979.

[13] Wood R W. On a remarkable case of uneven distribution of light in a diffraction grating spectrum.

Philosophical Magazine, 1902, 4(21): 396-402.

[14] Beezhold W, Beutler D E, Garth J C, et al. Review of the 40-year history of the NSREC'S dosimetry and facilities session(1963-2003). IEEE Transaction on Nuclear Science, 2003, 50(3): 635-652.

[15] Dakin J P, Kahn D A. A novel fibre optic temperature probe. Optical and Quantum Electronics, 1977, 9: 540.

[16] Guilbault G G. Practical Fluorescence: Theory, Methods and Techniques. New York: Marcel Dekker, 1973.

[17] Dils R R. High temperature optical fiber thermometer. Journal of Applied Physics, 1983, 54: 1198-1201.

[18] Kreuger L B J. Uitralow gas concentration infrared absorption spectroscopy. Journal of Applied Physics, 1997, 42: 2934-2945.

[19] Breguet J, Pellaux J P, Gisin N. Photoacoustic detection of trace gases with an optical microphone. Sensors and Actuators, A: Physical, 1995, 48(1): 29-35.

[20] Jorge M P P M, Mendes J, Oliveira A C, et al. Resonant photoacoustic cell for low temperature measurements. Cryogenics, 1999, 39(3): 193-195.

[21] Shan Q, Kuhn A, Dewhurst R J. Characterization of polymer ultrasonic receivers by a photoacoustic method. Sensors and Actuators, B: Chemical, 1996, 57: 187-195.

[22] 王玉田, 郑龙江, 张颖, 等. 光纤传感器技术及应用. 北京: 北京航空航天大学出版社, 2009.

[23] Büttner L, Czarske J, Knuppertz H. Laser-Doppler velocity profile sensor with submicrometer spatial resolution that employs fiber optics and a diffractive lens. Applied Optics, 2005, 44(12): 2274-2280.

[24] Drain L E. The Laser Doppler Technique. Hoboken: John Wiley & Sons, 1980.

[25] Lo Y L, Sirkis J S, Fourney W L. In-fiber doppler velocimeter for velocity measurements of moving surfaces, SEM. Experimental Mechanics, 1997, 37(3): 328-332.

[26] 江毅, 唐才杰. 光纤Fabry-Perot干涉仪原理及应用. 北京: 国防工业出版社, 2009.

[27] 孟克. 光纤干涉测量技术. 哈尔滨: 哈尔滨工程大学出版社, 2004.

[28] 张桂才. 光纤陀螺原理与技术. 北京: 国防工业出版社, 2008.

[29] Cranch G A, Kirkendall C K, Daley K, et al. Large-scale remotely pumped and interrogated fiber-optic interfemmetric sensor array. IEEE Photonics Technology Letters, 2003, 10(1): 1-3.

[30] Millara C A, Harveyb D, Urquharta P. Fibre reflection mach-zehnder interferometer. Optics Communications, 1989, 70(4): 304-308.

[31] Culshaw B. The optical fibre Sagnac interferometer: an overview of its principles and applications. Measurement Science and Technology, 2006, 17: R1-R16.

[32] Bhatia V, Murphy K A, Claus R O, et al. Recent developments in optical-fiber-based extrinsic Fabry-Perot interferometric strain sensing technology. Journal of Smart Materials and Structures, 1995, 4(4): 246-251.

[33] Arridge S R. Optical tomography in medical imaging. Inverse Problems, 1999, 15(2): R41–R93.

[34] 廖延彪, 黎敏, 阎春生. 现代光信息传感原理. 北京: 清华大学出版社, 2009.

[35] Schmitt J M. Optical coherence tomography (OCT): a review. IEEE Journal of Selected Topics in Quantum Electronics, 1999, 5(4): 1205-1215.

[36] Jiang H. Diffuse Optical Tomography: Principles and Applications. Boca Raton: CRC Press, 2003.

[37] Abdul Rahim Ruzairi Hj, Chan K S. Optical tomography system for process measurement using light-emitting diodes as a light source. Optical Engineering, 2004, 43(5):1251-1257.

[38] Ibrahim S, Green R G, Dutton K, et al. Optical Fibres For Process Tomography: A Design Study. Boston: 1st World Congress on Industrial Process Tomography, 1999: 511-516.

[39] 廖延彪. 偏振光学, 北京：科学出版社，2003.

[40] Elliott B, Gilmore M. 光缆布线与检测. 2 版. 北京：电子工业出版社，2004.

[41] Li C, Zhang Y M, Liu T G, et al. Distributed optical fiber bi-directional strain sensor for gas trunk pipelines. Optics and Lasers in Engineering, 2001, 36: 41-47.

[42] Li C, Zhang Y M, Liu H, et al. Distributed fiber-optic bi-directional strain-displacement sensor modulated by fiber bending loss. Sensors and Actuators A: Physical, 2004, 111: 236-239.

[43] Hartog A H, Gold M P. Measurement of backscatter factor in single-mode fibers. Journal of Lightwave Technology, 1984, LT-2: 76-82.

[44] Neumann G. Analysis of the backscattering method for testing optic fiber cables Arch. Elektron Ubertragungs, 1980, 34: 157-160.

[45] Rogers A J. Polarisation optical time domain reflectometry. Electronics Letters, 1980, 16: 489-490.

[46] Rogers A J. POTDR a technique for the measurement of field distributions. Applied Optics, 1981, 20: 1060-1074.

[47] Alfano R R, Li Q X, Jimbo T, et al. Induced spectral broadening of a weak 530nm picosecond pulse in glass by an intense 1060nm pulse. Optics Letters, 1986, 14: 626.

[48] Dougherty D J, Kartner F X, Haus H A, et al. Measurement of the Raman gain spectrum of optical fibers. Optics Letters, 1995, 20: 31-33.

[49] Farriers M C, Rogers A J. Distributed sensing using stimulated Raman interaction in a monomode optical fibre. Proc. 2nd International Conference of Optical Fibre Sensors, OFS'84, 1984: 121-132.

[50] 李川，张以谟，赵永贵，等. 光纤光栅：原理、技术与传感应用. 北京：科学出版社，2005.

[51] Kersey A D, Davis M A, Patrick H J, et al. Fiber grating sensors. Journal of Lightwave Technology, 1997, 15(8): 1442-1463.

[52] Meltz G, Morey W W. Bragg grating formation and germanosilicate fiber photosensitivity. SPIE, 1991, 1516: 185-199.

[53] Grattan K T V, Sun T. Fiber optic sensor technology: an overview. Sensors and Actuators, A Physical, 2000, 82(1): 40-61.

[54] Othonos A, Kalli K. Fiber Bragg Gratings. Massachusetts: Artech House, 1999.

[55] Kersey A D, Marrone M J. Fiber Bragg grating high-magnetic-field probe. 10th Optical Fibre Sensors Conference, Glasgow, Scotland, 1994: 53-56.

[56] Bhatia V, Vengsarkar A M. Optical fiber long-period grating sensors. Optics Letters, 1996, 21: 692-694.

[57] Erdogan T. Cladding-mode resonances in short- and long-period fiber grating filters. Journal of the Optical Society of America A, 1997, 14: 1760-1773.

[58] Liu Y, Zhang L, Bennion I. Fibre optic load sensors with high transverse strain sensitivity based on long-period gratings in B/Ge co-doped fibre. Electronics Letters, 1999, 35(8): 661-663.

[59] Barnoski M K, Jeasen S M. Fiber waveguides: a novel technique for investigating attenuation characteristics. Applied Optics, 1976, 15: 2112-2115.

[60] Dakin J P, Pratt D J, Bibby G W, et al. Distributed optical fibre Raman temperature sensor using a

semiconductor light source and detector. Electronics Letters, 1985, 21: 569-570.

[61] Thomas P J, Rowell N L, van Driel H M, et al. Normal acoustic modes and Brillouin scattering in single-mode optical fibers. Physics Review B, 1979, 19: 4986-4998.

[62] Li C, Sun Y, Zhao Y G, et al. Monitoring pressure and thermal strain in second lining of tunnel with Brillouin OTDR. Smart Materials and Structures, 2006(15): N107-N110.

[63] Culverhouse D, Farahi F, Pannell C N, et al. Potential of stimulated Brillouin scattering as sensing mechanism for distributed temperature sensors. Electronics Letters, 1989, 25: 913-914.

[64] Fellay A, Thevenaz L, Facchini M, et al. Distributed sensing using stimulated Brillouin scattering: towards ultimate resolution. 12th Optical Fiber Sensors Conference, Williamsburg, 1997.

[65] Geinitz E, Jetschke S, Ropke U, et al. Influence of pulse amplification on distributed fibre-optic Brillouin sensing and a method to compensate for systematic errors. Measurement Science & Technology, 1999, 10(2): 112-116.

第 5 章 生物传感器

5.1 引言

生物传感器可根据需要和所用的生物物质选择性地对待物质响应，生物传感器的出现使很多物质的选择性检测成为可能[1-8]，如医疗检验(尿液分析、传染病检验、遗传性差异检验、血液筛检与分析、追踪治疗)、环境监测(水污染监测、农药残留物、环境品质监控、病源微生物、低浓度毒物)、发酵工业(代谢实验、细胞总数测定、原材料及代谢产物测定)、食品工业(特定成分监测、污染物测定、品质保证与管制)、其他(生物分子反应动力学、新药快速筛选、药剂侦检)。生物传感器的发展可大致分为三个阶段：20 世纪六七十年代为起步阶段，生物传感器由固定了生物成分的非活性基质膜(透析膜或反应膜)和电化学电极组成，以 Clark 传统酶电极为代表[9, 10]；第二阶段为生物传感器发展的第一个高潮时期(20 世纪 70 年代末至 20 世纪 80 年代)，生物传感器将生物成分直接吸附或共价结合到转化器的表面，而不需要非活性的基质膜，测定时不必向样品中加入其他试剂，以介体酶电极为代表[11, 12]；第三阶段为生物传感器发展的第二个高潮时期(20 世纪 90 年代至今)，生物传感器把生物传感成分直接固定在电子元器件，直接感知和放大界面物质的变化，把生物识别和信号转换处理结合在一起，以表面等离子体和生物芯片为代表[13-19]。2001 年，国际理论和应用化学联合会(IUPAC)推荐的生物传感器定义为：利用与换能器保持直接空间接触的分子识别元件(生物化学受体)，提供特殊的定量和半定量分析信息。

5.2 生物传感器的基本结构

生物传感器通过被测定分子与固定在生物接收器上的分子识别元件(生物敏感膜或生物功能膜)发生特异性结合，并发生生物化学反应，产生热焓变化、离子强度变化、pH 变化、颜色变化或质量变化等信号，产生信号的强弱在一定条件下与特异性结合的被测定分子的量存在一定的数学关系，这些信号经换能器转变成电信号后被放大测定，从而间接测定被测定分子的量[1-8, 20-25]，参见图 5.2-1。生物传感器的基本结构包括两个主要部分：①生物分子识别元件(感受器)具有分子识别能力的固定化生物活性物质，如酶、蛋白质、微生物、组织切片、抗原、抗体、细胞、细胞器、细胞膜、核酸、生物膜等，为生物传感器信号接收或产生部分；②信号转换器(换能器)将分子识别元件进行识别时所产生的化学的或物理的变化转换成可用信号，主要包括：电化学电极(如电位、电流的测量)、光学检测元件、热敏电阻、场效应晶体管、压电石英晶体、表面等离子共振器等。生物传感器主要利用生化方法分离、纯化甚至合成特定

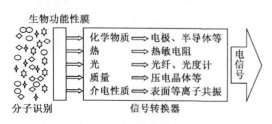

图 5.2-1 生物传感器的原理图

的生物活性分子，与物理换能器组合成生物传感器反应系统。

分子识别元件是化学和生物传感器敏感元件，表示主体(受体)对客体(底物)选择性结合并产生某种特定功能的过程，其具备的高度选择性是传感器避免其他物质干扰响应的基础。从微观角度来说，分子间专一性的相互作用源于分子识别，即配体与受体选择性地结合，具有专一性功能的过程。底物与受体的识别与分子结构密切相关，不仅包括分子与分子间的识别，也包括分子中某一部分结构对另一部分结构的识别；特别是在一个有序的高级结构的体系中，能够识别并结合产生自组装体。结构识别在化学与生命过程中非常重要，也是药物分子(底物)与蛋白质、核酸、生物受体等生物靶分子(受体)相互识别的关键。

分子识别过程通常会引起体系的电学、光学、力学、热学性能的变化，也可引起化学等性质的变化，这些变化意味着信息的存储、传递及处理。因此，将分子识别在信息处理及传递过程中所产生的响应信号变化与纳米材料相结合，通过能量转换器对微观信号进行放大处理，从而实现对待测物质的有效检测。目前分子识别在检测领域方面的应用包括电化学传感器、分子印迹、Raman 信号检测等。

1. 生物敏感膜

生物传感器的分子识别元件首先经干燥等技术制成生物敏感膜，再通过化学或物理手段束缚在换能器的表面，参见图 5.2-2。固定化方法有吸附法(物理吸附法和化学吸附法)，共价法，交联法(酶交联法、辅助蛋白交联法、吸附交联法和载体交联法)，包埋法(基质包埋法和微胶囊包埋法)。

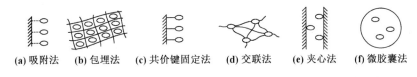

(a) 吸附法　(b) 包埋法　(c) 共价键固定法　(d) 交联法　(e) 夹心法　(f) 微胶囊法

图 5.2-2　酶的固定化技术

LB(Langmuir-Blodgett)膜利用纳米技术，通过单分子层的多次连续转移形成多层组合超薄膜。LB 膜的基本原理是，把生物分子，如脂质分子和一些蛋白质分子，在洁净水表面展开后形成水不溶性液态单分子膜，横向压缩其表面积使液态膜逐渐过渡到成为一个分子厚度的拟固态膜。操作时对液相的纯度、pH 和温度有一定的要求，液相是纯水，横向压力则通过压力反馈系统加以控制。一旦制备好单分子膜，则可以将膜成形到基片上去。成形方法是透过马达微米位移系统操作，基片在单分子膜与界面作升降运动，当基片第一次插入并提起时，就有一层单分子膜沉积在基片表面，若要沉积三层单分子膜，就需要进行第二次升降运动，参见图 5.2-3。LB 膜法已成功用于发展仿生传感器，酶、免疫等生物传感器。LB 膜不仅协调了响应速度和活性间的矛盾，并可利用 IC 技术制成微米级的生物传感器。

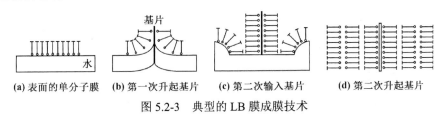

(a) 表面的单分子膜　(b) 第一次升起基片　(c) 第二次输入基片　(d) 第二次升起基片

图 5.2-3　典型的 LB 膜成膜技术

2. 分子识别元件的生物和化学反应

分子识别是通过分子间作用力的协同作用达到相互结合的过程，揭示了分子识别原理中的三个重要组成部分：①特定的条件是指分子要依靠预组织达到互补的状态；②分子间相互作用力是指存在于分子之间非共价相互作用，如 van der Waals 力(包括取向力、诱导力、色散力)、π-π堆叠、氢键和疏水相互作用等；③协同作用强调分子需要依靠螯合效应或大环效应等使得各种相互作用之间产生一致的效果。在分子识别过程中，这些相互作用力引起体系相应的电学、光学性质、构象以及化学性质的变化，意味着信息的存储、传递以及处理。

1) 环状化合物分子

对于环状化合物，分子尺寸是选择性识别的基础。环状化合物是具有特定尺寸的化合物分子，只有特定大小的分子才可嵌入其内部。基于环状化合物主体分子识别元件最基本的大分子主要有冠醚、环糊精、环芳烃，主要包括：识别离子、有机小分子、聚合物等。这些大环状化合物都具有空穴结构，能够通过空穴的内腔与离子、有机小分子、聚合物相结合，从而达到选择性地与某些物质相结合的目的。

2) 生物分子

生物分子主体识别元件由生物体系提供用于传感器的主要选择性基元，这些基元必须能附着到某种特定基质上的物质，而对于其他物质不产生作用。生物传感器以生物活性单元(酶、抗体、核酸和细胞等)作为敏感基元(分子识别元件)、以化学电极等作为转化器且对被测信号具有高度选择性，通过物理的或化学的传感方式捕捉目标物和敏感基元之间的反应，并将反应的程度用离散或连续的电信号表达出来，参见表 5-1。

表 5-1 生物传感器的分子识别元件与材料

分子识别元件(生物敏感膜)	生物活性材料
酶	各种酶类
全细胞	细菌，真菌，动物、植物的细胞
组织	动物、植物的组织切片
细胞器	线粒体、叶绿体
免疫物质	抗体、抗原、酶标抗原等
具有生物亲和能力的物质	配体、受体
核酸	寡聚核苷酸
模拟酶	高分子聚合物

3) 螯合和大环作用

在分子识别过程中，当由许多分子间非共价的相互作用力一起作用时会产生加和的稳定效果。整个体系的协同相互作用大于各个部分的相互加和作用，即产生了额外的稳定作用，这种额外的稳定性是基于其螯合作用。一般来说，五元环因环中张力最小，最稳定；四元环张力很大，而随着螯合环的增大，直接指向金属的两个给体原子的统计可能性变得更加不可能，会导致不利的熵变。不过，环张力还取决于金属离子的大小。大环效应主要得益于焓和熵两方面的因素。焓的稳定因素表现为大环主体比直链化合物更不易溶剂化，主要是因为环状主体表现出较小的溶剂可触及的表面积。因此，环状主体只需要断裂较少的溶剂-配体键。就熵而言，大环构象的柔韧性较差，因此络合后自由度不会大幅减少。

3. 生物放大

生物传感器的高特异性是由生物分子特异性识别决定的；高灵敏度则主要取决于换能器和信号放大装置的性能和测定反应的生物放大作用。其中生物放大作用是指模拟和利用生物体内的某些生化反应，通过对反应过程中产量大、变化大或易检测物质的分析来间接确定反应中产量小、变化小、不易检测物质的(变化)量的方法。通过生物放大原理可以大幅度提高分析测试的灵敏度。生物传感器常用的生物放大作用有酶催化放大、酶溶出放大、酶级联放大、脂质体技术、聚合酶链式反应和离子通道放大等。

4. 信号转换器

生物传感器的转换部分将生物信息转变成电信号输出。固定在生物接收器上的生物分子与测定目标分子完成分子识别后会发生特定的生物化学反应，并伴随可被换能器捕获的一系列变化，如化学变化(含量、离子强度、pH、气体生成等)、热熔变化、光变化、颜色变化。换能器将这些量变信号捕获后转换成易于测量的电信号，参见表5-2。把化学变化转变成电信号，根据要转化信号类型选用不同的换能器，生物化学上常用的有Clark氧电极(测定氧气量变化)、过氧化氢电极(测定过氧化氢量变化)、氢离子电极(测量pH变化)、氨敏电极(测量氨气生成量)、二氧化碳电极(测定二氧化碳生成量)以及离子敏场效应晶体管(测定离子强度变化)；把热焓转化为电信号需利用热电偶装置；把光信号转化为电信号需要借助光纤和光电探测器。

表5-2 生物传感器的信号处理方法

生物学反应信息	信号转换器的选择
离子变化	电流型或电位型离子选择性电极、阻抗计
质子变化	离子选择性电极、场效应晶体管
气体分压变化	气敏电极、场效应晶体管
热效应	热敏器件
光效应	光纤、光敏管、荧光计
色效应	光纤、光敏管
质量变化	压电晶体
电荷密度变化	阻抗计、导纳、场效应晶体管
溶液密度变化	表面等离子体共振

1)电化学电极

电化学电极(固体电极、离子选择性电极、气敏电极等)作为信号转换器已广泛用于酶传感器、微生物传感器及其他类型的生物传感器中。微电极技术已应用于细胞膜结构与功能、脑神经系统的在体研究(如多巴胺、去甲肾上腺素在体测量)等生物医学领域。

2)离子敏场效应晶体管

场效应晶体管(FET)有4个末端，当栅极与基片(P-Si)短路时，源极与漏极之间的电流为漏电流。如果施加外电压，同时栅极电压对基片为正，电子便被吸引到栅极下面，促进了源极和漏极两个 N 区导通,因此栅极电压变化将控制沟道区漏电流的变化,参见图 5.2-4。将生物活性物质如酶固定在栅极氢离子敏感膜(SiO_2 水化层)表面,样品溶液中的待测底物扩散进入酶膜。假设是检测酶催化后的产物(反应速率取决于底物浓度),产物向离子选择性膜扩散的分子浓度不断积累增加,并在酶膜和离子选择性膜界面达到衡定。通常,酶-FET 传感器都含有双栅极,一只栅极涂有酶膜,作为指示用 FET,另一支涂上非活性酶膜或清蛋白膜作为参比 FET,两个 FET 制作在同一芯片上,对 pH 和温度以及外部溶液电场变化具有同样的敏感性,即如果两支 FET 漏电流出现了差值,那只能是酶-FET 中催化反应所致,而与环境温度 pH 加样体积和电场噪声等无关,故其差值与被测产物的浓度呈比例关系。离子敏场效应晶体管可作为酶(水解酶)、微生物传感器中的信号转换器。

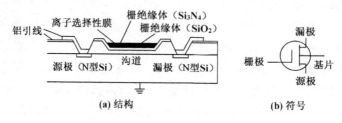

图 5.2-4 场效应晶体管

3)热敏电阻

生物体反应时,大都可观察到放热或吸热反应的热量变化(焓)。热敏电阻生物传感器以生化反应焓变化作为测定基础。若测量系统是一个绝热系统,借助于热敏电阻,可根据对系统温度变化的测量实现试样中待测成分的测定,参见图 5.2-5。适合的分子识别元件包括酶、抗原、抗体、细胞器、微生物、动物细胞、植物细胞、组织等。在检测时,由于识别元件的催化作用或因构造和物性变化引起焓变化,可借助热敏电阻把其变换为电信号输出。已在医疗、发酵、食品、环境、分析测量等很多方面得到应用,如在发酵生化生产过程中,广泛用于测定青霉素、头孢菌素、酒精、糖类和苦杏仁等。

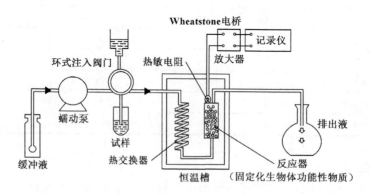

图 5.2-5 酶热敏电阻的测量系统

4)压电晶体

压电生物传感器利用压电晶体的逆压电效应,把生物敏感元件固定在石英晶体,兼有生物材料高选择性和压电式传感器高灵敏度的特点,已广泛应用于气态物质分析、微生物分析、细胞分析、生物过程监测、反应动力学分析、蛋白质分析、核酸分析、酶分析以及小分子生物物质分析等领域。压电生物传感器分为两大类，即质量响应型传感器与非质量响应型传感器。

通常使用 AT 切割型石英晶体（频率温度系数最小），并在其两面真空喷镀一层导电用的金属电极，将这种规格的石英晶片夹在两片金或银电极之间，金或银电极的直径一般取 3～8mm。在石英晶体表面再涂上生物识别物质便构成了压电生物传感器，参见图 5.2-6。1959 年，德国物理学家 Sauerbrey 导出了厚度剪切压电石英晶体频移与晶体表面均匀吸附的物质质量之间的变化关系，则压电质量感的 Sauerbrey 方程为

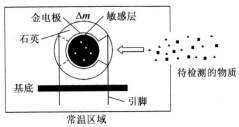

图 5.2-6 压电石英晶体型信号转换器

$$\Delta f = -2.26 \times 10^{-6} f^2 \Delta m / A \tag{5.2-1}$$

式中，f 为晶体天然谐振频率，其振动频率一般是 9～14MHz；Δm 为沉积在晶体表面的质量变化；Δf 为晶体频率的变化；A 为石英晶体表面被吸附物所覆盖的面积，直径是 10～16mm，厚度为 0.15mm。在实际应用中，将可选择性吸收待测物质的某种材料均匀涂敷在压电晶体表面，就可得到一个基础频率 f_1；然后放到有待测物质的气体或液体中，使之与待测物质作用而形成复合物。此复合物便吸附在晶体表面，即 Δm，此时再对晶体进行频率测定，得到另一个频率 f_2，把 $\Delta f = f_1 - f_2$ 代入式(5.2-1)可得到被测物质 Δm。压电生物传感器的选择性取决于吸附剂，灵敏度取决于晶体的性质。当质量增加对振动频率的改变约为 50Hz/ppb、频率计精度小于 0.1Hz 时，理论上可允许检测 10^{-10}g/cm² 级的痕量物质即石英晶体微天平。

5) 光纤光学

光纤生物传感信号转换器主要由光纤和生物敏感膜组成。分析测试时将传感端插入待测溶液中，当光通过光纤达到传感端时，由于传感膜中生物活性成分和待测组分之间的相互作用引起传感层光学性质变化。将酶、辅酶、生物的受体、抗原、抗体、核酸、动植物组织或细胞、微生物等敏感膜安装在光纤、平面波导或毛细管波导面上，对样品中的待测物质进行选择性的分子识别，再转换成各种光信息，如紫外光、可见光及红外光的吸收和反射，荧光、磷光、化学发光和生物发光、Raman 散射、光声和表面等离子体共振等信号输出。组成感受器和换能器的可以是同一物质或不同物质构成的单层膜，也可以是不同物质构成的双层膜（复膜）。大多数情况下，光纤只起光的传输作用，也有传感器是基于被测物质能直接影响光纤的波导性质（如张力或折射率的变化）来进行化学或生物传感的，参见图 5.2-7。

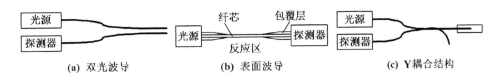

图 5.2-7 光纤光学生物传感头

光纤生物传感器的探头直径可小到与其传播的光波波长属同一数量级(纳米级),这样小巧的光纤探头可直接插入那些非整直空间和无法采样的小空间(如活体组织、血管、细胞)中,对分析物进行连续检测。由于光纤与样品之间没有直接的电接触,它不会影响生物自身的电性质,如生物电流和生物膜电位等。光纤生物传感器所具有的内参比效应,也避免了使用外参比带来的困难,并使测定信号更加稳定。由于光纤生物传感器具有低能量损耗的远距离传输能力、强的抗电磁干扰性能和对恶劣环境的适应性,光纤生物传感器已成功地用于生产过程和化学反应的自动控制,炸药和化学战争制剂的遥测分析;新型环境自动监测网络的建立;生命科学和临床化学中多种无机物、有机物、蛋白质、酶、核酸、DNA及其他生物大分子和生物活性物质分析、活体成分分析和免疫分析等。

6) 表面等离子体共振型信号转换器

1958 年,Turbader 对金属薄膜采用光的全反射激励时,观察到表面等离子体共振(Surface Plasmon Resonance,SPR)现象。SPR 型生物传感信号转换器主要包括光波导器件、金属薄膜、生物薄膜三个组成部分,关键是金属薄膜和生物分子膜的沉积。在 SPR 中,光入射在金属薄膜上,产生衰减场。在金属薄膜一侧加一层待测物质,试样与金属薄膜的偶联影响了结构的折射率,进而影响了反射光、衰减波以及等离子体共振,参见图 4.2-8。电磁场沿金属表面传播,其衰减场按指数规律衰减。SPR 传感器的敏感机制有两种:①SPR的电磁效应;②生物大分子相互作用对介电性质的影响。SPR 传感系统适用面广,包括:微生物检测、药物筛选、血液分析、抗原/抗体分析、有毒气体检测等,可应用于环境污染控制、医学诊断、食品及药物检测、工业遥感等方面。生物分子学的发展为 SPR 型生物传感器提供了分子识别机制的基础和应用领域。

5.3 酶传感器

酶是生物体内产生的、具有催化活性的蛋白质。分子量从 1 万到几十万,甚至数百万以上。根据化学组成,酶可分为两大类:①纯蛋白酶,只含蛋白质,如胰蛋白酶、胃蛋白酶和脲酶等;②结合蛋白酶,包括蛋白质和非蛋白质两部分,非蛋白质部分若与酶蛋白结合得牢固,不易分离则称辅基,如细胞色素氧化酶中的铁卟啉部分用透析法就不能将其与酶蛋白分开;若结合得不牢,可在溶液中离解,则称为辅酶,如烟酰胺腺嘌呤二核苷酸(NAD,辅酶 I)和烟酰胺腺嘌呤二核苷酸磷酸(NADP,辅酶 II)都为脱氢酶之辅酶。

酶在生命活动中参加新陈代谢过程的所有生化反应,并以极高的速度维持生命的代谢活动,包括生长、发育、繁殖与运动。已鉴定出的酶有 2000 余种。酶的特点是:①高效催化性,每分钟每个酶分子转换 $10^3 \sim 10^8$ 个底物分子,以分子作为基础,其催化效率是其他催化剂的 $10^6 \sim 10^{10}$ 倍;②酶催化反应条件较为温和,在常温、常压条件下即可进行;③高度专一性(特异的选择性),一种酶只能作用于一种或一类物质(底物),产生一定的产物,一般表现为对作用物分子结构的立体化学专一性(包括对镜像异构体的光学专一性和对顺反异构体的几何专一性)和非立体化学专一性(包括键、基因和绝对专一性);④有些酶(如脱氢酶)需要辅酶或辅基,若从酶蛋白分子中除去辅助成分,酶便不表现出催化活性;⑤酶在体内的活性受多种方式调控,包括基因水平调控、反馈调节、激素控制、酶原激活等。酶传感器是最早出现的生物传感器,由固定化活性物质酶和基础电极组成[26-28],参见表 5-3。

表 5-3 酶传感器

测定项目	酶	固定化方法	使用电极	稳定性/天	测定范围/(mg/ml)
葡萄糖	葡萄糖氧化酶	共价	氧电极	100	$1\sim5\times10^2$
胆固醇	胆固醇酯酶	共价	铂电极	30	$10\sim5\times10^3$
青霉素	青霉素酶	包埋	pH 电极	$7\sim14$	$10\sim1\times10^3$
尿素	尿素酶	交联	铵离子电极	60	$10\sim1\times10^3$
磷脂	磷脂酶	共价	铂电极	30	$10^2\sim5\times10^3$
乙醇	乙醇氧化酶	交联	氧电极	120	$10\sim5\times10^3$
尿酸	尿酸酶	交联	氧电极	120	$10\sim1\times10^3$
L-谷氨酸	谷氨酸脱氨酶	吸附	铵离子电极	2	$10\sim1\times10^4$
L-谷酰胺	谷酰胺酶	吸附	铵离子电极	2	$10\sim1\times10^4$
L-铬氨酸	L-铬氨酸脱羧酶	吸附	二氧化碳电极	20	$10\sim1\times10^4$

酶是一种高效生物催化剂，催化效率比一般催化剂高 $10^6\sim10^{10}$ 倍，且一般可在常温下进行反应。利用其只对特定物质进行选择性催化的特性可测定出被测物质。酶催化反应可表示为

$$酶 + 底物 \Leftrightarrow 酶\times底物中间复合物 \Rightarrow 产物 + 酶 \tag{5.3-1}$$

形成中间复合物是酶专一性与高效率的原因所在。由于酶分子具有一定的空间结构，被测物的结构与酶的一定部位上的结构相互吻合时，才能与酶结合并受酶的催化。

将酶与电化学传感器相连接的用来测量底物浓度的电极叫作酶电极(酶传感器)，是生物电化学传感器中很重要的一个分支，部分传感器已应用于临床和工业在线分析。酶传感器是最早问世的生物传感器，应用固定化酶作为敏感器件。依据信号转换器的类型，酶传感器可分为酶电极传感器、酶场效应晶体管传感器、酶热敏电阻传感器等。酶电极传感器主要由固定化酶膜与电化学电极系统复合而成，参见图 5.3-1。

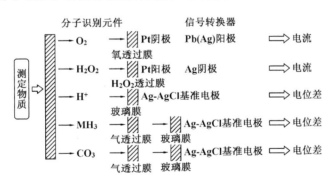

图 5.3-1 酶电极传感器的基本构成

5.3.1 酶电极传感器

酶电极由固定化酶与离子选择电极、气敏电极、氧化还原电极等电化学电极组合而成，用于糖类、醇类、有机酸、氨基酸、激素、三磷酸腺苷等成分的测定[29, 30]。酶与被测的有

机物或无机物反应，形成一种能被电极响应的物质，参见表 5-4。常见的酶传感器有两种，①电流型由与酶催化反应相关物质电极反应所得到的电流来确定反应物质的浓度，一般采用氧电极、H_2O_2 电极等，以氧或 H_2O_2 作为检测方式；②电位型通过电化学传感器件测量敏感膜电位来确定与催化反应有关的各种物质的浓度，一般采用 NH_3 电极、CO_2 电极、H_2 电极等，以离子作为检测方式。

表 5-4 酶电极传感器分类

检测方式		被测物质	酶	检出物质
电流型	氧检测方式	葡萄糖	葡萄糖氧化酶	O_2
		过氧化氢	过氧化氢酶	O_2
		尿酸	尿素氧化酶	O_2
		胆固醇	胆固醇氧化酶	O_2
	过氧化氢检测方式	葡萄糖	葡萄糖氧化酶	H_2O_2
		L-氨基酸	L-氨基酸氧化酶	H_2O_2
电位型	离子检测方式	尿素	尿素酶	NH_4^+
		L-氨基酸	L-氨基酸氧化酶	NH_4^+
		D-氨基酸	D-氨基酸氧化酶	NH_4^+
		天冬酰胺	天冬酰胺酶	NH_4^+
		L-赖氨酸	赖氨酸脱羧酶	CO_2
		L-谷氨酸	谷氨酸脱氨酶	NH_4^+
		青霉素	青霉素酶	H^+

1) 电流型酶电极

电流型酶电极是指将酶促反应产生的物质在电极上发生氧化或还原反应产生的电流信号。在一定条件下，测得的电流信号与被测物浓度呈线性关系。其基础电极可采用氧、过氧化氢等电极，还可采用介体修饰的炭、铂、钯和金等基础电极，参见表 5-5。当工作电极表面电活性物质还原或氧化时，产生一个电流，即

$$i = nFAf \tag{5.3-2}$$

式中，n 为相对分子质量；F 为电荷法拉第常数；A 为电极面积；f 为电活性物质到电极的流通量。在合适的极化电压下，电极会产生一个高而平稳的电流——极限电流。此时该电流与极化电压无关，而与活性物质的浓度呈线性关系。

2) 电子介体增敏的酶电极

酶氧化还原活性中心与电极表面之间的电子传递在电流型酶传感器中起关键作用。分子量较大的酶，其氧化还原活性中心被一层很厚的绝缘蛋白质包围，所以酶活性中心与电极表面间的直接电子传递难以发生。电子介体是指能将酶反应过程中产生的电子从酶反应中心转移到电极表面，使电极产生相应电流变化的分子导电体。常用的电子介体有两类：①有机低分子介体主要是二茂铁及其衍生物、有机染料、醌及其衍生物、四硫富瓦烯等；②高分子介体主要包括变价过渡金属离子型和有机氧化还原型等氧化还原聚合物。高分子

表 5-5 常见的电流型酶电极

测定对象	酶	检测电极
葡萄糖	葡萄糖氧化酶	O_2、H_2O_2
麦芽糖	淀粉酶	Pt
蔗糖	转化酶+变旋光酶+葡萄糖酶	O_2
半乳糖	半乳糖酶	Pt
尿酸	尿酸酶	O_2
乳酸	乳酸氧化酶	O_2
胆固醇	胆固醇氧化酶	O_2、H_2O_2
L-氨基酸	L-氨基酸酶	H_2O_2、I_2、O_2
磷脂质	磷脂酶	Pt
单胺	单胺氧化酶	O_2
苯酚	铬氨酸酶	Pt
乙醇	乙醇氧化酶	O_2
丙酮酸	丙酮酸脱氧酶	O_2

介体化合物通常是由低分子介体化合物与高分子链所带的活性基团进行反应固载生成的。由于高分子链间的相互缠结或交联，从根本上消除介体的扩散流失问题，保证酶传感器具有稳定的响应。例如，将二茂铁用乙氧基连接到硅氧烷的主链上，并加入辣根过氧化物酶以加快电子传输，制得的双酶传感器有效地消除了抗坏血酸的干扰。

可采用化学修饰的方法将电子介体引入酶传感器中，如利用双异硫氰酸酯与酶分子进行交替共聚制成酶膜，然后将带有羧基的二茂铁衍生物通过与酶分子上的氨基反应键合到酶分子上去，起电子介体的作用。这样就使酶和介体的固定量得到了极大的提高。高分子介体取代低分子介体而应用于酶电极中，使介体型电流式生物传感器的稳定性和抗干扰能力得到很大提高，有力地推动了这类生物传感器的研究。

3) 电位型酶电极

电位型酶电极是将酶促反应所引起的物质量的变化转变成电位信号输出，参见表 5-6。基础电极有 pH 电极、气敏电极（CO_2、NH_3）等。电位型酶电极的适用范围，不仅取决于底物的溶解度，更重要的是取决于基础电极的检测限，一般为 $10^{-4}\sim10^{-2}$mol/L，当基础电极选择适宜时可达 $10^{-5}\sim10^{-1}$mol/L。当底物与酶膜发生作用时，所产生的单价阳离子 H^+、NH_4^+ 等即为离子选择性电极所测得。其电位值 E 由 Nikolsky-Eisenmen 方程表示：

$$E = 常数 - \frac{2.303RT}{F}\lg(C_i + K_{ij}C_j) \tag{5.3-3}$$

式中，T 为热力学温度；F=96485J/(V·mol)为电荷法拉第常数；R=8.314J/(K·mol)为气体常数；C_i 为被测离子浓度；C_j 为干扰离子浓度；K_{ij} 为选择性系数。测量电位型酶电极传感器消耗待测物较少，但在生物溶液中存在着其他离子时很容易被干扰。其特性除与基础电极特性有关外，还与酶的活性、底物的浓度、酶膜厚度、pH 和温度等有关。

表 5-6 电位型酶电极

测定对象	酶	检测电极
尿素	脲酶	NH_3、CO_2、pH
中性脂质	蛋白质酶	pH
扁桃苷	葡萄糖苷酶	CN^-
L-精氨酸	精氨酸酶	NH_3
L-谷氨酸	谷氨酸脱氨酶	NH_4^+、CO_2
L-天冬氨酸	天冬酰胺酶	NH_4^+
L-赖氨酸	赖氨酸脱羧酶	CO_2
青霉素	青霉素酶	pH
苦杏仁苷	苦杏仁苷酶	CN^-
硝基化合物	硝基还原酶-亚硝基还原酶	NH_4^+
亚硝基化合物	亚硝基还原酶	NH_3

5.3.2 热敏电阻酶传感器

热敏电阻酶传感器由固定化酶和热敏电阻组合而成[31]，酶反应的焓变化为 5～100kJ/mol。对于酶促反应，反应焓变与参与酶促反应有关物质量相关。用酶热敏电阻测定待测物的含量是依据酶促反应产生的热量来进行的。若反应体系是绝热体系，则酶促反应产生的热使体系温度升高，借测量体系的温度变化可推知待测物的含量。热敏电阻可测定 $10^{-4}K$ 微小的温度变化，精度达 1%，可应用于医学、环境、食品等方面，尤其是临床分析、发酵分析及过程控制等。温度变化的测定方式有简单型、差动型和分流型，参见图 5.3-2。该类传感器对酶的载体有特殊要求：不随温度变化而膨胀和收缩，热容量小；机械强度高，耐压性好，适合流动装置用；对酸、碱、有机溶剂等化学试剂和细菌、霉菌之类等具生物学稳定性等。目前，载体除玻璃以外，还有使用多糖类凝胶或尼龙制的毛细管等。

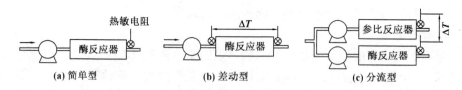

图 5.3-2 热敏电阻测定酶反应温度变化的方式

5.3.3 光纤型酶传感器

光纤型酶传感器利用酶的高选择性，待测物质(相应酶的底物)从样品溶液中扩散到生物催化层，在固定化酶的催化下生成一种待检测的物质[32]；当底物扩散速度与催化产物生成速度达到平衡时，即可得到一个稳定的光信号，信号大小与底物浓度成正比，参见图 5.3-3。

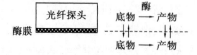

图 5.3-3 光纤型酶传感器的工作原理

某些生物催化反应所产生的物质不能直接给出光学信号,可在生物催化层和光测量之间引入一个起换能作用的化学反应,使其转变为能进行光检测的物质,形成复合光极。在酶的作用下,被测底物(如青霉素 G、胆固醇、L-苏氨酸、L-谷氨酸和尿酸等)的浓度是酶层微环境中 H^+、O_2、NH_3、CO_2 或 H_2O_2 浓度的函数,其含量的变化可被光导纤维传感层中的相应 pH、O_2、NH_3、CO_2 或 H_2O_2 的光极所检测。已有 40 余种该类传感器,包括临床分析。

5.3.4 酶光敏二极管

酶光敏二极管由催化发光反应的酶和光敏二极管(或晶体管)半导体器件构成[33]。其催化和发光的反应过程如下:

$$被测物 + H_2O_2 \xrightarrow{\text{过氧化酶}} 氨基肽酸 + N_2 + H_2O + h\nu \quad (5.3\text{-}4)$$

当被测物浓度和过氧化氢浓度成比例时就产生光子,即有发光反应。在硅光敏二极管的表面透镜上涂上一层过氧化氢酶膜,即构成了检测过氧化氢的酶光敏二极管,参见图 5.3-4。当二极管表面接触到过氧化氢时,由于过氧化酶的催化作用,加速发光反应,产生的光子照射到硅光敏二极管的 PN 结,从而改变了二极管的导通状态;将发光效应转换成光敏二极管的光电流,从而可检测出被测量的大小。

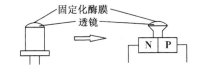

图 5.3-4　酶光敏二极管的结构

5.3.5 生物组织酶传感器

生物组织含有丰富的酶类,这些酶在适宜的自然环境中可得到相当稳定的酶活性,许多生物组织传感器的工作寿命比相应的酶传感器寿命长得多。生物组织传感器是以活的动植物细胞切片作为分子识别元件,并与相应的信号转换元件构成生物组织传感器[34]。生物组织传感器分为植物组织传感器和动物组织传感器,参见表 5-7。利用植物组织制成的传感器可测定抗坏血酸、谷氨酰胺、腺苷等。这种生物组织传感器的优点是响应快、选择性和灵敏度高、响应范围宽,且能测定氨基酸、药物、激素、毒素和神经递质等。

表 5-7　常见的生物组织酶传感器

测定对象	组织	检测电极
谷氨酰胺	猪肾	NH_3
腺苷	鼠小肠黏膜细胞	NH_3
AMP	兔肉	NH_3
鸟嘌呤	兔肝、鼠脑	NH_3
过氧化氢	牛肝、莴苣子、土豆	O_2
谷氨酸	黄瓜	CO_2
多巴胺	香蕉、鸡肾	NH_3
丙酮酸	稻谷	CO_2
尿素	杰克豆、大豆	NH_3、CO_2
尿酸	鱼肝	NH_3
磷酸根	土豆/葡萄糖氧化酶	O_2
酪氨酸	甜菜	O_2
半胱氨酸	黄瓜叶	NH_3

5.3.6 细胞及细胞器酶传感器

细胞是由膜包围着含有细胞核(或拟核)的原生质所组成的,是生物体的结构和功能的基本单位,是生命活动的基本单位。细胞能够通过分裂而增殖,是生物体个体发育和系统发育的基础。细胞或是独立作为生命单位,或是多个细胞组成细胞群体或组织或器官和机体;细胞还能够进行分裂和繁殖;细胞是遗传的基本单位,具有遗传的全部能性。

细胞器是由膜构成的亚细胞结构,是高度功能化的分子集合体,是进行一系列代谢活动的场所。细胞器包括线粒体、微粒体、溶酶体、高尔基复合体等,此外,植物细胞中进行光合作用的叶绿体、原生物中的氧化酶颗粒和细菌体内的磁粒体等也都属于细胞器。

细胞传感器以活细胞作为探测单元的生物传感器,利用细胞内酶直接代替纯酶[35]。当活细胞与分子识别元件特异性结合后,产生的信息通过信号转换器转换为可定量和可处理的信号。细胞传感器能定性定量测量分析未知物质的信息。把具有某一类型受体的细胞当作传感器,由受体-配体的结合常数可导出该传感器对某类激动剂的敏感度。细胞传感器能测量功能性信息,监测被分析物对活细胞生理功能的影响,解决一些与功能性信息相关的问题,例如,复合药物各成分对生理系统是否有影响;被分析物相对于给定的受体是否是抑制剂或激动剂,这也是现代药物筛选和开发的核心问题;被分析物是否以其他方式影响细胞的新陈代谢;待测物是否对细胞有毒副作用;环境是否受到污染等。

使用活细胞作为传感器的分子识别元件会产生很多复杂的问题,如细胞类型的选择、细胞的培养、细胞活性的保持、细胞与传感器的耦合等,但该类生物传感器能完成实时动态快速和微量的生物测量,在生物医学、环境监测和药物开发等领域,具有广阔的应用前景。

5.4 微生物传感器

微生物具有呼吸机能(O_2 的消耗)和新陈代谢机能(物质的合成与分解),菌体内具有复合酶、能量再生系统等。细胞将底物摄入并通过一系列生化反应转变成自身的组成物质,并储存能量称为同化作用。反之,细胞将自身的组成物质分解以释放能量或排出体外,称为异化作用。20 世纪 70 年代开始将微生物固定于膜,利用活微生物的代谢功能检测化学物质。在不损坏微生物机能的情况下,可将微生物固定在载体上制作出微生物敏感膜。在食品分析、环境监测、临床检验、发酵过程监测等领域都有应用[36, 37]。

微生物反应由数以千计的基本酶促反应组成,可从不同角度对微生物反应类型进行认识。微生物传感器由分子识别元件(微生物敏感膜)和信号转换器组成,参见图 5.4-1。在不损坏微生物机能的情况下,将微生物用固定化技术固定在载体上,可制作微生物敏感膜,而采用的载体一般是多孔醋酸纤维膜和胶原膜。信号转换器可采用电化学电极、场效应晶体管等。常用的电化学电极有 pH 玻璃电极、氧电极、氨气敏电极、CO_2 气敏电极等。

根据微生物反应对氧有无要求可以分为好氧反应与厌氧反应。

(1)好氧微生物呼吸时要消耗氧,生成二氧化碳,把固定有好氧微生物的膜和氧电极或二氧化碳组合起来构成呼吸活性测定型生物传感器。呼吸活性测定型生物传感器是以同化有机物前后呼吸的变化量(氧电极电流差)为指标来测定试样溶液中有机化合物浓度的传感器。呼吸机能型微生物传感器是由固定化微生物的膜和氧电极(或 CO_2 气敏电极)组成,在应用氧电极时,把微生物放在纤维性蛋白质中固定化处理,然后把固化膜附着在封闭式氧电极的透氧膜上,参见图 5.4-2。

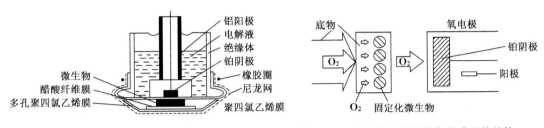

图 5.4-1 微生物传感器的结构　　　图 5.4-2 呼吸机能型微生物传感器的结构

(2) 氧的存在不适于厌氧型微生物的繁殖。以其代谢产物为指标,追踪其活动状态。微生物同化有机物后要生成各种代谢产物,其中含有电极容易反应或对其敏感的物质。代谢机能型微生物传感器以厌气型微生物为敏感材料,与离子选择性电极(或燃料电池型电极)相结合,参见图 5.4-3。

根据信号转换器的类型,微生物传感器可分为电化学、光微、热敏电阻型、压电高频阻抗型、燃料电池型等,参见表 5-8。

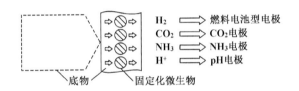

图 5.4-3 代谢机能型微生物传感器的结构

表 5-8 微生物传感器

测定项目	微生物	测定电极	检测范围/(mg/L)
葡萄糖	荧光假单胞菌	O_2	5~200
乙醇	芸苔丝孢酵母	O_2	5~300
亚硝酸盐	硝化菌	O_2	51~200
维生素 B_{12}	大肠杆菌	O_2	
谷氨酸	大肠杆菌	CO_2	8~800
赖氨酸	大肠杆菌	CO_2	10~100
维生素 B_1	发酵乳杆菌	燃烧电池	0.01~10
甲酸	梭状芽孢杆菌	燃烧电池	1~300
头孢菌素	弗式柠檬酸细菌	pH	
烟酸	阿拉伯糖乳杆菌	pH	

5.4.1 电化学微生物传感器

1) 电流型微生物传感器

电流型微生物传感器工作时,经微生物敏感膜与待测物发生一系列生化反应后,通过检测某一物质含量的变化，最终输出电流信号[38]，参见表 5-9。电流型传感器常用的信号转换器件有氧电极、过氧化氢电极及燃料电池型电极等。

表 5-9 部分电流型微生物传感器

测定对象	微生物	测定电极
葡萄糖	荧光假单胞菌	O_2
同化糖	乳酸发酵短杆菌	O_2
乙酸	芸苔丝孢酵母	O_2
氨	硝化菌	O_2
甲醇	未鉴定菌	O_2
乙醇	芸苔丝孢酵母	O_2
制霉菌素	酿酒醇酵母菌	O_2
变异原	枯草杆菌	O_2
亚硝酸盐	硝化杆菌	O_2
维生素 B_{12}	大肠杆菌	O_2
甲烷	鞭毛甲基单胞菌	O_2
BOD	丝孢酵母、地衣芽孢杆菌	O_2
维生素 B_1	发酵乳杆菌	燃料电池
甲酸	酪酸梭菌	燃料电池

2) 电位型微生物传感器

电位型微生物传感器工作时，其信号转换器件转换后输出的信号是电位，参见表 5-10。常用的转换器件有 pH 电极、氨电极、二氧化碳电极等[39]。各种电位型传感器的电位值与被测离子活度有关，其关系符合 Nernst 方程。

表 5-10 部分电位型微生物传感器

测定对象	微生物	测定电极
头孢菌素	弗式柠檬酸细菌	pH
烟酸	阿拉伯糖乳杆菌	pH
谷氨酸	大肠杆菌	CO_2
赖氨酸	大肠杆菌	CO_2
尿酸	芽孢杆菌	CO_2
L-天冬氨酸	大肠杆菌	NH_3

5.4.2 燃料电池型微生物传感器

在微生物传感器的发展初期，微生物细胞在传感器上的应用一直被限定于一个间接的方式，即微生物作为生物催化剂起到一个敏感元件的作用，再与信号转换器(pH 电极或氧电极等)相结合，成为完整的微生物传感器[40]。而燃料电池型微生物传感器能直接给出电信号。

微生物在呼吸代谢过程中可产生电子，直接在阳极上放电，产生电信号。但是微生物在电极上放电的能力很弱，需加入电子传递媒介物——介体，起增大电流的作用，参见图5.4-4。

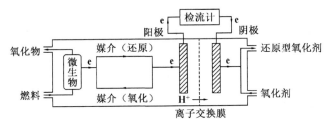

图 5.4-4　燃料电池型微生物传感器信号产生机理

微生物可作为燃料电池中的生物催化剂，它在对有机物发生同化作用的同时，呼吸代谢作用增强并产生电子，通过介体放大电流。作为介体的氧化-还原电对试剂可以把微生物的呼吸过程直接有效地同电极联系起来。电化学氧化过程产生的流动电子，用电流或其他方法进行测量，在适当条件下这个信号即成为检测底物的依据，参见表5-11。

表 5-11　部分电位型微生物传感器

测定对象	微生物
BOD	酪酸梭状芽孢杆菌
葡萄糖	大肠杆菌
乳糖	大肠杆菌 ML308
乙醇、甲醇	Methylomonas methylovora
蔗糖	胡萝卜软腐欧文氏菌
维生素 B_1	发酵乳杆菌
D、L-乳酸盐	Hansenul aanomula
丁二酸盐、丙酮酸盐	真养产碱杆菌

5.4.3　光微生物传感器

有些微生物具有光合作用能力，在光照作用下能将待测物转变成电极敏感物质或其本身能释放氧，将这类微生物固定化并与氧电极、氢电极等结合即制得光微生物传感器[41]。

5.5　基因传感器

1953 年，Watson 和 Crick 发现生物遗传分子脱氧核糖核酸(DNA)的双螺旋结构，并与 Wilkins 分享 1962 年的 Nobel 医学和生理学奖。核酸生物传感器(基因生物传感器)以核酸物质为检测对象，大部分用于基因序列分析、基因突变的诊断。有两种用于特定 DNA 序列及其变异识别的机理：①DNA 杂交严格遵守 Watson-Crick 碱基配对原则，即 C(胞嘧啶)与 G(鸟嘌呤)，A(腺嘌呤)与 T(胸腺嘧啶)形成碱基对，大多数 DNA 传感器都是建立在 DNA 杂交基础上；②通过 Hoogsteen 氢键形成三链体寡聚核苷酸，即双螺旋 DNA 的 A-T

碱基对可与 T 形成 T-A-T 三碱基体，G-C 碱基对可与质子化的碱基 C(C+) 形成 C-G-C 三碱基体。基因诊断的方法学先后建立了限制性内切酶酶谱分析、核酸分子杂交、限制性片段长度多态性连锁分析、聚合酶链反应(PCR)，以及 DNA 传感器及 DNA 芯片技术等。20 世纪 90 年代初，人类基因组计划定位了近 10 万个人体基因序列。基因控制着人类生命的生老病死过程，随着对基因与癌症以及其他与基因有关病症的深入了解，在分子水平上检测易感物种及基因突变，对疾病的治疗及预测有着重要的意义，可望实现对疾病的早期诊断乃至超前诊断。

20 世纪 90 年代，基于 DNA 分子识别的生物传感器将有反应活性的单股核苷酸(长度为 18～50 个碱基)固定在某种支持物(感受器)上作为探针分子，可在含有复杂成分的环境下特异地识别出某一靶底物，并通过换能装置转换为电信号[42, 43]。基因传感器对核酸杂交快速检测是以杂交过程高特异性为基础的快速传感检测技术。每个种属生物体内都含有其独特的核酸序列，核酸检测的关键是设计一段寡核苷酸探针。基因传感器一般有 10～30 个核苷酸的单链核酸分子，能够专一地与特定靶序列进行杂交从而检测出特定的目标核酸分子。基因传感器包含分子识别元件(DNA)和信号转换器，在电极上固定一条含有十几到上千个核苷酸的单链 DNA(ssDNA)探针，通过 DNA 分子杂交，对另一条含有互补碱基序列的靶(目标)DNA 序列进行识别，结合成双链 DNA(dsDNA)，参见图 5.5-1。杂交反应在分子识别元件上直接完成，信号转换器能将杂交过程产生的变化转变成电信号。根据杂交前后电信号的变化量，推断出被检测的 DNA 量。

图 5.5-1　DNA 探针与靶序列的杂交

基因传感器中信号转换器的特点：杂交反应在其表面上直接完成，并且转换器能将杂交过程所产生的变化转变成电信号。根据杂交前后电信号的变化量，从而推断出被检 DNA 的量。感受器和信号转换器种类不同，可构成基因传感器的类型也不同。根据检测对象的不同可分为两大类：①DNA 生物传感器，包括核内 DNA、核外 DNA、(互补)cDNA、外源 DNA 等；②RNA 生物传感器，包括(信使)mRNA、(转移)tRNA、(核糖体)rRNA、外源 RNA 等。根据转换器类型可分为电化学型、光学型和质量型 DNA 传感器等。

5.5.1　电化学 DNA 传感器

DNA 的电化学始于 20 世纪 60 年代，早期的工作主要集中在 DNA 基本电化学行为的研究。70 年代利用各种极谱电化学方法，研究 DNA 变性和 DNA 双螺旋结构的多形性。电化学 DNA 传感器不仅具有分子识别功能，还有无可比拟的分离纯化基因的功能[44]。电化学 DNA 传感器由一个支持 DNA 片段(探针)的电极和检测用的电活性杂交指示剂构成。DNA 探针是单链 DNA(ssDNA)片段或一整条链，长度从十几个到上千个核苷酸，与靶序列互补。通常将 ssDNA(探针分子)修饰到电极表面构成 DNA 修饰电极。ssDNA 与其互补链杂交的高度序列选择性，使得这种 ssDNA 修饰电极具有极强的分子识别功能。在适当的温度、pH、离子强度下，电极表面的 DNA 探针分子能与靶序列选择性地杂交，形成双链 DNA(dsDNA)，从而导致电极表面结构的改变，这种杂交前后的结构差异，通过一电活性分子(即杂交指示剂)来识别，这样便达到了检测靶序列(或特定基因)的目的。杂交指示剂是一类能与 ssDNA 和 dsDNA 以不同方式相互作用的电活性化合物，主要表现在其与 ssDNA

和 dsDNA 选择性结合能力上有差别,这种差别体现在 DNA 修饰电极上为其富集程度不同,即电流响应不一样。另外,由于杂交过程没有共价键的形成,是可逆的,因此固定在电极上的 ssDNA 可经受杂交、再生循环。这不但有利于传感器的实际应用,还可用于分离纯化基因,参见图 5.5-2。

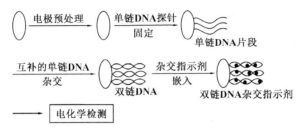

图 5.5-2 电化学 DNA 传感器的原理图

5.5.2 光学型 DNA 传感器

1) 倏逝波光纤 DNA 传感器

将杂交分子中的探针标记物经生化反应产生的特征光学信号(荧光、颜色变化等)通过光纤传递至光检测器,经光电转换进而测定出杂交分子(含目的基因)的量。在波导表面涂覆不同的生物敏感材料膜,当倏逝波穿过生物敏感膜时,将产生光信号或导致倏逝波与波导内传输的光信号强度、相位和频率的变化,从而获得生物敏感膜的信息[45],参见图 5.5-3。波导导波倏逝场在吸收物质中的浸入深度比自由空间大,所以倏逝波传感器对涂覆层折射率变化敏感。将 16~20 个碱基的寡核苷酸结合在波导管的表面,可检测 DNA 片段的互补序列。

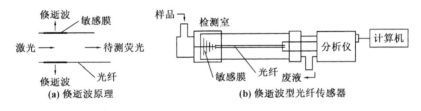

图 5.5-3 倏逝波光纤 DNA 传感器的原理图

2) 发光基因传感器

发光基因传感器的发光机理有荧光、电化学发光和化学发光三种,通常用荧光素或酶等通过标记技术对靶序列 DNA 进行标记[46]。一种单分子显微荧光基因传感器的单链 DNA 包含 A 和 B 两部分,B 为待测的靶序列,A 则与载体上的固定序列 A′互补,参见图 5.5-4。利用互补单链 DNA 之间的特异性相互作用,通过 A 将被测单链 DNA 固定后,再利用与序列 B 互补的探针 B′进行检测。固定序列和探针序列上分别标记具有不同发射波长的荧光素 F_1 和 F_2,结合成像技术,在 F_1 的发射波长能看到的亮点为固定 DNA 序列,在 F_2 的发射波长能看到的亮点为探针 DNA 分子。

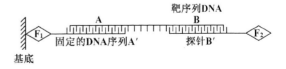

图 5.5-4 单分子显微荧光基因传感器

3) Raman 光谱型

Raman 光谱是化学分析中一个强有力的工具。某些化合物吸附到金属表面具有增强 Raman 光谱的效应，用这种技术对基因探针进行标记，就可得到表面增强 Raman 光谱基因探针[47]。将目的核酸固定在硝酸纤维素膜探针上，过夜杂交后洗去未结合探针，采用由光纤、激光器、摄像器、微机构成的仪器系统分析 Raman 光谱就可进行目标基因的检测。

5.5.3 表面等离子体共振 DNA 传感器

在线传输式 SPR 光纤 DNA 生物传感器是将一段光纤中的一部分外包层剥去，在光纤芯核上沉积一层高反射率金膜。普通石英光纤的直径一般为 0.3μm，光纤内部可传播光线的范围为 78.5°～90°，参见图 4.2-9。在此角度范围内，光线在光纤芯核与包层的界面上发生全内反射，渗透过界面的消失波将在金膜中引发表面等离子体，并在一定条件下产生共振。在光纤的出口端检测输出光强度与波长分布的关系，可进行定量分析。

终端反射式 SPR 光纤 DNA 生物传感器的构造方法是，在光纤的一个端面上沉积一层银膜，厚度达 300nm，制成微反射镜。将此端一段长 5mm 左右的光纤包层剥去，并在光纤芯核上沉积 50nm 左右的金属膜。在光线传输过程中，当满足一定条件时，将产生表面等离子体共振。共振光传输至端面处沿来路被反射回去，光线经过二次共振后，传输到光纤光谱仪进行检测，参见图 4.2-9。

采用棱镜型耦合器件，Jordan 等用 SPR 技术研究了金膜表面 DNA 的杂交吸附及 DNA 表面上链亲和素的固定，实时监测了单链 DNA 和生物素标记的寡核苷酸互补序列的杂交反应。在特定入射角，倏逝波会在金属膜与待测样品界面激发 SPR，形成沿界面传播的表面等离子谐振波(Surface Plasma Wave，SPW)。介电常数为 ε_1 的金属薄膜在介电系数分别为 ε_2 和 ε_0 的绝缘体之间，参见图 4.2-8。被测生物分子吸附在金属薄膜表面干扰了共振条件，导致光波在金属薄膜表面液体的折射率发生变化，折射率的变化与金属薄膜表面吸附的被测分子数量相关，可测定蛋白质、多肽、核酸、多糖、磷脂及小分子，以及信号传递物、药物等。

5.5.4 DNA 扩增聚合物酶链反应技术

1985年，PE-Cetus公司的Mullis发明了一种应用于DNA扩增聚合酶链反应(Polymerase Chain Reaction，PCR)的单芯片系统，是一个PCR槽、电泳和荧光检测三合一系统的片上实验室。由于PCR技术在理论和应用上的跨时代意义，Mullis获1993年Nobel化学奖。PCR技术是一种在体外快速扩增特定基因或DNA序列的方法：首先使DNA变性，两条链解开；然后将引物模板退火，二者碱基配对；经数小时之后，就能将极微量的样品目的基因或某一特定的DNA片段扩增数十万乃至千万倍，不需要通过烦琐费时的基因克隆程序，便可获得足够数量精确的DNA复制品，即无细胞分子克隆法，又称无细胞分子克隆或特异性DNA序列体外引物定向酶促扩增技术。

SPR技术中的DNA传感器主要用于基因突变的检测、PCR产物的测定、病毒和其他微生物检测等。每平方毫米的传感器表面可检测到约263pg核酸，且可重复使用。检测生物分子间相互作用的生物分子相互作用分析(Biomolecular Interaction Analysis，BIA)技术基于表面等离子体技术，可实时跟踪生物分子间的相互作用，不用任何标记物；操作时先将一种生物分子固定在传感器芯片表面,使与之相互作用的分子溶于溶液。

5.5.5 压电晶体 DNA 传感器

在压电晶体基因传感器中,石英晶体振荡器(QCM)表面质量的变化与频率的变化呈负相关关系。将单链的 DNA 探针固定在电极表面[48],然后浸入含有被测目标单链 DNA 分子的溶液中,当电极上的单链 DNA 探针与溶液中的互补序列的目标单链 DNA 分子杂交形成双链 DNA 时,石英晶体振荡器的振荡频率会发生变化,参见图 5.5-5。压电晶体基因传感器是一种非常灵敏的质量传感器,可以检测到亚纳克级的物质。该技术方法不需要标记。压电生物传感器在分子生物学、疾病诊断和治疗、新药开发、司法鉴定等领域有很大潜力。

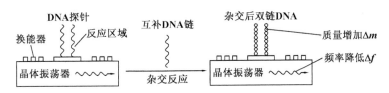

图 5.5-5 压电晶体基因传感器的基本原理

5.6 免疫传感器

免疫指机体对病原生物感染的抵抗能力,可区别为自然免疫和获得性免疫。自然免疫是非特异性的,即能抵抗多种病原微生物的损害,如完整的皮肤、黏膜、吞噬细胞、补体、溶菌酶、干扰素等;获得性免疫一般是特异性的,在微生物等抗原物质刺激后才形成,如免疫球蛋白等,并能与该抗原起特异性反应。免疫传感器模仿生物的自然免疫反应,利用抗体与抗原之间的识别作用实现分子或者细胞、微生物的检测。免疫分析可用于测定各种抗体、抗原、半抗原以及能进行免疫反应的多种生物活性物质(激素、蛋白质、药物、毒物等)。在感受器单元中,抗体与抗原选择性结合产生的信号敏感地传送给感受器,抗体与被分析物的亲和性结合具有高度的特异性[49,50],参见表 5-12。

表 5-12 免疫传感器

检测对象	传感器方式	传感器的构成	
		感受器	转换器
蛋白质	非标记免疫传感器	白蛋白抗体	Ag-AgCl 电极
	标记免疫传感器	白蛋白抗体(过氧化酶标记)	氧电极
IgG(免疫球蛋白)	标记免疫传感器	IgG 抗体(过氧化酶标记)	氧电极
	标记免疫传感器	IgG 抗体(GOD 标记)	氧电极
HCG	非标记免疫传感器	HCG 抗体	TiO_2 电极
	标记免疫传感器	HCG 抗体(过氧化酶标记)	氧电极
AFP	标记免疫传感器	AFP 抗体(过氧化酶标记)	氧电极
HB 抗体	标记免疫传感器	HB 抗体(POD 标记)	I^- 电极

续表

检测对象	传感器方式	传感器的构成	
		感受器	转换器
梅毒抗体	非标记免疫传感器	心肌磷脂	Ag-AgCl 电极
血型	非标记免疫传感器	血型物质	Ag-AgCl 电极
抗体类	非标记免疫传感器	抗原结合微脂粒(TPA^+标记)	TPA^+电极
生物素 (辅酶 R)	标记免疫传感器	HABA(过氧化酶标记抗生物)	氧电极
		硫辛酸(过氧化酶标记抗生物)	氧电极
甲状腺素	标记免疫传感器	T_4抗体(过氧化酶标记)	氧电极
牛胰岛素	标记免疫传感器	牛胰岛素抗体(过氧化酶标记)	光子计数
	标记免疫传感器	猪胰岛素抗体(过氧化酶标记)	光子计数

由检测抗体结合反应的两种基本方法，免疫传感器可分成非标记免疫传感器和标记免疫传感器两类，参见图 5.6-1。

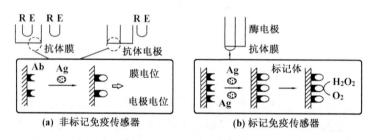

图 5.6-1 免疫传感器的组成

(1) 标记免疫传感器(间接免疫传感器)以酶、红细胞、核糖体、放射性同位素、稳定的游离基、金属、脂质体及噬菌体等为标记物。竞争法是用标记的抗原与样品中的抗原竞争结合传感界面的抗体。在含有被测量对象的非标记抗原试液中，加入一定量的过氧化氢酶标记抗原(酶共价结合在抗原上)。标记抗原和非标记抗原在抗体膜表面上竞争并形成抗原、抗体复合体，参见图 5.6-2(a)。夹心法是样品在抗原传感界面与抗体结合后，加上标记的抗体与样品中的抗原结合便形成夹心结构。将样品中的抗原(被测量)与已固定在载体上的

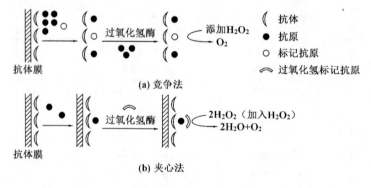

图 5.6-2 标记免疫传感器的工作原理

第一抗体结合，洗去未结合的抗原后再加入标记抗体，使其与已结合在第一抗体上的抗原结合，这样抗原被夹在第一抗体与第二抗体之间，洗去未结合的标记抗体，测定已结合的标记抗体的酶活性就可求出待测抗原量，参见图 5.6-2(b)。

(2) 非标记免疫传感器(直接免疫传感器)不用任何标记物，在抗体与其相应抗原识别结合时，会产生若干电化学或电学变化，从而导致相关参数如介电常数、电导率、膜电位、离子通透性、离子浓度等的变化，从而测得免疫反应的发生及被测量(抗原)。结合型把抗体或抗原固定在膜表面成为受体，测量免疫反应前后的膜电位变化，参见图 5.6-3(a)；分离型把抗体抗原固定在金属电极表面成为受体，然后测量伴随免疫反应引起的电极电位变化，测定膜电位的电极与膜是分开的，参见图 5.6-3(b)。非标记免疫传感器主要分为光学免疫传感器、压电免疫传感器和电化学免疫传感器，例如，表面等离子共振型免疫传感器、石英晶体微天平型免疫传感器以及电容型免疫传感器。

图 5.6-3　非标记免疫传感器测量方法

5.6.1　电化学免疫传感器

1) 电位型免疫传感器

在电位型免疫传感器中，聚氯乙烯膜把抗体固定在金属电极上，然后用相应的抗原与之特异性结合，抗体膜中的离子迁移率随之发生变化，电极上的膜电位也相应发生改变[51, 52]，参见图 5.6-4。膜电位的变化值与待测物浓度之间存在对数关系，因此根据电位变化值即可求出待测物浓度，但灵敏度较低。

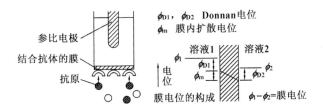

图 5.6-4　基于膜电位测量的免疫电极

2) 电流型免疫传感器

电流型免疫传感器的原理主要有竞争法和夹心法两种[50-52]，参见图 5.6-5。前者是用酶标抗原与样品中的抗原竞争结合氧电极上的抗体，催化氧化还原反应，产生电活性物质而引起电流变化，从而可测得样品中的抗原浓度。后者则是在样品中的抗原与氧电极上的抗体结合后，

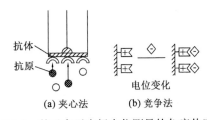

图 5.6-5　基于离子电极电位测量的免疫传感器

再加酶标抗体与样品中的抗原结合，形成夹心结构，从而催化氧化还原反应产生电流值变化。用酶联免疫吸附试验及多功能电流免疫传感器先后检测了茶碱、载脂蛋白 E、促卵泡激素与黄体生成激素等人体血清中的生物活性物质。

5.6.2 光学免疫传感器

光导管生物传感器利用光纤及发光二极管等作为光导管分子识别元件进行生物检测，其识别待测物质和带来光学变化的分子识别元件安装在光路上[53,54]。在光导管生物传感器中，抗原抗体反应时电化学发光产生改变，如芘抗原在水溶液中呈现电化学发光，加入抗体后，形成抗原抗体复合物，电化学发光消失，参见图 5.6-6。利用此现象可进行同种抗体的检测。

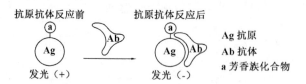

图 5.6-6 抗原抗体反应的光导管生物传感器

1) 标记型光学免疫传感器

酶可用来作为标记物催化生成一系列产物，这些产物能吸收光线，发出荧光或磷光，其中磷光具有特别高的灵敏度，荧光团也可作为标记物，被倏失波等激发后可直接发出荧光被监测，参见图 5.6-7。借助化学发光的光纤免疫传感器用于抗原和抗体的测定，如雌二醇、α-抗扰素、总 IgG 和抗流感病毒抗体。在进行抗原/抗体分析时，多采用三明治夹层方法：将抗鼠 IgG 抗体固定在光纤末端，在与鼠 IgG 反应后，再与荧光蛋白标记的抗鼠 IgG 抗体反应，由荧光蛋白荧光性质的变化来检测鼠 IgG 浓度。用免疫传感器分析方法测定水中 TNT 的含量，灵敏度可达 10 μg/ml；还可用可逆的光纤免疫传感器来测量人体内血清蛋白的浓度。

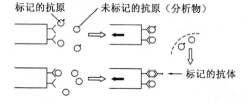

图 5.6-7 标记型光学免疫传感器

2) 非标记型光学免疫传感器

非标记光学传感技术利用光学技术直接监测传感器表面的光线吸收、荧光、光线散射或折射率(RI) n 的微小变化。非标记光学传感器的原理基于内反射光谱学，由两种不同 RI 的介质组成，高 RI 的介质通常为玻璃棱镜，低 RI 的介质表面固定有抗原或抗体，低 RI 介质与高 RI 介质紧密相接。当一束入射光束穿过高 RI 介质射向两介质界面时，会折射入低 RI 介质。如果入射光角度超过一定角度(临界角度)，光线就会在两介质界面处全部内反射回来，同时在低 RI 介质中产生一高频电磁场，称倏失波(损耗波)。该波沿垂直于两介质界面的方向行进很短的距离(小于等于单波长)，其场强以指数形式衰减。样品中存在的抗体或抗原若能与低 RI 介质上的固定抗原或抗体结合，便会改变介质表面的原有结构，而与倏失波相互作用使反射光强度减小，因此光强度的减小反映了界面上出

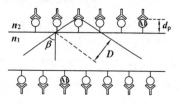

图 5.6-8 非标记型光学免疫传感器

现的任何 RI 变化,且与样品中抗体或抗原的质量成正相关。除了光线强度,还可监测从传感层中射出的极化光相位的变化,参见图 5.6-8。倏失波层 d_p 的范围是 50～1200nm,该距离大于抗体修饰层的厚度,抗原与抗体结合后倏失波的吸收与散射发生变化。

5.6.3 压电晶体免疫传感器

压电晶体免疫传感器的原理是石英晶片在振荡电路中振荡时有一个基础频率,当样品中的抗原或抗体与包被在晶片上的抗体或抗原结合时,由于负载的增加,晶片的振荡频率会相应减少,其减少值与吸附上去的质量有相关性[55,56]。

1) 微生物检测

压电晶体免疫传感器可用于检测微生物,参见表 5-13。

表 5-13 压电晶体免疫传感器检测微生物

分析对象	固定抗体方法	检测范围/(个·ml^{-1})
大肠杆菌	有机硅烷化 戊二醛交联	$10^5 \sim 10^8$
沙门菌	聚乙烯亚胺吸附 戊二醛交联	$10^5 \sim 10^9$
肠道细菌	蛋白 A	$10^6 \sim 10^9$
儿童急性腹泻相关细菌和病毒	蛋白 A	病毒 $10^6 \sim 10^{10}$ 细胞 $10^6 \sim 10^8$
疱疹病毒	蛋白 A	$5 \times 10^4 \sim 1 \times 10^9$
甲肝病毒 乙肝病毒	蛋白 A	$10^5 \sim 10^{10}$

2) 蛋白质、病毒的检测

将压电生物传感器与流动注射分析技术联用,可连续监测生物反应过程,参见表 5-14。

表 5-14 压电晶体免疫传感器检测蛋白质

分析对象	固定抗体方法	检测范围/(个·ml^{-1})
IgG	蛋白+IgG 抗体	0.01
人转铁蛋白	蛋白+抗人转铁蛋白抗体	$10^{-4} \sim 10^{-1}$
人血清白蛋白	蛋白+抗人白蛋白抗体	$10^{-4} \sim 10^{-1}$
牛血清白蛋白	聚乙烯亚氨+BSA 抗体	$10^{-4} \sim 10^{-2}$
牛血红蛋白	PEI、戊二醛、牛血红蛋白抗体	$10^{-3} \sim 10^{-1}$

3) 其他免疫检测

利用压电晶体的质量敏感性,可在晶体表面固定一层生物敏感物质,用于酶的直接检测。基于表面声波换能器,通过检测声波在物体表面的传播特性可以灵敏地传感物体的表面弹性、密度和导电性等特性的微小变化。这一技术已成功应用于检测抗体-抗原反应,如检测人体 T-淋巴细胞及人血清白蛋白。

5.6.4 表面等离子体共振型免疫传感器

免疫场效应晶体管(Immuno Sensitive FET，IMFET)包括场效应晶体管和识别免疫反应的分子敏感膜[57]，参见图 5.6-9。首先把抗体固定在有机膜上，再把带抗体的有机膜覆复在场效应晶体管栅极上，即制成 IMFET。抗体是蛋白质，蛋白质为两性电解质(正负电荷数随 pH 而变)，所以抗体的固定膜具有表面电荷，而此膜电位随电荷的变化而变化(抗原与抗体的电荷状态往往差别很大)。因此，可根据抗体膜的膜电位变化测定抗原的结合量。用 IMFET 具体测量时，参见图 5.6-9，基片与源极接地，漏极接电源，相对地电压为 V_{DS}。测量时，将抗原放入缓冲液中，参比电极为 Ag-AgCl。

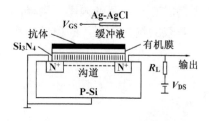

图 5.6-9 IMFET 测量原理

酶免疫传感器的基本结构如图 5.6-10 所示。传感器的选择性取决于抗体固定化膜。进行化学放大的酶共价结合在抗原上。酶免疫电极的原理完全适用于以免疫测定为对象的全部物质。除上述各种免疫电极外，还用免疫敏感膜代替场效应晶体管的绝缘栅区，可制成免疫场效应晶体管。这代表了使免疫传感器向全固态电子器件发展的趋势。受体电极是新近发展起来的亲和型生物电极，利用活体材料上的受体与激素、药物等配体结合成复合物，借助所产生的电流信号或酶标记放大进行测定。

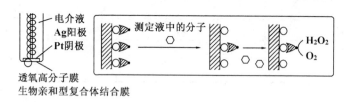

图 5.6-10 酶免疫传感器原理

生物素电极是生物亲和型电极。除应用酶标记抗生物素测定生物素以外，可应用被测物质与生物素的亲和力大于抗生物素类物质，采用竞争法测定。目前检测下限可达 10^{-8} mol/L。

5.7 仿生传感器

人体通过眼、耳、皮肤感知外界的光、声、温度、压力等物理信息；通过鼻、舌感知气味和味道等化学刺激。化学传感器对某种化学成分进行应答反应，产生与该成分浓度成比例的可测信号；生物传感器以生物活性单元(如酶、抗体、核酸、细胞等)为生物敏感基元，对被目标测物具有高度选择性；通过物理、化学型信号转换器捕捉目标物与敏感基元之间的反应，将反应程度用离散或连续的信号表达出来，得出被测物的浓度，参见表 5-15。

表 5-15 人体的感觉器官与传感器

人体感觉器官	传感参量		传感器
皮肤(触觉)	物理量	压力	压力传感器
		温度	温度传感器
		磁	磁传感器
目(视觉)		光	光传感器
耳(听觉)		压力	压力传感器
		声音	声音传感器
		磁	磁传感器
鼻(嗅觉)	化学/生物	有味气体	气体传感器
		无机物(盐、酸)	气味传感器
舌(味觉)		有机物(香、甜、苦)	味道传感器
生物体反应		生物体反应 跨膜运输	离子传感器
		酶反应	酶传感器
		免疫反应	免疫传感器
		核酸杂交	基因传感器

生物体本身存在各种传感器,生物借助于这些传感器不断与外界环境交流信息,维护正常的生命活动,例如,细菌的趋化性与趋光性、植物的向阳性、动物的器官(如人的视觉、听觉、味觉、嗅觉、触觉等)以及动物的特异功能(蝙蝠的超声波定位、信鸽与候鸟的方向识别、犬类敏锐的嗅觉等)。随着机器人技术的发展,视觉、听觉、触觉传感器的发展取得了相当大的成绩。但生物体感觉器官的精巧和奇特功能是现阶段人工仿生传感器无法比拟的。目前对生物感觉器官的结构、性能和响应机理知之甚少,甚至连一些感觉器官在生物体内的分布都不太清楚,因此要研制仿生传感器需要做大量的基础研究工作。

图 5.7-1 是仿生电子鼻的一般构造。一种气味 j 呈现在一只传感器 i 的活性材料面前,传感器把化学输入转换成电信号,n 个传感器对一种气味的响应便构成了传感器阵列对该气味的响应谱,每种气味都会有它的特征响应谱,根据它便可区分不同的气味。由此可见,选择性能优良的传感器和合适的传感器组合构成阵列对仿生电子鼻的性能至关重要。

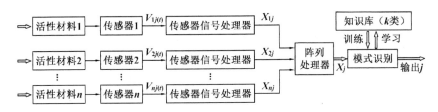

图 5.7-1 传感器阵列的一般构造

在传感器阵列中,传感器 i 对气味 j 产生一个与时间相关的电信号输出 V_{ij},由 n 个传感器组成的阵列对气味 j 的响应是 n 维状态空间一个矢量 V_j,其矢量形式为

$$V_j = (V_{1j}, V_{2j}, \cdots, V_{nj}) \tag{5.7-1}$$

各种稳态的模型、瞬态信息处理系统、模式识别及神经网络技术等已被用于处理气味或气体传感器阵列的信号。

5.8 生物芯片

生物芯片是 20 世纪 90 年代初伴随着人类基因组计划发展起来的，生物芯片运用大规模集成电路的光刻技术以及生物分子的自组装技术，在微小芯片上组装成千上万个不同 DNA 或蛋白质的生物分子微阵列，实现以基因为主的生物分子信息的大规模检测[58]。生物芯片可以分为两类：①分子与生物分子电子器件，可制备分子开关、分子存储器、分子导线、能量转换器、分子计算，可实现高速信息处理、能量转换、高密度信息存储以及仿生信息处理等功能；②生物检测生物分析微芯片，通过微细加工技术，在芯片上制造芯片电泳、免疫阵列传感器、基因芯片等微流体分析系统，实现对细胞、蛋白质、基因以及生物参数的准确、快速、大规模测量，实现生物分析系统的微型化和芯片化，即芯片实验室。

生物芯片采用平面微细加工技术，可组装大量的(10^4～10^6 种)生物分子探针，获取信息量大，效率高，特别适合于基因信息的采集。结合微机械技术（MEMS），可把生物样品的预处理，基因物质的提取、扩增，以及杂交后的信息检测集成为芯片实验室，制备成微型、全自动化、无污染，可用于微量试样检测的高度集成的智能化生物芯片，参见图 5.8-1。

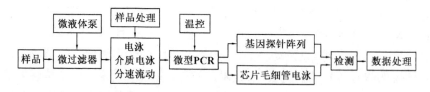

图 5.8-1 生物芯片的流程图

生物芯片是由活性生物靶向物（如基因、蛋白质等）构成的微阵列。生物芯片种类包括基因芯片、蛋白质芯片、芯片实验室、细胞芯片、组织芯片等。

1. DNA 芯片

DNA 探针阵列将一组寡核苷酸探针有序地固定在硅、玻璃等基片表面，组成一个二维阵列，与待测 DNA 进行杂交反应，冲洗去非特异性的 DNA，然后检测在那些位点上的杂交信号，再通过一定的算法就可得到待测的 DNA 序列。DNA 探针阵列的构建有两种方法：①离片合成法可充分利用原有的合成寡核苷酸的方法和仪器，探针的长度可以任意选择，且固定也比较容易；离片合成法适合于制作规模较小的探针阵列，尤其适用于基因突变检测（MDBH）的探针阵列；②在片合成法可发挥微细加工技术的优势，实现高密度芯片的规模化制备，在片合成法很适合制作大规模 DNA 探针阵列芯片。DNA 芯片的突出优点是整个检测过程快速高效，被广泛用于 DNA 测序、基因表达分析、法医鉴定等。

2. 蛋白质芯片

蛋白质芯片利用抗体与抗原结合的特异性，即通过免疫反应来实现检测。检测的原理是依据蛋白质分子、蛋白质与核酸、蛋白质与其他分子的相互作用。蛋白质芯片是从蛋白质水平去了解和研究各种生命现象背后更为真实的情况。蛋白质与蛋白质之间的特异性作用主要体现在抗原-抗体反应或与受体的反应，蛋白质芯片分析本质上就是利用蛋白质之间的亲和作用，对样品中存在的特定蛋白质分子进行检测。

3. 细胞芯片

细胞芯片由裸片、封装盖板和底板组成，裸片上密集分布有 6000～10000 乃至更高的密度不同的细胞阵列，封装于盖板与底板之间。通过控制细胞培养条件使芯片上所有细胞处于同一细胞周期，在不同细胞间的生化反应及化学反应结果可比性强；一块芯片上可同时进行多信息量检测。细胞芯片能精确控制细胞膜微孔的开启与关闭，可在完全不影响周围细胞的情况下，对目标基因或细胞进行基因导入、蛋白质提取等研究；通过计算机控制微型装置中的芯片，以达到控制该健康细胞活动的目的。最终开发出的细胞芯片能精确调节电压，以便激活不同的人体组织细胞，将来还能批量生产细胞芯片，将其转入人体以取代或修补病变的细胞组织，解决多种人类疾病难题。

4. 组织芯片

组织芯片将上千个不同个体的临床组织标本按预先设计的顺序排列在一张玻璃衬底芯片上分析，是一种高能量、多样本的分析工具，能同时对上千种正常状态或疾病状态，以及疾病发展的不同阶段的自然病理生理状态下的组织样本进行某一个或多个特定的基因或与其相关的表达物进行研究。组织芯片对基因和蛋白质与疾病关系的研究尤其具有实际意义和广阔的市场前景。

5. 芯片实验室

1990年，瑞士Ciba-Geigy公司的Manz与Widmer提出微全分析系统(Micro Total Analysis Systems，μTAS)，或称芯片实验室(Lab oratory on Chip，LOC)。利用微机电加工技术与生物技术，在只有几平方毫米至平方厘米的单芯片上集成了实验室的众多功能，具有处理小至皮升级容积流体的能力，实现化学分析系统从试样处理到检测的整体微型化、集成化与便携化。从1994年开始，美国橡树岭国家实验室的Ramsey等改进了芯片毛细管电泳的进样方法，提高了其性能与实用性。芯片可广泛应用于分析化学、生物医疗、药物诊断、食品卫生及环境监测等领域。根据芯片结构及工作机理可分如下两种。

(1)微阵列芯片也称生物芯片，主要以生物技术为基础，是以静态亲和结合技术为核心的微孔板芯片。在芯片表面固定一系列可寻址的识别分子阵列为结构特征，使用方便，测定快速，但一般为一次性使用，并有很强的专用性。

(2)微流控芯片主要以分析化学和分析生物化学为基础，以微管道网络为结构特征，把整个化验室的功能，包括采样、稀释、加试剂、反应、分离、检测等基本操作单元集成到一块几平方厘米的微芯片上，由微通道形成网络，可控流体贯穿整个系统。

5.9 有机材料传感器

有机材料由C、H、N、O等很少的几个基本元素组成，但灵活多变的分子结构使其具有独特的物性响应特性，参见表5-16。在物理传感器中，利用高分子材料的主要有有机热敏电阻、红外敏感元件、超声波敏感元件等；在化学敏感元件中，有机材料的特性被有效利用，特别是离子敏传感器和生物传感器，由于有效利用了有机材料的高分子识别功能，使高选择性的实现成为可能。

表 5-16 有机材料在传感器中的应用

有机材料传感器	传感功能	传感材料
热敏传感器	离子传导	PVC/NMQB 等
	电子传导	PVC/NaTCNQ 等
	软化点	导电微粒分散于聚合物
红外传感器	热释电	PVDF 或 PZT 分散于聚合物
液晶温度传感器	光透过率、反/透光波长变化	液晶、胆甾醇液晶
压电传感器	压电效应	PVDF 或 PZT 分散于聚合物
	加压导电	导电微粒分散于橡胶
	显微调色剂薄膜破坏	显微调色剂分散于聚合物
超声传感器	压电效应	PVDF、P(VDCN/VAC)
加速度传感器	分子排列变化	向列液晶
电解质湿敏传感器	电阻变化	分散有铵盐、硫酸盐聚合物
电介质湿敏传感器	介电常数变化	醋酸纤维素
压电湿敏传感器	振子负载变化	水晶振子+聚酰胺
FET 湿敏传感器	晶体管特性变化	吸湿高分子/FET
半导体气敏传感器	电导率变化	有机半导体
压电气敏传感器	振子负载变化	水晶振子+聚酰胺
表面气敏传感器	表面电位变化	聚吡咯/FET
电化学气敏传感器	电解电流、电池电流	透气性聚合物膜/电机系

高聚物分子量通常为 $10^4 \sim 10^6$，高分子化合物是一种化学组成相同、结构不同，而且分子量不等的同系物的混合物。有机敏感材料的响应特性可分为物理响应和化学响应，其中物理响应包含电、磁、光、射线、温度、压力等；化学响应包含气氛气体、离子、分子、湿度等，这些响应信息被转换为电特性变化。然而，实际的敏感元件不限于只用单一的材料，任何种类的敏感材料组合起来都可构成敏感元件，因此，还可充分利用敏感材料电特性转换以外的其他响应。按照敏感元件的信息转换功能分类的有机敏感材料如表 5-17 所示。这些敏感元件大多是基于将有机敏感材料的物理或化学响应转换为电信号。

表 5-17 基于有机材料的敏感元件

敏感元件		利用的效应	敏感材料
温敏元件	NTC 热敏电阻	离子传导型	PVC/NMQB 等
		电子传导型	PVC/NaTCNQ 等
		介电型	尼龙系等
	PTC 热敏电阻	软化点	导电性微粒分散聚合物
	热释电型红外敏感元件	热释电效应	PVDF、PZT 微粒分散聚合物
	液晶温度敏感元件	透过率的温度变化	液晶
		反射/透过光波长的变化	胆甾醇液晶

敏感元件		利用的效应	敏感材料
力学量敏感元件	压力敏感元件	压电效应	PVDF、P(VDF-TrEE)、PZT微粒分散聚合物
		加压导电性	导电性微粒分散橡胶
		显微调色剂薄膜破坏	将含有显微调色剂薄膜的发色剂分散的聚合物
	超声波敏感元件	压电效应	PVDF、P(VDCN-VAC)
		分子排列变化	向列液晶
	加速度敏感元件	分子排列变化	向列液晶
湿敏元件	高分子电解质湿敏元件	由吸湿引起的电阻变化	分散有铵盐、磺酸盐的聚合物
	高分子电介质湿敏元件	吸湿引起的介电常数变化	醋酸纤维素
	结露敏感元件	吸湿引起的电阻急剧变化	分散有导电性微粒的聚合物
	压电湿敏元件	振子的负载变化	水晶振子+聚酰胺
	FET湿敏元件	晶体管特性变化	吸湿性高分子/FET
气敏元件	半导体气敏元件	电导率变化	有机半导体
	压电气敏元件	振子的负载变化	水晶振子+聚酰胺
	表面电位型气敏元件	表面电位变化	聚吡咯/FET
	电化学气敏元件	电解电流、电池电流	气体透过性高分子膜/电机系

参 考 文 献

[1] 司士辉. 生物传感器. 北京: 化学工业出版社, 2003.

[2] 史建国, 李一苇, 张先恩. 我国生物传感器研究现状及发展方向. 山东科学, 2015, 28(1): 28-35.

[3] 王立中, 杰·库里斯. 生物传感器及展望. 传感技术学报, 1993, 6(1): 52-55.

[4] 冯德荣. 生物传感器的研究现状和发展方向. 山东科学, 1999, 12(4): 1-6.

[5] 王深琪, 闫玉华. 光纤生物传感器换能技术进展及商品化展望. 传感器技术, 2000, 19(3): 5-7.

[6] 姜川. 生物传感器在食品分析中的应用与研究进展. 山东食品科技, 2004, 6(8): 1-4.

[7] 胡军. 医学临床诊断与生物传感器. 传感器世界, 1996, 2(4): 22-25.

[8] Graham C A. DNA Sequencing Protocols (Methods in Molecular Biology). 2nd ed. New Jersey: Humana Press, 2001.

[9] 邓家祺. 电化学生物传感器新进展. 化学传感器, 1994, 14(3): 165-165.

[10] 楼蔓藤. 生物传感器商品化发展趋势. 分析测试仪器通讯, 1994, 4(2): 1-6.

[11] 钱军民, 李旭祥. 介体型电流式酶传感器中电子媒介体的研究进展. 化工进展, 2001, 20(6): 11-15.

[12] 钱军民, 李旭祥. 电流型酶传感器用高分子媒介体的研究进展. 石化技术与应用, 2000, 18(4): 187-190.

[13] 孟庆石, 劳文燕, 潘映红. 表面等离子共振生物传感器技术及在生命研究中的应用. 生命科学仪器, 2009, 7(1): 10-13.

[14] 黄智伟, 黄琛. 表面等离子体共振生物传感器的研究现状. 传感器世界, 2001, 7(5): 8-12.

[15] 江秀明, 陈志春, 杨绍明, 等. 光纤表面等离子体共振传感器研究进展. 传感技术学报, 2003, 16(1): 74-77.

[16] 何鹏, 程京. 生物芯片技术与产品发展趋势以及面临的机遇. 中国医药生物技术, 2006, 1: 17-19.

[17] 刘伟庭, 郭希山, 王钟, 等. 生物芯片及其在生物医学工程中的应用. 国外医学: 生物医学工程分册, 2002, 25(4): 165-169.

[18] 马文丽, 费嘉. 后基因组时代的生物芯片技术. 医学分子生物学杂志, 2005, 2(6): 399-402.

[19] 高华方, 周玉祥, 冯继宏, 等. 生物芯片技术及其在生命科学研究中的应用. 世界科技研究与发展, 2001, 23(1): 22-27.

[20] 陈杰, 黄鸿. 传感器与检测技术. 2版. 北京: 高等教育出版社, 2010.

[21] 赵勇, 王琦. 传感器敏感材料及器件. 北京: 机械工业出版社, 2012.

[22] 陶红艳, 余成波. 传感器与现代检测技术. 北京: 清华大学出版社, 2009.

[23] 陈岭丽, 冯志华. 检测技术和系统. 北京: 清华大学出版社, 2005.

[24] 余成波. 传感器与自动检测技术. 2版. 北京: 高等教育出版社, 2009.

[25] 王俊杰. 传感器与检测技术. 北京: 清华大学出版社, 2011.

[26] 王胜娥, 何洁, 袁红雁, 等. 酶生物传感器固定化酶载体的研究. 化学传感器, 2004, 24(4): 30-35.

[27] 韩莉, 陶菡, 张义明, 等. 酶传感器的应用. 传感器世界, 2012, 18(4): 9-12.

[28] 孟范平, 朱小山, 何东海, 等. 酶传感器. 传感器世界, 2004, 10(11): 45-45.

[29] 周华, 王辉宪, 刘登友, 等. 碳纳米管修饰酶生物传感器的应用进展. 传感器世界, 2008, 14(4): 6-10.

[30] 刘金玉, 史建国, 马耀宏, 等. 酶电极法测定肌苷发酵液中肌苷含量. 实用医药杂志, 2013, 30(9): 822-824.

[31] 俞宝明. 酶热敏电阻传感器的开发. 传感器技术, 1991, 3: 6-9.

[32] 黄俊, 赵文琪, 赵荣, 等. 高精度光纤生物传感器的研制. 武汉理工大学学报, 2010, 21: 115-118.

[33] 刘冰, 梁婵娟. 生物过氧化氢酶研究进展. 中国农学通报, 2005, 21(5): 223-224.

[34] 李敏健, 谭学才, 梁汝萍, 等. 基于溶胶-凝胶固定技术的生物组织传感器. 分析化学, 2004, 32(10): 1291-1294.

[35] 那晓琳, 禹萍. 细胞及细胞器传感器. 传感器技术, 1998, 17(2): 1-3.

[36] 谢佳胤, 李捍东, 王平, 等. 微生物传感器的应用研究. 现代农业科技, 2010, (6): 11-13.

[37] 谢平会, 刘鹰, 刘禹, 等. 微生物传感器. 传感器技术, 2001, 20(6): 4-7.

[38] 田承云, 张国雄. 微型电流式生物传感器. 化学传感器, 1993, 13(1): 16-27.

[39] 卢文, 王宅中. 伏安式BOD微生物传感器的研究. 化学传感器, 1993, 13(4): 54-58.

[40] 王维大, 李浩然, 冯雅丽, 等. 微生物燃料电池的研究应用进展. 化工进展, 2014, 33(5): 1067-1076.

[41] 谢玉芳, 胡耀华, 许洋, 等. 多指标荧光生物传感器系统设计. 中国农机化学报, 2015, 36(1): 285-288.

[42] 刘建辉, 刘明华. 基因传感器研究新进展. 国外医学: 临床生物化学与检验学分册, 2000, 21(5): 233-234.

[43] 毛斌, 韩根亮, 马莉萍, 等. DNA电化学生物传感器的原理与研究进展. 化学传感器, 2009, 1: 9-15.

[44] 周殿明, 吴一丹, 刘佩, 等. 电化学DNA传感器. 化学传感器, 2011, 31(1): 10-17.

[45] 毕玉晶, 翟俊辉, 杨瑞馥. 光纤倏逝波生物传感器及其应用. 生物技术通讯, 2004, 15(6): 451-454.

[46] 刘建云, 黄乾明, 王显祥, 等. 量子点在电化学生物传感研究中的应用. 化学进展, 2010, 1: 2179-2190.

[47] 胡娟, 张春阳. 应用于基因分析的最新SERS技术. 化学进展, 2010, 22(8): 1641-1647.

[48] 张波, 府伟灵, 汤万里. 压电石英晶体生物传感器应用研究进展. 传感器技术, 2002, 21(5): 58-61.

[49] 林朝晖, 沈国励. 免疫传感器的进展. 化学传感器, 1994, 14(2): 89-94.

[50] 缪璐, 刘仲明, 张水华. 电化学免疫传感器的研究进展. 中国医学物理学杂志, 2006, 23(2): 132-134.

[51] 钟桐生, 刘国东, 沈国励, 等. 电化学免疫传感器研究进展. 化学传感器, 2002, 22(1): 7-14.

[52] 霍群. 电化学免疫传感器. 临床检验杂志, 2003, 21(3): 181-182.

[53] 陈钰, 王捷, 刘仲明. 基于纳米材料的电化学发光免疫传感器. 免疫学杂志, 2011, 27(1): 81-85.

[54] 孙艳, 孙锋. 光学免疫传感器技术与应用. 仪表技术与传感器, 2002, 7: 5-8.

[55] 詹爱军, 王新卫, 于康震. 压电免疫传感器的研究进展. 现代生物医学进展, 2008, 8(4): 762-765.

[56] 高燕, 熊焰, 李京文. 压电免疫传感器的实现. 传感器世界, 2008, 14(5): 16-18.

[57] 方玮, 任恕. 氢离子敏场效应管酶免疫传感器的研制. 传感器技术, 1995, 3: 23-27.

[58] 许俊泉, 万妮. 生物芯片技术与缩微实验室. 医学与哲学, 2000, 21(2): 8-10.

[59] 刘伟庭, 郭希山, 王钟, 等. 生物芯片及其在生物医学工程中的应用. 国外医学: 生物医学工程分册, 2002, 25(4): 165-169.

[60] 邓沱, 宁志强. 生物芯片技术在药物研究与开发中的应用. 中国新药杂志, 2002, 11(1): 23-31.

[61] 高华方, 周玉祥, 冯继宏, 等. 生物芯片技术及其在生命科学研究中的应用. 世界科技研究与发展, 2001, 23(1): 22-27.

第6章 波式与场式传感器

6.1 引 言

物理学中把某个物理量在空间的一个区域内的分布称为场,如温度场、密度场、引力场、电场、磁场等。波是在空间上分布的幅度和方向随时间变化的场,本质上波是一种特殊形式的场。波或波动是扰动或物理信息在空间上传播的一种物理现象,扰动的形式任意,传递路径上的其他介质也作同一形式振动。波的传播速度总是有限的。除了电磁波和引力波能够在真空中传播外,大部分波如机械波只能在介质中传播。波速与介质的弹性与惯性有关,但与波源的性质无关。无损检测利用物质的声、光、磁和电等特性,在不损害或不影响被检测对象使用功能或现在的运行状态的前提下,对被检对象进行缺陷、化学、物理参数的检测技术,可给出缺陷大小、位置、性质和数量等信息[1-6]。

6.2 激光全息干涉仪

1948年,Gabor(1971年获Nobel物理学奖)提出,用一束相干参考光将被记录的光场的振幅和相位信息转化为强度信息保存在两者形成的干涉场中,这样记录下来的光场的振幅和相位都能准确恢复,实现波前重现,即全息术[7],参见图6.2-1。设物体是高度透明的,其振幅透射率为

$$t(x_0, y_0) = t_0 + \Delta t(x_0, y_0) \tag{6.2-1}$$

式中,t_0是高平均透射率;Δt表示在此平均值上下的变化,并且

$$|\Delta t| << |t_0| \tag{6.2-2}$$

当物体被图6.2-1(a)所示的准直波相干照明时,透射光由两个分量组成:①由t_0项透过的强而均匀的平面波;②由透射率变化$\Delta t(x_0, y_0)$形成的弱的散射波。投射在离物体距离为z_0处的记录介质上的光强为

$$I(x,y) = |A + a(x,y)|^2 = |A|^2 + |a(x,y)|^2 + A^*a(x,y) + Aa^*(x,y) \tag{6.2-3}$$

式中,A是平面波的振幅;$a(x, y)$是散射光在记录平面上的振幅。由于物体的高平均透射率t_0,物体本身提供了参考波,直接透射光与散射光相互干涉产生一个强度图样,该图样取决于散射波$a(x, y)$的振幅和相位。

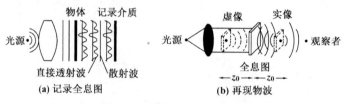

图6.2-1 同轴(Gabor)全息

若显影后的全息图有一正比于曝光量的振幅透射率，于是

$$t_A(x,y) = t_b + \beta'\left(|a|^2 + A^*a + Aa^*\right) \tag{6.2-4}$$

用具有均匀振幅 B 的平面波垂直入射照明透明片，则产生的透射场振幅由四项之和组成：

$$Bt_A = Bt_b + \beta'B|a(x,y)|^2 + \beta'A^*Ba(x,y) + \beta'ABa^*(x,y) \tag{6.2-5}$$

式中，第一项是直接通过透明底片的平面波，受均匀衰减而未受散射；根据式(6.2-2)，第二项可忽略不计；第三项表示正比于原始散射波 $a(x,y)$ 的场分量，这个波看起来是从原物体的一个虚像(位于离透明底片距离为 z_0 处)发生的，参见图 6.2-1(b)；第四项正比于 $a^*(x,y)$，形成一个实像，位于透明底片的虚像相反的另一面，离透明底片的距离为 z_0，参见图 6.2-1(b)。Gabor 全息图同时产生物体透射率变化 Δt 的实像和虚像，两个像的中心都在全息图的轴上，即共轭像，相隔距离为 $2z_0$，并且有一相干背景 Bt_b 伴随出现。式(6.2-5)表明，透明底片的正负使成像波相对于相干背景波有不同符号(正片 β' 为正，负片 β' 为负)，正片全息图产生衬度为正的像，而负片全息图产生衬度为负(衬度相反)的像。对于这两种情况中的任何一种，实像波都是虚像波的共轭，并且当这两个波的一个与均匀背景干涉时，发生进一步的衬度反转是可能的，这随物的相位结构而定。对于一个具有恒定相位的物，正的全息图透明片会产生一个正像，负的全息图透明片产生一负像。Gabor 全息图广泛应用于悬浮液、雾状物和小微粒的三维成像，以及散斑干涉计量。

1962 年，Leith 等提出了离轴全息图，使共轭的两个再现像在空间分开[8]，参见图 6.2-2(a)，全息照相得以实用化。来自照明点光源的光由透镜 L 准直，所得平面波的一部分射在物上，假设物为具有一般振幅透射率 $t(x_0, y_0)$ 的透明片。平面波的第二部分投射到位于物上方的棱镜上，向下偏折，与记录平面的法线成 2θ 角。结果在记录表面上得到两束相干波之和，第一束是物体的透射光，第二束是倾斜平面波。入射到记录平面的振幅分布可写为

$$U(x,y) = Ae^{-j2\pi\alpha y} + a(x,y) \tag{6.2-6}$$

式中，参考波的空间频率 α 为

$$\alpha = \sin(2\theta)/\lambda \tag{6.2-7}$$

记录平面上的强度分布为

$$I(x,y) = |A|^2 + |a(x,y)|^2 + A^*a(x,y)e^{j2\pi\alpha y} + Aa^*(x,y)e^{-j2\pi\alpha y} \tag{6.2-8}$$

把 $a(x,y)$ 明显地表示为振幅分布和相位分布：

$$a(x,y) = |a(x,y)|e^{j\phi(x,y)} \tag{6.2-9}$$

然后合并式(6.2-8)的最后两项，可得强度分布的另一个更能揭示其意义的表达式为

$$I(x,y) = |A|^2 + |a(x,y)|^2 + 2|A||a(x,y)|\cos\left[2\pi\alpha y + \phi(x,y)\right] \tag{6.2-10}$$

式(6.2-10)表明，来自物体的光的振幅和相位分别作为一个频率为 α 的空间载波的振幅调制与相位调制被记录。若载波频率足够高，由这幅干涉图样可准确恢复原来的振幅和相位分布。

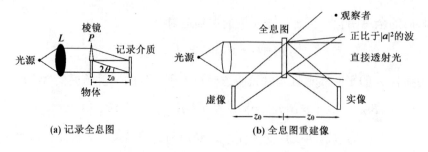

图 6.2-2 离轴(Leith-Upatnieks)全息

通常使显影后的照相底版的振幅透射率正比于曝光量。因此胶片的透射率为

$$t_A(x,y) = t_b + \beta' \left[|a(x,y)|^2 + A^* a(x,y) e^{j2\pi\alpha y} + A a^*(x,y) e^{-j2\pi\alpha y} \right] \quad (6.2\text{-}11)$$

假设全息图由一束垂直入射、振幅为 B 的均匀平面波照明,参见图 6.2-2。透过全息图的光场有四个不同的分量:

$$\begin{cases} U_1 = t_b B \\ U_2 = \beta' B |a(x,y)|^2 \\ U_3 = \beta' B A^* a(x,y) e^{j2\pi\alpha y} \\ U_4 = \beta' B A a^*(x,y) e^{-j2\pi\alpha y} \end{cases} \quad (6.2\text{-}12)$$

场分量 U_1 只是经过衰减的入射重建波,代表一个沿光轴传播的平面波;第二项 U_2 是在空间变化的,具有和光轴成各种角度传播的各平面波分量。若 $a(x,y)$ 的带宽比载波频率 α 小得多,则 U_2 波中的能量仍然非常靠近光轴,从而在空间可与所感兴趣的像分离开来。

全息干涉计量利用全息照相的方法来进行干涉计量[9-19]。全息检测将同一束光在不同时间的波前来进行干涉,相干光束由同一光学系统产生,因而包围介质的欠缺引起的光程变化会自动抵消,故这种方法与包围待测物体介质的光学质量无关;同样的原因,它对光学元件的精度要求比一般光学干涉检测方法低得多。由于全息干涉计量术主要检测物体的变化,被称为差分干涉计量术。根据曝光方法的不同,可分为如下三种。

6.2.1 单曝光法

单曝光法(实时全息法)利用单次曝光形成的全息图的再现像与测量时的物光之间的干涉进行检测。这种方法只曝光一次,记录下初始的物光波前,参见图 6.2-3。再现时,将物光和参考光同时照明全息图,在物光方向将同时看到,参考光再现的初始物光波前与再现时刻的直接透过全息图传播的物光波前。这种方法将再现的物体初始物光波前与继后观察时刻的物光波前做即时的干涉比较,具有实时的特点,故称为实时全息干涉计量或实时全息法。透明物和不透明物的实时全息检测光路分别如图 6.2-3(a)和(b)所示,BS 为分束镜,M_1、M_2、和 M_3 为反射镜,VA 为可变衰减器,SF、SF_1 和 SF_2 为空间滤波器,CL、CL_1、CL_2 为准直镜,H 为全息干版,L 为扩束镜,O 为待测物体。

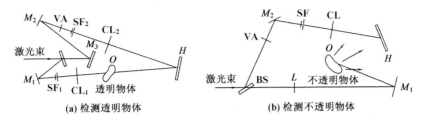

(a) 检测透明物体　　　　　　　(b) 检测不透明物体

图 6.2-3　实时全息的光路图

6.2.2 双曝光法

双曝光法（二次曝光法）利用两次曝光形成的两个再现像之间的干涉进行检测。这个方法采用同一张全息片曝光两次来制作全息图，第一次记录原始物光波，第二次记录变化后的物光波。再现时出现两个物光波，它们之间相互干涉，形成干涉条纹。分析这些条纹，可了解物体前后发生的变化。双曝光法看到的条纹一般是静止不动的，被称为是冻结的条纹。

漫反射平板转动的二次曝光全息图如图 6.2-4 所示，当漫反射与全息干版平面处于相互平行的状态时，作第一次曝光；然后，将漫反射平板沿着其一端边沿作为转轴，旋转一个微小角度后静止，再作第二次曝光；将这个两次曝光的全息图进行化学处理后，在原参考光照明下再现时，便再现出这两个物光波前，它们都是漫反射平板上表面的虚像。一个是平行于全息图平面的原始物光波，一个是相对全息图平面旋转了微小角度的变化后的物光波。这两个物光波前相互干涉，形成类似劈尖干涉的干涉条纹。根据条纹的走向，可确定旋转的方向；根据条纹的间距，可确定转动的角度，即，这些条纹反映了物体变化的信息。

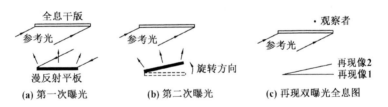

(a) 第一次曝光　　　(b) 第二次曝光　　　(c) 再现双曝光全息图

图 6.2-4　漫反射平板旋转的双曝光全息图

6.2.3 连续曝光法

利用持续曝光形成的一系列再现像之间进行干涉检测。连续曝光法或时间平均法常用于研究物体的振动。在物体振动过程中，拍摄一张全息照片，对振动物体在一定时间间隔 T 内连续曝光，即在同一片全息干版上记录下一系列的物光波前，这样拍摄的全息图用原参考光照明再现时，将再现出物体振动过程中所有的像，看到所有再现像互相干涉的总效果。

设物光和参考光在全息干版上的复振幅分别为 $O(x, y, t)$ 和 $R(x, y)$，则任意点 $P(x,y)$ 的曝光量为

$$E(x,y) = \int_0^T \left(O_0^2 + R_0^2 + OR^* + O^*R \right) \mathrm{d}t \tag{6.2-13}$$

T 为曝光时间,在线性记录的情况下,对于振幅型全息图,有

$$t(x,y) = t_0 + \beta E(x,y)$$
$$= t_0 + \beta'(O_0^2 + R_0^2) + \beta R^* \int_0^T O(x,y,t)\mathrm{d}t + \beta R \int_0^T O^*(x,y,t)\mathrm{d}t \quad (6.2\text{-}14)$$

式中,t_3 表示对应于原始像的第三项;T_0 表示振动周期,并设:

$$T = NT_0 + T_\varepsilon \quad (6.2\text{-}15)$$

若 $NT_0 \gg T_\varepsilon$,则 t_3 可表示为

$$t_3 = N\beta R^* \int_0^{T_0} O(x,y,t)\mathrm{d}t \quad (6.2\text{-}16)$$

以原参考光照明全息图,再现的原始像所对应的衍射光复振幅为

$$u_3 = N\beta R_0^* \int_0^{T_0} O(x,y,t)\mathrm{d}t \quad (6.2\text{-}17)$$

6.3 红外传感器

红外辐射(红外线)是一种热辐射,介于可见光中红色光和微波之间的光线,波长范围为 $0.76 \sim 100\mu m$,对应的频率为 $4\times10^{14} \sim 3\times10^{11}$Hz,通常可分成近红外($3\mu m$ 以下)、中红外($3 \sim 6\mu m$)、远红外($6 \sim 15\mu m$)和极远红外($15\mu m$ 以上)四个部分。红外传感器利用红外辐射实现相关物理量的测量[20-27],一般由光学系统、探测器、信号调节电路和显示单元等部分组成。红外传感器的主要应用包括:①测量热辐射和光谱辐射的红外辐射计;②搜索和跟踪红外目标,确定其空间位置并对其运动进行跟踪;③热成像系统,形成整个目标的红外辐射分布图像;④红外测距系统,测量物体间的距离;⑤红外线通信是无线通信的一种方式。

红外线气体分析器利用不同气体对红外波长的吸收特性进行分析,红外线的波长范围为 $0.75 \sim 1000\mu m$。红外线的特点是:①在整个电磁波谱中,红外波段射线的热功率最大,因此红外辐射称为热射线;②红外辐射被物体吸收后,会很快转换成热量,使物体温度升高;③物体被加热可向外辐射红外电磁波。红外线气体分析器主要利用 $2 \sim 25\mu m$ 波段的红外电磁波,吸收是利用气体对电磁波的吸收特性;不分光型也称为色散型,光源发射出连续光谱的射线,全部投射到被分析的气样,利用气体的特征吸收波长及其积分特性进行定性和定量的分析。大部分有机和无机气体在红外波段内都有特征吸收峰,参见表 6-1。工业过程红外线分析仪选择性好,灵敏度高,测量范围广,精度较高,常量为 $1 \sim 2.5$ 级,低浓度(10^{-6})为 $2 \sim 5$ 级,响应速度快。能吸收红外线的 CO、CO_2、CH_4、SO_2 等气体、液体都可用它来进行分析。红外线分析仪广泛应用于大气检测、大气污染、燃烧过程、石油及化工过程、热处理气体介质、煤炭及焦炭生产过程等工业生产过程中。此外,还可测定水中的微量油分、医学中的肺功能,并可在水果、粮食的储藏和保管等农业生产中应用。

具有对称结构的、无极性的双原子分子气体如 O_2、H_2、N_2 和 Cl_2 等,以及单原子分子气体如 Ne、He 和 Ar 等,在红外线波段内没有特征吸收峰,因此红外线气体分析器对这种双原子和单原子分子气体不能进行分析测量。一台 CO_2 红外线气体分析器可以从一个多组分的混合气体中分析出 CO_2 的体积分数,如果背景气体中的某一组分在红外线波段内有与

表 6-1 部分气体的特征吸收峰波长

气体	特征吸收峰波长	气体	特征吸收峰波长
CO	4.65 μm	H_2S	7.6 μm
CO_2	2.7 μm、4.26 μm、14.5 μm	HCl	3.4 μm
CH_4	2.4 μm、3.3 μm、7.65 μm	C_3H_4	3.4 μm、5.3 μm、7 μm、10.5 μm
NH_3	2.3 μm、2.8 μm、6.1 μm、9 μm	H_2O	在 2.6～10 μm 有广泛的吸收
SO_2	7.3 μm		

CO_2 的特征吸收峰重叠的部分,则称这种背景气体为干扰组分。水蒸气在 2.6～10μm 的波段范围内具有广泛的吸收特性,在分析之前都要对样气进行干燥处理,去除水分,才能保证测量的准确性。光的吸收(Lambert-Beer)定律描述了单色平行光 E_0 通过均匀介质时能量被介质吸收 E 的规律,即

$$E = E_0 e^{-k_\lambda C d} \tag{6.3-1}$$

式中,k_λ 是气体的吸收系数;C 是气体的浓度;d 是光程。

红外线气体分析器含被测气体特征吸收峰波长在内的连续光谱的辐射源,让连续光谱通过固定长度的含有被测气体的混合组分,在混合组分的气体层中,被测气体的浓度不同,吸收固定波长红外线的能量也不相同,继而转换成的热量也不相同。根据 Lambert-Beer 定律,使红外线气体分析器辐射源的发射能量连续通过一定长度的被分析样气,可确定 E_0、d 和 k_λ,从而测量气体吸收后的能量 E 来确定气样浓度 C 的大小。

时间双光路红外线气体分析器从光源发出的红外辐射光被安装在光路中的切光盘进行调制,切光盘上装有四组干涉滤光片,参见图 6.3-1,其中两块测量滤光片的透射波长与被分析气体的特征吸收峰的波长相同。另外两块参比滤光片的透射波长是被分析的混合气体中任何气体均不吸收的波长。在切光盘上还有同步窗口,当参比滤光片对准气室时,同步灯通过同步窗口使光敏二极管接收到信号,这样就可区别是测量滤光片还是参比滤光片对准了气室。气室共有两个,其中参比(滤波)气室密封着与被测混合气体有重叠吸收峰的干扰成分;被测混合气体连续地流过工作(测量)气室。在切光盘的作用下,两种波长的红外光束交换地通过参比气室和工作气室,最后到达半导体锑化铟光电检测器上,并转化成与红外光强度相对应的电信号。当测量气室中不存在被测组分时,锑化铟接收到的是未被吸收的红外光,测量信号和参比信号相等,两者之差为零。当测量气室中存在被测组分时,

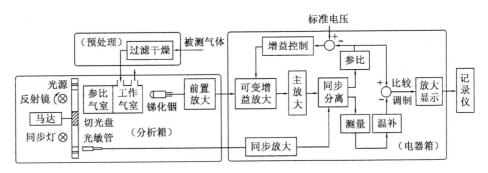

图 6.3-1 时间双光路红外线气体分析器原理

测量光束的能量被吸收，锑化铟检测到的信号要小于参比光束的信号，经放大器后得到的输出信号与被测组分的浓度成正比。

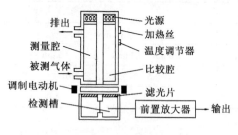

图 6.3-2 红外线气敏传感器的结构

当红外波段的光线照射到具有偶极矩的气体分子时，当辐射频率与偶极子频率相匹配时，分子才与辐射发生相互作用（振动耦合）。吸收取决于该气体分子结构的特定波长的光，测量这种吸收光谱，便可判别气体分子的种类，并根据吸收强度推定被测气体的浓度，参见图 6.3-2，其中比较腔和测量腔，以一定的周期通过或交替开闭光路。在测量腔的光路中导入被测气体，由于被测气体特有的波长吸收，使这一光路进入红外检测器的光通量减少。因为透过比较腔一侧的光通量一定，进入传感器的光通量也一定，若比较腔也以一定的周期同时开闭，则检测出腔内的光量差值将随被测气体种类的不同而异。

6.4 微波传感器

微波是介于红外线与无线电波之间的一种电磁波，波长范围为 1m～1mm，可按波长特征将其细分为分米波、厘米波和毫米波三个波段。微波具有以下特点：①需要定向辐射装置；②遇到障碍物容易反射；③绕射能力差；④传输特性好，传输过程中受烟雾、灰尘等的影响较小；⑤介质对微波的吸收与介质介电常数成正比，如水对微波的吸收作用最强。

微波在微波通信、卫星通信、雷达等无线通信领域得到了广泛的应用。微波传感器是一种非接触式传感器[24-27]，例如，活体检测时，大部分不需要取样；其波长为 1m～1mm，对应的频率范围为 300MHz～300GHz，有极宽的频谱；可在恶劣环境下工作，如高温、高压、有毒、有放射线等，基本不受烟雾、灰尘、温度等影响；频率高，时间常数小，反应速度快，可用于动态检测与实时处理；测量信号是电信号，不需要进行非电量转换，简化了处理环节；输出信号可方便地调制在载波信号上进行发射和接收，传输距离远，可实现遥测、遥控；不会带来显著的辐射；在工业领域，微波传感器可实现对材料的无损检测及物位检测等；在地质勘探方面，可实现微波断层扫描。但存在零点漂移，给标定带来困难；测量环境对测量结果影响较大，如取样位置、气压等。

微波传感器通过发射天线发出微波信号，该微波信号在传播过程中遇到被测物体时将被吸收或反射，导致微波功率发生变化。根据微波传感器的工作原理，可分为两种：①反射式微波传感器通过检测经物体反射回来的微波信号的功率或微波信号从发出到接收的时间间隔，测量物体的位置、位移等参数；②遮断式微波传感器通过检测接收天线收到的微波功率来判断发射天线与接收天线之间有无被测物体、被测物体的位置、厚度或含水量等。

微波传感器主要包括如下三个部分。

(1)微波发生器是产生微波的装置。由于微波波长短、频率高(300MHz～300GHz)，要求振荡回路有非常小的电感与电容，故不能采用普通晶体管构成微波振荡器，而是由速调管、磁控管或某些固态元件构成。小型微波振荡器也可采用体效应晶体管。微波发生器产生的振荡信号需要用波导管(管长为 10cm 以上，可用同轴电缆)传输。

(2)微波天线用于将经振荡器产生的微波信号发射出去的装置。为了保证发射出去的微波信号具有一致的方向性，要求微波天线有特殊的结构和形状，参见图 6.4-1，包括喇叭形、抛物面形等。前者在波导管与敞开的空间之间起匹配作用，有利于获得最大能量输出；后者类似凹面镜产生平行光，有利于改善微波发射的方向性。

图 6.4-1　常用微波天线的结构和形状

(3)微波检测器用于探测微波信号的装置。微波在传播过程中表现为空间电场的微小变化，因此使用电流-电压呈非线性特性的电子元件。根据工作频率的不同，有多种电子元件可供选择，例如，较低频率下的半导体 PN 结元件、较高频率下的隧道结元件等，但都要求它们在工作频率范围内有足够快的响应速度。

微波传感器利用微波特性来检测被测量的器件或装置。由发射天线发出微波，遇到被测物体时将被吸收或反射，使其功率发生变化。微波传感器可分为两类。①反射式微波传感器通过检测被测物反射回来的微波功率或经过的时间间隔来测量被测物的位置、位移、厚度等参数。②遮断式微波传感器通过检测接收天线接收到的微波功率大小，来判断发射天线与接收天线之间有无被测物或被测物的位置与含水量等参数。

图 6.4-2　微波传感器的构成

微波传感器的敏感元件是一个微波场，可视为一个转换器和接收器，参见图 6.4-2。微波传感器在工业、农业、地质勘探、能源、材料、国防、公安、生物医学、环境保护、科学研究等方面具有广泛的应用。

微波在不连续的界面处会产生反射、散射、透射；还能与被检测材料产生相互作用。被检测材料的电磁参数和几何参数将引起微波场的变化，通过检测微波信号基本参数的改变即可检测材料内部缺陷。这种检测不会对材料本身造成任何破坏，被称为微波的无损检测。微波无损检测仪主要由微波天线、微波电路、记录仪等部分组成，参见图 6.4-3。检测时，若金属介质内有气孔，气孔将成为微波散射源，使微波信号的相位发生变化，此时，被检测介质相当于一个移相器。有明显散射效应时，最小气隙的半径与波长的关系为

$$ka \approx 1 \tag{6.4-1}$$

式中，$k=2\pi/\lambda$ 是波数(λ 为波长)；a 是气隙的半径。当微波的工作频率为 36.5GHz(λ=6mm)时，a=1.0mm，此时可检出的孔径的最小直径约为 $2a$=2.0mm。为了将介质中的所有气隙都检测出来，应以最小气隙的半径来确定微波的工作频率。

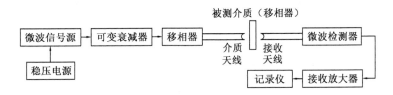

图 6.4-3　微波无损检测原理图

6.5 核 磁 共 振

1946 年，美国斯福坦大学的 Bloch 和哈佛大学的 Purcell 分别发现核磁共振(Nuclear Magnetic Resonance，NMR)，磁场中物质的原子核系统受相应频率的电磁辐射作用时，在它们的磁能级之间发生的共振跃迁现象,他们获 1952 年 Nobel 物理奖。20 世纪 70 年代初，Mansfield 和 Lauterbur 提出核磁共振成像(Nuclear Magnet Resonance Imaging，NMRI)方法，把核磁共振频谱学和计算机断层技术相结合，形成核磁共振成像术(核磁共振层析术)，获 2003 年 Nobel 生理学或医学奖。20 世纪后半叶，NMR 技术和仪器从永磁到超导，从 60MHz 到 800MHz 的 NMR 谱仪磁体的磁场差不多每五年提高 1.5 倍，现在有机化学研究中，NMR 已成为分析常规测试手段，同样，在医疗上，MRI(核磁共振成像仪器)亦成为某些疾病的诊断手段[28-30]。

^{1}H 和 ^{13}C 的原子核有+1/2 和−1/2 两种自旋状态，当把 ^{1}H 和 ^{13}C 原子置于一个外磁场中时，原子核自旋产生的磁矩与外磁场相互作用的能量 E 可表示为

$$E = \gamma I \frac{h}{2\pi} B_0 \tag{6.5-1}$$

式中，h 为 Planck 常数；磁旋比γ为由核决定的常数；I 为核自旋，对于 ^{1}H 和 ^{13}C 都是 1/2。则式(6.5-1)可写成

$$E = \gamma \frac{h}{4\pi} B_0 \tag{6.5-2}$$

而稳定态与激发态之间的能量差为

$$\Delta E = \gamma \frac{h}{2\pi} B_0 \tag{6.5-3}$$

此时，若用一个能量为 $\Delta E = \gamma \frac{h}{2\pi} B_0$，频率为 v_0 的电磁波作用于 ^{1}H 核，^{1}H 核就会吸取该电磁波的能量，从稳定态跃迁到激发态，即发生了共振。共振的频率(Larmor 频率)与磁场的关系为

$$v_0 = \frac{\Delta E}{h} = \frac{\gamma}{2\pi} B_0 \tag{6.5-4}$$

γ与频率范围为 0.1～100MHz 的射频波相对应。λ随核的结构不同而不同，对于氢核，即质子γ_p=2.67×10^{8}T^{-1}S^{-1}，核磁矩比电子的自旋磁矩小得多，一般要小 3 个数量级。式(6.5-4)表明，要使在 1T 的磁场中的氢核发生核磁共振，入射电磁波的频率应为 42.56MHz，这一频率在射频范围，和它相应的电磁波波长为 7m，即短波无线电波的波长。

一般被测样品是一个处于热平衡状态下的含有大量原子核的系统，原子核在低能级与高能级之间的分布服从 Boltzmann 分布，处于高能级的原子核总是比低能级的少。所以感应吸收比感应辐射占优，即发生核磁共振时，对电磁波吸收能量。当某些原因使两个能级上的原子核数目相等时，将看不到共振现象。在核磁共振技术中，可利用大原子核系统(样品)内部的矛盾运动和控制环境条件，以增强吸收，避免出现"饱和"。式(6.5-4)表明，为了使氢核发生核磁共振，可保持外磁场不变，而连续改变入射电磁波(RF)的频率；也可用

一定频率的电磁波照射而调节磁场的强弱。

(1) 顺次改变射频线圈频率的扫频式仪器通过调节 RF 频率达到核磁共振，参见图 6.5-1。样品(如水)装在小瓶中，置于磁铁两极之间，瓶外绕以线圈，由射频振荡器向它通入射频电流，电流就向样品发射同频率的电磁波。为了精确地测定共振频率，使用一个调频振荡器，使射频电磁波的频率在共振频率附近连续变化，当电磁波频率正好等于共振频率时，射频振荡器的输出会出现一个吸收峰，这可从示波器上看出，同时可由频率计读出此共振频率。

(2) 固定频率的扫场式仪器用电磁铁或永久磁铁形成一个均匀的强磁场，L_A、L_B 为磁场扫描线圈，可使磁场进行小幅度扫描，参见图 6.5-2。射频发生器的发射线圈 L 安装在仪器中心的 x 轴上，其频率保持恒定。样品管 E 放在磁场的中心，并绕 y 轴旋转，使能均匀地受到射频场的照射。样品所产生的共振信号由安装在 y 轴上的线圈 L_D 接收，再经放大后，与对应的磁场强度同时分别记录在记录纸的纵轴和横轴上。

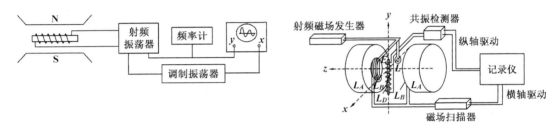

图 6.5-1　扫频式核磁共振仪　　　　　图 6.5-2　扫场式核磁共振仪

6.6　核辐射传感器

在现代测量技术中，广泛应用各种核辐射特性来测量不同的物理参数。利用核辐射粒子的电离作用、穿透能力、物体吸收和散射核辐射等特定规律，可探测气体成分、材料厚度、物质密度、物位、材料内伤等[31-33]。

在测量技术中，常采用四种核辐射源，即 α、β、γ 射线源和 X 射线管。α 射线是带正电荷的高速粒子流；β 射线是带负电荷的高速电子流；γ 射线是一种光子流，不带电，以光速运动，是原子核内放射出来的；X 射线是由原子核外的内层电子被激发而放出的电磁波能量。核辐射源的基本参数为源的强度 A、辐射的强度 J、辐射的剂量、半衰期 $T_{0.5}$ 等。

6.6.1　辐射源的特性

(1) 源强度 A 用单位时间内发生的裂变数来表示，Curie 作为强度单位。1Curie 对应每秒内有 3.700×10^{10} 个原子核衰变，常用毫居里或微居里来表示。

(2) 核辐射强度 J 是单位时间内在垂直于射线前进方向的单位截面积上穿过的能量。一个点源照射在面积为 S 的检测器上，其辐射强度 J_0 为

$$J_0 = AC \frac{KS}{4\pi r_0^2} \tag{6.6-1}$$

式中，r_0 是辐射源到检测器之间的距离；A 是源强度；C 是源强度为 1 居里时，每秒放射出的粒子数；K 是次裂变放射出的射线数；S 是检测器的工作面积。

若已知粒子的能量，则辐射强度可表示为

$$J_0 = 1.6 \times 10^{-13} ACE \quad (\text{W/m}^2) \tag{6.6-2}$$

式中，E 是粒子的能量(MeV)。

各种放射性元素的强度都是与时间呈指数规律衰减的，任何外界影响都不能改变它们的衰减速度，设 J_0 和 J 分别表示时间 $t=0$ 和 $t=t_1$ 的辐射强度，则放射性的衰减规律为

$$J = J_0 e^{-\lambda t_1} \tag{6.6-3}$$

式中，l 为衰减常数，表明元素衰变的快慢。通常用与衰减常数有关的半衰期 $T_{0.5}$ 来表示元素衰减的速度。半衰期就是放射性元素衰变掉原有核子数一半所需的时间 $T_{0.5}$。根据定义式 (6.6-3) 求得

$$T_{0.5} = 0.693/\lambda \tag{6.6-4}$$

$T_{0.5}$ 和 l 都是与外界因素和时间无关的一个常数。

6.6.2 核辐射线与物质的相互作用

1) 电离作用

具有一定能量的带电粒子在它们穿过物质时会产生电离作用，所以在它们经过的路程上形成许多离子对。电离作用是带电粒子和物质互相作用的主要形式。α粒子由于能量大而电离作用最强。带电粒子在物质中穿行时其能量逐渐耗尽而停止运动，其穿行的一段直线距离(起点和终点的距离)叫粒子的射程。α粒子质量大，电荷也大，因而在物质中引起很强的电离，射程就很短。一般α粒子在空气中的射程不过几厘米，在固体中不超过几十微米。β粒子质量小，其电离能力比同样能量的α粒子要弱，同时容易改变运动方向而产生散射。实际上，β粒子穿行的路程是弯曲的。γ光子电离的能力就更小了。

在辐射线的电离作用下，每秒产生的离子对的总数，即离子对的形成频率 f_N 为

$$f_N = CAE/(2\Delta E) \tag{6.6-5}$$

式中，E 是带电粒子的能量；ΔE 是离子对的能量；A 是源强度；C 是当源强度为 1 居里时，每秒放射出的粒子数。若所有形成的离子都能到达收集电极，则形成的电离电流 I_∞ 为

$$I_\infty = f_N q = CAqE/(2\Delta E) \tag{6.6-6}$$

式中，q 是离子的电荷量。

按式 (6.6-5) 计算的是最大离子对数，这只有在电离室的尺寸大于粒子的射程，并且粒子的所有能量全耗于电离气体分子时才能成立。如果电离室的尺寸较小，那么电离电流和电极的距离有关，且随电极距离的增大而变大。电离室内气体密度也影响电离电流。当气体压力保持在 0.01～10Pa 时，电流和气体密度呈线性关系。利用这个关系可测量气体密度。

在一定条件下，电离过程伴有复合过程发生，即离子在向电极运动的过程中，一部分离子复合成中性分子。复合程度因气体成分而异。

2) 核辐射的吸收和散射

β射线和γ射线比α射线的穿透能力强。当它们穿过物质时，一方面由于物质的吸收作用

而使粒子损失能量，另一方面会有一些粒子散射出来。一束辐射强度为 J_0 的细平行射线束穿过厚度为 x 的物质层后，辐射强度 J 按下式衰减：

$$J = J_0 e^{-\mu_m \rho x} \tag{6.6-7}$$

式中，μ_m 是物质的质量吸收系数；ρ 是物质的密度。常用 $d=\rho x$ 表示质量厚度。

对于大多数材料，β射线的质量吸收系数近似为

$$\mu_m = 2.2/E_{\beta\max}^{4/3} \tag{6.6-8}$$

式中，$E_{\beta\max}$ 是β粒子的最大能量。

γ射线的质量吸收系数要小得多，所以，γ射线的穿透厚度也大得多。

物质的吸收作用被广泛用于测量厚度。这种核辐射吸收系数测量方法与被测介质的化学性质和多数物理参数无关，这正是这种测量方法的独特之处。

3) 散射问题

β射线在物质中穿行时容易改变运动方向而产生散射现象，尤其是向反方向的散射即反射。反射的大小取决于散射物质的厚度和性质。散射物质的原子序数 Z 越大，则β粒子的散射百分比也越大。图 6.6-1(a) 表示在核辐射源的一侧有很厚的反射板时，物质的原子序数 Z 和反射系数 K' 的关系。K' 是有反射板时向一个方向射出的β粒子数和没有反射板时这个方向的β粒子数的比值。原子序数增大到极限情况时，几乎所有投射到反射板上的粒子全部反射回来。反射的大小 J_s 与反射板的厚度 x 有关：

$$J_s = J_{s\max}\left(1 - e^{-\mu_s x}\right) \tag{6.6-9}$$

式中，$J_{s\max}=f(Z)$ 是当 x 趋于无穷大时的反射强度；μ_s 是取决于辐射能量的常数。式(6.6-9)表明，J_s 开始随 x 增大而增大，但达到某个 x_n 值后，J_s 不再变化，即 J_s 达到饱和值，x_n 值就叫饱和厚度，参见图 6.6-1(b)。

若在厚度为 x_1 的第一种材料(其原子序数为 Z_1)上，再盖上第二种材料(其原子序数为 Z_2)，且 $Z_1 \neq Z_2$。那么，J_s 将与第二种材料的厚度 x_2 有关，参见图 6.6-1(c)。利用这种反射强度关系，可测量材料的涂层厚度。

利用电离、吸收和反射作用及α、β和γ粒子的特点，可对多种参量进行测量。通常α粒子主要用于气体分析、气体压力和流量测量，β射线可用来测量带材厚度、密度、覆盖层厚度等，γ射线用于测大厚度、检测材料缺陷、测量物位、密度等。

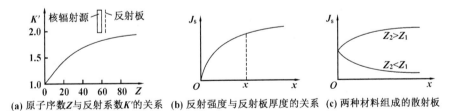

(a) 原子序数 Z 与反射系数 K' 的关系　(b) 反射强度与反射板厚度的关系　(c) 两种材料组成的散射板

图 6.6-1　物质的散射

6.6.3 测量中常用的同位素

具有相同核电荷数，而有不同质量数的原子所构成的元素称为同位素。假如某种同位素的

原子核在没有任何外因作用下自动变化，衰变中将放射出射线，这种变化称为放射性衰变，这种同位素称为放射性同位素。核辐射检测要采用半衰期比较长的放射性同位素，同时对放射出来的射线能量也有一定的要求，常用的放射性同位素只有二十种左右，参见表6-2。

表 6-2 常用的放射性同位素

同位素	半衰期	α粒子能量/MeV	β粒子能量/MeV	γ射线能量/MeV	X射线能量/MeV
碳 ^{14}C	5720年		0.155		
铁 ^{55}Fe	2.7年				59
钴 ^{57}Co	270天			136.14	6.4
钴 ^{60}Co	5.26年		0.31	1.17、1.33	
镍 ^{63}Ni	125年		0.067		
氪 ^{35}Kr	9.4年		0.672、0.159	0.513	
锶 ^{90}Sr	199年		0.54、2.24		
钌 ^{106}Ru	290天		0.039、3.5	0.52	
镉 ^{109}Cd	1.3年	0.022		0.085	
铯 ^{134}Cs	2.3年		0.658、0.09、0.24	0.568、0.602、0.794	
铈 ^{144}Ce	282天		0.3、2.97	0.03~0.23、0.7~2.2	
钷 ^{147}Pm	2.2年		0.229		
铥 ^{170}Tm	120天		0.884、0.004、0.968	0.0841、0.0001	
铱 ^{192}Ir	747天		0.67	0.137~0.651	
铊 ^{204}Tl	2.7年		0.783		
钋 ^{210}Po	138天	5.3		0.8	
钚 ^{238}Pu	86年				12~21
镅 ^{241}Am	470年	5.44、0		5.48、0.027	

物质在射线照射下发生的反应(如照射人体所引起的生物效应)与物质吸收射线能量有关，而且常与吸收射线能量成正比。实际上，任何人都不可避免地受到宇宙射线、大地或空气中所含放射性物质的照射。但放射性辐射过度地照射人体，会引起多种放射性疾病，如皮炎、白细胞减小症等。若防护工作注意不够，则辐射的危害还可能污染周围环境，很多问题的研究已形成专门的学科，如辐射医学、剂量学、防护学等。直接决定射线对人体的生物效应的是被吸收剂量，简称剂量。当确定了吸收物质后，一定数量的剂量只取决于射线的强度及能量，可反映人体一定的伤害程度。我国规定：安全剂量为 0.05R/d(伦琴/日)、0.3R/W(伦琴/周)。

核辐射传感器的工作原理是基于射线通过物质时产生的电离作用，或利用射线使某些物质产生荧光，再配以光电元件，将光信号转变为电信号。可作为核辐射传感器的电离室和比例计数器、气体放电计数器、闪烁计数器、半导体检测器。

6.6.4 X射线测量技术

X射线干涉计量技术的应用范围包括：①建立亚纳米量级长度尺寸的基准；②实现物理常数的精确测定；③点阵应变的精确测量和晶体缺陷的观察；④在医学方面，利用X射线干涉仪进行病理切片的CT分析，以及进行纳米尺度上各种物理现象的研究等。1968年，Hart等利用X射线衍射效应进行位移测量，采用三块平行放置的硅晶片(Si220)，其晶格间距为0.2nm，参见图6.6-2。入射X射线经第一块晶片后产生衍射，出射光束分成两路，在第二块晶片上再次衍射，在第三块晶片上汇合，产生干涉，干涉条纹被光电接收系统接收。使被测物体和第三块晶片相连，当物体移动一个晶格间距(0.2nm)时，接收到的干涉信号变化一个周期。由于硅晶片(Si220)具有极其稳定、均匀的晶格常数，如果再采用电路细分处理，其分辨率优于0.01nm。

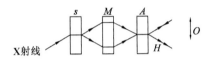

图6.6-2 X射线干涉的基本原理

X射线干涉测量技术，容易得到皮米数量级的高分辨率，随之而来的缺点是其测量范围小，测量速度低，而且由弹性变形和机械加工因素产生的误差对测量结果有较大的影响，这在很大程度上限制了它的应用。英国Warwick大学的Chetwynd等针对X射线干涉仪测量范围小的缺点，研制出测量范围在10μm的纳米精度的X射线干涉仪。英国NPL、德国PTB和意大利IMGC三个国家实验室联合开展X射线干涉仪的研制工作，将X射线干涉仪和激光干涉仪结合起来，已经研制成组合式光学X射线干涉仪(Combined Optical and X-ray Interferometer, COXI)用于位移传感器的校准，参见图6.6-3。图中平面干涉仪给出的条纹移动当量为$\lambda/4$，约为158nm，相当于X射线干涉仪中824个干涉条纹。在100倍条纹细分的情况下，这个系统的测量精度可达到2pm。实验结果证实，该系统在10μm范围内达到10pm的测量精度；在1mm范围内达到100pm的测量精度。

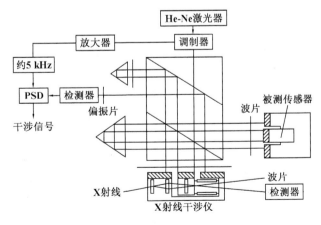

图6.6-3 X射线干涉仪与平面干涉仪相结合测量方案

6.7 超声波传感器

介质中的质点以弹性力互相联系。某质点在介质中振动,能激起周围质点的振动。质点振动在弹性介质内的传播形成机械波。超声波的特性是频率高、波长短、绕射小;最显著的特性是方向性好,在液体、固体中衰减很小,穿透好,碰到介质分界面会产生明显的反射和折射。超声波传感器以超声波作为检测手段,已广泛地应用于冶金、船舶、机械、医疗等各个工业部门的超声探测、超声清洗、超声焊接、超声检测和超声医疗等方面[34-36]。

6.7.1 超声波传感器的结构

超声波传感器是产生超声波和接收超声波的装置,又称超声波换能器或超声波探头,是一种主动检测技术。超声波传感器一般既能发射声波又能接收发射的超声回波,是一种具有动能转换成电能和电能转换成动能的功能,即具有正、逆压电效应的双向传感器。常见的超声波传感器可分为压电式、磁致伸缩式、电磁式等。图 6.7-1 给出了一种在空气中测距用的压电式超声探头,主要由压电晶片(或压电陶瓷片)、前端保护屏或声阻抗匹配层、后方支柱或吸收块、电极引线等组成。

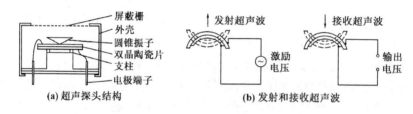

图 6.7-1 超声探头的结构与工作原理

对于面积为 A 的压电片加上应力 σ 后,则在两电极表面产生正比于 σ 的电荷 $+q$ 和 $-q$,则

$$\frac{q}{A} = d\sigma \tag{6.7-1}$$

式中,d 是压电率,依赖于材料种类及压电片的方位、应力的种类。压电式超声波传感器常用的材料是压电晶体和压电陶瓷,即压电式超声波传感器。利用压电材料的压电效应来工作的,即逆压电效应将高频电振动转换成高频机械振动,从而产生超声波,可用作发射探头;而利用正压电效应,将超声振动波转换成电信号,可用作接收探头。压电型超声波传感器的结构随应用目的不同而具有不同的结构形式。

(1)纵波探头用于发射和接收纵波,参见图 6.7-2,主要包括:保护膜、压电晶片、吸收块(阻尼块)、外壳、电器接插件等。其中,保护膜的作用主要是用于防止压电晶片磨损、碰坏,一般采用耐磨性较好的软质材料(如橡胶和塑料)和硬质材料(如不锈钢、刚玉或环氧树脂浇铸)。保护膜应使声能穿透率大,并应考虑压电晶片、保护膜和工件之间声阻抗匹配。若将压电晶片、保护膜和工件的声阻抗分别表示为 $\rho_1 c_1$、$\rho_2 c_2$、$\rho_3 c_3$,则三者之间应满足 $\rho_2 c_2 = \sqrt{\rho_1 c_1 \times \rho_3 c_3}$,且保护膜厚度为四分之一波长奇数倍时,其透射系数为 1,使压电振子所辐射的超声能,全部进入工件。吸收块的作用是吸收压电振子背向辐射声能,降低压电晶片的品质因数。因此，为使来自压电振子的超声波全部透入其中，吸收块的声阻抗应与压电体声阻抗接近，且应具有大的衰减能力，使已进入吸收块的超声波不反映回振子中去。探头的机械品质因数 Q_p 越大损耗越小，负载与背衬材料的声阻抗越大，Q_p 越小，发射声能效率越低。探头的 Q_p 与压电晶片的 Q_m 有关，Q_m 小，制作的探头 Q_p 值也小。

图 6.7-2 纵波探头的结构形式

(2) 横波探头用于发射和接收横波，主要利用波型转换原理制作，参见图 6.7-3，通常由压电晶片、声陷阱、透声楔、吸收块(阻尼块)、外壳、电器接插件等组成。因压电晶片产生的是纵波，当入射到工件表面上，要在工件中折射横波，由波型转换可知，压电晶片应倾斜放置，由此有一部分声能在透声楔边界上反射后，经过探头内的多次反射，返回到晶片被接收，从而加大发射脉冲的宽度，形成固定干扰杂波。为此在探头中增设声陷阱，主要用于吸收反射声能。具体可采用在透声楔某部位打孔、开槽、贴吸声材料等办法来制作声陷阱。横波探头的压电晶片是粘贴在透声楔上的，压电晶片多用方形，透声楔多用有机玻璃。探头的入射角和频率应根据理论计算确定，透声楔的尺寸和形状应使反射的声波不致返回到压电晶片上。为此，不同折射角的探头，透声楔的尺寸和形状应当不同。

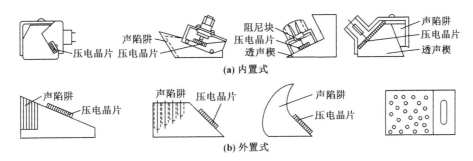

图 6.7-3 横波探头的结构形式

压电晶片一般为圆板形，压电晶片在基频作厚度方向振动时，晶片厚度相当于晶片振动的半波长，可据此选择晶片厚度和超声波频率。石英晶体的频率常数是 2.87MHz·mm，压电陶瓷 PZT 的频率常数是 1.89MHz·mm。即 PZT 片厚 1mm 时，自然振动频率是 1.89MHz；片厚 1.89mm 时，振动频率为 1.0MHz；片厚 0.95mm 时，则振动频率为 2.0MHz。

压电晶片的两面镀有导电极板。阻尼块的作用是降低晶片的机械品质，吸收声能量。如果没有阻尼块，当激励脉冲信号停止时，晶片将会继续振荡，无法控制超声波的脉冲发射宽度，降低超声波测量分辨率。

6.7.2 压电式超声波传感器

典型的压电式超声波传感器主要由压电晶片、吸收块(阻尼块)、保护膜等组成，参见

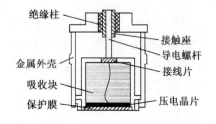

图 6.7-4 压电式超声波传感器的结构图

图 6.7-4。压电式超声波发生器(发射探头)利用逆压电效应将高频电振动转换成高频机械振动，产生超声波；压电式超声波接收器(接收探头)利用正压电效应，超声波作用到压电晶片上引起晶片伸缩。压电式超声波接收器的结构和超声波发生器基本相同，有时就用同一个传感器兼作发生器和接收器两种用途。压电晶片多为圆板形，厚度为δ，超声波频率f与其厚度δ成反比。压电晶片的两面镀有银层，作为导电的极板，底面接地，上面接至引出线。为避免传感器与被测件直接接触而磨损压电晶片，在压电晶片下粘合一层保护膜(0.3mm 厚的塑料膜、不锈钢片或陶瓷片)。阻尼块会降低压电晶片的机械品质，吸收超声波的能量。如果没有阻尼块，当激励的电脉冲信号停止时，晶片将会继续振荡，加长超声波的脉冲宽度，使分辨率变差。

6.7.3 超声波探伤

超声波探伤是无损探伤技术中的一种重要检测手段，主要用于检测板材、管材、锻件和焊缝等材料的缺陷，如裂纹、气孔、杂质等，并配合断裂学对材料使用寿命进行评价。超声波探伤检测灵敏度高、速度快，已在生产实践中得到广泛的应用。超声波工业探伤的方法可分为反射法、穿透法、谐振法等，参见图 6.7-5。超声探头是探伤仪器的关键部件，探头中的压电材料通常为压电石英晶体和压电陶瓷。石英晶体性能稳定，一致性好，但电声转换效率低；而压电陶瓷灵敏度高，成本低，易于做成各种形状，但稳定性和一致性差。随着压电陶瓷材料及其制造技术的发展，必将有更多的压电陶瓷材料代替石英晶体。

1. 穿透法探伤

穿透法探伤根据超声波穿透工件后能量的变化来判断工件内部质量，参见图 6.7-6。两只超声波换能器分别置于被测工件相对的两个表面，其中一个发射超声波，另一个接收超声波。发射的超声波可以是连续波，也可以是脉冲信号。当被测工件内无缺陷时，接收到的超声波能量大；当工件内有缺陷时，因部分能量被反射，接收到的超声波能量小。穿透法指示简单，适用于自动探伤；可避免盲区，适宜探测薄板；但探测灵敏度较低，不能发现小缺陷；根据能量的变化可判断有无缺陷，但不能定位；对两探头的相对位置要求较高。

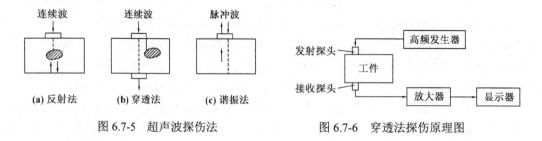

图 6.7-5 超声波探伤法　　　　图 6.7-6 穿透法探伤原理图

2. 反射法探伤

反射法探伤根据超声波在工件中反射情况的不同来探测工件内部是否有缺陷，可分为一次脉冲反射法和多次脉冲反射法两种。

(1) 一次脉冲反射法探伤时，超声波探头置于被测工件上，并在工件上来回移动进行检测，参见图 6.7-7。高频脉冲发生器产生发射脉冲 T 加在超声波探头上，激励其产生超声波。探头发出的超声波以一定速度向工件内部传播，其中，一部分超声波遇到缺陷时反射回来，

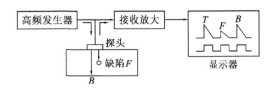

图 6.7-7　一次脉冲反射法探伤原理图

产生缺陷脉冲 F；另一部分超声波继续传至工件底面后也反射回来，产生底脉冲 B。缺陷脉冲 F 和底脉冲 B 被探头接收后变为电脉冲，并与发射脉冲 T 一起经放大后，最终在显示器荧光屏上显示出来。通过荧光屏即可探知工件内是否存在缺陷、缺陷大小及位置。若工件内没有缺陷，则荧光屏上只出现发射脉冲 T 和底脉冲 B，而没有缺陷脉冲 F；若工件中有缺陷，则荧光屏上除出现发射脉冲 T 和底脉冲 B 之外，还会出现缺陷脉冲 F。荧光屏上的水平亮线为扫描线(时间基准)，其长度与时间成正比。由发射脉冲、缺陷脉冲及底脉冲在扫描线上的位置，可求出缺陷位置。由缺陷脉冲的幅度，可判断缺陷大小。当缺陷面积大于超声波声束截面时，超声波全部由缺陷处反射回来，荧光屏上只出现发射脉冲 T 和缺陷脉冲 F，而没有底脉冲 B。

(2) 多次脉冲反射法是以多次底波为依据而进行探伤的方法，参见图 6.7-8(a)，超声波探头发出的超声波由被测工件底部反射回超声波探头时，其中一部分超声波被探头接收，而剩下部分又折回工件底部，如此往复反射，直至声能全部衰减完为止。因此，若工件内无缺陷，则荧光屏上会出现呈指数函数曲线形式递减的多次反射底波，参见图 6.7-8(b)；若工件内有吸收性缺陷时，声波在缺陷处的衰减很大，底波反射的次数减少，参见图 6.7-8(c)；若缺陷严重，底波甚至完全消失，参见图 6.7-8(d)。据此可判断出工件内部有无缺陷及缺陷的严重程度。当被测工件为板材时，为了观察方便，一般常采用多次脉冲反射法进行探伤。

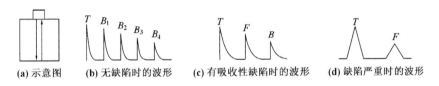

(a) 示意图　　(b) 无缺陷时的波形　　(c) 有吸收性缺陷时的波形　　(d) 缺陷严重时的波形

图 6.7-8　多次脉冲反射法探伤原理图

参 考 文 献

[1] 夏纪真. 无损检测导论. 广州：中山大学出版社, 2010.

[2] 沈玉娣. 现代无损检测技术. 西安：西安交通大学出版社, 2012.

[3] 刘燕德. 无损智能检测技术及应用. 武汉：华中科技大学出版社, 2007.

[4] 沈玉娣. 现代无损检测技术. 西安：西安交通大学出版社, 2012.

[5] 张咏军. 无损检测仪器与设备. 西安：西安电子科技大学出版社, 2010.

[6] 王仲生. 无损检测诊断现场实用技术. 北京：机械工业出版社, 2005.

[7] Gabor D. A new microscope principle. Nature, 1948, 161: 777.

[8] Leith E N, Upatnieks J. Wavefront reconstruction and communication theory. Journal of the Optical Society of America A, 1963, 53: 1377.

[9] 熊秉衡, 李俊昌. 全息干涉计量——原理和方法. 北京: 科学出版社, 2009.

[10] 金国藩, 李景镇. 激光测量学. 北京: 科学出版社, 1998.

[11] Goodman J W. Introduction to Fourier Optics. 3rd ed. Colorado:Roberts and Company Publishers, 2005.

[12] 于美文, 张静方. 光全息术. 北京: 北京教育出版社, 1995.

[13] 郁道银, 谈恒英. 工程光学. 3 版. 北京: 机械工业出版社, 2011.

[14] Vest C M. Holographic Interometry. New York: John Wiley & Sons, 1979.

[15] 佟景伟, 李鸿琦. 光力学原理及测试技术. 北京: 科学出版社, 2009.

[16] 钟丽云, 张文碧, 杨齐民, 等. 折射率调制型全息相位光栅的衍射. 激光技术, 2000, 24(2): 125-128.

[17] 张文碧, 杨齐民, 钟丽云, 等. 细激光束在全息照像中的应用. 激光杂志, 1999, 20(4): 17-19.

[18] 钟丽云, 杨齐民, 李川, 等. 投影条纹相位测量的一种新的计算方法. 激光杂志, 1999, 20(4): 31-32.

[19] 杨齐民, 钟丽云, 张文碧, 等. 全息照片的细激光束成像原理和应用. 激光杂志, 1999, 20(6): 39-41.

[20] 王迅, 金万平, 张存林, 等. 红外热波无损检测技术及其进展. 无损检测, 2004, 26(10): 497-501.

[21] 顾聚兴. 红外传感器与其他光电传感器的发展趋势. 红外, 2010, 31(8): 45-46.

[22] 程进军, 肖明清, 谢希权. 基于雷达和红外传感器的目标检测方法. 传感器技术, 2003, 22(8): 54-56.

[23] 杜鹏, 谭秋林, 薛晨阳, 等. 吸收光谱型气体红外传感器的设计与实现. 仪表技术与传感器, 2008, 6: 1-2.

[24] 陈杰, 黄鸿. 传感器与检测技术.2 版. 北京: 高等教育出版社, 2010.

[25] 周杏鹏. 传感器与检测技术. 北京: 清华大学出版社, 2010.

[26] 陈岭丽, 冯志华. 检测技术和系统. 北京: 清华大学出版社, 2005.

[27] 余成波. 传感器与自动检测技术. 2 版. 北京: 高等教育出版社, 2009.

[28] 田建广. 生物核磁共振. 上海: 第二军医大学出版社, 2001.

[29] 俎栋林. 核磁共振成像学. 北京: 高等教育出版社, 2004.

[30] 毛希安. 现代核磁共振实用技术及应用. 北京: 科学技术文献出版社, 2000.

[31] 樊明武, 张春燊. 核辐射物理基础. 广州: 暨南大学出版社, 2010.

[32] 王秉杰. 医用核辐射技术. 沈阳: 辽宁大学出版社, 2010.

[33] 丁丽俐. 生物医学中的核技术. 合肥: 中国科学技术大学出版社, 2010.

[34] 袁光华. 超声诊断仪技术进展与操作应用. 北京: 北京医科大学出版社, 1991.

[35] 万明习. 学超声学——原理与技术. 西安: 西安交通大学出版社, 1992.

[36] 祁志良. 超声波诊断. 上海: 上海科技出版社, 1975.

第二篇 系 统

第7章 测量系统与数据分析

7.1 引 言

测量是按照某种规律,用数据来描述观察到的现象,即对事物作出量化描述。测量是对非量化实物的量化过程,主要包括仪器或量具、标准、操作、方法、夹具、软件、人员、环境和假设的集合,ISO/TS16949标准提供了一种测量系统分析方法(Measurement Systems Analysis,MSA)。测量系统的目的是确定所使用的数据是否可靠,评估新的测量仪器,将两种不同的测量方法进行比较,对可能存在问题的测量方法进行评估,确定并解决测量系统误差问题。测量系统具有统计特性。

7.2 测量系统

测量系统是实现信号测量目标形成的整体[1-20],参见图7.2-1,包括:①主动式或被动式测量系统取决于测量过程中是否向被测对象施加能量;②敏感元件从被测介质接收能量,同时产生一个与被测物理量有某种函数关系的输出;③变量转换环节将原始敏感元件的输出进一步变换成适于处理的变量;④变量控制环节在保持变量物理性质不变的前提条件下,根据固定规律仅改变变量的数值;⑤数据传输环节实现测量系统中不同功能环节之间的数据传输;⑥人机交互环节显示、存储和交流测量结果;⑦数据处理环节将传感器输出信号进行处理和变换,如信号放大、滤波、运算、线性化、A/D或D/A转换等。

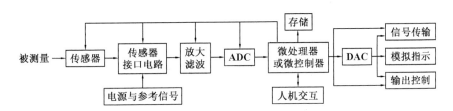

图7.2-1 测量系统的一般结构

根据测量系统是否存在反馈通道或信号在测量系统中的传递情况,测量系统可分为开环测量系统和闭环测量系统。

1) 开环测量系统

开环测量系统无反馈通道，参见图 7.2-2，x 是输入量，$k_1, k_2, \cdots, k_n$ 是各个环节的传递系数，则输出 y 为

$$y = k_1 k_2 \cdots k_n x \tag{7.2-1}$$

开环测量系统由各环节串联而成，测量系统的相对误差 δ 是各环节相对误差之和，即

$$\delta = \delta_1 + \delta_2 + \cdots + \delta_n \tag{7.2-2}$$

式中，$\delta_1, \delta_2, \cdots, \delta_n$ 是各环节的相对误差。

开环测量系统的灵敏度 S 是各环节灵敏度之积，即

$$S = S_1 S_2 \cdots S_n \tag{7.2-3}$$

式中，$S_1, S_2, \cdots, S_n$ 是各环节的灵敏度。式(7.2-2)和式(7.2-3)表明，开环测量系统在增加灵敏度的同时，系统的相对误差也增大，系统的稳定性将大幅降低；开环测量系统受外界干扰时，系统输出 y 不仅与各环节的传递系数和输入量有关，还受各环节干扰的影响。

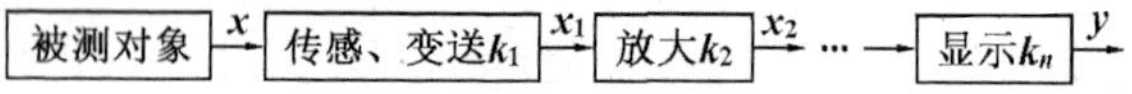

图 7.2-2 开环测量的系统框图

2) 闭环测量系统

闭环测量系统包括正向和反馈两个通道，参见图 7.2-3，Δx 为正向通道的输入量，β 为反馈环节的传递系数，正向通道的总传递系数 $k = k_1 k_2 \cdots k_n$，则输出 y 为

$$y = kx_1 / (1 + k\beta) \tag{7.2-4}$$

当 $k \gg 1$ 时，有

$$y \approx x_1 / \beta \tag{7.2-5}$$

式(7.2-5)表明，对于闭环结构的测量系统，当正向通道的传递系数足够大时，系统的输入-输出关系由反馈环节的特性 β 决定，而正向通道的放大器等环节特性($k_1, k_2, \cdots, k_n$)的变化不影响测量结果。闭环测量系统的相对误差 δ 为

$$\delta = -\delta_f \tag{7.2-6}$$

式中，δ_f 是反馈通道的相对误差。

闭环测量系统的灵敏度 S 为

$$S = 1/S_f \tag{7.2-7}$$

式中，S_f 是反馈通道的灵敏度。

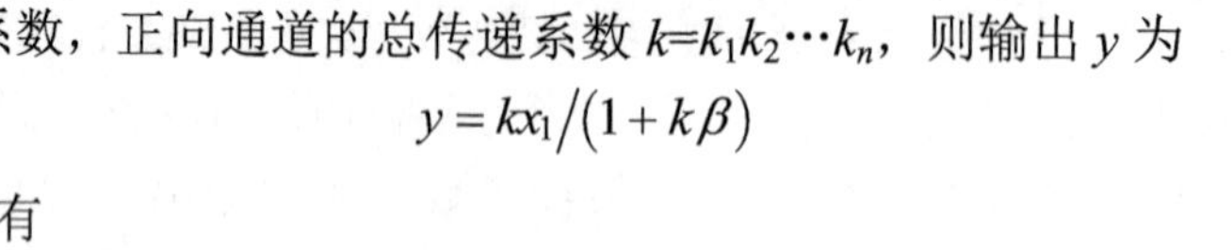

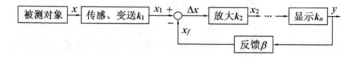

图 7.2-3 闭环系统的测量框图

7.2.1 信号传感方式

传感器一般由敏感元件、变换电路和电源构成，参见图 7.2-4。

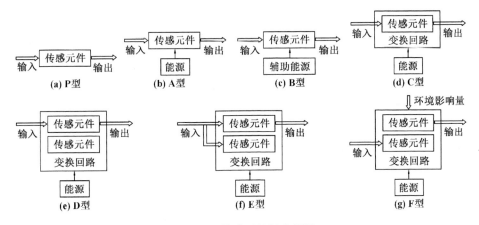

图 7.2-4　传感器的组成框图

1) 采用固定信号的直接传感方式

对于特定敏感材料，被测量是材料多个结构性能的函数。为了实现某个特定量的测量，必定要避免其他因素的干扰，即需将被测量以外的变量固定或控制在某个定值，才能实施测量。P 型传感器仅有传感元件，参见图 7.2-4(a)；A 型传感器使用电源等动力源对传感器进行激励，从而得到输出信号，参见图 7.2-4(b)；B 型传感器利用磁铁来代替动力源，作为辅助能源，参见图 7.2-4(c)；C 型传感器的传感元件随输入信号会改变本身的阻抗特性，通过变换电路，由动力源提供能源得到输出信号，参见图 7.2-4(d)。

2) 采用补偿信号的传感方式

D 型传感器使用两只原理和特性完全一样的传感元件，其中一只接收输入信号；另一只不接收输入信号，两只感元件对环境条件的特性变化是相同的，被测量与干扰量可根据叠加效应(两函数之差)或乘积效应(两函数之商)进行补偿处理，参见图 7.2-4(e)。

3) 采用差动信号的传感方式

E 型传感器把输入信号都加在原理和特性完全一样的两只传感元件上，但是，在变换电路中，使传感元件的参数对输入信号进行反向变换，对环境条件变化进行同向变化，从而抵消环境变化带来的影响，参见图 7.2-4(f)。为了进一步提高传感器的灵敏度，降低高次干扰信号的不良影响，常使用差动信号传感结构方式。

4) 采用平均信号的传感方式

采用平均信号方式的目的在于减小测量过程中的随机误差，包括：①误差的平均效应，当采用完全相同的几个传感器同时检测被测量时，可将测量结果处理为这些单元结果的平均值；②数据的平均处理，在相同条件下对被测定量重复测量(或进行多次采样)后，对数据进行平均处理。该方式不仅可大幅度减小测量误差，还可弥补传感器制造工艺缺陷所产生的误差及补偿某些非测量因素导致的影响。

5）采用零示法和反馈法方式

通常的传感检测系统为开环式结构，由于测试系统的各种特性（包括静态特性、动态特性、可靠性、稳定性、重复性、线性等）难以同时得到满足，特别是对开环系统，各个环节相互串联，总误差由各环节误差叠加形成，难以降低总误差。F 型传感器使用两只传感元件，对其中一只敏感元件加上输入信号，掌握环境条件对它的影响，对另一只敏感元件则加上能抵消环境对前者影响的补偿信号，参见图 7.2-4(g)。

(1) 在测量学中零位法（或微差法）测量原理和反馈理论的基础上，形成了闭环传感结构方法。由于被测量对指示仪表的作用，与标准量对它的作用相平衡，从而使指示仪表读数为零，这样，所设定的标准量即等于被测量值；实用中则设法使设定标准量与被测值的差别减小到被认可的极小值，即微差法。设被测量为 x，被设定（调节）的标准量为 B，如果其间的微差为 A，即 $x-B=A$，其中，$A \ll B$，则

$$\frac{\Delta x}{x} = \frac{\Delta A}{x} + \frac{\Delta B}{B} = \frac{\Delta A}{A}\frac{A}{x} + \frac{\Delta B}{A+B} \tag{7.2-8}$$

式中，$\Delta x/x$ 是测量相对误差；$\Delta A/A$ 是指示仪表的相对误差；$\Delta B/B$ 是标准量的相对误差；$A/x \ll 1$ 是相对微量。由于 $A/x \ll 1$，$(\Delta A/A)(A/x)$ 项大大减小，即指示仪表误差的影响被大大削弱，而 $\Delta B/B$ 可控制得很小，从而使得整个测量误差值大大减小。

(2) 利用电子技术中的反馈原理，即结构中增加一个由反向传感器构成的反馈部分，参见图 7.2-5，闭环系统的总传递函数 $H'(S)$ 可表示为

$$H'(S) = H(S)/[1+\beta H(S)] \tag{7.2-9}$$

式中，$H(S)$ 为前向部分的传递函数；β 为反馈系数。闭环系统的总灵敏度为 $K'(S)=K/[1+\beta H(S)]$，通常前向部分具有高增益，即 $\beta K \ll 1$，因此 $K'(S) \approx 1/\beta$，即灵敏度只取决于反向传感器反馈系数，而基本上与前向部分特性无关。前向部分增益的波动对灵敏度没有影响，从而系统具有较高稳定性。此外，由于前向部分传递函数可表示为

$$H(S) = K/(1+\tau S) \tag{7.2-10}$$

式中，τ 为前向部分时间常数；$S=\alpha+j\omega$ 为复频率。因此

$$H'(S) = \left(\frac{K}{1+\tau S}\right) \Big/ \left(1+\frac{\beta K}{1+\tau S}\right) = \left(\frac{K}{1+\beta S}\right) \Big/ \left(1+\frac{\tau S}{1+\beta K}\right) = \frac{K'}{1+\tau' S} \tag{7.2-11}$$

式中，$\tau'=\tau/(1+\beta K)$ 为闭环时间常数，改善了动态特性。

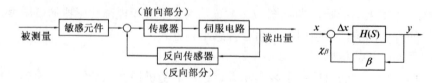

图 7.2-5 反馈闭环传感器的结构图

7.2.2 测量放大电路

测量放大电路（仪用放大电路）是用于放大传感器输出的微弱电压、电流或电荷信号的

电路，参见图 7.2-6。对测量放大电路的基本要求是：①测量放大电路的输入阻抗应与传感器输出阻抗相匹配；②稳定的放大倍数；③低噪声；④低的输入失调电压和输入失调电流，以及低的漂移；⑤足够的带宽和转换速率(无畸变地放大瞬态信号)；⑥高共模输入范围(如达几百伏)和高共模抑制比；⑦可调的闭环增益；⑧线性好、精度高等。

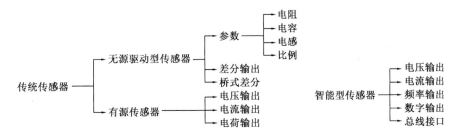

图 7.2-6 基于测量放大器的传感器分类

在检测装置中，数据采集系统配用的放大器指标要求如下：既能进行直流放大，又能进行脉冲放大，精度高、稳定性好、漂移低、线性度好、抗干扰能力强、反应速度快等。这种放大器是一种综合指标好的高性能放大器，通常称为数据放大器。

1) 数据放大器静态特性指标

(1) 增益精度定义为面板上设定的增益倍数与实际增益倍数差值与设定倍数之比：

$$\delta = \frac{K_{实际} - K_{面板设定}}{K_{面板设定}} \tag{7.2-12}$$

δ 一般在 1% 以下，高精度的可达 0.1%。

(2) 增益稳定度定义为单位时间内增益变化的百分比：

$$\sigma_t = \frac{\Delta K / K}{\Delta t} \tag{7.2-13}$$

(3) 增益线性度是指实际的输入与输出关系曲线偏离最佳增益直线的程度。其数值表示为在满量程范围内分布在最佳增益曲线两边的误差峰值 U_{dmax} 和满量程输出电压 U_{omax} 之比：

$$\sigma = \frac{误差峰值电压}{满量程输出电压} = \frac{U_{dmax}}{U_{omax}} \tag{7.2-14}$$

(4) 共模抑制比定义为共模干扰电压 U_{cm} 与干扰电压引起的反映在放大器输入端的串模干扰电压 U'_{cm} 之比：

$$\text{CMRR} = 20\lg\frac{U_{cm}}{U'_{cm}} \tag{7.2-15}$$

(5) 温度零点漂移为

$$\varepsilon_T = \frac{\Delta U_o}{K_{max}\Delta T} \tag{7.2-16}$$

式中，ΔT 为温度变化范围。

(6) 时间零点漂移为

$$\varepsilon_t = \frac{\Delta U_o}{K_{max}\Delta t} \tag{7.2-17}$$

式中，t 为时间，一般为 4h 或 8h。

2) 数据放大器的动态特性指标

(1) 瞬态响应建立时间表示在放大器输入端加上阶跃信号，参见图 7.2-7(a)，输出达到偏离最终值某一百分比(如 1%)所需时间 t_s，参见图 7.2-7(b)。建立时间又称为响应时间，是指输出以一定的误差跟随输入的时间，它与放大器响应速度和给定误差大小有关。

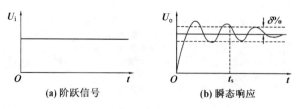

图 7.2-7 瞬态响应

(2) 幅频特性是指放大器在固定增益的情况下，放大器输出电压与输入信号频率的关系。当输出电压下降到起始值的 0.707(−3dB) 时的频率，即带宽，参见图 7.2-8。

(3) 电压上升速率是指放大器单位时间电压上升的能力，即

$$S_R = \frac{\Delta U_o}{\Delta t} \tag{7.2-18}$$

上升时间是在阶跃信号作用下，输出电压从 10% 升到 90% 所需的时间，参见图 7.2-9。

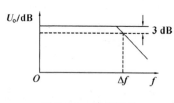

图 7.2-8 幅频特性

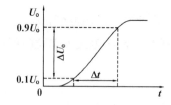

图 7.2-9 电压上升速率

(4) 全功率带宽 f_p 是指在额定输出功率时，放大器输出不发生失真的最大频率，是反映放大器由于电压上升速率限制而造成的输出失真的程度，即全功率带宽是在大信号作用下测得的，而频率特性是在小信号作用下测得的，因而 $f_p < \Delta f_o$，f_p 与 S_R 有以下关系：

$$f_p = \frac{S_R}{2\pi U_{om}} \tag{7.2-19}$$

式中，U_{om} 是额定输出电压。

7.2.3 信号调制解调电路

在精密测量中，进入测量电路的除了传感器输出的测量信号外，还有各种噪声(含外界干扰)。而传感器的输出信号一般很微弱。为了便于区别信号与噪声，常对测量信号赋予一定特征，即调制就是用调制信号去控制载波信号，参见表 7-1，让后者的某一参数(幅值、频率、相位、脉冲宽度等)按前者的值变化；再将测量信号调制和放大，与噪声分离等处理

后，从已知调制的信号中提取反映被测量的测量信号，即解调。

表 7-1 测量信号的调制与解调

调制参数	传感器调制	电路调制	输出信号	解调
调幅	交流供电调制 机械方法调制 光学方法调制	乘法器调制 开关电路调制 信号相加调制	调幅波	同步解调 包络检波 相敏检波
调频	压力(振弦) 速度(Doppler频移)	直接调频法 间接调频法	调频波	微分鉴频 斜率鉴频 相位鉴频 比例鉴频 锁相鉴频
调相	齿轮(感应式转矩传感器) 振子(共焦式测头) Moire 条纹信号调制	调相电桥 脉冲采样式调相电路	调相信号	乘法器鉴相 相敏检波电路鉴相 相位-脉宽变换鉴相 脉冲采样式鉴相
脉冲	明暗(激光扫描)	参量调宽 电压调宽 数字脉冲宽度调制器	脉冲调制信号	低通滤波器 门控信号

7.2.4 信号滤波

测量精度在很大程度上由测量信号频带内有用信号功率与噪声功率之比(信噪比)决定。滤波器可实现对不同频率信号的选择作用，参见图 7.2-10，可分为 5 种基本类型。

(1)低通滤波器(LPF)，通带从零延伸到某一规定的上限频率。

(2)高通滤波器(HPL)，通带从某一规定的下限频率延伸到无穷大。

(3)带通滤波器(BPF)，通带位于两个有限非零的上下限频率之间。

(4)带阻滤波器(BEF)，阻带位于两个有限非零的上下限频率之间。

(5)全通滤波器，各种频率的信号都能通过，但不同频率信号的相位有不同变化，实际上是一种移相器，又称相位补偿器或延迟均衡器。所有的实际滤波器都有相移。根据网络理论，无源滤波器增益响应(对数-对数刻度)的斜率与滤波器相移(弧度)的关系为

$$\psi = \frac{\pi}{2} \frac{\mathrm{d}(\log|A|)}{\mathrm{d}(\log f)} \tag{7.2-20}$$

式中，$|A|$是滤波器响应的幅值，即$|u_\mathrm{o}|/|u_\mathrm{i}|$。

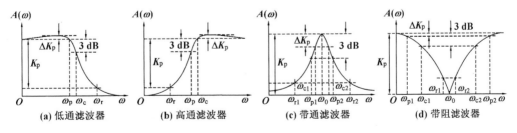

图 7.2-10 基本滤波器的通带与阻带关系

1. 跟踪滤波器

跟踪滤波器是一种带通滤波器，其中心频率 f_0 在一定范围内 $(f_0 \pm \Delta f)$ 连续可调，通带增益与带宽或相对带宽保持不变。常见的恒（绝对）带宽跟踪滤波器有压控跟踪滤波器与变频跟踪滤波器两种。若要求恒相对带宽，可采用集成开关电容滤波器，其中心频率与驱动脉冲频率成正比，Q 值不变。

2. 相关检测法

所谓相关检测就是利用信号周期性和噪声随机性的特点，通过自相关或互相关函数值的计算，从噪声中检测出微弱信号的一种技术。

3. 线性相位滤波器

线性相位滤波器既保证信号中不同频率的分量都落在滤波器通带内，各分量幅值的比例在滤波前后保持不变，而且滤波后各频率分量滞后的时间保持一致。

4. 自适应滤波器

自适应滤波利用前一时刻获得的滤波器参数的结果，自动调节当前时刻的滤波器参数，以适应信号和噪声未知的或随时间变化的统计特性，从而实现最优滤波，即指滤波后的信号和期望输出信号之间偏差的能量最小。自适应滤波器一般采用 FIR 滤波器结构，参见图 7.2-11。图中，$x(n)$ 为滤波器输入信号，即初始测试信号，$y(n)$ 为滤波器输出信号，$d(n)$ 为参考信号或期望信号，$e(n)$ 是 $d(n)$ 和 $y(n)$ 的误差信号。自适应滤波器的滤波器系数受误差信号 $e(n)$ 控制，根据 $e(n)$ 的值和自适应算法自动调整。

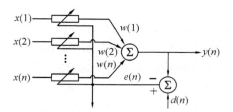

图 7.2-11　FIR 自适应滤波器结构

含噪声的观测信号可表示为

$$x(n) = s(n) + v(n) \tag{7.2-21}$$

式中，$s(n)$ 为信号的实际值；$v(n)$ 为噪声信号的值；$x(n)$ 为含有噪声的观测值。自适应滤波器的响应形式为

$$y(n) = \sum_{i=0}^{N-1} w_i(n) x(n-i) \tag{7.2-22}$$

自适应滤波把 $v(n)$ 看作未知，其频率、幅值都是时变的，其中权值是根据测试数据与期望输出数据通过一定的算法来实现的。

7.2.5　信号转换电路

信号转换电路用于不同类型的信号相互转换，使具有不同输入、输出的器件与电路可联用，参见图 7.2-12。在信号转换时，需考虑两个问题：①转换电路应具有所需特性；②信号转换电路具有一定的输入阻抗和输出阻抗以与之相连的器件或电路阻抗匹配。

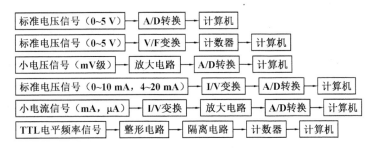

图 7.2-12 常用的测量电路结构

7.2.6 弱信号检测

弱信号检测的前提是区分弱信号和噪声，其中，噪声没有重复性特点，是随机出现的，不同时刻的噪声之间不相关；而弱信号则是有用信号，信号间是有关联的。

1. 窄带滤波法

当信号的功率谱密度较窄，而噪声的功率谱密度相对很宽时，使用窄带通滤波器，将有用信号的功率提取出来。对于 $1/f$ 噪声，当其通过一个传输系数为 K_v、带宽 $B=f_2-f_1$ 的系统后，输出噪声电压为

$$E_{\text{now}}^2 = \int_{f_1}^{f_2} K_v^2 K f^{-1} \, df = K_v^2 K \ln\left(1 + B/f_1\right) \tag{7.2-23}$$

式(7.2-23)表明，带宽越窄，输出噪声电压的均方值就越小，对噪声的抑制能力就越强。窄带滤波法不仅适用于周期性正弦信号波形的复现，而且也能用来检测单次信号是否存在。对于单次信号而言，由于通过滤波器后，信号的一小部分频率分量被滤掉了，所以这种方法不能复现单次信号的波形，而只能用来提取信号存在与否的信息。

2. 锁定接收法

图 7.2-13 给出了锁定接收法的原理电路，其中 $U_i(t)$ 为输入信号，$U_2(t)$ 为参考信号，这两个信号同时输给乘法器进行运算，然后再经过积分器，最后得到输出信号 $U_o(t)$。

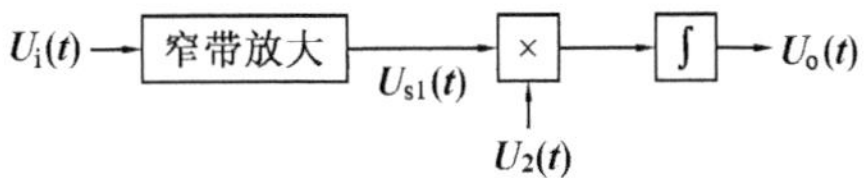

图 7.2-13 锁定接收原理电路图

若 $U_i(t)$ 为正弦信号电压，$U_{s1}(t)=U_{s1}\sin(\omega_1 t+\phi_1)$，而 $U_2(t)=U_2\sin(\omega_2 t+\phi_2)$ 亦为正弦电压，且 $\omega_1=\omega_2$，则锁定放大器的输出为

$$U_{so}(t) = \frac{K_v}{2} U_{s1} U_2 \cos(\phi_1 - \phi_2) \tag{7.2-24}$$

式中，K_v 为系统的传输增益。由于输入信号的相角 ϕ_1 及参考信号的相角 ϕ_2 均为常数，因而式(7.2-24)为恒定值，即锁定放大器得到了直流输出信号。

若 $U_{n1}(t)$ 为窄带白噪声（Gaussian 噪声），$U_{n1}(t)=\rho(t)\sin[\omega_1 t+\phi(t)]$，其中的幅度 $\rho(t)$ 和相角 $\phi(t)$ 均随时间做不规则变化，$U_2(t)=U_2\sin(\omega_2 t+\phi_2)$，且 $\omega_1=\omega_2$，则锁定放大器输出为

$$U_{no}(t) = \frac{U_2}{2T}\int_0^T \rho(t)\left\{\cos\left[\phi(t)-\phi_2(t)\right]-\cos\left[2\omega_1 t+\phi(t)+\phi_2(t)\right]\right\}dt \quad (7.2\text{-}25)$$

当积分时间 $T\to\infty$ 时，$U_{no}(t)=0$，这表明当积分时间很大时，锁定放大器对噪声的抑制能力很强。在实际中，由于 T 不可能做得很大，或有时为了制作方便，积分器是用低通滤波器来代替时，这时锁定放大器输出的噪声不为零，而是在零附近起伏变化。

衡量锁定放大器噪声特性的指标是用信噪比改善来表征的，即

$$\text{SNIR} = \Delta f_{ni}/\Delta f_c \quad (7.2\text{-}26)$$

式中，Δf_{ni} 为输入白噪声的带宽；Δf_c 为锁定放大器的等效噪声带宽。

3. 取样积分法

取样积分法利用周期性信号的重复特性，在每个周期内对信号的一部分取样一次，然后经积分器取出平均值，因而各周期内取样平均信号的总体便展现了待测信号的真实波形。与此同时，由于取样点的重复及积分器的抑噪作用，提高了信噪比。图 7.2-14 为取样积分器的原理电路图，其中 $U_1(t)$ 为输入周期性重复信号，$U_2(t)$ 为与 $U_1(t)$ 周期同步的参考信号。受 $U_2(t)$ 控制的时基信号驱动取样脉冲的产生，使得在取样脉冲期间取样门被接通，于是输入信号通过取样门进入积分器进行运算，最后得到输出信号 $U_o(t)$。

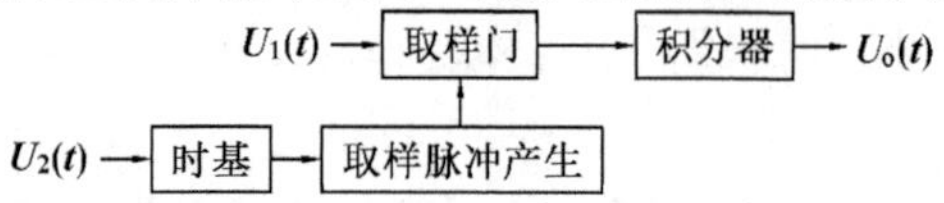

图 7.2-14 取样积分原理电路图

7.2.7 盲源分离

1985 年，Herault 和 Jutten 等提出独立分量分析（Independent Component Analysis，ICA），即盲源信号（Blind Source Separation，BSS）是指从观测到的多源混合信号中分离并恢复出相对独立的源信号的过程[21]。BSS 是一种自适应信号处理技术，是一种无监督学习过程，即根据某种评判准则，自适应地获得信号处理网络的权重，使系统逐步逼近所要求的状态，从而实现信号分离。1991 年，Jutten、Comon 和 Sorouchyari 等的论文使盲源信号分离在数字信号处理与神经网络领域产生了重要影响[22-24]。

在信号测量中，在多个源信号同时存在且用多个传感器同时测量的情况下，传感器获得的观测信号是所有源信号共同作用的结果，即观测信号是所有源信号的一个函数，即观测信号是源信号的混合信号。如果观测信号与源信号（包括源信号的各阶时间延迟）之间构成线性关系，则称这种混合过程为线性混合过程；如果观测信号与源信号（包括源信号的各阶时间延迟）之间构成非线性关系，则称这种混合过程为非线性混合过程。另外，混合系统既可以是有记忆系统，也可以是无记忆系统。无记忆混合系统输出的当前值只与源信号的当前值有关，而与源信号的过去值无关，这样的混合系统又称为瞬时（线性）混合系统；反之，有记忆混合系统的输出不仅与输入源信号的当前值有关，而且与源信号的过去值有关，即卷积（线性）混合系统。在对观测到的混合信号进行多源信号分离时，如果各源信号及混合过程均未知，则这个多源信号分离问题就构成盲源信号分离问题[25-27]。

盲源信号分离是指在多源多传感器问题中，在没有任何关于源信号及传输信道（混合系统）先验知识的情况下，只根据对源信号及混合系统的一些基本假设，由观测信号（混合信号）分离并恢复源信号的过程。这些假设是对源信号及混合系统的一些基本要求，不涉及源信号的具体统计模型和混合系统的任何具体参数。

盲源分离更一般的表述如下：已知从多输入多输出（MIMO）非线性动态系统（SISO，SIMO 是特例）中测得的传感器信号为 $x(k)=[x_1(k),x_2(k),\cdots,x_m(k)]^T$，要求找到一个逆系统，以重构估计原始的源信号 $s(k)=[s_1(k),s_2(k),\cdots,s_n(k)]^T$。源信号如何混合得到观测信号也未知，这体现了求解问题的"盲"，输出可表示为

$$y(k)=Wx(k)=WAs(k)=Cs(k)\pi \tag{7.2-27}$$

式中，$C=WA$ 为一个 $r\times n$ 的矩阵，称为混合-分离矩阵。通用盲源分离处理模块如图 7.2-15 和图 7.2-16 所示。

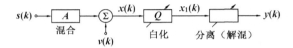

图 7.2-15　通用盲源分离模型处理模块图

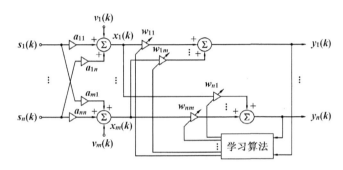

图 7.2-16　线性盲源分离处理模块图

对于过完备（$m<n$）问题，W 可能不存在。此时需要尝试识别混合矩阵 A，然后利用未知源信号的独立性或稀疏性等先验知识估计源信号。

最简单的情况，如果 $x(k)$、$s(k)$ 的线性瞬时混合，即 $x(k)=H\times s(k)$，H 是一个 $m\times n$ 的混合矩阵，盲源分离问题可简化为求一个 $n\times m$ 的解混矩阵 W，使得输出

$$y(k)=Wx(k)\approx s(k) \tag{7.2-28}$$

式中，$y(k)$ 为真实源信号的一种估计和近似。

盲源分离方法充分考虑了源信号的统计独立性、稀疏性、时空无关性和光滑性等特性来估计不同信号源，从而提供各种稳健和高效的算法，参见图 7.2-17。为了提取可靠、重要和具有物理意义的成分，对数据的预处理和后处理模型非常重要。因此，盲源分离的大部分方法是依据一定的先验信息或相关理论构造目标函数的无监督学习方法。其中独立成分分析（Independent Component Analysis，ICA）作为一种盲源分离方法，它已成为信号处理和数据分析的有力工具；非负矩阵分解（non-Negative Matrix Factorization，NMF）和稀疏成分分析（Sparse Component Analysis，SCA）也开始在信号分离和相关应用中显露出强大的数据分析能力。ICA 又称独立元分析、独立分量分析，是基于信号的高阶统计特性的分析方法，能分解出相互独立的各信号分量，是一种盲源信号分离方法。NMF 则寻求带非负约束的局部特征来表达源数据，确定了目标函数后，再用一定的算法作寻优处理以得到源分离矩阵。SCA 通常在时频域内，尽可能通过稀疏成分的混合来表达源数据。而传统的主成分分析

(Principal Component analysis，PCA)通过保留代表源数据的80%以上信息的主要特征实现数据的降维。不同的混合方式，构造目标函数的原则基本相同，不同的是寻优算法各异。

图 7.2-17 利用盲源分离进行高效分解和信号提取的基本步骤

盲源分离的算法包括高阶统计量、二阶统计量、非平衡性和信号的多样性等方面对信号进行分离，参见图7.2-18。

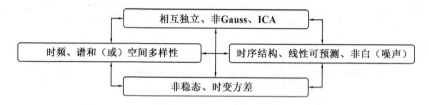

图 7.2-18 使用先验知识的几种基本的盲源分离方法

(1) 线性瞬时混合分离算法。

线性瞬时混合是一种最简单的混合方式，也是研究另外两种类型非线性混合分离和线性卷积混合的基础。该类算法的原理可以归纳为如下四种方法。

① 代价函数法。最普遍的方法就是采用代价函数来衡量信号独立性和非高斯性或稀疏性。当假设源信号具有统计独立性且没有时间结构时，高阶统计量方法是求解盲源分离问题的基本手段。这种方法对多于一个高斯分布的源信号不再适用。

② 二阶统计量方法。对于二阶统计量方法不必估计源信号的高斯特性(即不必估计源信号的概率密度函数的形式以及相应的核函数)，利用样本数据的二阶统计量和源信号的时序结构来实现信号的盲分离，因此其计算量小，适合于工程数据的分析。仿真结果表明，在有一定噪声的情况下，此种方法仍能较好地实现信号的分离。如果源信号具有时序结构，则其有非零的时序相关数，从而可降低对统计独立性的限制条件，用二阶统计量方法就足以估计混合矩阵和源信号。这种二阶统计量方法不允许分离功率谱形状相同或统计独立的源信号。

③ 非平稳性和二阶统计量法。由于源信号主要随时间有不同的变化，所以可考虑利用二阶非平稳性(NS)。与其他方法相比，基于非平稳性信息的方法能够分离具有相同功率谱形状的有色高斯源信号，然而却不能分离具有相同非平稳特性的信号。

④ 基于信号多样性的方法。该方法运用了信号的多样性，典型的是时域多样性、频域多样性或者时频域多样性，更一般的是联合空间-时间-频率多样性。

ICA 是解决盲源分离问题的重要方法，为分离或者提取具有不同统计特性的源信号并尽量减小噪声和各种干扰的影响，可将各个方法的多样性进行组合或者集成，从而得到更为复杂或者更为先进的方法。利用源信号的时间结构特性(主要是二阶相关性)或者非平稳性，就形成了二阶盲源分离方法。与建立在高阶统计量基础上的盲源分离方法相比，所有建立在二阶统计量基础上的盲源分离方法不需要推导源信号的概率分布或者其非线性激活函数。

(2)非线性主成分分析和核主成分分析。

①非线性PCA。将高阶统计量引入PCA，可实现信号分离，即非线性PCA。在对数据进行分离之前，首先对数据进行白化：

$$\ddot{x}(t) = Qx(t) \tag{7.2-29}$$

式中，Q为白化矩阵，使得$R_{\ddot{x}}(t) = E\{\ddot{x}\ddot{x}^T\} = I$。

一种典型的非线性PCA准则的目标函数为

$$J(W) = E\left\{\left\|x - Wf(W^T x)\right\|^2\right\} \tag{7.2-30}$$

式中，$f(\cdot)$为非线性函数。由随机梯度算法可得到更新公式为

$$W(t+1) = W(t) + \mu(t)\left[x(t)e(t)^T W(t) F\left(x(t)^T W(t)\right) + e(t) f\left(x(t)^T W(t)\right)\right] \tag{7.2-31}$$

式中

$$e(t) = x - W(t) f\left(W(t)^T x(t)\right) \tag{7.2-32}$$

$$F\left(x(t)^T W(t)\right) = \text{diag}\left[f\left(x(t)^T w_1(t)\right), \cdots, f\left(x(t)^T w_M(t)\right)\right] \tag{7.2-33}$$

进行PCA处理的目的是在尽可能保持原变量更多信息的前提下，导出一组零均值随机变量的不相关线性组合。PCA法只用到了输入数据的二阶统计量，输出数据之间仅满足互不相关，不能分离信号。在非线性PCA中，高阶统计量以隐含的方式被引入计算，实现了信号的分离，易于工程实现。

②核主成分分析（KICA）。KICA是一种基于支持向量机的非线性PCA方法：对于具有非线性变化的观测数据，通常可将它映射到一个线性高维空间F。核主成分分析基于支持向量机方法，利用监督的核函数构造一个从输入空间到高维空间F的映射以找出一个可计算的解，从而完成输入空间非线性PCA处理，应用核技巧回避求取非线性映射。

(3)非线性混合分离算法。

后非线性混合的分离方法一般包括两个步骤。第一步，非线性阶段，由非线性校正函数$g_i(x_i, \theta_i)$组成，用于消除非线性函数$f_i(i=1, 2, \cdots, n)$畸变的影响，并得到近似的混合信号向量z。第二步，线性阶段，实现对非线性校正阶段得到的近似线性混合信号z的分离。通过对$n \times n$的分离矩阵W进行学习，使分离系统的输出向量$y=Wz$的各个分量统计独立(或尽可能独立)，成为源信号s的估计。

Tableb和Jutten将输出向量y各分量$y_1, \cdots, y_n$间的互信息$I(y)$作为上述两步骤的代价函数和独立性准则，即对于分离系统的线性部分，由互信息最小化得

$$\frac{\partial I(y)}{\partial W} = -E\{\Psi x^T\} - (W^T)^{-1} \tag{7.2-34}$$

式中，向量Ψ的分量Ψ_i是输出向量y各分量y_i的品质函数，即

$$\Psi_i(y_i) = \frac{\text{d}\lg p_i(y_i)}{\text{d} y_i} = \frac{p_i'(y_i)}{p_i(y_i)} \tag{7.2-35}$$

式中，$p_i(y_i)$为y_i的概率密度函数；$p_i'(y_i)$为其导数。

对于分离系统的非线性部分，其梯度学习规则为

$$\frac{\partial I(y)}{\partial \theta_k} = -E\left\{\frac{\partial \lg|g_k'|(x_k,\theta_k)}{\partial \theta_k}\right\} - E\left\{\sum_{i=1}^{n}\Psi_i(y_i)\omega_{ik}\frac{\partial g_k(x_k,\theta_k)}{\partial \theta_k}\right\} \quad (7.2\text{-}36)$$

式中，x_k 为观测向量 x 的第 k 个分量；ω_{ik} 为分离矩阵 W 的第 i 行第 k 列元素；g_k' 为第 k 个非线性函数 g_k 的导数。当然，算法自然取决于非线性映射函数 $g_k(x_k, \theta_k)$ 的特定形式。与线性混合信号的盲源分离类似，非线性混合信号的分离性主要依赖于品质函数的估计精度，该品质函数必须根据输出向量 y 自适应地进行估计。

1. 根据 BSS 所用的统计信息分类

1) 基于信息论或似然估计的盲分离算法

这类算法以信息论为基础，判断信号分离的准则是分离系统输出信号的统计独立性最大化(互信息最小化、负熵最大化等)。这类算法除了要求源信号间相互独立外，还要求源信号中最多只能包含一个高斯信号。Cardoso 等证明，似然估计算法等价于信息论算法，因此可把似然估计算法与信息论算法归到同一类中。基于信息论的典型算法有 Amari 的基于神经网络的自然梯度算法、Informax 算法等。此外，非线性 PCA 算法也归到此类。虽然非线性 PCA 算法与信息论以及似然估计算法的出发点不同，但它们在算法上很相似，而且都用非线性神经网络实现。

基于信息论的盲分离算法通常都是自适应在线学习算法。这类算法的不足之处在于非线性激励函数与信号的统计分布特性(亚高斯分布或超高斯分布)有关。当源信号中同时存在亚高斯信号和超高斯信号时会带来麻烦。解决的办法有两种，一种是自适应地估计激励函数的类型，然后在给定的激励函数中选择合适的函数(Amari 方法)；另一种方法是对源信号的概率密度函数进行 Edgeworth 或 Gram-Charlier 展开，从而把非线性激励函数表示为分离信号各阶累积量的函数，并自适应地估计这些统计量。基于信息论的盲源信号分离方法通常具有较好的稳定性和收敛性。

2) 基于二阶统计量(SOS)的盲分离算法

这类算法也称为去相关算法。这类算法要求源信号具有不相关性。此外，还要求源信号具有非白性或非平稳性。即去相关算法的主要优点是算法比较简单，并具有较好的稳定性，适用于具有任何概率分布的源信号。

基于去相关的典型算法有 AMUSE 算法、广义特征值分解算法(GED)、SOBI 算法、Matsuoka 算法及 Choi 的自然梯度算法。其中 AMUSE、GED、SOBI 算法利用源信号的非零时间延迟相关函数，因此要求源信号具有非白特性，而 Choi 的自然梯度算法及 Matsuoka 算法则利用了源信号的非平稳性。

在二阶矩理论框架下，要完整描述一个非白且非平稳的随机过程，必须用其二维自相关函数。从盲信号分离角度来看，源信号的非白性与非平稳性具有等价性。

3) 基于高阶统计量(HOS)的盲分离算法

在盲信号分离领域，HOS 算法占有重要地位。事实上，BSS 算法的早期工作就是从高阶统计量算法(H-J 网络)开始的。这类算法利用源信号的高阶统计量的性质来分离信号。最常用的是信号四阶累积量，也有用信号的三阶累积量来分离信号。这类算法除了要求源信号具有统计独立性外，还要求源信号中最多只能有一个高斯信号，即利用源信号的非高

斯性。而对于源信号的非白特性及非平稳特性没有做任何考虑。因此，HOS算法可用来分离任何统计独立的非高斯信号(或不多于一个高斯信号)。典型算法有 JADE 算法、EASI算法、FastICA 算法、Zarzoso 的坐标旋转算法、Yellin 的卷积混合信号盲分离算法等。此外，Comon 算法事实上也是基于高阶累积量的算法。与基于二阶统计量的盲分离算法相比，HOS算法具有一些独特的优点。首先，基于 HOS(主要是高阶累积量)的盲分离算法天然具有抗高斯噪声的特性，这是因为高斯分布的随机信号没有高于二阶的累积量。其次，利用分离系统输出信号的高阶累积量(通常是四阶累积量)的最大化实现去高斯化，从而可实现单一信号的抽取，即只提取所需信号，而不涉及其他信号。这是二阶统计量算法所不能做到的。

基于信息论和似然估计的 BSS 算法与基于源信号统计量的算法之间存在紧密联系。Comon 利用 Edgeworth 展开证明，BSS 中的互信息最小化原理等价于四阶自累积量平方和的最大化，也等价于所有四阶互累积量平方和的最小化。Amari 等利用 Gram-Charlier 展开，也给出了由三阶、四阶累积量表示的互信息最小化算法。Pham 在非平稳高斯信号模型下所给出的基于似然估计和互信息的 BSS 算法，与 Choi 的基于信号非平稳性的去相关算法是一致的。

2. 根据BSS数学原理分类

1) 完全特征值分解算法

这类算法完全通过矩阵特征值分解来确定分离矩阵，因而通常情况下计算量较小。但这类算法的主要缺点是分离性能较低。典型算法有 AMUSE 算法和 GED 算法，这两个算法都是去相关算法。基于特征值分解的去相关 BSS 算法要求源信号完全不相关，即源信号的相关矩阵应为对角阵，但实际的源信号并不一定能满足这一条件，从而会降低这类算法的性能。

2) 半特征值半优化算法

目前已有的大部分 BSS 算法都属于此类。很多算法首先要求对观测信号进行预白化，而这个预白化过程通常是由相关矩阵的特征值分解来实现的。同完全特征值分解算法类中所指出的那样，这个预白化过程会降低算法的分离性能。但由于这类算法还用到优化技术，因而可预期其性能要比完全特征值分解算法好。典型算法包括 SOBI 算法、JADE 算法和 Comon 算法。

3) 完全优化算法

这类算法不需要对观测信号进行预白化，从而避开了特征值分解的问题。该类算法将 BSS 问题完全归结为一个优化问题，因而要比前两类算法的分离性能好。典型算法包括 Amari 的自然梯度算法、非平稳信号自然梯度算法等。此外，还有非线性 PCA 算法、完全优化算法的自适应学习因子算法。

3. 根据源信号混合过程分类

根据源信号混合过程，盲源信号分离问题可分为线性混合与非线性混合问题，而线性混合问题又可分为瞬时混合信号盲分离和卷积混合信号盲分离两类。瞬时混合信号盲分离是卷积混合信号盲分离的一个特例，因此瞬时混合信号盲分离算法可以推广到卷积混合信号的盲分离问题。时域卷积混合信号的盲分离算法可分为基于二阶统计量、高阶统计量和信息论等的算法。基于二阶统计量的算法包括 Weinstein 算法、Gerven 算法、Lindgren 算法、Kawamoto 基于信号非平稳性的算法、块对角化算法等。基于高阶统计量的算法有 Yellin 算法、推广的 EASI 算法以及其他算法等。基于信息论的算法有 Amari 算法、Douglas 算法、Choi 的动态递归神经网络算法等。这些算法中，Weinstein 算法、Gerven 算法、Lindgren 算法及 Yellin 算法是基于简化模型的，而 Kawamoto 基于信号非平稳性的算法、块对角化算法、Amari 算法、Douglas 算法以及 Choi 算法则是通用模型的算法。

7.3 测量误差

16 世纪末，Gauss 创建误差理论，测量误差是测量结果与被测量真值之差，参见表 7-2。在计量技术规范中，真值是指被测量能被完善地确定并能排除所有测量上的缺陷时，通过测量所得到的量值。测量的目的是得到尽量接近真值的可靠测量结果，或对测量数据的最终应用目的是足够精确的，即真值的最可信赖值。通常用更高精度仪器上测量得到的量值或上级计量部门传递的量值来代替真值，即实际值或约定真值[28-33]。

表 7-2 测量误差定义

名称	定义	说明
测量误差	测量值-真值	又称测量绝对误差或测量真误差
测量相对误差	测量误差/真值	量纲为 1
测量修正值	真值-测量值	测量值加测量修正值得真值
仪表示值误差	指示值-激励真值	激励真值可用检定激励所得计量检定值
仪表示值相对误差	仪表示值误差/激励真值	工作中可用(仪表示值误差/指示值)
仪表示值引用误差	仪表示值误差/仪表全量程	
仪表精度级别	仪表刻度中绝对值最大的仪表示值引用误差百分数的分子	又称准确度级别

在测量过程中，测量误差不可避免，参见图 7.3-1。

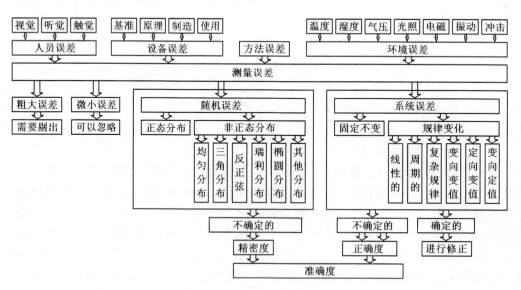

图 7.3-1 测量误差关系图

同一条件下的多次测量，偶然误差为 $\delta_1, \delta_2, \cdots, \delta_n$，则误差指标评定如表 7-3 所示。

表 7-3 误差评定

名称	含义	说明
标准差 σ	$\sigma = \sqrt{\dfrac{\sum \delta}{n}}$	测量值 L 的标准差为 σ，则可表示为 $L \pm \sigma$
平均误差 θ	$\theta = \dfrac{1}{n}\sum|\delta|$	$\theta/\sigma = 0.7979 \approx 4/5$
或然误差 ρ	将各误差取绝对值，从小到大排列居中者	若 n 为奇数，ρ 为居中的一个；若 n 为偶数，ρ 为居中两个的平均。ρ 有稳健性，可避免异常值影响。 $\rho/\sigma = 0.6745 \approx 2/3$
极限误差 Δ	误差绝对值实际不应超过的界限	对于正态分布偶然误差，当置信概率 $P=0.6827$ 时，$\Delta = \sigma$；$P=0.9545$ 时，$\Delta = 2\sigma$；$P=0.9973$ 时，$\Delta = 3\sigma$
Allan 方差 $\sigma^2(2,T,\tau)$	对量成对测得 f_{i2}，f_{i1} 时，$\sigma^2(2,T,\tau) = \dfrac{1}{2m}\sum_{i=1}^{m}(f_{i2}-f_{i1})^2$ T 为各对时间间隔；τ 为 f_{i2} 与 f_{i1} 时间间隔	在激光与频率计量中，存在闪变噪声，采用 Allan 方差

由于误差的存在，测得值 y_i 与实际值 t 不重合，参见图 7.3-2。设测得值呈正态分布 $N(\mu,\sigma)$，则分布曲线在数轴上的位置 μ 决定了系统误差的大小，曲线的形状 σ 决定了随机误差的分布范围 $[\mu-k\sigma, \mu+k\sigma]$ 及其在范围内取值的概率。

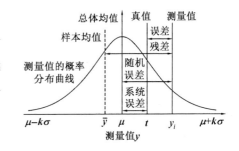

图 7.3-2 测量误差分布图

7.3.1 误差分布

在实验过程中，如果 n 个可能结果两两不能同时出现，且每个结果出现的可能性相同，导致事件 E 出现的结果有 m 个，则事件 E 出现的概率为

$$P(E) = m/n \tag{7.3-1}$$

由于被测量、测量仪器或测量条件的随机因素，重复测量一个不随时间变化的被测量，测量结果是一个随机变量，参见表 7-4。

表 7-4 随机变量的数字表征

名称	定义式	离散型计算式	连续型计算式
期望 $E(\xi)$ 或 $E\xi$	$\int_{-\infty}^{\infty} x\,dF(x)$	$\sum x_i P_i$	$\int_{-\infty}^{\infty} x f(x)\,dx$
方差 $V(\xi)$ 或 $V\xi$	$E(\xi - E\xi)^2$	$\sum(x_i - E\xi)^2 P_i$	$\int_{-\infty}^{\infty}(x - E\xi)^2 f(x)\,dx$
标准差 $\sigma(\xi)$	$\sqrt{E(x_i - E\xi)^2}$	$\sqrt{\sum(x_i - E\xi)^2 P_i}$	$\sqrt{\int_{-\infty}^{\infty}(x - E\xi)^2 f(x)\,dx}$
v 阶原点矩 m_v	$E\xi^v$	$\sum x_i^v P_i$	$\int_{-\infty}^{\infty} x^v f(x)\,dx$

续表

名称	定义式	离散型计算式	连续型计算式
v 阶中心矩 μ_v	$E(\xi-E\xi)^v$	$\sum(x_i-E\xi)^v P_i$	$\int_{-\infty}^{\infty}(x-E\xi)^v f(x)\mathrm{d}x$
特征函数 $\theta(t)$	$Ee^{jt\xi}$	$\sum e^{jtx_i}P_i$	$\int_{-\infty}^{\infty}e^{jtx}f(x)\mathrm{d}x$
s 阶半不变量 κ_s	$\ln\theta(t)=\sum_{s=1}^{\infty}\dfrac{\kappa_s}{s!}(it)^s$		
偏倚系数 γ_1	$\dfrac{\kappa_3}{\sigma^3}=\dfrac{\mu_3}{\sigma^3}$		
超越系数 γ_2	$\dfrac{\kappa_4}{\sigma^4}=\dfrac{\mu_4}{\sigma^4}-3$		
中位数 M_c	$F(M_c)=\dfrac{1}{2}$		
众数 M_0	$f(M_0)=$ 最大		

概率规律如表 7-5 所示。

表 7-5 概率规律

规律	内容	应用
小概率原理	概率很小的事件，在一次实验中是不会发生的，如果根据所做假设，算出事件 A 的概率很小，而在一次实验中，A 竟发生，则将假设推翻	正态分布偶然误差δ绝对值大于三倍标准差的概率 $P(\|\delta\|>3\sigma)=0.0027$ 是小概率，因此绝对值大于 3σ 者为粗差
大数定律	若 $\xi_1, \xi_2, \ldots, \xi_n$ 为独立、同分布，具有限期望 a 的随机变量，则对任意 $\varepsilon>0$，有 $\lim_{n\to\infty}P\left(\left\|\dfrac{1}{n}\sum\xi_i-a\right\|<\varepsilon\right)=1$	平均值很好，因它与期望接近
中心极限定理	任何随机变量，若为许多相互独立随机变量之和，每个在总和中只起不大影响，则它为正态分布	大部分测量值和误差都服从正态分布

1. 正态分布

由中心极限定理可知，测量值中含大量独立误差且每个在总和中只起不大影响时，则该测量值及其误差服从正态分布，参见表 7-6。

表 7-6 正态分布的偶然误差性质

名称	特性
单峰性	绝对值小的误差出现的概率比绝对值大的误差出现的概率大
对称性	绝对值相等的正误差与负误差出现的概率相等
有界性	误差的绝对值实际上不超过一定界限
抵偿性	各误差的平均值随测量次数增多而趋于零

正态分布的分布密度可表示为

$$f(x) = \frac{1}{\sigma\sqrt{2\pi}} e^{-\frac{(x-\mu)^2}{2\sigma^2}} \tag{7.3-2}$$

式中，期望为 μ；方差为 σ^2；服从正态分布的随机变量为 $\xi \sim N(\mu, \sigma)$。期望为 0 的正态分布被称为中心正态分布 $N(0, \sigma)$；方差为 1 的中心正态分布被称为标准正态分布 $N(0, 1)$。标准正态分布 $N(0, 1)$ 的分布函数 $\phi(x)$ 可表示为

$$\phi(x) = \int_{-\infty}^{x} \frac{1}{\sqrt{2\pi}} e^{-\frac{t^2}{2}} dt \tag{7.3-3}$$

当 x 为负时，其分布函数满足如下关系：

$$\phi(x) = 1 - \phi(|x|) \tag{7.3-4}$$

2. 小样本分布

为研究测量值和误差性质，需考虑测量次数有限时的小样本分布，参见表 7-7。在实际工作中，给定 α，须求出 $P(\chi^2 \geq \chi^2_\alpha) = \alpha$ 中的 χ^2_α；给定 p，须求出 $P(|t| \leq t_p) = p$ 中的 t_p；给定 α，须求出 $P(F \geq F_\alpha) = \alpha$ 中的 F_α。

表 7-7　小样本分布

分布类型	参数	内容
$\chi^2(v)$ 分布	来源	v 个独立标准正态分布的平方和
	分布密度	$f(v) = \begin{cases} \dfrac{x^{v/2-1} e^{-x/2}}{2^{v/2} \Gamma(v/2)}, & x \geq 0 \\ 0, & x < 0 \end{cases}$ $\Gamma(\alpha) = \int_0^\infty e^{-x} x^{\alpha-1} dx$
	期望	$\sqrt{v}$
	标准差	$\sqrt{2v}$
	特征函数	$\theta(t) = (1 - 2it)^{-v/2}$
	性质	成立加法定理，即两独立 $\chi^2(v_1)$、$\chi^2(v_2)$ 之和仍为 χ^2 分布，仅自由度相加 $\chi^2(v_1) + \chi^2(v_2) = \chi^2(v_1 + v_2)$，近似有 $\sqrt{2\chi^2(v)} \sim N(\sqrt{2v-1}, 1)$
$t(v)$ 分布	来源	若 $\xi \sim N(0,1)$ 与 $\eta \sim \chi^2(v)$ 独立，则 $\xi/\sqrt{\eta/v}$ 为 $t(v)$ 分布，也叫自由度为 v 的分布
	分布密度	$f(v) = \dfrac{\Gamma[(v+1)/2]}{\sqrt{\pi v}\, \Gamma(v/2)} (1 + x^2/v)^{-\frac{v+1}{2}}$
	期望	0
	标准差	$v/(v-2)$（当 $v > 2$ 时）
	特征函数	$\theta(t) = \dfrac{1}{\pi \Gamma(v/2)} \left(\dfrac{|t|}{2\sqrt{v}}\right)^{v/2} N_{v/2}\left(\dfrac{|t|}{\sqrt{v}}\right)$，而 N 为第二类 Bessel 函数
	性质	$t(v) \to N(0,1)$（当 $v \to \infty$ 时）

续表

分布类型	参数	内容
$F(v_1,v_2)$ 分布	来源	若 $v_1\xi_1\sim\chi^2(v_1)$、$v_2\xi_2\sim\chi^2(v_2)$ 独立，则 ξ_1/ξ_2 为 $F(v_1,v_2)$ 分布
	分布密度	$f(v)=\begin{cases}\dfrac{\Gamma[(v_1+v_2)/2]}{\Gamma(v_1/2)\Gamma(v_2/2)}v_1^{v_1/2}v_2^{v_2/2}\dfrac{x^{v_1/2-1}}{(v_2+v_1x)^{(v_1+v_2)/2}}, & x\geqslant 0\\ 0, & x<0\end{cases}$
	期望	$v_2/(v_2-2)$ （当 $v_2>2$ 时）
	标准差	$\sqrt{\dfrac{2v_2^2(v_1+v_2-2)}{v_1(v_2-2)^2(v_2-4)}}$ （当 $v_2>4$ 时）
	特征函数	$\theta(t)=M(v_1/2,-v_2/2,-v_2it/v_1)$，而 M 为合流型超几何级数

3. 非正态分布

除正态分布外，测量值及其误差还有多种分布，参见表 7-8。

表 7-8 典型的非正态分布

名称	分布密度	期望 E	标准差 σ	说明
均匀分布	$f(x)=\begin{cases}\dfrac{1}{b-a}, & x\in[a,b]\\ 0, & 其他\end{cases}$	$\dfrac{b+a}{2}$	$\dfrac{b-a}{2\sqrt{3}}$	用于舍入误差、量化误差等
反正弦分布	$f(x)=\begin{cases}\dfrac{1}{\pi\sqrt{m^2-x^2}}, & x\in[-m,m]\\ 0, & 其他\end{cases}$	0	$\dfrac{m}{\sqrt{2}}$	用于偏心误差、振幅误差等
截尾正态分布	$f(x)=\begin{cases}\dfrac{A}{\sigma_H}\varphi(t), & \|x\|\leqslant x_0\\ 0, & 其他\end{cases}$ $t=x/\sigma_H$	0	$\sigma_H\sqrt{1-t_0\dfrac{\varphi(t_0)}{\phi_0(t_0)}}$ $t_0=x_0/\sigma_H$	去掉正态分布 $N(0,\sigma_H)$ 的绝对值大于 x_0， $\varphi(x)=(2\pi)^{-1/2}e^{-x^2/2}$ $\phi_0(x)=(2\pi)^{-1/2}\int_0^x e^{-x^2/2}\mathrm{d}t$ $A=\dfrac{1}{2\phi_0(t_0)}$
绝对正态分布	$f(x)=\begin{cases}\dfrac{2}{\sigma_H}\varphi(x/\sigma_H), & x\geqslant 0\\ 0, & 其他\end{cases}$	$\sigma_H\sqrt{\dfrac{2}{\pi}}$	$\sigma_H\sqrt{\dfrac{\pi-2}{\pi}}$	正态分布 $N(0,\sigma_H)$ 取绝对值 $\varphi(x)=(2\pi)^{-1/2}e^{-x^2/2}$
对数正态分布	$f(x)=\begin{cases}\dfrac{1}{\sigma_H x\sqrt{2\pi}}e^{-\frac{(\ln x-\mu)^2}{2\sigma_H^2}}, & x>0\\ 0, & x\leqslant 0\end{cases}$	$e^{\mu+\frac{\sigma_H^2}{2}}$	$e^{\mu+\frac{\sigma_H^2}{2}}\left(e^{\sigma_H^2}-1\right)^{\frac{1}{2}}$	服从此分布的自然对数为正态分布 $N(\mu,\sigma_H)$
Euler 分布	$f(x)=\begin{cases}\dfrac{x}{\sigma_0^2}e^{-\frac{x^2}{2\sigma_0^2}}, & x>0\\ 0, & x\leqslant 0\end{cases}$	$\sigma_0\sqrt{\dfrac{\pi}{2}}$	$\sigma_0\sqrt{2-\dfrac{\pi}{2}}$	点的 x,y 坐标独立服从 $N(0,\sigma_0)$ 分布，则点位距中心距为 Euler 分布，用于打靶等
Maxwell 分布	$f(x)=\begin{cases}\dfrac{x^2}{\sigma_0^2}\sqrt{\dfrac{2}{\pi}}e^{-\frac{x^2}{2\sigma_0^2}}, & x>0\\ 0, & x\leqslant 0\end{cases}$	$2\sigma_0\sqrt{\dfrac{2}{\pi}}$	$\sigma_0\sqrt{3-\dfrac{8}{\pi}}$	点的 x,y,z 坐标独立服从 $N(0,\sigma_0)$ 分布，则点位距中心距为 Maxwell 分布，用于气体分子运动等

续表

名称	分布密度	期望 E	标准差 σ	说明
三角分布	$f(x)=\begin{cases}(x+2a)/(4a^2),&-2a\leqslant x<0\\(2a-x)/(4a^2),&0\leqslant x<2a\\0,&\text{其他}\end{cases}$	0	$a\sqrt{\dfrac{2}{3}}$	两独立$[-a,a]$上均匀分布之和
指数分布	$f(x)=\begin{cases}\dfrac{1}{\alpha}e^{-x/\alpha},&x\geqslant 0\\0,&\text{其他}\end{cases}$	α	α	可靠性,用于通信问题等
Weibull分布	$f(x)=\begin{cases}\dfrac{m}{\alpha}x^{m-1}e^{-x^m/\alpha},&x\geqslant 0\\0,&\text{其他}\end{cases}$	$\alpha^{\frac{1}{m}}\Gamma\left(\dfrac{1}{m}+1\right)$	$\alpha^{\frac{1}{m}}\left\{\Gamma\left(\dfrac{2}{m}+1\right)-\Gamma\left(\dfrac{1}{m}+1\right)\right\}^{1/2}$	可靠性,用于材料及零件疲劳寿命等
B分布	$f(x)=\begin{cases}\dfrac{x^{\alpha-1}(1-x)^{\beta-1}}{B(\alpha,\beta)},&x\in[0,1]\\0,&\text{其他}\end{cases}$	$\dfrac{\alpha}{\alpha+\beta}$	$\dfrac{1}{\alpha+\beta}\sqrt{\dfrac{\alpha\beta}{\alpha+\beta+1}}$	
Γ分布	$f(x)=\begin{cases}\dfrac{\beta^{-\alpha}}{\Gamma(a)}x^{\alpha-1}e^{-x/\beta},&x\geqslant 0\\0,&\text{其他}\end{cases}$	$\alpha\beta$	$\beta\sqrt{\alpha}$	用于工业事故、水利工程等
二项分布	$P(\xi=x)=\binom{n}{x}p^x(1-p)^{n-x}$ $x=0,1,2,\cdots,n;\ 0\leqslant p\leqslant 1;\ n$ 正整数	Np	$\sqrt{np(1-p)}$	用于抽样检验,质量评估
Poisson分布	$P(\xi=x)=\dfrac{1}{x!}\lambda^x e^{-\lambda}$ $x=0,1,2,\cdots,n$ $0\leqslant\lambda<\infty$	λ	$\sqrt{\lambda}$	用于抽样检验、质量评估、放射计量
二点分布	$P(\xi=x)=1/2$ $x=-\Delta,\Delta$	0	Δ	用于系统误差
一点分布	$P(\xi=x)=1$ $x=a$	A	0	用于系统误差
投影误差分布	$f(x)=\begin{cases}\dfrac{1}{A}\dfrac{1}{\sqrt{2x-x^2}},&x\in[0,1-\cos A]\\0,&\text{其他}\end{cases}$	$A^2/6$	$3A^2/20$	用于仪器安装调整

7.3.2 偶然误差

被测量在同一条件多次独立测得为 $x_1,x_2,\cdots,x_n$,则测量结果的最佳值为平均值 $\bar{x}$:

$$\bar{x}=\frac{1}{n}\sum x_i \tag{7.3-5}$$

平均值的特点如表 7-9 所示。

表 7-9 平均值的特点

量	算法与性质	应用
平均值 $\bar{x}$	对 n 个测量值 x_i 求和除 n 而得。若 x_i 位数较多且彼此相差不大，为简化计算，可设一固定值 L，求 x_i 与 L 之差 $v_i' = x_i - L$，将 v' 平均再与 L 相加，得 $\bar{x} = L + n^{-1}\sum v_i'$	
标准差 $\sigma_{\bar{x}}$	$\sigma_{\bar{x}} = \sqrt{\dfrac{1}{n(n-1)}\sum(x_i - \bar{x})^2}$	(1) 多次独立测量可减小偶然误差 (2) n 小时，误差减小快；n 大时，误差减小慢，故 n 不宜太大
极限误差 $\Delta_{\bar{x}}$	$\Delta_{\bar{x}} = t_p(n-1)\sqrt{\dfrac{1}{n(n-1)}\sum(x_i - \bar{x})^2}$	$t_p(v)$ 比正态分布对应值大，这反映了小样本的不足

1. 标准差

在相同条件下，对被测量 x_0 进行 n 次独立测量，得测量列 $x_1, x_2, \cdots, x_n$，平均值为 $\bar{x} = n^{-1}\sum x_i$，残差为 $v_i = x_i - \bar{x}$，则测量标准差 σ 的计算方法如表 7-10 所示。

表 7-10 标准差计算

方法	计算公式	偶然标准差	系统误差	综合标准差
Bessel 法	$\sigma = \sqrt{\dfrac{1}{n-1}\sum\limits_{i=1}^{n}v_i^2}$	$c_3\sigma$	$(c_2-1)\sigma$	$u\sigma$
Peters 法	$\sigma = 1.253\dfrac{1}{\sqrt{n(n-1)}}\sum\limits_{i=1}^{n}|v_i|$	$c_i\sigma$	0	$c_1\sigma$
最大残差法	$\sigma = \dfrac{1}{k}\max|v_i|$	$\sigma r/k$	0	$\sigma r/k$
极差法	$\sigma = \dfrac{1}{d_2}(\max x_i - \min x_i)$	$\sigma d_3/d_2$	0	$\sigma d_3/d_2$
最大误差法	$\sigma = \dfrac{1}{k'}\max|\delta_i|$ $\delta_i = x_i - x_0$ x_0 为预知的真值或近似真值	$\sigma r'/k'$	0	$\sigma r'/k'$

2. 误差分配

间接测量通过直接测量与被测量的函数关系而算出。若直接测得量为 $x_1, x_2, \cdots, x_n$，误差分别为 $\delta_1, \delta_2, \cdots, \delta_n$，标准差分别为 $\sigma_1, \sigma_2, \cdots, \sigma_n$，则函数 $f = f(x_1, x_2, \cdots, x_n)$ 的传递误差（函数误差）δ_f 和标准差 σ_f 的平方分别为

$$\delta_f = \frac{\partial f}{\partial x_1}\delta_1 + \frac{\partial f}{\partial x_2}\delta_2 + \cdots + \frac{\partial f}{\partial x_n}\delta_n \tag{7.3-6}$$

$$\sigma_f^2 = \left(\frac{\partial f}{\partial x_1}\right)^2\sigma_1^2 + \left(\frac{\partial f}{\partial x_2}\right)^2\sigma_2^2 + \cdots + \left(\frac{\partial f}{\partial x_n}\right)^2\sigma_n^2 + 2\sum_{i<j}\frac{\partial f}{\partial x_i}\frac{\partial f}{\partial x_j}\rho_{ij}\sigma_i\sigma_j \tag{7.3-7}$$

式中，$\partial f/\partial x_i$ 是第 i 个直接测量量的误差传递系数；ρ_{ij} 为误差之间的相关系数：

$$\rho_{ij} = \frac{\sum \delta_i \delta_j}{\sqrt{\sum \delta_i^2 \sum \delta_j^2}} \tag{7.3-8}$$

且$-1 \leqslant \rho_{ij} \leqslant 1$。当各误差彼此无关时，$\rho_{ij}=0$，则式(7.3-7)简化为

$$\sigma_f^2 = \left(\frac{\partial f}{\partial x_1}\right)^2 \sigma_1^2 + \left(\frac{\partial f}{\partial x_2}\right)^2 \sigma_2^2 + \cdots + \left(\frac{\partial f}{\partial x_n}\right)^2 \sigma_n^2 \tag{7.3-9}$$

3. 误差合成

若有 q 个单项随机误差 $\sigma_1, \sigma_2, \cdots, \sigma_q$，相应的误差传递系数为 $a_1, a_2, \cdots, a_q$，根据随机变量函数方差的运算法则，合成后的总标准差为

$$\sigma = \sqrt{\sum_{i=1}^{q}(a_i\sigma_i)^2 + 2\sum_{1 \leqslant i<j}^{q} \rho_{ij} a_i a_j \sigma_i \sigma_j} \tag{7.3-10}$$

在测量实践中，各单项随机误差 σ_i 常以极限误差的形式表示：

$$\delta_i = k_i \sigma_i \tag{7.3-11}$$

式中，k_i 是各单项极限误差的置信因子。合成后，总的极限误差为

$$\delta = k\sigma = k\sqrt{\sum_{i=1}^{q}\left(\frac{a_i\delta_i}{k_i}\right)^2 + 2\sum_{1 \leqslant i<j}^{q} \rho_{ij} a_i a_j \frac{\delta_i}{k_i}\frac{\delta_j}{k_j}} \tag{7.3-12}$$

式中，σ 是合成后的总标准差；k 是合成后总误差的置信因子。

7.3.3 权与不等精度测量

权反映测量的质量，权 P 与测量的方差 σ^2 成反比：

$$P \propto \frac{1}{\sigma^2} \tag{7.3-13}$$

若同一量的各测量值的方差为 $\sigma_1^2, \sigma_2^2, \cdots, \sigma_n^2$，则它们的权之间的关系为

$$P_1\sigma_1^2 = P_2\sigma_2^2 = \cdots = P_n\sigma_n^2 = \mu^2 \tag{7.3-14}$$

μ^2 是单位权测量的方差。

当对被测量测得 n 个值且精度不等时，其处理如表 7-11 所示。

表 7-11 不等精度测量处理

内容	计算公式
最佳值	加权平均值 $\bar{x}_P = \sum_{i=1}^{n} P_i x_i \Big/ \sum_{i=1}^{n} P_i$
单位权标准差	$\mu = \sqrt{\dfrac{1}{n-1}\sum_{i=1}^{n} P_i(x_i - \bar{x}_P)^2}$
最佳值标准差	$\sigma_{\bar{x}_p} = \mu \Big/ \sqrt{\sum_{i=1}^{n} P_i} = \sqrt{\sum_{i=1}^{n} P_i(x_i - \bar{x}_P)^2 \Big/ \left[(n-1)\sum_{i=1}^{n} P_i\right]}$
最佳值极限误差	$\Delta_{\bar{x}_p} = t_p(n-1)\sigma_{\bar{x}_p} = t_p\sqrt{(n-1)\sum_{i=1}^{n} P_i(x_i - \bar{x}_P)^2 \Big/ \sum_{i=1}^{n} P_i}$

7.4 测量不确定度

1927年，Heisenberg 在量子力学中提出不确定度关系(测不准关系)，获1932年Robel物理学奖，在测量学中测量不确定度是表征合理赋予被测量值的分散性的评定指标[34-36]。通常用标准差表示测量结果的不确定度，即标准不确定度 u，其中，由观测列统计分析所得的不确定度A类评定是基于频率的客观概率概念，其他方法所得的不确定度B类评定是基于信任度的主观概率概念。

不确定度与误差由共同的影响量影响，参见表7-12，可分为随机影响和系统影响。这种分散性应尽可能修正已知的系统影响，所有随机影响包含该修正值的不确定性。

表7-12 测量误差与测量不确定度的区别

比较项目	测量不确定度	测量误差
定义	对测量结果合理赋予可操作性参数的实用性概念，其值不含正负号	基于真值定义的理想化理论性概念，其值含正负号
分类	不分类，仅在评定方法上有A和B两类，且非A即B，又可不深究	按性质分为随机误差和系统误差两种类型，有时含糊难分清
评定	均按基于频率或信任度的概率分布所估计的标准差评定，统一、一致	有不同定量评定指标，未统一、不一致
来源	含被测量、基、标准件、测量器具、软件、方法、环境、人员等	与不确定度来源基本一致
合成	基于概率统计中方差及协方差取和原理的不确定度传递律，统一、一致	主要基于概率统计中方差及协方差取和原理，但也采用其他简化的多种误差合成方法，未统一、不一致
研究	继承、应用并发展了公认为成熟的误差分析与估算及合成方法，并归纳与总结出按可靠信息评定不确定度的知识和经验，且仍在应用中深入总结和发展	已形成较完整的误差理论体系及其现代化分支，且待深入发展
应用	在尽力修正已知显著系统影响及无失误观测值的前提下，统一应用《测量不确定度评定与表示》(JJF 1059.1—2012)所述的评定和表示方法，以便广泛比对	已有广泛用于各种专业领域的多种系统误差和随机误差的评估方法，未统一、不一致

在测量不确定度的评定过程中，首先建立被测量的数学模型关系，分析输入量、影响量和输出量之间的关系；然后选取主要不确定度的来源，忽略次要的不确定度分量，从而合理而有效地进行测量不确定度的评定，参见图7.4-1。

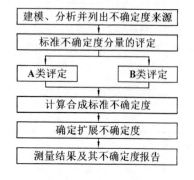

图7.4-1 测量不确定度的评定过程

7.4.1 不确定度评定

不确定度由测量中的随机影响引起，在大量重复试验下，对试验结果的数据作统计分析处理后，呈现统计规律性，即概率分布规律[2]。

1. 基于频率的客观概率

在概率统计学科中，概率的定义可归纳为三类。

(1) 1841年，Laplace 提出概率的古典定义，设随机事件由有限的 n 个等可能的基本结果组成，且事件 A 是由其中的 k 个基本结果组成，则事件 A 的概率 $P(A)$ 为

$$P(A) = k/n \tag{7.4-1}$$

该定义属先验概率定义。上述基本结果也称基本事件，即事件 A 的概率是有利于 A 的基本事件数 k 与基本事件总数 n 之比值。实际，基本结果是有限且等可能的假设常难满足。

(2) 1936年，von Mise 提出概率的后验定义或经验定义，随机事件在相同条件下重复试验 n 次，A 出现 k 次，则相对频率 k/n 随 $n \to \infty$ 趋于稳定的值定义为事件 A 出现的概率：

$$P(A) = k/n \quad (\text{当} n \to \infty \text{时}) \tag{7.4-2}$$

大量重复试验结果表明，统计频率 k/n 总是围绕某一常数 P 而随机变动，且试验次数 n 越大，变动范围越小，变动的可能性越小。因而推论 k/n 将随 $n \to \infty$ 而稳定于概率 P。

(3) 1933年，柯尔莫哥洛夫通过规定概率应具备的基本性质来定义概率，事件 A 的概率定义为对该事件指定一实数 $P(A)$，且满足：

① 非负性：$P(A) \geq 0$；
② 规范性：$P(\Omega) = 1$，Ω 为全部基本事件形成的基本空间，即必然事件；
③ 可加性：设 $A_1, A_2, \cdots, A_i$ 为两两不相容事件序列，则

$$P\left(\bigcup_{i=1}^{\infty} A_i\right) = \sum_{i=1}^{\infty} P(A_i) \tag{7.4-3}$$

式中，$\cup$ 为集合取和或并集运算符号，而事件也是一个集合。该可列可加性适用于有限序列可加性。该公理性定义在数学上较严密，且不需要包含基于信任度的主观概率概念。

2. 基于信任度的主观概率

在预测、决策等问题中，对某种事件发生的可能性即概率作预计，经常不能进行重复试验来确定概率，只能由预测者、决策者或使用者根据个人对事件掌握的知识、经验、资料等先验信息和所建立的信念来作出其概率的主观估计，即主观概率或先验概率。主观概率的公理系统基于条件概率，即强调概率建立在某个条件的基础上，这种条件可以是既往的信息或证据。1970年，Renyi 提出可列可加性条件概率公理系统，形成主观概率的公理化定义：设 Ω 为整个基本事件空间，即样本空间；E 是由 Ω 的子集所组成的事件 σ 域，即事件 $A \in E$，则 $\overline{A} \in E$；若 $A_1, A_2, \cdots, A_i, \cdots \in E$，则 $\bigcup_{i=1}^{\infty} A_i \in E$。在 $A \in E$ 和 $B \in E$ 下，定义条件概率 $P(A|B)$ 应满足：

(1) 非负性：$P(\varnothing|B) = 0 \leq P(A|B) \leq P(\Omega|B) = 1$，且 $P(B|B) = 1$。
(2) 可加性：设 $A_1, A_2, \cdots, A_i, \cdots$ 两两互不相容，则

$$P\left(\bigcup_{i=1}^{\infty} A_i \Big| B\right) = \sum_{i=1}^{\infty} P(A_i|B) \tag{7.4-4}$$

(3) 对于每个事件集 $(A、B、C)$，$A \subseteq B$，$B \subseteq C$ 且 $P(B|C) > 0$，存在：

$$P(A|B) = \frac{P(A \cap B|C)}{P(B|C)} \tag{7.4-5}$$

该条件概率公理系统将概率理解为对事件的置信度,即基于先验信任度的概率,不仅限于基于后验频率的概率,将 Kolmogorov 概率公理作为非条件的特例。可对 Bayes 统计及其应用中的先验概率分布、广义概率分布以及既用样本理论又利用先验信息的经验 Bayes 方法等给予理论支持,为测量不确定度的 A 类评定和 B 类评定及合成等方法提供理论依据。

3. 不确定度评估的概率分布

测量不确定度表征被测量值分散性的参数,主要以标准差来评定。因而,A 类评定所得的标准不确定度应基于被测量值或测量列的概率分布;当有些影响量对被测量值的随机影响并未含于现有重复测量下测量列的随机变动之中时,这些随机影响所引起的不确定度分量需采用 B 类评定,借助先验信息,基于设定的概率分布来评估其不确定度分量,即基于主观或先验概率分布的 B 类评定方法。

对于离散随机变量,列出所有可能取值 x_i 与取值的概率 p_i,满足概率条件:$\sum_{i=1}^{m} p_i = 1$,$0 \leqslant p_i \leqslant 1$。

连续随机变量 X 以其取值小于某一确定值 x 范围内的概率来反映其概率分布规律,参见图 7.4-2,即概率分布函数为 $P(x)$,即

$$P(x) = P(X < x) \tag{7.4-6}$$

概率分布函数反映了随机变量的累积分布特性。实用上,常表示出随机变量取值点的局部特性,例如,比较各点取值的可能性、最可能取值点等。X 在 $[x_i, x_i+\Delta x]$ 上的取值概率为 $P(x_i \leqslant X < x_i+\Delta x)$,按两个不同区间取值的不相容事件的概率加法及概率分布函数定义,得

$$P(x \leqslant X < x + \Delta x) = P(X < x + \Delta x) - P(X < x) = P(x + \Delta x) - P(x) = \Delta P(x) \tag{7.4-7}$$

单位间隔内取值的概率即概率分布密度函数 $p(x)$ 可表示为

$$p(x) = \lim_{\Delta x \to 0} \frac{P(x \leqslant X < x + \Delta x)}{\Delta x} = \lim_{\Delta x \to 0} \frac{\Delta P(x)}{\Delta x} = \frac{dP(x)}{dx} \tag{7.4-8}$$

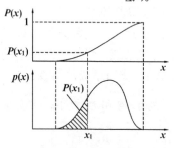

图 7.4-2 概率分布函数与概率分布密度函数

在 $[x_1, x_2]$ 内取值的概率在图 7.4-2 中的上部分为该两点间的差值,在图 7.4-2 中的下部分为该区间分布密度曲线下的面积。当这一差值或面积到 1 时,对应的区间为分布范围 $[a, b]$。在测量数据处理中,常需确定数据出现在任一区间的概率、分布范围、最可能值等,参见图 7.4-2。实用中常表示出随机变量的某种统计特性,如不确定度只表征被测量值的分散性。

4. 重要统计量分布

在不确定度评估中,常用到统计量的概率分布,如均值、方差或标准差、标准化量、方差比等,通常均采用随机变量函数的概率分布求法来求统计量分布,参见表 7-7。

5. 概率分布的特征量和特征函数

1) 期望-总体均值

必然现象寓于偶然现象,取随机现象的总体平均作为寓于其中的必然现象,即取随机

变量所有取值的平均值来表征该随机变量分布的位置即期望值,参见表 7-4。

对于离散随机变量 X,设其取值概率为 $P(X=x_i)=p_i$, $i=1, 2, \cdots$,且存在函数 $f(X)$,则定义其广义期望为

$$E[f(X)] = \sum_0^\infty p_i f(x_i) \tag{7.4-9}$$

对于连续随机变量 X,设其分布密度为 $p(x)$,且存在函数 $f(x)$,则定义其广义期望为

$$E[f(X)] = \int_{-\infty}^{+\infty} f(x)p(x)\mathrm{d}x \tag{7.4-10}$$

同理,对于多元随机变量可用其随机向量形式来表示,设 $X=(X_1, X_2, \cdots, X_n)$,其分布密度为 $p_X(x)$,且存在函数 $f(X)$,则定义其广义期望为

$$E[f(X)] = \int_{-\infty}^{+\infty} f(x)p_X(x)\mathrm{d}x \tag{7.4-11}$$

该式为 n 重积分。

与条件概率分布相应的是条件期望,常用于数据拟合、回归分析和时间序列分析等。设随机变量 X 在随机变量 Y 取值为 y 的条件下的分布密度为 $p_X(x|y)$,则其条件期望定义为

$$E(X|y) = \int_{-\infty}^{+\infty} xp_X(x|y)\mathrm{d}x \tag{7.4-12}$$

同理可推论,广义条件期望定义:设存在函数 $f(X)$,则

$$E[f(X)|y] = \int_{-\infty}^{+\infty} f(x)p_X(x|y)\mathrm{d}x \tag{7.4-13}$$

多元随机变量的条件期望定义:设 n 维随机向量 X 在 m 维随机向量 $Y=y$ 的条件下的分布密度为 $p_X(x|y)$,且存在函数 $f(X)$,则

$$E[f(X)|y] = \int_{-\infty}^{+\infty} f(x)p_X(x|y)\mathrm{d}x \tag{7.4-14}$$

该式为 n 重积分。

2)矩

随机变量的常用矩及其派生出的特征量反映了不同统计特性,包括方差、协方差、相关系数、偏度、峰度或反峰度等。在广义期望的式(7.4-10)中,对 $f(x)$ 的函数形式作不同的规定可定义出各种矩的特征量,例如,$f(x)=x^k$ 得 k 阶原点矩;$f(x)=(x-\mu)^k$ 得 k 阶中心矩;$f(x)=E[(x-\mu)/\sigma]^k$ 得 k 阶标准化矩,参见表 7-4。

当 $k=1$ 时,$\mu_1=0$,即中心矩可排除期望值不同的影响,也即将坐标原点移至期望 μ 处。$k=2$ 时,即为方差-表征分布离散的特征量,也称尺度参数,其正平方根即为标准差,即 $\mu_2=\sigma^2$。$k=3$ 时,μ_3 可表征分布非对称性,即偏态。$k=4$ 时,μ_4 可表征分布的凹凸形态,即峰态。$k \geqslant 5$ 时,即五阶以上的中心矩可表征分布更细微的不同形态,参见表 7-13。

表 7-13 随机变量各种矩之间的关系

原点矩	中心矩
$m_1=\mu$	$\mu_1=0$
$m_2=\mu_2+\mu^2=\sigma^2+\mu^2$	$\mu_2=m_2-m_1^2=m_2-\mu^2$

续表

原点矩	中心矩
$m_3=\mu_3+3\mu_2\mu+\mu^3$	$\mu_3=m_3-3m_2\mu+2\mu^3$
$m_4=\mu_4+4\mu_3\mu+6\mu_2\mu^2+\mu^4$	$\mu_4=m_4-4m_3\mu+6m_2\mu^2-3\mu^4$
$m_k=\sum_{i=0}^{k}C_k^i\mu_{k-i}\mu^i$	$\mu_k=\sum_{i=0}^{k-2}(-1)^iC_k^im_{k-i}\mu^i+(-1)^{k-i}(k-1)\mu^k \quad (k>2)$
$=\sum_{k_1+k_2+\cdots+k_i=k}\dfrac{k!}{i!k_1!k_2!\cdots k_i!}\prod_{j=1}^{i}\kappa_{k_j}$	$=\kappa_k+\sum_{i=2}^{k/2}\dfrac{k!}{i!}\sum_{k_1+k_2+\cdots+k_i=k}\dfrac{\kappa_{k_1}\kappa_{k_2}\cdots\kappa_{k_i}}{k_1!k_2!\cdots k_i!} \quad (k>4)$

表中，κ_k 是 k 阶累积量。

3) 特征函数

特征函数（矩生成函数）对分布密度作 Fourier 变换，可视为对式(7.4-11)取 $f(x)=\mathrm{e}^{\mathrm{j}tx}$ 的广义期望。设随机变量 X 的分布密度为 $p(x)$，定义其特征函数为

$$\theta(t)=F[p(x)]=\int_{-\infty}^{+\infty}\mathrm{e}^{\mathrm{j}tx}p(x)\mathrm{d}x=E(\mathrm{e}^{\mathrm{j}tx}) \tag{7.4-15}$$

其逆变换为

$$p(x)=F^{-1}[\theta(t)]=\frac{1}{2\pi}\int_{-\infty}^{+\infty}\theta(t)\mathrm{e}^{-\mathrm{j}\omega x}\mathrm{d}t \tag{7.4-16}$$

k 阶原点矩可由特征函数生成，即与特征函数的 k 阶导数在 $t=0$ 点的值一一对应。又将特征函数在 $t=0$ 点按 Taylor 级数展开，得

$$\theta(t)=1+\sum_{k=1}^{\infty}\frac{m_k}{k!}(\mathrm{j}t)^k \tag{7.4-17}$$

该式表明，利用 k 阶原点矩，且直到 $k\to\infty$ 时，即可准确表示特征函数。各阶原点矩可各表示特征函数也即分布密度的某一统计特性，且只有 $k\to\infty$ 的所有 k 阶原点矩才能全面表示特征函数即分布密度，才能全面描述其随机变量。

同理，考虑中心化，即 $X=X-\mu$，则其中心化特征函数为

$$\theta(t)=\mathrm{e}^{-\mathrm{j}\mu t}\theta(t) \tag{7.4-18}$$

$$\mu_k=\mathrm{j}^{-k}\theta^{(k)}(0) \tag{7.4-19}$$

$$\theta(t)=\mathrm{e}^{-\mathrm{j}\mu t}\theta(t)=1+\sum_{k=1}^{\infty}\frac{\mu_k}{k!}(\mathrm{j}t)^k \tag{7.4-20}$$

4) 累积量

累积量生成函数定义为对特征函数取对数

$$\Psi(t)=\ln\theta(t) \tag{7.4-21}$$

同理，可将累积量生成函数按 Taylor 级数展开为

$$\Psi(t)=\sum_{k=1}^{\infty}\frac{(-\mathrm{j})^k}{k!}\Psi^{(k)}(0)(\mathrm{j}t)^k=\sum_{k=1}^{\infty}\frac{\kappa_k}{k!}(\mathrm{j}t)^k \tag{7.4-22}$$

式中，系数 κ_k 是 k 阶累积量或半不变量：

$$\kappa_k = (-\mathrm{j})^k \Psi^{(k)}(0) \quad (k=1,2,\cdots)$$

$$= \sum_{k_1+k_2+\cdots+k_i=k} \frac{(-1)^{i-1}}{i} \frac{k!}{k_1!k_2!\cdots k_i!} \prod_{j=1}^{i} m_{k_i} \tag{7.4-23}$$

$$= \mu_k - \sum_{i=2}^{k/2}(-1)^i \frac{k!}{i} \sum_{k_1+k_2+\cdots+k_i=k} \frac{(-1)^{i-1}}{i} \frac{\mu_{k_1}\mu_{k_2}\cdots\mu_{k_i}}{k_1!k_2!\cdots k_i!} \quad (k \geqslant 4)$$

k 阶累积量具有 k 阶矩的特性，可用标准化累积量 $\gamma_k = \kappa_k/\sigma^k$，其间的关系为

$$\begin{cases} \kappa_1 = m_1 = \mu \\ \kappa_2 = m_2 - m_1^2 = \mu_2 = \sigma^2 \\ \kappa_3 = \mu_3 \\ \kappa_4 = \mu_4 - 3\mu_2^2 \\ \kappa_5 = \mu_5 - 10\mu_3\mu_2 \\ \kappa_6 = \mu_6 - 15\mu_4\mu_2 + 30\mu_2^4 \\ \vdots \end{cases} \tag{7.4-24}$$

前三阶标准化累积量与对应的标准化矩相等。四阶以上的累积量与对应的标准化矩不同，然而，所表征的随机变量统计特性却一样。正态分布的高阶($k\geqslant 3$)累积量均恒为零，其高阶矩则不然。这正是利用高阶累积量优于高阶矩之处，因而，现代广泛应用高阶累积量表征非正态分布特性。同时，累积量可扩展应用于随机过程和随机系统的统计特性分析，而成为现代分析非正态分布、非平稳过程、非线性系统等的有效工具。

6. 概率分布及其特征量合成

在测量领域中，误差合成主要指与测量结果有关的各因素所引起不同类型的各项误差分量，按各自影响规律的特点而综合成为测量结果的总测量误差。在直接测量中，测量结果的合成不确定度是由其影响量所影响的不确定度分量合成的。在间接测量中，测量结果的合成不确定度则是由与之有函数关系的量的不确定度分量及其影响量的不确定度分量共同合成的。确定合成不确定度的基本依据是测量模型，即被测量或输出量 y 为

$$y = f(X_1, X_2, \cdots, X_m) \tag{7.4-25}$$

式中，$\{X_i, i=1,2,\cdots,m\}$ 为有关量与影响量或统称输入量。已知输入量 $\{X_i\}$ 的概率分布或特征量，如 μ_i、σ_i、γ_{3i} 和 γ_{4i} 等；可确定 Y 的概率分布或特征量，如 μ_y、σ_y、γ_{3y} 和 γ_{4y} 等，即概率分布或其特征量的合成，并分别称为合成分布或合成特征量。若输入量和输出量的实际值分别为 $\{x_{i0}\}$ 和 y_0。若误差远小于实际值且二阶以上的项均可略时，即满足条件：

$$\begin{cases} x_{i0} \gg x_i - x_{i0} \\ \left|\dfrac{\partial f}{\partial x}\right|_{x_{i0}} \gg \left|\dfrac{\partial^2 f}{\partial x^2}\right|_{x_{i0}} \sigma_i + \left|\dfrac{\partial^3 f}{\partial x^3}\right|_{x_{i0}} \sigma_i^2 + \cdots \end{cases} \tag{7.4-26}$$

则可将式(7.4-25)在实际值附近按 Taylor 级数展开，略去二次以上的高阶项：

$$\Phi(\omega) = \mathrm{e}^{-\mathrm{j}\mu\omega}\Phi(\omega) = 1 + \sum_{k=1}^{\infty} \frac{\mu_k}{k!}(\mathrm{j}\omega)^k \tag{7.4-27}$$

该式右端首项即为输出量的实际值 y_0，将其移至左端即为输出量的误差 $y-y_0$，令：

$$C_i = \left.\frac{\partial y}{\partial x_i}\right|_{x_{i0}, i=1,2,\cdots,m} \tag{7.4-28}$$

为灵敏系数或误差传递系数。于是可得输出量与输入量误差之间的线性近似关系为

$$\Delta y = y - y_0 = \sum_{i=1}^{m} C_i(x_i - x_{i0}) = \sum_{i=1}^{m} C_i \Delta x_i \tag{7.4-29}$$

对式(7.4-29)取期望后，可得输出量与输入量系统误差之间的线性近似关系为

$$\Delta y = \mu_y - y_0 = E(y - y_0) = \sum_{i=1}^{m} C_i E(x_i - x_{i0}) = \sum_{i=1}^{m} C_i(\mu_i - x_{i0}) = \sum_{i=1}^{m} C_i \Delta_i \tag{7.4-30}$$

式中，Δy 与 $\Delta_i (i=1, 2, \cdots, m)$ 分别为输出量与输入量的系统误差。

对式(7.4-30)取方差后，则输出量与输入量方差或标准差之间的线性近似关系为

$$\sigma_y^2 = \sum_{i=1}^{m} C_i^2 \sigma_i^2 + \sum_{\substack{i,j=1 \\ i \neq j}}^{m} \rho_{ij} C_i \sigma_i C_j \sigma_j \tag{7.4-31}$$

若输入量之间互不相关，即 $\rho_{ij}=0$，i、$j=1, 2, \cdots, m$，则上式的相关项为零，即

$$\sigma_y^2 = \sum_{i=1}^{m} C_i^2 \sigma_i^2 \tag{7.4-32}$$

式(7.4-31)和式(7.4-32)为不确定度传递规律及确定合成不确定度的依据。

式(7.4-29)确定输出量与输入量的高阶累积量之间的关系。当输入量独立且 $k>1$ 时，

$$\kappa_k = \mathrm{Cum}\left[\left(\sum_{i=1}^{m} C_i (X_i - x_{i0})\right)^k\right] = \sum_{i=1}^{m} C_i^k \mathrm{Cum}(X_i^k) = \sum_{i=1}^{m} C_i^k \kappa_{ki} \tag{7.4-33}$$

$$y = f(x_1, x_2, \cdots, x_m) \approx f(x_{10}, x_{20}, \cdots, x_{m0}) + \sum_{i=1}^{m} \left.\frac{\partial y}{\partial x_i}\right|_{x_{i0}} (x_i - x_{i0}) \tag{7.4-34}$$

根据上式可由已知各输入量的高阶累积量求得输出量的合成高阶累积量，如偏度和峰度等，并可进而按合成累积量来确定相应的合成分布。

根据式(7.4-29)在已知所有输入量的分布下，求输出量分布即为求独立随机变量之和的分布。设 $X_i \sim p_i(x_i)$，则

$$p_Y(y) = p_1(x_1) * p_2(x_2) * \cdots * p_m(x_m) \tag{7.4-35}$$

对于式(7.4-35)的多重卷积常用嵌套式逐次卷积算法。首先按诸输入量的标准差大小排列顺序，即 $\sigma_{(1)} \geq \sigma_{(2)} \geq \cdots \geq \sigma_{(m)}$，且仅选其中 $\sigma_{(i)}$ 较大的前 k 项，而舍弃其余 $\sigma_{(j)} < \sigma_y/(5\sim 10)$ 的各项。并按该顺序(带括号的下标顺序)进行嵌套式逐次卷积。即先将式(7.4-7)写成

$$\Delta y \approx \left\{\cdots\left\{\left\{C_{(1)}\Delta x_{(1)} + C_{(2)}\Delta x_{(2)}\right\} + C_{(3)}\Delta x_{(3)}\right\} + \cdots + C_{(k)}\Delta x_{(k)}\right\} \tag{7.4-36}$$

并将该式自内层花括号开始逐次向外层卷积。

实际上，采用理论法合成多指应用解析方法进行卷积而求出所谓理论合成分布，且多利用已求出的合成分布。然而，可用解析方法得出的理论合成分布很少。

将合成分布密度展开为以合成特征量为系数的多项式或级数，如 Gram-Charlier 级数或 Hermite 正交多项式、Edgeworth 级数、Laguerre 正交多项式等。根据函数逼近论，任一在

区间$[a, b]$上的连续函数$p(x)$均可被该区间上的代数多项式唯一地最佳逼近,即

$$\begin{cases} p(x) = \sum_{i=0}^{\infty} C_i \phi_i(x) \\ \phi_0(x) = 1 \end{cases} \quad (7.4\text{-}37)$$

式中,$\{\phi_i(x)\}$为满足 Haar 条件的函数系,即该函数系在$[a, b]$上线性无关,且上述n次多项式至多有$n-1$个不同的根;$\{C_i\}$为一列待定常系数,且

$$C_i = \int_{-\infty}^{+\infty} p(x)\phi_i(x) \mathrm{d}x \quad (7.4\text{-}38)$$

也可统一采用一种分布密度函数而通过改变其参数来表示各种不同形态的分布,如β分布、λ分布、多参数折线分布、广义n阶正态分布等。

7.4.2 标准不确定度的 A 类评估方法

标准不确定度是指用标准差表征的不确定度u包含的多个不确定度分量,即标准不确定度分量u_i。每个不确定度都对应着一个自由度,将不确定度计算表达式中总和所包含的项数减去各项之间存在的约束条件数,所得差值称为不确定度的自由度。标准不确定度u的 A 类评定是对现有的观测数据用统计分析的方法对其标准差作出的最佳估计。在已修正系统影响且不存在粗差的影响下,采用实验标准差s来表示标准不确定度,即$u=s$。A 类不确定度(统计不确定度)以标准差s和自由度v为表征,参见表 7-10 和表 7-11。A 类评定的标准不确定度的自由度v就是标准差σ的自由度,如等精度直接测量和不等精度直接测量的自由度为$v=n-1$;最小二乘法的自由度为$v=n-t$。

1. **标准差估计方法**

标准不确定度的 A 类评估方法也就是对现有数据列的标准差的估计方法。标准差的 Bessel 估计就是由方差σ^2的无偏估计s^2,经开平方后可得实验标准差:

$$s = \left[\sum_{k=1}^{n} (x_k - \bar{x})^2 \Big/ (n-1) \right]^{1/2} \quad (7.4\text{-}39)$$

无偏估计经非线性变换后并不能保持无偏性,因此,s并非σ的无偏估计。标准差σ的无偏估计对于正态性数据为

$$\hat{\sigma} = b_n s \approx \left\{ 1 + \left[4(n-1) \right]^{-1} \right\} s \quad (7.4\text{-}40)$$

实验标准差s的误差可用其方差或标准差来表征,并考虑到在正态性下的两个无偏估计:$E[s^2]=\sigma^2$,$E[s]=\sigma/b_n$后,可得

$$\begin{cases} \sigma_s^2 = E[s^2] - E^2[s] = \sigma^2 - (\sigma/b_n)^2 = (1 - b_n^{-2})\sigma^2 \approx \sigma^2/(2n-1.4) \approx \sigma^2/[2(n-1)] \\ \sigma_s = \sqrt{1 - b_n^{-2}}\, \sigma \approx \sigma/\sqrt{2n-1.4} \approx \sigma/\sqrt{2(n-1)} \end{cases} \quad (7.4\text{-}41)$$

该式是当n较大时按s为自由度$v=n-1$的χ分布导出的。这表明s的标准差不仅取决于数据的标准差σ,还与其自由度有关。

按极差估计标准差的方法,当$n<10$时,得

$$\hat{\sigma} = R_n/d_n \quad (7.4\text{-}42)$$

当 $n>12$ 时，宜按可重叠分组极差的均值来估计标准差：

$$\begin{cases} \hat{\sigma} = \bar{R}_n/d_n \\ \bar{R}_n = \sum_{i=1}^{m} R_{ni}/m \end{cases} \quad (7.4\text{-}43)$$

平均类中最有代表性的测量误差评估指标就是标准差 s，标准差的特点如下。

(1) 标准差直接由表征随机变量相对其均值的离散度的方差导出，可反映数据对其均值的分散性。在无变量系统误差又无粗差下，可表示测量结果最佳估计均值的分散性。

(2) 标准差 s 的估计误差较小。理论上，s 的标准差对于正态性数据，由自由度为 $n-1$ 的 χ^2 分布导出，即 $\sigma_s = \sigma/\sqrt{2(n-1)}$。

(3) s 是由最小二乘估计，在正态性下是最大似然估计所导出的，具有优良的统计特性。

(4) 反映出所有数据含有的全部信息，在正态性下是充分统计量。

(5) 每个数据，也包括粗差影响下的异常数据，均以平方作用影响其估计值，因而 s 对原假定的数据概率分布及粗差较敏感，其稳健性差。

(6) s 是相对于均值表示分散性的，又易于表示分散性界限（如给定置信概率 p 下置信区间半宽度为 $k_p s$）和便于合成（即方差-协方差之和的合成规律）也是其主要特点。

对于正态数据，尤其在小样本下，按极差估计的误差较接近于实验标准差；然而，极差对粗差很敏感，并非稳健估计，且不适用于对非正态性数据估计其标准差。稳健估计方法包括截尾标准差、按中位绝对差估计方法和按四分位离差估计方法等。

2. 测量结果的标准差与置信区间评估

根据概率论的中心极限定理，数据总体 X 的样本均值是渐近正态分布的，即 $\bar{X} \sim N(\mu, \sigma^2/n)$，其中 μ 和 σ^2 分别为数据总体的均值和方差；n 为样本容量。当数据符合样本条件，即具有独立随机性时，评估测量结果不确定度的基本依据为

$$\begin{cases} \bar{X} \sim N(\mu, \sigma^2/n) \\ E[\bar{X}] = \mu \\ \text{Var}[\bar{X}] = \sigma^2/n \end{cases} \quad (7.4\text{-}44)$$

式中，σ^2 是已知的数据方差。通常近似为大样本的方差估计 $\hat{\sigma}^2$ 或标准差估计 $\hat{\sigma}$。

无显著的系统误差和粗差影响时，数据的均值 $\bar{x}$ 为测量结果的最佳估计，而数据标准差的最佳估计为实验标准差。则测量结果的标准差最佳估计，即不确定度的 A 类评估为

$$u_A = \hat{\sigma}_{\bar{x}} = s/\sqrt{n} \quad (7.4\text{-}45)$$

当怀疑数据中有异常数据时，除进行粗差判别并剔除异常数据外，对于对称分布数据，常采用截尾均值 $\bar{x}_{T\alpha}$、加宽中位值 bm_e 或中位值 m_e 等均值的稳健估计，数据的标准差也相应地采用截尾标准差 $s_{T\alpha}$、按中位绝对差估计 $\hat{\sigma}_{MAD}$ 或按四分位离差估计 $\hat{\sigma}_{FD}$ 等稳健估计。这时测量结果的标准差可按 $\hat{\sigma}/\sqrt{n}$ 估计，即其标准不确定度的 A 类评估为

$$u_A = \hat{\sigma}/\sqrt{n} \quad (7.4\text{-}46)$$

工业计量或法制计量等领域，常要求以测量结果的给定置信概率的置信区间半宽度表示其不确定度。对于正态性数据，作为测量结果最佳估计的均值置信区间，当已知数据的

标准差为 σ 时为 $[\bar{x} \pm z_p \sigma]$，其中，z_p 为给定置信概率 p 下的置信因子，通常取 z_p=2～3 ($p \geqslant$ 0.95～0.99)；σ 也可用其大样本的估计 $\hat{\sigma}$ 代替。当数据的标准差 σ 未知时，即在常用的小样本下，已估计出其均值 $\bar{x}$ 和标准差 s，并以 $\bar{x}$ 作为测量结果估计时，测量结果的置信区间为 $\left[\bar{x} \pm t_{n-1,p} s / \sqrt{n}\right]$。因此，给定置信概率 p 的置信区间半宽度时，以均值 $\bar{x}$ 为测量结果的不确定度 U_A 为

$$U_A = t_{n-1,p} s / \sqrt{n} \tag{7.4-47}$$

式中，$t_{n-1,p}$ 是置信概率为 p 的自由度为 $n-1$ 的 t 分布值。

若怀疑数据中可能有异常数据，采用均值和标准差的稳健估计分别表示测量结果和以置信区间半宽度表示的不确定度。设位置和尺度参数的稳健估计分别为 T 和 S，分别用于表示测量结果和不确定度的估计。这时通用的置信区间估计可表示为

$$T \pm t_{0.7(n-1),p} S / \sqrt{n} \tag{7.4-48}$$

或

$$T \pm t_{n-1,p} S / (1.075\sqrt{n}), \quad p \geqslant 0.9 \tag{7.4-49}$$

7.4.3 标准不确定度 B 类评估方法

不确定度的 B 类评估并非直接对现有的重复测量数据经过统计分析而求得，而主要是依据有关的资料、知识和经验等可靠的先验信息，经科学判断得出的评估。直接测量中，单次测量的不确定度与未引起多次重复测量数据随机变动的不确定度分量均需用 B 类评定方法估计其值。不确定度 B 类评估的主要步骤如下。

(1) 分析 B 类评估的不确定度分量，依据专业测量知识、经验以及现有的可靠资料，尽可能列出所有影响测量结果不确定度的主要因素。在一般的测量中，属于 B 类评估的不确定度分量通常有：①被测量本身定义不确切，以及其复现或取样不够完善等造成的不确定度；②基准器件、标准器件或标准物质的量值的不确定度；③引入外来参数的不确定度；④测量原理和测量方法所固有的不确定度；⑤测量环境和控制量偏离标准条件以及不稳定引起的不确定度；⑥在重复测量中不可能或并未重复调整的影响因素所引起的不确定度；⑦系统影响修正后剩余的不确定度等。

(2) 收集 B 类评估的先验信息，针对以上分析所得的需要作 B 类评估的那些影响因素，收集其对测量结果影响值的可靠先验信息，或按如下的优先顺序查询：以往统计分析的测量数据，校准、检定、生产或研制以及其他有关测量准确度方面的证书，国家或部门或专业的有关技术标准、规程、规范等，产品质量或技术说明书，有关的手册、书籍、论文等，利用理论分析所需的资料，专家知识和经验的主观评估等，所作出的某种评估方法求得其有关数值。对这种先验信息宜收集得尽量翔实，尤其需要了解到对测量结果的影响值是如何表示的及其与标准不确定度的关系。

(3) 按上述评估方法直接得到的有关不确定度的数值，通常是对测量结果的某个影响值，需要换算或折算为合成所需的 u_B；同时，预计出可反映其估计效率或准确度的自由度 ν，以便在求得合成不确定度 u_c 之后确定扩展不确定度 U 时应用。

1. B 类评估的方法

不确定度 B 类评估的一般归纳为如下四种方法。

1) 按以往的测量数据的 B 类评估

对于未引起多次重复测量数据随机变动的不确定度分量，可借助于在相同情况下，以往对该影响分量的多次重复测量的数据来评估其不确定度，包括：利用以往的统计分析结果，或以往的测量数据再作统计分析得出的不确定度。根据先验信息（经验或资料及假设）不同的概率分布，用估计的标准差表征。

(1) 若先验信息给出测量结果的概率分布及其置信区间和置信水平，则不确定度为给定置信度区间的半宽度 a 与对应置信水平的包含因子 k 的比值：

$$u_B(x) = a/k \tag{7.4-50}$$

(2) 若先验信息给出测量不确定度 U 为标准差的 k 倍，则标准不确定度 u 为该测量不确定度 U 与倍数 k 的比值：

$$u_B(x) = U/k \tag{7.4-51}$$

(3) 若先验信息给出测量结果的概率分布及其置信区间，则不确定度为该置信区间半宽度 a 与该概率分布置信水平接近 1 的包含因子 k 的比值：

$$u_B(x) = a/k \tag{7.4-52}$$

2) 按现有资料的 B 类评估方法

按现有的有关资料评估主要包括：测量技术说明书、测量器具的校准证书、检定证书、测量技术及测量器具的准确度标准、规范、规程或相应的手册以及有关测量准确度与误差分析的书籍等。在资料中可查找出所需求得的不确定度分量的有关数值，再经过换算而得到其标准不确定度 u_B。实质上，这些数值主要也是依据以往的测量数据统计而得的。利用现有资料进行不确定度的 B 类评估中，最主要的是将所查到的对测量结果的影响值 $\pm W$ 换算为标准不确定度 u_B，以便与 A 类评估的标准不确定度 u_A 合成为总的合成不确定度 u_c。在查到对测量结果的影响值之后，一般需作出如下三方面的评估。

(1) 预计所查出影响值的先验（或主观）概率分布；

(2) 评估影响值在这种主观概率分布意义上相应的标准差，即 B 类标准不确定度 u_B；

(3) 按所查资料的可靠性评估 u_B 的自由度 ν_B。

对于不同专业在不同时期的资料，这三方面的评估也有所不同。通常所查的资料不同，主要影响评估的可靠性，即影响 u_B 的自由度 ν_B。而不论从何种资料所查到的影响值则直接决定了换算的 u_B。按所查到的不同影响值换算 u_c 的方法如下。

(1) 直接查得标准不确定度。若按资料查到的影响值是影响测量结果的标准差 s 或 σ，则直接得到标准不确定度 $u_B=s$ 或 σ。这时可不涉及其先验概率分布。

(2) 查得影响值为几倍标准差。若按资料所查到的影响值 W 已注明或已知其采用几倍标准差 $W=k\sigma$，或查得的是扩展不确定度并注明其包含因子为 k，即 $U=ku$，则标准不确定度为 $u_B=W/k$ 或 U/k。这时也不涉及其先验概率分布，如工业、医药、法制计量等领域。

(3) 查得影响值为置信区间。若按资料所查到的影响值 W 为置信区间的半宽度，且表示出其置信概率 p，或是以给定置信概率 p 的置信区间半宽度表示的扩展不确定度 U_p，则需按其先验概率分布及所给定的置信概率 p 来评估其相应的标准不确定度 u_B。

(4) 查得准确度等级(或精度等级)。对于技术管理规范性较强的那些专业领域，在其规范或规程、标准或相应的资料中所查得的常是不确定度的准确度等级或误差的精度等级。这种情况下就需要根据其相应的标准或规程、规范等，进一步查出与该准确度等级或精度等级对应的不确定度或误差，再换算为标准不确定度 u_B。

(5) 查得影响值界限。在资料中查出的是影响值或误差的界限，包括对称和不对称两种表示形式，即 $\pm a$ 和 $a_-\sim a_+$ 或 $[a_-, a_+]$。一般是 $p=100\%$ 的界限，有时注明为 $p=50\%$ 或 $p\geqslant 99\%$ 的界限。有时给出的 $a_-\sim a_+$ 或 $[a_-, a_+]$ 是被测量测量结果的变化界限，并非对其影响值或误差的界限。在这种情况下，应依据已有知识和经验，分析该影响值或误差宜按何种概率分布处理。以便分析判断出将该影响值或误差换算为标准差的具体方法，通常是

$$u_B = a/k_p \tag{7.4-53}$$

或

$$u_B = (a_+ - a_-)/(2k_p) \tag{7.4-54}$$

且主要是按所设定的先验概率分布及该界限对应的百分比 p 确定上式中的 k_p。当 $[a_-, a_+]$ 表示被测量测量结果 x_i 的变化界限，且其最佳估计 x_i 未必在该界限的中点时，则其上限、下限及标准不确定度可分别表示为

$$\begin{cases} a_+ = x_i + b_+ \\ a_- = x_i - b_- \\ u_B = (b_+ + b_-)/(2k_p) = (a_+ - a_-)/(2k_p) \end{cases} \tag{7.4-55}$$

且 $b_+ \neq b_-$。若有理由假定在界限内的影响值需按非正态分布处理，则应按所假定的非正态分布及所给的 p 确定 k_p。

3) 按机理分析的 B 类评估方法

有些情况下，借助资料无法查出需求得的不确定度，或具体情况与资料阐述的有明显差异，或还未积累可靠的资料等。特别是在研制新型测量器具、提出新测量方法、动态测量等情况中，常需要按照实际的测量原理及具体的测量方法，应用有关准确度或误差的理论分析方法来评估 B 类不确定度。

严格地，理论分析的误差为理论值，即确定值，不具有频率统计意义。例如，系统误差经常采用理论分析法。然而，按机理分析的 B 类评估则是对未确知或不确定的影响因素，利用理论分析求得其影响值的界限 $\pm a$ 或 $[a_-, a_+]$，而实际影响值可能是其中之一。而且影响值在其机理分析界限中的可能性分布也将视具体机理规律而定，也不具频率统计意义，而是一种先验概率分布。因此，按机理分析所得的影响值界限 $\pm a$ 或 $[a_-, a_+]$ 评估其相应的 u_B 时，也涉及需要在假定其先验分布下确定 k_p，且一般 $p=100\%$ 或 $p\geqslant 99\%$。

4) 按有关专家的主观评估

依据专家的知识或经验得出的 B 类不确定度分量。

2. 正态分布的不确定度 B 类评估

B 类不确定度一般可按正态分布评定，此时估计一个临界值 b，估计值 a 以概率 p 落在测量结果 $x\pm b$ 的范围内，即

$$P(a \in [x-b, x+b]) = p \tag{7.4-56}$$

根据 p 的大小，可由 b 算 u，参见表 7-14。

表 7-14 正态时评定 B 类不确定度

临界值 b 的概率 p/%	u 与 b 的关系	临界值 b 的概率 p/%	u 与 b 的关系
50	$u=1.5b$	95	$u=b/2$
68	$u=b$	99	$u=b/2.6$
80	$u=b/1.3$	99.7	$u=b/3$
90	$u=b/1.6$		

3. 非正态分布的不确定度 B 类评估

由于 B 类评估的不确定度分量并非单纯由随机影响引起，有许多是由系统影响或其修正后的剩余影响引起，且 B 类评估方法多数并非现实的统计方法。当非正态分布时，参见表 7-8。在不确定度的 B 类评估中，不仅要处理随机影响，也要处理系统影响。系统影响的规律实际上不具有随机性，由于其影响值与随机影响相当而不加修正，或因对其修正后仍有剩余，或修正量仍具有不确定度等，需按某种概率分布处理而评估其标准差。于是，导致需要按照系统影响的确定性规律确定其相应的概率分布及其标准差。

不确定度的 B 类评估较多按非正态分布处理。t 分布是一种统计量的概率分布，且是多数由正态分布的独立变量构成的小样本统计量的分布。因而由正态分布变量及其线性变换所构成的小样本统计量多可按 t 分布处理。表示扩展不确定度 $U=ku$ 时，包含因子 k 可按 t 分布确定，即按有效自由度 v_{eff} 及置信概率 p 求得 t 分布值 $t_p(v_{\text{eff}})$，令 $k=t_p(v_{\text{eff}})$，$t_p(v_{\text{eff}})$ 近似为

$$t_p(v) = z_p \sqrt{1 + 2/v} \tag{7.4-57}$$

式中，v 为 t 分布的自由度；z_p 为正态分布的置信因子。相应的标准不确定度可评估为

$$u_B = U/t_p(v) \tag{7.4-58}$$

在利用以往的数据、校准或检定证书等评估 B 类不确定度中，常见这种情况。

4. 不确定度 B 类评估的自由度

对于 B 类评定的标准不确定度 u，估计 u 的相对标准差 σ_u 确定自由度为

$$v = 0.5(u/\sigma_u)^2 \tag{7.4-59}$$

式中，σ_u/u 是评定 u 的相对标准差。

自由度在通常情况下为取和的项数减去对总和的约束条件数。实质上，自由度是独立变量数，若有约束条件，则需减去约束条件数。如均值 $\bar{x} = \sum_{k=1}^{n} x_k/n$ 是由样本的 n 个独立个体取和而得，且并无任何约束，即均值的自由度为 n。均值为充分统计量即可充分反映 n 个样本的信息，起到与该样本同样的作用。同时，均值是期望的无偏估计，均值的方差是独立个体方差的直接平均，即 $\sigma_{\bar{x}}^2 = \sigma^2/n$。这些也都说明了均值的自由度为 n。

方差的无偏估计 $\hat{\sigma}^2 = s^2 = \sum_{k=1}^{n}(x_k - \bar{x})^2/(n-1)$ 由 n 项残差平方取和而得。这 n 个残差 $v_k = x_k - \bar{x}$ 却并非 n 个独立变量（因为 $\bar{x}$ 中含有 x_k），而是受到残差之和应为零的限制，即

有一个约束条件 $\sum_{k=1}^{n} v_k = \sum_{k=1}^{n}(x_k - \bar{x}) = 0$。因此该方差估计 s^2 的自由度 $v=n-1$。

无偏性分析表明，s^2 服从自由度 $v=n-1$ 的 χ^2 分布；s 服从自由度 $v=n-1$ 的 χ 分布，即

$$\begin{cases} \chi_v^2 = vs^2/\sigma^2 \\ \chi_v = \sqrt{v}s/\sigma \\ v = n-1 \end{cases} \quad (7.4\text{-}60)$$

实验标准差的误差为 $\sigma_s^2 \approx \sigma^2/(2v)$ 时，不确定度自由度的近似为

$$v \approx (\sigma_u/u)^{-2}/2 \approx (\Delta u/u)^{-2}/2 \quad (7.4\text{-}61)$$

式中，σ_u/u 为不确定度 u 的相对标准差，即不确定度 u 自身的相对不确定度。式(7.4-61)由统计分析而得，可用于确定 u_B 的自由度 v。首先在利用上述各种方法评估 u_B 的同时，还要估计出其相对不确定度 $\Delta u_B/u_B$ 或相对误差，通常多用百分数来表示该相对误差。然后代入式(7.4-61)求得 u_B 的自由度 v。这时所求出的 v 未必是整数，可予以圆整。显然，这样求出的 B 类不确定度 u_B 的自由度 v 同样具有主观性，其可靠性同样取决于赖以评估 B 类不确定度的先验信息的可靠性。具体说，与评估 u_B 所利用的资料(校准或检定证书、技术标准或规程、技术说明书、手册、书籍等)的可靠性有关。

7.4.4 合成不确定度评估

分析各种不确定度来源，对诸分量做出 A 类评估和 B 类评估后，再将这些不确定度分量加以合成，表示测量结果的不确定度即合成标准不确定度。不确定度的合成主要取决于测量模型(被测量与诸影响量的关系)的具体形式、不确定度的传递规律、不确定度分量之间(独立或相关)的关系等三方面要素，参见表 7-15。按 A 类和 B 类方法评估各个分量的标准不确定度后，再按测量模型求得不确定度传递的灵敏系数；按各分量之间的关系求出其相关系数；最后按不确定度的传递公式计算合成标准不确定度，用于合理表征被测量值的分散性，即测量结果的不确定度。

表 7-15 有关分量不确定度事项

项目	内　　容
来源	(1)测量设备(如基准器、仪器)
	(2)测量环境(如温度、湿度、振动、电磁干扰)
	(3)测量人员
	(4)测量方法
	(5)测量对象变化
原则	不遗漏、不增加、不重复
方式	(1)直接对最后结果评定
	(2)直接对来源评定不确定度，再乘以传播系数，求出最后结果影响

测量不确定度一般由若干分量构成，应将分量不确定度综合为合成不确定度 u_c 与总不

确定度 U。若测量结果的分量不确定度可分为：A 类，$s_1, s_2, \cdots, s_n$；B 类，$u_1, u_2, \cdots, u_m$；则合成不确定度如表 7-16 所示。

表 7-16 合成不确定度

情况	方法	合成不确定度表征值	说明
一般公式	方差协方差法	$\sigma = \sqrt{\sum s_i^2 + \sum u_j^2 + 2\sum_{k<l} \rho_{kl}\sigma_k\sigma_l}$	$\rho_{kl}\sigma_k\sigma_l$ 为协方差；ρ_{kl} 为相关系数；σ_k（或σ_l）代 s_i 与 u_j 中任一个
$\rho_{k2}=0$	平方和法	$\sigma = \sqrt{\sum s_i^2 + \sum u_j^2}$	又称和方根法
$\rho_{k2}=1$	线性和法	$\sigma = \sum s_i + \sum u_j$	又称绝对法

若用合成标准不确定度作为被测量 Y 估计值 y 的测量不确定度，则测量结果可表示为

$$Y = y \pm u_c \tag{7.4-62}$$

1. 不确定度的传递规律

合成不确定度评估的理论依据是随机变量的方差传递规律导出的不确定度传递规律。设 y 为被测量的测量结果，则 y 的标准不确定度 u_y 由所有影响 y 的输入量 $\{x_i, i=1, 2, \cdots, m\}$ 的标准不确定度 $\{u_i\}$ 合成而得。若测量模型可表示为 y 依赖于诸输入量 $\{x_i\}$ 的函数，即

$$Y = f(X_1, X_2, \cdots, X_m) \Rightarrow y = f(x_1, x_2, \cdots, x_m) \tag{7.4-63}$$

式中，右端的大写等式表示被测量即输出量 Y 和诸输入量 $\{X_i\}$ 原为不确定性的随机变量关系，经测量后导致其左端等式关系。将上式在各自的估计值点处按 Taylor 级数展开，且略去其二次以上的高阶项后，取其均值和方差，可得方差 σ_y^2 或标准差 σ_y 的传递规律，即

$$\sigma_y^2 = \sum_{i=1}^m C_i^2 \sigma_i^2 + \sum_{\substack{i,j=1 \\ i \neq j}}^m \rho_{ij} C_i \sigma_i C_j \sigma_j \tag{7.4-64}$$

或

$$\sigma_y = \left(\sum_{i=1}^m C_i^2 \sigma_i^2 + \sum_{\substack{i,j=1 \\ i \neq j}}^m \rho_{ij} C_i \sigma_i C_j \sigma_j \right)^{1/2} \tag{7.4-65}$$

式中，$C_i = \left.\dfrac{\partial y}{\partial x_i}\right|_{\{\hat{x}_i\}}$ 为函数 $y=f(x_1, x_2, \cdots, x_m)$ 在与测量结果 y 对应的输入量值 $\{x_i\}$ 点处对 x_i 的偏导数，即输入量 x_i 对输出量 y 的线性化误差传递系数；σ_i^2、σ_i 分别为输入量 x_i 的方差、标准差；ρ_{ij} 为 x_i 与 x_j 的相关系数，根据相关系数的对称性 $\rho_{ij}=\rho_{ji}$，上式右端的相关项为

$$\sum_{\substack{i,j=1 \\ i \neq j}}^m \rho_{ij} C_i \sigma_i C_j \sigma_j = 2 \sum_{i=1}^{m-1} \sum_{j=i+1}^m \rho_{ij} C_i \sigma_i C_j \sigma_j \tag{7.4-66}$$

以相应的标准不确定度 u_y、u_i 替换上式中的标准差 σ_y、σ_i，并以 u_i 与 u_j 的相关系数估计 r_{ij} 代入上式中的相关系数 ρ_{ij}，则上式转变为不确定度传递规律，即合成不确定度的表达式：

$$u_c = u_y = \left(\sum_{i=1}^{m} C_i^2 u_i^2 + \sum_{\substack{i,j=1 \\ i \ne j}}^{m} r_{ij} C_i u_i C_j u_j \right)^{1/2} = \left[\sum_{i=1}^{m} C_i^2 u_i^2 + \sum_{\substack{i,j=1 \\ i \ne j}}^{m} C_i C_j u(x_i, x_j) \right]^{1/2} \quad (7.4\text{-}67)$$

式中，C_i 为不确定度传递的灵敏系数；$u(x_i, x_j)=r_{ij}u_iu_j$ 为 x_i 与 x_j 的协方差估计。当所有不确定度分量之间相互独立或不相关时，即 $r_{ij}=0$，，则上式转变为

$$u_c = \left(\sum_{i=1}^{m} C_i^2 u_i^2 \right)^{1/2} = \left[\sum_{i=1}^{m} u_i^2(y) \right]^{1/2} \quad (7.4\text{-}68)$$

式中，每个输入量的不确定度均折合为输出量 y 的分量，即

$$u_i(y) = |C_i| u_i, \quad i=1,2,\cdots,m \quad (7.4\text{-}69)$$

因此，合成不确定度 u_c 的评估是在已确定测量模型 $y=f(x_i)$ 及已评估各不确定度分量 u_i，$i=1, 2, \cdots, m$ 后，依据不确定度传递规律即按式(7.4-67)或式(7.4-68)求出 u_c。其中关键问题是确定灵敏系数 $\{C_i\}$ 和相关系数 $\{r_{ij}\}$。在具体合成不确定度中，评估中不应漏掉主要的不确定度分量，也不需要计及可舍弃的微小分量，而同样影响因素的不确定度分量则不可重复评估，使评估的合成不确定度具有必要的准确度。在不确定度合成中，还需考虑判别可舍弃的微小不确定度分量问题。

2. 确定灵敏度的方法

不确定度灵敏系数 C 对测量误差或不确定度的形成有重要作用，原则上对测量模型的诸输入量应尽量考虑能达到使其灵敏系数 C_i 为零的最佳状态，至少力争满足灵敏系数小于 1 的有利状态。求灵敏系数的方法有以下几种。

1) 求偏导数法

若已知测量模型 $y=f(x_i)$ 的具体函数形式，利用求偏导数的方法，则灵敏系数为

$$C_i = \left. \frac{\partial y}{\partial x_i} \right|_{\{\hat{x}_i\}}, \quad i=1,2,\cdots,m \quad (7.4\text{-}70)$$

2) 实验法

若测量模型并非以明确的函数形式表示。按灵敏系数 C_i 的定义，还可将其用数值运算的形式表示。设给定输入量 x_i 的任一增量 Δx_i，而其余输入量保持不变，则

$$\begin{cases} C_i \approx \Delta y_i / \Delta x_i \\ \Delta y_i = \left[f(x_1,\cdots,x_i+\Delta x_i,\cdots,x_m) - f(x_1,\cdots,x_i-\Delta x_i,\cdots,x_m) \right]/2 \end{cases} \quad (7.4\text{-}71)$$

或给定输入量 x_i 的不确定度 u_i，而其余输入量保持不变，则

$$\begin{cases} C_i \approx Z_i / u_i \\ Z_i = \left[f(x_1,\cdots,x_i+u_i,\cdots,x_m) - f(x_1,\cdots,x_i-u_i,\cdots,x_m) \right]/2 \end{cases} \quad (7.4\text{-}72)$$

式中，$f(*)$ 只是形式上的表示，未必确知其具体函数。利用这种灵敏系数的数值运算表示形式，可通过拟定适当的实验求得 C_i 的近似值。

3) 机理分析法

测量模型来自测量原理对测量系统和测量过程的机理分析。建模是对实际测量情况的理想化和简化，以反映整个测量过程的本质规律和主要规律。有些情况下，单项不确定度

分量 u_i 通过以往的统计分析或查有关的资料来确定，而对测量结果影响的灵敏系数 C_i 则需应用机理分析法来确定。还有些情况并不建立完整的测量模型，而是应用机理分析法逐项分析评估不确定度分量 $u_i(y)=|C_i|u_i$，$i=1,2,\cdots,m$，即逐项确定灵敏系数 C_i。

3. 可略微小不确定度分量

在不确定度合成中，并非必须合成全部影响量的不确定度分量，其中有些分量属于可略的微小不确定度，合成之前可舍弃这些不确定度分量，而不致影响所要求的评估准确度。不确定度评估的相对准确度不会高于 1%～10%。设不确定度分量为 $\{u_i, i=1,2,\cdots,m\}$，其中，$\{u_{mj}, j=1,2,\cdots,l\}$ 属微小不确定度分量，多数均按不相关处理，则合成不确定度评估为

$$\varepsilon_u = (u_\Sigma - u_c)/u_\Sigma \leqslant (1\sim 10)\% \tag{7.4-73}$$

式中

$$\begin{cases} u_\Sigma = \left(\sum_{i=1}^{m} u_i^2\right)^{1/2} \\ u_c = \left(u_\Sigma^2 - u_{mic}^2\right)^{1/2}, \quad u_{mic} = \left(\sum_{j=1}^{l} u_{mj}^2\right)^{1/2} \end{cases} \tag{7.4-74}$$

对于一般评估准确度，$\varepsilon_u=5\%$；在低评估准确度下，$\varepsilon_u=10\%$；在高评估准确度要求时，$\varepsilon_u=1\%$；由此可分别得判别微小不确定度的 $u_{mic}/u_\Sigma\leqslant 1/3$、$1/2$、$1/7$ 原则。

在极特殊的全相关情况下，应按直接取和的方法合成，则

$$u_{mic}/u_\Sigma \leqslant 1/10 \tag{7.4-75}$$

即判别微小不确定度的 1/3～1/10 原则。u_Σ 一般未知，且大多接近最大不确定度分量 u_{max}。实用中多用 u_{max} 近似替代 u_Σ 来判别微小不确定度。

7.4.5 扩展不确定度评估

一般物理量的测量结果，用合成不确定度表示。在工业、商业、医疗和医药领域及法制计量等需用扩展不确定度来表示，以判别质量合格与否，即是否在允许的界限内。合成不确定度一般对应于置信概率 $p=0.68$。为提高置信水平，应加大置信概率，取总不确定度 U 为合成不确定度 σ 乘置信因子 k：

$$U = k\sigma \tag{7.4-76}$$

由于多数情况下直接确定的均为扩展不确定度分量 U_i，因而也可直接按扩展不确定度分量 U_i 合成扩展不确定度 U。

不确定度的传递规律如下：

$$\begin{cases} u_c = \left(\sum_{i=1}^{m} C_i^2 u_i^2\right)^{1/2} = \left(\sum_{i=1}^{m} u_i^2(y)\right)^{1/2} \\ u_i(y) = |C_i|u_i, \quad i=1,2,\cdots,m \end{cases} \tag{7.4-77}$$

令扩展不确定度分量为 $U_{yi} = k_i u_i(y) = k_i |C_i| u_i$,而合成后扩展不确定度为 $U = k u_c$,可得

$$U^2 = k^2 u_c^2 = k^2 \sum_{i=1}^{m} u_i^2(y) = k^2 \sum_{i=1}^{m} U_{yi}^2 / k_i^2 \tag{7.4-78}$$

式中,$\{k_i, i=1, 2, \cdots, m\}$ 已按诸不确定度分量的概率分布及置信概率确定,即为直接按扩展不确定度合成的基本公式。于是,关键就转化为确定合成后的包含因子 k。

对于诸输入分量均具有正态性,且给定相同置信概率下,即 $k_i = k$,式(7.4-78)简化为

$$U^2 = \sum_{i=1}^{m} U_{yi}^2 \tag{7.4-79}$$

对于输入分量中存在较大的非正态分布分量时,合成分布可能呈现非正态性。这时若按式(7.4-79)评估扩展不确定度 U,则易偏离实际情况而欠准确,需对其进行必要的修正。通常乘以修正因子 κ,即

$$U = \kappa \sqrt{\sum_{i=1}^{m} U_{yi}^2} \tag{7.4-80}$$

式中,κ 视分量分布偏离正态分布的情况而定。

存在相关性输入分量时,只需对式(7.4-78)~式(7.4-80)附加相应的相关项,即

$$U = k \sqrt{\sum_{i=1}^{m} U_{yi}^2 / k_i^2 + \sum_{\substack{i,j=1 \\ i \neq j}}^{m} r_{ij} (U_{yi}/k_i)(U_{yj}/k_j)} \tag{7.4-81}$$

$$U = \sqrt{\sum_{i=1}^{m} U_{yi}^2 + \sum_{\substack{i,j=1 \\ i \neq j}}^{m} r_{ij} U_{yi} U_{yj}} \tag{7.4-82}$$

$$U = \kappa \sqrt{\sum_{i=1}^{m} U_{yi}^2 + \sum_{\substack{i,j=1 \\ i \neq j}}^{m} r_{ij} U_{yi} U_{yj}} \tag{7.4-83}$$

或对弱相关项近似按不相关处理,对于强相关项预先将两两相关的分量归并成一个独立分量处理。因而,实用中更多应用式(7.4-78)~式(7.4-80)。

合理评估扩展不确定度 U 的关键是确定包含因子 k。扩展不确定度评估涉及确定合成概率分布,与给定置信概率有关。$U = k u_c$ 需合理确定包含因子 k,以模糊包含合成分布与置信概率两方面的信息,一般取 $k=2\sim 3$。

7.5 测量数据的分析与处理

被测量是测量器具或测量系统的输入量,即被测信号或测量信号,测量结果为测量系统的输出量,包含干扰、噪声或影响量等非本质因素的影响[28-36]。对于一般测量数据,应考虑其含有所有可能组成成分,其模型可表示为

$$Z(t) = Y(t) + \Delta(t) + \varepsilon(t) = f(t) + \xi(t) + \Delta(t) + \varepsilon(t) = d(t) + h(t) + \xi(t) + \Delta(t) + \varepsilon(t) \tag{7.5-1}$$

式中,$Z(t)$ 为测量数据;$Y(t)$ 为被测量;$\Delta(t)$ 为系统影响;$\varepsilon(t)$ 为随机影响;$f(t)$ 为被测量的确定性函数;$\xi(t)$ 为被测量的随机函数;$d(t)$ 为非周期性函数;$h(t)$ 为周期性函数。

在数学成分上，一般测量数据 $Z(t)$ 可分解为确定性函数 $g(t)$ 和随机函数 $\zeta(t)$，即
$$Z(t) = g(t) + \zeta(t) \tag{7.5-2}$$
由式(7.5-1)，可知
$$\begin{cases} g(t) = f(t) + \Delta(t) \\ \zeta(t) = \xi(t) + \varepsilon(t) \end{cases} \tag{7.5-3}$$

一般测量数据由被测量值与影响量的系统影响值和随机影响值组成。因此，测量数据的类型由被测量类型及系统影响类型和随机影响类型的组合而成，其中，被测量有常量、确定性变量、平稳过程、非平稳过程、确定性变量和平稳过程、确定性变量和非平稳过程等 6 种；影响量的系统影响有已修正(不考虑有显著系统影响)、常量和(确定性的)变量等 3 种；随机影响有随机变量、白噪声、平稳过程和非平稳过程等 4 种。对于评估测量结果及其不确定度而言，就是识别并提取出被测量的测量结果，而分离或抑制影响量的系统影响和随机影响，必要时需排除粗大误差影响的异常数据。

7.5.1 最小二乘法

19 世纪，Legendre 和 Gauss 创立经典统计处理方法，最小二乘法对几个待求未知量的函数测量，通过测得的几个函数值解方程，可求出待求未知量。当方程数目多于未知数时，要用最小二乘法。最小二乘法是测量最佳值在各测量值(其权 p_i)与最佳值之差 v_i 平方与 p_i 之积的总和为最小下求出的方法，即满足：
$$\sum p v^2 = \min \tag{7.5-4}$$

由此延拓和扩展出各种范数准则和最小距离准则的一般最小差距的统计处理方法。最小二乘法可用于常量和变量测量的数据处理，尤其适用于拟合模型。

1. 常量测量模型

设常量重复测量数据为 y_k，$k=1, 2, \cdots, n$，模型为 $y_k = c + \varepsilon_k$，其中 c 为被测常量；ε_k，$k=1, 2, \cdots, n$ 为随机测量误差，且假定其为零均值和方差为 ε_k^2 的独立等同概率分布。对该数据用最小二乘法估计被测常量，按拟合误差平方和最小准则处理数据得出的估计，即最小化所得的被测常量估计 $\hat{c}$ 为
$$Q = \sum_{k=1}^{n} \varepsilon_k^2 = \sum_{k=1}^{n}(y_k - c)^2 \Rightarrow \min \tag{7.5-5}$$

显然，视 Q 为待估参数 c 的函数，且令其导数为 0，即可解得最小二乘估计 $\hat{c}$，即
$$\hat{c}_{\text{LS}} = \sum_{k=1}^{n} \frac{y_k}{n} \tag{7.5-6}$$

式中，下标 LS 表示最小二乘。$\hat{c}_{\text{LS}} = \overline{y}$，即常量重复测量数据的最小二乘估计、最大似然估计与矩估计均为样本均值，都具有无偏性、一致性、有效性及渐近正态性。测量的随机误差估计 $\hat{\varepsilon}_k = y_k - \hat{c}_{\text{LS}} = y_k - \overline{y}$，$k=1, 2, \cdots, n$，$n$ 称为残差或剩余误差，可用其样本标准差 $s_{\hat{\varepsilon}}$ 来表征，即

$$s_\varepsilon = \left[\sum_{k=1}^{n} \frac{(y_k - \hat{c})^2}{n-1} \right]^{1/2} = \left[\sum_{k=1}^{n} \frac{(y_k - \overline{y})^2}{n-1} \right]^{1/2} = \frac{Q}{n-1} \tag{7.5-7}$$

2. 单变量线性模型

当数据为 (x_k, y_k)，$k=1, 2, \cdots, n$ 时，单变量线性模型为

$$y_k = \beta_0 + \beta_1 x_k + \varepsilon_k \tag{7.5-8}$$

式中，x_k 是自变量，在该式中是给定值；线性模型的系数 (β_0, β_1) 为待估参数；ε_k 为随机误差。(β_0, β_1) 的最小二乘估计就是按拟合误差即残差平方和最小的准则也称最小二乘准则确定其估计 $(\hat{\beta}_0, \hat{\beta}_1)$，即

$$Q = \sum_{k=1}^{n} \varepsilon_k^2 = \sum_{k=1}^{n} (y_k - \beta_0 - \beta_1 x_k)^2 \Rightarrow \min \tag{7.5-9}$$

即令 Q 对 $(\hat{\beta}_0, \hat{\beta}_1)$ 的两个偏导数为 0 下求解 $(\hat{\beta}_0, \hat{\beta}_1)$，则单变量线性模型的参数的最小二乘法估计为

$$\begin{cases} \hat{\beta}_0 = \overline{y} - \hat{\beta}_1 \overline{x} = \overline{y} - \overline{x} \dfrac{\sum_{k=1}^{n}(x_k - \overline{x})(y_k - \overline{y})}{\sum_{k=1}^{n}(x_k - \overline{x})^2} \\[2mm] \hat{\beta}_1 = \dfrac{\sum_{k=1}^{n} x_k y_k - n \overline{x}\overline{y}}{\sum_{k=1}^{n} x_k^2 - n \overline{x}^2} = \dfrac{\sum_{k=1}^{n}(x_k - \overline{x})(y_k - \overline{y})}{\sum_{k=1}^{n}(x_k - \overline{x})^2} \end{cases} \tag{7.5-10}$$

其随机误差估计为 $\hat{\varepsilon}_k = y_k - \hat{\beta}_0 - \hat{\beta}_1 \overline{x}_k$，$k=1, 2, \cdots, n$，且以其样本标准差 s_ε 为表征。

给定数据 (x_k, y_k)，$k=1, 2, \cdots, n$，采用最小二乘法拟合式(7.5-8)的线性模型，估计出一条直线 $\hat{y} = \hat{\beta}_0 + \hat{\beta}_1 \overline{x}_k$，其中 $\hat{\beta}_0$ 为截距估计，$\hat{\beta}_1$ 为斜率估计，所有数据点至该直线的距离(即残差)的平方和最小，即最小二乘模型或最小二乘直线。这种单变量线性模型的最小二乘拟合也即一元线性回归分析方法。

3. 多变量线性模型

若多变量数据为 $\{x_{1k}, x_{2k}, \cdots, x_{mk}; y_k\}$，$k=1, 2, \cdots, n$，则拟合的多元线性模型为

$$y_k = \beta_0 + \sum_{j=1}^{m} \beta_j x_{jk} + \varepsilon_k \tag{7.5-11}$$

式中，β_j，$j=0, 1, \cdots, m$ 为 $m+1$ 个待估参数；x_{jk}，$j=0, 1, \cdots, m$；$k=1, 2, \cdots, n$ 为 m 个已给定值的变量，同样还可以是另一变量的函数值；ε_k，$k=1, 2, \cdots, n$ 为零均值和方差为 σ_ε^2 的独立等同概率分布的随机误差。多变量线性模型就是在最小化条件下该模型参数的最小二乘估计 $\hat{\beta}_j$，$j=0, 1, \cdots, m$，即

$$Q = \sum_{k=1}^{n} \varepsilon_k^2 = \sum_{k=1}^{n} \left(y_k - \beta_0 - \sum_{j=1}^{m} \beta_j x_{jk} \right)^2 \Rightarrow \min \tag{7.5-12}$$

令在 Q 对 $\hat{\beta}_j$，$j=0,1,\cdots,m$ 的 $m+1$ 个偏导数为 0 下求解其最小二乘估计：

$$\begin{cases} \dfrac{\partial Q}{\partial \hat{\beta}_0} = -2\sum_{k=1}^{n}\left(y_k - \hat{\beta}_0 - \sum_{j=1}^{m}\hat{\beta}_j x_{jk}\right) = 0 \\ \dfrac{\partial Q}{\partial \hat{\beta}_j} = -2\sum_{k=1}^{n} x_{jk}\left(y_k - \hat{\beta}_0 - \sum_{j=1}^{m}\hat{\beta}_{ji} x_{jk}\right) = 0,\quad j=1,2,\cdots,m \end{cases} \quad (7.5\text{-}13)$$

经整理后得正规方程为

$$\begin{cases} \hat{\beta}_0 = \sum_{k=1}^{n}\dfrac{y_k}{n} - \sum_{j=1}^{m}\hat{\beta}_j \sum_{k=1}^{n}\dfrac{x_{jk}}{n} = \bar{y} - \sum_{j=1}^{m}\hat{\beta}_j \bar{x}_j \\ \hat{\beta}_0 \sum_{k=1}^{n} x_{ik} + \sum_{j=1}^{m}\hat{\beta}_j \sum_{k=1}^{n} x_{ik} x_{jk} = \sum_{k=1}^{n} x_{ik} y_k,\quad i=1,2,\cdots,m \leqslant n \end{cases} \quad (7.5\text{-}14)$$

7.5.2 测量数据的现代统计处理方法

为适应测量数据处理的模型化、动态化(如测量变量的动态系统输出)、非正态性、非线性、非平稳性、稳健性、自适应性等特点，最小二乘法扩展至一般最小差距法(包括各种最小范数准则或最小距离准则等)；采用稳健性统计处理方法；应用熵分析及最大熵或最小互熵等熵优化方法；充分利用现实数据及已有经验信息的 Bayes 统计量处理方法；适用于动态化、时变性、非平稳性的自适应统计处理方法；借助计算机作仿真数值分析解决各种难题的方法；以及基于统计学习理论基础上的、适用于小样本下的支持向量机方法等。

1. 稳健统计法

在统计推断中，数据多假定为正态性样本，若实际情况与原假定稍有偏离或有不大的差异时，所用的统计处理方法的统计推断结果只有相应的较小改变，仍能基本上具备原有的良好统计特性，而不至失效，具有这种特性的统计方法称为稳健统计。

1) 污染程度的度量指标

稳健性是对污染给定统计模式的抗拒能力，尤其是抗拒粗差影响的能力，有时也称抗差性。对稳健性的评价与污染程度和污染影响程度均有关。反映污染程度的度量指标如下。

(1) 污染率 ζ：设对于被测量 X 的概率分布和分布密度的模式原假定为 $P_0(x)$ 和 $p_0(x)$。若 X 的 n 个测量数据中有 ζn 个是受粗差影响的异常数据，即原概率分布有 $100\%\zeta$ 受到了污染，这种污染也包含舍入误差或成群干扰等所造成数据中的附加部分，并设这种干扰的概率分布和分布密度为 $P_d(x)$ 和 $p_d(x)$，则受污染后的实际数据的概率分布和分布密度可表示为混合概率分布模型，也称污染模型，即

$$\begin{cases} P_\zeta(x) = (1-\zeta)P_0(x) + \zeta P_d(x) \\ p_\zeta(x) = (1-\zeta)p_0(x) + \zeta p_d(x) \end{cases} \quad (7.5\text{-}15)$$

式中，ζ 是污染率，即污染的比重，且 $0 \leqslant \zeta \leqslant 1$；$P_d(x)$ 和 $p_d(x)$ 也称为扰动概率分布和分布密度，且与原假定概率分布模式 $P_0(x)$ 和 $p_0(x)$ 不同。对于只有一个异常数据可用 δ 函数表示，即 $P_d(x) = \delta(x)$。显然该式的后项可同时反映出污染比例和大小。

(2) 估计量 $\hat{\theta}$ 的偏差和方差，以其最大值为反映污染影响程度的指标：

$$\begin{cases} 最大偏差: & b_M(\zeta) = \sup\left|\hat{\theta}(P_\zeta) - \hat{\theta}(P_0)\right| \\ 最大方差: & V_M(\zeta) = \sup V(\hat{\theta}, P_\zeta) \end{cases} \quad (7.5\text{-}16)$$

式中，$\hat{\theta}(P_\zeta)$ 和 $\hat{\theta}(P_0)$ 分别表示污染概率分布和原假定概率分布下的估计量；$V(\hat{\theta}, P_\zeta)$ 为污染概率分布下的估计量方差。

2) 稳健性的评价指标

评价稳健性的主要度量指标如下。

(1) 整体度量指标(崩溃点 ζ_M)是不致使统计推断结果遭到破坏性影响，即崩溃的最大污染率(崩溃点或破坏点) ζ_M；污染率超过 ζ_M 会使统计推断结果无效。对于稳健估计，当 n 个数据中超过 k 个异常数据就使估计值无效，则 $\zeta_M = k/n$。可用估计量偏差简化表示崩溃点：

$$\zeta_M = \sup\left[\zeta | b_M(\zeta) < b_M(\zeta = 1)\right] \quad (7.5\text{-}17)$$

式中，$b_M(\zeta=1)$ 表示遍取所有可能的概率分布下估计量的最大偏差，显然这是所有最大偏差，甚至为 ∞。可见，崩溃点 ζ_M 为最大允许污染率。估计量的 ζ_M 越大越稳健，也越可靠。因此，崩溃点 ζ_M 可反映估计方法整体的稳健性好坏。

(2) 局部度量指标：由两种分别由偏差和方差所定义的等价的函数而派生。影响函数表示数据列中的一个数据对估计量偏差的影响程度。对于离散的有限样本常用敏感曲线表示：

$$SC(x) = n\left[\hat{\theta}_n(x_1, x_2, \cdots, x_{n-1}, x) - \hat{\theta}_{n-1}(x_1, x_2, \cdots, x_{n-1}, x)\right] \quad (7.5\text{-}18)$$

一般情况采用影响函数：

$$\text{IF}(x) = \lim_{\zeta \to 0}\left[\hat{\theta}(P_\zeta(x)) - \hat{\theta}(P_0(x))\right]/\zeta \quad (7.5\text{-}19)$$

式中，$P_\zeta(x) = (1-\zeta)P_0(x) + \zeta\delta(x)$。污染概率分布表示只考察一个数据对概率分布的影响，而该数据的影响反映在其 ζ 上(离散型为 $1/n$，对于异常数据即为污染率)，并在考虑其造成估计量偏差时除以 ζ，以消去其差别。同时考虑到连续性而取 $\zeta \to 0$ 下的极限。通常以 $\text{IF}(x)$ 的最大绝对值 IF_M 来反映一个污染的异常数据对估计量的最大影响率或粗差敏感度。还可派生出最大影响梯度，以反映成群小误差污染下的影响程度；淘汰点即数据数值超过该点后就对估计值毫无影响，即上述有界影响函数在 $\pm|x_e|$ 淘汰点之外 $\text{IF}(x_e)=0$。

方差变化函数定义为

$$\text{CV}(x) = \lim_{\zeta \to 0}\left[V(\hat{\theta}, P_\zeta(x)) - V(\hat{\theta}, P_0(x))\right]/\zeta \quad (7.5\text{-}20)$$

以 $\text{CV}(x)$ 的最大值 CV_M 为指标，即方差最大变化率。影响函数与方差变化函数等价，存在如下关系：

$$V(\hat{\theta}, P_\zeta(x)) = \int \text{IF}^2(x; \hat{\theta}, P_\zeta(x)) p_\zeta(x) \mathrm{d}x \quad (7.5\text{-}21)$$

式中，$\text{IF}(x; \hat{\theta}, P_\zeta(x))$ 表示在污染概率分布下估计量的影响函数。

2. 熵分析

1854 年，Clausius 将熵引进热力学中，将热力学状态函数称为熵。1948 年，Shannon 在创立信息论时，引入表示信息不确定性的信息熵。一个不确定性的离散型信息源可表示为离散随机变量 $X = x_1, x_2, \cdots, x_n$，这些值互不相容，即 $P(x=x_i \cap x=x_j)=0$，$i \neq j$，取值概率分别

为 $p_1, p_2, \cdots, p_n$，且 $\sum_{i=1}^{n} p_i = 1$。Shannon 信息论中给出其唯一性度量，即离散型熵定义为

$$H(X) = H(p_1, p_2, \cdots, p_n) = -k \sum_{i=1}^{n} p_i \log p_i \tag{7.5-22}$$

式中，k 为常数，多取 $k=1$。一般约定与必然事件对应的完全确定性量的取值概率为 1，熵为 0。因此，熵是对信息源或随机变量或与之相应的某事件的不确定性程度的唯一性度量，熵表示平均信息量，即熵是作为分析不确定性信息的一个主要参数。试验结果的不确定性可通过分析熵来度量，测量结果及其估计值的不确定性也可用其熵来作为唯一度量。

对于连续型信息源或连续随机变量 X，设其概率分布密度为 $p(x)$，熵定义为

$$H(X) = H[p(x)] = -\int_{-\infty}^{\infty} p(x) \log p(x) \mathrm{d}x = -E[\log p(x)] \tag{7.5-23}$$

即连续随机变量分布密度倒数的对数的期望为熵。从极限意义上按式 (7.5-23) 求连续随机变量的平均信息量：

$$-\lim_{\Delta x \to 0} \sum_{i=-\infty}^{+\infty} p(x_i) \Delta x \log[p(x_i) \Delta x] = H(X) + \lim_{\Delta x \to 0} \log(1/\Delta x) \tag{7.5-24}$$

式 (7.5-24) 表明，连续随机变量的熵 $H(X)$ 并非平均信息量，只在相对意义下才具有信息量或度量不确定性的特征，所以称为相对熵。

不确定性信息指的是表现为随机变量的信息，是在概率意义下的不确定性，即信息熵称为随机变量熵或概率分布熵。

熵是随机变量取值不确定性的一种度量，测量不确定度是用于表征被测量的值在随机因素影响下的分散性的参数，并以重复测量数据列的标准差 s 即标准不确定度 u 或再乘以包含因子 k 的扩展不确定度 $U=ku$ 来评定。一维概率分布的熵有如下形式：

$$H(X) = \ln(2k_\mathrm{e} \sigma) = \ln(2k_\mathrm{e} u) = \ln(2U) \tag{7.5-25}$$

式中，k_e 为与概率分布形式有关的常数，即熵包含因子；σ 为随机变量的标准差，相当于标准不确定度 u，$k_\mathrm{e}u$ 相当于扩展不确定度 U，只要 $2U$ 能包含 0.9～0.99 以上的分布范围。

两个信息源之间的关联性或随机变量 X 和 Y 之间的相关性应反映在其互信息 $I(X, Y)$ 和 $I(Y, X)$ 上。为了像相关系数那样加以归一化，定义以下一种度量关联性的系数：

$$\begin{cases} R(X|Y) = \dfrac{I(X,Y)}{H(X)} \\[4pt] R(Y|X) = \dfrac{I(Y,X)}{H(Y)} \\[4pt] R(X,Y) = \dfrac{I(X,Y) + I(Y,X)}{H(X) + H(Y)} \end{cases} \tag{7.5-26}$$

熵优化方法 (Entropy Optimization Method，EOM) 是 MEM、MCEM 以及其他最优化熵方法的统称。已知有限分布范围下的最大熵概率分布为均匀分布，即无先验信息下，按最不确定性原则所确定的为均匀分布，故均匀分布常视为无先验信息下的先验分布。因而，未给定先验分布下可等价于先验分布即均匀分布：

$$H(p:p_\pi)=\sum_{i=1}^n p_i\log\left(\frac{p_i}{p_{\pi i}}\right)=\sum_{i=1}^n p_i\log(np_i)=n+\sum_{i=1}^n p_i\log(p_i)=n-H(p) \qquad (7.5\text{-}27)$$

随机变量 X(其概率分布简记为 p)的熵 $H(p)=H(X)$ 越大,则互熵 $H(p:p_\pi)$ 越小。

熵优化方法主要是熵 E 或广义熵 GE、互熵 CE 或广义互熵 GCE、约束条件 s.t.、先验分布 p_π、后验分布 p_h 等要素的组合应用,其中前两项是求解中使之最大化或最小化的准则依据,后三项则是已知信息和待求信息,即给定其中任何两项而求解第三项。同时考虑最大熵与最小互熵的一致性,可将其统一为最小差距原理,差距是以互熵定义的,即

$$\min_p d_E(p,U)=\min_p H(p:U)\Leftrightarrow \max H(p) \qquad (7.5\text{-}28)$$

式中,U 表示均匀分布,即最大熵先验分布。

3. Bayes 统计处理法

Bayes 统计分析在估计与检验的理论基础上,运用了计及后效的统计决策理论,使现代统计分析更加扩展了其应用领域及范围。Bayes 统计分析方法尤其适于小样本的统计分析。Bayes 统计分析方法合乎测量结果及其不确定度(特别是 B 类不确定度)评估的需要。在重复测量的现有数据列中,通常指含有测量不确定度的部分信息,采用其统计分析所得仅为 A 类不确定度。许多 B 类不确定度均需要靠经验信息及先验概率分布来作出评估。何况测量结果有时也需既用现有数据又用过去的数据或以往的评估结果合起来作出评估。

Bayes 统计分析方法将所需统计推断的对象均视为具有随机性,不仅依据现有的样本信息,而且利用以往的经验和资料等积累所得有关该对象的先验信息,既运用基于频率的概率分布,也使用基于信任度的主观概率及先验分布。Bayes 统计分析的基本理论依据是 1763 年 Bayes 公式或 Bayes 定理及 Bayes 假设,即无先验信息下按所有信息等可能性假设。

(1) 所需统计推断的总体 X 的未知参数 θ 视为随机变量,在多参数下为随机向量 $\boldsymbol{\theta}$。

(2) 利用所获得有关该参数 θ 的先验信息确定其先验分布 $p_\pi(\theta)$,$\theta\in\Theta$,Θ 为参数空间。该先验分布与现有样本无关。

(3) 为了取得 θ 的现有信息而对总体 X 作随机抽样取得样本 $\boldsymbol{x}=(x_1,x_2,\cdots,x_n)^T$,显然其中含有 θ 的现有信息。设样本 $\boldsymbol{x}$ 与参数 θ 的联合概率分布密度为 $p(\boldsymbol{x},\theta)$,给定 θ 的现有信息条件下,该联合概率分布就退变为 $\boldsymbol{x}$ 对 θ 的条件分布密度 $p_X(\boldsymbol{x}|\theta)$。最大似然原理表明,该条件分布密度即为样本联合分布密度,也称似然函数,即 $p_X(\boldsymbol{x}|\theta)=L(\boldsymbol{x},\theta)$。则

$$p(\boldsymbol{x},\theta)=p_X(\boldsymbol{x}|\theta)p_\pi(\theta)=L(\boldsymbol{x},\theta)p_\pi(\theta) \qquad (7.5\text{-}29)$$

(4) 据以统计推断的综合了样本信息与先验分布的后验分布:

$$p_h(\theta|\boldsymbol{x})=p_X(\boldsymbol{x}|\theta)p_\pi(\theta)/p_X(\boldsymbol{x}) \qquad (7.5\text{-}30)$$

采用式 (7.5-29) 的联合分布的 $\boldsymbol{x}$ 边缘分布可表示为

$$p_h(\theta|\boldsymbol{x})=p_X(\boldsymbol{x}|\theta)p_\pi(\theta)\Big/\int_\Theta p_X(\boldsymbol{x}|\theta)p_\pi(\boldsymbol{x})\mathrm{d}\theta \qquad (7.5\text{-}31)$$

该式表示 θ 的后验分布与先验分布之间的关系合乎 Bayes 定理。

(5) 利用式 (7.5-31) 的后验分布对 θ 进行统计推断。例如,取 θ 的后验分布的期望或某种广义期望作为参数估计,或取其后验分布密度达到最大值的最大后验估计等。又如,利用给定置信概率下后验分布的上、下界限形成的置信区间作为区间估计。特别是在统计决策中,还可进一步扩展其应用,且能取得很好的效果。

Bayes 统计推断的主要特点就在于将以往的资料、经验以及直观分析与预测等先验信息，以表现为先验分布的形式纳入统计推断中。于是，即使在无样本下，也能按先验分布做出统计推断，在取得现实样本后，按似然函数与先验分布乘积为核心的(其余因子与θ无关)后验分布做出统计推断。这样的统计推断方法，有利于进一步提高统计推断的准确度和可靠性。尤其适于只可能取得单一样本或小量样本下，仅有先验信息可依的情况。

充分利用先验信息是合理确定先验分布的基础，先验分布的确定方法类同于一般概率分布估计方法，需确定其分布形式，再求得其分布参数，常称超参数，参见表 7-17。

表 7-17 先验分布 $p_\pi(\theta)$ 的确定方法

先验信息	确定方法	说 明	应 用
主观经验	主观直方图法	按经验确定θ取值各子区间的主观概率形成的直方图	缺拖尾信息，适于有限分布
	相对似然法	比较θ的若干给定取值的相对可能性构成其分布	常用，拖尾难定，需规范化
	假定典型分布法	选定与经验信息最接近的典型概率分布	常用，易无用，分布参数难定
	配置累积分布法	按经验确定若干分位点坐标构成其累积分布	难匹配典型分布
无信息	Bayes 假设	按同等无知或无所偏好的等可能性原则取均匀分布	常需规范化，未必有不变性
	Jefferys 原理	按不变性要求取正比于 Fisher 信息量的平方根的分布	合理，常需规范化
部分信息	最大熵方法	取以部分先验矩或分位数为约束下的最大熵分布	合理，有时不存在该分布
以往数据或现有数据(边缘分布)	最大似然法	选定先验分布类条件下，求边缘分布参数最大似然估计	应合理给定先验分布类
	样本矩法	按先验分布于边缘分布各阶矩关系并以样本矩表示	应合理给定先验分布类
	最小距离法	按最小差距即最小互熵准则借边缘分布估计先验分布	合理，需用最优化算法
互信息原理	极大数据信息法	按互信息或广义最大熵原理估计先验分布	合理，需用最优化算法
共轭原理	共轭先验分布法	利用关于样本分布的先验与后验的共轭分布族	简便，但已知共轭分布有限

1) Bayes 估计的基本方法

Bayes 估计包含参数的点估计和区间估计，主要特点：视待估参数θ为随机变量，而充分利用其以往所积累的先验信息而确定的先验分布$p_\pi(\theta)$，经过现有数据所含有信息即样本的似然函数$p_X(x|\theta)$的调整或修正，而求得其后验分布$p_h(\theta|x) \propto p_\pi(\theta) p_X(x|\theta)$，即给定样本数据下$\theta$的条件分布，最终按其后验分布作出该参数的点估计和区间估计。后验分布以先验信息与现实样本信息相结合所求出的，或利用已知的先验分布对现有样本的似然函数加权修正。Bayes 估计主要采用后验分布作参数估计，在力求利用参数的先验分布和样本的似然函数求得其后验分布之后，主要估计方法有：使后验分布密度达到最大值的最大后验估计；取后验分布的某种期望作估计的后验期望估计或条件期望估计。区间估计则直接采用给定置信概率下相应后验分布的置信区间。

(1) 求后验分布的基本方法。

对于 Bayes 估计，按所得先验信息确定先验分布下，经样本条件分布调整后求得后验分布，就已进行了 Bayes 估计的关键性步骤。下一步就是按实际需要选定损失函数，在最小后验风险准则下，利用所得的后验分布求出 Bayes 估计。

直接方法是按式(7.5-30)的 Bayes 公式可得后验分布：

$$p_h(\theta|\boldsymbol{x}) = \frac{p_X(\boldsymbol{x}|\theta)p_\pi(\theta)}{\int_\Theta p_X(\boldsymbol{x}|\theta)p_\pi(\theta)\mathrm{d}\theta} \propto p_X(\boldsymbol{x}|\theta)p_\pi(\theta) \tag{7.5-32}$$

利用充分统计量方法,设 $\boldsymbol{X}=(X_1,\cdots,X_n)$ 为总体 $X\sim p(x)$ 样本,参数估计统计量 $\hat{\theta}=T(\boldsymbol{X})$ 含参数的全部信息,即充分统计量 $T_s(\boldsymbol{X})$。充分统计量的分布 $T_s(\boldsymbol{X})\sim p_T(t_s)$ ($t_s=T_s(\boldsymbol{X})$ 为具体样本值下充分统计量取值)含样本分布 $p_X(\boldsymbol{x}|\theta)$ 中 θ 的全部信息。该特性可应用于后验分布:

$$\begin{cases} p_h(\theta|\boldsymbol{x}) = p_\pi(\theta)p_X(\boldsymbol{x}|\theta)/m(\boldsymbol{x}) = p_\pi(\theta)p_T(t_s)/m(t_s) = p_h(\theta|t_s) \\ m(\boldsymbol{x}) = \int_\Theta p_X(\boldsymbol{x}|\theta)p_\pi(\theta)\mathrm{d}\theta \\ m(t_s) = \int_\Theta p_T(t_s)p_\pi(\theta)\mathrm{d}\theta \end{cases} \tag{7.5-33}$$

按样本分布 $p_X(\boldsymbol{x}|\theta)$ 利用已知的共轭分布知识,同时确定 θ 的先验分布 $p_\pi(\theta)$ 和后验分布 $p_h(\theta|\boldsymbol{x})$ 的共轭分布。当遇到估计正态分布总体 $X\sim N(\mu,\sigma^2)$ 的参数时,若已知 σ^2 需估计 μ,则取其先验分布为 $N(\mu_0,\sigma_0^2)$,即得其后验分布为 $N(\mu_h,\sigma_h^2)$。若已知 μ 需估计 σ^2,同理取其先验分布为 $\mathrm{I\Gamma}(g_0,h_0)$,即得其后验分布为 $\mathrm{I\Gamma}(g_0+S/2,h_0+n/2)$。在无先验信息下,可求得常见总体分布参数的后验分布,参见表 7-18。

表 7-18 无先验信息下常见总体分布参数的后验分布

参 数	无信息先验分布	后验分布核
正态分布均值 μ(已知 σ)	c(常数)	$e^{-n(\mu-\bar{x})^2/(2\sigma^2)}$
正态分布标准差 σ(已知 μ)	σ^{-1}	$\sigma^{-(n+1)}e^{-\sum_{i=1}^n(x_i-\mu)^2/(2\sigma^2)}$
正态分布均值 μ 和标准差 σ	σ^{-1}	$\sigma^{-(n+1)}e^{-\left[n(\mu-\bar{x})^2-\sum_{i=1}^n(x_i-\bar{x})^2\right]/(2\sigma^2)}$
二项分布成功概率 p	$p^{-1/2}(1-p)^{-1/2}$	$p^{y-1/2}(1-p)^{n-y-1/2}, y=\sum_{i=1}^n x_i$
多项分布成功概率 $p_1,\cdots,p_m$	$p_1^{-1/2}\cdots p_m^{-1/2}$	$p_1^{y_1-1/2}\cdots p_m^{y_m-1/2}, y_j=\sum_{i=1}^{n_j}x_{ji}$
Poisson 分布参数 λ	$\lambda^{-1/2}$	$\lambda^{y-1/2}e^{-n\lambda}, y=\sum_{i=1}^n x_i$

(2)后验期望估计(条件期望估计)。

选择不同的损失函数,将得出不同的 Bayes 估计。在参数估计中多选取平方损失函数,即 $L(\theta,\hat{\theta})=(\hat{\theta}-\theta)^2$,其后验风险即 Bayes 风险为

$$r(h,\hat{\theta}) = E_h[L(\theta,\hat{\theta})] = E_h[(\hat{\theta}-\theta)^2] = \int_\Theta (\hat{\theta}-\theta)^2 p_h(\theta|\boldsymbol{x})\mathrm{d}\theta \tag{7.5-34}$$

Bayes 估计 $\hat{\theta}_B$ 是使该式达到最小值,即对 $\hat{\theta}$ 的导数为零的解,即下式的解:

$$\frac{\mathrm{d}r(h,\hat{\theta})}{\mathrm{d}\hat{\theta}} = \int_\Theta -2(\hat{\theta}-\theta)p_h(\theta|\boldsymbol{x})\mathrm{d}\theta = -2\hat{\theta}\int_\Theta p_h(\theta|\boldsymbol{x})\mathrm{d}\theta + 2\int_\Theta \theta p_h(\theta|\boldsymbol{x})\mathrm{d}\theta \quad (7.5\text{-}35)$$
$$= -2\hat{\theta} + 2E_h[\theta|\boldsymbol{x}] = 0$$

因此 Bayes 估计为后验期望：

$$\hat{\theta}_B = E_h[\theta|\boldsymbol{x}] = \mu_h \quad (7.5\text{-}36)$$

评价 Bayes 估计精度可用后验方差 $\sigma_h^2 = \mathrm{Var}_h[\theta] = E_h[(\theta-\mu_h)^2] = E_h[(\hat{\theta}_B-\theta)^2]$ 或后验标准差 σ_h。

(3) 最大后验估计。

最大后验估计是使后验分布密度取最大值的参数估计，类同于传统的最大似然估计，即取定 0-1 损失下的 Bayes 估计。需对成比例的后验分布核求待估参数 θ 的导数为零的解，即

$$\frac{\mathrm{d}p_h(\theta|\boldsymbol{x})}{\mathrm{d}\theta} \Rightarrow \frac{\mathrm{d}}{\mathrm{d}\theta}\big[p_\pi(\theta)p_X(\boldsymbol{x}|\theta)\big] = 0 \quad (7.5\text{-}37)$$

即为其最大后验估计即 Bayes 估计 $\hat{\mu}_B$。

(4) Bayes 区间估计。

尽管参数本身是常量，其估计值 $\hat{\theta}$ 却是随机的，需以参数的区间估计表示出对 $\hat{\theta}$ 给出其真实值 θ 以足够大的可能性包含在其中的区间，即给定置信概率下的置信区间。然而，在传统的区间估计中，将遇到需先求出参数估计量概率分布的难题。显然，在 Bayes 估计中，也需求得相应的 Bayes 区间估计。由于 Bayes 估计 $\hat{\theta}_B$ 是已求得 θ 的后验分布下做出的，自然，在给定置信概率下直接求该后验分布的置信区间较为容易。

在 Bayes 方法中，在参数 θ 的所有可能取值的空间 Θ 上，在给定置信水平 α 或置信概率 p 下，定义称为置信域的子集 C，即 $C\subset\Theta$，使得

$$P_h(C|\boldsymbol{x}) = \int_C p_h(\theta|\boldsymbol{x})\mathrm{d}\theta \geqslant 1-\alpha \quad (7.5\text{-}38)$$

且对于 $\theta\in C$，任何 $\theta'\notin C$，满足 $p_h(\theta|\boldsymbol{x}) \geqslant p_h(\theta'|\boldsymbol{x})$。对于单一参数情况为置信区间，即 $C=[\theta_L,\theta_U]$。该定义表明，Bayes 置信域或置信区间置信概率为 $p=1-\alpha$，且应由使后验分布密度值达到最大的那些点构成，即最大后验密度（HPD）置信域。表 7-19 给出了正态总体 $X\sim N(\mu,\sigma^2)$ 的参数的 Bayes 区间估计。

2) 经验 Bayes 估计方法

1955 年，Robbins 提出了一种经验 Bayes 的方法 EB，即不采用带主观性的确定先验分布的方法，利用以往的试验数据和现有的数据结合起来做出 Bayes 统计推断或决策。在历来积累的数据中，可反映并估计出 θ 的先验分布，或与现有数据一起作出 θ 的经验 Bayes 估计，记为 $\hat{\theta}_{EB}$。设总体 X 的样本 $\boldsymbol{x}$ 与其参数 θ 的联合分布为

$$p(\boldsymbol{x},\theta) = p_X(\boldsymbol{x}|\theta)p_\pi(\theta) = L(\boldsymbol{x}|\theta)p_\pi(\theta) \quad (7.5\text{-}39)$$

若已知联合分布，即已知先验分布。设过去已累积了总体的样本 $X_1, X_2, \cdots, X_m$，称为历史样本。这种样本共同的分布也均为总体 X 的概率分布，也即 $\boldsymbol{x}$ 与 θ 联合分布的边缘分布：

$$p_x(\boldsymbol{x}) = \int_\Theta p_x(\boldsymbol{x}|\theta) p_\pi(\theta) \mathrm{d}\theta = \int_\Theta L(\boldsymbol{x},\theta) p_\pi(\theta) \mathrm{d}\theta = m(\boldsymbol{x}) \tag{7.5-40}$$

表 7-19 正态总体 $N(\mu, \sigma^2)$ 参数的 Bayes 区间估计

待估参数	已知参数	先验分布	区间估计
μ	σ	C（常数） （无信息）	$\left[\bar{x} \pm z_p \sigma/\sqrt{n}\right]$
		$N(\mu_0, \sigma_0^2)$	$\left[\dfrac{\mu_0 \sigma^2 + n\bar{x}\sigma_0^2}{\sigma^2 + \sigma_0^2} \pm z_p \sigma_0 \sigma / \sqrt{\sigma^2 + n\sigma_0^2}\right]$
σ^2	$\mu=0$	$p_\pi(S) \propto 1$ （无信息）	$\left[\dfrac{S}{(n-2)\chi^2_{\alpha/2}(n-2)}, \dfrac{S}{(n-2)\chi^2_{1-\alpha/2}(n-2)}\right]$
		$\mathrm{I}\Gamma(\sigma^2; g_0, h_0)$	$\left[\dfrac{2h_0+S}{(2g_0+n)\chi^2_{\alpha/2}(2g_0+n)}, \dfrac{S}{(2g_0+n)\chi^2_{1-\alpha/2}(2g_0+n)}\right]$
μ	未知 σ	$p_\pi(\mu,\sigma) \propto 1/\sigma$ （无信息）	$\left[\bar{x} \pm t_p(n-1)\sqrt{\dfrac{S}{n(n-1)}}\right]$
σ^2	未知 μ	$p_\pi(\mu,\sigma) \propto 1/\sigma$ （无信息）	

上述历史样本从分布随机抽样所得，该分布与先验分布有关，也含有先验分布的信息。因此利用这些历史样本信息来构成适当的估计，使之尽量接近已知先验分布下的 Bayes 估计。

设 $X_1, X_2, \cdots, X_m$ 是取自总体 X 的一个样本，$p_x(x)$ 为历史样本，其概率分布由式(7.5-40)的 $m(x)$ 确定。X 为现有样本，其似然函数 $L(x, \theta)$ 为已知（可估计出），则总体参数 θ 的形如 $\hat{\theta}(x_1, x_2, \cdots, x_m; x)$ 的估计为其经验 Bayes 估计 EB，记为 $\hat{\theta}_{\mathrm{EB}}$。$\hat{\theta}(x_1, x_2, \cdots, x_m; x)$ 表示利用历史样本与现有样本共同作出 θ 的估计，即利用历史样本估计其边缘分布 $\hat{m}(x)$，通过 $\hat{m}(x)$ 含先验分布的信息而经过适当的变换和运算得到 θ 的 EB 估计 $\hat{\theta}_{\mathrm{EB}}$。Bayes 统计处理方法可按现有样本，可利用以往的实践经验、专家主观经验、累积资料等先验信息，结合起来作出统计推断，如参数的点估计、区间估计等。

7.5.3 静态测量误差与评定

测量结果及其不确定度的评定及基本估计方法的前提条件是已修正系统影响和不考虑存在粗大误差引起的异常数据。测量结果评估包括不免会存在常量和变量的系统影响（系统误差）、可能存在粗大误差引起的异常数据、不等精度测量、间接测量、与以往测量结果合并评估等情况的测量结果合理评估方法。测量结果定义为由测量所得的赋予被测量的值，并注明应指出的是示值、未修正结果、已修正结果及几个值的均值，且应包括其测量不确定度，参见表 7-20。评估测量结果要求尽量分离出测量过程中影响量的影响：系统影响和随机影响，这样才能求得测量结果的最佳估计。原则上，当被测量与影响量的变化规律相同时（如同为常量、同为线性变化、相同周期的正弦波等），只能采用前者；在被测量与影响量的变化规律不同的情况下，才可能应用后者。对于随机影响不可能完全予以分离，一般利用随机相消性通过数据处理来抑制或削弱其影响。其基本方法是取多次重复测量的平均值或中位值、中点值、众值等，使分布在该值两侧的随机误差基本上相消。

表 7-20 常用的测量结果及其不确定度的评估指标

指标	测量结果	测量误差
平均类	均值 $\bar{x} = \sum_{k=1}^{n} x_k / n$ 几何均值 $m_G = \left(\prod_{k=1}^{n} x_k\right)^{1/n}$ 调和均值 $m_H = n\left(\sum_{k=1}^{n} x_k^{-1}\right)^{-1}$	标准差 $s = \left[\sum_{k=1}^{n}(x_k - \bar{x})^2 / (n-1)\right]^{1/2}$ 平均误差 $e_n = \sum_{k=1}^{n} \|x_k - \bar{x}\| / n$
排序类	中位值 $m_e = \underset{k}{\mathrm{Med}}[x_k]$ 中点值 $m_i = (x_{(n)} + x_{(1)})/2$ 三点均值 $m_{\mathrm{Tri}} = 0.25 x_{(n/4)} + 0.5 x_{(n/2)} + 0.25 x_{(n-n/4)}$ L-G 估计 $m_{\mathrm{LG}} = 0.3 x_{(n/3)} + 0.4 x_{(n/2)} + 0.3 x_{(n/3)}$	中位绝对差 $\mathrm{MAD} = \underset{k}{\mathrm{Med}}[\|x_k - m_e\|]$ 半级差 $R_n/2 = (x_{(n)} - x_{(1)})/2$ 四分位离差 $\mathrm{FD} = x_{(n-n/4)} - x_{(n/4)}$ 十六分位离差 $S_{\mathrm{DD}} = (x_{(15n/16)} - x_{(n/16)})/3$ 四点 L 估计 $S_{\mathrm{DF}} = (x_{(n/16)} + x_{(n/4)} + x_{(3n/4)} + x_{(15n/16)})/4$
截尾类	截尾均值 $\bar{x}_{\mathrm{Ta}} = \sum_{i=k+1}^{n-k} \frac{x_{(i)}}{n - 2k}, \quad k = \alpha n, 0 < \alpha \leqslant 1/2$ 平尾均值 $\bar{x}_{\mathrm{Wa}} = \dfrac{\sum_{i=k+1}^{n-k} x_{(i)} + k(x_{(k+1)} + x_{(n-k)})}{n}, \quad k = \alpha n, 0 < \alpha \leqslant 1/2$	截尾标准差 $s_{\mathrm{Ta}}^2 = \sum_{i=k+1}^{n-k} \dfrac{(x_{(i)} - \bar{x})^2}{n - 2k - 1}, \quad k = \alpha n, 0 < \alpha \leqslant 1/2$ 平尾标准差 $s^2{}_{\mathrm{Wa}} = \dfrac{\sum_{i=k+1}^{n-k}(x_{(i)} - \bar{x})^2 + k\left((x_{(k+1)} - \bar{x})^2 + (x_{(n-k)} - \bar{x})^2\right)}{n - 1}$
频数类	众值 $m_o = \left[x_k \underset{k}{\max}(f_k)\right]$	或然误差 $e_{0.5} = \left[e_k \left\| \sum_{k} f_k \right\|_{\bar{x}-e_k}^{\bar{x}+e_k}\right]$

注:Med[·]为取中位数算子;$x_{(i)}$ 为顺序统计量;f_k 为数据 x_k 出现的频率。

1967 年,Hogg 建议按样本峰度 $\hat{\gamma}_4$ 选择对称分布类的稳健性分布位置估计:

$$\hat{\mu} = \begin{cases} m_e, & \hat{\gamma}_4 < -1 \\ \bar{x}, & -1 \leqslant \hat{\gamma}_4 \leqslant 1 \\ \bar{x}_{\mathrm{T}0.25}, & 1 < \hat{\gamma}_4 \leqslant 1.5 \\ m_{\mathrm{LG}}, & 1.5 < \hat{\gamma}_4 \end{cases} \tag{7.5-41}$$

对于不同的测量过程及其实际数据,并非一概选定均值作为测量结果的评估指标。而是应考虑到测量过程中难免存在常量和变量的系统误差、偶尔出现粗大误差以及数据呈现非正态分布等各种难以预计的情况。在选择测量结果及其不确定度评估指标与算法时,宜全面顾及前述的各项要求及各种现有评估指标的特点,并经过识别其显著性系统误差并予以修正;判别并排除异常数据的影响;分析实际数据的概率分布类型等,结合具体情况进行分析比较后,综合权衡估计准确度、稳健性、计算简洁性等,再做出合理的最佳选定。

7.5.4 动态测量误差与评定

动态测试误差评定采用分析法或动态测试数据中分离的动态测试误差,给出表征这一误差的数学模型及评定指标，从而对动态测试误差有定量评价[37-39]。动态测试误差 $e(t)$ 是在动态测试中，被测量在时刻 t 的测得值 $x(t)$ 减去被测量同一时刻的实际值 $x_0(t)$ 所得的代数差：

$$e(t) = x(t) - x_0(t) \tag{7.5-42}$$

直接使用动态测试中被测值常需把测得的一个时间历程(一个样本)或多个时间历程(多个样本)在时域、频域及幅域中处理，得到评定指标来表征被测量测得值的主要特征，广义测得值。在动态测试中，被测量是多种因素共同综合作用的结果，即测量系统的输出量受被测量、影响量、测量系统的传递特性、数据计算方法等的综合影响。动态测试误差的研究范围包含参与动态测试的各种量的误差，动态测试误差评定的方法可归纳成如下两大类。

(1) 先验分析法在测量之前评定误差。根据理论分析和过去的经验，分析测量误差的各种来源，估计各自误差(系统或随机的)的指标，再根据测量方程合成为最终的误差估计值。对于有些测量数据中无法反映出的误差，必须通过先验分析法评定。但由于未考虑本次测量数据，本次测量中所得到的误差信息无法在先验分析的结果中反映出来，影响了该法的可信程度。此外，一些事先分析不周而遗漏、重复的误差因素或无法事先分析的误差因素(如微小因素共同造成的误差)不适用于先验分析法。在先验分析法中占有重要地位的是测量系统动态特性引起的系统误差。当输入量包含超出不失真范围的谐波时，这些谐波必然被测量系统不适当缩放和在时间轴上不适当地移位，使最终的输出波形失真，造成动态测试的系统误差，即测量系统的动态误差或动态系统误差。

(2) 数据处理法在测量后评定误差。从实际测得的动态测试数据本身出发，分离出其中动态测试的系统误差和随机误差，再求出其评定指标。数据处理法求得的是误差的时间历程或时间序列，而不仅是评定指标，还可进一步求出本次动态测试的系统误差和随机误差的数学模型，并据此修正和抑制本次测量或与本次类似的下次动态测试误差。但有些误差在测量数据中无法体现出来，尤其是测量装置引起的系统误差或原始数据的误差。实际上，数据处理法依赖于对测量数据实际值、数据中的系统误差和随机误差特性的了解程度。为了取得这些信息，除了依赖经验和工程判断外，数据处理法常辅以一定的先验手段，例如，正式测量前对系统误差进行分析和测定，甚至用高精度的测量方案测得数据作为待评定测量数据的实际值，再用误差定义来求得误差数值，以揭示本次动态测试误差的规律。

在实际测量中，为了给出比较可靠的动态测试误差，必须将先验分析法和数据处理法及仿真实验、测试技术有机结合起来使用，参见图 7.5-1。

不同类型的变量测量误差的统计特性及其表征的基本特征量如表 7-21 所示。

表 7-21 变量测量误差常见类型及其统计特征量

类型	系统影响(系统误差)	随机影响(随机误差)
白噪声	μ_e	σ_e
平稳过程		$C_e(\tau)$ 或 σ_e；$\rho_e(\tau)$ 或 $s_e(\omega)$
一阶非平稳过程	$\mu_e(t) = d_e(t) + p_e(t)$	
二阶非平衡过程		$C_e(t, t+\tau)$ 或 $\sigma_e(t)$；$\rho_e(t+\tau)$

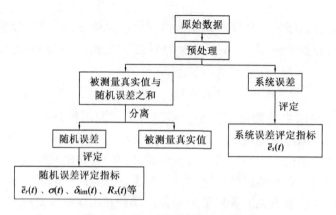

图 7.5-1 动态测试误差处理流程

一般变量测量数据需用非平稳随机过程来描述。因此变量测量结果及其不确定度的评估需要应用随机过程的基本原理及其统计方法。

1. 谱密度

利用协方差函数 $C(\tau)$ 可分析平稳过程自相关性的强弱,即其随时间的随机变化较平缓或急剧起伏,自相关性强就意味着低频成分占主要部分,反之,自相关性弱即高频成分为主。因而,与平稳过程的自相关分析等价的是分析其频率成分的幅值方差(即能量或功率)的分布,称为频谱分析或功率谱分析,简称谱分析。平稳过程的谱分析利用其协方差函数的 Fourier 变换(谱密度函数)已成为研究平稳过程的主要方法。根据 Fourier 变换理论,满足绝对可积或平方可积的函数 $x(t)$,即

$$\begin{cases} \int_{-\infty}^{+\infty} |x(t)| \mathrm{d}t < \infty \\ \int_{-\infty}^{+\infty} x^2(t) \mathrm{d}t < \infty \end{cases} \tag{7.5-43}$$

就可对其作 Fourier 变换,即

$$X(\omega) = \int_{-\infty}^{+\infty} x(t) \mathrm{e}^{-\mathrm{j}\omega t} \mathrm{d}t \quad (-\infty < \omega < +\infty) \tag{7.5-44}$$

其逆 Fourier 变换为

$$x(t) = \frac{1}{2\pi} \int_{-\infty}^{+\infty} X(\omega) \mathrm{e}^{\mathrm{j}\omega t} \mathrm{d}\omega \tag{7.5-45}$$

且按 Parseval 等式有

$$\int_{-\infty}^{+\infty} x^2(t) \mathrm{d}t = \frac{1}{2\pi} \int_{-\infty}^{+\infty} |X(\omega)|^2 \mathrm{d}\omega \tag{7.5-46}$$

平稳过程的任一现实 $x(t)$ 并不满足绝对可积的条件,因而不能直接对其作 Fourier 变换。然而,遍历性平稳过程的协方差函数 $C(\tau)$ 满足绝对可积的 Fourier 变换条件,即

$$\int_{-\infty}^{+\infty} |C(\tau)| \mathrm{d}\tau < \infty \tag{7.5-47}$$

因此,定义平稳过程的自谱密度为其自协方差函数的 Fourier 变换,即

$$s(\omega) = \int_{-\infty}^{+\infty} C(\tau) \mathrm{e}^{-\mathrm{j}\omega \tau} \mathrm{d}\tau \tag{7.5-48}$$

同理，自谱密度的逆 Fourier 变换即为自协方差函数，即

$$C(\tau) = \frac{1}{2\pi}\int_{-\infty}^{+\infty} s(\omega)\mathrm{e}^{\mathrm{j}\omega\tau}\mathrm{d}\omega \tag{7.5-49}$$

也即协方差函数与谱密度为 Fourier 变换对，可应用 Fourier 变换的性质与运算。

随机过程分为平稳随机过程和非平稳随机过程两大类。平稳过程又可分为各态历经过程及非各态历经过程。在工程实际中的随机过程大多接近平稳随机过程，对于具有 N 个样本的平稳随机过程，通常采用总体平均法（几何平均法）求其特征量的估计，而对各态历经随机过程，则可采用时间平均法求其特征量的估计值。

谱估计就是根据动态测试所得的具体数据，通过一定的数学方法，求出被测量（动态数据）的功率谱估计值。由谱估计得到的被测量的谱结构可用来识别被测量的统计特征如周期性、平稳性、各态历经等，并进一步预测被测量对线性系统的响应。谱估计方法可大致划分为传统谱估计法和现代谱估计法两大类。

2. 现代谱估计法

参数模型法根据所掌握测试数据的先验知识，对窗口以外的数据作出比较合理的外推预测，选择一个较好的逼近实际的模型，再通过适当的准则利用已知的数据求模型的参数，最后利用所求出的模型参数估计出该信号的功率谱。在参数模型法中，常用自回归（Autoregressive，AR）模型法，将一平稳序列 $\{x_n\}$ 表示为 p 阶 AR(p) 模型：

$$x_n = -\sum_{l=1}^{p} a_l x_{n-l} + \omega_n, \quad n = p+1,\cdots,N \tag{7.5-50}$$

式中，ω_n 为零均值、方差 σ^2 的白噪声序列；a_l 是模型的第 l 阶参数（常数）。给定阶数 p，对该式应用回归分析可估计出其参数 $\{\hat{a}_l\}$，残差序列的方差为 $\hat{\sigma}^2$，则其自相关序列为

$$R_x(k) = E(x_{n+k}x_n) = \begin{cases} -\sum_{l=1}^{p} a_l R_x(k-l), & k > 0 \\ -\sum_{l=1}^{p} a_l R_x(-l) + \sigma^2, & k = 0 \end{cases} \tag{7.5-51}$$

最后根据自相关函数与功率谱的关系式，经离散 Fourier 变换得出功率谱为

$$S_{\mathrm{AR}}(\omega) = \frac{\sigma^2}{\left|1 + \sum_{k=1}^{p} a_k \mathrm{e}^{-\mathrm{j}\omega k}\right|} \tag{7.5-52}$$

现代谱估计在识别动态测试数据含有的频率成分上优点明显，通过在某一频率上具有高而尖锐的谱峰，可识别出含有该频率的谐波；形成谱峰处则表明其中心频率附近含有能量较集中的随机起伏；平缓而无明显谱峰的频段均为接近白噪声成分。具有广泛的实用性。

参 考 文 献

[1] 张国雄. 测控电路. 北京：机械工业出版社，2011.
[2] 郝晓剑. 测控电路设计与应用. 北京：电子工业出版社，2012.
[3] 李刚, 林凌. 测控电路. 北京：高等教育出版社，2014.

[4] 陈润泰, 许琨. 检测技术与智能仪表. 长沙: 中南大学出版社, 2008.

[5] 王光明, 张玘, 刘国富. 测控系统工程技术. 北京: 清华大学出版社, 2011.

[6] 史红梅. 测控电路及应用. 武汉: 华中科技大学出版社, 2011.

[7] 张一, 肖军, 刘强, 等. 测量与控制电路. 北京: 北京航空航天大学出版社, 2009.

[8] 丁镇生. 传感及其遥控遥测技术应用. 北京: 电子工业出版社, 2003.

[9] 吕俊芳, 钱政, 袁梅. 传感器接口与检测仪器电路. 北京: 国防工业出版社, 2009.

[10] 张福学. 传感器应用及其电路精选(上). 北京: 电子工业出版社, 1991.

[11] 张福学. 传感器应用及其电路精选(下). 北京: 电子工业出版社, 1992.

[12] 张宪, 宋立军. 传感器与测控电路. 北京: 化学工业出版社, 2011.

[13] 来清民. 传感器与单片机接口及实例. 北京: 北京航空航天大学出版社, 2008.

[14] 高光天. 传感器与信号调理器件应用技术. 北京: 科学出版社, 2002.

[15] 张大彪. 电子测量技术与仪器. 北京: 电子工业出版社, 2008.

[16] 陈尚松, 郭庆, 雷加. 电子测量与仪器. 2版. 北京: 电子工业出版社, 2009.

[17] 陈岭丽, 冯志华. 检测技术和系统. 北京: 清华大学出版社, 2005.

[18] 卢胜利. 智能仪器设计与实现. 重庆: 重庆大学出版社, 2003.

[19] 李邓化, 彭书华, 许晓飞. 智能检测技术及仪表. 北京: 科学出版社, 2007.

[20] 余成波. 传感器与自动检测技术. 2版. 北京: 高等教育出版社, 2009.

[21] Le Borgne H, Guyader N, Guerin-Dugue A, et al. Classification of images: ICA filters vs human perception, International symposium on signal processing and its applications, 2003, 2: 251-254.

[22] Jutten C, Herault J. Blind separation of sources, part I: an adaptive algorithm based on neuromimetic architecture. Signal Processing, 1991, 24: 1-10.

[23] Comon P, Jutten C, Herault J. Blind separation of sources, part II: problems statement. Signal Processing, 1991, 24: 11-20.

[24] Sorouchyari E. Blind source separation, part III: stability analysis. Signal Processing, 1991, 24: 21-29.

[25] 梅铁民. 盲源分离理论与算法. 西安: 西安电子科技大学出版社, 2013.

[26] 李舜酩. 振动信号的盲源分离技术及应用. 北京: 航空工业出版社, 2011.

[27] 余先川, 胡丹. 盲源分离理论与应用. 北京: 科学出版社, 2011.

[28] ISO 3534-1—2006. 概率和通用统计术语.

[29] 张玘, 刘国福, 王光明, 等. 仪器科学与技术概论. 北京: 清华大学出版社, 2011.

[30] 马宏, 王金波. 仪器精度理论. 北京: 北京航空航天大学出版社, 2009.

[31] 费业泰. 误差理论与数据处理. 6版. 北京: 机械工业出版社, 2010.

[32] 沙定国. 实用误差理论与数据处理. 北京: 北京理工大学出版社, 1993.

[33] 仝卫国, 李国光, 苏杰, 等. 计量测试技术. 北京: 中国计量出版社, 2006.

[34] JJF 1059.1—2012.测量不确定度评定与表示. 北京: 中国标准出版社, 2013.

[35] 林洪桦. 测量误差与不确定度评估. 北京: 机械工业出版社, 2009.

[36] Kay S M. Modern Spectral Estimation Theory and Application. New Jersey: Prentice-Hall, 1988.

[37] Stoica P, Moses R. Spectral Analysis of Signals. New Jersey: Pearson Prentice Hall, 2005.

[38] 向新民. 谱方法的数值分析. 北京: 科学出版社, 2000.

[39] 王永良, 陈辉, 彭应宁, 等. 空间谱估计理论与算法. 北京: 清华大学出版社, 2004.

第 8 章 微机电系统

8.1 引 言

微机电系统的起源与各学科领域交叉，并与工业发展有关，尤其是半导体集成电路和固态传感器。1959 年，Feynman（因量子电动力学获 1965 年 Nobel 物理学奖）发表 *There's Plenty of Room at the Bottom* 提出微型机械的设想[1]；1983 年，在 *Infinitesimal Machinery* 预言了微系统发展过程中的多种技术，指出了机理、加工制造及应用等领域的重要课题[2]，提出了微机械的概念及其发展趋势。1987 年举行的 IEEE Micro Robots and Tele-operators 研讨会的主题报告标题为"Small Machines, Large Opportunities"，首次提出了微机电系统（Microelectromechanical System，MEMS）[3-5]。日本称为微机械（Micro Machine），在材料、制造技术和工业应用等方面都强调机械背景。欧洲称为微系统（Micro System），发展出了扫描隧道显微镜、原子力显微镜和 LIGA 工艺。2008 年，IEC 定义，微系统是微米量级内的设计和制造技术[6-13]，参见图 8.1-1。

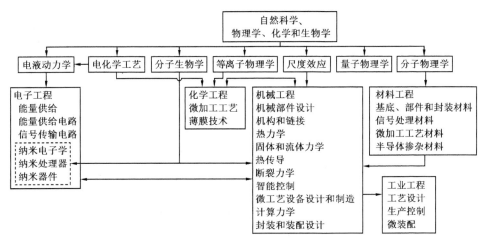

图 8.1-1 微系统科学与工程

MEMS 的核心元件主要包含传感元件或执行元件与信号处理单元，参见图 8.1-2。

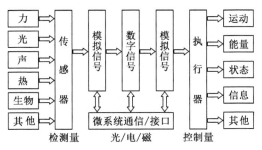

图 8.1-2 微机电系统的结构图

MEMS 微动力学系统是一个力、电、磁、热等物理场耦合的非线性系统,且多属于强耦合非线性,多物理场耦合问题是不同 MEMS 装置系统水平模拟的核心。

表 8-1 给出了 MEMS 器件及系统的应用。

表 8-1 微机电系统的应用

应用领域	微系统	微器件
汽车	安全系统	微加速度计、角速度计、微惯性传感器、位移、位置和压力传感器、微阀、微陀螺仪
	发动机和动力系统	歧管绝对压力传感器、硅电容绝对压力传感器、制动执行器
	诊断和健康系统	压阻型压力传感器、微继电器
生物医学	临床化验系统	生化分析仪、生物传感器
	基因分析和遗传诊断系统	微镜阵列、电泳微器件
	颅内压力监测系统	(硅电容式)压力传感器
	微型手术	微执行器
	超声成像系统	微型成像探测器(探头)
	电磁微机电系统	磁泳、微电磁膜片钳
	人工或仿生器官	电子鼻、植入式微轴血泵
	流体测控系统	微喷、微管路、微腔室、微阀、微泵、微传感器
	药物控释系统	微泵、微注射管阵列、微阀、微针刀、微传感器、微激励器
航空航天	微型惯性导航系统	微陀螺仪、微加速度计、压力微传感器
	空间姿态测定系统	微型太阳和地球传感器、磁强计、推进器
	动力和推进系统	微喷嘴、微喷气发动机、微压力传感器、化学传感器、微推进器阵列、微开头
	通信和雷达系统	RF 微开头、微镜、微可变电容器、电导谐振器、微光机电系统
	控制和监视系统	微热管、微散热器、微热控开头、微磁强计、重力梯度监视器
	微型卫星	微马达、微传感器、微传感器、微型火箭、微控制器
信息通信	光纤通信系统	光开关、光检测器、光纤耦合器、光调制器、光图像显示器
	无线通信系统	微电感器、微电容器、微开头、微谐振器、微滤波器
能源	微动力系统	微内燃发动机、静电、电磁、超声微电机、微发电机、微涡轮机
	微电池	微燃料电磁、微太阳能电池、微锂电池、微核电池

8.2 微 效 应

MEMS 涉及微尺度力学,主要包括微运动学与微动力学理论,力、电、热、光、磁、声、化学和生物等物理场强耦合的细观力学,微结构的稳定性理论,微接触、微摩擦、微润滑理论,微传热学,MEMS 力学设计与优化理论,微尺度下的材料力学理论及微测量技术等[14-22]。由于特征长度的微小化,各种作用力都表现出不同的尺度效应,参见图 8.2-1。

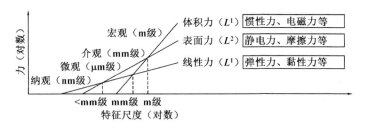

图 8.2-1　MEMS 的尺度力学特征

微尺度主要指系统或系统内的主要机电原件的尺寸大致上基于微米技术的范畴,或系统运动件的作用范围在微米量级。MEMS 的动力学行为与特征长度有关,不同量级特征长度的微结构分别遵守如下规律。

(1) 宏观微机械($\geqslant 1\,\mu m$),采用经典 Newton 力学理论来描述其动力学行为,即

$$m\frac{dV}{dt}=-\beta V+K(t) \tag{8.2-1}$$

式中,β 为黏性系数;$K(t)$ 为外力。

(2) 介观微机械(细观微机械)($10nm\sim 1\mu m$),使用 Langevin 方程(含扩展 Langevin 方程 ELE)来考虑 Brown 分子运动的影响,且不能进行尺度分析,即

$$m\frac{dV}{dt}=-\beta V+F(t)+K(t) \tag{8.2-2}$$

式中,$F(t)$ 为反映因 Brown 粒子碰撞而产生的随机力。

(3) 原子和分子机械($<1\,\mu m$)需用量子统计动力学来描述。

8.2.1　微尺寸

MEMS 的基本特征是尺度微型化和系统集成化。微小尺度是 MEMS 的重要特征,但并不是定量的特征。当尺度缩小到微米乃至亚微米量级时,会产生微尺度效应,从而使许多物理现象与宏观世界有很大差别,参见表 8-2,这些影响将反映到结构材料、设计理论、制造方法、在微小范围内各种能量的相关作用及测量技术等诸多方面。

表 8-2　物理参数的尺寸效应

	参数	关系式	尺度规律	说明
直接量	长度 L	L	L^1	—
	表面积 S	$\propto L^2$	L^2	—
	体积 V	$\propto L^3$	L^3	—
	质量 m	$V\rho$	L^3	ρ 为密度
力学量	压力 f_p	Sp	L^2	p 为压力
	重力 f_g	Mg	L^3	g 为重力加速度
	黏性力 F_V	$F_V\propto S$	L^2	
	惯性力 f_i	$m(d^2x/dt^2)$	L^4	x 为位移
	弹性力 f_e	$ES(\Delta L/L)$	L^2	E 为弹性模量
	摩擦力 f_f	$(\mu S/d)(dx/dt)$	L^2	μ 为黏性系数

续表

	参数	关系式	尺度规律	说明
力学量	线性弹性系数 K	$2UV/(\Delta L)^2$	L^1	U 为单位体积伸长所需能量
	固有振动频率 ω	$\propto (K/m)^{1/2}$	L^{-1}	—
	转动惯量 I	$\propto mr^2$	L^5	r 为旋转体的半径
	重力挠度 D	m/K	L^2	—
	Reynolds 数 Re	f_i/f_f	L^2	—
	热传导 Q_c	$\lambda \Delta TA/d$	L^1	λ 为热传导率；ΔT 为温度差；A 为截面积
	热对流 Q_t	$h\Delta TS$	L^2	h 为温度传导率
	热辐射 Q_r	$\propto T^4 S$	L^2	—
	热膨胀力 F_T	$ES\Delta L(T)L$	L^2	—
电学量	静电场 E_0	E_0	L^0	E_0 为电场
	电压 U	$\propto E_0 L$	L^1	—
	静电力 F_e	$\propto SE_0^2$	L^2	电场强度一定
	静电力 F_e	$\propto S$	L^0	微尺度时，电压一定
	电阻 R	$\propto L/S$	L^{-1}	—
	Ohm 电流 A_O	$\propto U/R$	L^2	—
	静电功率 E_P	$\propto F_e v$	L^2	—
	静电功率密度 E_{PD}	$\propto E_P/V$	L^{-1}	—
	磁场 H	$\propto L$	L^1	—
	电磁场力 F_m	$\zeta SH^2/2$	L^4	ζ 为导磁率；H 为磁场强度
	电感 I_a	$\propto e_m/A_O^2$	L^1	—
	品质因子 Q_W	$\propto \omega I_a/R$	L^1	—

体积与器件的质量和重量有关；热惯量与物体的热容有关，热容是固体加热快慢的量度；表面特性与流体力学中的压力和浮力有关，也与对流热传导中固体热吸收和耗散有关。表 8-3 给出与运动参数相关的尺度效应。

表 8-3 与运动参数相关的尺度效应

参数	单位	关系式	分子	细菌	微机械	人
特征尺寸	m	L	10^{-9}	10^{-6}	10^{-3}	1
质量	kg	$m\propto L^3$	5×10^{-26}	5×10^{-17}	5×10^{-8}	5×10^1
表面积	m²	$S\propto L^2$	10^{-18}	10^{-12}	10^{-6}	1
速度	m/s	$v\propto L$（假定）	300（水分子）	10^{-6}	10^{-3}	1
响应时间	s	$\tau \propto L^2$	—	5×10^{-7}	5×10^{-1}	5×10^5
Reynolds 数（水中）	—	$Re=Lv\rho/\mu$	—	10^{-6}	1	10^6
摩擦系数（空气中）	—	$f_f \propto L^2$	—	10^{-12}	10^{-6}	1
动量	kg·m/s	$mv\propto L^4$	10^{-23}（水分子）	5×10^{-23}	5×10^{-11}	5×10^1
动能	J	$mv^2\propto L^5$	5×10^{-23}（水分子）	2.5×10^{-29}	2.5×10^{-14}	2.5×10^1

8.2.2 微机械工程力学

微系统中的一些元件本质上就是一些微尺度的机械元件,如齿轮、弹簧、连接轴和一些机械装置。连续介质理论中的固体和流体力学以及传热的机械工程理论,应进行修正才能用于微系统中各种介观和微观器件。

1. 薄板的静力弯曲

矩形平板承受横向弯曲挠度的主微分方程可表示为

$$\left(\frac{\partial^2}{\partial x^2}+\frac{\partial^2}{\partial y^2}\right)\left(\frac{\partial^2 w}{\partial x^2}+\frac{\partial^2 w}{\partial y^2}\right)=\frac{p}{D} \tag{8.2-3}$$

式中,w是平板由于均布外界压力p作用而产生的横向挠度,参见图 8.2-2。参数D是平板的弯曲刚度:

$$D=Eh^3/\left[12\left(1-v^2\right)\right] \tag{8.2-4}$$

式中,E是平板材料的Young's模量;v是平板材料的Poisson比;h是平板厚度。

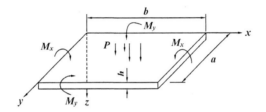

图 8.2-2 矩形平板的弯曲

根据挠度曲线w,可得弯矩M_x、M_y、M_z和最大弯曲应力$(\sigma_{xx})_{\max}$、$(\sigma_{yy})_{\max}$、$(\sigma_{zz})_{\max}$为

$$\begin{cases} M_x=-D\left(\dfrac{\partial^2 w}{\partial x^2}+v\dfrac{\partial^2 w}{\partial y^2}\right) \\ M_y=-D\left(\dfrac{\partial^2 w}{\partial y^2}+v\dfrac{\partial^2 w}{\partial x^2}\right) \\ M_z=D(1-v)\dfrac{\partial^2 w}{\partial x \partial y} \end{cases} \tag{8.2-5}$$

$$\begin{cases} (\sigma_{xx})_{\max}=6(M_x)_{\max}h^{-2} \\ (\sigma_{yy})_{\max}=6(M_y)_{\max}h^{-2} \\ (\sigma_{zz})_{\max}=6(M_z)_{\max}h^{-2} \end{cases} \tag{8.2-6}$$

2. 机械振动

机械振动理论是微加速度计设计的基础,最基本的机械振动系统是质量块-弹簧系统,其中阻尼由振动质量表面与周围流体(气体或液体)的摩擦引起:

$$F_{\mathrm{D}}=cV(t) \tag{8.2-7}$$

在微加速度计的设计中,有如下两种不同的阻尼。

(1) 压膜阻尼是阻尼流体被振动质量压缩产生的,参见图 8.2-3。一只长为 $2L$、宽为 $2W$

的振动条压缩一个狭窄缝隙 $H(t)$ 中的阻尼流体。满足使用无滑移流体流动假设的连续介质流体力学的条件是：间隙 $H(t)>H_{临界}$，其中，$H(t)$ 取决于气体分子的平均自由程。例如，在 25℃、1 个标准大气压下的空气，平均自由程大约为 90nm。当缝隙小于平均自由程的 100 倍时，气体可能在膜中发生滑移流动。

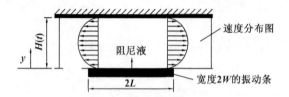

图 8.2-3　压膜阻尼

对于不可压缩的阻尼流体介质，阻力 F_D 为

$$F_D = 16f\left(\frac{W}{L}\right)W^3 L \frac{\mathrm{d}y(t)}{\mathrm{d}t} H_0^3 \tag{8.2-8}$$

式中，H_0 是流体膜的名义厚度。根据式(8.2-7)和式(8.2-8)，则压缩阻尼系数 c 为

$$c = 16f\left(\frac{W}{L}\right)W^3 L H_0^3 \tag{8.2-9}$$

在不可压缩的压膜中，阻尼系数与流体性质无关。

对于可压缩流体(如空气)组成的压膜，可引入压缩数 S[23]：

$$S = \frac{12\mu\omega L}{H_0^2 P_a} \tag{8.2-10}$$

式中，μ 为气膜的动力黏度；ω 为运动条的频率；L 为特征长度；P_a 为周围气体压力。

阻尼效应被包括在等效弹簧系数 k 的刚度增加 Δk 中：

$$\frac{\Delta k}{k} = af_k(\varepsilon)\left(\frac{\omega}{\omega_n}\right) hS \tag{8.2-11}$$

式中，函数 $f_k(\varepsilon)$ 可由下式决定：

$$f_k(\varepsilon) = \left(1 + 3\varepsilon^2 + \frac{3}{8}\varepsilon^4\right)\left(1-\varepsilon^2\right)^3 \tag{8.2-12}$$

式中，ε 为运动质量位移与膜厚之比。

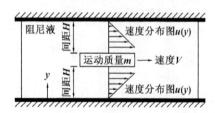

图 8.2-4　无滑移流体流动中的运动质量

(2) 剪切阻力是运动质量块的接触表面与周围流体剪流产生的阻力，参见图 8.2-4。运动质量块 m 在周围流体中以速度 V 运动，无滑移流体流动条件导致梁的两个表面速度轮廓呈线性分布。在梁的上表面或下表面的切应力 τ_s 可表示为

$$\tau_s(y) = \mu \frac{\mathrm{d}u(y)}{\mathrm{d}y} \tag{8.2-13}$$

式中，μ 是阻尼流体的动力黏度；$u(y)$ 是流体中的速度轮廓，流-固界面流体速度为 V。当速度轮廓遵循线性关系：

$$u(y) = Vy/H \tag{8.2-14}$$

式中，H 是梁的顶部或底部与封闭外壳的间隙时，根据速度函数，接触表面的切应力 τ_0 为

$$\tau_0 = \mu V/H \tag{8.2-15}$$

由此，可得作用在梁质量顶面和底面上的等效剪切力 F_D 为

$$F_D = \tau_0 (2Lb) = 2\mu LbV/H \tag{8.2-16}$$

式中，L 和 b 是梁的长度和宽度。根据式(8.2-7)，可得阻尼系数 c 为

$$c = F_D/V = 2\mu Lb/H \tag{8.2-17}$$

复杂几何结构器件的固有频率与器件的刚度矩阵 $\boldsymbol{K}$ 和质量矩阵 $\boldsymbol{M}$ 有关。器件不同振动模态下的固有频率可表示为

$$\omega_n = \sqrt{\boldsymbol{K}/\boldsymbol{M}} \tag{8.2-18}$$

式中，$\boldsymbol{K}$ 矩阵与器件的几何形状及材料性质有关。因此，器件或部件的固有频率会随结构中应力状态的变化而变化。共振频率处的峰值灵敏度已被用于微传感器的设计中，承受纵向力的振动梁在模态 1 时的固有频率为[24]

$$\omega_{n,1}^2 = \frac{\int_0^L \frac{EI}{2}\left[\frac{\mathrm{d}^2 Y_1(x)}{\mathrm{d}x^2}\right]^2 \mathrm{d}x + \int_0^L \frac{F}{2}\left[\frac{\mathrm{d}Y_1(x)}{\mathrm{d}x}\right]^2 \mathrm{d}x}{\int_0^L \frac{1}{2}\rho bh Y_1^2(x)\mathrm{d}x} \tag{8.2-19}$$

式中，F 为施加到振动梁上的轴向力，可转换成梁上的正应力；ρ 为梁材料的质量密度；E 为 Young's 模量；I 为梁横截面的惯性矩；b 和 h 分别是矩形梁横截面的宽度和厚度。式(8.2-19)中的函数 $Y_1(x)$ 是振动梁的振幅，参见图 8.2-5。函数 $Y_1(x)$ 可解 $y(x,t)$ 得

$$y(x,t) = Y_1(x)\mathrm{e}^{\mathrm{i}\omega t} \tag{8.2-20}$$

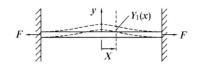

图 8.2-5 承受拉力的振动梁

式中，ω 为振动梁的自然频率。

振动梁中的解 $y(x,t)$ 可从偏微分方程得到：

$$\alpha^2 \frac{\partial^4 y(x,t)}{\partial x^4} + \frac{\partial^2 y(x,t)}{\partial t^2} = 0 \tag{8.2-21}$$

式中

$$\alpha = \sqrt{EI/\gamma} \tag{8.2-22}$$

式中，γ 是梁单位长度的质量。

利用振动梁的固有频率与施加的轴向力有关的原理可制作高灵敏度的压力传感器[25]，参见图 8.2-6，P 型单晶硅梁以熔融黏结的方法连接到压力传感器中振动磨正面腔的中部。梁在静力平衡时的初始挠度和速度为

$$\begin{cases} y(x,0) = f(x) = x\sin\left(\frac{\pi x}{L}\right), & 0 \leqslant x \leqslant L \\ \left.\frac{\partial y(x,t)}{\partial t}\right|_{t=0} = 0, & 0 \leqslant x \leqslant L \end{cases} \tag{8.2-23}$$

当 $t>0$ 时，简支梁的边界条件为

$$\begin{cases} y(0,t)=0 \\ y(L,t)=0 \\ \left.\dfrac{\partial y(x,t)}{\partial t}\right|_{x=0}=0 \\ \left.\dfrac{\partial y(x,t)}{\partial t}\right|_{t=L}=0 \end{cases} \quad (8.2\text{-}24)$$

根据式(8.2-23)和式(8.2-24)，式(8.2-21)的解 $y(x,t)$ 为

$$y(x,t)=\frac{L}{2}\sin\left(\frac{\pi x}{L}\right)\cos\left(\frac{\pi^2\alpha t}{L^2}\right)-\frac{16L}{\pi^2}\sum_{n=1}^{n}\frac{n}{(4n^2-1)^2}\sin\left(\frac{2n\pi x}{L}\right)\cos\left(\frac{4n^2\pi^2\alpha t}{L^2}\right) \quad (8.2\text{-}25)$$

式中，$n=1, 2, \cdots$ 表示梁振动的不同模态。在设计中，一般取一阶模态($n=1$)的解，推导出振动的最大振幅，即式(8.2-19)中的函数 $Y_1(x)$。

3. 热力学

一般地，暴露在高温中的微器件有如下三种严重影响。

1) 材料机械强度的热效应

大多数工程材料随温度的增加，刚度(如 Young's 模量)、屈服强度和极限强度会减小，尤其是塑料和聚合物。

2) 蠕变

当材料的温度超过材料的熔点(热力学温度)的一半时，材料会发生蠕变。蠕变是材料不承受附加机械载荷时的一种形式的变形，参见图 8.2-7。蠕变一般有三个阶段：初期蠕变、稳态蠕变和增速蠕变。材料长期暴露在高工作温度时会导致有害的增速蠕变，造成器件的灾难性失效。一些微器件的部件，尽管蠕变对微器件中的塑料、聚合物和黏结材料是一个重要的设计指标；由硅或硅化合物制成的传感和执行元件，由于这些材料的熔点很高，所以蠕变对这些元件的设计不是主要问题。

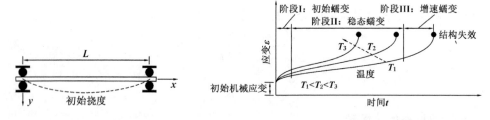

图 8.2-6　自由振动的梁　　　　图 8.2-7　材料在高温中的蠕变

3) 热应力

由于热环境的改变，材料的膨胀或收缩由温度变化 $\Delta T=T_2-T_1$ 和材料的热膨胀系数 α(每单位温度变化引起的材料单位长度的热膨胀)决定。工作在温度升高环境下的微器件，或是由于机械约束，或是由于配合部件的热膨胀系数不匹配，都会产生热应力。甚至热应力也能由于结构中温度的不均匀分布而在很小机械约束或无机械约束的器件中产生。

对于两端固定的杆，参见图 8.2-8(a)，当温度变化 ΔT 时，杆中会产生一个压应力：

$$\sigma_T = E\varepsilon_T = -\alpha E\Delta T \tag{8.2-26}$$

对于一端固定、另一端自由的杆，参见图 8.2-8(b)，其总的膨胀或收缩为

$$\delta = L\alpha\Delta T \tag{8.2-27}$$

式中，L 是杆在参考温度（如室温）下的原始长度。由此导致的热应变为

$$\varepsilon_T = \delta/L = \alpha\Delta T \tag{8.2-28}$$

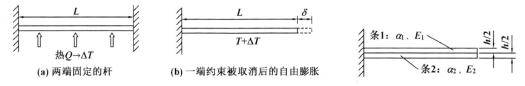

图 8.2-8　温升时末端固定的杆　　　　图 8.2-9　承受温度变化的双金属条

两只长条粘在一起的双层梁，参见图 8.2-9，两只条板有不同的热膨胀系数，从而导致条板随温度的上升或下降而向上或向下弯曲。界面力 F 和长条产生的曲率分别为

$$F = \frac{(\alpha_2 - \alpha_1)T}{S} \frac{hb}{\left(E_1^{-1} + E_2^{-1}\right)} \tag{8.2-29}$$

$$\rho = \frac{2h}{3(\alpha_2 - \alpha_1)T} \tag{8.2-30}$$

式中，E_1 和 E_2 分别是条板 1 和 2 的 Young's 模量。

4. 断裂力学

利用化学和物理沉积、热扩散、焊接、附着等连接技术，微器件由不同材料薄膜结合。当过大的力垂直作用在接触面或剪切力作用在接触面时，连接处可发生断裂。

1）应力强度因子

处在应力场中的固体中的小裂纹，利用线弹性断裂力学中的应力强度因子 K 来分析裂纹周围的应力场，则裂纹的应力和位移分量分别为

$$\begin{cases} \sigma_{ij} = \dfrac{K_n}{\sqrt{r}} f_{ij}(\theta) \\ u_i = K_n \sqrt{r}\, g_i(\theta) \end{cases} \tag{8.2-31}$$

式中，K_n（n=I，II，III）是断裂模式 n 的应力强度因子；i, j=1，2，3 表示坐标轴方向。应力在尖缝顶端急剧增长。$r \to 0$ 时的应力 $\sigma \to \infty$ 的情况被称为裂纹尖端的应力奇点。

应力场使裂纹以三种不同的模式发生变形，参见图 8.2-10。①模式 I，断开模式与局部位移有关，裂纹表面子在与表面垂直方向上有分开的趋势，该方向分别与 x-y 和 z-x 平面对称。②模式 II，边缘滑移模式的特征是位移，裂纹表面相互滑动，同时保持裂纹前缘垂直，该方向与 x-y 平面对称且与 x-z 平面反对称。③模式 III，撕裂模式是裂纹表面沿裂纹前段相互滑动，该方向分别与 x-y 和 x-z 平面反对称。

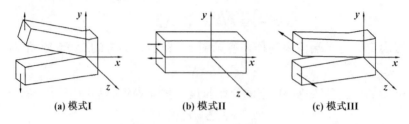

图 8.2-10 断裂的三种模式

2)断裂韧度

各种模式断裂的断裂韧度 K_C 被当作评价结构中裂纹稳定性的标准,即 K_{IC}、K_{IIC} 和 K_{IIIC}。测量的临界载荷 P_{cr} 能确定 K_C。临界载荷能导致含有一定形状裂纹的试样失效。适合模式 I 的断裂韧度的试样的一般几何形状包括紧凑拉伸试样和三点弯曲梁试样,参见图 8.2-11。

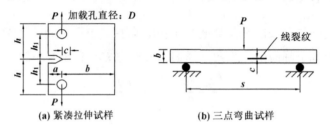

图 8.2-11 模式 I 断裂韧度的试样

(1)紧凑拉伸试样。试样在拉力作用下出现一条裂纹。在试样中部做一个凹口来促进断裂。由于微量疲劳载荷扩展,在凹口的顶端产生长度为 c 的微小裂纹。该微小裂纹在外界载荷下开始成长,随后不稳定地扩展。紧凑拉伸试样材料的断裂韧度为

$$K_{IC} = \sigma_C \sqrt{\pi c} F(c/b) \tag{8.2-32}$$

式中,c 是裂纹长度;$\sigma_C = P_{cr}/A$,其中 P_{cr} 是引起试样裂纹扩展断裂的外界载荷 P,A 是试样的横截面积;函数 $F(c/b)$ 近似为 1。计算拉伸试样的断裂韧度需满足图 8.2-11(a)中的几何参数:$h=0.6b$,$h_1=0.275b$,$D=0.25b$,$a=0.25b$,试样厚度 $T=b/2$。

(2)三点弯曲试样。当 $s/b \leqslant 4$ 和 $s/b \leqslant 8$ 时,式(8.2-32)中的函数 $F(c/b)$ 可表示为

$$F\left(\frac{c}{b}\right) = 1.09 - 1.735\frac{c}{b} + 8.2\left(\frac{c}{b}\right)^2 - 14.18\left(\frac{c}{b}\right)^3 + 14.57\left(\frac{c}{b}\right)^4 \tag{8.2-33}$$

$$F\left(\frac{c}{b}\right) = 1.107 - 2.12\frac{c}{b} + 7.17\left(\frac{c}{b}\right)^2 - 13.55\left(\frac{c}{b}\right)^3 + 14.25\left(\frac{c}{b}\right)^4 \tag{8.2-34}$$

3)界面断裂力学

大多数界面同时受到模式 I 和模式 II,甚至还有模式 III 的复合作用。对于不同材料的黏结面,参见图 8.2-12,两种黏结材料有不同的性能参数,例如,Young's 模量和 Possion 比,分界面在垂直方向和侧面剪切方向同时分别受应力场 σ_{yy} 和 σ_{xy}。

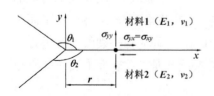

图 8.2-12 双材料结构的交界面

分界面裂纹附近的应力分布为

$$\sigma_{ij} = K_n r^{-\lambda} + L_{ij}\ln(r) + \text{terms} \tag{8.2-35}$$

式中，$K_n(n=\text{I, II})$是断裂模式 n 的应力强度因子；$i, j=1, 2, 3$ 表示坐标轴方向；λ 是特性参数；L_{ij} 是常数。在接近分界面尖端的范围内（距离 r 非常小），应力场的 $\ln(r)$ 项的分布可忽略，则分界面尖端（应力奇异点控制的应力分布处）的应力为

$$\sigma_{ij} = K_n r^{-\lambda} \tag{8.2-36}$$

由式（8.2-36）可得界面的应力分量：

$$\begin{cases} \sigma_{yy} = K_\text{I} r_n^{-\lambda} \\ \sigma_{yy} = K_\text{II} r_n^{-\lambda} \end{cases} \tag{8.2-37}$$

式（8.2-37）中的应力强度因子 K_I 和 K_II 可从如图 8.2-13 所示的线性对数方程得到：

$$\begin{cases} \ln(\sigma_{yy}) = -\lambda_\text{I} \ln(r) + \ln(K_\text{I}) \\ \ln(\sigma_{xy}) = -\lambda_\text{II} \ln(r) + \ln(K_\text{II}) \end{cases} \tag{8.2-38}$$

式中，λ_I 和 λ_II 分别是模式 I 和模式 II 断裂时的材料特性参数。

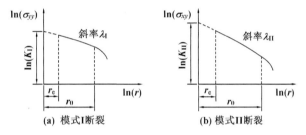

图 8.2-13 模式 I 和模式 II 中的应力强度

在图 8.2-13 中，r_0 表示从应力线性变化的裂纹尖端开始的范围；r_e 是有限元应力数值解的最近距离。若 Genuine 黏结材料的应力强度因子 K_I 和 K_II，则混合模式的断裂判断式为

$$\left(\frac{K_\text{I}}{K_\text{IC}}\right)^2 + \left(\frac{K_\text{II}}{K_\text{IIC}}\right)^2 = 1 \tag{8.2-39}$$

式中，断裂韧度 K_IC 和 K_IIC 可从实验中得到。

5. 薄膜力学

在微加工技术中，通常把薄膜安置在基底或其他薄膜上，这些从亚微米级到微米级厚的薄膜在某些情况下需能承受一定的载荷。但薄膜应力的定量分析还很困难，原因如下。

(1) 薄膜太薄，以至于原子的结合力在薄膜方向上成为材料强度的重要因素。

(2) 生产薄膜的沉积技术导致内在的残余应力，即固有应力。该应力是由多层薄膜下的材料的热膨胀系数不同或由于沉积工艺期间薄膜材料的晶粒重新聚集引起的。

(3) 薄膜上的材料不是均匀分布在它们沉积的面积里。在一个厚基底上的薄膜里的总应力 σ_T 可表示为

$$\sigma_T = \sigma_\text{th} + \sigma_\text{m} + \sigma_\text{in} \tag{8.2-40}$$

式中，σ_th 是由操作温度产生的热应力；σ_m 是由外界机械载荷生成的应力；σ_in 是固有应力。

8.2.3 微流体力学

1. 宏观和介观流体力学

流体力学研究运动中或静止中的流体以及固体/流体的相互作用。微系统要考虑两种基本的流体类型，不可压缩流体，如液体；可压缩流体，如气体。流体是分子的集合。液体分子间距小而气体分子间距大。与固体相比，流体分子间距远大于分子尺寸，而且这些分子不是固定在一个晶格上，彼此间可自由移动。流体具有黏性，当流体运动时会产生摩擦，黏性是流体运动时所产生的剪切阻力的度量。因此，流体流过管道、沟道，或在喷射状态和管道系统中，必须施加一定的驱动力。流体不能抵抗剪切力或切应力而不发生移动，参见图 8.2-14。流体的切应变可用变形前的直角与变形后的角 θ 之间的变化来表示。

剪切变形可视为放置在流体上下表面的一对平板的相对运动，参见图 8.2-15。

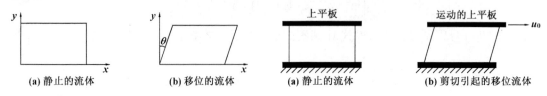

图 8.2-14　流体的剪切变形　　　　图 8.2-15　运动平板引起的流体的剪切流动

流体变形由运动速度为 u_0 的上平板产生。假定流体与上下平板的界面处无滑动，上下两块平行板的相对运动代表引起流体流动的剪力，对应的切应力 τ 与切应变 θ 的变化率为

$$\tau = \mu \frac{\mathrm{d}\theta}{\mathrm{d}t} \tag{8.2-41}$$

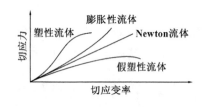

图 8.2-16　流体的分类

式中，μ 是流体的动力黏度或黏度[26]，参见图 8.2-16。Newton 流体是切应力与切应变率呈线性关系的流体。

流体流动的流速分布 $u(y)$ 是与静止底板距离为 y 处的流体速度，则切应力 τ 为

$$\tau = \mu \frac{\mathrm{d}u(y)}{\mathrm{d}y} \tag{8.2-42}$$

流体有两种模式：①层流，流体沿流线平缓流动；②紊流，流体的流动没有轨迹性。通常，利用 Reynolds 数来决定流体流动的模式：

$$Re = \rho L V / \mu \tag{8.2-43}$$

式中，ρ、V 和 μ 分别是流体的质量密度、速度和动力黏度。对于可压缩流体，当 $Re<10\sim100$ 时，发生层流流动；对于不可压缩流体，$Re<1000$ 时，发生层流。当流体流过固体表面时，紊流会导致很大的阻力。在微纳器件中，流体流动总是在层流状态。

2. 连续介质流体动力学

1) 连续性方程

流体流动的连续性方程被用于计算体积流动速率，选择通过流管的流体为控制体。则一维流动的连续性方程为

$$A\frac{\partial \rho}{\partial t}+\frac{\partial m}{\partial s}=0 \tag{8.2-44}$$

式中，A 为控制体流管的平均截面面积；t 时刻的流速为 m；两控制面的距离为 ∂s。对于稳态流动，$\partial \rho/\partial t=0$，则 $\partial m/\partial s=0$。因此，稳态流动情况下的质量流速为

$$\frac{\mathrm{d}m}{\mathrm{d}t}=\rho_1 V_1 A_1 = \rho_2 V_2 A_2 \tag{8.2-45}$$

式中，截面积为 A_1 和 A_2 的流体流速分别为 V_1 和 V_2。对于不可压缩流体，式(8.2-45)简化为

$$Q=V_1 A_1 = V_2 A_2 \tag{8.2-46}$$

2) 动量方程

动量方程可用来计算流体作用在固体上的力，在稳态流动的条件下，质量流速保持恒定，根据冲量和动量变化之间的关系，则诱导力为

$$\Sigma F = \frac{\mathrm{d}m}{\mathrm{d}t}(V_2 - V_1) \tag{8.2-47}$$

式中，V_1 和 V_2 分别是控制面 1-1 和 2-2 的速度矢量。

3) 运动方程

流体动力学中的运动方程可计算流体运动与所需驱动力，即压力 p 的关系。忽略流体与所接触管道表面的摩擦力，则加速度的切向分量 a_s 和法向分量 a_n 与流体单元切向速度 $V(s,t)$ 及其法向分量 $V_n(s,t)$ 的关系为

$$\begin{cases} a_s = \dfrac{\partial V(s,t)}{\partial t} + V(s,t)\dfrac{\partial V(s,t)}{\partial s} \\ a_n = \dfrac{\partial V_n(s,t)}{\partial t} + \dfrac{[V(s,t)]^2}{R} \end{cases} \tag{8.2-48}$$

根据 Newton 定律，可得运动的 Euler 方程：

$$\begin{cases} \rho\left(\dfrac{\partial V}{\partial t}+V\dfrac{\partial V}{\partial s}\right) = -\dfrac{\partial p}{\partial s} - \rho g \sin\alpha \\ \rho\left(\dfrac{\partial V_n}{\partial t}+\dfrac{V^2}{R}\right) = -\dfrac{\partial p}{\partial n} - \rho g \cos\alpha \end{cases} \tag{8.2-49}$$

若 x 轴与流线方向一致，则在三维直角坐标系中的运动方程为

$$\begin{cases} \rho\left(\dfrac{\partial u}{\partial t}+u\dfrac{\partial u}{\partial x}+v\dfrac{\partial u}{\partial y}+w\dfrac{\partial u}{\partial z}\right) = -\dfrac{\partial p}{\partial x} + X \\ \rho\left(\dfrac{\partial v}{\partial t}+u\dfrac{\partial v}{\partial x}+v\dfrac{\partial v}{\partial y}+w\dfrac{\partial v}{\partial z}\right) = -\dfrac{\partial p}{\partial y} + Y \\ \rho\left(\dfrac{\partial w}{\partial t}+u\dfrac{\partial w}{\partial x}+v\dfrac{\partial w}{\partial y}+w\dfrac{\partial w}{\partial z}\right) = -\dfrac{\partial p}{\partial z} + Z \end{cases} \tag{8.2-50}$$

式中，$u=u(x,y,z)$、$v=v(x,y,z)$ 和 $w=w(x,y,z)$ 为流体沿 x、y 和 z 方向的速度；X、Y 和 Z 分别是流体体积力(如重力)沿 x、y 和 z 方向的分量。

根据式(8.2-50)，可得如图 8.2-17 所示的 Bernoulli 方程：

$$\frac{V_1^2}{2g} + \frac{P_1}{\rho g} + y_1 = \frac{V_2^2}{2g} + \frac{P_2}{\rho g} + y_2 \tag{8.2-51}$$

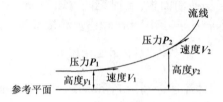

图 8.2-17 状态属性变化的流体流动

3. 计算流体动力学

连续流体可用 Navier-Stokes 方程来表示[26]:

$$\begin{cases} \rho g - \dfrac{\partial P}{\partial x} + \mu\left(\dfrac{\partial^2}{\partial t^2} + \dfrac{\partial^2}{\partial x^2} + \dfrac{\partial^2}{\partial z^2}\right)u(x,y,z) = \rho\dfrac{\partial u(x,y,z)}{\partial t} \\ \rho g - \dfrac{\partial P}{\partial x} + \mu\left(\dfrac{\partial^2}{\partial t^2} + \dfrac{\partial^2}{\partial x^2} + \dfrac{\partial^2}{\partial z^2}\right)v(x,y,z) = \rho\dfrac{\partial v(x,y,z)}{\partial t} \\ \rho g - \dfrac{\partial P}{\partial x} + \mu\left(\dfrac{\partial^2}{\partial t^2} + \dfrac{\partial^2}{\partial x^2} + \dfrac{\partial^2}{\partial z^2}\right)w(x,y,z) = \rho\dfrac{\partial w(x,y,z)}{\partial t} \end{cases} \tag{8.2-52}$$

式中，ρ 为流体的质量密度；g 为重力加速度；P 为驱动压力；μ 为流体的动力黏度。流体控制体中的单元应力分量可通过对 Navier-Stokes 方程中各种速度分量的微分运算获得

$$\begin{cases} \tau_{xx} = 2\mu\dfrac{\partial u(x,y,z)}{\partial x} \\ \tau_{yy} = 2\mu\dfrac{\partial v(x,y,z)}{\partial y} \\ \tau_{zz} = 2\mu\dfrac{\partial w(x,y,z)}{\partial z} \\ \tau_{xy} = \tau_{yx} = \mu\left[\dfrac{\partial u(x,y,z)}{\partial y} + \dfrac{\partial v(x,y,z)}{\partial x}\right] \\ \tau_{xz} = \tau_{zx} = \mu\left[\dfrac{\partial w(x,y,z)}{\partial x} + \dfrac{\partial u(x,y,z)}{\partial z}\right] \\ \tau_{yz} = \tau_{zy} = \mu\left[\dfrac{\partial v(x,y,z)}{\partial z} + \dfrac{\partial w(x,y,z)}{\partial y}\right] \end{cases} \tag{8.2-53}$$

运动流体中的应力分量可表示为

$$\sigma_{ij} = \begin{bmatrix} -P + \tau_{xx} & \tau_{yx} & \tau_{zx} \\ \tau_{xy} & -P + \tau_{yy} & \tau_{zy} \\ \tau_{xz} & \tau_{yz} & -P + \tau_{zz} \end{bmatrix} \tag{8.2-54}$$

4. 微管道中不可压缩流体的流动

小液滴的形成是由于液滴的球状表面存在超过流体内部静压力的张力，即不可压缩流

体的表面张力。

1）表面张力

液体的表面张力与分子的内聚力有关。当液体与空气或固体接触时，分子间作用力使分子黏结在液体的下表面。但界面处分子的黏结方式与相邻的介质分子的黏结方式不同。流体/管壁界面间的最大摩擦与流体中表面张力的混合作用使驱动流体流动所需的压力沿管道的横向截面分布不均匀，从而产生毛细效应。在微系统中，毛细效应可影响微小管中流体的动力学特性。流体中的表面张力 F_s 可表示为

$$F_s = S\gamma \tag{8.2-55}$$

式中，S 是湿周；γ 是表面张力系数。水的表面张力系数可表示为[26]

$$\gamma(T) = 0.07615 - 1.692 \times 10^{-4} T \tag{8.2-56}$$

式中，T 为温度。

在微管道的尺度，表面张力起主要作用。在圆柱形液体内部，参见图 8.2-18(a)，根据式(8.2-55)，可得流体压降 ΔP 为

$$\Delta P = \gamma/a \tag{8.2-57}$$

在球形液滴的内部，参见图 8.2-18(b)，根据式(8.2-55)，可得流体压降 ΔP 为

$$\Delta P = 2\gamma/a \tag{8.2-58}$$

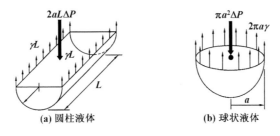

图 8.2-18 流体中表面张力所引起的压力变化

根据式(8.2-57)和式(8.2-58)，在直径为 $d \approx 2a$ 的小管中，参见图 8.2-19，孤立液体的压力变化为

$$\Delta P = 3\gamma/a \tag{8.2-59}$$

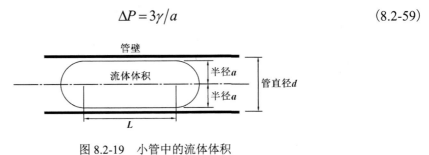

图 8.2-19 小管中的流体体积

2）毛细效应

流体的毛细效应涉及流体的表面张力和流动管道的尺寸。将两端开口的细管的一端插入一定体积的液体时，管内的液体会上升，参见图 8.2-20。小管的毛细高度可表示为

$$h = 2\gamma\cos\theta/(wa) \tag{8.2-60}$$

式中，$w=\rho g$ 是液体的重量；θ 是自由流体表面与管壁之间的夹角；a 是毛细管的半径。

3) 微泵

在微米尺度，可利用表面力促使液体在微管道中流动，如压电泵[27]，参见图 8.2-21。

图 8.2-20 小管中流体的毛细效应　　　　图 8.2-21 用于微流动的毛细管

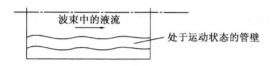

图 8.2-22 毛细管波流中的微流动

管子的壁厚通常为几微米，薄膜壁使管子有很高的柔性，外壁涂了一层压电薄膜，例如，带铝叉指式换能器(IDTs)的 ZnO。当射频电压加到一个叉指式换能器时，压电层中产生机械应力，从而在管壁薄膜上产生柔性声波，管壁的波动将产生泵效应驱动所包含的流体，参见图 8.2-22。管壁表面产生的力 F 与压电效应在管壁处产生的声波幅度成正比，并且沿管中心成指数规律衰减，力的变化导致管内的流体流速 V 更加均匀。

5. 亚微米和纳米尺度的流体流动

在生物 MEMS 中，微流体器件是典型的低 Reynolds 数、低体积流速的流体流动，其流量从每分钟几微升到每分钟几百纳升，管道的尺寸从几微米到几百微米。

1) 稀薄气体

流体是分子的聚合体。在气体中，气体分子随机在空间移动和相互碰撞，或与其浸没物和容器表面碰撞。可利用平均自由程(MFP)λ 来描述气体分子的移动不与任何障碍物碰撞的长度。在大气条件下，对于多数气体，$\lambda \approx 65$。液体的 MFP 大约是其分子尺寸的 2 倍。

2) Knudsen 数和 Mach 数

在连续介质流体力学中，流体流动的有效性依赖于 Knudsen 数：

$$Kn = \lambda/L \tag{8.2-61}$$

式中，L 为特征长度尺寸与流动区域中的密度、速度和温度梯度有关。

运动气体的 Mach 数是其速度和气体压缩性的量度：

$$Ma = V/\alpha \tag{8.2-62}$$

式中，V 是运动气体的速度；α 是气体中的声速。理想气体的声速为

$$\alpha^2 = RTc_p/c_v \tag{8.2-63}$$

式中，c_p 和 c_v 分别是定压和定容下的气体比热容；R 是气体常数；T 为气体热力学温度。

由于稀薄气体的高 Knudsen 数($Kn>0.1$)和低 Mach 数($Ma<0.3$)，其可近似为在极低的压力下是不可压缩的。平均自由程 λ 描述的气体分子的碰撞是气体流动的主要行为。

3) 微气体流动建模

在气流谱中,参见图 8.2-23,当 Knudsen 数 $Kn<0.01$ 时,连续理论和 Navier-Stokes 方程可用于气体流动建模;适当修正可适应滑移边界,连续理论和 Navier-Stokes 方程可扩展到 $0.01<Kn<0.1$;当 $Kn>0.1$ 时,则需使用 Burnett 和修正的 Boltzmann 方程[28]。当 $Kn>10$ 时,气流处于自由分子运动的形式。在管路中,自由气体分子的质量流速为

$$\frac{dm}{dt}=\frac{4d^3\Delta P}{3L}\sqrt{\frac{2\pi}{RT}} \tag{8.2-64}$$

式中,d 和 L 分别是管的直径和长度,且满足 $d \leqslant L \leqslant \lambda$,$\lambda$ 是气体分子的平均自由程;ΔP 是压降;R 是气体常数;T 是温度。

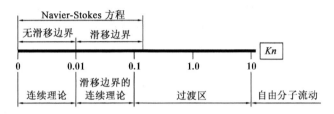

图 8.2-23 气体流动状态谱

8.2.4 微热传导

热的流动需要载体。不同物质的热载体不同,参见表 8-4,例如,金属中的热载体是电子和声子;电介质和半导体材料中的热载体主要是声子。对于单个声子,应注意:①移动声子在每次碰撞后改变其路线,即散射效应;②自由移动的距离,即自由程,在每次碰撞间是不同的;③由于自由程的变化,声子在每次碰撞之间的移动时间也是变化的。

表 8-4 热载体的一般特点

参 数	自由电子	声子	光子
主导物质	金属中的热传导	电解质和半导体材料中的热传导	热辐射
产生源	化合价或活动电子	晶格振动	原子或分子跃迁
传播介质	真空或介质	介质	真空或介质
近似速度/(m/s)	10^6	10^6	10^8

固体中有数以百万计的声子,这些声子在固体中携带热量的运动将不可避免地导致彼此间的碰撞,即声子散射,可用于分子热传递的关键技术参数如下。

(1) 平均自由程(MFP):

$$\lambda = (d_1 + d_2 + d_3)/3 \tag{8.2-65}$$

(2) 平均自由时间(MFT):

$$\tau = [(t_2-t_1)+(t_3-t_2)+(t_4-t_3)]/3 = (t_4-t_1)/3 \tag{8.2-66}$$

对于固体中的热载体，平均自由程是载体在材料中移动时导致其失去过剩能量的平均距离。在宏观尺度下，厚度为 H 的薄膜有足够长的空间允许成百上千的声子发生碰撞，这些碰撞效应超出了固体的平均尺寸和宏观热传递中的时间。$H<7\lambda$ 是亚微米和微/宏热传导之间的近似界限，在亚微米或纳米尺度时，由于声子的碰撞和散射现象，需考虑长度和时间尺度。

1. 薄膜的热导率

在亚微米尺度，根据分子热传导的动力学模型，可得薄膜热导率 k 的简化模型：

$$k = cV\lambda/3 \tag{8.2-67}$$

式中，c 是比热容；V 是分子速度，λ 是平均自由程，参见表8-5。

表 8-5　薄膜热导率参数

参　数	金属	电介质和半导体
比热容 c	电子的比热容 c_e	声子的比热 c_s
分子速度 V	电子 Fermi 速度 $V_e \approx 1.4 \times 10^6$ m/s	声子速度(声速) $V_s \approx 10^3$ m/s
平均自由程 λ	电子平均自由程 $\lambda_e \approx 10^{-8}$ m	声子平均自由程 $\lambda_s \approx 10^{-7}$ m 以上

一种估算垂直于薄膜的热导率为

$$\frac{k_{\text{eff}}}{k} = 1 - \frac{\lambda}{3H} \tag{8.2-68}$$

当热导率方向沿薄膜的表面时，热导率为

$$\frac{k_{\text{eff}}}{k} = 1 - \frac{2\lambda}{3\pi H} \tag{8.2-69}$$

当 $H<7\lambda$ 且热导率方向垂直于薄膜时，误差为 5%；当 $H<4.5\lambda$ 且热导率方向平行于薄膜时，误差为 5%。

2. 薄膜的热导方程

流过固体边界的热通量 $Q(r, t)$ 导致了固体的温差和温度梯度 $\nabla T(r, t)$；而固体中的温度梯度导致了固体中的热通量。固体中声子携带热量移动需要时间，平均自由时间的均值(MFT)用于计算固体中热量传输所需的时间。本质上，MFT 会导致固体中热传输的延迟，因而当施加热通量通过固体边界时，会产生温度梯度的延迟。考虑延迟时间，热传导方程为

$$\nabla^2 T(r,t) + \frac{Q(r,t)}{k} = \frac{1}{\alpha}\frac{\partial T(r,t)}{\partial t} + \frac{\tau}{\alpha}\frac{\partial^2 T(r,t)}{\partial t^2} \tag{8.2-70}$$

式中，最后一项表示固体中热传导的速度，以温度 $T(r, t)$ 的波传播，即固体中的热波传播；τ 为弛豫时间，是载体碰撞之间移动的平均时间：

$$\tau = \lambda/V \tag{8.2-71}$$

式中，λ 为平均自由程均值；V 是热载体的平均速度。使用式(8.2-70)的条件是观察时间 $t<H^2/\alpha$，其中，H 为薄膜厚度；α 为材料的热导率。

8.3 微执行器

微执行器有四个重要参数[9, 14-22]：输出力 F、位移 u、体积 v 和相应的时间 t。为了比较不同执行器的工作机理，还定义了单位体积内的输出功

$$W = Fu/v \tag{8.3-1}$$

随着执行器行程的位移量增大，位移上的有效作用力减少，因此，可评估无载荷力状态的最大位移及位移状态的最大作用力[29]，参见表 8-6。

表 8-6　普通微执行器的性能比较

类型	位移/mm	输出力/mN	驱动电压/V	速度/Hz	单位体积的输出功/(J/m³)	备注
静电式	0.1~30	0.1~10³	50~120	3×10³	7.0×10²~1.8×10⁵	平行板、梳状执行器、力阵列
热式	10~100	10~10³	<20	10²~10³	4.6×10⁵	双压电晶片元件、伪双压电晶片元件、弯曲梁执行器
压电式	~10	10~10⁶	20~10³	10~10³	1.2×10⁵~1.8×10²	以 PZT 或 ZnO 为基础
形状记忆合金	10~570	10⁴~2×10⁵	1~3	20	2.5×10⁷~6.0×10⁶	以 Ni-Ti 为基础
磁式	直到 10³	直到 10⁵	<10mA（电流）	10²~10⁴	1.6×10³~4.0×10⁵	静磁、电磁、磁致伸缩

8.3.1 静电微执行器

静电力 F 定义为由电场力 E 引起的斥力或引力。

1) 线性静电微电动机

步进微电动机由四条腿的多晶硅板组成，平板与基板形成类电容结构，参见图 8.3-1。若施加钳位电压 V_1 和驱动电压 V_p，而取消钳位电压 V_2，则左边的腿就固定到基板。在静电力的作用下，平板向下弯向基板，右边的腿则相对基板向左移动。一旦施加电压 V_2，右边的腿就固定到基板上，左边的腿被放松，整个结构就向左移动一步。重复这种驱动循环，整个结构就沿基板运动。静电步进电动机的典型输出力约为 40mN，运动范围可达 43mm，运动速度是 100mm/s，施加的钳位电压和驱动电压分别是 40V 和 25V。

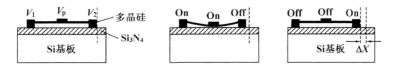

图 8.3-1　静电步进电动机的工作原理

2) 平行平板驱动

由静电驱动薄膜可构成微泵,参见图 8.3-2,可变形硅薄膜成为电容的一个电极。通过在电极间施加电压可驱动它的上电极变形。薄膜向上的运动增大了泵腔体积并因此减小了腔中压力。压力的减小导致输入阀门开启,使液体流入。随后关闭电极之间的电压,使薄膜回到最初的位置,进而导致泵腔体积的减小。泵腔体积的减小增大了泵腔中残留液的压力。当残留液的压力达到设计值时,流出阀门开启,使液体流出[30]。

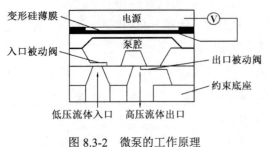

图 8.3-2 微泵的工作原理

8.3.2 热微执行器

利用材料的热膨胀可实现驱动,这种材料可以是气体、液体或固体[29, 31],该装置放置在温度为 T_{air} 的空气中。通过电流 I 产生的 Joule 热会使温度升高,有三种散热方式:① 通过梁直接将热传递到梁锚,然后到基板;② 通过空气的传导和对流散热;③ 以红外辐射的形式将热散发到周围环境。宽度为 w、厚度为 z、长度为 Dx 的弯曲梁的微分元的热平衡方程为

$$Q_{\text{total}} = P_{\text{g}} + Q_{\text{conduction}} + Q_{\text{convection}} + Q_{\text{radiation}} \tag{8.3-2}$$

式中,Q_{total} 是微分元内能的净变化率;P_{g} 为 Joule 热在微分元内侧产生的功率;$Q_{\text{conduction}}$ 为微分元内热传导损耗;$Q_{\text{convection}}$ 为热对流损耗;$Q_{\text{radiation}}$ 为热辐射损耗。

尺蠖由一对反向弯曲梁执行器组成,紧紧地卡住并推动一个柔性弹簧支撑的柱体脉冲式前进[32],参见图 8.3-3。为增大推力和夹持力,以抵消柱体大位移产生的机械力,在柱体侧面及执行器接触头侧面有相匹配的波纹曲面。驱动时,两个对称的执行器向前移动,与柱体接触,有效地形成了一个一级

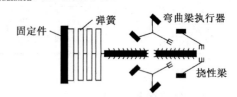

图 8.3-3 弯曲梁电热驱动的尺蠖

级联执行器,并将柱体向右侧推动。柱体方向不同位置的另一对反向执行器类似于一个被动锁定装置。为避免前一对执行器未工作时柱体向后被拉,它们与前一对执行器是异相工作。

8.3.3 形状记忆微执行器

形状记忆合金(SMA)在低温环境中处于马氏体状态(韧性态),很容易变形,随着温度变高成为奥氏体状态(高强度态),并恢复其原始态[33],参见图 8.3-4。

体 SMA 或薄膜 SMA 的性质由状态变化滞后回线决定[33],参加图 8.3-5。冷却期,从马氏体起点温度 M_s 开始变化,在马氏体终结温度 M_f 处结束;加热期,从奥氏体起点温度 A_s 开始变化,在奥氏体终结温度 A_f 处结束,其中的差值 A_f-M_s 或 A_s-M_f 称为滞后宽度。某些形状记忆合金,如 TiNi 合金,还表现出一种中间状态,称为菱形态或 R 态。通常,R 态取决于合金成本及热处理工艺[33-35]。

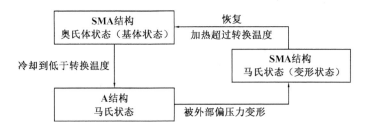

图 8.3-4 形状记忆合金的形状转换周期

利用激光切割 TiNiCu 冷轧板作为主动装置，超弹性 NiTi 作为被动装置，用激光微焊接或黏结方法将主动和被动装置连接在一起，在它们之间夹一层聚酰亚胺制成隔热层，按变形前的条件，将两种装置的端面垫片黏结到基板上，用楔形-楔形黏结技术实现电接触[36]，参见图 8.3-6。在较低温度的马氏体状态下，形状记忆合金梁比较柔软；因此，小的外部负载就可在形状记忆合金装置中产生大的共面位移。

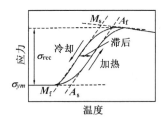
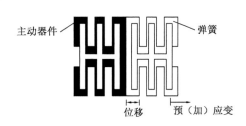

图 8.3-5 典型形状记忆合金的滞后回线　　图 8.3-6 SMA 线性执行装置的示意图

8.3.4 压电微执行器

压电效应是指在电压作用下，压电材料会产生机械变形，可实现压电驱动；反之，在外力作用下压电材料发生变形时，会产生电压，可实现压电换能[37]。表 8-7 给出了压电装置中的典型激励模式[38, 39]，压电材料的耦合系数表示机械信号与电信号的转换效率：

$$k^2 = \frac{W_{\text{mechanical}}}{W_{\text{electronical}}} \tag{8.3-3}$$

式中，$W_{\text{mechanical}}$ 是存储的机械能；$W_{\text{electronical}}$ 是存储的总电能。

表 8-7　典型压电结构的激励模式

压电结构	激励模式
单层晶片结构	厚度膨胀(TE)
	厚度剪切(TS)
	断面剪切(FS)
	横向长度膨胀(TLE)
	平行长度膨胀(PLE)
	平面膨胀(PE)
双层晶片结构	一层或两层的厚度膨胀(TE)

1) LIGA 压电执行器

一种基于 LIGA 微结构和压电基板组合的装置可在低压下施加足够的力得到稳定的共面位移[40]，参见图 8.3-7。结构中有一根人字梁，加工在压电基板上。若沿基板方向（支撑方向）施加外部电压 U，可使基板厚度膨胀和宽度收缩，从而实现 LIGA 结构的共面位移。当基板长而窄且薄时，沿该梁方向 1（垂直于支撑方向 3）的最大收缩量 Δl 可表示为

$$\Delta l = d_{31} l U / t \tag{8.3-4}$$

式中，d_{31} 为压电系数；l 和 t 分别为 LIGA 梁结构两锚定处之间的距离和基板厚度。由于基板收缩，梁的中心将偏转为

$$\Delta d = -d + \sqrt{d^2 - (\Delta l/2)^2 + \Delta l \times l/2} \tag{8.3-5}$$

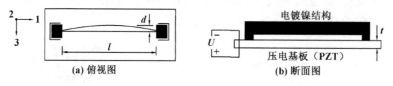

图 8.3-7 LIGA 压电执行器

2) 旋转微电动机

压电陶瓷 PZT 设计成矩形的平行六面体，沿厚度方向偏振，参见图 8.3-8(a)，施加交流电压使之膨胀和收缩，弹性悬臂振荡器将随着 PZT 板的膨胀和收缩摆动[41]。图 8.3-8(b) 给出了一种微电动机，主要由四部分组成：一支黏结在压电陶瓷上的不锈钢定子，一支电镀镀金形成的转子，一支不锈钢材料制成的轴和一支不锈钢板簧。板簧中心与边缘之间有三个射束状悬臂零件，将支撑轴、转子、定子和片簧组装成微电动机。施加交流电压，悬臂振荡器椭圆形运动的水平振动分量会造成转子旋转。当施加电压的频率等于悬臂振荡器的谐振频率时，可得到微电动机最有效的转动。片簧对微电动机的性能起重要作用，片簧中心与轴的上端面焊接在一起。选择片簧的形状和材料，可控制定子与转子间的接触和接触压力。

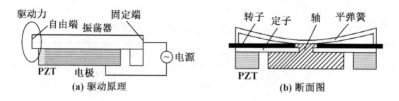

图 8.3-8 基于压电技术的旋转微电动机

8.3.5 磁性微执行器

通常，可利用如表 8-8 所示的磁性机理实现磁性微执行器[42, 43]。

表 8-8　磁性微执行器的类型及物理机理

微执行器类型		物理机理
磁化	热磁微执行器	加热超过 Curie 温度 T_c 时，铁磁性材料就变成顺磁性材料，磁力方向发生变化
	静磁微执行器	永久磁体(或电磁铁)和铁磁体(铁氧磁体)之间吸收
	电磁微执行器	电磁体和永磁体之间的吸引和排斥
Lorentz 力		磁场中一个带电导体上的力
静磁		磁化后，磁性材料的尺寸变化

1) 扭力驱动

利用磁致动和静电钳位技术，可研制一个 $M \times N$ 纵横(制)光学开关矩阵[44]，参见图 8.3-9(a)。在一块芯片外磁体驱动这些微反射镜，并可利用静电钳位技术将这些反射镜单个定位在基板上或硅(110)芯片上端面蚀刻成的垂直侧壁。为了保证该反射镜驱动后有精确的垂直度，将垂直钳位电极设计在(110)硅芯片某个选择性蚀刻的侧壁上，用一个外部磁致驱动位于两个稳定位置(垂直和共面位置)之间的反射镜。此外，若静电力大于磁场产生的力，就施加一个电压将反射镜加紧在基板上，所以，每块反射镜都可在某两个位置之间独立地进行开关，而不会对其他反射镜造成任何干扰，参见图 8.3-9(b)。

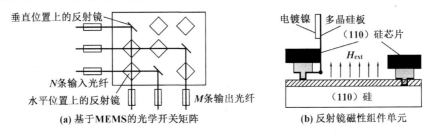

图 8.3-9　基于 MEMS 的光学开关矩阵

2) 旋转翼

磁性材料制成的旋转翼，在交变磁场中旋转，当推力等于旋转翼的重量时，微旋转翼就开始向上飞[45]。微旋转翼由电镀镍制成，电镀镍层的底层是一层 Cu/Cr，利用聚酰亚胺材料制作铰链，可产生迎角，参见图 8.3-10。假设每段旋转翼单独产生升力和阻力，且忽略相邻段的影响，则旋转翼长为 R、频率为 f 时旋转翼盘旋上升的推力为

$$T = \frac{2}{3}\pi^2 \rho bcf^2 R^3 \left(C_l + \phi C_d \right) \qquad (8.3\text{-}6)$$

式中，b 为旋转翼的数目；c 为旋转翼的弦长；C_l 和 C_d 分别为升力系数和阻力系数。

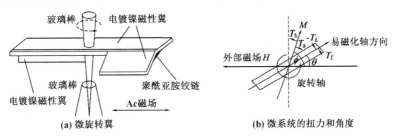

图 8.3-10　微旋转翼的工作原理

8.4 微传感器

传感器是一种将能量从一种形式转换成另一种形式,并针对特定可测量的输入提供一种可用的能量输出的器件[9, 14-22]。

8.4.1 机械微传感器

单晶硅是微电子行业中最广泛使用的材料,具有优异的电子特性,可被加工成微电子器件;同时,硅又具有优异的机械性能,参见表 8-9。

表 8-9 单晶硅与其他一些材料的机械性能比较

材料	屈服强度/GPa	硬度/(10^9kg/m²)	Young's 模量/GPa
Si(单晶)	7.0	0.8	190
SiO$_2$(光纤)	8.4	0.8	73
Si$_3$N$_4$(单晶)	14.0	3.5	385
铁(晶须)	12.6	0.4	196
铁(精炼)	0.15	—	197
钢(最大强度)	4.2	1.5	210
金刚石(单晶)	53.0	7.0	1035

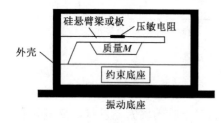

图 8.4-1 微加速度传感器的结构图

1. 加速度微传感器

大多数加速度计基于机械振动,在微尺度下,微硅梁和附在上面的质量块(振动质量)组成一个弹簧-质量系统,空气产生阻尼效应,参见图 8.4-1,支撑质量块的结构为弹簧。质量 m、弹性系数 k_m、阻尼系数 b_m、载荷 F 和位移响应 y 的关系为

$$m\frac{d^2 y}{dt^2} + b_m \frac{dy}{dt} + k_m y = F(t) \tag{8.4-1}$$

实际的加速度传感器中,要考虑到各种干扰因素对输出电信号的影响,如非线性、过载、横向灵敏度等,质量块的配置方式不仅采取悬臂梁式结构,而且根据不同的用途和不同的技术要求设计成不同的形式,参见图 8.4-2,图中的阴影部分代表结构上被掏空的部分。

将两根光纤固定到一块带有支撑杆的基板上,一根光纤固定在支撑杆上,另一根是悬臂结构的光纤梁,两根光纤端面相连接[46, 47],参见图 8.4-3。若该传感器被加速,由于惯性的原因,会使悬臂梁偏转变形,变形量正比于加速度。由于光纤之间光轴和角度的错位,会减少光从一根光纤到另一根光纤的传播。由于加速度的作用,使一根光纤的端部偏转到另一根接收光纤端部的接收范围之外,输出信号就变成白信号或平信号,这表明可探测的加速度范围有限。若光纤悬臂梁的长度是 l,横截面积是 A,则加速度作用造成的偏转变形是

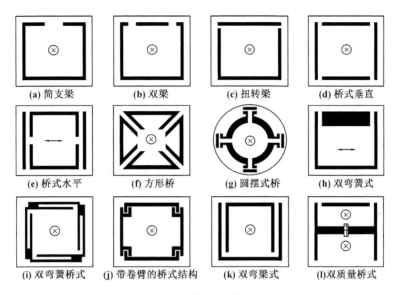

图 8.4-2 质量块的不同弹性连接方式

$$x = \frac{A\rho l^4 a}{8EI} \quad (8.4\text{-}2)$$

式中，ρ 为质量密度；a 为加速度；E 为 Young's 模量；I 为第二转动惯量。然而，悬臂梁长度又影响其谐振频率，一个圆柱形悬臂梁的最低谐振频率为

$$f_1 = 1.76\sqrt{EI/(\rho A)}/(\pi l^2) \quad (8.4\text{-}3)$$

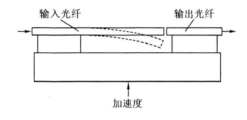

图 8.4-3 强度调制式加速度计

由于工作频率低于谐振频率，因此，传感器的频率范围变得较窄。加速度传感器接收加速度 a 后，质量为 m 的砝码位移 x，以光学方式进行高精度测定：

$$a = kx/m \quad (8.4\text{-}4)$$

式中，k 是采用MEMS技术制造的支撑砝码的弹簧的弹簧常数。用光测定位移 x 后，灵敏度 S_x 为信号强度 I_{signal} 与加速度 a 之比：

$$S_x = I_{\text{signal}}/a \quad (8.4\text{-}5)$$

集成化的Si基Mach-Zehnder干涉型MOEMS加速度地震检波器主要由简谐振子系统、Mach-Zehnder干涉仪和信号处理系统等三部分组成，参见图8.4-4[48-50]。简谐振子系统是直接腐蚀于Si基底上的2个质量块和4根硅横梁，Mach-Zehnder干涉仪由2个Y分支波导构成，入射波导处集成了偏振器。波长为1300nm的激光耦合进Mach-Zehnder干涉仪的输入端，被偏振器起偏后成为TE模偏振光，经Y分支波导分为波导中传播的两路等强度光。信号臂受简谐振子中的2根Si梁和质量块调制，当存在垂直方向的

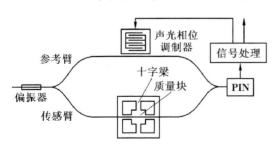

图 8.4-4 Mach-Zehnder 干涉型加速度计

加速度时，质量块产生振动，引起梁发生弯曲。两条光路产生的光强由PIN探测，并由集成在Si基上的信号处理电路实现相位探测和误差补偿，实现了从Mach-Zehnder干涉仪的输出光中提取待测的加速度信号。

2. 质量微传感器

质量微传感器用来测量极微小质量，称为微天平[51-53]。

1) 压电式质量微传感器

压电晶体可在本征频率和二级谐振频率下振动。一个质量为 m，厚度为 d 的晶体，其谐振剪切模式的波长为 $2d$，谐振频率的变化因子与质量及厚度有关：

$$\frac{\Delta f_m}{f_m} = -\frac{\Delta m}{m} = -\frac{\Delta d}{d} \tag{8.4-6}$$

在晶体表面外加一质量 m_f，也会改变谐振频率：

$$\frac{\Delta f_m}{f_m} = -\frac{m_f}{m} \tag{8.4-7}$$

假设外加沉积的材料有均匀的密度，则其质量与声剪切速度 v_m 有关：

$$m_f = -\frac{\Delta f_m}{2f_m^2}\rho_m v_m = -\frac{\Delta f_m}{\Lambda_f} \tag{8.4-8}$$

式中，Λ_f 为晶体振动常数。

理想情况下，外加材料的声阻抗应与压电材料相匹配，参见表 8-10。石英微天平是非常敏感和稳定的微传感器。

表 8-10 质量传感器中材料的声阻抗

材料	声阻抗/(10kg·s/m²)	材料	声阻抗/(10kg·s/m²)
Pt	36.1	SiO_2(石英)	8.27
Si	12.4	C(石墨)	2.71
Al_2O_3	24.6	Cr	29.0
Al	8.22	In	10.5
Cu	20.3	Pd	24.6
Ag	16.7	Au	23.2
Ni	26.7		

2) 表面声波谐振微传感器

压电晶体的剪切波在材料内传播，相反，表面声波谐振(Surface Acoustic Wave Resonant, SAWR)器件中的声波只在晶体近表面传播。SAWR微天平的优点是传感部分独立于压电换能器和接收器，参见图 8.4-5，表面声波由 RF 振荡器 T 产生，频率漂移由接收器 R 检测。SAW的输出信号取决于参考值与检测值的差，外加的质量改变了声速，导致相差：

$$V_{out} \propto \sin(\Phi_r - \Phi_s) \tag{8.4-9}$$

SAW 传感器基片通常为石英或 $LiNbO_3$。

图 8.4-5　SAWR 质量微传感器的结构示意图

3. 压力微传感器

利用光纤技术，可检测膜片变形产生的压力变化[54,55]，参见图 8.4-6(a)，包括一个金/铬薄膜片结构，一块玻璃板，一个以硅为基底的光纤对准结构和一根多模光纤。若差压是 p，参见图 8.4-6(b)，薄膜的固有应力是 σ，则膜片的变形 h 与压力 p 之间的关系为[56]

$$p = \frac{C_1 t \sigma}{a^2} h + \frac{C_2 t E}{a^4} h^3 \tag{8.4-10}$$

式中

$$C_1 = \frac{\pi^4 (n^2 + 1)}{64} \tag{8.4-11}$$

$$C_2 = \frac{\pi^6}{32(1-v^2)} \left\{ \frac{9 + 2n^2 + 9n^4}{256} + \frac{64(1+v)\left[16n^4 - 4(3v-1)(n^2+n^6) + n^4(3v-1)^2\right]}{81\pi^4 \left[64n^2 + n^2(1-v)^2 + 8(1-v)(1+n^4)\right] - \left[64(1+v)\right]^2} \right.$$
$$\left. - \frac{8(1-v)(1+n^8) + 8(n^2+n^6)\left[(3v-1)(2v-1)+8\right] + (3v-1)n^4\left[(1-v)(3v-1)-64\right]}{9\pi^2 \left[64n^2 + n^2(1-v)^2 + 8(1-v)(1+n^4)\right] - \left[64(1+v)\right]^2} \right\}$$
$$\tag{8.4-12}$$

式中，v 为 Poisson 比；$n=a/b$，a 和 b 分别是膜片的宽度和长度的一半。若变形后的膜片仍保持与玻璃板平行，形成一个 Fabry-Perot 结构，则反射光强度与入射光强度之比为

$$\frac{I_R(x,y)}{I_0} = \frac{F \sin^2\left[\delta(x,y)/2\right]}{1 + F \sin^2\left[\delta(x,y)/2\right]} \tag{8.4-13}$$

式中，$\delta(x,y) = 4\pi d(x,y)/\lambda$，$d(x,y)$ 是膜片与玻璃板之间的间隔；$F = 4R/(1-R)^2$。

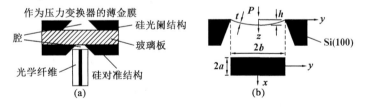

图 8.4-6　一种光纤微压力传感器的结构图

8.4.2　声波微传感器

声波传感器通过将机械能转化成电能来产生声波，是利用频率在 $10^6 \sim 10^9$ Hz 范围内的弹性波来测量物理、化学或生物量的器件。由于声波在材料内部或表面传播，因此传播途径特性的任何变化都将影响声波的传播速度和幅值，参见图 8.4-7。其中，TSM(Thickness Shear Model) 表示厚度剪切模式；SAW(Surface Acoustic Wave) 表示表面声波；

FPW(Flexural Plate Wave)表示柔性平板波；APM(Acoustic Plate Wave)表示声平板波。通过测量传感器的频率和相位特性可检测速度变化，然后将这种变化转化为其他易于检测的物理量。

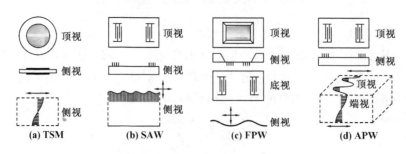

图 8.4-7 声波传感器的主要形式

声波传感器的灵敏度是与受到扰动的传播路径中的能量大小成正比的，参见表 8-11。体声波传感器是将表面的能量通过基体再传播到表面。这种能量分布使得完成探测的表面的能量密度变小；在表面声波传感器中，能量集中在表面，具有更高的灵敏度。SAW 器件在 RF 和 IF 波段中被用作带通滤波器；其他领域包括汽车（扭矩和轮胎压力传感器）、医学（生物传感器）以及工商业（蒸汽、湿度、温度、质量传感器）。

表 8-11 几种声波传感器的比较

传感器类型	灵敏度/[(Hz/MHz)/(ng/cm²)]	决定灵敏度的因素	在器件表面的运动	能否浸入液体中	工作频率/MHz	机械强度
TSM	低(0.014)	平板厚度	横向	能	低(5~20)	中
APM	中-低(0.019)	平板厚度 IDT 指数	横向	能	中-高(25~200)	中
SAW	高(0.20)	IDT 指数	法向和横向	否	高(30~500)	高
SH-SAW	中-高(0.18)	IDT 指数	横向	能	高(30~500)	高

图 8.4-8 是 SAW 传播引起的介质表面沿 y 轴的形变及相应的势能分布。Rayleigh 波将它的所有能量都集中在离开表面约一个波长的深度范围内，这个特性使得 SAW 传感器在所有的声波传感器中具有最高的对表面互作用的灵敏度。

典型的 SAW 传感器的工作频率范围为 25~500MHz。Rayleigh 波是一种与表面垂直的波，当它与液体接触时，液体将产生压缩波从而造成 Rayleigh 波幅的极度衰减。适当地改变压电晶体的切割方向，可使声波的传播模式换成水平剪切传播，即 SH-SAW 波，参见图 8.4-9。利用 SH-SAW 波制成的传感器在与液体接触时就避免了 SAW 波的波幅极度衰减问题，可用作液体或生物传感器。当半无限基体由各向异性材料组成或类似平板和多层结构等无限基体时，还可得到包括 SH-SAW 极化表面波在内的其他一些复杂的传播模式。

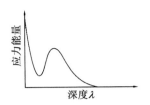
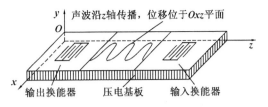

图 8.4-8　Rayleigh 波的形变与能量分布　　图 8.4-9　SH-SAW 波的传播，位移平行于表面

在压电基板上先沉积一层很薄的(通常为 100~200nm)金属膜，然后用光刻技术就可形成叉指电极(Interdigital Transducer Electrode, IDT)。当射频电压施加于叉指电极时，压电基板中就会产生 Rayleigh 表面波，随时间变化的电压引起压电基体在时间上同步的变形，因而使 Rayleigh 表面波得以传播。SAW 器件在压电基板的两端各有一个 IDT，一个用作发射器，而另一个用作接收器，而声能则沿着基板的表面传播。SAW 传感器的设计原理基于 SAW 过滤器。在 SAW 传感器领域内，最常用的是延迟线和谐振器两种类型。延迟线由两个 IDT 组成，参见图 8.4-10(a)，两个 IDT 的中心间距 L 决定了延迟时间。谐振器由一个或多个 IDT 构成，外部由反射器栅包围，反射器的作用是将声能限制在谐振腔内，参见图 8.4-10(b)、(c)。另外还有一种反射式延迟线，参见图 8.4-10(d)，一个接口包括几个反射器和一个 IDT，该接口又与天线相连。由天线采集的电磁脉冲使得 IDT 产生一个声波，该声波被各个反射器部分反射。而反射波束又被 IDT 接收而被天线再辐射出去。因此其脉冲响应是由脉冲系列构成的，该脉冲系列中的各个脉冲之间的分隔时间完全由反射器的位置决定。

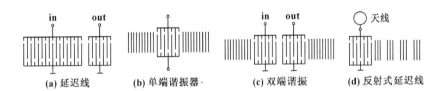

图 8.4-10　基本的 SAW 器件

8.4.3　化学微传感器

1) 化学电阻传感器

有机聚合物和嵌入的金属一起使用，参见图 8.4-11，当这些聚合物暴露在某种气体中时，可使金属的电导发生变化，如聚合物苯二甲蓝和铜一起来检测氨和二氧化氮气体。

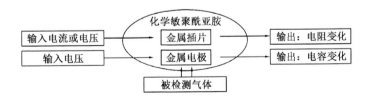

图 8.4-11　化学传感器的原理图

2) 化学电容传感器

某些聚合物可用作电容的电介质材料,参见图 8.4-11,当它们暴露在某种气体中时,可使材料的介电常数发生变化,从而改变金属电极间的电容,如利用多乙炔 PPA 来检测 CO、CO_2、N_2 和 CH_4 等气体。

3) 化学机械传感器

某些聚合物,当暴露在某种化学物质中时,其形状会发生变化,包括湿度改变。可通过测量这种材料的尺寸变化来检测这种化学物质。

4) 金属氧化物气体传感器

某些半导体金属,如 SnO_2,吸收了某种气体后,可改变自身的电阻,若利用加热的方法来提高气体的活性和半导体金属的导通性,过程会变得更快,参见图 8.4-12。将金属催化物附着在传感器表面会得到更好的结果,这种附着可加快反应速度,提高传感器的灵敏度。

5) 微 Fabry-Perot 谐振腔

微 Fabry-Perot 谐振腔由两块平行的平板组成,内侧面镀有高反射率的半透半反膜,参见图 8.4-13。通过调制 Fabry-Perot 谐振腔的光学相位,可改变光的透过强度,该强度主要取决于谐振腔的间隔和腔内材料的折射率。若平板的反射率和透过率分别是 R 和 T,A 是平板的吸收系数,δ 是相位差,则透过的光强度是

$$I_T = I_I \left[1 - A/(1-R)\right]^2 \left[1 + F\sin^2(\delta/2)\right]^{-1} \tag{8.4-14}$$

式中

$$\begin{cases} F = 4R(1-R)^{-2} \\ \delta = (4\pi nD/\lambda_0)\cos\theta' \end{cases} \tag{8.4-15}$$

式中,θ' 为折射角。条纹间隔和宽度之比为

$$\xi = \frac{\pi\sqrt{R}}{1-R} \tag{8.4-16}$$

式 (8.4-14) 表明,透过的光强度随微 Fabry-Perot 腔内的化学剂的不同,以及涂镀在两侧膜片上化学材料的厚度而变化[57]。

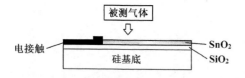
图 8.4-12 典型的金属氧化物气体传感器

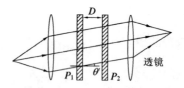
图 8.4-13 基于微 Fabry-Perot 干涉结构的化学传感器

8.4.4 生物微传感器

BioMEMS 主要包括:①生物传感器;②生物仪器和手术工具;③用于对生物物质的快速、精确、低成本检测的生物测试和分析系统。

1. 生物传感器

生物传感器被定义为广义上的任何含有生物成分的测量设备,其工作原理是基于待测分析物与生物学方法产生的生物分子的相互作用[58]。这些生物分子附着在传感元件上,当

它们和被分析物相互作用时,可改变传感器的输出信号,参见图 8.4-14。

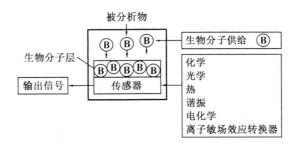

图 8.4-14　生物传感器的原理图

2. 生物检测和分析系统

生物医学传感器用于检测生物学物质,可分为测量生物学物质的生物医学仪器以及以医学诊断为目的的仪器[59]。分析系统将生物样本中的不同成分进行分离,通过电液动力学的方法,施加电场来驱动离子化的流体。在毛细管或微管道中,隔离和分离成分是通过不同物质固有的电渗流动性的不同来实现的。成分分离后,使用光学方法来区分这些成分。在由两条直径约 30 μm 的毛细管或微管道组成的毛细管电泳(CE)中,参见图 8.4-15,由于样本中不同成分的电渗流动性不同,它们在这个过程中被分离开来。

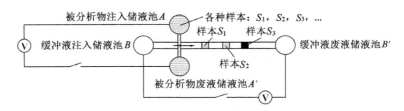

图 8.4-15　毛细管电泳系统的原理图

参 考 文 献

[1] Feyman R P. There's plenty of room at the bottom. Journal of Microelectromechanical Systems, 1992, 1(1): 60-66.

[2] Feyman R P. Infinitesimal machinery. Journal of Microelectromechanical Systems, 1993, 2(1): 4-14.

[3] Gabriel K, Jarvis J, Trimmer W. Small machines large opportunities: a report on the emerging field of micro dynamics. AT&T Bell Laboratory, 1987-1988.

[4] Fluitman J. Microsystems technology: objectives. Sensors and Actuators, 1996, A56: 151-166.

[5] Middelhoek S, Audet S A. Silicon Sensors. New York: Academic Press, 1989.

[6] Fan L S, Tai Y C, Muller R S. Integrated movable micro-mechanical structures for sensor and actuators. IEEE Transaction on Electric Devices, 1988, 35(6): 724-730.

[7] Hsu T R. MEMS & Microsystems: design and manufacture. New York: McGraw-Hill Companies, 2002.

[8] IEC 62047-4ed 1.0, Semiconductor devices – Part 4: Generic specification for MEMS. Switzerland, 2008.

[9] 张文栋, 熊继军. 微光机电系统(MOEMS). 北京: 机械工业出版社, 2006.

[10] Motamedi M E. Micro-Opto-Electro-Mechanical Systems. California: SPIE Press, 2005.

[11] 泽田廉士, 羽根一博, 日暮容治. 微光机电系统. 北京: 科学出版社, 2005.

[12] Gad-el-Hak M. MEMS Design and Fabrication. Florida: CRC Press, 2006.

[13] Gad-el-Hak M. MEMS: Applications. 2nd ed. Florida: CRC Press, 2006.

[14] GB/T 26111—2010. 微机电系统(MEMS)技术 术语. 北京: 中国标准出版社, 2011.

[15] GB/T 26112—2010. 微机电系统(MEMS)技术 微机械量评定总则. 北京: 中国标准出版社, 2011.

[16] GB/T 26113—2010. 微机电系统(MEMS)技术 微几何量评定总则. 北京: 中国标准出版社, 2011.

[17] 孟光, 张文明. 微机电系统动力学. 北京: 科学出版社, 2008.

[18] 李德胜, 关佳亮, 石照耀, 等. 微纳米技术及其应用. 北京: 科学出版社, 2005.

[19] 王伯雄, 陈非凡, 董瑛. 微纳米测量技术. 北京: 清华大学出版社, 2006.

[20] 章吉良, 周勇, 戴旭涵. 微传感器——原理、技术及应用. 上海: 上海交通大学出版社, 2005.

[21] 张向军. 微机电系统机械学. 北京: 清华大学出版社, 2012.

[22] 唐天同, 王兆宏. 微纳加工科学原理. 北京: 电子工业出版社, 2010.

[23] Starr J B. Squeeze-film damping in solid-state accelerometers. Technical Digest, IEEE Solid-State Sensor and Actuator Workshop, 1990: 44-47.

[24] Howe R. Resonant microsensors. 4th International Conference on Solid-State Sensors and Actuators, 1987: 843-848.

[25] Petersen K, Pourahmadi F, Brown J, et al. Resonant beam pressure sensor fabricated with silicon fusion bonding. International Conference on Solid-State Sensors and Actuators, 1991: 177-180.

[26] White F M. Fluid Mechanics. 3rd ed. New York: McGraw-Hill, 1994.

[27] Madou M. Fundamentals of Microfabrication. Florida: CRC Press, 1997.

[28] Beskok A, Karniadakis G E. A model for flows in channels pipes, and ducts at micro and nano scales. Microscale Thermophysical Engineering, 1999, 3(1): 43-77.

[29] Motamedi M E. Micro-Opto-Electro-Mechanical Systems. California: SPIE Press, 2005.

[30] Henning A K. Microfluidic MEMS. IEEE Aerospace Conference, 1998: 906.

[31] Lai J, Perazzo T, Shi Z, et al. Optimization and performance of high-resolution micro-optomechanical thermal sensors. Sensors and Actuators A, 1997, 58: 113-119.

[32] Park J, Chu L, Oliver A D, et al. Bent-beam electrothermal actuators – Part II: linear and rotary microengines. Journal of Microelectromechanical Systems, 2001, 10(2): 255-262.

[33] Krulevitch P, Lee A P, Ramsey P B, et al. Thin film shape memory alloy microactuators. Journal of Microelectromechanical Systems, 1996, 5(4): 270-282.

[34] Harrison J D. Engineering Aspects of Shape Memory Alloys. Butterworth Heinemann, 1990.

[35] Wolf R H, Heuer A H. TiNi (shape memory) films on silicon for MEMS applications. Journal of Microelectromechanical Systems, 1995, 4(4): 206-212.

[36] Kohl M, Skrobanek K D. Linear microactuators based on the shape memory effect. Sensors and Actuators A, 1998, 70: 104-111.

[37] Ikeda T. Fundamentals of Piezoelectricity. Oxford: Oxford University Press, 1984.

[38] Dorf R C. Electronics engineering's handbook. Florida: CRC Press, 1993.

[39] Chen C J. Introduction to scanning tunneling microscopy. Oxford: Oxford University Press, 1993.

[40] Debeda H, Freyhold T V, Mohr J, et al. Development of miniaturized piezoelectric actuators for optical

applications realized using LIGA technology. Journal of Microelectromechanical System, 1999, 8(3): 258-263.

[41] Suzuki Y, Tami K, Sakuhara T. Development of a new type piezoelectric micromotor. Sensors and Actuators A, 2000, 83: 244-248.

[42] O'Handley R C. Modern Magnetic Materials. New York: John Wiley & Sons, 2000.

[43] Bosch D, Heimhofer B, Muck G, et al. A silicon microvalve with mobined electromagnetic/electronic actuation. Sensors and Actuators A, 1993, 37/38: 684-692.

[44] Behin B, Lau K, Muller R. Magnetically actuated micromirrors for fiber-optic switches. Solid-State Sensor and Actuator Workshop, 1998: 273-276.

[45] Miki N, Shimoyama I. Flight performance of micro-wings rotating in an alternating magnetic field, International Conference on Micro Electro Mechanical Systems, 1999: 153-158.

[46] Malki A, Lecoy P, Marty J, et al. Optical fiber accelerometer based on a silicon micromachined cantilever. Applied Optics, 1995, 34: 8014-8018.

[47] Kalenik J, Pajak R. A cantilever optical-fiber accelerometer. Sensors and Actuators A, 1998, 68: 350-355.

[48] Chen C H, Ding G L, Zhang D L, et al. Michelson fiber-opitc accelerometer. Review of Scientific Instrument, 1998, 69(9): 3123-3126.

[49] Chen C H, Zhang D L, Ding G L, et al. Broadband michelson fiber-optic accelerometer. Applied Optics. 1999, 38(4): 628-630.

[50] Wu B, Chen C H, Ding G L, et al. Hybrid-integrated michelson fiber optic accelerometer. Optical Engnieeering, 2004, 43(2): 313-318.

[51] 陈令新, 关亚风, 杨丙成, 等. 压电晶体传感器的研究进展. 化学进展, 2002, 14(1): 68-76.

[52] 高仁璟, 赵剑. 梯形变截面悬臂梁式微质量传感器设计与分析. 传感技术学报, 2012, 25(10): 1349-1353.

[53] 谢青季, 姚守拙. 压电石英晶体传感器在电化学研究中的应用——电化学石英晶体微天平. 化学传感器, 1994, 14(3): 180-185.

[54] Tohyaman O, Kohashi M, Yamamoto K, et al. A fiber-optic silicon pressure sensor for ultra-thin catheters. Sensors and Actuators A, 1996, 54: 622-625.

[55] Tohyaman O, Kohashi M, Sugihara M, et al. A fiber-optic pressure sensor for biomedical applications. Sensors and Actuators A, 1998, 66: 150-154.

[56] Maier-Schneider D, Maibach J, Obermeier E. Computer-aided characterization of the elastic properties of thin films. Journal of Micromechanics and Microengineering, 1992, 2: 173-175.

[57] Han J H. Fabry-Perot cavity chemical sensors by silicon micromachining techniques. Applied Physics Letters, 1999, 74(3): 445-447.

[58] Buerk D G. Biosensors, Theory and Applications. Lancaster, Pennsylvania: Technomic Publishing, 1993.

[59] Kovacs G T A. Micromachined Transducers Sourcebook. New York: McGraw-Hill, 1998.

第 9 章 纳机电系统

9.1 引　言

纳机电器件技术是研究纳米器件和微米/纳米混合系统的重要基础，涉及物理、化学、生物、材料、电子、机械等学科，是在微机电系统技术基础上发展起来的纳米科技的重要方向。1905 年，Einstein 的博士论文设计了一种利用 Avogadro's 常量来测量分子大小的方法，估计出糖分子的直径约为 1nm；1982 年，Binnig 和 Rohrer 发明扫描隧道显微镜[1]；1986 年，Binnig、Quate 和 Gerber 发明原子力显微镜[2]；1991 年，饭岛澄男发现碳纳米管[3]。纳机电传感器主要有基于纳米探针的传感器，如隧道效应传感器、场致发射传感器、近场光学传感器等；基于纳米梁谐振的传感器，测量分子自旋电磁力、生物机械力、质量传感、惯性力、单分子、单 DNA 检测等；基于纳米热丝的传感器，如红外测辐射热仪等。

9.2 纳米科学与技术

纳米科学与技术是在 0.1～100nm 的范围内，研究纳米级物质的内在规律和特性(体积效应、表面效应、量子效应和宏观量子隧道效应等)，通过操纵原子、分子、原子团或分子团，使其重新排列组合，以制造各种特定材料和器件。纳米技术主要包括纳米级精度和表面形貌的测量，纳米级表面物理、化学、机械性能的检测，纳米级精度的加工和纳米级表层的加工包括原子和分子的去除、搬迁和重组，纳米材料，纳米级微传感器和控制技术，微型和超微型机械，微型和超微型机电系统和其他综合系统，纳米生物等[4-14]。

纳米尺度是连接微观原子世界和宏观世界的桥梁，原子和分子的集合体一般都处于纳米尺度，该尺寸处在原子、分子为代表的微观世界和宏观物体交界的过渡区域，这样的系统既非典型的微观系统亦非典型的宏观系统。在纳米层次上，一些宏观的物理量，如弹性模量、密度、温度等需要重新定义，工程科学中的 Euclid 几何、Newton 力学、宏观热力学和电磁学已不能正常描述纳米级的工程现象和规律，量子效应、物质的波动特性和微观涨落等成为主导因素。材料在纳米尺度下能表现出如下一些独特的效应。

(1) 表面效应是指纳米粒子的表面原子数与总原子数之比随着纳米粒子尺寸的减小而大幅增加，粒子表面能及表面张力也随之增大，引起纳米粒子与大块固体材料性能相比发生明显变化的现象。粒径到 10nm 以下，表面原子之比迅速增大。当粒径降至 1nm 时，表面原子数之比超过 90%以上。原子几乎全部集中到粒子的表面，表面悬空键增多，化学活性增强。

(2) 体积效应是指随着颗粒尺寸减小到与光波波长、德布罗意波长、玻尔半径、相干长度、穿透深度等物理量相当，甚至更小时，其内部晶体周期性边界条件被破坏，导致特征光谱移动、磁序改变、超导相破坏等，进而引起宏观热、电、磁、光、声等性质变化的现象。

(3) 量子尺寸效应是当粒子尺寸下降到某一值时，金属纳米微粒的 Femi 能级附近的电子能级由准连续变为离散的现象，以及半导体纳米微粒存在不连续的被占据最高分子轨道能级和最低未被占据分子轨道之间能隙变宽的现象。

(4) 宏观量子隧道效应是指纳米粒子具有贯穿势垒的能力，微观粒子的磁化强度、量子相干器件中的磁通量等宏观量同样具有隧道效应，可穿越宏观系统的势垒。

(5) 介电限域效应是纳米微粒分散在异质介质中由界面所引起的体系介电效应增强的现象。过渡金属氧化物和半导体微粒通常可产生介电限域效应。

9.2.1 纳机电器件尺度效应

纳机电器件的尺度效应解决纳尺度下机电结构建模的基础问题，并通过对关键材料参数的尺度效应机理进行研究。

1. 弹性模量的尺度效应

分子动力学(MD)方法广泛用于纳米结构或纳米系统，包括陶瓷材料、半导体电子器件和光器件等。分子动力学方法可分为经典和量子两类。经典 MD 方法按分子或原子的内部相互作用的动力学规律来计算并确定该系统的演变，分子的 Newton 方程为

$$m_k \frac{d^2 \gamma_k}{dt^2} = -\frac{\partial E_{MD}(\gamma^N)}{\partial \gamma_k}, \quad k=1,2,\cdots,N \tag{9.2-1}$$

式中，γ_k、m_k 是第 k 个原子的位置和质量；E_{MD} 是原子间势。求解该方程组就可得到每个时刻各个分子的坐标和动量，以及系统能量、晶格结构等，即所谓直接输出信息(一次信息)。再利用统计计算方法得到包括所有分子的系统的静态和动态特性，如系统的热力学、动力学、光学性质等。而算法则有 Verlet 算法、Gear 算法等。

原子间势 E_{MD} 是最重要的输入信息。Tersoff 原子间势被广泛用于硅结构和硅系统中，能很好地描述体单晶硅、体非晶硅、液相硅和硅表面结构的物理性质。Tersoff 势包含了所有的原子间的两体势之和，而两体势还受到其他原子的影响，与多体势相似，表示为

$$E = \sum_i E_i = \frac{1}{2}\sum_{i\neq j} V_{ij}, \quad V_{ij} = f_C(r_{ij})\left[a_{ij}f_R(r_{ij}) + b_{ij}f_A(r_{ij})\right] \tag{9.2-2}$$

式中，V_{ij} 为两两原子间的作用势；$f_R(r_{ij})$ 表示两原子间的排斥作用；$f_A(r_{ij})$ 表示两原子间的吸引作用；$f_C(r_{ij})$ 表示两原子间的键长对原子间作用的影响。常用的原子间作用势还有：描述单晶硅中硅原子相互作用的 Stillinger-Weber 势，主要特点是在分子运动过程中能保持其金刚石晶格结构的稳定性；以及描述 C-C 键作用的 Brenner 势等。

2. 纳尺度下理论模型的适用性

利用有限元(FEM)方法，经典和量子 MD 方法分别对单晶硅纳米结构的弹性模量等参数进行计算比较，来明确各方法的适用范围，以及经典连续模型的适用范围。建立只有 8 个原子层的纳米结构的量子 MD 基本模型，基于局域密度泛函近似(LDA)进行量子力学直接处理，可获得结构 Young's 模量等参数，与其他理论研究及实验结果基本吻合。这种方法准确性高，深入本质，但是只能处理非常小的系统，已超出了经典连续模型的适用范围。

FEM、经典和量子 MD 有各自的适用范围。纳米梁一般采用有限元方法(FEM)建模，纳米梁部分采用分子动力学(MD)建模，即多尺度计算建模方法。其关键是有限元网格和分子动力学中原子的耦合问题，即界面问题。在建立的硅基纳米线/梁的 MD 模型基础上，针

对过渡区域，即微米和纳米尺度结构的边界，进行分析边界效应的 ND-FE 多尺度模型的建立方法研究。将边界区域分成三个部分，参见图 9.2-1，原子点阵的纳米梁、锚点的普通网格的连续体部分、中间相互交叠的部分。中间交叠部分首先是原子，然后对原子点阵材料进行网格划分。靠近梁的部分每个网格边长就是原子间距。而靠近连续体部分网格大小就是体网格。中间网格逐层细化。

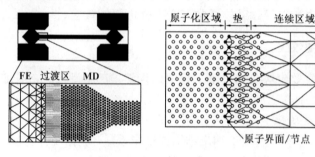

图 9.2-1 典型纳机电结构及适用物理建模法

硅纳米梁部分采用 Stillinger-Weber(SW) 势，可表示为

$$E_i = \frac{1}{2}\sum_{j\neq i}V_{ij}(r_{ij}) + \frac{1}{6}\sum_{j\neq i}\sum_{k\neq(i,j)}V_{ijk}^{(3)}(r_{ij},r_{ik}) \tag{9.2-3}$$

而在锚点区域，总能量是每个网格能量的总和，有限元的能量：

$$E_i = \frac{1}{2}\sum_{j\neq i}V_{ij}(r_{ij}) + \frac{1}{6} \tag{9.2-4}$$

相互之间的作用力通过能量来计算，当纳米梁受力变形时，纳米梁的端部（过渡区域内）对锚点产生作用力，该作用力可利用 MD 计算得出；将该作用力作为锚点端部（过渡区域内）的边界条件，利用 FE 法计算锚点端部区域的形变。而当锚点受到外力作用时，外力通过各个网格作用到边界上的网格，计算边界上网格的力和能量，将其作为纳米梁的分子动力学的边界条件来计算或得梁变形的信息。

将半连续体模型思想扩展到非简立方晶系并应用于硅薄膜的研究中，基本出发点是当薄膜厚度为数纳米时，厚度方向上的应力、应变等不再遵循长波假设，而显现出离散化的特点，由此提出硅纳米薄膜的半连续体模型，建立跨微纳尺度的分析硅 Yong's 模量的模型。模型中，结合硅晶格结构，将硅原子间的作用势等效成线性弹簧简化处理，利用 Born-黄昆的晶格动力学理论计算弹性系数。表面重构、弛豫等现象引起硅-硅键的键长键角的变化也加以简化考虑，得到硅薄膜的应变能，获得 Young's 模量及其与薄膜尺寸之间的关系。在 20nm 以下，Young's 模量小于宏观值，尺寸越小，偏离越严重，存在显著的尺度效应。另外，表面重构、弛豫等对其也有较大影响。该结论与分子动力学结果一致。根据半连续体模型以及能量守恒条件，得双端固支纳米梁振动的基波频率与梁的厚度、截面积以及表面弛豫系数的关系：

$$f_0 = \frac{\omega}{2\pi} = \begin{cases} \dfrac{\pi}{3A^2t}\sqrt{\dfrac{2ka}{\rho}\dfrac{(N+1)(2N+1)}{2+t^2}}, & N \leq 3 \\ \dfrac{2\pi a}{3A^2}\sqrt{\dfrac{k}{\rho}(N+1)(2N+1)\left[\dfrac{N-3}{6Na}+\dfrac{3}{2Nat(2+t^2)}\right]}, & N > 3 \end{cases} \tag{9.2-5}$$

该模型在纳米尺度与分子动力学模拟结果比较吻合,在宏观尺度下的结果与连续体模型一致。

9.2.2 纳机电介观压阻效应

介观压阻效应为通过调节偏压使超晶格构成的量子隧穿薄膜结构电流处于共振隧穿峰值,外力作用引起薄膜材料的微小形变及相应的量子能态变化会引起明显的共振隧穿电流变化,可类比于宏观压阻效应。提出这样的概念,旨在进行系统的理论建模和实验验证,并且利用介观压阻效应进行力和声的传感研究。介观压阻效应定义为在电子共振隧穿中,等效电阻大小随应变的变化而急剧变化的现象。

1. 力学分析

用有限元方法完成正弦声压作用下各向同性、正交各向异性纳米层合梁(板)的应变场分析,分子动力学及其在纳米力学中的应用调研。通过数值试验,发现在相同正弦声压作用下,相同厚度、相同铺层方式的固支梁、半臂简支梁(板)产生的应变更大,所以作为器件时应选用固支结构。其次动态效应也不能忽略,延迟效应与非线性效应也要考虑。

1) 应变

不同晶面单轴应力引起超晶格应变为

$$\varepsilon = \begin{bmatrix} \varepsilon_1 \\ \varepsilon_2 \\ \varepsilon_3 \\ \varepsilon_4 \\ \varepsilon_5 \\ \varepsilon_6 \end{bmatrix} = \begin{bmatrix} \varepsilon^{\|} \\ \varepsilon^{\|} \\ \varepsilon^{\|} \\ 0 \\ 0 \\ 0 \end{bmatrix} - \frac{3B\varepsilon^{\|}}{\Delta} \begin{bmatrix} l_3^2(C_{44} + m_3^2 C)(C_{44} + n_3^2 C) \\ m_3^2(C_{44} + n_3^2 C)(C_{44} + l_3^2 C) \\ n_3^2(C_{44} + m_3^2 C)(C_{44} + m_3^2 C) \\ m_3 n_3(C_{44} + l_3^2 C)(C_{11} - C_{12} - l_3^2 C) \\ n_3 l_3(C_{44} + m_3^2 C)(C_{11} - C_{12} - m_3^2 C) \\ l_3 m_3(C_{44} + n_3^2 C)(C_{11} - C_{12} - n_3^2 C) \end{bmatrix} \quad (9.2\text{-}6)$$

2) 应变导致的内建电场

由应变产生电极化给出压电现象的定义:

$$P_\lambda = e_{\lambda\mu k}\varepsilon_{\mu k} \quad (\lambda, \mu, k = 1, 2, 3) \tag{9.2-7}$$

压电常数 $e_{\lambda\mu k}$ 是一个三阶对称张量,由于 $e_{\lambda\mu k} = e_{\lambda k\mu}$,即 $e_{\lambda\mu k}$ 的后两个下标是对称的。

3) 应变与温度的关系

由厚度为 h_ν、晶格常数为 a_ν、体弹性模量为 B_ν、热膨胀系数为 $\beta_\nu(\nu=1、2)$ 的两种立方晶系材料沿任意方向生长而成的超晶格多量子阱材料,当处于温度为 T 的状态时,在垂直于生长方向的平面内,纵向和横向应变随着温度的变化关系为

$$\begin{cases} \varepsilon_\nu^{\|} = \dfrac{a^{\|}(T)}{a_\nu} - 1 = \varepsilon_\nu^{\|}\left(1 - \dfrac{\Delta T}{\Delta T_m}\right) + \beta_\nu \Delta T \\ \varepsilon_\nu^{\perp} = \dfrac{a^{\perp}(T)}{a_\nu} - 1 = \varepsilon_\nu^{\perp}\left(1 - \dfrac{\Delta T}{\Delta T_m}\right) + \beta_\nu \Delta T \end{cases} \tag{9.2-8}$$

式中,$\Delta T = T - T_0$,T_0 为参考温度;T_m 为临界温度。

4) 应变与压力的关系

由厚度为 h_ν、晶格常数为 a_ν、体弹性模量为 $B_\nu(\nu=1, 2)$ 的两种立方晶系材料沿任意方

向生长而成的超晶格，纵向和横向应变随着压强的变化关系为

$$\begin{cases} \varepsilon_v^\parallel(P) = \dfrac{a^\parallel(P)}{a_v} - 1 = \varepsilon_v^\parallel \left(1 - \dfrac{P}{P_{cr}}\right) - \dfrac{P}{3B_v} \\ \varepsilon_v^\perp(P) = \dfrac{a^\perp(P)}{a_v} - 1 = \varepsilon_v^\perp \left(1 - \dfrac{P}{P_{cr}}\right) - \dfrac{P}{3B_v} \end{cases} \quad (9.2\text{-}9)$$

当作用于超晶格的压强变化时，沿生长方向和垂直于生长方向的平面内的应变也将发生变化。若具有压电特性的超晶格受到压强的作用，这种应变随压强的变化将导致压电极化强度也随着 P 变化。

5）内建电场与温度、压力的关系

压电极化强度和应变的关系为

$$P_1' = \left(P_1'^2 + P_2'^2\right)^{1/2} = \left|-\dfrac{3Be\varepsilon''}{2\Delta}\right| \left\{2(C_{11}-C_{12})^2 C_{44}^2 (1-T_{33}) - 4(l_3 m_3 n_3)^2 \right. \\ \left. \cdot \left[9(C_{11}-C_{12})^2 C_{44}^2 - C^4 (l_3^6 + \text{c.p.} - T_{33}^2) + 2(C_{11}-C_{12}) C_{44} C^2 (1-3T_{33})\right]\right\}^{1/2} \quad (9.2\text{-}10)$$

式中，c.p.为发热量。内建电场 E_3 与 P_3 的关系为

$$E_3 = -\dfrac{P_3}{\varepsilon_0 \kappa_s} = \left[-\dfrac{3Be'\varepsilon''}{2\Delta}\right] \left[(C_{11}-C_{12})^2 + 2C_{44}^2 - C^2 T_{33}\right] (l_3 m_3 n_3) \quad (9.2\text{-}11)$$

式中，κ_s 为相关层的相对介电系数。

2. 电子能态和内建电场的影响

用声微扰理论对 $\text{In}_{0.84}\text{Ga}_{0.16}\text{As}/\text{AlAs}/\text{In}_{0.52}\text{Ga}_{0.48}\text{As}$ 多量子阱的导带带内跃迁进行分析，考虑导带的非抛物线性效应后得到和实验符合较好的结果，导带的形状直接影响到 Femi 能级的位置，尤其是在重掺杂 Femi 能级较高时效果更明显。导带电子态和其他空穴态间的混合是导致导带形状偏离抛物线形状的根本原因。内建电场影响带阶关系的判据为

$$\Delta E_B = e' \begin{cases} h_1 E_1 + h_2 E_2 = 0, & e_1 e_2 > 0 \\ h_1 E_1 = h_2 E_2, & e_1 e_2 < 0 \\ hE = 0, & e_1 e_2 = 0 \end{cases} \quad (9.2\text{-}12)$$

3. 量子阱共振隧穿

峰值区域宽度对垒宽的依赖性可表示为

$$\Delta T = \dfrac{c}{N} \quad (9.2\text{-}13)$$

4. 电子自旋对介观压阻效应影响方式的理论研究

理论研究和设计通过电子自旋激化来提高电子的相干长度的物理机制和实验实现如下。

（1）提高电子自旋极化的相干长度。自旋是电子本身的自然属性之一，是一个调控电子行为的天然因素。已有研究表明电子自旋极化下半导体相干长度长达微米量级。

（2）一些研究表明铁磁薄膜是很好的电子自旋极化器，选择铁磁薄膜作为隧穿中的电子自旋极化器。

（3）解决电子自旋极化器在半导体上的生长问题。选取单晶(bcc)的铁磁薄膜作为电子自旋极化器，其晶格常数非常接近于 GaAs 晶格常数的一半，可通过分子束外延技术在 GaAs

表面外延生长单晶 Fe 薄膜,实现在 GaAs 纳结构中的电子隧穿。

理论上研究和设计可产生自旋极化电流的一个横向双量子点结构,利用标准的 Keldysh 非平衡态 Green 函数理论分析输运过程,可得出自旋隧穿电流的一般表达。数值模拟表明了自旋和电荷电流受控于门电压、驱动电场频率以及磁场大小。自旋极化电流一般为

$$
\begin{aligned}
I_{\uparrow\uparrow} = \frac{1}{2}\int \frac{\mathrm{d}E}{2\pi} &\left\{ \Gamma_R^2 \left[f_R(E) - f_R(E+\omega) \right] \frac{(ge^{\Delta E})^2 \left|G_{RR,\uparrow\uparrow}^{0r}(E+\omega)\right|^2 \left|G_{LL,\uparrow\uparrow}^{0r}(E)\right|^2}{\left|1-(ge^{\Delta E})^2 G_{RR,\uparrow\uparrow}^{0r}(E+\omega) G_{LL,\uparrow\uparrow}^{0r}(E)\right|^2} \right. \\
&+ \Gamma_L\Gamma_R \left[f_R(E+\omega) - f_L(E) \right] \frac{(ge^{\Delta E})^2 \left|G_{RR,\uparrow\uparrow}^{0r}(E+\omega)\right|^2 \left|G_{LL,\uparrow\uparrow}^{0r}(E)\right|^2}{\left|1-(ge^{\Delta E})^2 G_{RR,\uparrow\uparrow}^{0r}(E+\omega) G_{LL,\uparrow\uparrow}^{0r}(E)\right|^2} \\
&+ \left. \Gamma_L\Gamma_R \left[f_R(E) - f_L(E) \right] \frac{\left|G_{LL,\uparrow\uparrow}^{0r}(E)\right|^2}{\left|1-(ge^{\Delta E})^2 G_{RR,\uparrow\uparrow}^{0r}(E+\omega) G_{LL,\uparrow\uparrow}^{0r}(E)\right|^2} \right\}
\end{aligned}
\tag{9.2-14}
$$

$$
\begin{aligned}
I_{\downarrow\downarrow} = \frac{1}{2}\int \frac{\mathrm{d}E}{2\pi} &\left\{ \Gamma_R^2 \left[f_R(E) - f_R(E+\omega) \right] \frac{(ge^{-\Delta E})^2 \left|G_{RR,\downarrow\downarrow}^{0r}(E+\omega)\right|^2 \left|G_{LL,\downarrow\downarrow}^{0r}(E)\right|^2}{\left|1-(ge^{-\Delta E})^2 G_{RR,\downarrow\downarrow}^{0r}(E+\omega) G_{LL,\downarrow\downarrow}^{0r}(E)\right|^2} \right. \\
&+ \Gamma_L\Gamma_R \left[f_R(E+\omega) - f_L(E) \right] \frac{(ge^{\Delta E})^2 \left|G_{RR,\downarrow\downarrow}^{0r}(E+\omega)\right|^2 \left|G_{LL,\downarrow\downarrow}^{0r}(E)\right|^2}{\left|1-(ge^{\Delta E})^2 G_{RR,\downarrow\downarrow}^{0r}(E+\omega) G_{LL,\downarrow\downarrow}^{0r}(E)\right|^2} \\
&+ \left. \Gamma_L\Gamma_R \left[f_R(E) - f_L(E) \right] \frac{\left|G_{LL,\downarrow\downarrow}^{0r}(E)\right|^2}{\left|1-(ge^{\Delta E})^2 G_{RR,\downarrow\downarrow}^{0r}(E+\omega) G_{LL,\downarrow\downarrow}^{0r}(E)\right|^2} \right\}
\end{aligned}
\tag{9.2-15}
$$

电荷电流 I_q 和自旋电流 I_s 表示为

$$
\begin{cases} I_q = -e(I_{\uparrow\uparrow} + I_{\downarrow\downarrow}) \\ I_s = e(I_{\uparrow\uparrow} - I_{\downarrow\downarrow}) \end{cases}
\tag{9.2-16}
$$

9.2.3 量子惯性效应

基于量子干涉效应的惯性传感技术利用原子干涉相位随惯性作用(重力、重力梯度、转动)的变化而进行超高精度的惯性测量,包括相干原子光源、原子的传输与相干操纵、惯性测试方法研究等三方面的主要内容。

(1) 原子系统的相干控制及相干原子源是进行原子光学及其相关量子器件(如原子干涉仪、原子陀螺仪等)研究的关键。在利用原子分子暗态技术有效地控制内禀消相干性基础上,对从相干原子源产生新型的物质波——相干分子源的物理机制进行研究。当前冷原子物理实验的一个前沿方向——超冷原子-分子相干耦合及量子控制是相干原子光学及其应用域中备受关注的重要研究课题。理论上,研究得出这种原子源与分子源的有效相干转换途径,

并利用受激 Raman 绝热通道方法能克服原子碰撞引起的影响,从而实现最佳有效控制。研究低量子统计噪声相干物质波源——Femi 原子分子源在原子分子暗态下的相干布居振荡现象,通过研究发现量子统计与合作激发将影响宏观量子相干原子-分子态求和。这对研究相干原子-分子量子器件有重要的指导意义。

(2) 相干集成原子光学研究主要探索在实际应用中,怎样有效保持相干地传输原子物质波,同时使原子光学器件小型化。

(3) 原子量惯性传感理论和测试方法采用费曼路径积分方法计算原子陀螺的 Sagnac 相移采用量子力学计算激光与原子的相互作用,针对基于受激拉曼跃迁的 Ramsey-Borde 型干涉仪,建立考虑原子束横向和纵向速度分布以及态制备不充分时的原子陀螺理论模型。

9.2.4 纳米敏感材料

纳米敏感材料具有感知功能,能检测并识别外界或内部的刺激,如电、光、热、力、辐射等。常用敏感材料有压电材料、气敏材料、磁致伸缩材料、电致变色材料、电流变体、磁流变体和液晶材料等。纳米敏感材料涵盖了无机和有机纳米敏感材料,包括半导体纳米敏感材料(氧化物、硫化物、氮化物等)、金属纳米敏感材料、导电聚合物纳米敏感材料等。

9.3 纳米测量技术

IC 已发展到特征尺寸 45nm 和 32nm、20nm 的体系,纳米丝、纳米管、纳米棒等特种纳米材料的确定主要依靠电子显微技术,其中,透射电镜的分辨率达到 0.2nm,高压高分辨电镜的分辨率接近 0.1nm。针对纳米尺度几何量的测量,最成功的是显微分析技术和从隧道扫描显微技术发展衍生出来的各种扫描探针技术。在传感领域,纳米计量技术从按比例缩放测量走向观测原子、分子,参见图 9.3-1[15-28]。

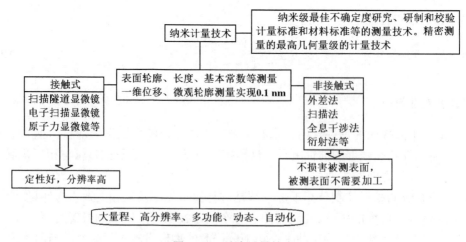

图 9.3-1 纳米计量技术

9.3.1 电子显微镜与微分析

1924 年，法国科学家 Broglie 认为，任何一种粒子，当它快速运动时，必定伴有电磁辐射，辐射波长与粒子的质量及运动速度成反比，即 Broglie 波（1929 年 Robel 物理学奖）。粒子在高速运动时发射波长为λ的电磁波：

$$\lambda = h/(mv) \tag{9.3-1}$$

式中，h 为 Planck 常数；m 和 v 分别为粒子的质量和速度。如果高速运动的粒子是电子，则电子在真空中的运动速度 v 与其加速电压 U 有关：

$$eU = mv^2/2 \tag{9.3-2}$$

式中，e 为电子的电荷绝对值。根据电子的运动速度，波长为

$$\lambda = h/\sqrt{2emU} \tag{9.3-3}$$

式(9.3-3)表明，加速电压越高，电子的波长越短。

1926 年，德国科学家 Busch 发现，高速运动的电子在电场或磁场作用下会发生折射，且能被聚焦。电磁场的透镜行为可通过电子在静电场或磁场中的受力和运动情况来分析，由于静电透镜需要超高真空环境，电子光学系统中不如磁透镜常用。磁透镜的焦距 f 为

$$f = CER/(NI)^2 \tag{9.3-4}$$

式中，E 为电子的能量；R 为螺线管磁场的线圈半径；N 为线圈匝数；I 为励磁电流；C 是与磁透镜种类有关的常数。焦距可通过改变励磁电流来调节，电流越大，焦距越短。磁透镜对不同能量电子的焦距不同，这是磁透镜存在色差的原因。

1. 透射电子显微镜

1931 年，Knoll 和 Ruska 根据磁场会聚电子束的原理发明了电子显微镜（1986 年 Robel 物理学奖）。电子显微镜的电子枪由灯丝和加速管组成，产生和加速电子，参见图 9.3-2，聚光镜聚焦电子形成使之成为有一定亮度的电子束，照在样品台上，放在样品台上的样品经物镜和摄影镜在照相底片上成像。通过观察窗可观察到荧光屏上的图像。电子显微镜的放大倍数已超过 1000 万倍，在材料、生物和医学等领域得到了广泛应用。

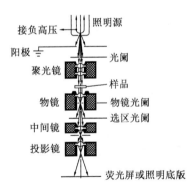

图 9.3-2 电子显微镜的原理图

在现代凝聚态物质的晶格点阵结构分析技术中，电子衍射分析的是晶体内原子体系的静电场分布，中子衍射反映的是核子的分布，而 X 射线衍射则反映了固体内电子云的分布。配备微分析的功能部件的透射电子显微镜构成了分析(透射)电子显微镜，在进行微观结构相貌观测的同时进行局部微区的多种物理-化学性质微分析。显微观测-分析功能包括：TEM 微观形貌观测、背散射电子与二次电子扫描电子显微图像观测、扫描透射电子显微镜(Scanning Transmission Electron Microscope，STEM)微观形貌观测、选区电子衍射晶体点阵分析、特征 X 射线能量分散谱仪(Energy Dispersive Spectrometer，EDS)和特征电子能量损失谱仪(Electron

Energy Loss Spectrometer,EELS)。

(1)电子衍射晶格点阵结构分析:作为三维周期结构,对固体物质晶格点阵结构的典型分析方法都是基于波在周期结构上的衍射现象。

(2)特征 X 射线谱分析:电子的非弹性散射伴随着特征能量损失,同时产生特征 X 射线和 Auger 电子,用于透射电子显微镜作微区的分析,包括化学元素和晶体相-电子能态的分析,在观察微细形貌图像的同时对样品的化学成分进行微区分析,参见图 9.3-3。

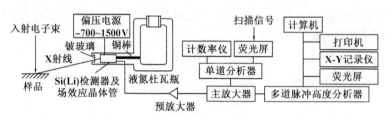

图 9.3-3　特征 X 射线能量分散谱仪的功能图

(3)电子能量损失谱。透射电子显微镜的透射电子中,其非弹性散射电子具有复杂的能谱结构。非弹性散射电子都有能量损失,其能量损失谱具有复杂的结构,包括平缓的变化和突变,而对应于每一个特征能量损失的位置,有一个突然上升的前沿和随后的拖尾(衰减)结构,参见图 9.3-4,作为进行化学元素的定性和定量微分析的根据。电子能量损失作为物理现象是一次过程,电子能量损失谱(Electron Energy Loss Spectroscopy,EELS)可分析几乎所有的化学元素,还可进行某些晶体相及电子能态的分析。

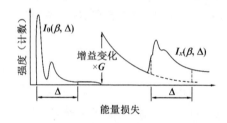

图 9.3-4　电子特征能量损失谱

2. 扫描电子显微镜

扫描电子显微镜(Scanning Electron Microscopes,SEM)利用聚焦得非常细的电子束作为电子探针,SEM 的纵向分辨率和横向分辨率分别达到 10nm 和 2nm。扫描探针将电子枪形成的电子束进一步通过缩倍的聚焦成像,以聚焦成为横截面尺寸非常小的微束斑;同时,使用电子偏转器使这一微束斑在一个靶面或工作面随时间扫描。当电子束照射到样品时,电子与样品发生多种相互作用,除一部分入射电子能从样品原子之间的间隙穿过而成为透射电子外,其他入射电子将与样品原子的原子核或电子发生碰撞。入射电子损失的能量可激发样品发射携带样品成分信息的信号,参见图 9.3-5。

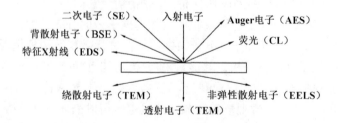

图 9.3-5　电子与样品相互作用产生的信号

电子束经电磁透镜聚焦到样品表面，按顺序逐行扫描样品，同时将样品表面散射或发射的各种电子用探测器收集起来，并转变为电流信号，再送到显像管转变为图像。由于从样品表面散射或发射的电子与样品表面的固有特性（如样品的几何形状）有直接关系，所以能得到样品表面结构的信息，参见图9.3-6。当探针扫描被测表面时，二次电子从被测表面激发出来，二次电子的强度与被测表面形貌有关。扫描电子显微镜在观测微观形貌的同时进行微选区的化学元素及其他物理-电子-化学性能分析，能量在50eV以下的部分形成了二次电子图像；能量高于50eV的为背散射电子，包括表面分析的Auger电子、等离子体激元激发能量损失电子、声子激发能量损失电子和内核电子激发能量损失电子。

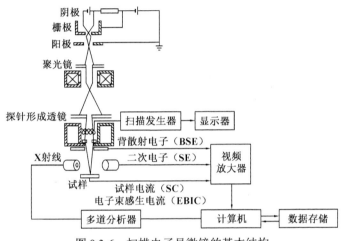

图9.3-6 扫描电子显微镜的基本结构

3. 扫描隧道显微镜

1981年，IBM公司苏黎世实验室的Binning和Rohrer（1986年Robel物理学奖）研制出扫描隧道显微镜（Scanning Tunneling Microscopy，STM），横向可达0.1nm，纵向优于0.01nm。能直接观察到物质表面的原子结构，对原子和分子进行操纵，实时观察单个原子在物质表面的排列状态，研究与表面电子行为有关的物理化学性质，在表面科学、材料科学、生命科学等领域的研究中有着重大的意义和广阔的应用前景[1]，参见表9-1。扫描探针显微镜（Scanning Probe Microscope，SPM）利用探针与样品在近场的相互作用来探测表面或界面在纳米尺度上表现出的物理性质和化学性质，已成为认识微观世界的有力工具。

表9-1 扫描隧道显微镜与其他高分辨率显微镜性能的比较

	分辨率	工作环境	样品环境温度	对样品破坏程度	探测深度
STM	原子级（垂直0.01nm；横向0.1nm）	实环境、大气、溶液、真空	室温或低温	无	1~2个原子层
TEM	点分辨力0.3~0.5nm；晶格分辨0.1~0.2nm	高真空	室温	小	受样品厚度所限，一般小于100nm
SEM	2~10nm	高真空	室温	小	10mm（10倍）；1μm（10000倍）
FIM	原子级	超高真空	30~80K	有	原子厚度

扫描隧道显微镜主要包括探针与试件的位置调控与扫描控制器、隧道电流放大器、数据采集和图像处理系统等，参见图9.3-7。当金属探针与被测表面接近亚纳米时，在探针与被测表面的间隙中出现隧道电流，利用高灵敏度的放大器，可检测到2fA的电流。隧道电流大小与探针尖到被测物表面的距离有关，将隧道电流放大并转换成压电陶瓷片的驱动电压，调节压电陶瓷片的机械位移量，反馈控制使隧道电流保持在一个稳定值，此时的压电陶瓷片的驱动电压反映了被测物表面的凹凸程度，是一个原子大小级别的精密尺寸。扫描隧道显微镜能实现的扫描精度在水平方向达到0.1nm，垂直方向达到0.01nm。扫描隧道显微术可获得高分辨率，但只能测试导体和部分半导体的表面。对于非导电材料，需在表面上覆盖导电膜，以形成隧道电流，但掩盖了样品表面原子级的形貌信息。

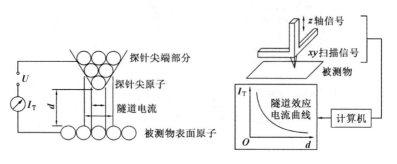

图9.3-7 扫描隧道显微镜的工作原理

STM探针的位移测量一般通过精密位移传感器实现，参见图9.3-8，采用3只传感器分别测量探针在x、y、z三个方向的位移，以消除探针倾斜带来的误差。

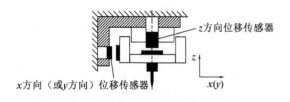

图9.3-8 利用电容式位移传感器测量的STM探头

4. 原子力显微镜

1985年，Binning、Quale和Gerber发明原子力显微镜（Atomic Force Microscope，AFM），利用探针尖与样品接近到原子距离时，两者之间的作用力来探测和观察样品表面的微观形貌，采用微弱表面力作用非常敏感的微悬臂梁的变形关系与光学信号来代替对表面间隙十分敏感的隧道电流。AFM既可用于测量绝缘体、半导体，也可用于测量导体，被测量的物体表面不需要进行特殊准备。AFM具有非常高的分辨率和观测样品的通用性，不但能够以原子分辨率观测绝缘物体表面的形貌，还可通过样品与探针原子之间作用力的测量，用以研究物质表面的弹-塑性、硬度、摩擦力、黏着力等性质。原子力显微镜采用硅探针在被测表面上扫描，探针的垂直运动使支撑它的悬臂梁发生变形，测量此变形量即可得到被测样品的表面轮廓，其最大的特点是可对非导电材料的样品进行测量，参见图9.3-9。原子力显微镜使用非常尖锐的探针检测物体表面。探针长约10μm，尖端的直径通常小于10nm，位于长100～200μm的悬臂的自由端。探针尖端与物体表面的相互作用力使悬臂弯曲或变形。在探针扫描物体表面时，变形通过位敏传感器进行检测。通过检测到的变形生成物体表面形状的图像。AFM的纵向分辨力可达0.05nm，横向分辨力为0.1nm。

使 AFM 探针的悬臂发生变形的力有多种，其中起主要作用的是原子间的力，即 van der Waals 力，其大小取决于探针尖端与被测物体表面间的距离，参见图 9.3-10。AFM 的工作区段用粗线特别标示，即在接触模式段，探针与样品表面间的距离小于 1nm，悬臂受排斥力；在非接触模式段，探针与样品表面保持几到几十纳米的距离，悬臂受吸引力。

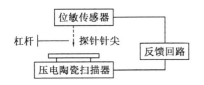
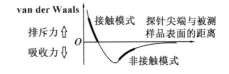

图 9.3-9　原子力显微镜的工作原理图　　图 9.3-10　原子间作用力与距离的关系曲线

这种作用力对应的相互作用位能 u 随距离 d 的变化近似为

$$u(d) = Ar^{-1/2} - Br^{-6} \tag{9.3-5}$$

式中，A、B 均为常数；r 为探针与样品之间的距离。

实验上可测量原子作用力。使用弹性元件和杠杆结构都可以测量作用力。它们的位移 d 与作用力 F 的关系为

$$d = F/k \tag{9.3-6}$$

式中，k 为弹性系数。为了使位移达到可观测量级，弹性元件或杠杆结构的弹性系数必须非常小，同时要求其质量很小，以提高其响应速度。

AFM 可分为接触模式(Contact AFM，C-AFM)、非接触模式(Non-Contact AFM，NC-AFM)和间断接触模式(Intermittent-contact AFM，IN-AFM)等三种工作模式。AFM 微悬臂形变检测方法主要有隧道电流法、电容检测法、光学检测法等。

AFM 的基本原理是基于探针与样品之间原子的相互作用力，探针置于悬臂梁上，利用光学杠杆法或位移传感器测出悬臂梁在原子力作用下的变形，参见图 9.3-11。微悬臂材料为 SiO_2 或 Si_3N_4，其中有一个用外延生长技术生成的金字塔形 Si_3N_4 针尖，其尖端曲率半径达 30nm。微悬臂的弹性常数约为 1N/m，悬臂的共振频率则高达 10～100kHz。在微悬臂上还粘贴一个双压电片来调节其偏置弯曲程度和接近距离。可使用一个激光系统来测量悬臂的形变，一束激光束照明或投射到悬臂上，其反射光束被一个四象限光探测器收集。四象限的四个光探测元件接收到光通量的差值，可用来高灵敏度地对反射激光束做精密定位，从而测量出微悬臂的极小形变，根据形变可确定原子间的作用力。

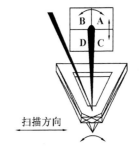

图 9.3-11　AFM 探针结构及检测原理

5. 扫描力显微镜

扫描力显微镜(Scanning Force Microscope，SFM)通过针尖与样品间的相互作用力，如原子间斥力、摩擦力、弹力、van der Waals 力、磁力和静电力等，不仅以高分辨率成像材料的表面形貌，而且可分析研究表面性质。

(1) 力调制显微镜 (FMM) 的探针针尖以接触形式与被测试样面相接触, 参见图 9.3-12。为保持探针与试样面恒定接触, 使悬臂梁保持恒定弯曲, 需将经计算机处理后的反馈信号送给悬臂梁。由于试样面的局部弹性有差异, 经调制后的探针振动信号随试样面局部弹性的不同而变化, 因此, 通过测量振幅的变化量可得到试样面的局部弹性情况。探针所加信号的频率为 100～1000kHz, 要略高于反馈信号。FMM 的最大特点是可测量表面的弹性变化情况, 其横向分辨率要比 AFM 高一个数量级。

(2) 相位检测显微镜 (PDM) 在试样面上施加输入信号, 则在悬臂梁上有相应的输出信号, 参见图 9.3-13。将两种信号同时输入计算机进行处理, 可得到试样面的表面特性。PDM 的特点是接触面处的接触方式既可是接触型、非接触型, 也可以是间歇接触型。PDM 可检测出表面的弹性情况、黏性情况和摩擦情况。

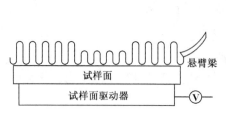

图 9.3-12　FMM 原理图

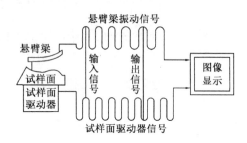

图 9.3-13　PDM 原理图

(3) 在静电力显微镜 (EFM) 中, 探针与试样面的接触方式为非接触型。当探针在试样面上进行扫描时, 由于试样面上电荷密度有差异, 探针和试样面间形成的静电力随扫描区域的不同而变化, 因此, 通过测量悬臂梁的振幅变化量可得到试样面的表面电荷分布情况。该项技术由于被用于微处理器等深亚微米芯片检测而被称为电荷探针。

(4) 磁力探针是一种尖端部分附有永磁材料的微探针。使用磁力探针构成的扫描近场磁力显微镜 (MFM), 可利用样品与探针的磁力作用来形成反映样品表面磁性质的高分辨图像, 用来有效地研究磁性材料和器件, 研究磁储存器件时获得了 25nm 的高分辨率。

(5) 在电容扫描显微镜 (SCM) 中探针与试样面的接触方式为接触型。当探针在试样面上扫描时, 由于针尖同试样面间的介电常数随扫描区域的不同而发生变化, 从而导致接触面处电容的变化。通过测量电容的变化, 可获得试样面介电常数的分布情况。SCM 的特点是不仅可测量表层的介电常数分布, 还可测量深层的介电常数分布。

(6) 热扫描显微镜 (SThM) 在接触处的接触方式为非接触型。SThM 的悬臂梁由热膨胀系数较大的材料制成。当探针在试样面上扫描时, 由于试样面上不同的热量分布导致悬臂梁的变形量不同, 通过测量悬臂梁的振动情况可得到试样面上热的分布情况。

(7) 在激光束照射之下, 半导体掩膜和器件表面的图形形貌和材料的变化, 均会导致不同来源的散射和衍射光干涉形成的复合光场的产生。在半导体器件的有源区域, 探测激光可激发出电子-空穴对, 电子和空穴将在活性区的电场作用下运动, 电子-空穴对还可能直接复合产生光辐射。这种方法可能探测小到 0.3μm 的故障或污染粒子。

9.3.2 近场光学显微镜

近场是探针与样品之间距离小于几十纳米的范围,大于这一范围为远场。1928年,Synge 提出结合亚波长孔径照射物体与近场探测,即近场光学显微术利用近场相互作用,可达到小于 100nm 的分辨率。物体受光波照射后,离开物体表面的光波分为两种成分:向远方传播的光,即传统光学显微镜接收的信息;只能沿物体表面传播的光,一旦离开表面就会很快衰减,即倏逝场,参见图 9.3-14。大多数近场光学研究或近场显微术通常利用包含锥形光纤的近场光学仪器,参见图9.3-14(a);无孔径近场光学如图9.3-14(b)所示,金属尖端被用来散射光,金属尖端周围增强的电磁场被强烈地限制。

图 9.3-14 近场光学

近场显微术技术在近场照射样品,在远场收集信号,或在远场照射样品而在近场收集信号,或两者都在近场进行。常用近场光学探针是有反射铝膜涂在外层的锥形光纤,典型的尖端大小约为 50nm。光线经光纤传输,既可作为激发光也可用于收集发射光,分辨率由光纤尖端大小和与样品距离共同决定。通过扫描光纤尖端或样品层,图像被逐点收集。这项技术被称为近场扫描光学显微术(NSOM)或扫描近场显微术(SNOM),参见图 9.3-15。

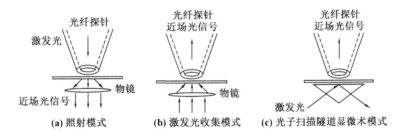

图 9.3-15 近场显微术的模式

在 NSOM 中的照射模式,激发光穿过探针传播并照射近场中的样品。在 NSOM 中的收集模式,探针在近场收集光学响应(透射或发射光);用于近场成像的模式是光子扫描隧道显微术(PSTM),其中样品在全内反几何体中被倏逝波照射,发射光由一个近场光学探针收集。在激发光穿过光纤尖端的情况下,短脉冲(飞秒(10^{-15}s)激光脉冲)穿过一段光纤中后变宽,在锥形光纤中通常用一对光栅校正脉冲变宽。选择光子扫描隧道显微几何体进行激发和近场收集还可避免激光脉冲的高峰值功率造成的光纤尖端破坏。

1. 扫描近场光学显微术

SNOM 常用光纤探针,即将一根光纤加热后拉长,在拉断处通过加热形成一个曲率半径很小的尖端，然后将形成的光纤探针的收缩锥体部分的外表面蒸发涂以铝层而只让尖端的小孔透光，便构成了一个光纤探针，参见图9.3-16,形成了小孔直径分别为200nm、100nm、50nm 等的系列。SNOM 一般使用可见光的激光光源，入射光通常要经过一个斩波器进行光的调制，从而可对探测到的图像信号采用相敏放大器来抑制干扰和噪声。

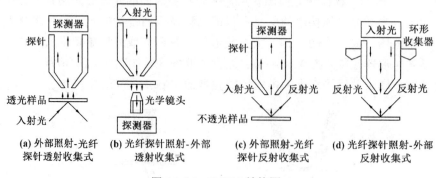

图 9.3-16　SNOM 结构图

2. 扫描光子隧道显微镜

图 9.3-17 是一种扫描光子隧道显微镜的结构原理图。使用一个激光光源，激光束倾斜地照射一个玻璃的样品座。光线通过样品座透入到样品内，使样品内充满光场。样品的折射率较高，相对于上面的空气而言样品是光密介质，所以样品一方的入射光线满足全反射条件时，不能进入空气。但样品一方空气表面附近有倏逝波，可以使用扫描的光纤探针探测。这种显微镜微距离的控制和保持采用的是对剪切(方向)作用力敏感的振幅幅度控制式微距离控制器。使用一根光纤探针来局部收集倏逝波形式的光能量。在光纤探针上附上石英音叉或压电晶体的激励器，馈以高频电压激发起超声振动，典型工作频率为 33kHz。纳米测量技术提供了一种利用倏逝波的有效途径。SNOM 利用定域于表面的倏逝波能在原子水平反映表面形状，观察到表面的原子排列。

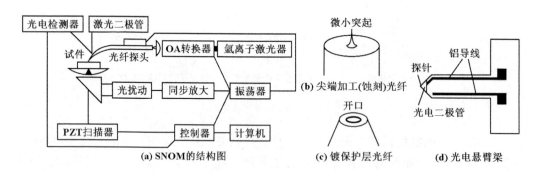

图 9.3-17　扫描近场光学显微镜

9.3.3　扫描弹道电子发射显微镜

在弹道电子发射显微镜(BEEM)中，被研究的样品是一层很薄的薄膜，其厚度小于平均自由程，其中电子的运动可以视为无电子碰撞的弹道运动。样品层后面粘贴一层金属电极，用以收集弹道运动电子。当探针与样品间接近到原子距离以后，由于探针和样品材料的逸出功限制，探针与样品层之间形成势垒，零偏压及加偏压时位能图如图 9.3-18(a) 所示。加如图 9.3-18(b) 所示的偏压以后，探针内的电子通过隧道效应隧穿进入薄膜，成为弹道(运动)电子。弹道电子注入如图 9.3-18(a) 所示的薄层(基极)后向前运动，被收集电极收集形成信号电流。在金属探针尺寸很小时，弹道运动的电子探针集中在很小的范围，具有很高的空间分辨率。收集到的弹道电子电流反映了弹道电子的运动情况，其大小取决于偏压及势垒的形式与样品的能带结构情况，包括势垒的宽度、高度、收集电极的逸出功等。

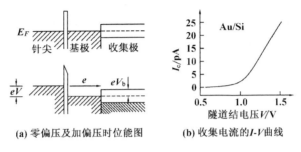

(a) 零偏压及加偏压时位能图　　(b) 收集电流的 I-V 曲线

图 9.3-18　BEEM 的电子位能图及收集电流的 I-V 曲线

BEEM 可用来研究薄膜-电极的界面性质，电子态的不均匀分布来自界面结构的缺陷、界面两边物质的互扩散或化学反应造成的局部不均匀结构。将 STM 的探针接近具有异质结的样品表面，当探针与样品之间的距离非常接近时，由于探针的电势场高于样品，探针会向样品发射隧道电子。这些隧道电子进入样品导电界面时，虽然大部分电子的能量由于已经衰减而被界面的势垒反弹回来，但是仍有少数能量较高的电子能够穿透界面到达下层材料，即弹道电子。弹道电子在穿透界面时携带了许多有关界面的信息，参见图 9.3-19。BEEM 的特点是可同时得到表面的 STM 图像和界面的图像。

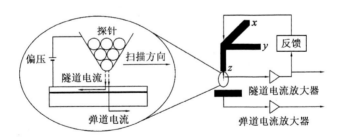

图 9.3-19　弹道电子发射显微镜原理图

9.3.4　声学显微镜

声波是介质内机械振动的传播，也可用来形成图像、观测分析微观结构、对光波不透明的物体内部结构进行观测和分析。原则上可使用超声波构成高分辨的显微成像系统，用于微细结构的观测分析，探测微细样品表层以下的内部结构和缺陷。利用声波可构成折射型或反射型的聚焦成像系统，即声学(或超声)显微镜，还可构成层析成像系统[29]。

1) 扫描声学显微镜

超声波源通常在一个压电材料上施加高频电压，形成高频交变电场，通过逆压电或电致伸缩效应在压电介质中激励起超声波，即压电换能器。在弹性介质里，声波以弹性形变式振动传播，利用球面界面的特殊折射作用可构成声透镜，凹球面界面具有会聚透镜的作用。压电换能器与声透镜结合，构成发生聚焦声波的声波探针组件，参见图 9.3-20。

反射式扫描声学显微镜只有一只换能器-声透镜组件，参见图 9.3-21，即换能器同时用作声波的激励源和声波探测器，共用一个声透镜聚焦入射和反射的声波。图上的环行符号是象征性的，为了能够使入射声波与反射声波区分开来，使用高频脉冲来激励换能器，产生声波脉冲，再使用一种"取样保持电路"，通过相位移方法来区分入射的激励声脉冲信号和采集到的反射声波脉冲信号。通常是采用机械扫描的方式来使聚焦声波束斑在样品表面扫描成光栅。这种反射式声学显微镜可用来观察微细结构包括大规模集成电路的表面状态。

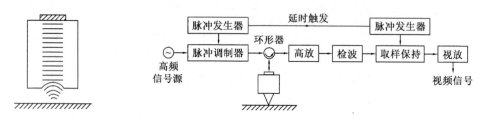

图 9.3-20　声波的换能器-声透镜组件　　图 9.3-21　反射式扫描声学显微镜原理图

透射式扫描声学显微镜的激励源——聚焦声透镜与收集透射声波的声透镜和声波探测器在空间上是分离的，通常可构成具有对称性的结构，参见图 9.3-22。

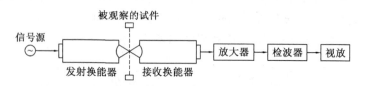

图 9.3-22　透射式扫描声学显微镜原理图

2) 扫描电子声学显微镜

扫描电子声学显微镜(Scanning Electron Acoustic Microscopes)利用电子束来形成局域超声波的声学显微镜(热波显微镜)。对于微束斑的聚焦电子束，利用电子束斩波器切换，形成脉冲重复的聚焦电子束轰击样品；同时对样品周期地断续加热引起样品的电子轰击部分发生周期的温度变化，与此对应的热胀冷缩作用将激发出声波。在电子束束斑和相应的热源尺寸很小的情况之下，激励出的声波可近似为(从轰击点源发出的)球面波形式的应力声波或热波。从一个小范围的热区的膨胀-收缩热波，发展到较大范围的弹性波-声波的传播。球面波的声波可实现对于样品内部结构和缺陷的投射阴影成像。热波导致的应力声波的波长为

$$\lambda = \sqrt{2\kappa/(\rho C \omega)} \tag{9.3-7}$$

式中，κ为材料的热传导率；ρ为密度；C为比热；ω为电子束切换的角频率(量级为100千

周)。对于 Si 样品,声波的波长 λ=8.9cm;声波的相速度 v_ϕ=8945m/s。实际上,温度变化幅度在 1℃以内。电子束加热的热波作用产生声波及形成扫描声波图像,参见图 9.3-23。重复的脉冲电子束聚焦成微束斑轰击到固体样品上。在样品底部,设置一个用钛锆酸铅(PZT)压电材料等制作的压电传感器来探测声波,形成反映声波幅度的电信号用来显示。通过电子束束斑(和热源)在样品表面上扫描,即可得到样品的投影声学图像。由于

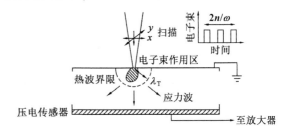

图 9.3-23 电子束热波作用原理图

电子束可聚焦到很小的微束斑,这种声学显微镜获得很高的分辨率,又可与电子束探针技术结合,实现表层以下的微区缺陷故障显微分析。在样品厚度不大,电子束束斑约为 1μm 时,扫描电子声学显微镜的声学图像的分辨率可达几微米。

9.3.5 生物纳米通道

20 世纪末,用电化学方法研究单分子可确定半反应电势自由能及反应动力学。溶液中,分子在两个电极间进行反复循环的氧化还原反应,形成回路和可测量的电流,据此可进行单分子检测。纳米孔定义为最小内径为 1~100nm 的微小孔洞,当孔的深度远远大于孔径时,就称为纳米通道。纳米通道可用作单分子传感器,天然及改性的生物纳米通道均可用于单个生物大分子的形态研究[30]。

(1) 人工合成固体纳米孔是在固体薄膜上研制纳米孔技术,实际行之有效的技术有聚焦离子束(FIB)、显微镜电子束以及同步辐射源等方法。

(2) 天然生物纳米孔是指生命活动中的微小通道,不同大小、结构的微小通道,其完成的生命活动过程不同,实现的生命活动功能也不尽相同,其中,生命活动关键的遗传物质载体 DNA、RNA 等就是纳米级大小。1988 年,Agre 发现了一种细胞膜水通道[31],1998 年,MacKinnon 测出了钾离子通道的立体结构(钾离子可通过、钠离子无法通过)[32],从而开启了细菌、植物和哺乳动物水通道的生物化学、生理学和遗传学研究之门,共同获得 2003 年 Robel 化学奖。离子通道是一种细胞膜通道,与神经系统和肌肉等方面的疾病有重大的关联,对了解神经和肌肉的功能十分重要。它还能产生电信号,在神经系统中传递信息。当一个神经细胞的离子通道接收邻近神经细胞发出的指令而打开,神经动作细胞就会产生。离子通道在几毫秒的开关过程中,一个电子脉冲就会沿着神经细胞的表面传播开来。此外,细胞与环境之间的物质能量交换、细胞的新陈代谢活动等也是通过细胞膜存在的通道实现的;病毒也是通过细胞膜上的通道进入细胞内,进而感染正常细胞、危害生命。

在单分子检测实验中,α-HL 能够自组装进卵磷脂类脂双分子层膜中,并在卵磷脂膜上形成孔道总长为 10nm、孔径为 1.5~3.6nm 不等的几部分组成的纳米孔道,它具有蘑菇外形,是典型的七聚物。由于待测分子的结构和特性不同,在定向电场驱动下的行为也会有明显的差异。在纳米通道的两侧通过加入含有 1mol/L 的 KCl 或 NaCl 的缓冲液,用一对银电极施加 100mV 的电压,可产生 100pA 的开放通道电流,待测分子经扩散作用或者电场驱动作用通过纳米孔道时即会产生一段瞬时的阻断电流信号,通过监测这种瞬时阻塞效应产生的电流振幅涨落和时间阻滞等信息,可推测待测分子的相关信息,参见图 9.3-24。

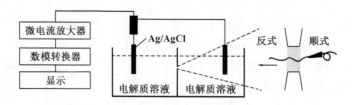

图 9.3-24 纳米通道检测实验装置原理图

随着人类基因组计划的完成,测序技术的进展寄希望于实现大规模、系统的快速基因组测序,并为解开疾病的遗传奥秘和引导个性化医疗的发展发挥作用。实现这一宏伟目标需要有节约时间和成本的测序方法。纳米通道测序为实现这一目标提供了可能。基于纳米通道的测序技术是基于 DNA 链上脱氧核苷酸按顺序依次通过纳米通道产生不同的阻断信号,不需要荧光标记和放大,成熟的纳米通道单分子检测技术将有望实现低成本并在 24h 内完成一个二倍体哺乳动物的基因组测序。

9.4 纳米操作

1976 年,德国马普生物物理研究所的 Neher 和 Sakmam 发明膜片钳技术[33],可研究跨膜的单个粒子通道的电量变化,获 1991 年 Robel 生理学或医学奖。可操作分子及其相互作用的技术主要采用固定位置测量力或固定力测位移。

9.4.1 显微镜探针针尖

显微探针检测技术可通过显微探针操纵试件表面的单个原子,实现单个原子和分子的搬迁、去除、增添和原子排列重组,实现极限的精加工,原子级的精密加工。当显微镜的探针对准试件表面某个原子非常近时,该原子受探针尖端原子对它的原子间作用力和试件其他原子对它的原子间结合力。若探针尖端原子和它的距离小到某极小距离时,探针针尖可带动该原子跟随针尖移动而又不脱离试件表面,实现试件表面的原子搬迁,参见图 9.4-1。

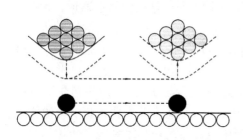

图 9.4-1 利用 STM 原子搬迁原理图

1989 年,美国圣荷塞 IBM 阿尔马登研究所的 Eigler 等在液氦温度(4.2K)和超真空环境中用 STM 将 Ni(110)表面吸附的 Xe(氙)原子逐一搬迁,以 35 个 Xe 原子排成 IBM 三个字母,参见图 9.4-2,每个字母高 5nm,Xe 原子间最短距离约为 1nm。原子搬迁的方法是使显微镜探针针尖对准选中的 Xe 原子,针尖接近 Xe 原子,使原子间作用力达到让 Xe 原子跟随针尖移动到指定位置而不脱离 Ni 表面[34]。

图 9.4-2 35 个氙原子组成的 IBM 三个字母

9.4.2 光镊

光同时具有波的能量和粒子的动量。光与其他物质相互作用时可彼此交换能量和动量，进而产生各种效应。当光与物质间发生动量交换时，可产生光的力学效应。当太阳光垂直入射时，可在地球表面产生约 $1\times10^{-6}\mathrm{N/m^2}$ 的光压。若增强光的力学效应，需提高光的强度。激光光束发散角很小，光的力效应才得以凸显。但激光对受辐照的物体有明显的热效应，若不及时将热量扩散出去，激光聚焦处的物体将在瞬间蒸发。1986年，Ashkin 等发现一束高度聚焦的激光可形成稳定的势阱，将折射率大于水的微粒俘获在聚焦处[35]，运用纳米镊子可抓住和拉动分子，参见图 9.4-3。

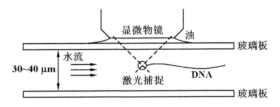

图 9.4-3 光学镊子移动单个粒子

光镊对微粒的俘获作用机制与其尺寸有关。根据粒子直径 D 与光波长 λ 的关系，光镊的作用机制可分为三类：①几何光学机制（$D\gg\lambda$ 时）；②瑞利机制（$D\ll\lambda$ 时）；③中间机制（介于前两者之间的情况）。当一束激光通过凸透镜聚焦到透明微粒的上方时，由于微粒的折射率大于水，激光在经过微粒的折射后在光轴方向的光强比没有微粒时要大一些，即激光在光轴方向的动量得到加强。因为动量守恒，与激光发生动量交换的微粒响应获得了相反方向的动量，微粒将受到一个指向激光聚焦处的力，参见图 9.4-4。激光聚焦处实际上是一个势阱：只有微粒中心与激光聚焦处重合时，微粒才会稳定下来。

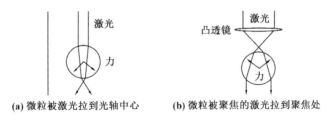

(a) 微粒被激光拉到光轴中心　　(b) 微粒被聚焦的激光拉到聚焦处

图 9.4-4 激光阱原理图

9.4.3 磁镊

磁镊（磁珠）技术利用磁场控制磁珠的运动，从而对事先连接在磁珠上的单个分子进行力学操作[36]，参见图 9.4-5。磁珠由于尺寸较小（一般为数微米）而呈现超顺磁性，可在外磁场的作用下发生磁化，进而受到外磁场施加的力。在外磁场强度不变时，磁珠所受磁力与其尺寸呈正相关。对于指定尺寸的磁珠，其所受磁力与外磁场强度呈正相关，即通过调整电磁铁的线圈

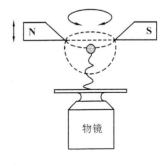

图 9.4-5 磁珠技术原理图

电流,可方便地调控磁珠的受力。研究结果表明,一般情况下,磁性珠受力上限为 30pN。更高的磁力则需要新型的更强的磁性材料。通过校正,可准确计算出磁珠所受力的大小。磁镊技术的优势是在较低的力学响应范围内有较高的精确度。通过观察置于倒置显微镜之上的实验样品,可获知磁珠的位置。此光学模拟信号经过电荷耦合器件图像传感器 CCD 可转化为数字信号,进而可实现计算机对磁珠的实时控制。通过调整电磁铁的上、下位置,磁珠可在 z 方向上运动。如果使电磁铁以 z 方向为轴旋转,还可带动磁珠及其连接的分子转动,伸缩和旋转是磁珠实验的两种基本模式。

9.5 纳米传感器

纳米传感器采用纳米化的敏感元件(敏感材料或元件本身),如纳米粒子、纳米管、纳米线、纳米薄膜等,基于纳米材料的化学和生物传感器具体包括:电导电容型纳米化学传感器、DNA 纳米传感器、电化学纳米传感器、化学发光纳米传感器、基于表面增强 Raman 的光传感器、分子印迹荧光纳米传感器以及质量纳米传感器等[37-39]。

9.5.1 电导型半导体氧化物纳米传感器

电导型半导体氧化物纳米传感器根据电子在介质中传输能力的变化,测定与待测物之间发生化学作用前后敏感介质的电导差别。待测气体与氧化物纳米敏感材料接触时,在材料表面发生吸附和化学反应,使材料的电学性质发生改变。纳米材料具有极小的颗粒尺寸和巨大的比表面积,表面原子数、表面能和表面张力随粒径的减小而急剧增加以及表面较多不饱和键的存在,使得它们在表面反应中显现出高化学活性,更易与待测气体作用导致自身的电学性质变化,使对气体不敏感的材料有了气敏性,敏感材料变得更敏感,参见表 9-2。

表 9-2 常见金属氧化物纳米材料的气敏性

氧化物	形貌	气敏检测对象
SnO_2	纳米线	CH_3COCH_3、NO_2、H_2、CO、O_2、湿度
	纳米管	CH_3CH_2OH
	纳米带	CO、NO_2
	纳米晶/纳米颗粒	CO、CH_3CH_2OH、H_2
ZnO	纳米线	CH_3CH_2OH、CO、H_2、NH_3
	纳米棒	CH_3CH_2OH、H_2S、湿度
	纳米枝	H_2S
In_2O_3	纳米线	CH_3CH_2OH、CO
	纳米棒	H_2S、CH_3CH_2OH
	多孔纳米管	NH_3
Fe_2O_3	多孔纳米棒	CH_3CH_2OH、CH_3COCH_3、CH_3CHO、CH_3COOH
	纳米环	CH_3CH_2OH

电导型纳米传感器通过直接或间接监测纳米敏感材料与其他物质发生化学反应前后的电导(电阻)变化来获得检测和传感的功能。在一定的工作温度下，N 型半导体材料由于氧负离子的吸附而在材料的表面形成一个电子消耗层，导致粒子间产生一个高的势垒。还原性气体(H_2、CO)会与氧负离子反应生成 H_2O、CO_2，残留电子进入半导体材料内部降低材料的电阻。与还原性气体接触后，半导体表面吸附的氧负离子发生氧化还原反应，电子被释放回半导体中，表面电位降低，传感器电阻减小，参见图 9.5-1；对于氧化性气体，电阻值增大。P 型半导体材料的气敏变化则相反。

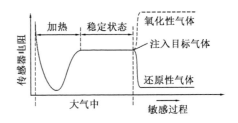

图 9.5-1 半导体氧化物气敏过程中的电子变化规律

半导体氧化物纳米传感器的气敏性响应机理主要包括：电子传导、吸附反应(气体分子与敏感材料的吸附作用)以及催化反应(材料对目标气体的催化)。电子传导气敏机理主要是分析负氧离子吸附的多孔晶体空间电荷层的电学特性，建立电学特性与气敏机理的联系，如晶界势垒、颈部势垒控制和晶粒控制等模型，参见图 9.5-2。①当晶粒尺寸 D 远大于电子耗尽层厚度 L 时，正电流在材料晶粒之间穿行需越过晶粒间的势垒，而势垒高度由主态密度决定，即由吸附在晶粒表面的氧物种而定。②当 $D \geqslant 2L$ 时，气敏响应灵敏度与材料晶粒间的颈部直径密切相关，氧化物的气敏机理由晶界势垒和颈部联合控制。③当 $D<2L$ 时，排空区域延伸到整个晶粒，晶粒中的电荷移动载流子完全排空，晶粒间导电通道消失。还原性气体在金属氧化物表面吸附，与吸附在氧化物表面的氧分子或负氧离子进行表面化学反应释放出电子，从而使氧化物材料导带中电子密度增大，引起电阻降低来显示出气敏性。

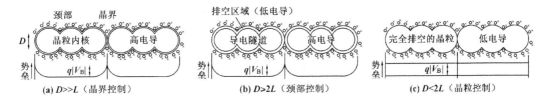

图 9.5-2 晶粒大小影响金属氧化物气体传感器灵敏度的三种模型

气敏元件的制作分类如下：烧结型包括气敏材料涂覆在 Al_2O_3 陶瓷管上的管热式气敏元件和加热丝直接埋在气敏材料内部的直接式气敏元件；厚膜型一般通过丝网印刷的方法将气敏材料印在 Al_2O_3 基片上；薄膜型是在绝缘衬底上采用蒸发、溅射或化学气相沉积(CVD)等方法制作敏感膜。纳米材料的敏感性能有几种结构形式：①将纳米材料分散在分散剂中，再涂于 Al_2O_3 陶瓷管上，管内的加热丝用于提供工作温度，参见图 9.5-3(a)；②将纳米材料分散于印有叉指电极的陶瓷片上，背面的加热片提供工作温度，参见图 9.5-3(b)；③在半导体工艺的基础上辅以大型仪器设备，如采用聚焦离子束刻蚀-沉积系统(FIB)和电子束直写系统(EBL)等，将纳米材料分散在 Si/SiO_2 基底上，再构筑电极，参见图 9.5-3(c)。

半导体氧化物纳米材料的典型结构包括纳米颗粒、纳米球(空心和实心)、纳带、一维纳米结构的纳米线和纳米管等，参见图 9.5-4。

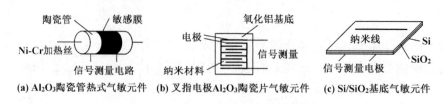

图 9.5-3 电导型纳米化学传感器的典型结构

9.5.2 纳米材料修饰电化学传感器

纳米材料的主要作用如下：①加快电子移速率，增加氧化还原物质在电极表面反应的可逆性；②引发催化反应；③固定和标记小分子；④反应控制开关；⑤作为反应物直接参与反应。金/碳纳米管修饰电极具有更大的比表面积，从而增加电极的催化活性，参见图 9.5-5。

图 9.5-4 典型的纳米结构　　　　图 9.5-5 纳米材料修饰电极示意图

9.5.3 质量纳米化学传感器

质量敏感型传感器(压电化学传感器、声表面波传感器以及悬臂梁化学传感器)主要应用于分析化学、药物科学、生物化学、分子生物学、环境监测、食品安全等领域。

1. 压电化学传感器

当石英晶体表面附着层的质量改变时，晶体的振荡频率也随之改变，表面质量变化与共振频率变化Δf之间可用 Sauerbrey 方程表示：

$$\Delta f = -2.3 \times 10^6 f^2 \Delta m / A \tag{9.5-1}$$

式中，Δm 为敏感区面积 A 上吸附材料的质量；f 为总的共振频率。对于一个 9MHz 的石英谐振器(电极直径为 6.0mm)，其质量灵敏度约为 0.66Hz/ng，被称作石英晶体微天平(QCM)，参见图 9.5-6。常见生物分子固定化材料有无机材料(硅胶、$CaCO_3$、粉末等)、有机合成聚合物(聚苯乙烯阴离子交换树脂、β环糊精聚合物等)、凝胶材料(卡拉胶、明胶、海藻酸钙凝胶等)、磁性微球(氧化铁微球、琼脂糖复合微球等)、丝素和甲壳素、纤维素衍生物。

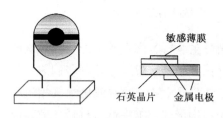

图 9.5-6　QCM 的结构及工作原理图

2. 声表面波纳米传感器

当压电物质表面存在气体(液体)时，表面波可以和气体(液体)中的分子相互作用，这种相互作用改变了表面波的某些特性(如振幅、相位等)，当有分析气体(液体)时，测定表面波的特征变化可达到分析的目的，这种传感器被称为声表面波传感器。在质量敏感型化学传感器中最常用的是 Rayleigh 波和 Love 波。

SAW 的传播特性随压电基片表面物理特性的改变而变化，SAW 传感器由 SAW 器件、敏感薄膜以及外围电路组成，SAW 受到外界环境影响而变化最明显的参数是 SAW 的传播速度，参见 3.8-4。

对于 ST-切石英晶体，忽略黏弹性作用，SAW 化学传感器的频率响应关系式为

$$\Delta f = -2.26 \times 10^{-6} f_0^2 \Delta m / A \tag{9.5-2}$$

式中，Δm 为敏感区面积 A 上吸附材料的质量；f_0 为总的共振频率。

敏感膜层吸附气体产生质量变化，从而引起传感器起振点频率的偏移，即质量沉积效应；SAW 传感器的基频一般为几百兆赫，甚至可高达吉赫水平，因此 SAW 化学传感器比 QCM 化学传感器更为灵敏，其检测下限理论上可达皮克级。

3. 压电微悬臂梁纳米传感器

悬臂梁的表面通常涂镀金属膜或有机聚合物作为化学敏感层，当被测分子吸附到微悬臂梁后，有效质量增加导致微悬臂梁共振频率降低，其改变量与被测量之间存在一定的关系，频移的大小即反映了吸附气体的量，进而对吸附于微悬臂梁上的被测物质进行定量分析。基于微悬臂梁的传感技术分为静态偏移检测模式和微悬臂梁动态检测模式。在液体环境中，流体动力阻尼导致微悬臂梁的共振频率变化对有效质量的变化量不敏感；采用毫米尺寸悬臂梁高次谐波动态检测技术可克服静态模式下形变漂移以及动态模式下流体阻尼对测量的影响，检测灵敏度随微梁谐振次数的增加而增大。

1) 弯曲模式——静态模式

弯曲模式是指微悬臂梁在外界环境改变或力的作用下，其表面质量或表面应力发生变化，引起微悬臂梁的弯曲，通过检测微悬臂梁弯曲量的大小，就可得出引起其弯曲的物理量或化学量。微悬臂梁静态偏移检测模式已广泛用于气体环境和液体环境的生物检测和化学检测，但是这种检测方法对环境温度变化较敏感、灵敏度低、检测效果不理想。静态传感方式通过测量微悬臂梁的静态弯曲变形而实现传感。导致这种弯曲变形的机理可以分为三类：分子扩散机理、表面应力机理以及生物大分子的等效表面应力机理。

2) 共振模式——动态模式

微悬臂梁的共振模式通过检测微悬臂梁共振频率的变化得到引起共振频率变化的物理量或化学量，具有抗干扰能力强和灵敏度高的特点。在微悬臂梁涂上敏感层，目标分子吸附到表面后引起微悬臂梁的有效质量变化，导致共振频率变化，共振频率的频移与目标物质的浓度成比例。在微悬臂梁动态检测方式中，微悬臂梁的表面修饰有敏感分子，测量悬臂梁的有效质量变化可得到被测物的信息。微悬臂梁动态检测模式主要用于气体环境检测。

悬臂梁是通过微力引起的共振频率变化来实现动态检测的：

$$f = \frac{1}{2\pi}\sqrt{\frac{k}{mn}} = \frac{1}{2\pi}\sqrt{\frac{k}{m^*}} \tag{9.5-3}$$

式中，k 为悬臂梁的弹性系数；m 为悬臂梁的质量；m^* 为悬臂梁的有效质量；n 为质量修正因素。假设悬臂梁的弹性系数在其吸附分子的前后保持不变，则这种成直角的悬臂梁有效质量是它自身质量的 23.6%。由于被检测物质是不均匀吸附到悬臂梁表面的，因此质量分布不均匀，所以吸附分子的质量 Δm 可表示为

$$\frac{f_0^2 - f_1^2}{f_0^2} = \frac{\Delta m}{m^*} \tag{9.5-4}$$

式中，f_0 为悬臂梁吸附分子之前的共振频率；吸附分子后的悬臂梁共振频率 f_1 可表示为

$$f_1 = \frac{1}{2\pi}\sqrt{\frac{k}{m^* + n\Delta m}} = \frac{f_0}{\sqrt{1 + \Delta m/m^*}} \tag{9.5-5}$$

9.5.4 纳米结构分子印迹化学生物传感器

利用这些无机的纳米结构作为合成模板，合成具有纳米结构尺寸的分子印迹纳米微球、芯-壳型微球、纳米管、纳米线以及纳米结构分子印迹阵列，参见图 9.5-7。

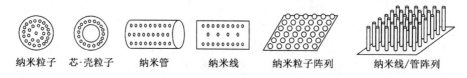

图 9.5-7　纳米结构分子印迹及其阵列原理图

1. 分子印迹电化学传感器

分子印迹电化学传感器以分子印迹作为敏感膜。当分子印迹敏感膜与目标分子结合时，产生一种电信号，通过转换器将此信号转换成可定量的输出信号。按照转换器的类型，可分为电导型、电容或阻抗型、电位型、电流型(安培型和伏安型)和化学及离子敏感场效应转换器型。根据分子印迹敏感膜制备方法的不同，敏感膜体系主要可分为如下体系。

(1) 传统体系的敏感膜通常由模板分子、功能单体和交联剂组成。将这几种成分与引发剂和致孔剂混合均匀，涂覆于电极表面或其他支撑物上，在光或热的作用下引发聚合。

(2) 自组装体系。自组装技术是指分子在氢键、静电、范德华力、疏水亲脂等弱作用力的推动下，自发地形成具有特殊结构和形状的分子集合体的过程。自组装膜技术被广泛应用于修饰改性电极材料以实现特定的电化学功能，进而用于电化学检测特殊目标分子。

(3) 分子印迹粒子镶嵌体系的构建主要分为两步：首先制备分子印迹粒子；其次将分子印迹粒子镶嵌在使用的体系中。常用的有石墨体系和聚氯乙烯(PVC)体系。

(4) 电聚合体系是在有模板分子存在的情况下，聚合单体分子发生电聚合，将特殊的选择性引入聚合体系。常用的聚合单体主要有酚类、邻苯二胺、氨基苯磺酸、吡咯(Py)和3,4-乙烯二氧噻吩(EDOT)等。

(5) 分子印迹溶胶-凝胶材料是在分子印迹制备过程中采用溶胶-凝胶过程中，制备无机或无机-有机杂化的分子印迹材料，是分子印迹技术与溶胶-凝胶技术的结合。

2. 分子印迹荧光化学传感器

将特定荧光分子探针植入纳米结构的人工抗体材料对结合位点进行荧光标记，制备兼有分子识别和荧光信号输出的纳米探针。当目标分子进入纳米结构人工抗体上的分子识别位点时，荧光染料分子的激发态电子通过共振转移到目标分子的能级上，产生电子共振转移使荧光猝灭，从而获得目标分子结合的敏感识别信号，参见图 9.5-8。

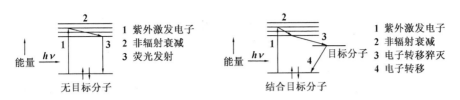

图 9.5-8 荧光标记的纳米人工抗体的电子共振能量转移

运用微加工技术和自下而上的方式将人工抗体纳米探针集成到硅基或氧化硅衬底上,形成有序的微纳阵列,发展基于人工抗体的微纳芯片技术,参见图 9.5-9,通过读取目标分子在微纳芯片上结合后的光学信号,达到对目标物的快速检测。

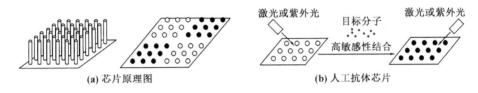

图 9.5-9 荧光标记的分子印迹纳米探针

根据待测目标分析物的性质,MIP 荧光传感器可分为如下三类。

(1) 直接检测荧光分析物。对于本身能够发射荧光的分析物,以荧光分析物为印迹分子,利用分子印迹技术制备成 MIP,然后通过测定识别前后 MIP 的荧光变化实现对荧光分析物的定性与定量测量。

(2) 通过荧光试剂间接检测非荧光分析物,可实现对非荧光物质的检测。

(3) 检测荧光标记竞争物已达到同免疫检测类似的高效率,既不需要设计合成具有发色团或荧光团的功能单体,也避免了残留模板分子对低浓度分析物检测时的干扰。

3. 分子印迹化学发光传感器

利用反应物在氧化还原或发光反应过程中发射出一定波长的光,通过测定发射光的特性实现对被测物质的检测。选择适当的化学发光反应体系,利用兼有分子识别和化学发光信号输出的纳米探针,通过化学发光反应,实现对痕量目标分子的高度选择性、高灵敏性和实时探测的分子印迹化学发光传感器。

4. 分子印迹质量敏感型传感器

石英晶体微天平(QCM)提供了一种非常敏感手段测量吸附到压电材料表面分析物的质量,通过监测频率的变化测定 QCM 表面的吸附质量,参见式(9.5-1)。石英晶体的理论检出限约为 10^{-12}g。分子印迹 QCM 传感器通常将分子印迹材料作为识别元件固定在 QCM 表面,可检测到选择性结合到分子印迹材料上的目标分析物。

9.5.5 碳纳米管

碳纳米管(CNT)可视为由一层或多层石墨片卷曲成的无缝管状物,按组成石墨片的层数可分为单壁碳纳米管(SWCNT)和多壁碳纳米管(MWCNT),其特有的结构和扭曲的电子构型使它具有独特的电学、光学、力学、化学等性质[3]。根据直径和手性的不同,SWCNT又可分为半导体型、金属型及半金属型。SWCNT 能融合到 FET 的结构中,充分发挥 FET

的特性；修饰后的碳纳米管兼备了其原有的性质和修饰物的性质。

1. 碳纳米管的气敏性

准一维的碳纳米管的高比表面积和中空的几何形状有利于气体分子的吸附。碳纳米管的气敏特性主要受碳纳米管的种类、缺陷、催化剂金属、测试温度以及后处理等方面的影响。随着气体吸附及其与碳纳米管的相互作用，碳纳米管的电性能发生了明显改变，碳纳米管的气敏性机理主要包括：①电荷转移机理，碳管吸附气体后，气体分子与碳纳米管之间相互作用，电荷在气体分子与碳纳米管之间发生转移，导致碳纳米管中的载流子数目改变，引起电导的改变，根据这种响应机理制备的电导型气体传感器更适合低浓度下电荷转移能力强的气体的检测；②电容型机理，吸附在碳纳米管上的分子能导致碳纳米管电容的变化，大多数极性分子，甚至是非极性分子吸附在碳纳米管上都会产生一定的响应，应用这种机理可获得响应快、灵敏度高、噪声小的碳纳米管气体传感器，更适合于极性大的气体的检测。

1) 电导型

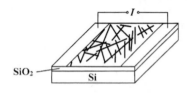

图 9.5-10　电导型传感器原理图

电导型传感器一般构建在二氧化硅或氧化铝的基片上，通过化学气相沉积(CVD)或溶液旋涂等方法，让单根或网络状的碳管膜桥联在正负两极之间，实现欧姆接触，当待测物分子吸附到碳管上以后，因待测物和碳纳米管之间会发生电荷的迁移，引起碳纳米管中的载流子变化，其电阻发生改变，参见图 9.5-10。

2) 场效应晶体管型

场效应晶体管型传感器包括源极、漏极和栅极三部分，一般是构建在表面氧化的掺杂硅的基片上，氧化层厚度通常约为 100nm。利用化学气相沉积或溶液旋涂等方法，让单根或网络状的碳管膜桥联在源极和漏极之间，参见图 9.5-11。场效应晶体管可通过调节栅电压来调控碳管的电导，从而起到检测信号的放大作用。

3) 电容电导型

电容电导型传感器上面的电极和下面的掺杂硅片可用作电容器的极板，参见图 9.5-12，这种传感器可同时测出响应时的电容和电导信号。

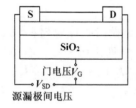

图 9.5-11　场效应晶体管型传感器原理图

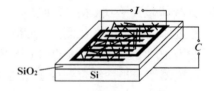

图 9.5-12　电容电导型传感器原理图

2. 功能化碳纳米管化学传感器

1) 基于有机物修饰的碳纳米管化学传感器

为了提高碳纳米管的分散能力，增加其与基体的界面结合力，可对碳纳米管的表面进行改性和修饰。主要途径是降低碳纳米管的表面能、提高其与基体的亲和力、消除其表面电荷等。碳纳米管的有机修饰主要分为两个部分：有机共价修饰和有机非共价修饰。

2）基于无机物修饰的碳纳米管化学传感器

碳纳米管具有纳米级的直径、微米级的长度，成为构建纳米微传感器的理想材料。碳纳米管超高的比表面积和极高的表面原子覆盖率使其表面形成了很高的敏感层和高效的电荷通道。基于碳纳米管的传感器对多种气体和挥发性蒸汽都有一定的敏感性，因此，碳纳米管是很好的气体敏感性材料。碳纳米管具有丰富的孔隙结构和较大的比表面积，对一些气体分子有很强的吸附能力。由于吸附的气体分子与碳纳米管相互作用，改变其 Femi 能级，进而导致其宏观电阻发生巨大变化。因此，碳纳米管可用来制作气敏传感器。

参 考 文 献

[1] G Binnig, Rohrer H, Gerber C, et al. Tunneling through a controllable vacuum gap. Applied Physics Letters, 1982, 40(2): 178-180.

[2] Binnig G, Quate C F, Gerber C. Atomic force microscope. Physical Review Letters, 1986, 56(9): 930-933.

[3] Iijima S, Ajayan P M, Ichihashi T. Growth model for carbon nanotubes. Physical Review Letters, 1992, 69(21): 3100-3103.

[4] Lyshevski S E. MEMS and NEMS Systems, Devices and Structures. Florida: CRC Press, 2002.

[5] 张文栋. 钠机电基础效应与器件. 北京: 科学出版社, 2011.

[6] 刘锦淮, 黄行九. 纳米敏感材料与传感技术. 北京: 科学出版社, 2011.

[7] Murashov V, Howard J. Nanotechnology Standard. Springer Science + Business Media, LLC, 2011.

[8] 赵亚溥. 纳米与介观力学. 北京: 科学出版社, 2014.

[9] Bhushan B. Handbook of Nanotechnology 2, MEMS/NEMS and BioMEMS/NEMS. 3rd ed. Berlin Heidelber: Springer, 2010.

[10] 樊春海, 刘东升. DNA 纳米技术: 分子传感、计算与机器. 北京: 科学出版社, 2011.

[11] Popescu G. Nanobiophotonics. New York: McGraw-Hill Companies, 2010.

[12] 唐大伟. 微纳米材料和结构热物理特性表征. 北京: 科学出版社, 2010.

[13] Prasad P N. Nanophotonics. New York: John Wiley & Sons, 2004.

[14] 堀江一之, 牛木秀治, Winnik F M. 分子光子学——原理及应用. 北京: 科学出版社, 2004.

[15] Kaupp G. Atomic Force Microscopy, Scanning Nearfield Optical Microscopy and Nanoscratching: Application to Rough and Natural Surfaces. Heidelberg: Springer, 2006.

[16] 板生清, 保坂宽, 片桐祥雅. 光微机械电子学. 北京: 科学出版社, 2002.

[17] 木崇俊, 陈尔刚, 潘尔达. 电子光学仪器原理. 昆明: 云南大学出版社, 1996.

[18] 王伯雄, 陈非凡, 董瑛. 微纳米测量技术. 北京: 清华大学出版社, 2006.

[19] GB/T 17507—2008. 透射电子显微镜 X 射线能谱分析生物薄标样的通用技术条件. 北京: 中国标准出版社, 2009.

[20] GB/T 18735—2014. 微束分析分析电镜(AEM/EDS)纳米薄标样通用规范. 北京: 中国标准出版社, 2015.

[21] GB/T 20307—2006. 纳米级长度的扫描电镜测量方法通则. 北京: 中国标准出版社, 2007.

[22] GB/T 18907—2013. 微束分析—分析电子显微术透射电镜选区电子衍射分析方法. 北京: 中国标准出版社, 2014.

[23] Herzig H P. Micro-Optics Elements, Systems and Application. London: Taylor & Francis Ltd, 1997.

[24] 颜树华. 衍射微光学设计. 北京: 国防工业出版社, 2011.

[25] Solgaard O. Photonic Microsystems. New York: Springer Science, 2009.

[26] 曾召利, 张书练. 精密测量中的纳米计量技术. 应用光学, 2012, 33(5): 846-854.

[27] 白春礼, 王忠怀. 纳米科学与技术新进展. 中国科学基金, 1993, 7(3): 189-194.

[28] 朱弋, 阮兴云, 徐志荣, 等. 扫描探针电子显微镜综述. 医疗设备信息, 2005, 20(11): 33-34.

[29] 胡建恺, 张谦琳. 声学显微镜及其应用. 现代科学仪器, 1992, 3: 21-22.

[30] 贾帅争, 孙红琰, 王全立. 纳米通道技术及应用. 生物化学与生物物理进展, 2002, 29(2): 202-205.

[31] Agre P. Polymorphism in the Mr 32,000 Rh protein purified from Rh(D)-positive and-negative erythrocytes. Proceedings of the National Academy of Sciences of the United States of America, 1988, 85(11): 4042-4045.

[32] MacKinnon R, Cohen S L, Kuo A, et al. Structural conservation in prokaryotic and eukaryotic potassium channels. Science, 1998, 280(5360): 106-109.

[33] Neher E, Sakmann B. Noise analysis of drug induced voltage clamp currents in denervated frog muscle fibres. Journal of Physiology, 1976, 258(3): 705-729.

[34] Eigler D M, Schweizer E K. Positioning single atoms with a scanning tunneling microscope. Nature, 1990, 344: 524-526.

[35] Ashkin A, Dziedzic J M, Bjorkholm J E, et al. Observation of a single-beam gradient force optical trap for dielectric particles. Optics Letters, 1986, 11(5): 288-289.

[36] 于洋, 陈亮, 蒋诗平. 用于生物单分子操纵的磁镊技术. 光谱实验室, 2011, 28(6): 3239-3242.

[37] 陈扬文, 唐元洪, 裴立宅. 硅纳米线制成的纳米传感器. 传感器技术, 2004, 23(12): 1-3.

[38] 刘凯, 邹德福, 廉五州, 等. 纳米传感器的研究现状与应用. 仪表技术与传感器, 2008, 1: 10-12.

[39] 许改霞, 王平, 李蓉, 等. 纳米传感技术及其在生物医学中的应用. 国外医学: 生物医学工程分册, 2002, 25(2): 49-54.

第 10 章 智能传感器

10.1 引 言

智能传感器源于 NASA 的健康管理综合系统(Integrated System Health Management,ISHM)。传感器采集信息,使用嵌入的信息资料等专业知识处理,综合采集信息及先验知识并以此为依据组建成健康系统[1-3]。智能传感器将传感器检测信息的功能与微处理器的信息处理功能有机地结合在一起,充分利用微处理器进行数据分析和处理,并能对内部工作过程进行调节和控制,实现自诊断、自校准、自补偿及远程通信等功能,提高采集数据质量。智能传感器系统实际上是一种嵌入式系统,主要由传感器、调理电路、数据采集与转换、计算机及其 I/O 接口设备四大部分组成[4-12],参见图 10.1-1。

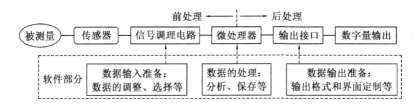

图 10.1-1 智能传感器系统的基本结构

智能检测系统以计算机为核心,以检测和智能化处理为目的,参见图 10.1-2。传感信号处理系统以传感信号调理为主,敏感元件感受被测参数,经信号调理电路可实现自动量程转换、自动校正、自动补偿等功能。检测智能化有两类主要方法:①传感信号处理方法;②以知识为基础的决策处理方法,知识处理系统涉及知识库、数据库与推理机,利用显式及隐式存储知识及数据,通过专家系统、人工神经网络技术、模式识别技术等人工智能(Artificial Intelligence,AI)的方法,实现环境识别处理和信息融合,达到高级智能化的水平。

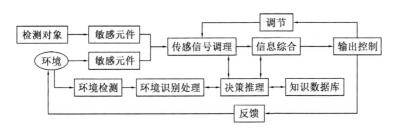

图 10.1-2 智能检测系统框图

与传统传感器相比,智能传感器在功能上全面提升,包括了仪表的全部功能。

(1)逻辑判断和信息处理功能,能对检测数据进行分析、统计和修正,进行非线性、温度、噪声、响应时间、交叉感应以及缓慢漂移等误差补偿。

(2) 自检、自诊断和自校准，通过对环境的判断、自诊断进行零位和增益等参数调整。

(3) 软件组态功能，设置有多种模块化的硬件和软件，用户可通过操作指令，改变智能传感器的硬件模块和软件模块的组合状态，实现多传感、多参数的复合测量。

(4) 人机对话功能，智能传感器与仪表等组合在一起，配备各种显示装置和输入键盘。

(5) 信息存储与记忆功能，如装置历史信息、校正数据、测量参数、状态参数等。

10.2 数据处理

传感器与计算机或微处理器的结合主要是通过软件来实现智能化[13-22]。

10.2.1 非线性刻度转换

实际传感器的特性曲线存在非线性度误差，智能传感器系统通过软件进行非线性刻度转换，参见图 10.2-1，被测输入量 x 经如图 10.2-1(b)所示的传感器及其调理电路后输出 $u=f(x)$；u 是存放在计算机中非线性校正器软件模块的输入；按如图 10.2-1(c)所示进行刻度转换，输出系统的被测量（非线性校正器软件模块的输出）$y=x=f^{-1}(u)$，实现系统的输出 y 与输入 x 的线性关系，参见图 10.2-1(d)。智能传感器的条件是正模型 x-u 特性具有重复性。

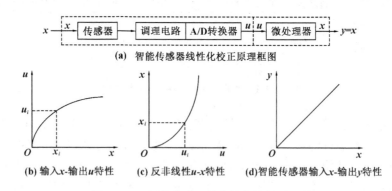

图 10.2-1 智能传感器的线性化校正原理图

1. 分段线性插值法

根据精度要求对非线性曲线进行分段，测量时首先确定对应输入被测量 x_i 的电压值 u_i 所在段；然后根据该段的斜率进行线性插值，即得输出值 $y_i=x_i$：

$$y_i = x_i = x_k + \frac{x_{k+1} - x_k}{u_{k+1} - u_k}(u_i - u_k), \quad k=1,2,3,\cdots,n \tag{10.2-1}$$

式中，k 为分段点序数，分段直线段数为 $n-1$。

2. 曲线拟合法

曲线拟合法采用 n 次多项式来逼近非线性曲线。

(1) 对传感器及其调理电路进行静态实验标定，得校准曲线。假设标定点的数据输入为 x_i, $i=1,2,\cdots,N$；输出为 u_i, $i=1,2,\cdots,N$，式中，N 为标定点个数。

(2) 设反非线性曲线拟合多项式方程为

$$x_i(u_i) = a_0 + a_1 u_i + a_2 u_i^2 + a_3 u_i^3 + \cdots + a_n u_i^n \tag{10.2-2}$$

式中，n 的数值由所要求的准确度来确定；$a_0, a_1, \cdots, a_n$ 为待定常数。

(3) 根据最小二乘法原则求解待定系数 $a_0, a_1, \cdots, a_n$。

当有噪声存在时，最小二乘法求解待定系数会遇到矩阵病态的情况，使求解受阻。

3. 神经网络法

神经网络法基于神经网络来求解反非线性特性拟合多项式待定系数 D，参见图 10.2-2。$1, u_i, u_i^2, \cdots, u_i^r$ 为函数链神经网络的输入值，u_i 为静态标定实验中获得的标定点输出值；$W_j (j=1, 2, \cdots, n)$ 为网络的连接权值(对应于反非线性拟合多项式 u_i^j 项的系数 a_j)；z_i 为函数链神经网络的输出估计值，第 k 步输出估计为 $z_i(k) \sum_{j=0}^{n} u_i W_j(k)$，与标定点输入值 x_i 比较的估计误差

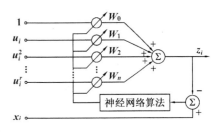

图 10.2-2 函数链神经网络

为 $e_i(k) = x_i - z_i(k)$；神经网络算法调节网络连接权的调节式为 $W_j(k+1) = W_j(k) + \eta e_i(k) u_i^j$，其中 $W_j(k)$ 为第 k 步第 j 个连接权值，η 为学习因子(直接影响到迭代的稳定性和收敛速度)。神经网络算法通过调整连接权值 $W_j (j=0, 1, 2, \cdots, n)$ 直至估计误差 $e_i(k)$ 的均方值达到足够小，此时结束学习过程，得到最终的连接权值 $W_0, W_1, W_2, \cdots, W_n$，即求得多项式的待定系数 $a_0, a_1, \cdots, a_n$。

10.2.2 自校准

自校零与自校准是指当温度、电源电压波动或自身老化等因素引起传感器输入输出特性发生漂移，偏离了初始标定曲线时，若现场实时进行标定实验，测出漂移后的输入输出特性，按其进行刻度转换，消除特性漂移引入的测量误差，使输出值更接近实际值，两基准适用于线性特性系统；多基准(至少三基准)适用于非线性特性系统。

1. 两基准法

两基准法(三步测量法)适用于测量系统正模型的线性表示，若传感器系统经标定实验得到的静态输出 y、输入 x 特性为

$$y = a_0 + a_1 x \tag{10.2-3}$$

式中，a_0 为零位值；a_1 为灵敏度。受内在或外来因素影响时，有 $a_1 = S + \Delta a_1$，其中 S 为增益的恒定部分，Δa_1 为灵敏度漂移；$a_0 = P + \Delta a_0$，P 为零位值的恒定部分，Δa_0 为零位漂移，则

$$y = (P + \Delta a_0) + (S + \Delta a_1) x \tag{10.2-4}$$

智能传感器系统通过两个基准对系统进行实时标定，从而自动校正因零位漂移、灵敏度漂移而引入的误差，参见图 10.2-3。校准过程中，标准发生器产生标准电压 U_R 和零点标准值，微处理器控制多路转换器分时段选通标准电压 U_R 和零点标准值，记下这两种情况下的电路输出，从而消除零点漂移和灵敏度漂移对传感器性能的影响。微

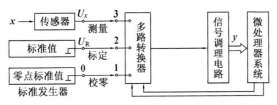

图 10.2-3 两基准法的工作原理图

处理器系统在特定周期内发出指令,控制多路转换器执行三步测量法,使自校准环节接通不同的输入信号。

第一步,校零。测量系统的零点,输入信号是零点标准值 x_0。当测量系统零输入 $x_0=0$ 时,测量系统输出 $y_0=a_0$。在零输入条件下系统的输出不为零,系统的误差为

$$y_0 = a_1 E_0 \tag{10.2-5}$$

式中,a_1 为系统的增益;E_0 为系统的误差源。

第二步,标定。实时测量系统的增益/灵敏度是 a_1。输入信号为标准值,标准发生器产生标准信号 x_R,系统的输出为 y_R。于是被校准系统的增益/灵敏度 a_1 为

$$a_1 = S + \Delta a = (y_R - y_0)/x_R \tag{10.2-6}$$

输出 $y_R=x_R a_1+E_0 a_1$ 含误差源 E_0 的影响,故差值 $y_R-y_0=x_R a_1$,即消除了误差源 E_0 的影响。

第三步,测量。输入信号为被测目标参量 x,测量系统相应的输出值为 y_x,则

$$x = (y_x - y_0)/a_1 = x_R(y_x - y_0)/(y_R - y_0) \tag{10.2-7}$$

通过第一步和第二步分别校准调理电路部分的零位和灵敏度,得到调理电路输出结果为 y_x 时,传感器的真实输出信号 x_R,最后再反推至传感器的真实输入信号 x,从而消除零点和灵敏度漂移对测量结果的影响。整个传感器系统的精度由标准发生器产生的标准值的精度决定,只要被校系统的各环节在三步测量时间内保持稳定。

若增加传感器输入的被测目标参数 x,参见图 10.2-4,再根据标准值 x_R、零点标准值 x_0 实现三步测量法,传感器系统的精度由标准发生器产生的标准值的精度决定,校准过程中要求被校系统的各环节在三步测量所需时间内保持稳定。这种实时在线自校准功能,可采用低精度的传感器、放大器等元器件而获取高精度的测量结果。

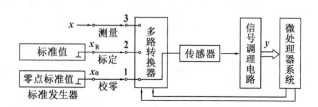

图 10.2-4 实时自校准含传感器在内的传感器系统

2. 多基准法

多基准法适用于测量系统的非线性正模型。在测量时的工作条件下对传感器系统进行实时在线标定实验,确定出当时的输出输入特性,及其反非线性特性拟合方程式。标定点不能少于三点,标准发生器至少提供三个标准值。实时在线自校准的实施过程如下。

第一步,对传感器系统进行现场、在线、测量前的实时三点标定,即 (x_{R1}, y_{R1})、(x_{R2}, y_{R2})、(x_{R3}, y_{R3})。

第二步,列出反非线性特性拟合方程式(二阶三项多项式):

$$x(y) = C_0 + C_1 y + C_2 y^2 \tag{10.2-8}$$

第三步,由标定值求系数 C_0、C_1、C_2。根据最小二乘法,方差最小:

$$\sum_{i=1}^{3}\left[\left(C_0+C_1 y_{Ri}+C_2 y_{Ri}^2\right)-x_{Ri}\right]^2=F(C_0,C_1,C_2)=最小 \tag{10.2-9}$$

根据函数求极值(最小值)条件,令偏导数为零,然后经整理后得矩阵方程:

$$\begin{cases} C_0 N+C_1 P+C_2 Q=D \\ C_0 P+C_1 Q+C_2 R=E \\ C_0 Q+C_1 R+C_2 S=F \end{cases} \tag{10.2-10}$$

式中,$N=3$ 为在线实时标定点个数;其余为

$$\begin{cases} P=\sum_{i=1}^{3} y_{Ri},\quad Q=\sum_{i=1}^{3} y_{Ri}^2,\quad R=\sum_{i=1}^{3} y_{Ri}^3,\quad S=\sum_{i=1}^{3} y_{Ri}^4 \\ D=\sum_{i=1}^{3} x_{Ri},\quad E=\sum_{i=1}^{3} x_{Ri} y_{Ri},\quad F=\sum_{i=1}^{3} x_{Ri} y_{Ri}^2 \end{cases} \tag{10.2-11}$$

由标定值计算出 P、Q、R、S、D、E、F 后,解式(10.2-10)可得待定常系数 C_0、C_1、C_2。已知 C_0、C_1、C_2 后,可确定反非线性特性拟合方程式(10.2-8),最后将测量 x 时传感器的输出 y 按式(10.2-8)求出输出 $x(y)$,即系统测出的输入待测目标参量 x。因此,只要传感器系统在实时标定与测量期间保持输出输入特性不变,传感器系统的测量精度就决定于实时标定的精度,其他时间特性的漂移带来的不稳定性不会引入误差。

3. 自适应量程

智能传感器的自适应量程要综合考虑被测量的数值范围,以及对测量准确度、分辨力的要求等因素来确定增益(含衰减)挡数的设定和确定切换挡的准则。在工作中通过判断上下限来自动切换量程。智能传感器系统的增益与系统数据容量与被测量范围、系统精度与信噪比、系统灵敏度与分辨率等多因素有关。若增益过小,信噪比低,测量误差大;若增益过大,信息会因系统内的数据字信息容量不够而损失。

对于增益可程控放大器跟随 8 位 A/D 转换器组成的数据采集系统,由 A/D 转换器量化噪声产生的相对误差不大于 0.5%。若已知 A/D 转换器的量化值 q 为

$$q=2^{-b} U_H \tag{10.2-12}$$

式中,U_H 为 A/D 转换器满刻度输出时对应的电压值;b 为 A/D 转换器的位数。A/D 转换过程中的最大量化误差一般为

$$e_m=q/2 \tag{10.2-13}$$

当量化噪声产生的相对误差不大于 0.5% 时,即

$$\delta=e_m/U_i \leqslant 0.5\% \tag{10.2-14}$$

考虑到 8 位 A/D 转换器的最大量化值为 255,则输入电压为

$$255q \geqslant U_i \geqslant e_m/\delta=0.5q/0.5\%=100q \tag{10.2-15}$$

式(10.2-15)表明,量程切换原则为:①$U_i<100q$,增益增大;②$U_i>250q$,增益减小。

4. 动态特性校正

在瞬变信号动态测量时,传感器机械惯性、热惯性、电磁储能元件及电路充放电等原因,使得动态测量结果与实际值之间存在较大动态误差,即输出量随时间的变化曲线与被测量的变化曲线相差较大。智能传感器的动态校正利用附加的校正环节与传感器相连,参

见图 10.2-5，使合成的总传递函数满足准确度的要求，其中对传感器特性采取中间补偿和软件校正的关键是正确描述传感器测量的数据信息和观测方式、输入输出模型，主要方法包括：①将传感器的动态特性表示为低阶微分方程，使补偿环节传递函数的零点与传感器传递函数的极点相同，通过零级抵消方法实现动态补偿；②根据传感器对输入信号响应的实测参数以及参考模型输出，通过系统辨识的方法设计动态补偿环节。

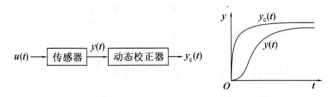

图 10.2-5 动态校正原理图

10.2.3 自补偿

1. 温度补偿

温度是非温度传感器系统中最主要的干扰量，零点漂移补偿的前提是传感器的特性具有重复性。假定传感器的工作温度为 T，则应在传感器输出 U 中减去该工作温度下对应的零点电压 $U_0(T_i)$。因此，补偿的关键是先测出传感器的零点漂移特性，并保存至内存中。当传感器的零点漂移特性呈现严重的非线性时，参见图 10.2-6，由温度 T_i 求取该温度下的零点电压 $U_0(T_i)$，实际上相当于非线性校正中的线性化处理问题。

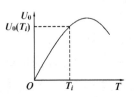

图 10.2-6 传感器的零点漂移特性

2. 频率补偿

频率补偿的实质是拓展智能传感器系统的带宽，改善系统的动态性能。实际的传感器系统 $x(t)$ 与 $y(t)$ 只能在一定频率范围内，在允许的动态误差条件下保持一致。常见的一阶、二阶传感器系统在不同频率 $\omega=2\pi f$ 下，$y(t)$ 与 $x(t)$ 因幅值比不同产生的动态幅值误差如表 10-1 所示。表中 ω 为被测量的角频率；$\omega_r=-1/\tau$ 为一阶传感器转折角频率，τ 为时间常数；ω_0 为二阶传感器系统无阻尼固有振荡角频率。利用计算机完成数字信号处理，将一组输入的数字序列通过 Z 域的传递函数 $W(z)$ 作用后转变成另一组数字序列输出，不仅用于对传感器信号进行滤波消噪，还可构建一种预期频率特性以补偿原传感器频率特性频带窄的不足。

表 10-1 信号频率与动态峰值误差的关系

一阶系统	频率比 ω/ω_r	1/10	1/7	1/6	1/5	1
	动态幅值误差 $|\gamma|/\%$	0.5	1	1.4	2	29.3
二级系统	频率比 ω/ω_0	1/10	1/7	1/6	1/5	1
$0<\zeta<1$	动态幅值误差 $|\gamma|/\%$	1	2	3	5	10

3. Z 变换

Z 变换是处理、分析离散时间系统的有力工具,在线性离散时间(测控)系统中,线性差分方程表征系统动力学性质。对于连续时间系统,输入(激励)信号 $x(t)$ 与输出(响应)信号 $y(t)$ 的关系在时域中可由微分方程确立。在时域中是通过解微分方程来求解系统对激励的时间响应 $y(t)$。通过 Laplace 变换 $X(s)=L[x(t)]$、$Y(s)=L[y(t)]$,建立输入 $X(s)$ 与输出 $Y(s)$ 的关系,在 $s=\sigma+j\omega$ 域中微分方程变为代数方程:

$$Y(s) = W(s)X(s) \tag{10.2-16}$$

当 $\sigma=0$ 时,则为频域 $s=j\omega$,式(10.2-16)变为

$$Y(j\omega) = W(j\omega)X(j\omega) \tag{10.2-17}$$

式中,$X(j\omega)$、$Y(j\omega)$ 分别是 $x(t)$、$y(t)$ 的 Fourier 正变换;$W(s)$、$W(j\omega)$ 分别是系统的传递函数与频率特性,即模拟滤波器特性。

对具有采样/保持(S/H)功能的系统,输入的连续时间信号 $x(t)$ 变为时间序列 $x(nT)$,计算机的输出也是时间序列 $y(nT)$。当时间间隔 T 很小时,可近似由差分方程描述。通过求 Z 变换,$X(z)=Z(x(nT))$,$Y(z)=Z(y(nT))$,则在 Z 域中有关系:

$$W(z) = Y(z)/X(z) \tag{10.2-18}$$

式中,$W(z)$ 为离散时间系统的传递函数,即广义离散时间滤波器特性。当幅值被量化时(系统中有 A/D),则称为数字滤波器。

4. 扩展频带的数字滤波法

1) 数字滤波法扩展频带实现频率自补偿功能

数字滤波法给原传递函数为 $W(s)$ 的待补偿系统串接一个传递函数为 $H(s)$ 的环节,系统总传递函数 $I(s)=W(s)H(s)$ 满足动态性能的要求,参见图 10.2-7。

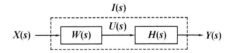

图 10.2-7 数字滤波法补偿示意图

假设一阶环节的传感器传递函数 $W(s)$ 和频率特性 $W(j\omega)$ 分别为

$$\begin{cases} W(s) = 1/(1+\tau s) \\ W(j\omega) = 1/(1+j\omega\tau) \end{cases} \tag{10.2-19}$$

频带扩展 A 倍,则扩展后转折角频率 ω_τ' 为

$$\omega_\tau' = A\omega_\tau \tag{10.2-20}$$

即时间常数减小 A 倍,即

$$\tau' = \tau/A \tag{10.2-21}$$

2) 校正环节传递函数 $H(s)$

串入校正环节 $H(s)$ 后,环节 $I(s)$ 的动态特性为

$$I(s) = \frac{Y(s)}{X(s)} = \frac{Y(s)U(s)}{U(s)X(s)} = W(s)H(s) = \frac{1}{1+\tau's} \tag{10.2-22}$$

于是，校正环节的传递函数 $H(s)$ 为

$$H(s) = \frac{I(s)}{W(s)} = \frac{1+\tau s}{1+\tau' s} \quad (10.2\text{-}23)$$

式中，$\tau' \leqslant \tau/A$ 为串联了校正环节 $H(s)$ 后总的时间常数。

5. 扩展频带的频域校正法

已知系统传递函数为 $W(s)$，通过频域校正对畸变的 $y(t)$ 进行处理，得到真实反映输入信号 $x(t)$ 的频谱 $x(m)$，然后进行 Fourier 反变换以求取输入信号的实际值 $x(t)$，相当于对系统频带扩展，以消除误差，参见图 10.2-8。

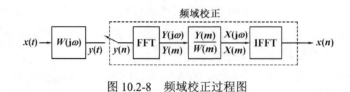

图 10.2-8 频域校正过程图

10.2.4 传感器系统自检

自检是智能传感器自动开始或人为触发开始执行的自检验过程，是对智能传感器系统的软硬件功能进行检测，如 ROM、RAM、寄存器、插件、A/D 及 D/A 转换电路及其他硬件资源等，给出检测结果以判断传感器的性能，有助于提高智能传感器系统的可靠性。通过编程可完成各项自检项目，自检通常有如下三种实现方式。

(1) 开机自检，当工作电源接通后进行，一般检查显示装置、ROM、RAM、总线和插件。

(2) 周期性自检，在工作过程中，定期检查关键部位的工作状态，确保传感器处于最优工作状态。周期性自检在测控间歇期进行，不干扰传感器的正常工作，直至检测到故障。

(3) 键控自检，操作人员通过"自检按键"干预，补充周期性自检所不能完成的工作。

根据仪器的工作特性和用户要求，确定自检项目，并尽可能利用被检对象本身提供的信号和现有资源实现自检，使系统自检工作能简单方便地进行。

10.2.5 自诊断

对传感器进行故障诊断主要以传感器的输出值为基础。

1. 硬件冗余法

对易失效的传感器进行冗余备份，可采用两只或多只相同的传感器来测量相同的被测量，通过冗余传感器的输出量进行相互比较以验证整个系统输出的一致性。一般地，双重冗余配置可诊断有无传感器故障；三重冗余系统既可诊断有无故障，又可分离发生故障的传感器。硬件冗余方法不需要被控对象的数学模型，鲁棒性强。

2. 数学模型诊断法

根据测量结果之间或测量结果序列内部的关联，建立表征测量系统特性的数学模型，比较模型输出与实际输出之间的差异来判断是否发生故障，参见图 10.2-9。数学模型冗余方法包括：观测器组方法、故障检测滤波器方法、一致性空间方法、状态和参数辨识方法及基于知识的方法等。利用数学模型诊断法进行传感器故障诊断，能定位故障来源，估计

故障大小和严重程度；但不能恢复故障传感器的信号。

图 10.2-9　模型冗余诊断法

3. 基于信号处理的诊断法

基于信号处理的诊断方法直接对检测到的各种信号进行加工、交换以提取故障特征。

(1) 直接信号比较法：在正常情况下，被测量过程的输入输出应该在正常范围内变化：$X_{\min}(t) \leqslant X(t) \leqslant X_{\max}(t)$，$Y_{\min}(t) \leqslant Y(t) \leqslant Y_{\max}(t)$。当故障产生时，此范围将发生变化。此外，根据输入输出的变化率是否满足 $\Delta X_{\min}(t) \leqslant \Delta X(t) \leqslant \Delta X_{\max}(t)$ 和 $\Delta Y_{\min}(t) \leqslant \Delta Y(t) \leqslant \Delta Y_{\max}(t)$ 来判断故障。

(2) 主成分分析法：得到测量变量在不同的时间序列中的统计特性，并与正常情况下建立的统计数学模型比较，判断其是否在置信区间或控制限内。

(3) 小波变换：对系统的输入/输出信号进行小波变换，应用变换求得的输入/输出信号的奇异点，去除由于突变输入引起的极值点，则其余的极值点就对应于系统的故障。

4. 基于人工智能的故障诊断法

(1) 专家系统：在故障诊断的专家系统的知识库中，储存了某个对象的故障征兆、故障模式、故障成因、处理意见等内容，故障诊断专家系统在推理机构的指导下，根据用户的信息，运用知识进行推理判断，使用如下两种方法：①用一个表现状态与诊断的对照表进行对照；②将系统设计的知识结合有关系统实现时的潜在问题的知识，根据出现的前提条件触发对应规则来推断其结论，将观察到的现象与潜在的原因进行比较。

(2) 神经网络：利用神经网络的自学习功能、并行处理能力和容错能力，避免解析冗余中实时建模的需求。神经网络模型是由诊断对象的故障诊断的事例集训练构造而成的，取决于模型的结构及其学习规则。

10.2.6　自确认

传感器的失效可分成两类：①粗大型失效造成仪表传感器的输出或指示值超出正常的测量范围，通常采用极限值检测技术；②精细型失效是指仪表传感器即使带故障或失效，其输出或指示值却始终处在正常的测量范围，模拟传感器最典型的故障模式有四种：偏差超标、完全失效(传感器被固锁，即死机)、漂移增大、精度下降(噪声过大)。

对模型与实际运行状态进行比较，构成故障检测和隔离(Fault Detection and Isolation，FDI)系统，从而实现对传感器故障的检测和诊断。模拟传感器故障检测的根本任务是从实际系统中分离出传感器故障，常见技术有以下三种。

(1) 模式识别，区分传感器故障与系统的正常变化常用方法有谱分析、自回归滑动平均(Autoregressive Moving Average，ARMA)模型、人工智能技术。

(2) 硬件余度，应用余度仪器(传感器)，使用表决算法实现区分。

(3) 分析余度，根据多个传感器送来的混合信号，建立相应的动态模型，寻找其中的矛盾和不一致之处。基于知识的 FDI 系统描述系统模型，附加信息包括：工作条件、故障模式、有一定故障的信号特征以及历史故障统计等，依据启发式知识建立和使用定性模型。

1993年，牛津大学的Henry和Clarke提出SEVA传感器，实现传感器故障诊断、数据重建以及产生SEVA参数。英国标准化协会发布了基于SEVA概念的通用标准BS-7986，主要规范传感器诊断和测量品质。SEVA传感器按照IEEE 1451构成，SEVA传感器扩展为传感器故障检测系统，参见图10.2-10，把监测的各种因素综合成测量不确定度估计。系统对传感器失效状况进行分类，并将传感器的失效对信号和不确定度的影响作出估计。SEVA传感器不是简单地产生一个测量结果，而是能同时对被测量的品质作出评价。

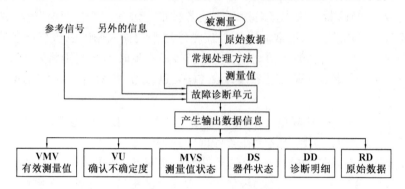

图10.2-10　SEVA传感器的输出信息

10.3　智能信息处理

智能信息处理是模拟人与自然界其他生物处理信息的行为，建立处理复杂系统信息的理论、算法和系统的方法和技术。智能信息处理主要面对的是不确定性系统和不确定性现象的处理问题。智能现象处理在复杂系统建模、系统分析、系统决策、系统控制、系统优化和系统设计等领域具有广大的应用前景。智能信息处理技术是神经网络、模糊系统、进化计算、混沌动力学、分型理论、小波变换、人工生命等交叉学科的综合集成[13-19]。

10.3.1　数据仓库与数据挖掘

数据仓库是一种数据库环境，提供用于决策支持的当前和历史数据[23-27]，参见图10.3-1。数据从企业内外部的业务处理系统(操作型数据)流向企业级数据仓库或操作型数据存储区。在这个过程中，根据数据模型和元数据库对数据进行调和处理，形成中间数据层；再从调和数据层(EDW、ODS)将数据引入导出数据层，形成满足各类分析需求的数据集市。数据仓库是一个面向主题的、集成的、相对稳定的、反映历史变化的数据集合，通常用于辅助决策支持。数据仓库数据库存放数据信息，对数据提供存取和检索支持。数据抽取工具把数据从各种各样的存储环境中提取出来，进行必要的转化、整理，再存放到数据仓库内。

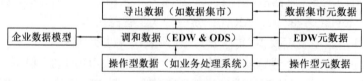

图10.3-1　数据仓库的三层数据结构

数据仓库数据库主要包括收集、分析和确认业务分析需求,分析和理解主题和元数据、事实及其量度、粒度和维度与数据仓库的物理存储方式等,参见图 10.3-2。数据仓库系统通常是对多个异构数据源的有效集成,集成后按照主题进行重组,包含历史数据。数据仓库的开发是全生命周期的,通常是一个循环迭代开发过程。

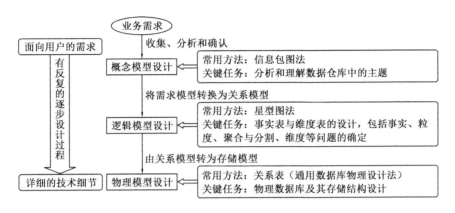

图 10.3-2 数据仓库数据库设计

(1)元数据是描述数据仓库内数据的结构和建立方法的数据,数据仓库系统对数据的存取和更新都需要元数据信息。根据元数据用途的不同可将元数据分为两类:①技术元数据,数据仓库的设计和管理人员用于开发和管理数据仓库时使用的元数据,包括数据源信息、数据转换的描述、数据仓库内对象和数据结构的定义、数据清理和数据更新使用的规则、源数据到目的数据的映射表、用户访问权限、数据备份历史记录、数据导入历史记录和信息发布历史记录等;②业务元数据,从单位业务的角度描述数据仓库的元数据,如业务主题的描述,即业务主题包含的数据、查询及报表等信息。

(2)数据挖掘从大量数据中提取或挖掘知识,即数据库中的知识发现(Knowledge Discovery in Database,KDD),可分为两类:①直接数据挖掘利用可用数据建立模型,对剩余的数据进行描述,包括分类、估值和预言等分析方法;②间接数据挖掘在所有的变量中建立起某种关系,如相关性分组或关联规则、聚集、描述和可视化及复杂数据类型。

通常的数据仓库是两层体系结构,参见图10.3-3,数据仓库环境最重要的三个环节包括抽取、转换及加载,即 ETL 过程。构造这种体系结构需要以下4个基本步骤。

第一步,数据是从各种内外部的源系统文件或数据库中抽取得到的。在一个大的组织中,可能有几十个甚至几百个这样的文件和数据库系统。

第二步,不同源系统中的数据在加载到数据仓库之前需要被转换和集成。甚至可能需要发送一些事务信息到源系统中,以纠正在数据分段传输中发现的错误。

第三步,建立为决策支持服务的数据库,即数据仓库,包括详细的和概括的数据。

第四步,用户通过 SQL 查询语言或分析工具访问数据仓库,其结果又会反馈到数据仓库和操作型数据库中。

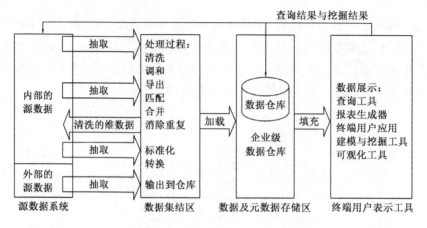

图 10.3-3 两层数据仓库体系结构

10.3.2 遗传算法

遗传算法(Genetic Algorithms，GA)是一种基于达尔文自然选择和遗传变异等生物进化机制发展起来的并行、随机的全局搜索算法[28-30]。利用群体搜索技术，每个种群代表一组问题的解，通过对当前种群进行选择、交叉和变异等一系列遗传操作，从而产生新一代的种群，并利用优胜劣汰机制逐步使种群进化到包含近似最优解的状态。遗传算法易于实现并具有良好的鲁棒性，可应用于多个领域，如优化和搜索、机器学习、智能控制、模式识别和人工生命等领域都可使用遗传算法解决问题。Goldberg 总结了一种基本遗传算法(Simple Genetic Algorithm，SGA)，使用选择算子、交叉算子和变异算子这三种遗传算子，通过对自然界进化过程中自然选择、交叉、变异机理的模仿，完成对最优解的搜索过程，参见图 10.3-4。

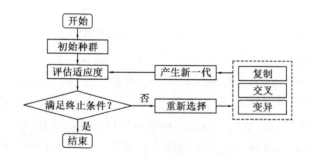

图 10.3-4 基本遗传算法的基本步骤

10.3.3 小波分析

1822 年，法国工程师 Fourier 指出，一个任意函数 $x(t)$ 都可分解为无穷多个不同频率正弦信号的和，即谐波分析。对某时域信号作 Fourier 分析，必须将该时域信号全部采样后再进行 Fourier 分析，才能得到完整的频域信号。为了关注局部时间信号的频率含量，可对时域信号加窗，即截取一小段时域信号进行 Fourier 分析，即

$$\omega_b F(\omega) = \int_{-\infty}^{\infty} e^{-j\omega t} f(t) \overline{\omega(t-b)} dt \tag{10.3-1}$$

式中，$\omega(t)$ 为一个窗口函数，其中心 t^* 与半径 $\Delta\omega$ 分别定义为

$$\begin{cases} t^* = \dfrac{1}{\|\omega\|^2} \int_{-\infty}^{\infty} t |\omega(t)|^2 dt \\ \Delta\omega = \dfrac{1}{\|\omega\|^2} \left[\int_{-\infty}^{\infty} (t-t^*) |\omega(t)|^2 dt \right]^{1/2} \end{cases} \tag{10.3-2}$$

$\omega_b F(\omega)$ 给出了时间信号在时间窗 $[t^*+b-\Delta\omega, \ t^*+b+\Delta\omega]$ 的局部信息。

1. 小波分析

把短时 Fourier 变换中的窗口函数 $\omega_{\omega,b}(t)$ 替代为 $\psi_{a,b}(t)$，其中

$$\psi_{a,b}(t) = |a|^{-1/2} \psi((t-b)/a) \tag{10.3-3}$$

则小波变换定义式为

$$\psi_\psi f(a,b) = |a|^{-1/2} \int_{-\infty}^{\infty} f(t) \overline{\psi((t-b)/a)} dt \tag{10.3-4}$$

因此，小波逆变换为

$$f(t) = \dfrac{1}{C_\psi} \int_{-\infty}^{\infty} \int_{-\infty}^{\infty} \dfrac{1}{a^2} \omega_\psi f(a,b) \psi((t-b)/a) db da \tag{10.3-5}$$

比较式(10.3-1)与式(10.3-5)，短时 Fourier 变换与小波变换都是函数 $f(t)$ 与另一个具有两个指标函数族的内积。

$\psi(t)$ 的一个典型选择是 Gauss 函数二阶导数（墨西哥帽函数）：

$$\psi(t) = (1-t^2) e^{-t^2/2} \tag{10.3-6}$$

墨西哥帽函数在时间域与频率域都有很好的局部化功能。

短时 Fourier 变换与小波变换之间的不同可由窗口函数的图形来说明，参见图 10.3-5。对于 $\omega_{\omega,b}$，不管值 ω 的大小，具有同样的宽度；而 $\psi_{a,b}(t)$ 在高频(a 越大，频率越低)时很窄，低频时很宽。因此，在短暂的高频信号上，小波变换比窗口 Fourier 变换更好地移近观察[31-33]。

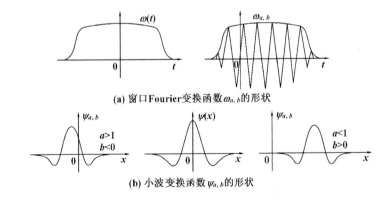

(a) 窗口Fourier变换函数 $\omega_{a,b}$ 的形状

(b) 小波变换函数 $\psi_{a,b}$ 的形状

图 10.3-5　短时 Fourier 变换和小波变换的窗口函数

2. 离散小波

如果 a、b 都是离散值。这时，对于固定的伸缩步长 $a_0 \neq 0$，可选取 $a = a_0^m$，$m \in Z$，假设当 $m=0$ 时，$a_0>0$ 或 $a_0<0$，取固定的 $b_0(b_0>0)$ 整数倍离散化 b，选取 b_0 使 $\psi(x-nb_0)$ 覆盖整个实轴。选取 $a = a_0^m$，$b = nb_0 a_0^m$，其中 m、n 取遍整个整数域，而 $a_0>1$，$b_0>0$ 是固定的。

于是，相应的离散小波函数族为

$$\psi_{m,n}(t) = a_0^{-m/2} \psi\left(a_0^{-m}(x-nb_0 a^m)\right) = a_0^{-m/2} \psi\left(a_0^{-m} x - nb_0\right) \quad (10.3\text{-}7)$$

对应的离散小波变换系数为

$$C_{m,n} = \int_0^\infty f(t) \psi_{m,n}^*(t) \mathrm{d}t \quad (10.3\text{-}8)$$

离散小波逆变换为

$$f(t) = C \sum_{-\infty}^{\infty} \sum_{-\infty}^{\infty} C_{m,n} \psi_{m,n}(t) \quad (10.3\text{-}9)$$

式中，C 为常数。

3. 小波包分析

小波包元素是由三个参数来确定的一个波形，即位置、尺度和频率。在正交小波分解过程中，一般的方法是将低频系数向量继续分解成两部分，高频系数不再分解。小波分解过程中，系数 c_k 与 $d_k(k=N, N-1, \cdots, 1)$ 所对应的频域段如图 10.3-6(a) 所示。而在小波包分解中，每一个高频系数向量也被分解成两部分。在一维情况下，它产生一个完整的二叉数；在二维情况下，它产生一个完整的四叉树。小波包分解过程中，系数 c_k 与 $d_k(k=N, N-1, \cdots, 1)$ 所对应的频域段如图 10.3-6(b) 所示。

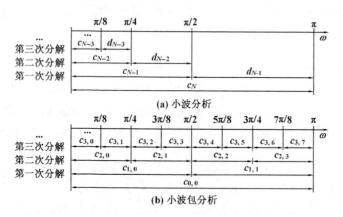

图 10.3-6 小波分析与小波包分析中系数对应的频域段

10.3.4 人工神经网络法

人的直观性思维是将分布式存储的信息综合起来，并在瞬间产生想法或解决问题的办法。这种思维方式的特点如下。

(1) 信息是通过神经元上的兴奋模式以分布式存储在网络上；
(2) 信息处理是通过神经元之间同时相互作用的动态过程来完成的。

人工神经网络(Artificial Neuron Networks，ANN)模拟人的直观性思维，是一种非线性动力学系统，其特色在于信息的分布式存储和并行协同处理。Konhonen 指出神经网络是由一些简单的(通常为自适应的)单元及其层次组织的大规模并行连接构造的网络，按照类似生物神经系统的方式处理真实世界的事物，反映了人脑功能的若干特征，是对神经系统的简化、抽象和模拟。人工神经网络是由人工建立的以有向图为拓扑结构的动态系统，通过对连续或断续的输入作状态响应，并进行信息的处理[34-36]。

常用的人工神经网络包括如下几个。

(1) BP 网络是一种有导师学习的多层前馈神经网络，实现了多层网络学习。当给定网络输入模式时，由输入层单元传到隐层单元，经隐层单元逐层处理后送到输出层单元，由输出层单元处理后产生输出模式，即前向传播；若输出响应与期望输出模式有误差，不满足要求，就转入误差反向传播，将误差值沿连接通路逐层向后传送，并修正各层连接权值。

(2) 径向基函数(Radial Basic Function，RBF)神经网络对于每个输入输出对，只有少量的权值需要进行调整，属于局部逼近神经网络。RBF 网络的局部逼近特性，使得它在逼近能力、分类能力和学习速度等方面均优于 BP 网络。

(3) Hopfield 网络由若干个神经元构成的单层互连神经网络，任意两个神经元之间都有连接，是一种堆成连接结构。

10.3.5 支持向量机

在支持向量机(Support Vector Machincs，SVM)方法中，定义不同的内积函数，可实现多项式逼近、Bayes 分类器、RBF、多层感知器等学习算法的功能[37, 38]。在应用多传感器逆模型法抑制交叉敏感改善传感器稳定性的方法中，SVM 技术的训练样本和检验样本由多维标定实验数据提供，为了消除 k 个非目标参量的影响，需要检测这 k 个非目标参量，进行 $k+1$ 维标定实验，可用于传感器的动态建模、故障诊断、气体辨识和交叉敏感消除等。

基于数据的机器学习是现代智能技术领域的重要方面，从观测数据寻找规律和建模，用于对未来数据或无法观测的数据进行预测。统计学习理论研究的内容包括经典统计学，尤其是判别分析(模式识别)、回归分析和密度估计等问题。统计学习理论是一种研究小样本估计和预测的理论，从理论上系统地研究了经验风险最小化原则成立的条件、有限样本下经验风险与期望风险的关系，以及如何利用这些理论找到新的学习原则和方法。

支持向量机是基于统计学习理论的一种通用机器学习方法，其基本思想是通过用内积函数定义的非线性变换将输入空间变换到一个高维特征空间，在这个高维空间中使用线性函数假设空间来寻找输入变量和输出变量之间的一种非线性关系。其学习训练是通过源于最优化理论的算法来实现由统计学习理论导出的学习偏置，采用结构风险最小化原则，比采用经验风险最小化原则的神经网络有更好的泛化能力。支持向量机方法的主要优点如下。

(1) 专门针对有限样本情况，其目标是得到现有信息条件下的最优解而不仅是样本数趋于无穷大时的最优值。

(2) 支持向量机的算法最终转化成为一个二次型寻优问题，从理论上说，得到的将是全局最优点，解决了在神经网络方法中无法避免的局部极值问题。

(3) 支持向量机的算法将实际问题通过非线性变换转换到高维的特征空间，在高维空间中构造线性判别函数来实现原空间中的非线性判别，这种特殊性质能保证机器有较好的推广能力，同时它巧妙地解决了维数问题，使其算法复杂度与样本维数无关。

引入损失函数，SVM 可应用到回归问题，即 SVR 用支持向量的方法描述回归问题。修正的损失函数必须包括一个距离的测量，图 10.3-7(a)所示的损失函数对应着传统的最小二乘误差标准；图 10.3-7(b)所示的损失函数是 Laplace 型损失函数，不如二次型的损失函数敏感；Huber 提出的损失函数如图 10.3-7(c)所示，当数据的分布未知时，可作为具有最优性质的鲁棒损失函数。这三个损失函数不能产生稀疏的支持向量。图 10.3-7(d)给出的损失函数作为 Huber 损失函数的逼近，能获得稀疏的支持向量集。

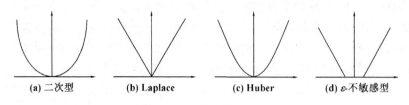

图 10.3-7　典型的损失函数

10.3.6　粒子群优化算法

粒子群优化算法是基于群体进行优化的方法，将系统初始化为一组随机解，通过迭代搜索最优值，从而改善传感器稳定性/抗干扰能力的多传感器技术模型法[39,40]。

1. 群智能

一只蜜蜂或蚂蚁的行动能力非常有限，几乎不可能独立存在于自然世界中，而多只蜜蜂或蚂蚁形成的群体则具有非常强的生存能力，社会性动物群体所拥有的这种特性能帮助个体很好地适应环境，通过群体内部个体之间的信息交互，个体所获得的信息远多于自身感官直接获取的信息，而民群内个体还能处理信息，并根据所获得的信息(包括环境信息和附近其他个体的信息)改变自身的一些行为模式和规范。这样就使得群体涌现出单个个体所不具备的能力和特性，尤其是对环境的适应能力。这种对环境变化所具有的适应能力被认为是一种智能，即动物个体通过聚集成群表现出了智能。群智能(Swarm Intelligence，SI)是指无智能或简单智能的主体通过聚集协同而表现出智能行为的特性。

群智能方法能够用于解决大多数优化问题，或者将其转化为优化求解的问题。其应用领域已扩展到多目标优化、数据分类、聚类、模式识别、流程规划、信号处理、系统辨识、控制与决策等方面。群智能研究领域有两种主要的算法。

(1)蚁群优化算法(Ant Colony Optimization，ACO)是仿照蚁群在寻找食物过程中表现出来的寻优方式得到的一种优化算法，已广泛应用于组合优化问题中，以及车辆调度、机器人路径规划、路由算法设计领域。

(2)粒子群优化算法(Particle Swarm Optimization，PSO)源于对鸟群社会系统的仿真研究，在 PID 调速、调温，液压伺服等控制系统领域得到了应用，与神经网络、遗传、模糊、小波等结合，用于火灾图像识别、故障诊断等。

2. 粒子群优化算法

自然界中各种生物体均具有一定的群体行为，而人工生命的主要研究领域之一就是探索自然界生物的群体行为从而构建其群体模型。通常，群体行为可以由几条简单的规则进行建模，如鱼群、鸟群等，虽然个体具有非常简单的行为规则，但群体的行为却非常复杂。Roynolds 将具有这种类型的个体称为 boids，并对复杂的群体行为进行仿真，在仿真中使用了三条简单的规则：①飞离最近的个体，以避免碰撞；②飞向目标；③飞向群体中心。群体内每个个体的行为可采用上述规则进行描述，这是微粒群算法的基本概念之一。

Boyd 和 Richerson 在研究人类的决策过程时，提出了个体学习和文化传递的概念。人们在决策过程中使用两类重要的信息：一是自身的经验，二是其他人的经验。即人们根据自身的经验和他人的经验进行自己的决策，这是微粒群算法的另一基本概念。

信念具有社会性的实质在于个体向它周围的成功者学习。个体与周围的其他同类比较，并模仿其优秀者的行为。将这种思想用算法实现能够形成一种新的最优化算法。要解决上述问题，关键在于在探索（寻找一个好解）和开发（利用一个好解）之间寻找一个好的平衡。太小的探索导致算法收敛于早期所遇到的好解处，而太大的开发会使算法不收敛。另一方面，需要在个性与社会性之间寻求平衡，即希望个体具有个性化，像鸟类模型中的鸟不互相碰撞，又希望知道其他个体已经找到的好解并向它们学习，即社会性。

1）基本粒子群优化算法

1995 年，Kennedy 和 Eberhart 提出微粒群算法，粒子 i 在第 j 维子空间中的位置及运动的速度由基本微粒群算法进行调整：

$$\begin{cases} v_{ij}(t+1) = v_{ij}(t) + c_1 r_{1j}(t)\left[p_{ij}(t) - x_{ij}(t)\right] + c_2 r_{2j}(t)\left[p_{gj}(t) - x_{ij}(t)\right] \\ x_{ij}(t+1) = x_{ij}(t) + v_{ij}(t+1) \end{cases} \quad (10.3\text{-}10)$$

式中，$i=1, 2, \cdots, M$，M 是该群体中粒子的总数，i 表示第 i 个粒子；j 表示微粒的第 j 维，即算法所优化的第 j 个参数；t 表示此时优化的代数（次数）；$x_{ij}(t)$ 为 t 时刻粒子 i 在 j 维子空间的位置；$v_{ij}(t)$ 表示 t 时刻粒子 i 在 j 维子空间的速度，定义为每次迭代中粒子移动的距离；c_1、c_2 为加速因子，通常为 0~2，其中，c_1 是认知参数，c_2 是社会参数；r_{1j}、r_{2j} 为两个[0~1]内变化的相对独立的随机函数；$p_{gj}(t)$ 为粒子个体 i 的历史最好解（个体最优位置）的 j 维值，即单个粒子 i 在所优化的第 j 个参数中的历史最优解；$p_{ij}(t)=\min\{p_{ij}(t)\}$ 为所有粒子在 t 时刻的历史最好解（群体最优位置）的 j 维值，即所有粒子在所优化的第 i 个参数中的历史最优解。式中第二项是将当前粒子的位置与该粒子的历史最优位置之差用 r_{1j} 随机函数进行一定程度的随机化，作为改变粒子当前位置向自身历史最优位置运动的调整分量。第三项是将当前粒子的位置与整个群体的历史最优位置之差用 r_{2j} 随机函数进行一定程度的随机化，作为改变当前粒子位置向群体最优位值运动的调整分量。

在每次迭代过程中，每个粒子都需要根据目标函数来计算其适应值，目标函数可用均方误差、方差、标准差等形式来表示，即适应值。再根据适应值来确定当前粒子最优位置 $p_{ij}(t)$ 及群体最优位置 $p_{gj}(t)$，然后根据式(10.3-10)调整各个粒子的速度及位置。其结束条件为迭代次数达到设定值或群体迄今为止搜索到的最优位置满足预设最小适应值。一般情况下，最大迭代次数设定为 100，预设适应值为零。

设 $f(x)$ 为最小化的目标函数，则微粒 i 的当前最好位置为

$$p_i(t+1) = \begin{cases} p_i(t), & f(x_i(t+1)) \geq f(p_i(t)) \\ x_i(t+1), & f(x_i(t+1)) < f(p_i(t)) \end{cases} \quad (10.3\text{-}11)$$

设群体中的微粒数为 M，则群体中所有微粒所经历过的最好位置 $p_g(t)$，即群体最优位置为

$$\begin{cases} p_g(t) \in \{p_0(t), p_1(t), \cdots, p_M(t)\} \\ f(p_g(t)) = \min\{f(p_0(t)), f(p_1(t)), \cdots, f(p_M(t))\} \end{cases} \quad (10.3\text{-}12)$$

微粒进化方程表明，c_1 调节微粒飞向自身最好位置方向的步长，c_2 调节微粒向全局最好位置飞行的步长。为减少在进化过程中微粒离开搜索空间的可能性，v_{ij} 限定于一定范围内，即 $v_{ij} \in [-v_{\max}, v_{\max}]$。若问题的搜索空间限定于 $[-v_{\max}, v_{\max}]$，则可设 $v_{\max}=kx_{\max}$，$0.1 \leqslant k \leqslant 1.0$。

2）标准粒子群优化算法

为改善基本 PSO 算法的收敛性能，Shi 与 Eberhart 在速度进化方程中引入惯性权重，即

$$v_{ij}(t+1) = \omega v_{ij}(t) + c_1 r_{1j}(t)[p_{ij}(t) - x_{ij}(t)] \\ + c_2 r_{2j}(t)[p_{gj}(t) - x_{ij}(t)] \quad (10.3\text{-}13)$$

式中，ω 为惯性权重因子，其值非负，值的大小影响整体寻优能力。因此，基本 PSO 算法是惯性权重 $\omega=1$ 的特殊情况。惯性权重 ω 使微粒保持运动惯性，ω 与 v_{ij} 的乘积表示粒子依据自身的速度进行惯性运动所占的比重。基本微粒群算法的流程如图 10.3-8 所示。

引入惯性权重 ω 可清除基本 PSO 算法对 $v_{\max}$ 的需要，因为 ω 本身具有维护全局和局部搜索能力的平衡的作用。这样，当 $v_{\max}$ 增加时，可通过减少 ω 来达到平衡搜索；而 ω 的减少可使得所需的迭代次数变小。从这个意义上看，可以将 $v_{\max}$ 固定为每维变量的变化范围，只对 ω 进行调节。对于全局搜索而言，通常是在前期有较高的探索能力以得到合适的种子，而在后期有较高的开发能力以加快收敛速度。

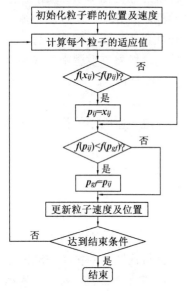

图 10.3-8 微粒群算法的流程图

10.3.7 主成分分析

主成分分析（Principal Component Analysis，PCA）主要是使数据降维，将原数据进行转换，获得少数几个新变量，这些新变量为原变量的线性组合，同时，这些变量要尽可能多地表征原变量的数据特征而不丢失信息。PCA 已应用于数据的简化和压缩、建模、奇异值检测、特征变量的提取与选择、分类和预报等领域[41]。

主成分分析可以实现数据的简化和压缩、建模、奇异值检测、特征变量的提取与选择、分类和预报等。传感器特性漂移表现为传感器性能不稳定，这种现象普遍存在，传感器性能不稳定已成为实时在线监测系统的瓶颈。冗余法是传感器故障诊断及漂移消除的一种有效方法，采用多个目标参量相同的传感器（至少三个）来监测同一个被测量，建立监测同一被测量的多传感器系统。需要对多路同种传感器的输出信号进一步进行数据融合处理，以识别并克服传感器的漂移。

10.4 模糊传感器

模糊理论对系统的描述建立在自然语言的基础上，20 世纪 80 年代末，模糊传感器在

传统数据检测的基础上，经模糊推理和知识合成，模拟人类自然语言符号描述的形式输出测量结果。模糊理论应用于测量中的主要思想是将人在测量过程中积累的对测量系统及测量环境的知识和经验融合到测量结果中，使测量结果更接近人的思维。模糊传感器可模拟人类感知的过程，核心在于知识性，知识的最大特点在于其模糊性[42-44]。

10.4.1 模糊传感器的工作原理

模糊传感器在经典数值测量的基础上，经模糊推理和知识合成，模拟人类自然语言符号描述的形式输出测量结果，参加图10.4-1，其实现方法是利用数值模糊化方法，得到符号测量结果。符号处理采用模糊信息处理技术，对模糊后得到的符号形式的传感信号，结合知识库内的知识(模糊判断规则、传感信号特征、传感器特性及测量任务要求等)，经模糊推理和运算，得到被测量的符号描述结果及相关知识。模糊传感器经学习新的变化情况(任务、环境变化等)来修正和更新知识库内的信息。模糊传感器的基本功能如下。

(1) 学习功能：人类知识集成的实现、测量结果高级逻辑表达等都是通过学习功能完成的。

(2) 推理联想功能：一维传感器接受外界刺激时，通过训练时记忆联想得到符号化测量结果；多维传感器接受多个外界刺激时，通过人类知识的集成进行推理，实现时空信息整合与多传感器信息融合，以及复合概念的符号化表示结果，需要通过推理机构和知识库。

(3) 感知功能：模糊传感器不但可感知由传感元件确定的被测量，输出数值量，还可输出语言符号量。因此，模糊传感器必须具有数值-符号转换能力。

(4) 通信功能：模糊传感器能与上级系统进行信息交换。

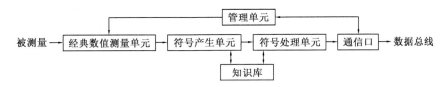

图10.4-1 模糊传感器的工作原理图

10.4.2 模糊传感器的基本结构

模糊化将被测量值范围划分为若干区间，利用模糊集理论判断被测量值的区间，并用区间中值或相应符号表示。对多参数测试时，将多个被测量值的相应符号进行组合模糊判断，得出测量结果，参见图10.4-2。

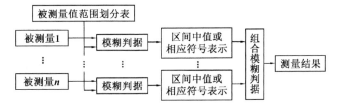

图10.4-2 模糊传感器的一般结构

1) 逻辑结构

模糊传感器的逻辑结构就是在逻辑上实现的功能，参见图 10.4-3。数值/符号转换单元是实现模糊测量的核心，模糊传感器测量被测物理量的准确性取决于知识库与数据库。知识库包含两方面的内容：模糊集隶属函数的知识以及确定元素属于模糊集合的隶属度；模糊蕴涵推理规则，通常这一环节由领域专家完成。模糊概念合成模块根据知识库和数值/符号转换单元的输出进行模糊推理和合成，得出拟人类语言的测量结果。

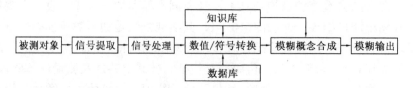

图 10.4-3　模糊传感器的基本逻辑结构

2) 物理结构

模糊传感器以计算机为核心，以传统测量为基础，采用软件实现符号的生成和处理，在硬件支持下可实现有导师学习功能，通过通信单元实现与外部的通信，参见图 10.4-4。

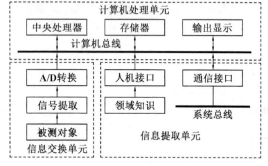

图 10.4-4　模糊传感器的基本物理结构

3) 软件结构

模糊传感器的基本软件结构如图 10.4-5 所示。测量前，计算机处理单元根据信息交换单元得到领域专家知识，经规则学习模块、隶属函数生成模块和模糊蕴涵规则库等处理过程，生成进行模糊测量所必需的隶属函数和相应的模糊蕴涵规则库；测量时，通过信息提取单元得到测量值；然后根据已建立的模糊蕴涵规则库，经数值处理模块、数值/符号转换模块和模糊推理模块的处理，最后得到模糊化的语言符号测量结果；测量时还可进行多个非目标参量(干扰对象)的同步测量，经多传感器数据融合算法模块、改善稳定性能模块和改善选择性能模块等处理，从而提高传感器的稳定性和选择性。

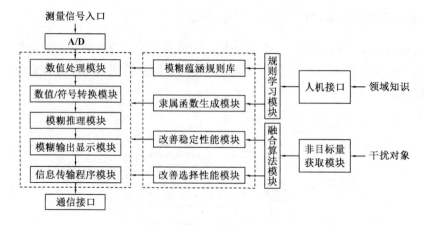

图 10.4-5　模糊传感器的基本软件结构

4) 多维模糊传感器结构

多维模糊传感器针对多个被测量，在敏感元件、信号调理以及 A/D 转换器组成的基础测量单元完成传统传感测量任务的基础上；由数值预处理、数值-符号转换器(Q/S)、概念生成器、数据库、知识库构成的符号生成与处理单元实现模糊传感器核心工作数值/符号转换，参见图10.4-6，通常需采用基于多传感器的数据融合算法进行数据处理。

5) 有导师学习结构的实现

有导师学习法的基本原理是基于比较导师和传感器对同一被测值 x 的定性描述的差别进行学习的，参见图 10.4-7。导师信号可分为两类：①经验知识信号是在测量任务下，经过长期的实践经验总结，导师对被测量的描述符号隶属度为 1 的相应数值已事先确定；②直观感觉信号是导师对被测量状态的直接描述符号，其间不经过数值描述符号这一过程。可采用人机接口的方式将上述这两种导师信号输入至模糊传感器内部，以便进行学习。

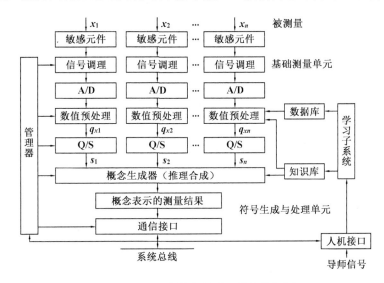

图 10.4-6　多维模糊传感器的结构框图

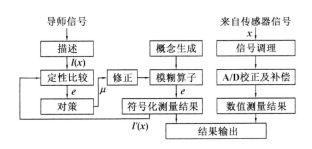

图 10.4-7　有导师学习的模糊传感器示意图

10.4.3　模糊传感器语言描述的产生方法

模糊传感器的作用是提供数值测量的语言描述，产生语言描述的常用方法有两种。

1) 语义关系产生概念

模糊传感器可输出多个语言描述，这些语言描述通过它们语义间的关系相联系。通过语义关系产生新概念的方法是,首先定义隶属度及其隶属函数;其次,利用存储在模糊传感器中的模糊算子,产生新的模糊概念;最后,利用属概念隶属函数得出新概念的隶属函数。如果新概念不符合测量要求,则可通过训练算法修正其隶属函数,直至满足要求。

2)插值法产生新概念

根据特定点测量值的语言描述,通过插值的方法产生其他测量点的语言描述。对数值域中特定的元素,即特征测量量 v_i,每个 v_i 的数值域模糊集合可表示为 $F(v_i)$,则 v_i 隶属于 $F(v_i)$ 的程度等于 1,即 $\mu_{F(v_i)}(v_i)=1$;而其他的特征测量量用 $v_j(j\neq i)$ 表示,其数值域模糊集合表示为 $F(v_j)$,显然,其隶属于模糊集合的程度为 0,即 $\mu_{F(v_j)}(v_j)=0$,则对 $v\in[v_i,v_j]$,其隶属于模糊集合 $F(v_i)$ 和 $F(v_j)$ 的隶属度分别为

$$\begin{cases} \mu_{F(v_i)}(v) = \dfrac{d(v_j,v)}{d(v_i,v_j)} \\ \mu_{F(v_j)}(v) = \dfrac{d(v_i,v)}{d(v_i,v_j)} \end{cases} \quad (10.4\text{-}1)$$

它们之间关系满足:

$$\begin{cases} \mu_{F(v_i)}(v_i)=1, & \mu_{F(v_i)}(v_j)=0 \\ \mu_{F(v_j)}(v_i)=0, & \mu_{F(v_j)}(v_j)=1 \end{cases} \quad (10.4\text{-}2)$$

式(10.4-1)中 d 表示两点距离,满足如下条件:

$$\mu_{F(v_i)}(v)+\mu_{F(v_j)}(v)=1 \Leftrightarrow d(v_i,v)+d(v_j,v)=d(v_i,v_j) \quad (10.4\text{-}3)$$

最简单的距离可表示为

$$d(v_i,v)=|v_i-v| \quad (10.4\text{-}4)$$

10.4.4 模糊传感器对测量环境的适应性

考虑测量背景知识时,对数值测量描述进行适应性处理有两种方法。

1)基于适应函数的处理方法

定义属概念和产生新概念的数值域 N 为标准数值域,而实际测量数值域为 N',则 N 和 N' 的不一致性可用适应函数 h 修正。从 N 到 N' 的映射如图 10.4-8 所示。对于确定的测量对象,其数值测量可描述为

$$L=\tau(h(x)) \quad (x\in\tau^{-1}(L)) \quad (10.4\text{-}5)$$

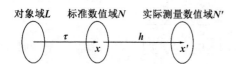

图 10.4-8 适应函数示意图

式中,τ 是 $L\rightarrow x$ 的映射;τ^{-1} 是 $x\rightarrow L$ 的逆映射,通常适应函数 h 在模糊传感器的知识库中。

另外,与属概念对应的特征测量点 M_c 不应随适应函数的变化而变化,即 $h(M_c)=M_c$,而且对特征测量点应保持线性,即

$$h'(M_c)=k \quad (10.4\text{-}6)$$

式中,$h'(M_c)$ 表示适应函数的导数;k 为常数。

2)专家指导下的定性学习方法

模糊传感器的学习功能是通过比较专家和模糊传感器对同一被测量定性描述的差异来

实现的。设对于同一被测量 x，专家给出的语言描述表示为 $l(x)$，模糊传感器输出的语言描述表示为 $l'(x)$，e 表示 $l(x)$ 和 $l'(x)$ 之间的定性差异，修正规则如下。

(1) 若 e 为正向定性差异，表示为 $l(x)>l'(x)$，则可通过增加模糊算子调整该差异；
(2) 若没有定性差异，表示为 $l(x)=l'(x)$，则模糊算子不变；
(3) 若 e 为负向定性差异，表示为 $l(x)<l'(x)$，则可通过减小模糊算子来调整该差异。

上述"增加"、"减小"、"不变"均指模糊算子。通常，增加算子是指将隶属函数曲线向数值量小的方向平移或扩展；减少算子是指将隶属函数曲线向数值大的方向平移或扩展；而算子不变是指隶属函数保持不变。

训练样本由专家经验知识确定。专家经验知识的获取(专家信息的输入)步骤如下：
第一步，确定测量范围的上下限；
第二步，确定论域 U 上描述被测量数量值的个数；
第三步，确定表征每个被训练概念(包括属概念和新概念)的模糊子集；
第四步，通过采样输入对应被训练概念(包括属概念和新概念)隶属度为 1 的采样值；
第五步，通过相关训练算法产生被训练概念(包括属概念和新概念)对应的隶属度。

语言概念产生后，必须对这些概念的隶属函数进行训练，以符合人类对该概念的描述。另外，为了增强模糊传感器适应不同测量要求的能力，必须对生成概念的隶属函数进行训练。原则上，隶属函数曲线通过训练可调整到任意形状，通常可将隶属函数分为连续隶属函数和分段隶属函数两种情况。

10.5 智能变送器

智能变送器是现场总线中的智能传感器，由传感器和嵌入式微处理器结合而成，充分利用了微处理器的运算和存储能力，可对传感器的数据进行处理，包括对测量信号的调理(如滤波、放大、A/D 转换等)、数据显示、自动校正和自动补偿等[45]，参见图 10.1-1。嵌入式系统可对测量数据进行计算、存储和数据处理，还可通过反馈回路调整传感器，使采集数据达到最佳。智能变送器带有标准数字总线接口，能将所检测到的信号经过变换处理后，以数字量形式通过现场总线与高/上位计算机进行信息通信与传递，有的同时兼有 4～20mA 标准模拟信号输出。智能变送器系统一般包括系统需求分析、系统总体设计、采样速率的确定、标度变换、硬件设计、软件设计、系统集成和系统维护等主要步骤，参见图 10.5-1。

1. 嵌入式微处理器

智能仪表的智能核心是嵌入式微处理器，应用于仪表中的微处理器习惯上称为微控制器或单片机，主要包括 MPU、存储器、定时计数器、I/O 接口、A/D 转换器、D/A 转换器、监视定时器电路等集成于一个芯片。按微处理单元的位数可分为如下几种。

(1) 8 位微处理器：Intel 公司的 8048/49/50、8051/52，Motorola 公司的 6800 系列，Zilog 公司 Z8 系列，ATMEL 公司的 89C51/52，MICROCHIP 公司的 PIC 系列等。
(2) 16 位微处理器：Intel 公司的 8096/97，Thompson 公司 68200 等。
(3) 32 位微处理器：ARM 公司的 ARM7、ARM9、ARM10 核的 CPU 等。
(4) 64 位微处理器：ARM 公司的 ARM11，MIPS 公司的 R2000、R3000 等。

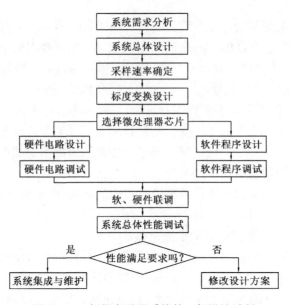

图 10.5-1　智能变送器系统的一般设计过程

2. 自动检测系统的软件

自动检测系统的软件配置取决于检测系统的硬件支持和计算机配置、实时性与可靠性要求以及检测功能的复杂程度，一般包括三部分的程序：①主程序由初始化模块、自诊断模块、时钟管理模块、其他应用功能模块的调用等几部分组成，主要完成系统的初始化工作、自诊断工作、时钟定时工作和调用应用程序模块的工作；②中断服务程序包括 A/D 转换中断服务程序、定时器中断服务程序和掉电保护中断服务程序，完成相应的中断处理；③应用功能程序实现自动检测系统的功能。

自动检测系统软件的主要功能如下。

(1) 系统管理软件包括系统配置、系统功能测试诊断、传感器标定校准等。

(2) 系统配置软件对配置的实际硬件环境进行一致性检查，建立逻辑通道与物理通道的映射关系，生成系统硬件配置表。

(3) 数据采集软件包括系统初始化、实验信号发生器与数据采集等模块，完成数据采集所需的各种系统参数初始化和数据采集功能，例如，通过扫描模块定义检测过程中被测量参数的名称、通道号、输入类型、增益、频带以及扫描速度、采集长度等。

(4) 数据管理软件包括对采集数据的实时分析、处理、显示、打印、转储、回放，以及对各类数据的查询、浏览、更改、删除等功能，还具有单位转换、曲线拟合、数据平均化处理、数字滤波、建模与仿真等功能。

(5) 系统支持软件通常可提供在线帮助与系统演示。

(6) 系统控制软件可根据选定的控制策略进行控制参数设置及实现控制，通常采用的控制策略有程序控制、PID 控制、前馈控制、最优控制与自适应控制等。

3. 实时多任务处理

自动检测系统的实时性是指在规定的时限内，能对外部环境的变化（包括用户的操作）做出必要的响应；多任务处理则是指根据预定任务处理的优先级别进行分时处理（多个任务的并行处理)。自动检测系统的实时多任务处理功能包括各任务的工作时间管理、系统的任务调度、各任务间的通信联络、任务间的同步及信息的发送与接收等功能。

10.6 虚 拟 仪 器

1986年,美国国家仪器公司NI提出了虚拟仪器(Virtual Instrument,VI),即一种基于计算机的自动化测试仪器系统。VI通过应用程序将计算机与功能硬件(信号获取、转换和调理等专用硬件)结合起来,形成了一种多功能、高精度、可灵活组合并带有通信功能的测试技术平台。在以计算机为核心的硬件平台上,由用户设计定义虚拟面板,其测试功能由测试软件实现的一种计算机仪器系统;利用计算机软件实现信号数据的运算、分析和处理;利用I/O接口设备完成信号的采集、测量与调理,参见图10.6-1。在电子测量中,可代替示波器、逻辑分析仪、信号发生器和频谱分析仪等;在工业控制系统中基于计算机的自动化装置都可归纳到VI的范围内,如调节器、手操器、指示仪、记录仪和报警器等;在测试领域,可取代一部分独立仪器的工作,可完成复杂环境下的自动化测试[46]。

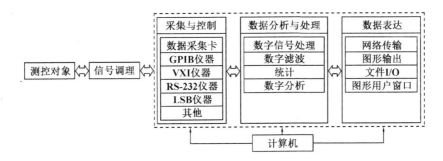

图10.6-1 虚拟仪器的功能图

虚拟仪器的结构包括通用仪器硬件平台和应用软件两个部分,参见图10.6-2。

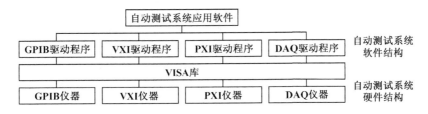

图10.6-2 虚拟仪器的体系结构

10.6.1 虚拟仪器的硬件技术

虚拟仪器的硬件一般分为计算机硬件平台和测控功能硬件(I/O接口设备),参见图10.6-3。计算机硬件包括PC、便携式计算机、工作站、嵌入式计算机等。计算机管理着虚拟仪器的硬件资源,是虚拟仪器的硬件支撑。计算机技术在显示、存储能力、处理性能、网络、总线标准等方面的发展,推动着虚拟仪器系统的发展。

图 10.6-3 虚拟仪器的硬件结构图

I/O 接口设备主要完成被测输入信号的采集、放大、模/数转换,不同的总线有其相应的 I/O 接口硬件设备,例如,利用 PC 总线的数据采集卡(DAQ)、GPIB 总线仪器、VXI 总线仪器模块、串口总线仪器等,参见表 10-2。

表 10-2 几种体系结构虚拟仪器的系统性能对比

体系结构特性	GPIB	PC-DAQ	VXI	PXI
传输宽度	8 位	8 位、16 位、32 位、64 位	8 位、16 位、32 位、64 位	8 位、16 位、32 位、64 位
吞吐率	1Mbit/s(3 线) 8Mbit/s(HS488)	1～2Mbit/s(ISA) 132Mbit/s(PCI)	40Mbit/s 80Mbit/s(VME64)	132～264Mbit/s
定时与控制能力	无	无	8TTL 触发线 2ECL 触发线	
扩展能力	多接口卡	由系统或扩展机箱可用插槽决定	使用 MXI 接口	使用 MXI 接口
结构规律	大	小	中	中

数据采集 DAQ(Data Acquisition) 仪器以微机为平台,将计算机硬件(特定总线和数据采集卡)和计算机软件(虚拟仪器应用软件)结合起来,实现特定仪器的测量和分析功能。DAQ 仪器被称为 PC 总线插卡仪器,其关键是研制专用的仪器插卡以及相应的软件,组建的仪器系统实质上就是一种具有测试功能的微机应用系统。DAQ 仪器的软件设计涉及操作系统、编程语言、用户接口和编程技术等;硬件设计包括总线接口方式、A/D 与 D/A 转换电路、多路开关、高速缓存、高稳定时钟,高阻低噪低漂移运算放大器、滤波电路、DSP 器件、控制电路与辅助电源等。这种 VI 最基本的方式采用 PCI 或 ISA 总线,将数据卡(DAQ)插入计算机的 PCI 或 ISA 插槽中。

10.6.2 虚拟仪器的软件标准

仪器驱动程序主要完成特定外部硬件设备的扩展、驱动与通信,应用软件建立在仪器驱动程序之上,直接面对操作用户,通过提供直观友好的测控操作界面/丰富的数据分析与处理功能,来完成自动测试任务。虚拟仪器的软件框架从低层到顶层,包括三部分。

(1)可编程仪器标准命令 SCPI(Standard Commands for Programmable Instruments)是 1998 年仪器制造商国际协会在 IEEE 488.2 的基础上提出的自动测试软件标准。

(2)虚拟仪器软件体系结构 VISA(Virtual Instrumentation Software Architecture)由即插

即用系统联盟提出了 VXI 即插即用(VXI Plug&Play)标准，简称 VPP，使任何满足该标准的计算机 I/O 设备、仪器和软件能集成在一起，实现多个系统供应商提供的硬件和软件产品的互操作性。VPP 由软件 I/O 和仪器驱动功能组成的底层软件，驻留于计算机系统之中，执行仪器总线的特殊功能，是计算机与仪器之间的软件层连接，以实现对仪器的程控。对仪器驱动程序开发者而言是一个可调用的操作函数集，VISA 是一个高层 API(应用程序接口)，通过调用底层的驱动程序来控制仪器。通过调用相同的 VISA 库函数并配置不同的设备参数，用户可编写控制各种 I/O 接口仪器的通用程序。

(3) 可互换虚拟仪器 IVI(Interchangeable Virtual Instruments)是 1998 年 NI 公司提出的一种基于状态管理的仪器驱动器体系结构，包括驱动器模式和规范，并开发了基于虚拟仪器软件平台的 IVI 驱动程序库。IVI 是建立在仪器驱动器基础上的测试程序，独立于仪器硬件，提高了程序代码的复用性，降低了应用系统的开发和维护周期。

10.6.3　虚拟仪器的开发环境

虚拟仪器技术最核心的思想，就是利用计算机的硬件/软件资源，使本来需要硬件实现的技术软件化(虚拟化)，以便最大限度地降低系统成本，增强系统的功能与灵活性。虚拟仪器软件开发工具有以下两类：

(1) 通用计算机编程语言，如 C/C++。

(2) 虚拟仪器开发平台软件，如 NI 公司提供了标准图形化编程软件 LabVIEW、基于 C 语言的 Lab Windows/CVI 和面向 Visual Studio 的 Measurement Studio 等。

10.7　软　测　量

在实际生产过程中，存在因技术或经济原因无法通过传感器进行直接测量的过程变量，但为了保证产品质量，需要对这些过程变量进行实时控制和优化控制。软测量把自动控制理论与生产工艺过程知识有机结合起来，应用计算机技术，对于难以直接检测的被测量(主导变量或被控变量)，利用相关的可测、容易测的过程变量(辅助变量或二次变量)，建立主导变量与辅助变量之间的数学关系，软测量技术根据某种最优化准则，利用辅助变量构成的可测信息，通过软件实现对被测变量的测量或估计[47]，参见图 10.7-1。y 为主导变量，y^* 为主导变量离线分析值或大采样间隔测量值。软测量模型的本质是完成由辅助变量构成的可测信息集 $\{d_2, u, x, y\}$ 到主导变量估计 $\hat{y}$ 的映射。软测量的核心是传感模型，可通过相关物理、化学、生物学方面的原理建立，也可用模型辨识的方法建立。软测量模型的性能受辅助变量的选择、传感数据变换、传感数据的预处理、主辅变量之间的时序匹配等因素制约。

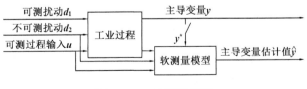

图 10.7-1　软测量模型

软测量过程主要包括辅助变量选择、输入数据处理、软测量模型建立和软测量模型的在线校正等四个步骤,参见图 10.7-2。通常把建立的数学模型及相应的计算机软件统称为软仪表。软测量技术的理论基础是融于软仪表中的推断控制,采集过程中容易测量的辅助变量,通过构建推断估计器,估计并克服扰动和测量噪声对主导变量的影响。推理控制的基本含义和实质利用过程模型通过可测输出变量,将难以测量的被控过程输出变量推算出来,实现反馈控制;或将不可测的扰动推算出来,以实现前馈控制。虽然软测量在很大程度上能够解决过程变量不可测的问题,但根本上解决这一问题还有赖于检测方法的改进和检测仪表性能的提高。在许多情况下,软测量作为一种冗余手段是可行的,如果同时结合仪表的维修(以保证仪表的性能)和检测方法的改进可提高测量数据的精度和可靠性。软测量技术作为解决难以测量的一类被测量的检测方法,对于现代复杂控制系统具有重要的意义。

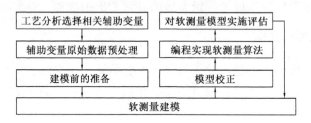

图 10.7-2 软测量的设计步骤

10.7.1 辅助变量

辅助变量是在给定的自变量集合中找出能对因变量进行最好描述的子集;或找出包含较少的变量,且尽可能保持原来的完整数据集的多元结构特征的子集。辅助变量的选择包括变量的类型、变量的数目和检测点位置选择三个相互关联的方面,主要由过程特性决定,此外,还受经济性、可靠性、可行性、维护性等因素的制约。

(1) 软测量中辅助变量类型的选择遵循以下原则:①过程适用性,工程上易于在线获取并有一定的测量精度;②灵敏性,对过程输出或不可测扰动可做出快速反应;③特异性,对过程输出或不可测扰动以外的干扰不敏感;④准确性,构成的软测量仪表应能够满足系统精度的要求;⑤鲁棒性,估计器对模型的误差不敏感。

(2) 辅助变量的数目的下限值为被估计主导变量的个数,辅助变量数目的最佳值与过程的自由度、测量噪声以及模型的不确定性有关。根据系统的自由度,先确定辅助变量的最少数量,再结合实际过程的特点适当增加,以便更好地处理动态特性问题。根据过程机理,在可测变量集中初步选择所有与被估计变量有关的原始辅助变量,利用主元分析法对现场的历史数据做统计分析计算,将原始辅助变量与被测变量的关联度进行排序,实现变量的精选。如果对机理的认识还有局限,可通过对大量的观测数据,应用回归分析的方法,找出影响被估计变量的主要因素。

(3) 辅助变量的检测位置的选择对许多工业过程的控制是重要的,因为不同检测点所能发挥的作用可能是不同的。检测点的选择可以采用奇异值分解的方法确定,也可根据投影误差最小原则(如正交分解)来确定,也可采用工业控制仿真软件确定。这些确定的检测点需要在实际应用中加以调整。

10.7.2 数据处理

采集被估计变量和原始辅助变量的历史数据是建立软测量模型的基础，但测量的历史数据带有误差，甚至含有粗大误差；输入数据的正确性与可靠性关系到软测量输出的精度，现场测量数据不能直接作为软测量的输入。数据处理包括两种处理过程：①数据预处理主要针对工业现场采集的数据，针对受测试仪表和环境的影响产生的误差，具有一定的随机性，甚至含有相当大的过失误差（粗差），消除突变噪声和周期性波动噪声的污染；②数据二次处理根据软测量采用的系统建模方法及其机理不同，对预处理后的数据进行二次处理。

1. 数据变换

数据变换不仅直接影响过程模型的精度和非线性映射能力，还影响数值优化算法的运行效果。测量数据的变换包括以下三个方面：

(1) 利用合适的因子对数据进行标度变换，以改善算法的计算精度和算法稳定性。

(2) 数据转换包括对数据的直接换算和寻找新的变量替换原变量。

(3) 权函数主要用于实现对变量动态特性的补偿，合理使用权函数可实现用稳态模型对过程的动态估计。

2. 误差处理

在软测量组成的推理控制系统中，融合了大量的现场数据，数据的误差过大或无效都可能导致软测量精度的降低，造成系统整体性能下降，甚至失效。

(1) 随机误差受随机因素的影响，表现出一定的统计分布规律，通常采用数字滤波法，如高通滤波、低通滤波、数据平滑、中值滤波、算术平均滤波等，通过算法软件实现对随机误差的校正处理。对于精度要求很高的情况，可采用数据协调技术（PCA，正交分解法包括小波变换）或称数据一致性技术来处理，以物料或能量的平衡为出发点，建立精确的数学模型，将估计值与测量值的方差最小作为优化目标（最小二乘法），构建一个估计模型，为测量数据提供最优估计。

(2) 粗大误差出现的概率虽然很小，但会严重恶化数据的品质，甚至导致软测量或整个过程优化的失效，因此及时剔除和校正这类数据是误差处理的首要任务。对各种可能导致粗大误差的因素进行理论分析；借助多种测量手段对同一变量进行测量和对比；根据测量数据的统计特性进行检验，如 3σ 准则、Chauvemet 准则、Grubbs 准则等。

(3) 系统误差通常是测量仪表造成的，如堵塞、校正不准确或基准漂移等。过失误差主要是一次敏感元件失灵、过程模型不完善或不正确（泄漏、热损失和非定态等）造成的，发现过失误差的基本方法有：①对各种可能造成过失误差的因素逐一进行分析；②对重要的过程参数，采用硬件冗余的方法提高安全性；③根据数据的统计特性进行检验，如统计假设校验法、广义似然法和贝叶斯法、随机搜索、神经网络等；④聚类分析法将显著性误差分成单变量、多变量、输入/输出关系等三类，对数据按一定准则聚类，分析数据误差。

10.7.3 软测量模型

软测量模型强调通过辅助变量来获得对主导变量的最佳估计，参见图 10.7-3。y 为主导变量，θ 为可测的辅助变量，d 和 k 分别为可测的干扰变量和控制变量。软仪表的性能依赖于过程的描述、噪声和扰动的特性、辅助变量 θ 的选取及其最佳含义，即给定的准则。通常软仪表的数学模型主要反映 y 与 u 或 d 之间的动态或稳态关系,即利用所有可获得的信息,求取主导变量的最佳估计值 ỹ,即构造从可测信息集 θ 到 ỹ 的映射。

图 10.7-3 对象过程的输入输出关系

一般要建立的数学模型是反映输出 y 与输入 d、k 之间的动(或静)态关系,而软测量则通过 θ 求 y 的关系;θ 则是在 d、k 的作用下测得的,因此,软测量的性能取决于过程的描述、噪声的干扰、θ 的选取以及所估计主导变量所依据的最佳准则。Honeywell 公司的 Profit SensorPro 软测量模型开发工具利用数学回归构造过程的软测量模型。

1. 传统方法

1) 机理分析

机理建模方法建立在对工艺机理深刻认识的基础上,通过宏观或微观的质量平衡、能量平衡、动量平衡方程、相平衡方程以及反应动力学方程等,确定不可测主导变量和可测辅助变量间的数学关系,建立估计主导变量的机理模型,实现参数的软测量。机理建模的特点如下:①模型具有专用性;②机理建模过程中,由于工业过程中普遍存在的非线性、复杂性和不确定性的影响,很多过程难以进行完全的机理建模;③机理模型一般是由代数方程组、微分方程组甚至偏微分方程组所组成,当模型结构庞大时,求解过程的计算量较大。

2) 状态估计

基于状态估计的软测量模型以状态空间模型为基础,反映了主导变量和辅助变量之间的动态关系,有利于处理各变量间动态特性的差异和系统滞后等问题;但对于复杂的过程对象,难以建立系统的状态空间模型。另外,当过程中出现持续缓慢变化的不可测扰动时,利用该方法建立的软测量模型可能导致严重的误差。

基于状态估计的软测量建模方法基于某种算法和规律,从已知的知识或数据出发,估计出过程未知结构和结构参数、过程参数。对于数学模型已知的过程或对象,在连续时间过程中,从某一时刻的已知状态估计出该时刻或下一时刻的未知状态的过程就是状态估计:

$$\begin{cases} x(t+1) = Ax(t) + Bu(t) + v_1(t) \\ z(t) = C_1 x(t) \\ y(t) = C_2 x(t) v_2(t) \end{cases} \quad (10.7\text{-}1)$$

式中,x 为过程状态变量;y 为主导变量;z 为辅助变量;v_1、v_2 为白噪声;A、B、C_1、C_2 为系数。当辅助输出 z 对系统的状态 x 是完全可观测的,则软测量就转换为状态估计的问题,估计值就可表示成 Kalman 滤波器的形式,适用于被测量的物理量受到噪声污染的情况,即最优估计或最佳滤波问题。不能量测状态变量估计的称为观测,观测状态变量的动态系统称为状态观测器(简称观测器),Luenberger 观测器用于被测量未受到噪声污染的情况,即确定性系统。利用 Luenberger 观测器进行推理估计,间接求得被控输出 y 的估计值。

2. 回归分析

回归建模根据大量实时的检测数据,运用统计方法将这些数据中隐含的对象信息进行浓缩和提取,从而建立主导变量和辅助变量之间的数学模型。

1) 多元线性回归

多元线性回归以拟合值与真实值的累计误差最小化为原则，适合解决操作变量变化范围小并且非线性不严重的问题，模型的计算复杂程度随输入变量的增加而增加。适用于自变量无严重相关性；对于非线性或干扰严重的系统，可能导致模型失真，甚至无法正确建立模型。

2) 主元回归

主元回归根据数据变化的方差大小来确定变化方向的主次地位，按主次顺序得到各主元变量，能有效解决自变量之间的多重共线性问题，减少变量个数、简化模型。在提取主成分时没有考虑自变量与因变量之间的联系，提取的成分对因变量的解释能力不强。

3) 部分最小二乘回归

部分最小二乘回归是一种数据压缩和提取方法，既消除了原变量复共线问题实现降维，也充分考虑了输入变量与输出变量之间的相关性。在样本点较少的场合有明显优势，对含噪声样本可进行回归处理，能用于较复杂的混合场合。

3. 智能方法

1) 输入-输出法建模

工业过程主要运行于稳态，稳态估计器是软件传感器的关键部分。不易测量的输出 y 和易测量的被控输出 z 与扰动输入 u 的关系可分别表示为

$$\begin{cases} y = Bu \\ z = Au \end{cases} \tag{10.7-2}$$

Joseph 稳态估计器利用最小二乘法，从辅助输出 z 计算出被控输出 y 的估计值。这种估计器所选的辅助输出应使估计器的稳态误差为最小，但难以消除静差。利用主元回归方法进行线性推理估计器的计算，可得类似于动态 Kalman 滤波的性能。从状态空间模型和输入-输出模型出发，设计形式一致的两个动态自适应软件传感器。这种模型从状态空间模型得到的工作方程可知被控变量输出的动态状况，但无法完全包含在辅助变量的动态输出。从输入-输出模型所得到的工作方程，要求输入-输出方程都含有相同的白噪声项，并且多项式的阶次与实际过程的特性关系不明确。

2) 非线性推理估计

当被控输出、辅助输出以及相关变量之间存在很严重的非线性时，采用非线性推理估计，如非线性 Kalman 滤波、广义 Kalman 滤波、非线性逼近、神经网络逼近和模糊建模等。非线性推理估计器利用最小平方拟合方法，通过稳态反应器的非线性降阶模型，估计输入扰动和被控输出。基于非线性信息处理技术的软测量建模方法利用易测过程信息，通过对所获信息的分析处理提取信号特征量，从而实现对某一参数的在线检测或过程的状态识别。可采用小波分析、混沌和分形技术等。主要用于系统的故障诊断、状态检测和粗大误差发现等，常与人工神经网络或模糊数学等技术结合。

3) 人工神经网络

人工神经网络以辅助变量为输入，待测变量为输出，形成足够多的理想样本，通过学习得到软仪表的神经网络模型，适用于高度非线性和严重不确定性的系统；但样本的数量和质量在一定程度上决定了网络的性能。采用人工神经网络建立软测量模型有两种形式：

①利用人工神经网络直接建模,用神经网络代替常规的数学模型描述辅助变量和主导变量间的关系,完成由可测信息空间到主导变量的映射;②与常规模型相结合,用神经网络来估计常规模型的模型参数,实现软测量。神经网络能有效处理过程的非线性和动态滞后,根据对象输入输出数据直接建立模型,不需要对象的先验知识,有利于模型的在线校正。

4) 系统辨识

辨识方法将辅助和主导变量组成的系统视为黑箱,以辅助变量为输入,主导变量为输出,通过现场采集、流程模拟或实验测试,获得过程输入、输出数据,建立软仪表模型。

5) 模式识别

缺乏系统先验知识时,可采用模式识别的方法对系统的操作数据进行处理,从中提取系统的特征,构成以模式描述分类为基础的模式识别模型,以系统的输入-输出数据为基础,提取系统特征构成的模式描述模型,常与人工神经网络、模糊技术等结合在一起使用。

6) 模糊模式识别

模糊模式识别以系统输入-输出数据为基础,通过对系统特征的提取构成以模式识别方法为基础的模糊描述模型,适用于复杂工业过程中被测对象呈现的不确定性,且难以用常规数学方法定量描述的场合。

7) 相关分析

基于相关分析的软测量建模方法以随机过程中的相关分析理论为基础,利用两个或多个可测随机信号间的相关特性来实现某一参数的软测量。可采用互相关分析法,即利用辅助变量(随机信号)间的互相关函数特性来进行软测量。

8) 统计学习

SVM 求解基于结构风险最小化,泛化性能更好,且不存在局部极小问题,可进行小样本学习等。但是,SVM 对大数据集合,训练速度慢;参数选择得好会得到很好的性能,选择不好则会使模型性能变得很差,而参数的选择主要依靠经验。

10.7.4 软测量模型的在线校正

软测量模型直接应用于工业生产过程的实时控制,由于过程的时变性,实际生产过程的工况和参数会不同程度地发生变化(工作点漂移),不可避免地会产生偏差,从而造成软测量模型的估计偏差。软测量的校正分为两部分:①短期学习以辅助变量值与软测量值之差为依据,采用建模方法,修改模型系数。②长期学习是软测量模型在线运行了一段时间,逐步积累了足够的新样本时,根据新样本,采用建模方法,重建软测量模型。

软模型在线校正是模型结构和模型参数的优化过程,如自适应法、增量法和多时标法。实际过程多采用模型参数自校正的方法,可利用 Kalman 滤波技术在线修正模型参数,或利用分析仪表的离线测量值。为解决模型结构修正耗时过长和在线校正的矛盾,可采用人工神经网络技术。

对软测量模型进行在线校正一般采用如下两种方法。

(1) 定时校正是软测量模型在线运行一段时间后,用积累的新样本采用某一算法对软测量模型进行校正,得到更适合新情况的软测量模型。

(2) 满足一定条件的校正是指以现有的软测量模型来实现被估计量的在线软测量,并将这些软测量值和相应的取样分析数据进行比较,若误差小于某一阈值,则仍采用该软测量模型，否则，用累积的新样本对软测量模型进行在线校正。

软测量模型的在线校正必须注意过程测量数据与实验室人工分析数据在时序上的匹配，尤其在人工分析情况下，从辅助变量即时反映的产品质量状态到取样位置需要一定的取样时间，取样后直到产品质量数据返回现场又要耗费很长时间。因此，在利用分析值与辅助变量进行软仪表的校正时，应特别注意保持两者在时间上的对应关系。

10.7.5 推断控制

软仪表实现成分、物性等特殊变量的在线测量，而这些变量往往对过程评估和质量非常重要。软仪表对过程控制很重要，可构成推断控制，参见图 10.7-4，y 为被控变量(主导变量)的设定值，开关 k 代表程序分析仪的采样输出或长期的人工分析取样，这些数据将用于软仪表的在线校正。利用模型由可测信息将不可测的被控输出变量推算出来，以实现反馈控制，或者将不可测的扰动推算出来，以实现前馈控制的一类控制系统。

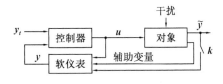

图 10.7-4 反馈控制系统

在这样的框架下，控制器和软仪表是相互独立的。如果软仪表能够达到一定的精度，能够代替硬仪表实现某种参数的测量，那么，软仪表就能与几乎所有的反馈控制算法结合构成基于软仪表的控制。软测量为过程优化提供重要的调优变量估计，成为优化模型的一部分；或者本身就是优化目标，直接作为优化模型使用。根据优化模型，按照优化目标，采用相应的优化方法，在线求出最佳操作参数，使系统运行在最优工作点，实现自适应优化控制。

10.8 多传感器的数据融合

1986 年，JDL(Joint Directors of Laboratories) Data Fusion Working Group 指出，多传感器数据融合(Multi-Sensor Data Fusion)是一种针对单一传感器或多传感器数据或信息的处理技术，通过数据关联、相关和组合等方式以获得对被测环境或对象的更加精确的定位、身份识别及对当前态势和威胁的全面而及时的评估[48,49]。数据融合通过数据组合，对来自不同传感器的信息进行分析和综合，以产生对被测对象统一的最佳估计，即利用多个传感器共同或联合操作的优势，更大限度地获得被测目标和环境的信息量，提高传感器系统的有效性，消除单个或少量传感器的局限性。传感器提供的信息都具有一定程度的不确定性，因此数据融合过程实质上是一个非确定性推理与决策的过程。数据融合技术主要包括：决定了系统框架和模式的数据融合模型，决定了融合的具体算法和处理过程的数据融合方法。

10.8.1 数据融合模型

多传感器数据融合通过对多传感器及其观测信息的合理支配和使用，把多传感器在空间或时间上冗余或互补信息依据某种准则进行组合，获得被测对象的一致性解释或描述，使该信息系统获得比它的各组成部分的子集所构成的系统更优越的性能。该技术可最大限度地获取被测目标或环境的信息量，取得最优的解释或判断。

多传感器数据融合将传感器视为一种获取被感知环境在给定时刻信息的装置：

$$S(E,t) = \{V(t), e(t)\} \tag{10.8-1}$$

式中，自变量 E 是被感知环境；自变量 t 为时间；V 为映射结果；e 为不确定度。

在数据融合系统中，各传感器的信息可能具有不同的特征：实时的或者非实时的，快变的或者缓变的，模糊的或者确定的，相互支持的或互补的，也可能是互相矛盾和竞争的。传感器信息融合方法可分为以下四类。

(1) 组合是由组合成平行或互补方式的多个传感器的多组数据来获得输出的处理方法，涉及的问题有输出方式的协调、综合以及选择传感器。

(2) 综合是信息优化处理中的一种获得明确信息的有效方法。

(3) 融合是指将传感器数据组之间进行相关或将传感器数据与系统内部的知识模型进行相关而产生信息的新表达时的处理。

(4) 相关处理根据传感器信息通过相关进行处理，获得传感器数据组之间的关系，实现对识别、预测、学习和记忆等过程中的信息进行综合和优化。

传感器数据融合的处理形态一般可分为如下四种基本形态及其组合：

(1) 复合处理是把几只传感器信息并行地、互补地组合起来处理。

(2) 汇总处理是定义函数，对几只传感器信息进行归纳得出信息。

(3) 融合处理各传感器信息之间或传感器信息与内部模型之间相互关系。

(4) 联合处理通过理解传感器信息相互之间的关系进行处理。

从多传感器数据融合的角度来看，传感器相互之间有如下三种主要工作方式。

(1) 互补方式，各传感器工作相互独立，互不依赖，各传感器提供的信息之间形成互补关系，无重合部分，通过传感器信息组合得到对被测对象更全面的认识。

(2) 竞争模式，各传感器提供对同一信息的不同测量结果，增强了系统的可靠性和鲁棒性。

(3) 协同工作模式，各传感器独立工作，通过各自获取的信息进行融合，从中提取出任意单一传感器无法获得的信息。Marzullo 指出，N 个传感器构成的系统，能够获得可靠数据的前提是允许出错的传感器数目小于 $ND/2$，其中 D 是测量数据的维数。

1. 传感器的数据融合层次

根据信息处理的层次，传感器数据融合可分为如下几种。

(1) 数据层的数据融合针对原始传感信息未经或经很少处理的数据，主要利用数据转化、相关和关联等将来自不同传感器的数据直接组合得到统一的输出数据。可充分利用原始信息，但该层对信息的处理量较大，处理代价高，实时性差，而且对融合所使用的信息配准性要求很高，融合的方法较依赖于传感器及传感信息的特点，不容易提出融合的一般性方法。该层典型的融合技术为经典的状态估计方法，如 Kalman 滤波。

(2) 特征层的融合是指从传感器的原始信息中提取一组典型的特征信息。特征融合主要是为了获得关于被测对象的统一特征描述，可以根据各个传感器的数据直接融合出特征，也可以先根据各个传感器数据分别提取出特征，然后再融合。在该层中，对多个传感器的观察值进行特征提取，综合为一组特征向量进行融合。该层次的融合具有较大的应用范围。该层典型的融合技术主要为模式识别技术，如人工神经网络、模糊聚类方法等。

(3) 决策层的融合是在每个传感器对某一目标属性作出初步决策后，对多传感器信息进行融合，得到整体一致的决策结果，具有较好的容错性。决策融合是多传感器数据融合的最终目标，典型的融合技术主要有经典推理理论、Bayes 推理方法、Dempster-Shafer 证据理论、加权决策方法（投票法）等。

2. 数据融合系统

数据融合系统的功能模型适合融合系统的功能定义，参见图 10.8-1，其中特征提取和分类是基础，实际的融合在识别和参数估计阶段完成；实线是目标状态测量，虚线是目标属性测量。数据融合过程可分为两个步骤，①低层处理，包括像素级融合和特征级融合，输出状态、特征和属性等；②高层处理，即决策级融合，输出抽象结果，如目的等。

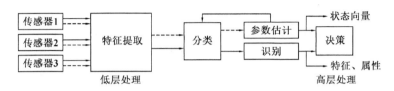

图 10.8-1　数据融合系统的功能模型

(1) 特征提取主要针对各传感器的观测值进行时间校准和空间坐标变换，形成数据融合所需要的统一的时间和空间参考点。

(2) 分类又称为数据相关或数据关联，得出每一个传感器对观测区域内每一个目标在某一时刻的观测值；每次扫描结束时，相关单元将收集的多个传感器的新观测值与其过去的观测值进行相关处理。

(3) 识别是目标属性的估计与比较，估计结果建立在已知目标类别的先验知识的基础上。根据多个传感器的观测结果形成一个 N 维的特征向量，其中每一维代表目标的一个独立特征。如果已知被观测目标有 M 个类型及每类目标的特征，则可将实测特征向量与已知类型的特征进行比较，从而确定目标的类别。

(4) 参数估计（目标跟踪）是状态估计单元的输出，每次扫描结束时，将新的观测结果与数据融合系统原观测结果融合，根据传感器的观测值估计目标参数，并利用这些估计预测下一次扫描中参数的量值，预测值又被反馈给随后的扫描，以便进行相关处理。

(5) 决策就是根据被观测目标的行为、企图、动向等制定出己方的应对策略与措施。将所有目标的状态和类型数据集与此前确定的可能态势相比较，以确定哪种态势与监视区域内所有目标的状态最匹配，从而得出态势评定、威胁估计与目标趋势等，即确定出目标的行为、企图、动向等，为应对决策提供依据。

根据数据融合中各传感器的连接方式，参见图 10.8-2，多传感器数据融合系统可分为如下几种。

(1) 并联融合，各传感器直接将各输出信息传输到数据融合中心，由数据融合中心对各输入信息处理后，输出最终结果，因此并联融合中各传感器输出之间互不影响。

(2) 串联融合，每只传感器既有接收数据、处理数据的功能，又有信息融合的功能，各传感器的处理同前一级传感器输出的信息有很大关系，最后一个传感器综合了所有前级传感器输出的信息，得到的输出将作为串联融合系统的结论。串联融合时，前级传感器的输出对后级传感器输出的影响比较大。

(3) 混合融合是串联和并联两种形式的综合,可先串联后并联,也可先并联后串联。数据融合的常用方法基本上可概括为随机和智能两大类。

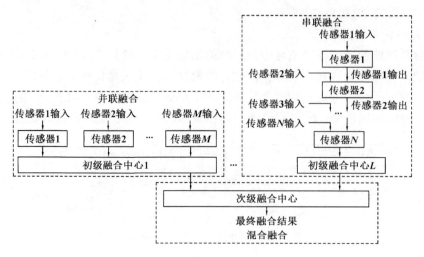

图 10.8-2 多传感器数据融合的结构

10.8.2 嵌入约束法

嵌入约束法认为由多种传感器获得的客观环境(被测对象)的多组数据就是客观环境按照某种映射关系形成的像,信息融合通过像求解原像,即对客观环境加以了解。所有传感器的全部信息,只是描述环境的某些方面的特征,而具有这些特征的环境却有很多,要使一组数据对应唯一的环境,就必须对映射的原像和映射本身加约束条件,使问题能有唯一解。了解多源数据的整体物理规律,嵌入约束法才能准确获得 $p(d|f)$ 需要预知先验分布 $p(f)$。

1. Bayes 概率推理法

Bayes 概率推理法用于在多传感器数据融合时,利用测量值的概率描述和先验知识计算每个假设的一个概率值。当系统获得一个新的检测值时,依据 Bayes 方法可以由先验知识与这一新的检测值对所有假设的可信度进行更新。

Bayes 估计是融合静态环境中多传感器低层数据的一种常用方法,其信息描述为概率分布,适用于具有可加 Gaussian 噪声的不确定性信息。假定完成任务所需的有关环境的特征向量为 f,通过传感器获得的数据信息向量为 d,假设 $p(f,d)$ 为随机向量 f 和 d 的联合概率分布密度函数,则由概率论知识可知:

$$p(f,d) = p(f|d)p(d) = p(d|f)p(f) \tag{10.8-2}$$

式中,$p(f|d)$ 表示在已知 d 的条件下,f 关于 d 的条件概率密度函数;$p(d|f)$ 表示在已知 f 的条件下,d 关于 f 的条件概率密度函数;$p(d)$ 和 $p(f)$ 分别表示 d 和 f 的边缘分布密度函数。信息融合根据数据信息 d 作出对环境 f 的推断,嵌入约束法的核心就是求解 $p(f|d)$,即概率论中的 Bayes 公式:

$$p(f|d) = p(d|f)p(f)/p(d) \tag{10.8-3}$$

式中,$p(d)$ 是使 $p(d|f)p(f)$ 成为概率密度函数的归一化常数;$p(d|f)$ 是在已知客观环境变量

f 的情况下，传感器得到的数据信息 d 关于 f 的条件密度。已知环境情况和传感器性能时，$p(d|f)$ 由决定环境和传感器原理的物理规律完全确定；而 $p(f)$ 可通过先验知识的获取和积累，逐步渐近准确地得到。在嵌入约束法中，反映客观环境和传感器性能与原理的各种约束条件主要体现在 $p(d|f)$ 中，而反映主观经验知识的各种约束条件主要体现在 $p(f)$ 中。

(1) 在传感器信息融合的实际应用过程中，通常的情况是在某一时刻从多种传感器得到一组数据信息 d，要由这一组数据给出当前环境的一个估计 f，即寻找最大后验估计 g：

$$p(g|d) = \max_f p(f|d) \tag{10.8-4}$$

最大后验估计是在已知数据为 d 的条件下，使后验概率密度 $p(f)$ 取得最大值的点 g，根据概率论的知识可知，最大后验估计 g 满足：

$$p(g|d)p(g) = \max_f p(d|f)p(f) \tag{10.8-5}$$

当 $p(f)$ 为均匀分布时，最大后验估计 g 满足：

$$p(g|d) = \max_f p(d|f) \tag{10.8-6}$$

此时，最大后验概率也称为极大似然估计。

(2) 当多传感器从不同的坐标框架对环境中同一物体进行描述时，传感器测量数据要以间接的方式采用 Bayes 估计进行数据融合。间接法要解决的问题是求出与多个传感器读数相一致的旋转短阵 R 和平移矢量 H。对传感器测量进行一致性检验常用距离公式来判断：

$$T = \frac{1}{2}(x_1 - x_2)^T \boldsymbol{C}^{-1}(x_1 - x_2) \tag{10.8-7}$$

式中，x_1 和 x_2 为两个传感器测量信号；$\boldsymbol{C}$ 为与两个传感器相关联的方差阵。当距离 T 小于某个阈值时，两个传感器测量值具有一致性。这种方法的实质是剔除了处于误差状态的传感器信息而保留一致传感器数据计算融合值。

2. Kalman 滤波

Kalman 滤波(KF)用于实时融合动态的低层次冗余传感器数据，用测量模型的统计特性递推决定统计意义下最优融合数据合计。若系统具有线性动力学模型，且系统噪声和传感器噪声可用 Gaussian 分布的白噪声模型来表示，KF 为融合数据提供唯一的统计意义下的最优估计，可分为：①分散 Kalman 滤波(DKF)，可实现多传感器数据融合完全分散化，每个传感器节点失效不会导致整个系统失效；②扩展 Kalman 滤波(EKF)可有效克服数据处理不稳定性或系统模型线性程度的误差对融合过程产生的影响。

随机线性离散系统模型可表示为

$$\begin{cases} \boldsymbol{X}_k = \boldsymbol{\Phi}_{k|k-1}\boldsymbol{X}_{k-1} + \boldsymbol{\Gamma}_k \boldsymbol{W}_k \\ \boldsymbol{Z}_k = \boldsymbol{H}_k \boldsymbol{X}_k + \boldsymbol{V}_k \end{cases} \tag{10.8-8}$$

式中，k 是当前时刻；$\boldsymbol{X}_k$ 为系统的 n 维状态向量；$\boldsymbol{Z}_k$ 为系统的 m 维观测向量；$\boldsymbol{W}_k$ 为系统的 p 维随机向量；$\boldsymbol{V}_k$ 为系统的 m 维观测噪声向量；$\boldsymbol{\Phi}_{k|k-1}$ 为 $k-1$ 时刻到 k 时刻系统的 $n \times n$ 维状态转移矩阵；$\boldsymbol{\Gamma}_k$ 为 $n \times p$ 维干扰输入矩阵；$\boldsymbol{H}_k$ 为 $m \times n$ 维观测矩阵；$\boldsymbol{W}_k$ 和 $\boldsymbol{V}_k$ 都是均值为 0 的 Gaussian 噪声，其方差矩阵分别为 $\boldsymbol{Q}_k$ 和 $\boldsymbol{R}_k$，即

$$\begin{cases} E(W_k) = 0, & E(W_k W_k^T) = Q_k \\ E(V_k) = 0, & E(V_k V_k^T) = R_k \end{cases} \quad (10.8\text{-}9)$$

根据状态向量和观测向量在时间上存在的不同对应关系,可把估计问题分为滤波、预测和平滑。用 $\hat{X}_{k|j}$ 表示根据 j 时刻及 j 以前时刻的观测值对 k 时刻状态 X_k 作出某种估计,则可得递推形式的 Kalman 滤波方程:

$$\begin{cases} \hat{X}_{k|k-1} = \Phi_{k|k-1} \hat{X}_{k-1} \\ \varepsilon_k = Z_k - H_k \hat{X}_{k|k-1} \\ \hat{X}_k = \hat{X}_{k|k-1} + K_k \varepsilon_k \\ K_k = P_{k|k-1} H_k^T \left(H_k P_{k|k-1} H_k^T + R_k \right)^{-1} \\ P_k = (I - K_k H_k) P_{k|k-1} \\ P_{k|k-1} = \Phi_{k|k-1} P_{k-1} \Phi_{k|k-1}^T + \Gamma_{k|k-1} Q_k \Gamma_{k|k-1}^T \end{cases} \quad (10.8\text{-}10)$$

式中,I 为单位矩阵;ε_k 为"新息";K_k 为增益矩阵;$P_{k|k-1}$ 和 P_k 分别为预测方差矩阵和估计方差矩阵,定义为

$$\begin{cases} P_{k|k-1} = E\left[\left(X_{k-1} - \hat{X}_{k|k-1} \right) \left(X_{k-1} - \hat{X}_{k|k-1} \right)^T \right] \\ P_k = E\left[\left(X_k - \hat{X}_k \right) \left(X_k - \hat{X}_k \right)^T \right] \end{cases} \quad (10.8\text{-}11)$$

Kalman 滤波的基本思想是增益矩阵的选取使估计方差最小,参见图 10.8-3。用当前量测值与上一时刻的预测估计值的偏差(新息)乘以权重 K_k 来修正下一状态的估计,可根据估计误差 P_k 最小来选择权重。式(10.8-10)表明,权重大表示对观测值的依赖增大,对先前状态的估计依赖相应减小;权重小表示对观测值的依赖减小,对先前状态的估计依赖增大。Kalman 滤波通过调整对量测和估计的依赖程度实现对被估计状态的最佳估计。利用 Kalman 滤波对单一传感器在不同时刻—多数据源的融合以及对多传感器数据的融合,融合的结果提高了精度,降低了不确定度。

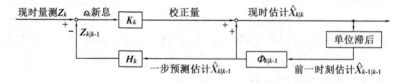

图 10.8-3 Kalman 滤波原理图

10.8.3 证据组合法

分析每一数据作为支持某种决策的证据的支持程度,并将不同传感器数据的支持程度进行组合,即证据组合,分析得出现有组合证据支持程度最大的决策作为信息融合的结果。

证据组合法针对完成某一任务的需要而处理多种传感器的数据信息,先对单个传感器数据信息的每一种可能决策的支持程度给出度量,然后寻找一种证据组合的方法或规则,

在已知两个不同传感器数据(证据)对决策的分别支持程度时,通过反复运用组合规则,最终得出全体数据信息的联合体对某决策的总的支持程度。得到最大证据支持的决策,即为信息融合的结果。证据组合法的特点如下。

(1)不必准确了解多传感器数据间的物理关系,即不需要准确建立多种传感器数据模型。
(2)通过性好,可建立一种独立于各类具体信息融合问题背景形式的证据组合方法。
(3)人为的先验知识视同数据信息,赋予对决策的支持程度,参与证据组合运算。

1. 概率统计方法

概率统计方法适用于分布式传感器目标识别和跟踪的信息融合问题。若随机向量 $x_1,\cdots,x_n$ 表示 n 个不同传感器得到的数据信息,根据每一个数据 x_i 可对所完成的任务作出决策 d_i。x_i 的概率分布为 $p_{a_i}(x_i)$,a_i 为该分布函数中的未知参数。若参数已知,则 x_i 的概率分布就完全确定,则非负函数 $L(a_i,d_i)$ 表示第 i 个信息源采取决策 d_i 时所造成的损失函数。

先由 x_i 作出 a_i 的一个估计,记为 $\hat{a}_i(x_i)$,再由损失函数 $L[\hat{a}_i(x_i),d_i]$ 决定出损失最小的决策。加权平均法将一组传感器提供的冗余信息进行加权平均,结果作为融合值,是一种直接对数据源进行操作的方法。

2. Dempster-Shafer 证据推理

Dempster-Shafer(D-S)证据推理是 Bayes 方法的扩展,基础是证据的合并和信任函数的更新。鉴别框架是 D-S 理论最基本的实体,每一个信息源相当于一个证据体。多传感器数据融合实质上就是在同一个鉴别框架下,将不同的证据体合并成一个新的证据体的过程,而这种合并是通过 D-S 合并规则实现的。算法确定后,无论是静态还是时变的动态证据组合,其具体的证据组合算法都有共同的算法结构;D-S 能很好地表示缺乏信息的程度;但对象或环境的识别特征数增加时,证据组合的计算量会以指数速度增长。

假设 F 为所有可能证据所构成的有限集,f 为集合 F 中的某个元素即某个证据,首先引入信任函数 $B(f) \in [0,1]$ 表示每个证据的信任程度:

$$\begin{cases} B(F)=1 \\ B(\varPhi)=0 \\ B(A_1 \cup \cdots \cup A_n) \geqslant \sum_i B(A_i) - \sum_i B(A_i \cap A_j) + \cdots + (-1)^{n-1} B(A_1 \cap \cdots \cap A_n) \end{cases} \quad (10.8\text{-}12)$$

式(10.8-12)表明,信任函数是概率概念的推广,进一步可得

$$B(A) = B(\overline{A}) \leqslant 1 \quad (10.8\text{-}13)$$

其次,引入基础概率分配函数 $m(f) \in [0,1]$:

$$\begin{cases} m(\varPhi)=0 \\ \sum_{A \in F} m(A) = 1 \end{cases} \quad (10.8\text{-}14)$$

由基础概率分配函数可定义与之相对应的信任函数:

$$B(A) = \sum_{C \subseteq A} m(C) \quad (A, C \subseteq F) \quad (10.8\text{-}15)$$

当利用 N 个传感器检测环境 M 个特征时,每一个特征为 F 中的一个元素。第 i 个传感

器在第 $k-1$ 时刻所获得的包括 $k-1$ 时刻前关于第 j 个特征的所有证据，用基础概率分配函数 $m_j^i(k-1)$ 表示，其中 $i=1,2,\cdots,m$。第 i 个传感器在第 k 时刻所获得的关于第 j 个特征的新证据用基础概率分配函数 m_{jk}^i 表示。由 $m_j^i(k-1)$ 和 m_{jk}^i 可得第 i 个传感器在第 k 时刻关于第 j 个特征的联合证据 $m_j^i(k)$；利用证据组合算法，由 $m_j^i(k)$ 和 $m_j^{i+1}(k)$ 可获得在 k 时刻关于第 j 个特征的第 i 个传感器和第 $i+1$ 个传感器的联合证据 $m_j^{i,i+1}(k)$。递推可得所有 N 个传感器在 k 时刻对 j 特征的信任函数，信任度最大为信息融合过程最终判定的环境特征。

10.8.4 智能方法

1. 模糊逻辑推理

模糊逻辑将每个命题及推理算子赋予 0～1 的实数值，以表示其在数据融合过程中的可信程度，称为确定因子，然后使用多值逻辑推理法，利用各算子对各传感器提供的信息进行合并计算，从而实现信息的融合。当然，要得到统一的结果，首先必须系统地建立大量传感器信息和算子以及[0, 1]区间的映射关系，并且要适当选择进行合并运算时所使用的算子。模糊逻辑推理被广泛应用于移动机器人目标识别与路径规划方面。

2. 神经网络方法

人工神经网络方法通过模仿人脑的结构和工作原理，设计和建立相应的机器和模型并完成一定的智能任务。神经网络具有大规模并行和分散处理信息的能力。在数据融合处理中，神经网络根据当前系统所接收到的样本的相似性，确定分类标准，即确定网络权值，并采用其特有的学习算法来获取知识，得到不确定性推理机制。

3. 智能融合方法

在进行多传感器数据融合的过程中，要处理大量反映数据间关系含义的抽象数据，如符号，因此要使用推理，而人工智能（Artificial Intelligence，AI）、专家系统（Expert System，ES）的符号处理功能正好可用于获得这些推理能力。在多传感器数据融合中，使用 ES 方法的关键是知识的工程化处理，参见图 10.8-4。

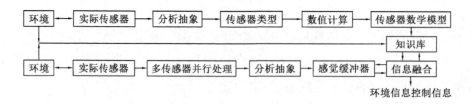

图 10.8-4 多传感器数据融合的实现方法

4. 产生式规则

产生式规则是人工智能中常用的控制方法，产生式系统一般由产生式规则、总体数据库和控制机构三部分组成。它的规则要通过对具体使用的传感器的特性及环境特性的分析来人为地产生，其产生不具有一般性。因此，当系统在改换或者增减传感器时，其规则要重新产生，所以这种方法的扩展性较差。

参 考 文 献

[1] Dehart D W. Air force astronautics laboratory smart structures and skins program overview. SPIE, 1989, 1170: 11-18.

[2] Johnson S B, Gormley T J, Kessler S S, et al. System Health Management - with Aerospace Applications. New York: John Wiley & Sons, 2011.

[3] 罗巧云, 高勇强. 美军第四代战斗机 F-35 "联合攻击战斗机"最卓越的航空电子系统. 电子科学技术评论, 2005, 4: 5-8.

[4] 赵丹, 肖继学, 刘一. 智能传感器技术综述. 传感器与微系统, 2014, 33(9): 4-7.

[5] 宋光明, 葛运建. 智能传感器网络研究与发展. 传感技术学报, 2003, 16(2): 107-112.

[6] 文玉梅, 李平. 通道式智能传感器原理及其应用. 仪表技术与传感器, 1995, 3: 5-7.

[7] 朱文凯, 何岭松, 丁汉, 等. 基于 Internet 的嵌入式 Web 传感器. 仪表技术与传感器, 2002, 8: 1-4.

[8] 王祁, 于航. 传感器技术的新发展: 智能传感器和多功能传感器. 传感器技术, 1998, 17(1): 56-58.

[9] Gary W, Hunter J R, Steaer P H. 智能传感器系统. 化学传感器, 2012, 3(1): 5-11.

[10] 李守智, 田敬民. 智能传感器技术及相关工艺的研究进展. 传感器技术, 2002, 21(4): 61-64.

[11] 张结斌, 文代刚. 智能传感器网络研究动态和展望. 传感器世界, 1998, 4(8): 1-4.

[12] 曾孟雄, 李力, 肖露, 等. 智能检测控制技术及应用. 北京: 电子工业出版社, 2008.

[13] 刘君华. 智能传感器系统. 西安: 西安电子科技大学出版社, 1999.

[14] 刘君华. 智能传感器系统. 2 版. 西安: 西安电子科技大学出版社, 2010.

[15] 周浩敏, 钱政. 智能传感技术与系统. 北京: 北京航空航天大学出版社, 2008.

[16] 刘大茂. 智能仪器原理与设计. 北京: 国防工业出版社, 2008.

[17] 程德福, 林君. 智能仪器. 2 版. 北京: 机械工业出版社, 2012.

[18] 赵茂泰. 智能仪器原理及应用. 北京: 电子工业出版社, 2011.

[19] 孙宏军, 张涛, 王超. 智能仪器仪表. 北京: 清华大学出版社, 2007.

[20] 王祁, 聂伟. 智能传感器常用软件及设计. 传感器技术, 1998, 17(3): 49-51.

[21] 陈黎敏. 智能传感器的数据处理方法. 传感器技术, 2004, 23(5): 56-58.

[22] 刘刚. 基于神经网络的智能传感器的数据处理. 传感器技术, 2004, 23(8): 52-54.

[23] 陈志泊. 数据仓库与数据挖掘. 北京: 清华大学出版社, 2009.

[24] 毛国君, 段立娟, 王实, 等. 数据挖掘原理与算法. 北京: 清华大学出版社, 2005.

[25] Han J W, Kamber M. Data Mining: Concepts and Techniques. 2nd ed. San Francico: Morgan Kaufrnann, 2006.

[26] 陈京民. 数据仓库与数据挖掘技术. 北京: 电子工业出版社, 2007.

[27] 朱明. 数据挖掘. 合肥: 中国科学技术大学出版社, 2008.

[28] 张文修, 梁怡. 遗传算法的数学基础. 2 版. 西安: 西安交通大学出版社, 2003.

[29] 王小平, 曹立明. 遗传算法理论、应用与软件实现. 西安: 西安交通大学出版社, 2002.

[30] 雷英杰, 张善文. MATLAB 遗传算法工具箱及应用. 2 版. 西安: 西安电子科技大学出版社, 2014.

[31] 程正兴, 杨守志, 冯晓霞. 小波分析的理论 算法 进展和应用. 北京: 国防工业出版社, 2007.

[32] 范延滨, 潘振宽, 王正彦. 小波理论算法与滤波器组. 北京: 科学出版社, 2011.

[33] 郭业才. 模糊小波神经网络盲均衡理论、算法与实现. 北京: 科学出版社, 2011.

[34] 周开利, 康耀红. 神经网络模型及其 MATLAB 仿真程序设计. 北京: 清华大学出版社, 2005.

[35] 钟珞, 饶文碧, 邹承明. 人工神经网络及其融合应用技术. 北京: 科学出版社, 2007.

[36] Haykin S O. Neural Networks and Learning Machines. 3rd ed. New Jersey: Pearson Prentice Hall, 2008.

[37] 邓乃扬, 田英杰. 支持向量机: 理论、算法与拓展. 北京: 科学出版社, 2009.

[38] 杨志民, 刘广利. 不确定性支持向量机——算法及应用. 北京: 科学出版社, 2012.

[39] 李丽, 牛奔. 粒子群优化算法. 北京: 冶金工业出版社, 2009.

[40] 刘波. 粒子群优化算法及其工程应用. 北京: 电子工业出版社, 2010.

[41] 邹凌伟, 田学民. 基于集成主成分分析的故障检测方法. 青岛科技大学学报:自然科学版, 2012, 33(5): 474-478.

[42] 刘合香. 模糊数学理论及其应用. 北京: 科学出版社, 2012.

[43] 韩峻峰, 孔峰, 罗文广, 等. 模糊传感器基于综合评判的概念生成方法研究. 仪器仪表学报, 2001, z1: 48-49.

[44] 洪文学, 周少敏. 模糊传感器的基本结构. 传感器技术, 1997, 16(4): 55-57.

[45] GB/T 17614.3—2013. 工业过程控制系统用变送器 第3部分: 智能变送器性能评定方法.北京: 中国标准出版社, 2014.

[46] 张重雄, 张思维. 虚拟仪器技术分析与设计. 2版. 北京: 电子工业出版社, 2012.

[47] 潘立登, 李大宇, 马俊英. 软测量技术原理与应用. 北京: 中国电力出版社, 2008.

[48] Liggins M E, Hall D L, Llinas J. Handbook of Multisensor Data Fusion: Theory and Practice. 2nd ed. Florida: CRC Press, 2009.

[49] 杨万海. 多传感器数据融合及其应用. 西安: 西安电子科技大学出版社, 2004.

第 11 章 传感器网络

11.1 引 言

传感器网络是指传感器在现场级实现网络协议,使现场测控数据能接入网络传输,在网络覆盖范围内实时发布和共享,适于远程分布式测量、监视和控制[1-15]。传感器网络主要由信号采集单元、数据处理单元及网络接口单元组成,参见图 11.1-1。传感器网络的核心是使传感器实现网络通信协议:①软件方式将网络协议嵌入到传感器系统的 ROM 中;②硬件方式采用具有网络协议的网络芯片直接用作网络接口。

图 11.1-1 传感器网络的基本结构

网络技术正深入到世界的各个角落并迅速地改变着人们的思维方式和生存状态,随着传感器网络技术的进一步成熟和应用覆盖范围的拓展,传感器网络必将为建立人与环境更紧密的信息联系提供强大的技术支持。在工业互联网(或工业 4.0)中,TCP/IP 和 Internet 网络成为组建测控网络,实现网络化的信息采集、信息发布、系统集成的基本技术依托,传统的现场总线技术将被标准化的工业以太网技术逐步取代,以实现管理层、控制层和现场设备层的无缝连接,形成企业级管控一体化的透明全开放网络。

11.2 计算机系统接口总线

接口是计算机各部件之间,如中央处理器(CPU)与主存储器,计算机与计算机,计算机与被控设备之间的连接部件[16-20],参见表 11-1。测试系统不仅需要具有相对独立的测控功能,而且需要具有远程工作的遥控遥测能力。数据总线传递需要交换的信息,地址总线指明传送或接收数据模块,控制总线协调和控制各模块之间的数据传送过程,电源总线对各模块供电。根据用途和应用场所,总线分为如下四种类型。

表 11-1 常用计算机系统接口总线性能

总线	PC/XT	ISA(AT)	EISA	PCI	AGP
带宽/bit	8	8/16	32	32/64	64
总线类型	系统总线	系统总线	系统总线	局部总线	管线
最高时钟频率/MHz		8	8.3	33	>66
峰值数据传输速率/(MB/s)		5	33	132	≥264
带外设能力		>12	>12	10	1 个图形控制器

(1) 系统总线用于计算机内部各模块、器件之间的数据通信。
(2) 外总线(通信总线)用于微型计算机与各种外设的连接通信。
(3) 局部总线是系统总线的一部分，用于系统不能实现的特殊功能和用途。
(4) 内部总线是集成电路或模块内部各个功能部件之间的连接总线。

测控技术领域大多使用 PCI 总线，支持 VISA、EISA 等扩展板，能实现设备的即插即用，参见图 11.2-1。利用 PC 为平台组建的测试仪器(PC 仪器或虚拟仪器)有两种类型：①功能确定型的 PC 仪器，参见图 11.2-1(a)，由 PC、功能仪器卡及相应的软件组成，可独立完成确定的测量工作；②功能面向用户开放的虚拟仪器，参见图 11.2-1(b)，计算机系统总线对外转换为标准的仪器总线，如 GPIB、CAMAC、VXI 及 PXI 等，与其他测控仪器设备一起组建成自动测试系统。

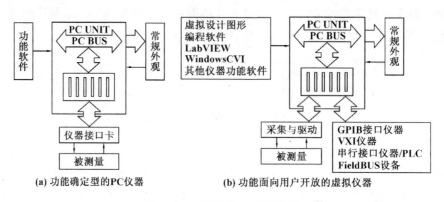

图 11.2-1 插槽接口应用形式

计算机组成的自动测试系统(CAT 平台)包括一系列接口标准和仪器的程控规范，如 GPIB、VXI、SCPI 等标准，参见图 11.2-2。控制器(计算机)通过接口总线与测试仪器互连，待测件(DUT)通过开关将其连到测试仪器的输入/输出端。仪器所用的接口总线可以是 GPIB、VXI，也可以是 RS-232、局域网，甚至计算机内总线(AT/EISA/PCI)。

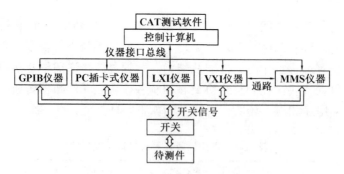

图 11.2-2 计算机辅助测试平台的系统结构

11.3 计算机串行接口总线

串行通信使用一条数据线，将数据逐位依次传输，每位数据占据一个固定的时间长度，参见表 11-2。多数单片机内置串行通信接口，通过这个接口，测控系统内部两个单片机之间，或单片机与外围设备之间可进行高速串行通信[21, 22]。

表 11-2　三种串行接口总线和一种单总线的性能

总线名称	线缆	数据传输速率	传输距离	技术规范	主要应用
RS-232（串行异步通信总线）	内含 9～25 线（选用部分线）	0.01～19KB/s（50～9600bit/s）	约 15m，RS-485 可扩至大于 1000m	ELA RS-232C CCITT V.24	串行数据通信和 PC 外设终端
1-Wire（单总线）	内含 2 线（信号线、地线）	16.3KB/s 142KB/s	200m（可扩展至 1000m）	单总线协议	低速测控、监测、监管及收费系统
USB（通用串行总线）	内含 4 线（一对信号线、一对电源线）	1.5MB/s 和 12MB/s（可升级到 380～480MB/s）	低速设备距离 3m，高速设备 5m	USB1.1 USB2.0	PC 通用外设、数字音响、数码相机、电话等
IEEE 1394（火线）	内含 6 线（两对信号线、一对电源线）	100MB/s、200MB/s、400MB/s（可升至 1.2～3.2GB/s）	4.5m（采用光缆可扩至 100m）	IEEE 1394-1995（或 IEC1883）	硬盘、光驱、数字音像、数码摄像、局域网

11.3.1　RS-232

常用的 UART 串行通信接口除 RS-232 外，还包括以下两种。RS-422 定义了一种平衡通信接口，传输速率为 10Mbit/s，传输距离为 1219m（速率低于 100Kbit/s 时），允许在一条平衡总线上连接最多 10 个接收器。RS-422 是一种单机发送、多机接收的单向、平衡传输规范，即 E-422-A 标准。RS-485 标准增加了多点、双向通信能力，允许多个发送器连接到同一条总线，同时增加了发送器的驱动能力和冲突保护特性，扩展了总线共模范围，即 TIA/EIA-485-A 标准。RS-232、RS-422 与 RS-485 标准对接口的电气特性做出了规定，参见表 11-3，而不涉及接插件、电缆或协议，在此基础上用户可建立自己的高层通信协议。

表 11-3　电气参数

规定	RS-232	RS-422	RS-485
工作方式	单端	差分	差分
节点数	1 收 1 发	1 发 10 收	1 发 32 收
最大传输电缆长度/m	15	120	120
最大传输速率/(KB/s)	20	10	10
最大驱动输出电压/V	±25	−0.25～+6	−7～+12
驱动器输出信号电平（负载最小值）负载/V	±5～±15	±2.0	±1.5
驱动器输出信号电平（空载最大值）空载/V	±25	±6	±6
驱动器负载阻抗	3～7kΩ	100Ω	54Ω
摆率（最大值）	30V/μs	NA	NA
接收器输入电压范围	±15	−10～+10	−7～+12
接收器输入门限	±3V	±200mV	±200mV
接收器输入电阻/kΩ	3～7	4（最小）	≥12
驱动器共模电压/V	−3～+3	−1～+3	−1～+3
接收器共模电压/V	−7～+7	−7～+12	−7～+12

11.3.2 USB

通用串行总线（Universal Serial Bus，USB）是 Compaq、DEC、IBM、INTEL、Microsoft、NEC 和 Northern Telecom 等公司在 1990 年共同开发的高速串行接口，适用于中、低速测试场合，可用 USB 建立数据采集系统，或做成以 USB 为基础的测试仪器。在主机和设备间数据交换存在流通道和消息通道，可建立向其他设备发送数据和从其他设备接收数据的两个通道，各通道之间的数据流动相互独立，一个指定的 USB 设备可以有多个通道。USB 体系结构支持通信，可选择块、中断、同步和控制等 4 种基本的数据传输类型。USB 采用逻辑功能分层方式，将 USB 系统（主机与 USB 设备的互连）分成一个不同功能模块组成的逻辑层，参见图 11.3-1，其中，功能层由主机方的客户软件和设备方的功能单元组成，负责实现 USB 设备的特定功能；功能单元是客户软件对 USB 设备的抽象；客户软件调用 USB 系统软件与 USB 设备进行传输类型。端点 0 默认配置为控制管道，用来完成所规定的设备请求。其他端点可配置为数据管道。对于开发而言，主要的大数据传输都是通过数据管道完成的。

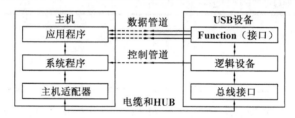

图 11.3-1 USB 的多层次通信模型

11.3.3 IEEE 1394 总线技术

Apple 公司提出了名为 FireWire（火线）的一种通用串行总线。1995 年，IEEE 制定为 IEEE 1394 规范，适用于视频以上的高速测试场合，可取代 GPIB 组建自动测试系统，也可用它将 VXI 仪器连接到 PC 上。IEEE 1394 协议的结构分为四个层次，参见图 11.3-2。物理层位提供设备和线缆之间的电气和机械连接，处理数据传输和接收；链路层实现同步和异步模式下的数据包确认、数据包寻址、数据效验、数据分帧、数据分析等功能；事务层只支持异步传输数据包的 Read、Write 和 Lock 操作；管理层是 IEEE 1394 串行总线协议规定的串行总线管理。

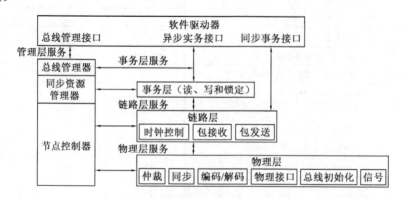

图 11.3-2 IEEE 1394 协议的分层结构

11.3.4 1-Wire 单总线

美国 Dallas 半导体公司推出的 1-Wire 单总线适配器可将 PC 的串口(RS-232)或并口(打印机接口)转换到单总线,也可通过适配器将 USB 转换到单总线。单总线系统由挂在一条双绞线(一根信号线、一根地线)上的集成芯片和专用通信协议组成,该系统中只有一个总线命令者,从者可以有多个。可把计算机的地址线、数据线、控制线合为一根信号线对外进行数据交换。单总线技术建立在码分多址、串行分时数据交换的基础上的,一般模式用 12.3KB/s 的速率进行通信,超速模式可达 142KB/s。通常作用距离为 200m,经扩展可达 1000m,可组建成一个由 PC 或单片机驱动的微型局域测控网,该网干线长度可达 200m,可挂 20 路支线,支线长度可达 50m,可挂 30 个器件,满足一般测控系统的要求。

11.4 工业以太网

20 世纪 70 年代,Xerox 公司发明基于基带 LAN 标准的以太网,采用带冲突检测的载波监听多路访问协议(CSMA/CD),速率为 10Mbit/s,传输介质为同轴电缆。1980 年,在最初的以太网技术基础上形成 IEEE 802.3。现在,以太网泛指所有采用 CSMA/CD 协议的局域网,其中以太网介质传输层(MAC)是网络与设备的接口,是以太网核心部分。互联网已广泛应用于全社会各部门,可用来传送实时监测的技术数据[23-27]。图 11.4-1 给出了一种嵌入式网络单片计算机系统的微型网站,固化了嵌入式小型操作系统,系统网络的物理层和数据链路层是用以太网网卡实现的,减轻了微处理器的负荷,能用 8 位机处理 TCP/IP 的网络 IP、TCP、UDP、ARP 等协议。

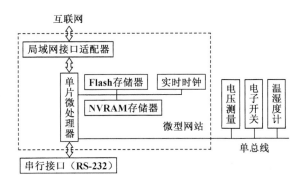

图 11.4-1 微型网站的组成原理

工业以太网利用以太网技术和 TCP/IP 技术,EtherNet/IP 就是以太网、TCP/IP 以及 CIP(控制及信息协议)的集成。基于 TCP/IP 的传感器网络通过网络介质直接接入 Internet 或 Intranet,参见图 11.4-2。在传感器中嵌入 TCP/IP,使传感器成为 Internet/Intranet 上的一个节点,具有网络节点的组态性和可操作性,实现实时远程在线测试。现场数据可直接在网络上传输、发布和共享;测控系统可对节点中的现场传感器进行在线编程和组态。

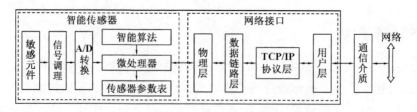

图 11.4-2 基于 TCP/IP 的网络化智能传感器体系结构

11.5 标准仪器总线

专门为仪器与自动化测试系统设计的标准总线主要包括五种[28-31]，通用接口总线（General Purpose Interface Bus，GPIB）、计算机辅助测量和控制（Computer Aided Measurement and Control，CAMAC）、VME 总线在仪器领域的扩展（VMEbus Extensions for Instrumentation，VXI）、计算机总线 PCI 在仪器领域的扩展（PCI Extension for Instrumentation，PXI）、局域网在仪器领域的扩展（LAN Extensions for Instrumentation，LXI）。

11.5.1 GPIB 接口总线技术

1965 年，HP 公司推出的 HP-IB，1975 年通用接口总线（General Purpose Interface Bus，GPIB）被确定为 IEEE 488 标准化 IEC 652 标准，已成为分立式仪器及系统互连设计的一种开放式通用数字接口总线。GPIB 是一种比特并行、字节串行的接口系统，采用异步通信方式，最高传输速率为 1Mbit/s。GPIB 标准通用接口实现了仪器仪表、计算机、各种专用的仪器控制器和自动测试系统之间的快速双向通信，简化了自动测量过程，为设计和制造自动测试装置（ATE）提供了有力的工具。总线上最多允许连接 15 个器件（含控制计算机），该限制是由总线驱动能力（最大 48mA 驱动电流）决定的。数据通过总线电缆传输路径的总长度不超过 20m，每两个器件之间的电缆一般为 2m。GPIB 适用于干扰轻微且系统物理距离有限的实验室及生产测试环境。GPIB 系统由仪器通过标准接口电缆互相连接，参见图 11.5-1，接口部分由逻辑电路组成，与仪器装置安装在一起，用于对传送的信息进行发送、接收、编码和译码；总线部分是一条无源的 24 芯电缆，用来传输各种消息。

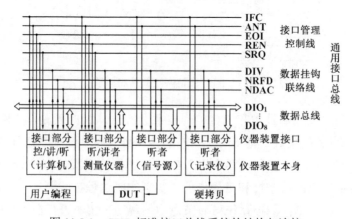

图 11.5-1 GPIB 标准接口总线系统的结构与连接

11.5.2 VXI 总线

1987 年，Colorado Data System、Hewlett Packard、Racal Dana、Tektronix 和 Wavetek 五家仪器公司联合组成电气、机械、电磁兼容与电源和软件四个技术工作小组；1992 年，IEEE 标准局批准为 IEEE 1155 标准；1993 年，成立了 VPP 系统联盟（VXI Plug & Play System Alliance，VXI 即插即用联盟），制定了详细的 VPP 标准，旨在定义和推行一些标准化准则和操作规程，解决 VXI 总线规范中尚未包含的系统级问题。VXI-bus 规范发布后，由于军方对测控系统的大量需求，许多仪器生产厂商都加入 VXI 即插即用联盟。联盟通过规定连接器的统一方法、UUT 接口和测试夹具、共享存储器通信的仪器协议、可选 VXI 特性的统一使用方法，以及统一文件的编制方法来增加硬件的兼容性，即 VXI 硬件（仪器级）标准规范，开发了一种统一的校准方法。联盟还通过规定和推广标准系统软件框架来实现系统软件的 Plug&Play 互换性，即 VPP 软件（系统级）标准规范。

VXI 系统保留了 VME 系统中的总线部分，并在此基础上扩展了若干总线以适应仪器系统的需要，参见图 11.5-2。VXI 总线系统共有以下 8 种总线：①VME 计算机总线包括数据传输总线（Data Transfer Bus-DTB）、DTB 仲裁总线（Data Transfer Bus Arbitration）、优先级中断线（Priority Interrupt Bus）和公用总线（Priority Nierrupt Bus）；②时钟与同步总线；③模块识别总线（MODID）；④触发总线；⑤星型总线；⑥本地总线（Local Bus-LBS）；⑦模拟加法总线（SUMBUS）；⑧电源总线。

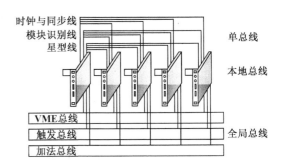

图 11.5-2　VXI-bus 电气结构

11.5.3 PXI 总线接口

1997 年，NI 公司推出的模块化计算机控制仪器的技术规范 PXI（PCI Extension for Instrumentation），是以 PCI 计算机局部总线（IEEE 1014—1987 标准）为基础的模块仪器结构，参见图 11.5-3。PXI 仪器系统具有多达 8 个插槽（1 个系统模块槽和 7 个仪器模块槽），与台式 PCI 规范具有完全相同的性能。利用 PCI-PCI 桥接技术可扩展到多达 256 台的 PXI 系统。PXI 将 Microsoft Windows NT 和 Window 95 定义为其标准软件框架，要求所有的仪器模块都必须带有按 VISA 规范编写的 WIN32 设备驱动程序，使 PXI 成为一种系统级规范，保证了系统的集成与使用，MFC、Visual Basic、LabVIEW 和 LabWindows/CVI 等语言都可作为开发 PXI 系统应用软件的平台。PXI 支持 VXI Plug & Play 系统联盟推荐的虚拟仪器软件结构（Virtual Instrument Software Architecture，VISA），是计算机与 VXI、PXI、GPIB 和串口仪器之间通信的接口软件标准。PXI 产品可自成系统，也可与 VXI、GPIB 和串口仪器构成大的仪器系统，甚至是测量网络系统。

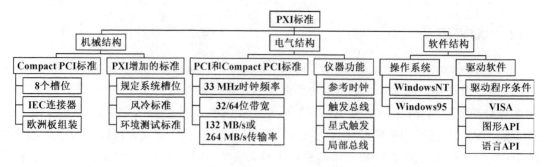

图 11.5-3　PXI 规范结构图

11.5.4　LXI 总线

1980 年 2 月，美国电气与电工程师学会 IEEE 成立局域网标准委员会（IEEE 802 委员会），制定了 OSI 模型的物理层、数据链路层的局域网标准，发布了 IEEE 802.1～IEEE 802.11 标准，参见图 11.5-4，IEEE 802.1～IEEE 802.6 已成为 ISO 国际标准 ISO 8802.1～ISO 8802.6。

图 11.5-4　IEEE 802 标准的文本内容

2004 年，美国 Agilent 公司和 VXI 科技公司联合推出 LXI 总线建立在 Ethernet、PTP、VXI、IVI 等工业标准基础上，考虑仪器领域对定时、触发、冷却、电磁兼容性等的特殊要求；使用主计算机的 LAN 接口和 Web 浏览器；LXI 仪器接口用于构建网络化测试系统，实现网络通信协议、仪器通信协议的解析以及数据的交互，参见图 11.5-5。LXI 标准规定了对 LAN 的硬件要求及相关配置要求。设备必须使用合适的 IEEE 802.x PHY/MAC 规范实现以太网，以太网的物理连接必须符合 IEEE 802.3 规范。LXI 仪器具有网络连接速度自动协商功能和以太网连接监视功能，前者使仪器能在小于自身速率的网络中正常工作，后者规定了网络断开时仪器应如何处理。每个 LXI 模块就是一台独立仪器，利用适配器可将现有台式仪器与 LXI 仪器共同组建成自动测试系统，充分发挥各种仪器的最大性能。采用 LAN 作为传输媒介，不受传输距离的限制，因此，仪器更适合于组建分布式系统。

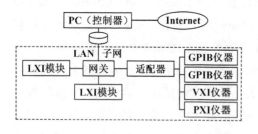

图 11.5-5　基于 LXI 架构的测试系统

LXI 仪器具有 3 种功能属性：标准的 LAN 接口，可提供 Web 接口和编程控制能力，支持对等操作和主从操作；基于 IEEE 1588 标准的触发设备，使模块具有准确动作时间，经 LAN 发出触发事件；基于 LVDS 电气接口的物理线触发系统，使模块通过有线接口互连。根据仪器具有的功能属性和触发精度不同，LXI 仪器分为 3 个等级，参见表 11-4。LXI

采用并发展了虚拟仪器技术，根据网络化特点，LXI 联盟推荐用 Web 网页取代软面板对仪器进行控制，并通过 Web 接口来升级软件或软固件。

表 11-4 LXI 的功能类

分类	物理标准	软件接口	Web 接口	触发接口
A 类		LXI 同步接口 API（LAN 触发和线触发）	同步配置网页（IEEE 1588 参数和线触发参数）	硬件触发总线
B 类	电气标准机械结构环境要求 EMC/EMI	LXI 同步接口 API（LAN 触发）	同步配置网页（IEEE 1588 参数）	IEEE 1588（LAN 消息和基于时间的事件触发）
C 类		IVI 驱动程序	欢迎网页及 LAN 配置页	LAN 接口（符合 IEEE 802.3）

11.6 现 场 总 线

自 20 世纪 80 年代中期开始，世界上各大控制厂商及标准化组织推出了多种互不兼容的现场总线协议标准，参见表 11-5。1984 年起，IEC 和 ISA（原美国仪表学会）开始制定国际标准的工作迄今为止，国际标准有 50 多种，代表性的国际现场总线标准如下[32-38]。

（1）IEC 现场总线标准，即用于工业控制系统的 IEC 61158 标准，含 8 种类型的现场总线，①原 IEC 61158 技术报告，即 FF-H1；②ControlNet（美国 Rockwell 公司）；③Profibus（德国 Siemens 公司）；④P-Net（丹麦 Process Data 和德国 Siemens 公司）；⑤FF HSE（美国 Fisher-Rosemount 公司）；⑥Swift Net（美国波音公司）；⑦WordFIP（法国 Alstom 公司支持）。⑧Interbus（德国 Phoenix 公司）。

（2）用于低压开关设备与控制设备、控制器与电气设备接口的 IEC 62026 标准，主要包括 AS-I（执行器-传感器接口）、DeviceNet（设备网）、SDS（智能分散系统）、SMCB（串行多路控制总线）4 种总线。

（3）ISO 的现场总线标准 ISO 11898。1993 年制定了道路车辆数字信息交换，即高速通信的控制器局域网（CAN）。ISO 11898 对 CAN 只规定了网络通信模型的第 1、2 层，即物理层和数据链路层，应用层的协议由不同用户、企业、组织定义。

表 11-5 典型的现场总线性能对照表

参数	FF	Profibus	HART	CAN	LonWorks
OSI 网络层次	1、2、3、8	1、2、3	1、2、7	1、2、7	1~7
通信介质	双绞线、光纤、电缆等	双绞线、光纤	电缆	双绞线、光纤	双绞线、电缆、电力线、光纤、无线等
介质访问方式	令牌（集中）	令牌（分散）	查询	位仲裁	P-P CSMA
纠错方式	CRC	CRC	CRC	CRC	CRC
通信速率	31.25KB/s	31.25KB/s 12MB/s	9600B/s	1MB/s	780KB/s
最大节点数/网段	32	127	15	110	2^{48}
优先级	有	有	有	有	有

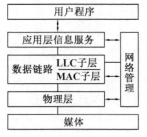

图 11.6-1　现场总线的体系结构图

IEC 61158 标准定义,现场总线是指安装在制造过程或区域的现场装置与控制室内的自动控制装置之间的数字式、串行、多点通信的数据总线,参见图 11.6-1,使传感器等智能化仪表的信息处理现场化。现场总线采用物理层、数据链路层和应用层的三层网络结构,流量控制和差错控制在物理层;报文的可靠性在数据链路层或应用层。在控制现场建立一条高可靠性的数据通信线路,以此实现各智能传感器之间及智能传感器与主控机之间的数据通信。智能传感器被赋予现场总线式通信功能之后,主控系统以现场总线为纽带,把单个智能传感器变成一个独立的网络节点。经智能传感器预处理的数据通过现场总线汇集到主机处理,使系统由面到点、再由点到面,对被控对象进行分析判断,提高了系统的可靠性和容错能力。从而把各个智能传感器连接成了可以互相沟通信息、共同完成控制任务的网络系统与控制系统。把现场设备(仪表、传感器与执行器)与控制器通过线缆相连,形成现场设备级、车间级的数字化通信网络,完成现场状态监测、控制、信息远传等功能。

11.6.1　AS-i 总线系统

执行器-传感器-接口(Actuator-Sensor-Interface,AS-i)是一种用于在控制器(主站)和传感器/执行器(从站)之间双向交换信息的总线网络[39],参见图 11.6-2,属现场总线底层的监控网络系统。AS-i 总线系统通过主站中的网关可和多种现场总线(如 FF、Profibus、CANbus 等)连接。AS-i 总线系统由三部分组成。①主机是整个系统的中心,可安装在控制器中如工业 PC(IPC)、可编程控制器(PLC)以及数字调节器(DC)内部,AS-i 主机和具有高性能微处理器为核心的设备为系统主站。②从站有两种:带 AS-i 通信接口的智能传感器/执行器,其内部装有 AS-i 从机专用芯片,再加上一些外围元件和存储器构成一体化从站,参见图 11.6-2 中的 B;分离型结构由专门设计的 AS-i I/O 接口模块和普通的传感器/执行器构成,参见图 11.6-2 中的 A。③AS-i 总线系统的拓扑结构可自由选择,可以是点对点型、总线型、树型、星型和环型结构,一个 AS-i 总线系统的电缆总长度不能超过 100m,其中包括分支的长度,否则必须加入中继器进行延长。AS-i 主站可作为上层现场总线的一个节点服务器,在它下面又可挂接一批 AS-i 从站。

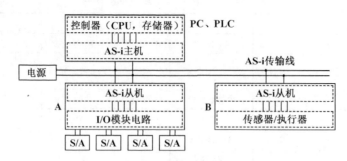

图 11.6-2　AS-i 总线系统结构原理图

11.6.2 HART

工业测试现场大量使用 4~20mA 模拟输出的系统(包括传感器、变送器及二次仪表等)。1986 年,美国 Rosemount 公司提出了可寻址远程传感器通信协议(Highway Addressable Remote Transducer Protocol,HART)作为过渡性标准[40]。HART 遵守 ISO/OSI 的七层网络协议标准,但只使用了其中的一层、二层和七层内容,有点对点或多点连接模式。在现有模拟信号传输线上实现数字信号通信,在常规模拟仪表的 4~20mA DC 信号的基础上叠加了 FSK(Frequency Shift Keying)数字信号,这种协议既可用于 4~20mA DC 的模拟仪表,也可用于数字式通信仪表。HART 是主/从协议,即现场设备(从站)只有在主站发出请求时才有回应。在通信中,数字通信与 4~20mA 模拟信号同时传送,HART 允许将对现场设备的通信设置成点对点的通信或构造成多点通信网络。HART 技术增加了设备描述语言(DDL)。使用 DDL,可使现场设备生产商对其产品建立完整的描述及相关特性。借助 DDL,通用的手持操作器也可对任何基于 HART 技术的设备进行组态。

11.6.3 FF 现场总线

1994 年,Fish-Rosemount 公司联合 80 多家公司制定的 ISP 协议和 Honey-Well 公司联合欧洲 150 家公司制定的 WorldFIP 协议合并,开发基金会现场总线(Foundation Fieldbus,FF),参见图 11.6-3,以 ISO/OSI 开放系统互连模型为基础,取物理层、数据链路层、应用层为 FF 通信模型的相应层次,在应用层上增加了用户层[41]。用户层主要针对自动化测控应用需要,定义了信息存取的统一规则,采用设备描述语言规定了通用功能块集。物理传输介质可支持双绞线、光缆和无线发射,协议符合 IEC 61158-2 标准。其物理介质的传输信号采用曼彻斯特编码。由于采用功能模块编程和设备描述语言(Device Dscription Language,DDL)使得现场总线能准确、可靠地实现信息互通,因此,FF 总线拥有出色的互可操作性。

图 11.6-3 基金会现场总线协议

11.6.4 LonWorks 现场总线

LonWorks(Operating Networks)局部操作网络是 Echelon 公司开发并与摩托罗拉、东芝公司共同倡导的数字通信协议[42]。该协议支持多种低成本的通信媒体,如双绞线、电力线、红外线、无线电射频、光纤和同轴电缆等。LonWorks 主要用于楼宇自动化、家庭自动化、保安系统、办公设备、运输设备、工业过程控制等,采用 ISO/OSI 模型的全部七层通信协议,通过网络变量把网络通信设计简化为参数设置,其通信速率为 300bit/s~15Mbit/s 不等,直接通信距离可达 2700m(78Kbit/s、双绞线)被誉为通用控制网络。LonWorks 技术采用的 LonTalk 协议被封装在称为 Neuron 的神经元中而得以实现。Neuron 芯片的编程语言为 Neuron C,从 ANSI C 派生而来。LonWorks 提供了一套开发工具 Lon Builder 与 Node Builder。此外,Lon Talk 协议还提供了 5 种基本类型的报文服务:确认(Acknowled Ged)、非确认(Unacknowled Ged)、请求/响应(Request/Response)、重复(Repeated)、非确认重复(Unacknowled Ged Repeated)。Lon Talk 协议的介质访问控制子层(MAC)对 CSMA(载波信号多路监听)做了改进,采用了一种带预测的 P 坚持 CSMA 的协议。所有的节点根据网络积压参数等待随机时间片来访问介质,从而有效避免网络的频繁碰撞是 LonWorks 的最大优势。

11.6.5 Profibus

过程现场总线(Process Fieldbus,Profibus)由德国 Siemens 公司等 13 家企业和 5 家研究机构联合开发,是 IEC 61158 的一部分[43]。Profibus 通信协议结构依据 ISO/OSI 参考模型,符合国际标准 ISO 7498。采用 OSI 模型的物理层、数据链路层,由这两部分形成了其标准第一部分的子集;Profibus-DP 型隐去了 3～7 层,增加了直接数据连接拟合作为用户接口,用于分散 I/O 之间通信设计,可用于分布式控制系统的高速数据传输,适用于加工自动化领域;Profibus-FMS 型隐去 3、6 层,采用应用层作为标准的第二部分,适用于纺织、楼宇自动化、可编程控制器、低压开关等;Profibus-PA 型遵从 IEC 61158-2 标准,可实现总线供电与本质安全防爆传输技术。Ethernet 技术的发展和应用,已经脱离传统的商业网络系统正走向工业控制自动化。由于 Ethernet 传输速度的提高和 Ethernet 交换技术的发展,所以使 Ethernet 全面应用到工业控制领域成为一种趋势。Profibus 和以太网相结合,提出了基于工业以太网的 PROFInet 解决方案,并逐渐取代了 Profibus-FMS 的位置。

11.6.6 CAN 总线

控制局域网络(Control Area Network,CAN)由德国 Bosch 公司推出,用于汽车检测与控制部件之间的数据通信,是一种有效支持分布式控制和实时控制的串行通信总线[44]。1993 年,CAN 总线规范成为 ISO 11898(高速应用)和 ISO 11519(低速应用),广泛应用于离散控制领域。CAN 总线是一种多主总线,通信介质可以是双绞线、同轴电缆或光导纤维通信速率可达 1Mbit/s。CAN 协议建立在国际标准组织的开放系统互连模型的基础之上,其模型结构只有三层,即只取 OSI 底层的物理层、数据链路层和顶层的应用层。CAN 技术规范有 2.0A 和 2.0B 两种,其信号传输介质为双绞线或光纤等,通信速率最高可达 1Mbit/s(传输距离为 40m),最远传输距离为 10km(传输速率为 5Kbit/s),最多可挂接 110 个节点设备,接中继器可以延长传输距离和增加节点数。

11.7 无线传感器网络

无线传感器网络(Wireless Sensor Network,WSN)由大量具有特定功能的传感器节点通过自组织的无线通信方式,相互传递信息,协同地完成特定功能的智能专用网络[45-50],参见图 11.7-1。WSN 综合了传感器技术、嵌入式系统技术、网络技术、通信技术、分布式信息处理技术、微电子制造和软件编程等技术,可实时监测、感知和采集网络所监控区域内的各种环境或监测对象的信息,并对收集到的信息进行处理后传送给终端用户。无线传感器网络广泛应用于军事、环境监测和预报、健康护理、智能家居、建筑物状态监控、复杂机械监控、城市交通、空间探索、大型车间和仓库管理,以及机场、大型工业园区的安全监测等领域。

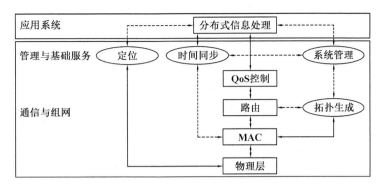

图 11.7-1　无线传感器网络体系结构

一个无线传感器网络一般由传感器节点、汇聚节点与管理节点三大硬件部分组成,传感器节点与汇聚节点通过无线通信设施进行联系。受传感器节点发射能力的限制,在更远距离的测试研究中心需采集远程分布的传感器节点的信息时,则可由管理节点与 Internet 相连,把无线传输的传感器节点信息进一步通过 Internet 传至世界各地。具有射频功能的传感器节点分布于无线传感器网络的各个部分,负责对数据的感知和采集,并且通过无线传感器网络通信技术将数据发送至汇聚节点(网关或者基站)。汇聚节点与监控或管理中心通过公共网络等,如 Internet 网络/卫星通信网络等进行通信,从而使用户对收集到的数据进行处理分析,以便作出判断或者决策。

无线传感器网络与 Internet 互连的主要内容是利用网关或 IP 节点,屏蔽下层无线传感器网络,向远端的 Internet 用户提供实时的信息服务,并且实现互操作。采用同构网络实现远程监测的无线传感器网络系统由传感器节点、汇聚节点、服务器端的 PC 和客户端的 PC 四大硬件环节组成,参见图 11.7-2。①传感器节点部署在监测区域(A 区),通过自组织方式构成无线网络。传感器节点监测的数据沿着其他节点逐跳进行无线传输,经过多跳后达到汇聚节点(B 区)。②汇聚节点是一个网络协调器,负责无线网络的组建,将传感器节点无线传输进来的信息与数据通过串行通信接口(Serial Communication Interface,SCI)传送至服务器端 PC。③服务器端 PC 是一个位于 B 区的管理节点,也是独立的 Internet 网关节点。④客户端 PC 上不需要进行任何软件设计,在浏览器中就可调用服务器 PC 中无线传感器网络,实现远程异地(C 区)对传感器无线网络(A 区)的监测与管理。

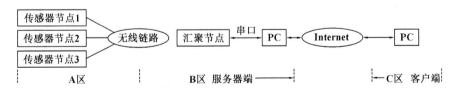

图 11.7-2　远程监测无线传感器网络系统的结构图

无线传感器网络分层网络通信协议包括物理层、数据链路层、网络层、传输层和应用层,参见图 11.7-3。物理层对收集到的数据进行抽样量化,以及信号的调制、发送与接收,即进行比特流的传输;数据链路层负责数据成帧、帧检测、介质接入控制以及差错控制来降低节点间的传输冲突;网络层完成数据的路由转发,实现传感器与传感器、传感器与信息接收中心间的通信；传输层提供无线传感器网络内部以数据为基础的寻址方式，并将其变换为外部网络的寻址方式，即完成数据格式的转换功能；应用层根据用户不同需要采用不同的应用软件，可实现无线传感器网络专门的应用目的。

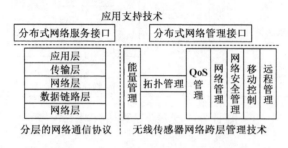

图 11.7-3　无线传感器网络协议体系结构图

物理层可采用低阶调制技术、超宽带(UWB)无线通信技术、无线射频识别(RFID)技术等；介质访问控制(MAC)子层可采用分布式接入控制算法、公平资源分配算法等；网络层针对不同的应用需要，可采用各种节省能量的分布式路由算法和协议，以及数据融合的算法。美国仪表协会 ISA SP100 规定了工业测量与控制下的如下 6 类应用。

第 0 类(安全类)：紧急控制，包括安全联锁紧急停车、自动消防控制等。

第 1 类(控制类)：重要的闭环控制，如现场执行器的直接控制、串级控制等。

第 2 类(控制类)：非重要的闭环控制，如变频控制、多变量控制、优化控制等。

第 3 类(控制类)：开环控制，是指在回路中有人工参与的控制。

第 4 类(监测监控类)：记录短期操作的结果，是指通过无线传输那些只在短时间内产生操作结果的数据消息。

第 5 类(监测监控类)：记录和下载/上传不产生直接操作的结果，如历史数据的采集，以及为预防性维护而进行的周期性数据采集和上传等。

无线个域网 WPAN(Wireless Personal Application Network)标准化组织 IEEE 802.15 工作组制定了中速无线个域网标准 IEEE 802.15.1，蓝牙；高速无线个域网标准 IEEE 802.15.3，超宽带(UWB)；低速无线个域网标准 IEEE 802.15.4，ZigBee 协议栈及适用于无线传感器网络节点的嵌入式微型 IPv6 协议栈。

11.7.1　蓝牙技术

1998 年，Ericsson、IBM、Intel、Nokia 和 Toshiba 等公司推出蓝牙标准，建立通用的无线空中接口及其控制软件的公开标准，使不同厂家生产的设备在 10cm～100m 的范围内具有互用、互操作的性能，蓝牙核心规范对蓝牙协议栈中各层的功能进行定义，包括系统通信、控制、服务等；协议子集描述了利用蓝牙中的协议来实现特定应用，描述了各协议子集本身所需的有关协议，以及使用和配置各层协议。蓝牙协议栈是事件驱动的多任务运行方式，作为一个独立的任务来运行，由操作系统协调其和应用程序间的关系。

11.7.2　ZigBee 技术

ZigBee 协议栈由物理层、MAC 子层、网络层、应用汇聚子层和高层应用规范层组成。

ZigBee 的物理层和 MAC 层采用 IEEE 802.15.4 标准；ZigBee 的网络层、应用汇聚子层和高层应用规范由 ZigBee 联盟进行制定。网络层采用基于 Ad-hoc 的路由协议，除了具有通用的网络层功能外，还与底层的 IEEE 802.15.4 标准一样功耗低，同时要实现网络的自组织和自维护。应用汇聚子层把不同的应用映射到 ZigBee 网络上，主要包括安全属性设置、业务发现、设备发现和多个业务数据流的汇聚等功能。

11.7.3 无线 HART 技术

2007 年，无线 HART 作为 HART 7.0 的一部分，确定通过 IEEE 802.15.4 实现。无线 HART 符合 IEEE 802.15.4 标准，工作频率为 2.4GHz，采用直接序列扩频技术和跳频技术来保证安全和可靠性，采用时分多址 TDMA 的同步、隐式报文控制通信技术进行网络设备通信。为了实现面向不同应用要求的灵活性，无线 HART 支持多报文模式，包括过程和控制数值的单向发布模式、异常自动通知模式、自组织分组（Ad-hoc）网络请求/响应模式和大数据集的自分段块传输模式。这些功能使得通信系统可根据应用要求进行定制，从而降低了能耗。无线 HART 专门针对其他网络共存情况下的设计，甚至包括那些不遵循 IEEE 802 标准系列的网络。直接序列扩频技术（编码分集）和可调发射功率（功率分集）的应用可以使无线 HART 处于各种其他无线网络环境之中也能实现可靠的通信，可以在干扰情况下保证正常工作，能够高效地利用带宽，同时避免造成对其他网络的干扰。

11.8 IEEE 1451 传感器网络

1994 年 3 月，美国国家标准技术局（the National Institute of Standard Technology，NIST）和 IEEE 联合制定了 IEEE 1451 的传感器与执行器的智能变换器接口标准（Standard for a Smart Transducer Interface for Sensors and Actuators）。IEEE 1451 定义了一整套通用的通信接口，使变换器能独立于网络与基于微处理器的系统，仪器仪表和现场总线网络相连，实现变换器到网络的互换性与互操作性[51]。IEEE 1451 的特点是：①传感器软件应用层的可移植性；②传感器应用的网络独立性；③传感器的互换性。

IEEE 1451 将传感器分成两层模块结构，其中，网络适配处理器模块（Network Capable Application Processor，NCAP）用来运行网络协议和应用硬件，可远离测量点，获得较好的电磁兼容性和通信性能；智能变换器接口模块（Smart Transducer Interface Module，STIM）包括变送器和电子数据表格 TEDS，可放置于离测量点较近的位置，以便于安装、传感。根据这种分层模型，使得应用在基于各种现场总线的分布式控制系统中的各种变送器的设计、制造与系统的网络结构无关。IEEE 1451 允许传感器通过一个通用的接口系列，来获取传感器数据，参见图 11.8-1。IEEE 1451.X 产品可工作在一起，构成网络化智能传感器系统，也可各个 IEEE 1451.X 单独使用。IEEE 1451.1 标准可独立于其他 IEEE1451.X 硬件接口标准而单独使用；IEEE 1451.X 也可不需要 IEEE 1451.1 而单独使用，但是，必须要有类似 IEEE 1451.1 所具有的软件结构模块，提供物理参数数据、应用功能函数和通信功能来把 IEEE 1451.X 设备与网络连接，实现 IEEE 1451.1 的功能，如虚拟 NCAP。

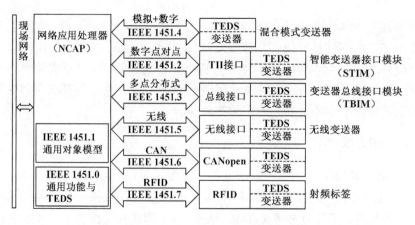

图 11.8-1 IEEE 1451 标准协议体系结构图

11.8.1 网络化传感器

IEEE 1451.2 网络化传感器模型把传感器节点分成两大模块，参见图 11.8-2，NCAP 运行经精简的 TCP/IP 协议栈、嵌入式 Web 服务器、数据校正补偿引擎、TII 总线操作软件、用户特定的网络应用服务程序以及用来管理软硬件资源的嵌入式操作系统；STIM 实现功能的变送器、数字化处理单元、TEDS 和 TII 总线操作软件。

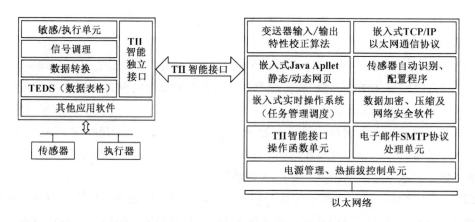

图 11.8-2 IEEE 1451.2 网络化传感器模型

11.8.2 有线网络化传感器

IEEE 1451.2 标准定义了接口逻辑和 TEDS 的格式，提供了 STIM 和 NCAP 的 10 线的标准接口 TII，主要定义二者之间的点点连接、同步时钟的短距离接口，使传感器制造商可把一个传感器应用到多种网络和应用中，参见图 11.8-3。基于 IEEE 1451.2 标准的有线网络化传感器利用 STIM 和 NCAP 接口模块，硬件可使用专用的集成芯片，如 EDI1520、PLCC244，软件模型采用 IEEE 1451.2 标准的 STIM 软件模块(STIM 模块、STIM 传感器接口模块、TII 模块和 TEDS 模块)。

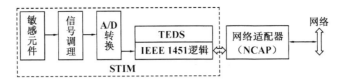

图 11.8-3　基于 IEEE 1451 标准化的有限网络化传感器模型

11.8.3　无线网络化传感器

1. 蓝牙标准

基于 IEEE 1451.2 和蓝牙标准的无线传感器网络体系结构主要由 STIM、蓝牙模块和 NCAP 三个部分组成，参见图 11.8-4。蓝牙模块通过 TII 接口与 STIM 相连，通过 NCAP 与 Internet 相连，承担了传感器信息和远程控制命令的发送和接收任务。NCAP 通过分配的 IP 地址与网络相连。标准蓝牙电路使用 RS-232 或 USB 接口；TII 接口的蓝牙电路实现了控制 STIM 和转换数据到用户控制接口（Host Control Interface，HCI）的功能。

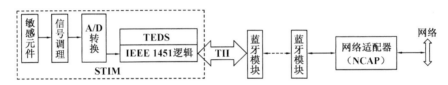

图 11.8-4　基于 IEEE 1451.2 和蓝牙标准的无线传感器网络体系结构

2. ZigBee 标准

基于 IEEE 1451 标准和 ZigBee 标准的基本方案包括无线 STIM 和无线 NCAP 终端两种，参见图 11.8-5。①STIM 与 NCAP 通过 ZigBee（收发模块）无线传输信息，传感器或执行器的信息由 STIM 通过无线网络传递到 NCAP 终端，进而与有线网络相连，或在 NCAP 与网络间的接口替换为无线接口。②STIM 与 NCAP 之间通过 TII 接口相连，无线网络的收发模块置于 NCAP 上，另一无线收发模块与无线网络相连，从而与有线网络通信。在此方案中，NCAP 作为传感器网络终端，NCAP 和 STIM 集成在一个芯片或模块中。

图 11.8-5　基于 IEEE 1451 和 ZigBee 标准的无线传感器网络体系结构

11.8.4　传感器网络测控系统体系结构

IEEE 1451 为开发符合标准的传感器网络提供了基础，参见图 11.8-6，测量服务器主要对各测量基本功能单元的任务分配和对基本功能单元采集来的数据进行计算、处理与综合，数据存储、打印等；测量浏览器为 Web 浏览器或别的软件接口，可浏览现场测量节点测量、分析、处理的信息和测量服务器收集、产生的信息。系统中，传感器不仅可与测量服务器进行信息交换,而且符合 IEEE 1451 标准的传感器、执行器之间也相互进行信息交换,减少网络中传输的信息量,有利于系统实时性的提升。

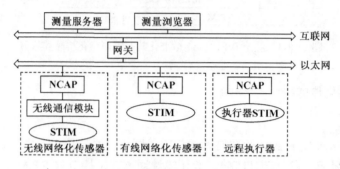

图 11.8-6　传感器网络测控系统结构

参 考 文 献

[1] 王友钊, 黄静, 戴燕云. 现代传感器技术、网络及应用. 北京: 清华大学出版社, 2015.

[2] 胡成华, 刘传瑞, 郭文生. 嵌入式网络编程——串口通信工业总线传感器网络应用开发. 北京: 电子工业出版社, 2012.

[3] 卢胜利. 智能仪器设计与实现. 重庆: 重庆大学出版社, 2003.

[4] 孙宏军, 张涛, 王超. 智能仪器仪表. 北京: 清华大学出版社, 2007.

[5] 周浩敏, 钱政. 智能传感技术与系统. 北京: 北京航空航天大学出版社, 2008.

[6] 张剑平. 智能化检测系统及仪器. 北京: 国防工业出版社, 2009.

[7] 李邓化, 彭书华, 许晓飞. 智能检测技术及仪表. 北京: 科学出版社, 2007.

[8] 曾孟雄, 李力, 肖露, 等. 智能检测控制技术及应用. 北京: 电子工业出版社, 2008.

[9] 刘大茂. 智能仪器原理与设计. 北京: 国防工业出版社, 2008.

[10] 王俊杰. 传感器与检测技术. 北京: 清华大学出版社, 2011.

[11] 祝诗平. 传感器与检测技术. 北京: 中国林业出版社, 2006.

[12] 方彦军, 程继红. 检测技术与系统设计. 北京: 中国水利水电出版社, 2007.

[13] 陶红艳, 余成波. 传感器与现代检测技术. 北京: 清华大学出版社, 2009.

[14] 刘红丽, 张菊秀. 传感与检测技术. 北京: 国防工业出版社, 2007.

[15] 张玘, 刘国福, 王光明, 等. 仪器科学与技术概论. 北京: 清华大学出版社, 2011.

[16] 周荷琴, 吴秀清. 微型计算机原理与接口技术. 4 版. 合肥: 中国科学技术大学出版社, 2011.

[17] Patterson D A, Hennessy J L. Pattersen Computer Organization and Design: The Hardware/Software Interface. 5th ed. San Francisco: Morgan Kaufmann Publishers, 2013.

[18] 刘乐善. 微型计算机接口技术与汇编语言. 北京: 人民邮电出版社, 2013.

[19] 刘刚. 单片机原理及其接口技术. 北京: 科学出版社, 2012.

[20] 王晓萍. 微机原理与接口技术. 杭州: 浙江大学出版社, 2015.

[21] 李朝青. 单片机原理及串行外设接口技术. 北京: 北京航空航天大学出版社, 2008.

[22] 杨坤明. 现代高速串行通信接口技术与应用. 北京: 电子工业出版社, 2010.

[23] 王平, 工业以太网技术. 北京: 科学出版社, 2007.

[24] 博尔曼, 希尔根坎普. 工业以太网的原理与应用. 北京: 国防工业出版社, 2011.

[25] 李正军. 现场总线与工业以太网及其应用技术. 北京: 机械工业出版社, 2011.

[26] 梁庚. 工业测控系统实时以太网现场总线技术——EPA 原理及应用. 北京: 中国电力出版社, 2013.

[27] 冯冬芹, 褚健, 金建祥. 实时工业以太网技术——EPA 及其应用解决方案. 北京: 科学出版社, 2013.

[28] GB/T 21547.1—2008. VME 总线对仪器的扩展第 1 部分: TCP/IP 仪器协议规范. 北京: 中国标准出版社, 2008.

[29] GB/T 21547.1—2008. VME 总线对仪器的扩展第 2 部分: TCP/IP-VXI 总线接口规范. 北京: 中国标准出版社, 2008.

[30] GB/T 21547.1—2008. VME 总线对仪器的扩展第 3 部分: TCP/IP-IEEE 488.1 接口规范. 北京: 中国标准出版社, 2008.

[31] GB/T 21547.1—2008. VME 总线对仪器的扩展第 4 部分: TCP/IP-IEEE 488.2 仪器接口规范. 北京: 中国标准出版社, 2008.

[32] 朱晓青. 过程控制与分布式技术和现场总线技术. 北京: 化学工业出版社, 2013.

[33] 张凤登. 现场总线技术与应用. 北京: 科学出版社, 2008.

[34] 刘泽祥, 李媛. 现场总线技术. 2 版. 北京: 机械工业出版社, 2011.

[35] 李正军. 现场总线及其应用技术. 北京: 机械工业出版社, 2011.

[36] 李占英. 分散控制系统(DCS)和现场总线控制系统(FCS)及其工程设计. 北京: 电子工业出版社, 2015.

[37] 姚福来, 孙鹤旭. PLC 现场总线及工业网络实用技术速成. 北京: 电子工业出版社, 2011.

[38] 王永华, Verwer A. 现场总线技术及应用教程. 北京: 机械工业出版社, 2012.

[39] 王永华. 现场总线技术及应用教程——从 Profibus 到 As-i. 北京: 机械工业出版社, 2007.

[40] GB/T 29910.4—2013. 工业通信网络·现场总线规范·类型 20: HART 规范第 4 部分: 应用层协议规范. 北京: 中国标准出版社, 2014.

[41] 钟耀球, 张卫华. FF 总线控制系统设计与应用. 北京: 中国电力出版社, 2010.

[42] 张云贵, 王丽娜, 张声勇, 等. LonWorks 总线系统设计与应用. 北京: 中国电力出版社, 2010.

[43] 梁涛, 杨彬, 岳大为. Profibus 现场总线控制系统的设计与开发. 北京: 国防工业出版社, 2013.

[44] 蔡豪格. 现场总线 CANopen 设计与应用. 北京: 北京航空航天大学出版社, 2011.

[45] 于海斌, 梁炜, 曾鹏. 智能无线传感器网络系统. 2 版. 北京: 科学出版社, 2013.

[46] 刘伟荣, 何云. 物联网与无线传感器网络. 北京: 电子工业出版社, 2013.

[47] 许毅, 陈立家, 甘浪雄, 等. 无线传感器网络技术原理及应用. 北京: 清华大学出版社, 2015.

[48] 王汝传, 孙力娟. 无线传感器网络技术导论. 北京: 清华大学出版社, 2012.

[49] 胡飞. 无线传感器网络: 原理与实践. 北京: 机械工业出版社, 2015.

[50] 宋文. 无线传感器网络技术与应用. 北京: 电子工业出版社, 2007.

[51] 刘桂雄. 基于 IEEE1451 的智能传感器技术与应用. 北京: 清华大学出版社, 2012.

第三篇 应 用

第12章 机械参量

12.1 引 言

在测量过程中，敏感(弹性)元件将感受到的被测量转换成应变量或位移量等，经信号转换元件把测量参量转换成调制信号，实现相关参量的测量，参见表 12-1，制作(敏感)弹性元件的弹性合金有高弹性合金、恒弹性合金、硅材料和聚合物材料[1-9]。

表 12-1 用于传感系统的弹性敏感器件

检测方法			测量原理
力平衡法	机械式力平衡装置		用一个已知力来平衡待测的未知力(杠杆原理)
	磁电式力平衡装置		
位移法	电容式	力-位移-电容	测量未知力引起的弹性元件产生的位移(变形)，从而间接地测得未知力
	电感式	力-位移-电感	
频率式	振弦式	力-振动-频率	利用机械振动系统，通过测量振弦弹性体的频率变化测待测力
物理效应法	电阻应变效应		力-弹性体应变-电阻变化
	压电效应		力-压电材料-产生电荷
	压磁效应		力-铁磁材料-磁导率变化
	Hall 效应		力-半导体材料-电动势
	光纤效应		力-光纤材料-光特性变化

弹性敏感器件就是具有弹性变形特性的物体，其基本特性如下。
(1)弹性元件的固有频率(无阻尼自由振动频率)决定了弹性元件的动态特性。
(2)非弹性效应是弹性元件在加、卸载同一数值时，位移量之间存在差值，构成了弹性滞后环，参见图 1.5-1，一般用相对滞后表示：

$$\delta_n = (\Delta\omega_{max}/\omega_{max}) \times 100\% \quad (12.1\text{-}1)$$

式中，$\Delta\omega_{max}$ 是最大的位移滞后；ω_{max} 是最大工作载荷下的总位移。

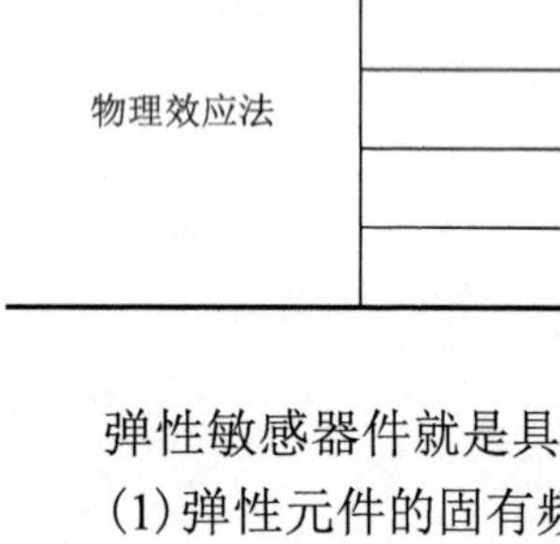

弹性元件材料的变形与时间有关，参见图 12.1-1。当载荷停止增加时，元件产生位移 OD；位移 CD 是载荷不变时，在 OK 时间内产生的正弹性后效(弹性蠕变)。卸载后，元件产生

图 12.1-1 弹性后效

位移 CE；位移 EO 是在 KH 时间内缓慢释放的后弹性后效。

弹性模量温度系数 β_t 是环境温度变化 ΔT 引起材料弹性模量变化 ΔE 的量度：

$$\beta_t = \frac{1}{E_0}\frac{\Delta E}{\Delta T} = \frac{1}{E_0}\frac{E-E_0}{T-T_0} \tag{12.1-2}$$

式中，E_0 和 E 分别是温度为 T_0 和 T 时的弹性模量。弹性模量随温度变化，相同载荷作用下，弹性元件的输出量发生变化，由此引起的误差被称为温度误差。

(3) 刚度 k 是弹性元件在外力 F 作用下变形 ω 的量度：

$$k = \lim_{\Delta\omega \to 0}\left(\frac{\Delta F}{\Delta \omega}\right) = \frac{\mathrm{d}F}{\mathrm{d}\omega} \tag{12.1-3}$$

梁在单应力作用下，为保证超过 10^7 次的寿命，$[\sigma]<2[\sigma_{\lim}]/3$，$[\sigma]$ 是许用弯曲应力，$[\sigma_{\lim}]$ 是弹性极限；膜盒、波纹管等复杂弹性元件，在多应力作用下，为减小滞后，$[\sigma]<[\sigma_{\lim}]/3$；对于长期受载和测量用弹簧，取 $[\sigma]<[\sigma_{\lim}]/5$；承受静载荷的弹性元件，允许 $[\sigma]\to[\sigma_{\lim}]$。

(4) 灵敏度 s 是作用于弹性元件上单位力或压力所产生的变形量度：

$$s = \frac{\mathrm{d}\omega}{\mathrm{d}F} = \frac{1}{k} \tag{12.1-4}$$

组合式弹性元件应用 n 个弹性敏感元件。当弹性元件并联时，灵敏度为

$$s = \left(\sum_{i=1}^{n} s_i^{-1}\right)^{-1} \tag{12.1-5}$$

当弹性元件串联时，灵敏度为

$$s = \sum_{i=1}^{n} s_i \tag{12.1-6}$$

12.2 几何量与运动量

运动量是描述物体运动的量，在运动量的测量中，基本量是位移和时间[10-12]。

12.2.1 位移

几何量是空间量，由长度和角度组成的多维量，用来描述物体的几何特性。构成零件几何形状的要素，还包括平面、回转面和一般曲面。位移检测是几何测量的基础[12, 13]，线位移是沿一点相对另一点的直线平动；角位移是绕直线相对另一直线的单轴平面转动。

1. Fabry-Perot 干涉仪

1862 年，法国科学家 Fabry 和 Perot 等研制出 Fabry-Perot 标准具，主要是由两块平面度和平行度极高的平面镜构成的谐振腔，只有腔长为半波长 ($\lambda/2$) 整数倍的那些光能在腔内形成驻波，波长稍有变化，输出能量便会急剧下降。Fabry-Perot 干涉仪最早应用于分析光谱线的精细结构、干涉计量学以及激光器原理的研究。光学谐振腔的光学腔长 L 的变化与谐振频率 f 的变化 Δf 之间满足如下关系：

$$L = ct/2\Delta f = f\Delta L/L \tag{12.2-1}$$

通过与标准的碘稳频激光器或碘吸收谱线比对，可测量得到 L、f，于是测量 Δf 就可得

到 ΔL,参见图 12.2-1,Fabry-Perot 干涉仪条纹具有极高的锐度,测量中可达到皮米级的测量精度。

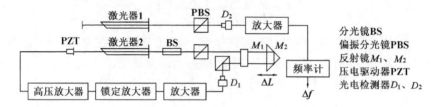

图 12.2-1　Fabry-Perot 干涉仪的原理图

2. 激光距离检测

激光测距利用激光器向目标发射单次激光脉冲或脉冲串,光脉冲从目标反射后被接收,通过测量激光脉冲在待测距离上往返传播的时间,计算出待测距离:

$$L = ct/2 \tag{12.2-2}$$

式中,L 为待测距离;c 为光速;t 为光波往返传输时间。测量传输时间 t,在技术途径上有脉冲式(直接测定时间)和相位式(间接测定时间)两种方法。

(1)脉冲式激光测距法通过脉冲激光器向目标发射一持续时间极短的激光脉冲,同时作为开门信号启动计数器,开始对高频时钟振荡器输入的时钟脉冲计数;当激光脉冲从目标反射并返回时,由光电探测器接收,经放大整形转换为电脉冲进入计数器,作为关门信号,使计数器停止计数,参见图 12.2-2。若计数器从开门到关门期间,记录的时钟脉冲个数为 n,高频时钟振荡周期为 τ,则激光脉冲到目标的往返传输时间为

$$t = n\tau = n/f \tag{12.2-3}$$

式中,f 为高频时钟振荡频率。测得 t 可由式(12.2-2)算出被测距离。脉冲式激光测距主要适用于测量短距离低精度或长距离(如地球-月球距离),精度一般在米级。

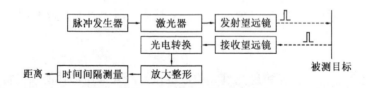

图 12.2-2　脉冲式激光测距原理

(2)相位式激光测距法通过向目标发射连续的、经幅度调制的激光信号,测量调制光在待测距离上往返传播所产生的相位延迟,再根据调制光的波长,换算出此相位延迟所代表的距离,即用测量相位延迟的间接方法测定光在待测距离上往返传播所需的时间,实现距离的测量,参见图 12.2-3。调制光波在待测距离上传播反射后,经接收系统进入检相器,检相器将发射信号与接收信号进行相位比较,测出相位差 $\Delta\varphi$。设调制光波的波长为 λ,调制频率为 f。光波每传播 λ 的一段距离,相位就会变化 2π,故光波往返的相位移 φ 为

$$\varphi = 2\pi N + \Delta\varphi = \omega t = 2\pi f t \tag{12.2-4}$$

式中,N 为整周期数;ω 为光波调制圆频率。所以,激光脉冲往返传输时间为

$$t = (2\pi N + \Delta\varphi)/(2\pi f) \tag{12.2-5}$$

因此，待测距离 L 为

$$L = (c/2)(2\pi N + \Delta\varphi)/(2\pi f) = (\lambda/2)(N + \Delta N) \tag{12.2-6}$$

式中，$\lambda = c/f$；$\Delta N = \Delta\varphi/2\pi$，$0 < \Delta N < 1$。

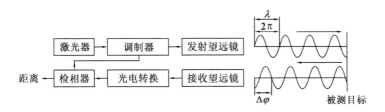

图 12.2-3 相位式激光测距原理

12.2.2 速度

速度是物体运动时单位时间内的位移增量，根据物体运动的形式可分为线速度和角速度；根据运动速度的参考基准可分为绝对速度和相对速度；根据速度特征可分为平均速度和瞬时速度；根据获取物体运动速度的方式可分为直接速度和间接速度。

1. 微波 Doppler 传感器

微波 Doppler 传感器利用雷达将电波发射到被测对象物，并接收返回的反射波，参见图 4.4-1。若对以相对速度 v 运动的物体发射微波，由于 Doppler 效应，反射波的频率发生偏移，即 Doppler 频移，则 Doppler 频率 f_D 为

$$f_D = (v/\lambda)\cos\theta \tag{12.2-7}$$

式中，λ 是微波信号波长；θ 是方位角。当物体靠近发射天线时，f_D 为正；远离发射天线时，f_D 为负。在确定 v、λ、θ 中任意两个参数后，由于 f_D 可测出，根据式(12.2-7)可确定第三个参数，通常可用于测定物体的运动速度。f_D 的测量基于接收机将来自发射机的参照信号和来自运动物体的反射信号混合后，则 Doppler 输出信号为

$$u_D = U_D \sin(2\pi f_D t - 4\pi r/\lambda) \tag{12.2-8}$$

式中，r 是运动物体与发射天线间的距离；u_D 是 Doppler 电压信号；U_D 是 Doppler 电压信号的幅值。如果要确定运动物体与发射天线间的距离 r，可发射两个不同波长的信号，则式(12.2-8)中的信号初始相位的变化为

$$\Delta\varphi = 4\pi r (\lambda_2^{-1} - \lambda_1^{-1}) \tag{12.2-9}$$

因此

$$r = \frac{\Delta\varphi \lambda_1 \lambda_2}{4\pi(\lambda_1 - \lambda_2)} \tag{12.2-10}$$

式(12.2-10)表明，只要测出不同波长 λ_1 和 λ_2 下的初始相位差 $\Delta\varphi$，即可确定距离 r。微波 Doppler 传感器可用于交通管制的车辆测速雷达，水电站用的流速测定仪，海洋气象站可以将其用来测定海浪与热带风暴，也可用作火车进站速度监控等。

2. Hall 测速传感器

利用两只 Hall 元件可检测磁栅标尺的移动距离和移动速度,参见图 12.2-4,两只 Hall 元件的测量距离是栅极间距的 1/4。A 相或 B 相的脉冲输出频率表示移动速度,脉冲输出个数表示移动距离;AB 两相的脉冲输出关系如果是 A 相输出落后 B 相输出,说明磁标尺相对于 Bool 器件发生了由 B 至 A 的移动(反向移动),参见图 12.2-4(b)。反之,如果 A 相超前 B 相,栅为正向移动,则由 A 至 B。同理,利用两只 Hall 元件还可以检测磁化码盘的旋转角度和转速以及转向。

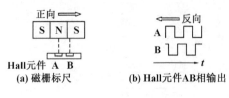

图 12.2-4 Hall 测速原理

12.2.3 加速度

刚体的一般运动涉及三维的平动和转动,通常将单轴传感器沿选定轴放置以测量向量的正交分量,然后通过计算来确定总向量。这种基于弹簧/质量的系统广泛应用于各类振动测量[14-16],参见图 12.2-5。振动变量为结构上选定点的位移 x、速度 v 和加速度 a:

$$\begin{cases} x = x_0 \sin \omega t \\ v = \omega x_0 \cos \omega t \\ a = -\omega^2 x_0 \sin \omega t \end{cases} \tag{12.2-11}$$

式中,通常测量振动和运动的传感器是位移传感器和加速度传感器。

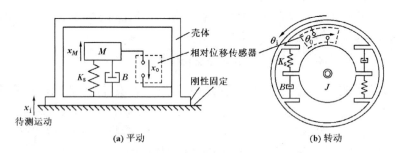

图 12.2-5 加速度传感器的原理图

在图 12.2-5(a)中,线加速度传感器的力学模型如下:

$$K_s x_o + B \frac{\mathrm{d} x_o}{\mathrm{d} t} = M \frac{\mathrm{d}^2 x_M}{\mathrm{d} t^2} = M \left(\frac{\mathrm{d}^2 x_i}{\mathrm{d} t^2} - \frac{\mathrm{d}^2 x_o}{\mathrm{d} t^2} \right) \tag{12.2-12}$$

式中,K_s 是弹簧刚度;B 是阻尼系数;x_o 是相对位移传感器的位移;待测运动 x_i 和质量块 M 的运动 x_M 是绝对位移。当重力沿 x 轴静态作用时,$x_o=0$,则

$$(x_o/x_i)(D) = (D/\omega_n)^2 \Big/ \left[(D/\omega_n)^2 + 2\zeta(D/\omega_n) + 1 \right] \tag{12.2-13}$$

式中,系统的固有频率 ω_n 和系统的阻尼率 ζ 分别为

$$\begin{cases} \omega_n = \sqrt{K_s/M} \\ \zeta = B \Big/ \left(2\sqrt{K_s M} \right) \end{cases} \tag{12.2-14}$$

作为一种加速度传感器，参见图 12.2-6，主要考虑其频率响应：
$$(x_o/x_i)(i\omega) = (i\omega/\omega_n)^2 \Big/ \left[(i\omega/\omega_n)^2 + 2\zeta(i\omega/\omega_n) + 1\right] \quad (12.2\text{-}15)$$

静态位移输入是无响应的，但对于精确测量，ω_n 应比 ω 低得多。当振动频率提高到振动子的固有振动频率时，产生共振；若振动频率再进一步提高，振动子的运动将跟不上框架的快速振动，从而停止振动，呈现相对静止状态。因此，加速度传感器是以共振条件为界限，低频时测量加速度；高频时测量位移。

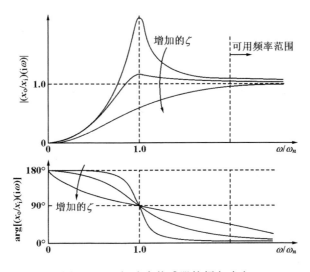

图 12.2-6　加速度传感器的频率响应

1. 光纤 Bragg 光栅加速度传感器

将光纤 Bragg 光栅沿等强度悬臂梁表面的中轴线粘贴，悬臂梁的粗端固定于支承载体，细端（自由段）安装了一个振动质量块[17]，参见图 12.2-7，则该传感结构简化为振动质量块 m、等强度悬臂梁的等效弹簧刚度 k 和阻尼 C 组成的二阶单自由度受迫振动系统[18]。

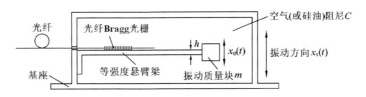

图 12.2-7　等强度悬臂梁式光纤 Bragg 光栅加速度传感器

2. 振梁式加速度传感器

振梁式加速度传感器有两个检测质量，分别支撑在两个挠性支承上，参见图 12.2-8。检测质量与振梁传感器相连接，而振梁传感器的另一端与仪表壳体固联。振动频率随石英梁所受应力的变化而改变，石英梁受拉力时（承受张力），频率增大；石英梁受压力时（承受压力），

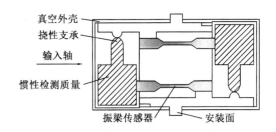

图 12.2-8　振梁式加速度计结构图

频率减小。当加速度同时作用到两个检测质量上时，一个石英梁受拉力，而另一个石英梁则受压力。加速度计的输出就取这两个石英梁的差频，振梁式加速度计的每个石英梁的频率是输入加速度 a 的非线性函数。

受拉力振梁传感器 1 和受压力振梁传感器 2 分别输出：

$$f_1 = K_{01} + K_{11}a + K_{21}a^2 + K_{31}a^3 \tag{12.2-16}$$

$$f_2 = K_{02} + K_{12}a + K_{22}a^2 + K_{32}a^3 \tag{12.2-17}$$

则加速度计的差频输出为

$$f_1 - f_2 = (K_{01} - K_{02}) + (K_{11} - K_{12})a + (K_{21} - K_{22})a^2 + (K_{31} - K_{32})a^3 \tag{12.2-18}$$

双梁推拉式结构可减小仪表的偏值和二阶非线性系数。仪表装配时，选配的两只振梁传感器的特性一致，使 $K_{01} \approx K_{02}$ 和 $K_{21} \approx K_{22}$。整个仪表的标度因数是单个振梁传感器的 2 倍。仪表的三阶非线性系数虽也是单个振梁传感器的 2 倍，但数值很小。

振梁式加速度传感器仅需很小的功率便可激励石英谐振梁，从而使仪表构成一个石英晶体振荡器。振梁式传感器的工作准备时间极短，通电后，就能立即启动工作。振梁式加速度传感器的零点稳定性优于 $10\mu g$，灵敏度稳定性优于 1×10^{-5}，零温度系数稳定性优于 $10\mu g/℃$，灵敏度温度系数小于 $1\times10^{-5}/℃$。这种加速度传感器多用于惯性制导中。

3. 伺服加速度传感器

伺服传感器是闭环传感器，比较与平衡的方式有力和力矩平衡、电压平衡、电流平衡、热平衡等，构成闭环的反馈-测量系统。位移直接反馈式伺服加速度计包括由质量、弹簧、阻尼组成的摆系统，参见图 12.2-9。伺服加速度计就是由一个差动电容或加速度计（二阶系统）、一个伺服放大器（一阶系统）和一个作为电动力式的伺服执行元件所组成的闭环系统。因为敏感元件（由石英电容做成极板）在达到力平衡前只移动微小距离，而且支持惯性质量的弹簧极其柔软，弹性常数选得很小。这样，弹簧的非线性、迟滞、蠕变以及电容的非线性均可忽略。作为一般性检测，伺服传感器的准确度已足够，但对低频基标准的使用，应当使用惯导级伺服传感器，即阈值至少达到 $1\times10^{-5} \sim 1\times10^{-6}$。

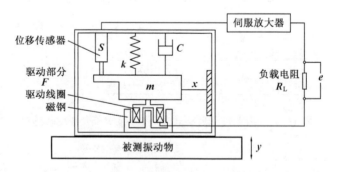

图 12.2-9 伺服式加速度计的原理图

12.2.4 振动

机械振动是指物体（或物体的一部分）沿直线或曲线在平衡位置附近所作的周期性往复运动，参见表 12-2，可分为确定性振动（简谐、复杂周期振动，准周期、瞬态和冲击非周期振动)和随机振动(各态历经、非各态历经的平稳振动,非平稳振动)[15, 16, 19-21]。

表 12-2 机械振动的分类

分类	名称	主要特征与说明
振动产生原因	自由振动	系统受初始干扰或外部激振力取消后,系统本身由弹性恢复力和惯性力来维持的振动。当系统无阻尼时,振动频率为系统的固有频率;当系统存在阻尼时,其振动幅度将逐渐减弱
	受迫振动	由外界持续干扰引起和维持的振动,此时系统的振动频率为激振频率
	自激振动	系统在输入和输出之间具有反馈特性时,在一定条件下,没有外部激振力而由系统本身产生的交变力激发和维持的一种稳定的周期性振动,其振动频率接近于系统的固有频率
振动规律	简谐振动	振动量为时间的正弦或余弦函数;其他复杂的振动都可视为多个简谐振动的合成
	周期振动	振动量为时间的周期性函数,可展开为一系列的简谐振动的叠加
	瞬态振动	振动量为时间的非周期函数,一般在较短的时间内存在
	随机振动	振动量不是时间的确定函数,只能用概率统计的方法来研究
系统的自由度	单自由度系统振动	用一个独立变量就能表示系统振动
	多自由度系统振动	需用多个独立变量表示的系统振动
	连续弹性体振动	需用无限多个独立变量表示的系统振动
系统结构参数的特性	线性振动	可用常系数线性微分方程来描述,系统的惯性力、阻尼力和弹性力分别与振动加速度、速度和位移成正比
	非线性振动	要用非线性微分方程描述,即微分方程中出现非线性项

按激励方式的不同,主要测试方法如下。

(1)恒加速度法(标定加速度计)。在倾斜支撑法中,加速度计被固结到一根倾斜支撑件,该支撑件测量垂直方向的倾斜角,倾斜法的精度取决于角度测量的精度和已知当地的重力,测量误差为±0.0003g;在离心力法中,加速度计的敏感轴径向配置在一只转动水平盘,受均匀圆运动的法向加速度,静态加速度的范围是 0~60000g,精度为±1%。

(2)正弦激励测试。施加在被测对象上的力是稳态正弦力,是最常用的一种激励方式。具有能量集中、精度高等优点,可分为单点激励和多点激励。

(3)瞬态激励测试法。对被测构件上施加瞬态力,使试件产生振动,属宽频率激励。其作用力的频谱较宽,一次可以同时激出多阶模态,是一种快速测试技术。

(4)随机激振法。用白噪声或伪随机信号发生器作为信号源,属宽带激振法。

描述激励的基本参量时机械阻抗 Z 与机械导纳 M 分别为

$$Z = F/R \tag{12.2-19}$$

$$M = R/T = 1/Z \tag{12.2-20}$$

式中,F 是机械系统的激励;系统响应 R 可以是位移、速度和加速度。机械阻抗和机械导纳各有三种形式:评价结构抗振能力的位移阻抗(动刚度)、位移导纳(动柔度);分析振动对人体感受的速度阻抗(机械阻抗),分析车厢振动、噪声的速度导纳(导纳);加速度阻抗(视在质量),分析振动引起结构疲劳损伤的加速度导纳(机械惯性),参见表 12-3,已知一个数据,可求出另外 5 个数据。根据 Fourier 变换的微积分特性,结构正弦响应的位移 x、速度 v 和加速度 a 之间存在以下关系:

$$A(\omega) = j\omega v(\omega) = -\omega^2 X(\omega) \tag{12.2-21}$$

故有

$$\frac{A(\omega)}{F(\omega)} = \frac{j\omega v(\omega)}{F(\omega)} = \frac{-\omega^2 X(\omega)}{F(\omega)} \tag{12.2-22}$$

即,加速度阻抗数据的积分是速度阻抗数据;或速度阻抗数据的微分是加速度阻抗数据。

表 12-3 机械阻抗定义

响应	位移	速度	加速度
力/响应	动刚度(位移阻抗) $Z_x(\omega) = \frac{F(\omega)}{X(\omega)}$	阻抗(深度阻抗) $Z_v(\omega) = \frac{F(\omega)}{V(\omega)}$	视在质量(加速度阻抗) $Z_A(\omega) = \frac{F(\omega)}{A(\omega)}$
响应/力	动柔度(位移导纳) $Y_x(\omega) = \frac{X(\omega)}{F(\omega)}$	导纳(速度导纳) $Y_v(\omega) = \frac{V(\omega)}{F(\omega)}$	惯量(加速度导纳) $Y_A(\omega) = \frac{A(\omega)}{F(\omega)}$

1. 振筒式频率传感器

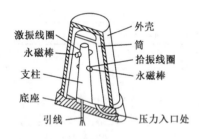

图 12.2-10 振动筒式传感器结构图

振动筒可等效为一个弹簧-质量-阻尼的二阶强迫振荡系统,参见图 12.2-10。振动时,筒周围的介质随振动筒一起振动,成为振动有效质量的一部分。作为密度传感器时,筒周围的气体密度的变化引起了振动筒有效质量的改变。筒周围介质压力直接影响筒的应力状态,改变振动筒的有效刚度。筒的阻尼是由振动时应力-应变中的迟滞引起的,同时也是由与振动质量相接触的介质的黏度引起的。其固有振动频率 ω_0 和阻尼比 l_1 可表示为

$$\begin{cases} \omega_0 = \sqrt{k/m} \\ l_1 = c/(2\sqrt{km}) \end{cases} \tag{12.2-23}$$

式中, k 为振动筒的有效刚度; m 为振动筒的有效振动质量; c 为振动筒的阻尼系数。振动筒式传感器有良好的稳定性,精确度为 0.01%,年稳定度为±0.006%,可作为标准仪器。

2. 振膜式频率传感器

振膜式频率传感器有一空腔,空腔端部做成膜电式,参见图 12.2-11。膜片上有两个撑架,又安装有一薄膜,即振动膜片。空膜受压力时,端部的膜片发生变形,使支撑架的角度改变,从而使振膜张紧,振膜的固有频率增加。当在振膜的两侧分别放置有激振线圈和拾振线圈,并与放大器相连接时,电

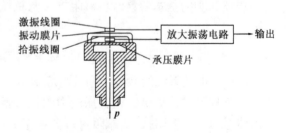

图 12.2-11 振膜式压力传感器

路将维持振膜的振动,并给出一个振膜固有振动频率的输出信号。在电路中,振膜相当于一个高 Q 值的选频网络。它的振动频率取决于膜电的刚度、张力、膜片周边的约束方式及压力膜片和支撑架的刚度等。该传感器精度可达 0.1%。

12.2.5 转速

刚体绕某一固定轴转动时,则其上各点都绕同一直线(固定轴)作圆周运动,这种运动称为转动,该直线即固定轴,即转轴。物体上任何一点(如 A 点)到转轴的垂直距离为该点的旋转半径 r,A 转过的角度叫转角,参见图 12.2-12。角位移的大小是角度,角位移是有方向的,一般以逆时针为正,顺时针为负。在高转速计量中,角位移用转 r 表示。

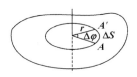

图 12.2-12 物体的转动

转速与频率有共同量纲(T^{-1}),溯源于时间频率基准。线速度具有长度的量纲(L),溯源于长度基准。转速检测用于确定物体转动速度的快慢,单位为 r/min。按测量原理的不同,可将转速检测方法分为模拟法、计数法和同步法,参见表 12-4。

表 12-4 转速测量的方法及其特点

测量方法		转速仪	测量原理	应用范围	特点
模拟法	机械式	离心式	利用质量块的离心力与转速的二次方成正比;或容器中液体的离心力产生的压力或液面变化	30~24000r/min 中、低速	简单,应用广泛,准确度较低
		黏液式	利用旋转体在黏液中旋转时传递的扭矩变化测速	中、低速	简单,易受温度影响
	电气式	发电机式	利用直流或交流发电机的电压与转速成正比的关系	中、高速	可远距离指示,应用广,易受温度影响
		电容式	利用电容充放电回路产生与转速成正比的电流	中、高速	简单,可远距离指示
		电涡流式	利用旋转盘在磁场内使电涡流产生变化测转速	中、高速	简单,多用于机动车
计数法	机械式	齿轮式	通过齿轮转动数字轮	中、低速 约 10000r/min	简单,与秒表并用
	光电式	光电式	利用来自旋转体上的光线,使光电管产生电脉冲	中、高速 30~48000r/min	简单,无扭矩损失
	电气式	电磁式	利用磁、电等转换器将转速变化转换成电脉冲	中、高速	简单,数字传输
同步法	机械式	目测式	转动带槽圆盘,目测与旋转体同步的转速	中、高速	简单
	频闪式	闪光式	利用频闪光测旋转体频率	中、高速	简单、可远距离指示、数字测量

1. 光纤陀螺仪

在飞机、导弹、火箭、飞船和轮船的航行中，都需要正确测量飞行体和航船的航向。机械、激光和光纤陀螺的理论灵敏度分别为 (10^{-2})°/h、(10^{-4})°/h 和 (10^{-6})°/h。

1913 年，Sagnac 在环形干涉仪中发现 Sagnac 效应。20 世纪 60 年代，激光器的长足发展，出现了激光陀螺仪。1976 年，Vali 和 Shorthill 研制出光纤陀螺[22-24]。Sagnac 效应是非常小的一阶效应，会淹没在零阶(沿传播方向的绝对相位累积)变化中；单模互易性提供了理想的共模抑制，可将这种零阶效应几乎完全消除，从而可测量因旋转引起的非互易相位差，参见图 12.2-13[25, 26]。两耦合器之间加入一只起偏器，用于在单模光纤中产生一个偏振态，以确保检测到与入射光模态相同的光波，从而达到满足同偏振、同模式的条件。光纤陀螺仪相移检测的核心部件是双光束干涉仪，光电探测器检测到的光强响应 I 是旋转引起的相位差 $\Delta\varphi_R$ 的函数：

$$I(\Delta\varphi_R) = I_0\left[1 + \cos(\Delta\varphi_R)\right] \tag{12.2-24}$$

式(12.2-24)表明，光纤陀螺仪工作在零光程差状态时，输出光强是转动角速度的余弦函数，其灵敏度随旋转率 Ω 趋于零趋近零。

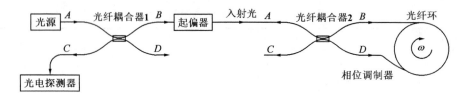

图 12.2-13 光纤陀螺的互易性结构

2. 微陀螺仪

陀螺的基本功能是测量物体的角速度和转动。微陀螺常用一个小质量块作为振动元件敏感转动，将质量块抽象为一个质点，其质量为 m，并将其放在一个旋转的转盘上，转动角速度为 Ω，参见图 12.2-14。设质点企图由中心沿径向向盘面边缘作直线移动(当然也可以反向运动，或者往复运动，即振动)，速度为 v，但实际上质点在盘面上的轨迹是一条曲线。由动力学定律，质点受 Coriolis 力的作用，产生 Coriolis 加速度 a_k 和 Coriolis 力 F_k 分别为

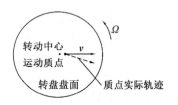

图 12.2-14 Coriolis 效应原理图

$$a_k = 2v \times \Omega \tag{12.2-25}$$

$$F_k = 2mv \times \Omega \tag{12.2-26}$$

不管质点移动方向如何(即表示质点在转动条件下作直线的自由振动)，由 F_k(或 a_k)所引起质点运动轨迹的曲率变化，可测出转动速率 Ω。

12.3 力 学 量

按照相互作用的发生方式，宇宙中存在 4 种力(引力、电磁力、弱作用力、强作用力)，以及可能存在的超电荷力。

(1) 引力是物体间引力质量而具有的相互作用力，即万有引力 F：
$$F = Gm_1m_2r^{-2} \tag{12.3-1}$$
式中，m_1、m_2 是两物体质量；r 是两物体间距；$G=6.6726\times10^{-11}\text{N}\cdot\text{m}^2\cdot\text{kg}^{-2}$ 为引力常数。

(2) 电磁力是带电物体之间、磁铁或通电导线之间相互作用力。电磁力使电子和原子核结合成原子；固体内部的应力、接触力、弹性力、摩擦力、黏滞力等，都是物体原子和分子间电磁作用力的宏观表现。在原子范围 10^{-10}m 内电磁力比引力的作用大得多。

(3) 弱作用和强作用发生于原子核内部的质子、中子及其他基本粒子之间的核力，只在原子核距离 10^{-15}m 内才起重要作用，强作用使质子和中子结合成原子核，在核距离内比电磁力大得多。弱作用出现在基本粒子的碰撞和衰变过程中。

12.3.1 质量

质量是物体所含物质的量度，是描述物体惯性和引力性质的渊源，亦是惯性质量和引力质量的统称，是力学计量中唯一的基本单位。在物理学中，物体质量是由该物体所受重力除以当地重力加速度确定的与地理位置无关的参量。物体质量 m 与速度 v 有关：
$$m = m_0/\sqrt{1-v^2/c^2} \tag{12.3-2}$$
式中，m_0 为静止质量（$v=0$ 时）；真空中光速 $c=2.9979246\times10^8$m/s。宏观物体的速度一般远小于 c，m 和 m_0 相差微小，质量可视为常量。Einstein 在广义相对论中表明，惯性和引力定义的质量是等效的。质量与密度、力值、容量、压力、流量等力学量密不可分。

惯性是物体抵抗外力改变其原有运动状态的能力，Newton 第二定律描述为
$$F = \frac{d(mv)}{dt} \tag{12.3-3}$$
式中，当 $v<<c$ 时，可认为 $dm/dt=0$，则
$$F = ma \tag{12.3-4}$$
式中，F 是作用于物体上的合外力；mv 为物体的动量；m 为物体的惯性质量；v 为物体的运动速度；c 为光速；$a=dv/dt$ 为物体的运动加速度。

地球重力 G 是地球引力 F 和地球自转产生的离心力 f 的合力，参见图 12.3-1，即
$$G = F + f \tag{12.3-5}$$
式中，$f=m\omega^2 r$ 为地球自转的离心力，$\omega=2\pi/86164$ 为地球自转角速度，86164 为恒星日的平时秒；r 为物体 m 距地球自转轴的垂直距离。地球赤道的离心力仅为地球引力的 1/289。

在重力作用下，物体落向地面的加速度为重力加速度 g，单位：1 伽$=1\times10^{-2}$m/s^2。准确测量重力值及其变化是自然科学的基础。

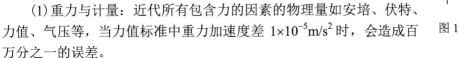

图 12.3-1 地球重力

(1) 重力与计量：近代所有包含力的因素的物理量如安培、伏特、力值、气压等，当力值标准中重力加速度差 1×10^{-5}m/s^2 时，会造成百万分之一的误差。

(2) 重力与空间技术：远程弹道导弹、人造地球卫星、宇宙飞船等飞行器的飞行轨道设计需要精确的发射点重力值和重力随高度变化情况。陀螺平台安装和加速度计标定都需要

当地精确绝对重力值。导航卫星全球定位系统 GPS 精确定位需重力修正。

(3) 重力与地球形状：地球物理方法利用地球表面重力研究地球形状与变化。

(4) 重力与探矿：地下物质密度不同产生地面重力异常，可寻找石油、煤炭、天然气和金属矿藏等资源和能源，重力法是重要的普查手段。

(5) 重力与地震：一次 6 级地震能产生 $100 \times 10^{-8} \mathrm{m/s^2}$ 的重力变化，通过周期测量重力变化可对地震作出趋势预报。

(6) 重力与地壳形变：地壳上升或下降 10mm，会引起 $3 \times 10^{-8} \mathrm{m/s^2}$ 的重力变化。

(7) 重力与航海：核潜艇导航用加速度计校准需要精确重力值。

(8) 重力与地球动力学：重力的准确性及其时变过程，能反演地球内部物质结构和物质迁移规律，通过对重力场的演化过程分析，可查明岩石圈板块运动的特性和速度，推出断层的位移。对于人类更深刻地认识地球，研究地球的起源与演化，有十分重要的科学意义。

(9) 重力与天体物理：天体对地球存在微弱引力，精细研究其引力时变对了解宇宙的起源与演化有重要的科学意义。

(10) 重力与第五种力研究：1986 年美国普杜大学的阿·费赫巴赫等提出超电荷力（第五种力），作用距离为 200m，数值为重力的 10^{-10}，精密物理实验室正在用高精度重力观测来证实宇宙中是否存在第五种力。

质量计量（称量或衡量）是对被称物体的质量（重量）进行测量，包括静态计量和动态计量。根据测量原理，通常可分为质量比较原理、力比较原理和其他原理三类。

1. 称重传感器

基于双孔平行梁的称重传感器利用双孔平行梁，载荷被转换为粘贴在双孔内壁的 4 支光纤 Bragg 光栅的 Bragg 波长移位，参见图 12.3-2[27-29]。温度波动和偏载可通过粘贴于双孔上、下壁的 4 只光栅的相对 Bragg 波长移位运算来补偿：

$$\Delta\lambda_1/\lambda_1 - \Delta\lambda_2/\lambda_2 - \Delta\lambda_3/\lambda_3 + \Delta\lambda_4/\lambda_4 = \left[12(1-p_e)l/(bh^2E)\right]G \quad (12.3\text{-}6)$$

式中，G 是作用于托盘上的重力；$\Delta\lambda_i/\lambda_i (i=1,2,3,4)$ 是第 i 只光栅的相对 Bragg 波长移位；$p_e=0.22$ 是有效弹光系数；l 是双孔中心的间距；b 是双孔平行梁的厚度；h 是测量点到中性面的距离；E 是双孔平行梁的弹性模量。

2. 静压法测罐内液体质量

静压法利用高精度压力传感器测量罐内液体的静压力求得罐内液面高度、液体密度和质量，参见图 12.3-3，罐内上部、中部和下部对应的压强通过压力传感器分别测得为 p_1、p_2 和 p_3。在无外压或 p_1 与大气相接时，只需 p_2 和 p_3 两只传感器。储液的质量密度为

$$\rho = (p_3 - p_2)/L \quad (12.3\text{-}7)$$

式中，L 为压强 p_2 位置至 p_3 位置的距离。

液位高度为

$$H = L(p_3 - p_1)/p_3 - p_2 + Z \quad (12.3\text{-}8)$$

式中，Z 为压强 p_3 位置至罐底基准点的垂直距离。

根据罐标定的容积表计算储液的总重量：

$$M_{总} = (p_3 - p_1)(V_H - V_Z)/(H - Z) + V_Z\rho \quad (12.3\text{-}9)$$

式中，$M_总$ 为罐内储液的总重量；V_H 为液位高度 H 对应的容积（查罐容积表）；V_Z 为压强 p_3 液位以下的容积（查罐容积表）。

罐内储液（油）的净重量：

$$M_净 = M_总 - M_沉 - M_水 - M_盖 \tag{12.3-10}$$

式中，$M_沉$ 为罐底沉积物和水的质量；$M_水$ 为油中含水的质量；$M_盖$ 为浮顶罐浮顶的质量，包括浮顶上面的积水积雪质量。

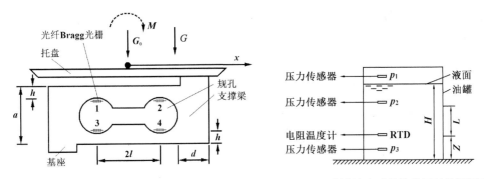

图 12.3-2 双孔平行梁式光纤 Bragg 光栅称重传感器　　图 12.3-3 油罐储液重量的静压法检测原理图

3. 浮力法测罐内液体质量

浮力法将金属管垂直置于罐内，通过与金属管相连的测力传感器测定该管所受浮力，求出罐内液体的重量，参见图 12.3-4。若油罐内液体重量为 m，平均密度为 ρ，则

$$m = \pi(D^2 - d^2)H\rho/4 \tag{12.3-11}$$

式中，D 为油罐直径；d 为金属管直径；H 为罐内液位高度。

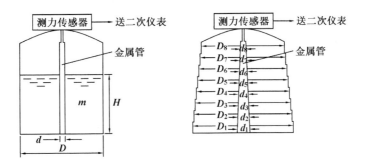

图 12.3-4 油罐储液重量的浮力法检测原理图

设金属罐所受的浮力为 F，则

$$F = \pi d^2 H\rho/4 \tag{12.3-12}$$

令

$$\frac{m}{F} = \frac{D^2 - d^2}{d^2} \approx \frac{D^2}{d^2} = K\,(\text{常数}) \tag{12.3-13}$$

则所求的罐内液体质量为

$$m = KF \tag{12.3-14}$$

式(12.3-13)对于对接焊或套筒式金属罐均适用。对套筒式罐需满足以下条件：

$$\frac{D_1}{d_1} = \frac{D_2}{d_2} = \cdots = \frac{D_i}{d_i} = \sqrt{K}\,(\text{常数}) \qquad (12.3\text{-}15)$$

12.3.2 力

力是物质之间的相互作用，宏观上可改变物体的机械运动状态或动量，使物体产生加速度，即力的动力效应或外效应；也可使物体产生变形，在物体中产生应力，即力的静力效应或内效应。力是矢量，利用力的三要素可完整描述力，即力值（力的大小）、方向和作用点。物体受力是以加速度或变形为表征的，其中物体变形又与其应力和应变相联系。

(1) 力的动力效应使物体产生加速度[30-32]，参见式(12.3-4)，利用地球重力场中已知当地重力加速度 g，测力就归结为质量 m 的测量，即

$$F = mg(1 - \rho_a/\rho_w) \qquad (12.3\text{-}16)$$

式中，ρ_a、ρ_w 分别为空气和物体材料的密度。静重式标准测力机利用已知质量的砝码，在已知重力场中产生的重力来复现力值；杠杆式和液压式标准测力机利用杠杆和液压系统，对重力放大来复现或传递较大的力值；有些材料试验机的测力机构，使试样所受的未知力值缩小后，与已知质量的游蛇或摆锤的吸力相平衡，利用的也是力的动力效应。

(2) 力的静力效应使物体产生变形，利用物体的某种特性因变形或应变而变化的效应，可确定或传递力值 F。对于弹性体，利用胡克定律，测量变形量 Δx 来确定力值 F：

$$F = k\Delta x \qquad (12.3\text{-}17)$$

式中，k 为弹性体的刚度。

1. 静态力的测量

静态力（或准静态力）测量是指在检测时力（负荷）的施加速度相当缓慢平稳，当达到目标力值后，保持不变或变动极不显著的状态。在材料的机械性能试验、工程结构试验和其他工程测量中，许多试验是在静态力（负荷）作用下进行，并以力的检测为主的试验项目。金属材料的机械性能试验分为拉伸、压缩、弯曲、扭转、剪切、蠕变、持久、松弛等；还有摩擦与磨损、硬度等与试样复杂应力状态有关的试验。非金属材料的机械性能也有类似的试验项目。多分量力是在材料试验、机床切削及生物运动等试验中的检测项目。

1) 拉伸（拉向）力的测量和拉伸试验

拉伸（拉向）力的测量常用于测定金属材料和橡胶、皮革、纤维等柔性材料在静拉力作用下的拉伸特性试验，电缆、锚链、绳索、弹簧等的产品质量检测等。拉伸试验时，试样的形状和尺寸必须符合相应标准规定的要求，如圆柱形试样、板状试样等。拉力试验机的力值准确度分为 0.5、1、2 三个等级，其示值相对误差分别为 ±0.5%、±1.0%、±2.0%，示值相对变动度分别为 0.5%、1%、2%，示值相对进回程差分别为 0.75%、1.5%、3.0%。

2) 压缩（压向）力的测量和压缩试验

压缩（压向）力的测量常用于测定脆性金属材料在静压力作用下的压力强度、相对收缩率及断面增大率，也用于砖瓦、混凝土等建筑材料的质量检测，还用于对轧钢机的轧制力、锻压机床等压（向）力加工设备的加载力和人工晶体合成装置的加载力等压向力测量。金属材料压缩试验一般采用圆柱形试样，按测定项目选取试样直径与高度的尺寸比例。压力试

验机的力值准确度分为 1、2、3 三个等级，其示值相对误差分别为±1.0%、±2.0%、±3.0%，示值相对变动度分别为 1.0%、2.0%、3.0%，示值相对进回程差分别为 1.5%、3.0%、4.5%。

3) 弯曲试验

弯曲试验主要测定材料(或构件)的弯曲(抗弯)强度极限、弹性模量及最大挠度等。弯曲强度极限(抗弯强度)σ_{bb} 是在静负荷作用下，试样弯曲破坏前承受的最大正应力：

$$\sigma_{bb} = M_a/W_x \tag{12.3-18}$$

式中，M_a 为试样弯曲时的最大弯矩；W_x 为试样的抗弯断面系数(截面惯性矩)。

4) 扭转试验

扭转试验用于测定材料(或构件)在静态扭矩作用下的切应力和扭转时的剪应变。扭转试验机的扭矩示值相对误差不超过±1.0%，扭矩示值相对变动度不超过 1.0%。

5) 剪切试验

金属材料的剪切试验主要用于测定材料的抗剪切应力，剪切强度是在静负荷作用下，试样剪断前承受的最大剪切应力。

6) 蠕变试验

材料处于长时间受力的状态，即使应力远小于屈服强度，也会随着时间缓慢地产生永久塑性变形，即蠕变。材料的抗蠕变性能，即蠕变极限(蠕变强度)、持久强度及松弛稳定性对于长时间在高温高压环境下工作的设备具有特殊的重要作用。蠕变试验机的负荷示值相对误差不超过±1.0%，示值相对变动度不超过 1.0%。

7) 持久试验

持久试验是测定材料的持久强度(持久断裂强度或持久极限)。持久强度是材料在给定温度和一定时间下破断时的最大应力。例如，$\sigma_{400}^{650} = 392\,\mathrm{N/mm^2}$ 表明，材料在 650℃温度下，受 392N/mm² 应力时，持续 400h 断裂。

8) 松弛试验

松弛试验的目的是测出材料在给定温度和初应力条件下，应力随时间而降低的曲线，即松弛曲线图，从而判断材料的松弛稳定性。经过规定时间而减小的应力，称为松弛应力；而初始应力与松弛应力之差，即为残余应力。材料抵抗应力松弛的性能，称为松弛稳定性。

9) 多分量力的测量

在工程测量和科学研究中，要求检测的力常常不是单轴的，即不是单一(方向)分量而是多分量的，有时还包括力矩分量。多分量力的测量，可分别测定各分量后再综合，也有用组成一体的仪器测量后再作相应的分解。这些力的测量有静态问题，也有动态问题。

2. 动态力的测量

动态力测量是指被检测的力(负荷)在测量过程中随时间变化。动态力(动负荷或能量负荷)是运动物体作用在阻碍其运动的其他物体或构件上的力，可用所传递的能量，或在构件上产生同样应力效果的等价的静负荷来表征。在材料的机械性能试验中，对试样进行的各种疲劳试验、冲击试验，锻压机床和金属切削机床的工件和刀(夹)具在各种工况(工位)的受力，汽车安全性能检测的碰撞试验；对作为劳动防护用品的安全帽和各种头盔的耐冲击力试验；建筑施工打桩时的冲击力和试桩试验等；都是在动态力作用下进行的，并以动态力的检测为主的试验项目。

1）疲劳试验

疲劳是材料在重复或交变负荷作用下，所受应力远小于抗拉强度甚至小于弹性极限时，经多次循环后，在无显著外观变形情况下发生的断裂现象。材料承受无限多次循环应力作用，而仍不发生疲劳断裂的最大应力，即疲劳极限σ_r。循环应力的次数实际上是有限的：对于黑色金属一般规定10^7次；对于有色金属一般规定10^8次。在规定次数的循环应力作用下而不断裂的最大应力，即条件疲劳极限。对于旋转弯曲疲劳、拉压疲劳、双向弯曲疲劳等产生的对称循环应力而言，应力比或循环对称系数$r=-1$，此时疲劳极限用σ_{-1}表示。试验证明，非对称循环应力比对称循环应力，对金属材料造成的损伤要小些，故疲劳极限要大些。

2）冲击试验

冲击试验用于考察材料的脆性及韧性，在冲击力作用下，试样一次冲断时单位截面积上所消耗的冲击功，即冲击韧性（冲击值）α_k为

$$\alpha_k = A_k/F \tag{12.3-19}$$

式中，A_k为冲断试样消耗的功或断裂前所吸收的能量；F为试样缺口处的最小截面积。根据试样的受力状态，冲击试验包括弯曲冲击（简支梁和悬臂梁）、拉伸冲击和扭转冲击。

12.3.3 应力

内力是构件内部相连两部分之间的相互作用力，并沿截面连续分布。在截面m-m'上任一点K的周围取一微小面积ΔA，并设作用在该面积上的内力为ΔF，参见图12.3-5(a)，则ΔA内的平均应力$\bar{p}$定义为ΔF与ΔA的比值：

$$\bar{p} = \frac{\Delta F}{\Delta A} \tag{12.3-20}$$

当$\Delta A \to 0$时，式(12.3-20)中平均应力的极限值被称为截面m-m'上点K处的应力p：

$$p = \lim_{\Delta A \to 0} \frac{\Delta F}{\Delta A} \tag{12.3-21}$$

将应力p沿截面的法向与切向分解为正应力σ和切应力τ，参见图12.3-5(b)，显然：

$$p^2 = \sigma^2 + \tau^2 \tag{12.3-22}$$

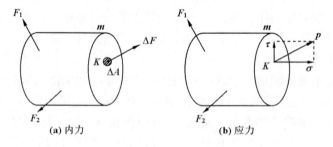

图 12.3-5 应力

在外力作用下，构件发生变形，同时引起应力。设棱边Ka的原长为Δs，变形后的长度改变量为Δu，参见图12.3-6(a)，则棱边Ka的平均正应变定义为Δu与Δs的比值：

$$\overline{\varepsilon} = \frac{\Delta u}{\Delta s} \tag{12.3-23}$$

当$\Delta s \to 0$时,式(12.3-23)中平均正应变的极限值被称为K点沿棱边Ka方向的正应变ε:

$$\varepsilon = \lim_{\Delta s \to 0} \frac{\Delta u}{\Delta s} \tag{12.3-24}$$

当棱边长度改变时,相邻棱边的夹角一般也发生改变。微体相邻棱边所夹直角的改变量被称为切应变γ,参见图 12.3-6(b)。

单向受力试验表明,在正应力σ作用下,材料沿应力作用方向发生正应变ε,参见图 12.3-7(a),若正应力不超过一定限度,则正应力与正应变满足 Hooke 定律:

$$\sigma = E\varepsilon \tag{12.3-25}$$

式中,E是弹性模量(Young's 模量)。

纯剪切试验表明,在切应力τ作用下,材料发生切应变γ,参见图 12.3-7(b),当切应力不超过一定限度时,切应力与切应变满足剪切 Hooke 定律:

$$\tau = G\gamma \tag{12.3-26}$$

式中,G是切变模量。

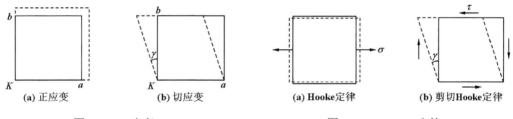

图 12.3-6　应变　　　　　　　　图 12.3-7　Hooke 定律

1. 封装法

将光纤光栅封装于基于位移伸缩计的应变传感器内,参见图 12.3-8[33],封装后的传感器的敏感材料(或称弹性材料)安装在结构表面或内部。

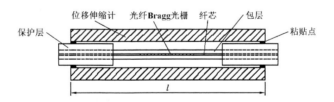

图 12.3-8　基于位移伸缩计的光纤 Bragg 光栅外加应力应变传感器

2. 分布式应力应变

在光纤中,受应变和温度的影响,Brillouin 频移随之发生变化。为增强光纤的抗外加应力应变的影响,可采用外径为 900μm 的紧套光纤,即在裸光纤上涂敷了一层特氟隆(聚四氟乙烯)软护层,外加应力应变通过软护层传递到光纤。当温度变化小于 5℃时,通常仅考虑应变对光纤 Brillouin 频移的影响[34-36]:

$$\Delta\upsilon_B = C_{B,\varepsilon}\frac{\partial\upsilon_B}{\partial\varepsilon}\varepsilon \tag{12.3-27}$$

式中，$C_{B,\varepsilon}$ 是光纤和寄主结构之间的应变传递系数；$\partial\upsilon_B/\partial\varepsilon\approx 58\text{kHz}/\mu\varepsilon$ 为应变敏感系数。利用 Brillouin 散射光的频移现象，再根据 OTDR 技术获得由式(4.9-3)所决定的 Brillouin 散射光回到光源起始点的时间 t，从而获得沿光纤的应力应变分布，参见图 4.9-7。当 Brillouin 频移的测试精度为 1MHz 时，应变的可重复性误差为 20 $\mu\varepsilon$。如果采用光放大的方法，可实现沿光纤长达数十千米(80km 以上)的连续分布传感测量。

12.3.4 力矩

力矩是不通过旋转中心的力对物体形成的作用；力偶是一对大小相等、方向相反的平行力对物体的作用。转动力矩(转矩或扭矩)是使机械元件转动的力矩或力偶。转矩可分为静态转矩和动态转矩[37]。

1. Sagnac 效应调制的力矩传感器

利用 Sagnac 效应的相位调制型光纤传感器可测量转矩，参见图 4.5-3。在半径为 R、圈数为 N 的环形光路中，陀螺仪以角速度 Ω 绕垂直于光路平面并通过中心的轴沿顺时针方向旋转。环路中从位置 A 处开始同时有两列光波分别沿顺时针(CW)方向和逆时针(CCW)方向相向传播，当光沿圆环传播一周后再回到位置 A 时，两束光引起的相位差与力矩的关系为

$$M = \left[\pi^2(D^4 - d^4)GA/(4L\lambda c)\right]\Omega \tag{12.3-28}$$

2. 磁电感应式扭矩传感器

磁电感应式扭矩传感器属于变磁通式，参见图 12.3-9，主要包括转子(含线圈)、定子(永久磁铁)、转子齿轮和定子齿轮。测量扭矩时，两只传感器的转轴分别固定在被测轴的两端，外壳固定不动。当被测轴无转矩时，扭转角为零，若转轴旋转，则两个传感器输出相位差为 0°或 180°的两个近似正弦波的感应电动势。工作时，轴两端产生扭转角 β，两只传感器输出的电动势将产生附加相位差 β_0。扭转角 β 与感应电动势相位差 β_0 的关系为

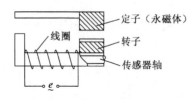

图 12.3-9 磁电感应式扭矩仪的结构图

$$\beta_0 = n\beta \tag{12.3-29}$$

式中，n 是传感器定子(或转子)的齿数。测量电路将相位差转换为时间差可测出扭矩。

12.4 声 学 量

声学计量研究声学基本参量(如声压、声强和声功率等)和主观评价参量(如响度、听阈和听力损失等)，广泛应用于通信、广播、电视、电影、录音、音乐、建筑、医疗卫生、航海、渔业，以及国防等，已成为不可代替的技术，例如，直径达数米的水轮发电机轴的探伤，鱼群的探测，水下的观测、通信以及潜艇的远距离探测[38-43]。

12.4.1 声波

声敏传感器将气体、液体或固体中传播的机械振动转换成电信号，参见表 12-5。声学计量中，声压、声强和声功率是需要测量的主要参量，其中声压是基本量。

表 12-5 声敏传感器分类

电磁变换	动电型	动圈式传声器 扇形传声器 动圈式拾音器	线圈和磁铁
	电磁型	电磁型传声器(助听器) 电磁型拾音器 磁记录再生磁头	磁铁和线圈 高磁导率合金或铁氧体和线圈
	电磁型	电磁型传声器(助听器) 电磁型拾音器 磁记录再生磁头	磁铁和线圈 高磁导率合金或铁氧体和线圈
	磁致伸缩型	水中受波器 特殊传感器	镍和线圈 铁氧体和线圈
静电变换	静电型	电容式传声器 驻极体传声器 静电型拾音器	电容器 驻极体
	压电型	传声器 石英水声传声器	罗息盐、石英晶体 压电高分子(PVDF)材料
	电致伸缩型	传声器 水声换能器 压电双晶片型拾音器	钛酸钡($BaTiO_3$) 锆钛酸铅(PZT)
电阻变换	接触阻抗型	电话用碳粒送话器	碳粉和电源
	阻抗变换器	电阻丝应变型传声器 半导体应变变换器	电阻丝应变计和电源 半导体应变计和电源
光电变换	相位变化型	干涉声传感器 数字唱片再生用传感器	光源、光纤和光检测器 激光光源和光检测器
	光量变化型	光量变化型声传感器	光源、光纤和光检测器

12.4.2 超声

在超声学科及其各方面的应用中，超声的频率、声速、声衰减、声乐、声强和声功率等参量的测量构成了超声科研和应用的基础。测量超声功率的方法根据进行直接测量的量及测量原理，可分成热学法、力学法、光学法和电学法四类，参见表 12-6，根据已知的声学关系，由直接测出的量可定出声功率数值，称为绝对测量。

表 12-6　测量超声功率方法类别

类别	测量方法	测定量	关系
热学法	量热法 测点温法 膨胀法	热能 Q	$P = \dfrac{JQ}{\Delta t}$
力学法	电子测量 天平法	辐射压力 F	$P = \dfrac{Fc}{2\cos^2\theta}$ （全反射靶）
	浮子法		$P = \dfrac{cg\pi R^2 h(\rho - \rho_0)}{2\cos^2\theta}$
	悬链浮子法		$P = \dfrac{cgx\rho_1}{2\cos^2\theta}$
	激光干涉仪 辐射压力天平		
光学法	衍射法	测量 m 级衍射光强度 I_t 与无声光调节时的直射光强 I_0 之比，由 $I_t/I_0 \alpha J_m^2(V)$ 可得 V 值	$P = \dfrac{\rho c^3 \lambda_t^2 V^2}{32\pi(n-1)^2}$
	测微相位仪法	通过测量在不同状态下光电管电流极大值与极小值之差计算得到平均声压 p	$P = \dfrac{p^2}{\rho c}$
	全息干涉法	温度梯度场	
电测法	水听器法 阻抗圆图法	声压 辐射电导 $G_r = \dfrac{(G'-G)(G-G'')}{32\pi(n-1)^2}$	$P = \dfrac{p^2}{\rho c}$ $P = G_r U^2$

强度较低的超声波可探测信息，即检测超声；强度超过一定值的超声波可使物体或物性发生变化，即功率超声。超声传感器是利用超声波的以上特性工作的传感器，即超声波探头，在工业探伤、厚度测量、距离测量等方面有广泛应用，参见表 12-7。

表 12-7　压电陶瓷在超声仪器中的应用

超声工作介质	应用实例	频率范围	输出功率
液体	声学测深机、流量计、鱼群探测机、水中电话机、流速计等	10～200kHz	10W 至数千瓦
固体	探伤仪、硬度计、厚度计、深度计、延迟线、材料试验等	数百千赫至数兆赫	1～100W
气体	遥控、气体捡漏、防盗器、风向计、风速计、积雪计等	20～100kHz	数百毫瓦至 100W
人体	血流计、断层诊断装置、血压计、心音计、脑电图等	数百千赫至数兆赫	1～100W

12.4.3　水声

水（海洋）中以声波为载体进行远距离信息传递，水声技术广泛用于声呐、声导航系统、水下通信系统、测深仪、探鱼仪等。

利用声波能在水中传播的特性，借助于水声设备来实现水下观察、通信和探测等任务。通常，水声设备可以划分为两大部分：①电子设备，用于产生、放大、接收和指示电信号，包括发射机、接收机、信号处理器和显示器等多种电子设备；②声系统，用于电声信号的相互转换，由水听器或由按照一定规律排列的换能器矩阵组成，参见图12.4-1。

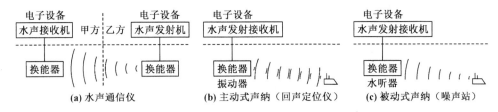

图 12.4-1 水声设备的组成

随着水文物理研究的不断深入，海洋的开发和利用、水声设备也越来越普遍地应用于海洋地质地貌探测、海事工程及救捞、渔业生产及水中目标物的探测与识别等。压电式换能器是目前水声技术领域应用最广泛的一类换能器。水声换能器的性能指标主要有工作频率、机电耦合系数、机电转换系数、品质因数、频率特性、阻抗特性、方向特性、振幅特性、发射灵敏度、接收灵敏度、发射声功率、发射效率、温度和时间稳定性、机械强度以及重量等。

参 考 文 献

[1] 田明, 冯进良, 白素平. 精密机械设计. 北京: 北京大学出版社, 2010.

[2] 张善锺. 精密仪器结构设计手册. 北京: 机械工业出版社, 1993.

[3] Young W C, Budynas R G. Roark's Formulas for Stress and Strain. 7th ed. New York: McGraw-Hill, 2002.

[4] 张策. 机械原理与机械设计(下册). 北京: 机械工业出版社, 2004.

[5] 濮良贵. 机械设计. 北京: 高等教育出版社, 2006.

[6] 周杏鹏. 传感器与检测技术. 北京: 清华大学出版社, 2010.

[7] 仝卫国, 李国光, 苏杰, 等. 计量测试技术. 北京: 中国计量出版社, 2006.

[8] 陈岭丽, 冯志华. 检测技术和系统. 北京: 清华大学出版社, 2005.

[9] 余成波. 传感器与自动检测技术. 2版. 北京: 高等教育出版社, 2009.

[10] 《计量测试技术手册》编辑委员会.《计量测试技术手册》第11卷 时间频率. 北京: 中国计量出版社, 1997.

[11] 李宗杨. 时间频率计量. 北京: 原子能出版社, 2002.

[12] 《计量测试技术手册》编辑委员会.《计量测试技术手册》第2卷 几何量. 北京: 中国计量出版社, 1997.

[13] 朱正辉. 几何量计量. 北京: 原子能出版社, 2002.

[14] McConnell K G. Vibration Testing: Theory and Practices. New York: John Wiley & Sons, 1995.

[15] JJG 2054—2015. 振动计量器具检定系统表. 北京: 中国质检出版社, 2015.

[16] JJG 2072—1990. 冲击加速度计量器具. 北京: 中国计量出版社, 1991.

[17] 李川, 罗忠富, 万舟, 等. 基于等强度悬臂梁的低频光纤Bragg光栅加速度传感器. 仪表技术与传感器, 2010, 4: 4-5(44).

[18] 王佰熊, 王雪, 陈非凡. 工程测试技术. 北京: 清华大学出版社, 2006.

[19] GB/T 20485.12—2008. 振动与冲击传感器的校准方法 第12部分：互易法振动绝对校准. 北京：中国标准出版社, 2008.

[20] GB/T 13866—1992. 振动与冲击测量：描述惯性式传感器特性的规定. 北京：中国标准出版社, 1992.

[21] 王佐民. 噪声与振动测量. 北京：科学出版社, 2009.

[22] Vali V, Shorthill R W. Fiber ring interferometer. Applied Optics, 1976, 15: 1099-1100.

[23] Lefevre H C. The Fiber-Optic Gyroscope. London, UK: Artech House, 1993.

[24] 张桂才. 光纤陀螺仪原理与技术. 北京：国防工业出版社, 2008.

[25] Ulrich R. Fiber optic rotation sensing with low drift. Optics Letters, 1980, 5: 173-175.

[26] Ulrich R, Johnson M. Fiber-ring interferometer: Polarization analysis. Optics Letters, 1979, 4(5): 152-154.

[27] GB/T 5604—1985. 负荷传感器试验方法.

[28] GB/T 7551—2008. 称重传感器. 北京：中国标准出版社, 2009.

[29] Li C, Wang Y, Wan Z, et al. Fiber Bragg grating load sensor of beam with two parallel holes beam. Sensors and Actuators, 2009, 154: 12-15.

[30] Lashof T W, Macurdy L B. Precision laboratory standards of mass and laboratory weights. Michigan: NBSIR 78-1476, 1954.

[31] 《计量测试技术手册》编辑委员会. 《计量测试技术手册》第4卷 力学（一）. 北京：中国计量出版社, 1997.

[32] 洪宝林. 力学计量. 北京：原子能出版社, 2002.

[33] 李川, 李欣, 张大煦, 等. 用于钢筋混凝土梁的光纤光栅应变传感器. 光电工程, 2004, 31(8): 34-36.

[34] Li C, Sun Y, Zhao Y G, et al. Monitoring pressure and thermal strain in second lining of tunnel with Brillouin OTDR. Smart Materials and Structures, 2006, (15): N107-N110.

[35] Uchiyama H, Sakairi Y, Nozaki T. An optical fiber strain distribution measurement instrument using the new detection method. ANDO Technical Bulletin, 2002, 10: 52-60.

[36] Li C, Zhao Y G, Liu H, et al. Combined Interrogation using an encapsulated FBG sensor and a distributed brillouin tight buffered fiber in tunnel. Structural Health Monitoring, 2010, 9(4): 341-346.

[37] JJG 2047—2006. 扭矩计量器具检定系统表. 北京：中国计量出版社, 2007.

[38] 《计量测试技术手册》编辑委员会. 《计量测试技术手册》第9卷 声学. 北京：中国计量出版社, 1997.

[39] 袁文俊. 声学计量. 北京：原子能出版社, 2002.

[40] Beranek L. Acoustic Measurements. New York: John Wiley & Sons, 1949.

[41] JJG 2017—2005. 水声声压计量器具 检定系统表. 北京：中国计量出版社, 2005.

[42] JJG 2037—2015. 空气声声压计量器具 检定系统表. 北京：中国计量出版社, 2015.

[43] 杨德森, 洪连进. 矢量水听器原理及应用引论. 北京：科学出版社, 2009.

第13章 热工参量

13.1 引 言

热力学和统计物理学构成热现象理论,热力学从宏观研究物质及物质间的相互作用,热力学的三个基本定律是大量实验事实的总结;统计物理学从物质的微观结构出发,把统计力学和量子结合起来,可预测并解释平衡情况下物质的宏观特性。在工业生产中,为了保证生产过程,必须对生产过程的温度、压力、流量等重要工艺参数进行检测与优化控制[1-3]。

13.2 温 度

温度描述了平衡系统不同自由度之间能量分布状况的基本状态参数,互为热平衡的系统都具有相同的温度。分子运动论表明,温度与大量分子的平均动能有关,反映物质内部分子无规则运动的剧烈程度。非平衡态系统缺乏对温度的准确定义。

1. 温度测量

热力学第零定律表明,当两个系统都与第三系统达到热平衡时,这两个系统也处于热平衡,可将第二系统作为一个温度计并予以事先标定,然后将标定过的温度计和温度未知的系统达到热平衡,已确定系统的温度值,测量不确定度为 10^{-6} 量级[4-6]。在实际工作中,温度的测量一般是通过测量被测物质的某些特性来实现的,参见表13-1,通常采用的材料的测温特性包括:①气体、液体和固体的体积;②定容下气体的压力;③固体的电阻;④两种不同物体间的电动势;⑤辐射强度(高温下);⑥磁效应(在极低温度下)。

表 13-1 温度的测量方法及其常用传感器

测温原理		温度传感器	测温范围/℃
体积变化	固体热膨胀	双金属温度计	−80～600
	液体热膨胀	玻璃管液体温度计	−100～600
	气体热膨胀	压力式温度计	−100～500
电阻变化		金属热电阻、半导体热敏电阻	−260～850
热电效应		热电偶	−200～1800
频率变化		石英晶体温度传感器	−50～120
光学特性		光纤温度传感器	−50～400
声学特性		超声波温度传感器	−200～2000
热辐射	亮度法	光学温度计、光电亮度温度计	800～3200
	全辐射法	全辐射温度计	400～2000
	比色法	比色温度计	500～3200
	红外法	红外温度传感器	0～1300

1848年，Kelvin提出热力学温标，与测温物质的性质无关。根据Carnot定理，工作于两个一定温度之间的可逆热机效率相等。当可逆热机1工作于温度为θ_1和θ_2的两个恒温热源之间时，若在θ_1处吸收热量Q_1，在θ_2处放出热量Q_2，Kelvin引进热力学温标或Kelvin温标，使热量与温度直接成比例：

$$\frac{Q_2}{Q_1} = \frac{T_2}{T_1} \tag{13.2-1}$$

热力学温标与测温物质的性质无关，又称为绝对温标。该温标确定的温度T为热力学温度或绝对温度。热力学温度Kelvin是水三相点热力学温度的1/273.16。为了统一摄氏温标和热力学温标，1960年第11届国际计量大会规定，摄氏温标t由热力学温标T导出：

$$t = T - 273.15 \tag{13.2-2}$$

利用定容或定压理想气体温度计测出的温度就是热力学温标中的温度，通常用理想气体温度计来实现热力学温标。理想气体是实际气体在压强p趋于零时的极限，理想气体温标把水三相点温度值规定为273.16K。理想气体温标可用气体温度计来实现，但实际气体并不是理想气体。在利用气体温度计测温时，必须对测量值进行修正，才能得到热力学温度值。

ITS-90用标准仪器将温标分为4个温区[5-8]：①^{3}He和^{4}He蒸气压温度计，0.65～5.0K（低温区），其中^{3}He蒸气压温度计，0.65～3.2K，^{4}He蒸气压温度计，1.25～5.0K；②^{3}He、^{4}He定容气体温度计，3.0～24.5561K（低温区）；③铂电阻温度计，13.8033～273.15K和273.15～903.89K（中温区）；④光学或光电高温计，1234.93（高温区），参见表13-2。

表13-2　ITS-90定义的固定点

序号	温度		物质及状态
	T_{90}/K	t_{90}/°C	
1	3～5	−270.15～−268.15	氦蒸气压，He(vp)
2	13.8033	−259.3647	平衡氢三相点，e-H$_2$(tp)
3	～17	～−256.15	平衡氢蒸气压，e-H$_2$(vp)
4	～20.3	～−252.85	平衡氢蒸气压，e-H$_2$(vp)
5	24.5561	−248.5939	氖三相点，Ne(tp)
6	54.3584	−218.7916	氧三相点，O$_2$(tp)
7	83.8058	−189.3442	氩三相点，Ar(tp)
8	234.3156	−38.8344	汞三相点，Hg(tp)
9	273.16	0.01	水三相点，H$_2$O(tp)
10	302.9146	29.7646	镓熔点，Ga(mp)
11	429.7485	156.5985	铟凝固点，In(fp)
12	505.078	231.928	锡凝固点，Sn(fp)
13	692.677	415.527	锌凝固点，Zn(fp)
14	933.473	660.323	铝凝固点，Al(fp)
15	1234.93	961.78	银凝固点，Ag(fp)
16	1337.33	1064.18	金凝固点，Au(fp)
17	1357.77	1084.62	铜凝固点，Cu(fp)

2. 低温

材料的物理和化学性质与常温时不同,液氧沸点(约90K)以下的温度为低温,低于1K的温度为超低温。获取低温的方法可分为物理制冷,如相变、气体绝热膨胀制冷等方法;化学制冷,如某些物质溶于水的吸热反应制冷。低温测量不仅要求研制测温下限接近 0K,且测温范围尽可能达到 15K 的高精度超低温检测仪表。

3. 超高温

一般把 4000℃以上的温度称为超高温,电弧和等离子喷射装置可获取 4000℃以上的温度,磁约束受控核聚变反应堆及激光核聚变反应堆则可达到 10^8℃。面对需连续测量液态金属的温度或长时间连续测量 2500~3000℃的高温介质温度时,钨铼系列热电偶的测温最高上限超过 2800℃,但测温范围一旦超过 2300℃,其准确度将下降,而且极易氧化从而严重影响其使用寿命与可靠性。非接触式辐射型温度检测仪表的测温上限理论上最高可达 100000℃以上,但与聚核反应优化控制温度约 10^8℃相比还相差 3 个数量级。

13.2.1 辐射型温度传感器

任何物体都有热辐射,以电磁波形式向外辐射能量,辐射测温利用物体热辐射测量物体温度,包括 X 射线、γ 射线等;波长为 0.76~1000μm 的电磁波称为红外线;波长更长的为无线电波;波长为 0.1~100μm 的电磁波(包括紫外线、可见光、红外线)热效应最显著,与物体温度关系最密切,这部分电磁波常称为热辐射。

1900 年,Planck 根据量子统计理论推导出 Planck 定律,单位面积黑体在半球方向发射的辐射通量 E(辐射功率)是波长和黑体温度的函数:

$$E = M_b(\lambda, T) = \frac{C_1}{\lambda^5 \left(e^{C_2/(\lambda T)} - 1\right)} \tag{13.2-3}$$

式中,$C_1 = 3.743 \times 10^8 \text{W} \cdot \mu\text{m}^4/\text{m}^2$ 是第一辐射常数;$C_2 = 1.4388 \times 10^4 \mu\text{m} \cdot \text{K}$ 是第二辐射常数;λ 是波长;T 是黑体的热力学温度。总辐射能随温度升高而迅速增加,单色辐射通量随温度升高而增加,并且对应某一温度,单色辐射通量在波长 λ_m 处有极大值,将 Planck 公式对波长求导数得维恩位移定律,则峰值波长 λ_m 为

$$\lambda_m T = 2897.6 \quad (\mu\text{m} \cdot \text{K}) \tag{13.2-4}$$

光电元件和滤光片配合可优选测量波,获得物体的亮度温度或辐射温度。亮度测温法的亮度与真实温度偏差小,适用于高准确度的测量和量值的传递;比色法测温受发射率变化影响小,适合于低发射率物体(含灰体)测温。全辐射法根据物体光学辐射亮度随温度升高而增长的原理,在有效波长进行亮度比较。

1. 亮度法测温仪表

标准温度灯是检定工业用光学高温计的标准仪器,可复现 800~2500℃范围内的亮度温度。根据 Planck 定律,热力学温度为 T_1、T_2 的两个黑体,对同一波长 λ_c,辐射亮度分别为 B_1、B_2,考虑人眼的视见函数 V_λ,则辐射亮度之比为

$$D = \frac{B_1}{B_2} = \frac{V_\lambda M_b(\lambda_c, T_1)}{V_\lambda M_b(\lambda_c, T_2)} \tag{13.2-5}$$

当 $\lambda_c T \ll 1$ 时,维恩公式简化为

$$\frac{1}{T_2} = \frac{1}{T_1} + \frac{\lambda_c}{C}\ln D \tag{13.2-6}$$

式中，$\lambda_c=0.66\mu m$ 为光学高温计的有效波长。若 D 恒定，T_1 已知并作为比较的标准，则 T_2 就是 T_1 的单值函数；若 T_1 是恒定不变的比较标准，则根据 D 的变化，可求得 T_2。

光电温度计测温波段较窄，利用光电元件可实现自动测量，扩展测温范围；与滤光片配合可优选测温波段，参见图 13.2-1。20 世纪 60 年代以后，光电温度计已广泛应用于工业测温及计量标准的复现和传递，1980 年正式替代了目视光学高温计所复现的温标(IPTS 68)。

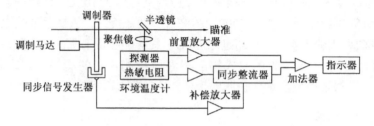

图 13.2-1 光电高温计的原理图

2. 光纤辐射计

顶端黑体式辐射光纤计探测黑体腔发射的热辐射量以反映黑体腔的温度，参见图 13.2-2。高温探头由单晶 Al_2O_3(蓝宝石)光纤(大于 1000℃ 温区)或纯石英光纤(小于 1000℃ 以下温区)制成[9]。传感黑体腔由真空镀膜形成的一层不透光的 $2\mu m$ 厚的铂或铱薄膜构成，杯形薄膜有方形或尖角末端，长径比为 2~80，大比率更接近于黑体条件，小比率有更好的空间分辨力。在金属传感膜上形成了一层保护性 Al_2O_3 膜。当探头插入被测温度场时，传感膜通过对流、传导和辐射接收热量；黑体腔通过开口向外辐射能量，辐射经耐高温的蓝宝石光纤后，耦合到普通通信光纤。低温低损耗光纤传输的光经透射率大于 50% 的窄带滤光片滤光后入射光电二极管，式(13.2-3)近似为

$$E_\lambda \approx C_1\lambda^{-5}e^{-C_2/(\lambda T)} \tag{13.2-7}$$

预计 T 与被接收的标准 T_0 存在如下关系：

$$T = \left[1/T_0 + (\lambda/C_2)\ln(W_0/W)\right]^{-1} \tag{13.2-8}$$

标定标准为测量精度为 0.25% 的铂/铑热电偶时，若标定温度为 $T_0=1320K$，则顶端黑体的辐射光纤温度计在 1000~1600K 的范围误差小于 5K。

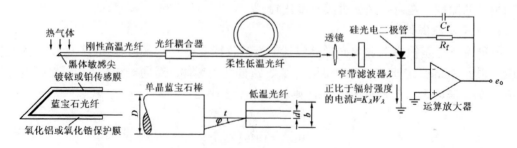

图 13.2-2 顶端黑体光纤辐射温度计

3. 比色法测温仪表

比色法测温仪利用被测目标的两个不同波长(实际上是两个较窄的波段)光谱辐射亮度之比实现辐射测温，测出目标的颜色温度(比色温度)，简称色温。设温度为 T_c 的黑体在波长 λ_1 和 λ_2 下的光谱辐射亮度为 $L_b(\lambda_1, T_c)$ 和 $L_b(\lambda_2, T_c)$，B_b 是这两个光谱辐射亮度之比，即图中两条矩形面积 A_1、A_2 之比。利用维恩公式：

$$\frac{1}{T_c} = \frac{\ln B_b - 5\ln(\lambda_2/\lambda_1)}{C_2\left(\lambda_2^{-1} - \lambda_1^{-1}\right)} \tag{13.2-9}$$

波长 λ_1、λ_2 确定后，比值 B_b 与黑体温度 T_c 满足比色法测温原理。

13.2.2 热膨胀型温度传感器

结构不受外加应力作用时，温度变化 ΔT 使粘贴在宿主结构的转换元件的热膨胀系数失配，产生附加应变[10-12]。双金属是将热膨胀系数不同的两种金属片贴合而成的敏感元件，参见图 13.2-3，贴合方法有热压法和冷压法。双金属温度计感温元件中，膨胀系数大的金属为主动层，膨胀系数小的金属为被动层。当被测温度变化时，两层金属的自然伸长量为

$$\Delta l_1 > \Delta l_2 \tag{13.2-10}$$

式中，$\Delta l_1 = \alpha_1 l(t-t_0)$ 为主动层伸长量；$\Delta l_2 = \alpha_2 l(t-t_0)$ 为被动层伸长量；α_1、α_2 为主动层和被动层的线膨胀系数；t、t_0 为被测温度及初始温度；l 为两层金属在温度 t_0 时的长度。两层金属是牢固结合在一起的，它们的长度在任意温度下彼此相等，在双金属间存在着相互作用力：主动层受压缩，被动层受拉伸，双金属截面上形成弯矩，感温元件的转角多以角度数表示：

$$\Delta\phi = K\frac{360l}{\pi\delta}(t-t_0) \tag{13.2-11}$$

式中，$\delta = \delta_1 + \delta_2$ 为双金属厚度；K 为感温元件的比弯曲，表示单位厚度的双金属片，温度变化 1℃时曲率变化的一半。双金属温度计指针一般是直接(或通过指针轴)固定在感温元件自由端上，所以式(13.2-11)为在无外力作用下温度计的特性公式。双金属材料的膨胀系数差别越大，感温元件的灵敏度越高。

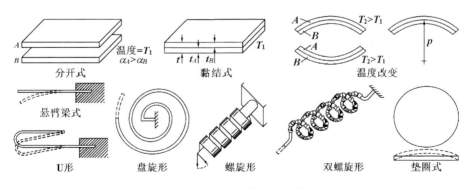

图 13.2-3 双金属传感元件

13.2.3 光纤热光效应温度传感器

在基于热光效应的光纤温度传感器中,光纤或其他元件和材料作为热敏感元件,其传感器特性光在温度敏感的元件中受温度调制的光学特性决定。

当频率 ν_0 的激光进入光纤时,会产生背向 Stokes 和反 Stokes Raman 散射,参见图 4.9-4,利用光纤的 Stokes Raman 散射 OTDR 曲线解调光纤的反 Stokes Raman 散射 OTDR 的被测温度 T 的表达式,可抑制光源强度、光注入条件、光纤几何尺寸和结构等变化的影响,并利用 $T=T_0$ 的起始温度来确定被测光纤各点的温度,则

$$\frac{N_a(T_0)}{N_s(T_0)} = \frac{K_a}{K_s}\left(\frac{\nu_a}{\nu_s}\right)^4 e^{-h\Delta\nu/(kT_0)} e^{-(\alpha_a-\alpha_s)L} \tag{13.2-12}$$

则局域处的温度 T 为

$$\frac{1}{T} = \frac{1}{T_0} - \frac{k}{h\Delta\nu}\ln\left[\frac{N_a(T)N_s(T_0)}{N_a(T_0)N_s(T)}\right] \tag{13.2-13}$$

与比 Stokes Raman 散射信号相比,反 Stokes Raman 散射具有较高的温度灵敏度,在实际测量中,还可用 Rayleigh 散射 OTDR 曲线来解调 Raman 散射 OTDR 曲线,此时,反 Stokes 自发 Raman 散射与 Rayleigh 散射光子数的比值为

$$\frac{N_a(T)}{N_R(T)} = \frac{K_a}{K_R}\left(\frac{\nu_a}{\nu_0}\right)^4 \frac{1}{e^{h\Delta\nu/(kT)}-1} e^{-(\alpha_a-\alpha_s)L} \tag{13.2-14}$$

利用起始温度 $T=T_0$ 时的式(13.2-14)来确定光纤上各点的温度,由于 Rayleigh 散射与温度无关,即 $N_R(T)=N_R(T_0)$,则

$$\frac{N_a(T)}{N_a(T_0)} = \frac{e^{h\Delta\nu/(kT_0)}-1}{e^{h\Delta\nu/(kT)}-1} \tag{13.2-15}$$

光纤的 Rayleigh 散射信号要比自发 Raman 散射强几个数量级,因此式(13.2-15)的信噪比优于式(13.2-13)。Raman OTDR 的温度分辨力可达 1℃,空间分辨力小于 1m[13]。

13.2.4 全息干涉测三维温度场

全息干涉技术用于测量三维温度场是一种非接触方法。对于三维折射率场必须用多列平面激光作为探测光源,使其沿不同方向同时穿过相物,即略去光线偏析的待测温度场,记录多张全息干涉图,由记录的实验结果计算出 $T(x,y,z)$,参见图 13.2-4。入射光分束后经双准直光学系统,通过位相光栅照射试样,干涉图记录在全息干涉板上。流体的温度场 $T(x,y,z)$ 与折射率场 $n(x,y,z)$ 之间有一定物理关系,对于气体,可用 Gladston-Dole 方程表示为

$$\frac{2(n-1)}{3\rho} = \bar{\gamma} \tag{13.2-16}$$

$$\rho = \frac{P}{RT} \tag{13.2-17}$$

式中,ρ 为介质密度;$\bar{\gamma}$ 为特征折射率,是介质和波长的函数;R 为摩尔气体常数。

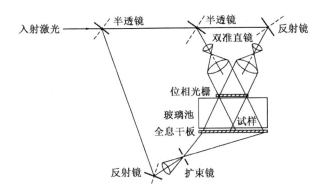

图 13.2-4 全息干涉法测量温度场的装置

13.2.5 气体温度计

实际气体的状态方程可写为密度级数展开式，即维里方程：

$$pV = nRT\left[1 + B(T)(n/V) + C(T)(n/V)^2 + \cdots\right] \qquad (13.2\text{-}18)$$

式中，$B(T)$、$C(T)$、……分别为第二、第三、……维里系数。

假定温度计的温泡无热膨胀，无机械变形，连通管的容积为零，而测温气体为理想气体。气体温度计以气体为测温物质，以压强或体积作为测温特性，使用范围为 2.6～1300K，准确度较高，是一种很好的原级温度计。对于理想气体，有

$$pV = nRT \qquad (13.2\text{-}19)$$

式中，p 为压强；V 为体积；n 为以摩尔为单位的气体量；R 为气体常数。

图 13.2-5 给出了气体温度计的基本结构，大多数热力学温度测量是采用定容测温法和等温线测温法，利用一只容积不变的温泡 V，分别测量在待测温度 T 和参考温度 T_t 下的压强 p 和 p_t，根据理想气体状态方程，可得

$$T = T_t p/p_t \qquad (13.2\text{-}20)$$

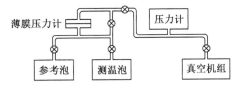

图 13.2-5 基本的气体温度计

压力式温度计依据封闭系统内部工作物质的体积或压力随温度变化的原理工作的，压力式温度计适用于对温包材料无腐蚀作用的液体、气体和蒸汽的温度测量，压力式温度计中所充的工作物质可分为三种。①液体压力式温度计，一般是水银、二甲苯、甲醇、甘油等。充水银的液体压力式温度计可单独列为一种，称为水银压力式温度计。②气体压力式温度计，工作物质为惰性气体，主要是氮气。③蒸汽压力式温度计，主要有氯甲烷、氯乙烷、丙酮和甲苯等低沸点液体饱和蒸汽。

13.2.6 超导量子干涉器磁强温度计

基于超导体 Josephson 效应的超异量子干涉器，可测量极微弱的磁场，通过金属磁化率的测量可确定温度，即 SQUID 磁强温度计。SQUID 磁强温度计在一根具有两孔的铌圆柱体中间，用铌螺钉和铌柱体形成点接触，参见图 13.2-6。两孔形状对称，只有两孔的磁通

量有差异时才有响应。通过一孔内的线圈，器件被射频电流偏置在特定工作点上，探测线圈的峰值电压与磁通量呈周期性关系，周期为ϕ_H，温度计核磁化的磁通量由连接器件一孔的超导变换器供给。样品置于超导螺线管中，受磁场H_0极化。选用高纯铜，以消除杂质效应。SQUID 放在 4.2K 的液氦容器内，铜样品置于 ^{3}He-^{4}He 稀释制冷器中，其核磁化的磁通量用超导变换器耦合到 SQUID 上。整个变换器由铌漆包线组成。这种类型的温度计能在 1mK～0.9K 范围内达到 0.5%的准确度。

图 13.2-6　SQUID 与核磁化测量装置

13.3　压　力

工程技术中的压力为物理学中的压强，参见表 13-3，定义为液体、气体垂直作用于单位面积上的力[4, 14-19]：

$$p = F/A \tag{13.3-1}$$

式中，p 为压力；F 为作用力；A 为力作用的表面积。

表 13-3　压力的定义

p/Pa	说　明
静压力	静止（或相对静止）流体中的压力为静压力，其垂直作用于其作用面的内法线方向；大小与其作用面的方位无关
动压力	Bernoulli 方程中 $\rho u^2/2$ 为动压力，是单位体积流体的动能
总压力	Bernoulli 方程中的动压力和静压力之和为总压力
绝对压力	以完全真空为基准的压力为绝对压力 p_A
标准大气压力	海平面上，大气温度为 288K，密度为 1.225kg/m^3 时的压力为标准大气压力 101325Pa
地方大气压力	各地水平与海平面不同，陆地一般高于海平面，各地的大气压力为地方大气压力 p_a
相对压力	以地方大气压力为基准的压力为相对压力 p_m
计示压力	大于地方大气压力的相对压力为计示压力，即表压力
真空压力	小于地方大气压力的相对压力为真空压力 p_v，又称为负压力
差压	两点压力之间的差值为差压 p_d
静态压力	大小固定，不随时间而变化的压力为静态压力；实际中规定每分钟在 5%以下的变化压力为静态压力
动态压力	大小随时间变化的压力为动态压力

对于无黏性的不可压缩流体，根据牛顿第二定律可导得 Bernoulli 方程如下：

$$\frac{p}{\gamma} + \frac{u^2}{2g} + z = 常数 \tag{13.3-2}$$

式中，p 为压力；γ 为重度；u 为流速；g 为重力加速度；z 为离基准面的高度。

当流体水平流动或不考虑重力时，Bernoulli 方程简化为

$$p + \frac{\rho u^2}{2} = \text{常数} \tag{13.3-3}$$

式中，ρ 为流体密度。

根据参照点，压力有多种表示，参见图 13.3-1，绝对压力 p_A 是作用于被测表面的全部压力；大气压力 p_0 是地球表面空气形成的压力；表压力是绝对压力与当地大气压之差 $p_g=p_A-p_0$；相对真空度(负压)$p_v=|p_g|$ 是绝对压力小于大气压力时，表压力为负；差压(压差)是任意两个压力 p_1、p_2 之差 $\Delta p=p_1-p_2$。压力范围分类为：微压(小于 1×10^4)、低压(1×10^4 ~ 2.5×10^5)、中压(2.5×10^5 ~ 1×10^8)、高压(1×10^8 ~ 1×10^9)、超高压(大于 1×10^9)。

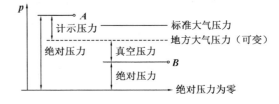

图 13.3-1 典型的压力定义

1) 静压力测量

在管道壁 A 处开一个小孔，并接入一测压管，参见图 13.3-2。由于 A 处的静压力使管内液体上升 h，则 A 处的静压力为

$$p_A = h\gamma + p_a \tag{13.3-4}$$

式中，p_A 为 A 处绝对静压力；h 为被测液体上升高度；γ 为被测液体重度；p_a 为大气压力。只要测出液柱上升高度 h 和大气压力 p_a，即可算出 A 处的绝对静压力。若管内为缓变流动，则如图 13.3-2 上 B 处静压力为

$$p_B = (h+h_2)\gamma + p_a \tag{13.3-5}$$

式中，h_2 为 A 点与 B 点间的铅垂距离。安装测压管时必须与管壁垂直，否则有部分流体动能被滞止下来，所测压力不完全是静压力。

2) 总压力测量

在流场中，放一细弯测压管，参见图 13.3-3，液体流进管内且上升 h_1 后，处于平衡，则

$$p_A = h_1\gamma + p_a \tag{13.3-6}$$

式中，p_A 为 A 点的总压力；h_1 为液柱上升高度；γ 为液体重度；p_a 为大气压力。测压管内液体处于静止，故 A 点为驻点(速度为零的点)，即 A 点处把流体的动能滞止为压力能，故 A 点的压力 p_A 为总压力。

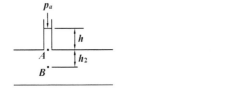 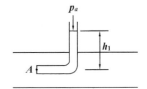

图 13.3-2 静压力测量原理　　　图 13.3-3 总压力测量原理

压力传感器将感受压力并转换为与压力成一定关系的电信号输出，参见表 13-4。被测

压力较稳定时,最大压力值应不超过满量程的 3/4;在被测压力波动较大时,最大压力值应不超过满量程的 2/3。为了保证测量精度,被测压力最小值应不低于满量程的 1/3。

表 13-4 压力的测量方法及其常用的传感器

测量方法	测量原理	压力计形式	范围/kPa	输出信号	性能特点
液压法	液体静力平衡原理:使被测压力与一定高度的工作液体产生的重力相平衡,利用液柱的高位差来测量压力	U 形管	$-10\sim10$	水柱高度	实验室的低、微压测量
		补偿式	$-2.5\sim2.5$	旋转刻度	微压基准仪器
		自动液柱式	$-10^2\sim10^2$	自动计数	用光、电信号自动跟踪液面,用作压力基准仪器
弹性变形法	弹性元件受力产生变形原理:使受压后产生的位移与被测压力呈一定函数关系	弹簧管	$-10^2\sim10^6$	位移、转角或力	直接安装,就地测量或校验
		膜片	$-10^2\sim10^3$		用于腐蚀性、高黏度介质测量
		膜盒	$-10^2\sim10^2$		用于微压的测量与控制
		波纹管	$0\sim10^2$		用于生产过程低压的测控
负荷法	静力平衡原理	活塞式	$0\sim10^6$	砝码负荷	结构简单、坚实、精度高,广泛用作压力基准器
		浮球式	$0\sim10^4$		
压电法	将被测压力转换成电阻量、电感量、电容量、频率量等电学量	电阻式	$-10^2\sim10^4$	电压(mV) 电流(mA)	结构简单,耐振动性差
		电感式	$0\sim10^5$	电压(mV) 电流(mA)	环境要求低,信号处理灵活
		电容式	$0\sim10^4$	电压(V) 电流(mA)	动态响应快,信号处理灵活
		压阻式	$0\sim10^5$	电压(mV) 电流(mA)	性能稳定可靠,结构简单
		压电式	$0\sim10^4$	电压(V)	响应速度极快,限于动态测量
		应变式	$-10^2\sim10^4$	电压(mV)	冲击、温湿度影响小,电路复杂
		振频式	$0\sim10^4$	电压(Hz)	性能稳定,精度高
		Hall 式	$0\sim10^4$	电压(mV)	灵敏度高,易受外界干扰

13.3.1 活塞式压力计

活塞压力计利用活塞-活塞筒机构,由放在活塞上的砝码的重力与被测压力所产生的力相平衡。活塞式压力计利用活塞和砝码托盘的重力 W_0 以及加在活塞上的专用砝码重力 W_n 与作用于已知活塞有效面积 A 上的被测压力 p 所产生的力相平衡的原理,测出压力 p,参见图 13.3-4。当活塞平衡时,存在下列关系:

$$p = (W_0 + W_n)/A \tag{13.3-7}$$

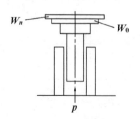

图 13.3-4 活塞式压力计的工作原理图

常见的活塞面积主要有 0.05cm^2、0.1cm^2、0.2cm^2、0.5cm^2、1cm^2、2cm^2 等。

13.3.2 液体式压力计

液体式压力计利用储存于压力计内的呈液柱状的工作液体产生的压力与被测介质压力相平衡的原理,用液柱高度来确定所测对象的压力。常用工作液体有水银(汞)、水(蒸馏水)、乙醇(酒精)、水-甘油等。U形管式压力计由一根玻璃管弯成U形或两根直玻璃管由橡皮管或塑料管连接而成U形,两端分别与被测压力和大气相通。当两端压力相等时,管内液面处于同一高度;当两端压力不等时,可由左右两边管内液面高度差 h 来求被测压力 p,参见图13.3-5。如被测介质是气体,压力可表示为

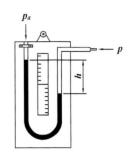

图 13.3-5 U 形管压力计的原理图

$$p = h\gamma \tag{13.3-8}$$

式中,p 为被测介质计示压力值;h 为液面差;γ 为工作液体重度。

若被测介质为液体,还要考虑被测介质液体的重度 γ_1,则压力计算式为

$$p = h(\gamma - \gamma_1) \tag{13.3-9}$$

U形管式压力计通常用于测量表压、差压,当水是工作液体时,测量范围为0~8kPa,当汞为工作液体时,测量范围为0~108kPa,精度为1级。

13.3.3 弹性压力计

弹性压力计利用弹性敏感元件在被测压力作用下产生弹性变形,不同的弹性敏感元件制成的压力计用来测量不同范围的压力,例如,挠性金属元件是以不同形式的Bourdon管(0~1000MPa)、膜片(0~0.3MPa)、膜盒(0~0.04MPa)或波纹管(0~1MPa)等作为压力传感器的敏感元件[20-22],这些元件的偏移通过合适的连杆或齿轮驱动传感装置。弹性敏感元件应具有良好的弹性性能、足够的强度极限、防锈等,弹性压力计主要用于测量对钢和铜不起腐蚀作用的液体、气体、蒸汽压力。

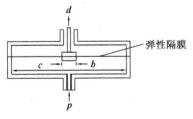

图 13.3-6 膜片压力计原理图

在膜片式压力传感器中,直接把应变片贴到扁平金属膜片,或用一个波纹膜片将力加到应变片梁,参见图13.3-6。

13.3.4 真空计

真空是一种低于大气压力的气体状态,真空状态为气体分子密度低于该地区大气压下气体分子密度的稀薄气体状态,气体的稀薄程度以真空度表示,单位为Pa,参见表13-5,真空区域的划分与真空物理特性、真空泵和真空计、真空技术特点有关[18]。

真空的某些特性并不完全取决于总压力,而是由其中某一种或某几种气体的分压力来决定。真空分压力计是测量真空中气体组分及其分压的仪器,即专用的小型质谱仪器,故又称为真空质谱计,参见图13.3-7。一般由离子源、分析器和离子检测器三部分组成,待测真空中的各种气体分子 $M_1, M_2, \cdots, M_i$ 进入离子源后被电离,并引出成为包含 $M_1, M_2, \cdots,$

M_i 的离子束,离子束进入分析器后,按不同的质荷比分离开来,再由离子检测器收集某一质荷比的离子,测得的离子流强度,即反映该种气体的分压力。

表 13-5 真空区域的划分

真空区域	物理特性	目的	真空计	真空泵	应用
粗真空 $10^5 \sim 10^3$ Pa	低压(平均自由程λ远小于容器特征尺寸),黏滞性流动	形成压力差	U形真空计、薄膜真空计、火花检漏器	机械泵、粗真空泵	支撑、提升、输运(气动、吸尘、过滤)、造型
		减压			风洞
低真空 $10^3 \sim 10^{-1}$ Pa	低的分子密度(平均自由程λ约等于容器特征尺寸),过渡性流动,分子间碰撞、分子与器壁碰撞	排出活性气体成分	压缩式真空计、热传导真空计	机械泵、油或机械增压泵、低温吸附泵	灯泡、熔炼、烧结、包装、封装、检漏
		排出吸留和溶解的气体			干燥、脱水、浓缩、去气、浸渍、冷冻干燥
		减少能量转移			隔热
高真空 $10^{-1} \sim 10^{-6}$ Pa	分子性流动(平均自由程λ远大于容器特征尺寸),分子与器壁的碰撞为主	减少能量转移	热阴极电离计、冷阴极电离计	扩散泵、涡轮分子泵	电绝缘、真空微量天平、空间模拟
		减少碰撞			各类电子管、质谱计、同位素分离装置、电子显微镜、电子束焊接与加工装置、真空蒸镀、材料精炼、分子蒸馏、空间模拟
超高真空 $10^{-6} \sim 10^{-10}$ Pa	形成单分子层的时间长,表面现象为主	得到清洁表面	改进型热阴极电离计、磁控式电离计	扩散泵加阱、吸气剂离子泵	表面分析与研究、材料提纯、光电器件
		减少碰撞			粒子加速度、储存环
极高真空 小于 10^{-10} Pa	出现分子统计涨落现象	减少碰撞	冷或热阴极磁控式电离计	低温冷凝泵、扩散泵加升华阱	可控热核反应装置、模拟月球表面真空环境

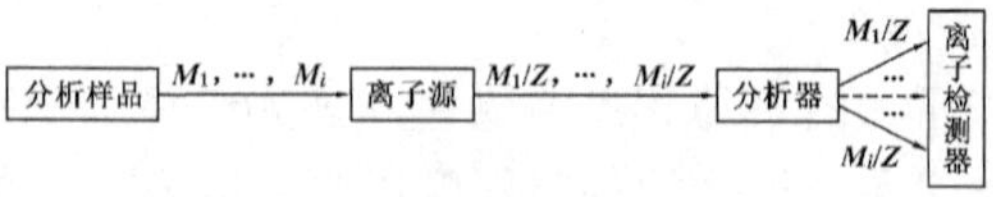

图 13.3-7 真空质谱计的工作原理图

分压力测量技术利用真空质谱计进行分压力测量,首先把待测真空系统或器件中的气体引入真空质谱计中,然后根据质谱计得到的谱图定性地确定该系统(或器件)中存在的气体成分,进而根据质谱图中谱峰的强度来计算各种气体成分的分压力,参见表 13-6。

表 13-6 真空质谱计分类

类型	质量分离原理	真空质谱计
磁场偏转型	入射速度相同，质荷比不同的离子在磁场中的偏转半径不同，而在空间位置上分离	磁偏转质谱计 摆线质谱计
飞行时间型	入射能量相同，质荷比不同的离子按其通过漂移管的飞行时间不同而先后到达离子收集极，从时间上分离	飞行时间质谱计
离子谐振型	质荷比不同的离子在高频场中运动时，其动能变化不同，只有谐振离子动能达到最大而被分离	射频质谱计 回旋质谱计 静电质谱计
轨迹稳定型	质荷比不同的离子在分析场内作振荡运动，按其轨迹是否稳定（振幅有限）而进行分离	四极质谱计 单极质谱计 三维四极离子阱

13.4 流量和流速

流体由分子组成，是一种无间隙的连续介质，包括液体和气体两种基本形态，如空气、水、油和血液等。液体使自身体积缩到最小，与其他流体形成分界面；气体充满其占有的全部空间；液体、气体和固体颗粒混合而成的流体称为多相流体[6, 23-27]。

1) 连续方程

设流体在变截面管道中作稳定流动，参见图 13.4-1。根据质量守恒定律，流过截面 I 的流体质量流量应等于流过截面 II 的质量流量，即

$$G_1 = G_2 = 常数 \tag{13.4-1}$$

或

$$\rho_1 A_1 u_1 = \rho_2 A_2 u_2 = 常数 \tag{13.4-2}$$

式中，ρ_1 和 ρ_2 分别为截面 I 及 II 上的流体密度；A_1 和 A_2 分别为截面 I 及 II 上的流通截面积；u_1 及 u_2 分别为截面 I 及 II 上的平均流速。式(13.4-2)为适用于各种流体的（可压缩或不可压缩流体）连续方程式。若流体为不可压缩流体，即流动过程中流体密度不因压力变化而发生变化 $\rho_1 = \rho_2$，则式(13.4-2)可转化为连续方程式：

$$A_1 u_1 = A_2 u_2 = 常数 \tag{13.4-3}$$

即流过管道各截面的体积流量为常数。式(13.4-3)只适用于不可压缩流体的流动。

2) Bernoulli 方程

若流体在外力作用下流速为 u，假定流体无黏性，流动时不产生阻力损失，在流体中取截面积为 ΔA、长度为 Δl、位置高度为 Z 的流体微元体，作用在流体上的力有作用于流体两端的压力 p 及重力，$a = u \mathrm{d}u/\mathrm{d}l$ 为沿流动方向的流体加速度；g 为重力加速度；θ 为微元体与垂直线的夹角，$\cos\theta = \mathrm{d}Z/\mathrm{d}l$。参见图 13.4-2，则沿流动方向的微元体运动方程为

$$\frac{\mathrm{d}p}{\rho} - g\,\mathrm{d}Z + u\,\mathrm{d}u = 0 \tag{13.4-4}$$

式中，对式(13.4-4)积分，可得无黏性的单位质量流体在压力和重力作用下流动时的总机械能是不变的，即 Bernoulli 方程：

$$\int \frac{\mathrm{d}p}{\rho} - gZ + \frac{u^2}{2} = 常数 \tag{13.4-5}$$

式中，Z 为流体的位置高度。式(13.4-5)适用于可压缩流体和不可压缩流体，式中第一项表示单位质量流体所具有的压力能，第二项表示单位质量流体所具有的位置势能，第三项表示单位质量流体所具有的动能。对于不可压缩流体，密度不随压力变化，式(13.4-5)简化为

$$p/\rho - gZ + u^2/2 = 常数 \tag{13.4-6}$$

Bernoulli 方程在管路中只能用于稳定流动和缓变断面。

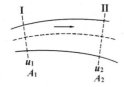

图 13.4-1 流体流过变截面管道的原理图　　图 13.4-2 流动的流体微元体

3）流量

单位时间流体流过管道或设备某处横截面的数量称为流量。流量是流经管道横截面的流体量与该量通过该截面所花费的时间 t 之商：

$$q_V = \frac{\mathrm{d}V}{\mathrm{d}t} = UA \tag{13.4-7}$$

$$q_m = \frac{\mathrm{d}m}{\mathrm{d}t} = \rho UA \tag{13.4-8}$$

式中，q_V 是体积流量；q_m 是质量流量；V 是流体体积；m 是流体质量；ρ 是流体密度；U 是平均流速；A 是管道的横截面面积。

13.4.1 流速式流量测量

1. 差压式流量计

差压式流量计应用流体流经节流装置所产生的静压差来测量流量，按标准制造和安装的标准节流装置(孔板、喷嘴和文丘里管等)，计算的差压与流量的关系准确度可达±1%[28, 29]。

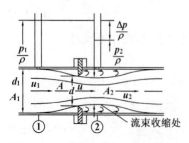

图 13.4-3 孔板的流型及压差测量

差压式流量计对流体适应性广且已标准化，量程比一般为 3:1，压力损失较大，刻度为非线性且上下游需足够长的直管段长度。在单相流体的水平管道放置节流件，参见图 13.4-3，当流体流过节流件时由于流通截面积缩小使流速增大、动能增大并在节流孔后形成流束收缩。在流束收缩处流速最大，根据伯努利方程，此处流体压力最小。在截面 1 和 2 设置测压管，可测得节流件前后的压力差 Δp，按 Bernoulli 方程导出的流量计算式可得相应的流量值。

2. 超声波流速计

当超声流量计换能器采用贴壁斜置式(插入式)时，需在管上开孔并将换能器探头插入孔中使用，参见图 13.4-4，压电晶片用黏结剂和探头连接。

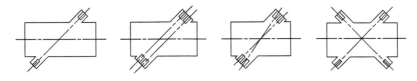

图 13.4-4 贴管壁斜置换能器式超声换能器布置

当换能器采用管外斜置式(夹装式)时，参见图 13.4-5，声楔使超声波束能以合适的角度发射(一般其入射角约为 40°)。当有足够长的直管段，流速分布为管道轴对称时，选 Z 式；当流速分布不对称时采用 V 式；当换能器安装间隔受到限制时，采用 X 式。当流场分布不均匀而表前直管段又较短时，可采用多声道(如双声道或四声道)来克服流速扰动带来的流量测量误差。换能器一般均交替转换作为发射和接收器使用。

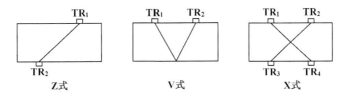

图 13.4-5 管外斜置换能器超声换能器布置

超声流量计利用超声波在流体中的传播特性来测量流量，是一种非接触式流量仪表，具有不与被测流体直接接触、无压力损失、零部件不受被测流体腐蚀等特点。可用于测量液体流量，如腐蚀性液体、高黏度液体和非导电性液体的流量，也可测量气体流量。管径适用范围为 2～500cm，也可测量数米宽的明渠、暗渠到 500m 宽的河流流量。适用于工作压力直到数十兆帕，最高工作温度受到换能器及其与管道间的耦合材料耐温程度的限制，一般用于测量 260℃以下的流体，在特殊情况下可用于测量 1500℃的钢水。

3. 叶轮式流量计

叶轮式流量计是一种速度式流量仪表，利用置于流体中的叶轮受流体流动的冲击而旋转，旋转角速度与流体平均流速呈比例的关系，通过测量叶轮的转速来达到测量流过管道的流体流量[30]。叶轮式流量计是目前流量仪表中比较成熟的高精度仪表，主要品种是涡轮流量计，还有分流旋翼流量计、水表、叶轮风速计等。

水表是记录流经封闭满管道中水流量的一种仪表，属连续确定水量的积算式流量计，参见图 13.4-6。叶轮式水表的工作原理与涡轮式流量计类似，当水以一定流速流过水表时，水表的叶轮转动，其转数 n 可表示为

$$n = Cu = CQ/A \tag{13.4-9}$$

式中，C 为比例系数；u 为水流速度；Q 是流过水表的水流量；A 为流通截面积。应用累计旋转叶轮的转数，可算出在一定时间内流经水表的水量。单箱切向流叶轮式水表只有一层外壳，叶轮轴垂直于水流方向，由一个喷口射出的水流使叶轮旋转；复箱切向流叶轮式水

表外壳内设有测量室,叶轮轴垂直于水流方向,水从测量室四周切向射入推动叶轮旋转;湿式叶轮式水表的流量指示部分处于水中的水表;干式叶轮式水表的流量指示部分处于空气中的水表;轴向流叶轮式水表的叶轮旋转轴与流体流动方向平行,水平轴旋转再经涡轮传给垂直轴进行指示,可测较大水流量;竖式轴向流叶轮式水表的叶轮轴竖直布置并与流体流动方向垂直;子母式水表是由母表和子表组成的复合水表,小流量用子表测量,大流量用子表及母表测量;Venturi 分流管式水表由 Venturi 管及安装于旁路中的水表组成,旁路水表中流量由 Venturi 管的压差决定,可用于大流量测量。

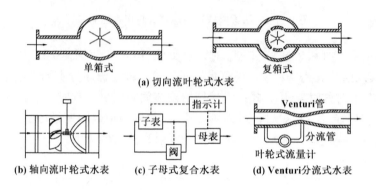

图 13.4-6 叶轮式水表

4. Pitot 管和 Annubar 流量计

Pitot 管为前端有小孔的 90°弯管,流体至管端时,流体受阻,速度为零,压力为 p_0,参见图 13.4-7,流体在截面 1 处的压力为 p_1,速度为 u。根据伯努利方程可表示为

$$\frac{p_1}{\rho g} + \frac{u^2}{2g} = \frac{p_0}{\rho g} \tag{13.4-10}$$

式中,ρ 为流体密度。由式(13.4-10)可得流速:

$$u = \sqrt{2(p_0 - p_1)/\rho} \tag{13.4-11}$$

应用 Pitot 静压管测流量一般至少要测 20 点的流速才可求出流量。Annubar 流量计改进了 Pitot 静压管,可通过一次读数测定流量,参见图 13.4-8。将管道圆形截面分为四个四等的面积(两个半圆形,两个半环形),Annubar 流量计的检测管在面向来流方向开有四个取压孔,以分别测量上述四个相等面积上的相应平均总压力。检测管中插有一根测取四个总压力平均值的导压管,还插有一根测取静压力的导压管,用差压计测出此两导压管引出的总压力与静压力之差,即可根据式(13.4-11)计算式算出流速及流量,体积流量 Q 为

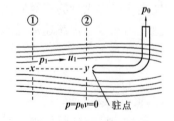

图 13.4-7 Pitot 管的工作原理图

图 13.4-8 Annubar 流量计的原理图

$$Q = Au = (\alpha\pi d_1^2/4)\sqrt{2(p_0 - p_1)/\rho} \qquad (13.4\text{-}12)$$

式中，d_1 为管子内直径；p_0 及 p_1 分别为总压力及静压力；ρ 为流体密度；α 为标定系数。

13.4.2 容积式流量测量

容积式流量计应用标准容器对被测流体进行连续计量，准确度可达 0.2%～0.5%，量程比可达 10∶1 以上，测量准确度与流体种类、黏度、密度等物理属性无关，不受流动状态影响（与 Re 数无关），可测气、水以及较高黏度的油等流体流量。如果材质合适也可用于测腐蚀性流体的流量，但有固体颗粒进入仪表将影响仪表运转。

1. 腰轮式流量计

腰轮式(Roots)流量计的腰轮是一种摆线轮，当流体流过两腰轮时，流量计进、出口之间产生的压差推动腰轮旋转，参见图 13.4-9。两腰轮之间用驱动齿轮相互驱动，腰轮每旋转一周即有 4 倍于阴影部分容积的流体排出，测出腰轮旋转次数便可知道其累积流量。可测量气体和液体，流量范围为 0.6～2700m/h，测量准确度为 ±0.2%～±0.5%，工作压力为 $6×10^5$～$64×10^5$Pa，工作液体黏度为 3～500mPa·s，口径为 40～600mm，工作温度小于 200℃。

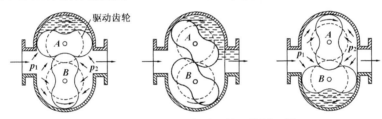

图 13.4-9 腰轮式流量计的工作原理图

2. 往复活塞式流量计

往复活塞式流量计的活塞在流入口流体压力作用下向图示上方移动时将气缸上部中的流体从流出口送出，参见图 13.4-10(a)。活塞往复一次排出的流体体积值可通过改变换向信号发生器的位置从而改变活塞的冲程来加以调节。具有四个联动往复活塞的流量计的活塞 p_1、p_2、p_3、p_4 以 O 点进行连动，参见图 13.4-10(b)。活塞 p_1、p_2 在流入口压力作用下向着 O 点方向移动，使 O 点依箭头所指方向旋转从而使 p_3、p_4 作反方向移动并将其气缸内的流体向流出口推出。O 点旋转的同时引起各换向阀依次改变方向。当 p_1、p_3 移动到某规定位置时，p_1 的换向阀换至流出口而 p_3 换至流入口。此时流体流入 p_2 和 p_3 气缸，推动各活塞而 p_1 和 p_4 气缸内流体被排出流出口。这种流量计可用于测量微量流量，适用于黏度较低的油类流量测量，如加油站测量汽油流量。

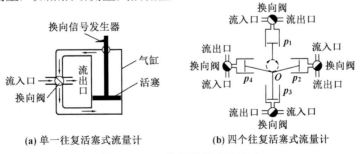

(a) 单一往复活塞式流量计　　(b) 四个往复活塞式流量计

图 13.4-10 往复活塞式流量计

3. 皮囊式流量计

皮囊式流量计是由皮膜制成能自由伸缩的计量室1、2、3、4以及能与之联动的滑阀组成流量测量元件，在皮膜伸缩及滑阀的作用下，可连续将气体从流量计入口送至出口，参见图13.4-11。在流量计内部装有由浸油薄羊皮或合成树脂薄膜制成的能收缩容积的袋，及随其容积变化而连动的阀1及阀2。循环动作次数通过与薄膜收缩联动的齿轮系统传给显示机构，根据循环次数即可确定通过流量计的流量。皮膜式气体流量计工作可靠，动态范围可达100∶1，测量精度一般为±2%~±3%。皮膜式气体流量计广泛用于家用煤气、天然气、液化石油气等燃气消耗量的计量，即煤气表。

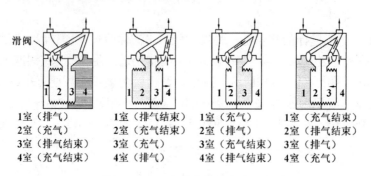

图13.4-11 皮囊式气体流量计

13.4.3 质量式流量测量

质量流量计的检测元件能直接反映质量流量的为直接式质量流量计，需同时检测出体积流量和流体密度，再算出质量流量的为间接式质量流量计。

1. Magnus效应式质量流量计

流体力学中的 Magnus 效应表明，当流体横向流过一绕本身轴旋转的圆柱体时，圆柱体将受到一个因两侧压差产生的既垂直于流向又垂直于圆柱体旋转轴的力，参见图13.4-12。仪表中央装有一圆筒，圆筒静止时，圆筒两侧1及2截面上的流量、流速及压力均相等。当圆筒以恒定角速度ω旋转时，截面1及2中的压力差p_1-p_2可表示为

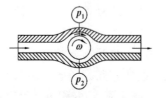

图13.4-12 Magnus效应式质量流量计的原理图

$$p_1 - p_2 = 2\rho u_0 u_c = \frac{G}{A} u_c \tag{13.4-13}$$

式中，p_1及p_2分别为截面1及2上的压力；ρ为流体密度；u_0为圆筒静止时截面1及2中的流速；u_c为由于圆筒旋转产生的速度；G为被测质量流量；A为圆柱体一侧测量通道的截面积。由于圆筒由同步电动机带动，转速恒定，故u_c为常数。

2. Coriolis力振动式质量流量计

Coriolis力振动式质量流量计利用流体流过流量计时所产生的Coriolis力矩和流体质量流量呈正比的关系测定流体质量流量。无阻塞，对黏度、压力和温度不敏感，可测量洁净液体、混合液、泡沫和泥浆，以及携带气体的液体。待测流体介质被导入U形管，管子的

液体入口和出口端被夹紧固定,参见图 13.4-13。测量管绕轴 1-1 在谐振频率(如约 80Hz)振动。在水平方向流动的液体受 Coriolis 力的作用产生垂直方向加速度。U 形管道的半径为 r,Coriolis 力绕轴 2-2 形成力矩 M:

$$M = rF \tag{13.4-14}$$

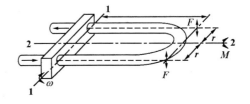

图 13.4-13　Coriolis 力流量测量 U 形管的振荡

力矩 M 的符号随液体的流入和流出呈交替变化。由此形成对测量管的一个扭转作用,参见图 13.4-14,扭转角为 α,由于弹性力的作用,从而形成一反作用力矩 M_1:

$$M_1 = C\alpha \tag{13.4-15}$$

式中,C 是弹性系数。

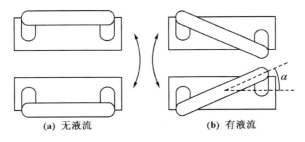

图 13.4-14　测量管因流体流动而造成的扭曲现象

当两力矩相等,即 $M=M_1$ 时,扭转运动停止,此时扭转角为

$$\alpha = M/C = rF/C = rv\omega m/C \tag{13.4-16}$$

而流速 v 为

$$v = l/t \tag{13.4-17}$$

式中,l 是 U 形管的长度;t 是流体经管道的时间。把式(13.4-17)代入式(13.4-16),得

$$\alpha = rl\omega m/(Ct) = kQ_m \tag{13.4-18}$$

式中,$k=rl\omega/C$ 为常数,取决于 U 形管的半径 r、长度 l、弹性系数 C 和转动角速度。

13.5　密　度

物质宏观上是气体、液体和固体三态,微观上是物质分子聚集的状态。线密度、面密度和体密度(密度)是空间分布的质量对其长度、面积和体积之比,统称密度。比体积(比容)v 定义为密度 ρ 的倒数。

(1)标准密度是指在规范规定的标准条件下的物质密度、液体和固体密度的标准条件,通常采用 20℃;对于气体密度的标准条件,通常采用 273.15K 和 101325Pa。参考密度是指在一定状态(温度和压力)下参考物质的,例如,在 20℃下参考物质纯水的密度;在 273.15K 和 101325Pa 下参考物质干空气的密度等。

(2)实际密度是多孔固体材料质量与其体积(不包括孔隙体积)之比,即真密度。表观密度(假密度)是多孔固体(颗粒或粉末状)材料的质量与其表观体积(包括孔隙体积)之比,多

用于冶金、建筑、矿业和化学工业，气孔率定义为

$$气孔率(\%) = \frac{实际密度-表观密度}{实际密度} \times 100\% \tag{13.5-1}$$

(3) 堆积密度是指在特定条件下，在既定容积的容器内，疏松状(小块、颗粒、纤维)材料质量与其体积之比，即计算密度或体积密度。按材料实际堆积条件可分为松密度(自然堆积)、振实密度(振动下的堆积)和压实密度(施加一定压力下的堆积)。

(4) 临界密度是指物质在气、液两态平衡共存的临界点(临界状态)的密度，只能在一定温度和压力下实现，此时的温度和压力分别称作临界温度和临界压力。各种物质的临界密度不同，例如，氧在临界温度-118.82℃、临界压力4.88MPa时的临界密度是430kg/m^3；水蒸气在临界温度374℃、临界压力21.37MPa时的临界密度是329kg/m^{3}等。

(5) 相对密度 d 为在规定条件下物质的密度 ρ 与参考物质的密度 ρ_r 之比：

$$d = \rho/\rho_r \tag{13.5-2}$$

(6) 分子(粒子)数密度 n 定义为分子(粒子)数 N 与其体积 V 之比：

$$n = N/V \tag{13.5-3}$$

混合物分为混合气体、溶液和固溶体(混晶)，是由两种或两种以上不同物质组成的均匀物系。浓度是混合物中所含某种物质的量，表示混合物的混合程度。

(1) 物质的量浓度 c_B 是物质 B 的物质的量 v_B 与其混合物体积 V 之比：

$$c_B = v_B/V = \rho/M_B \tag{13.5-4}$$

式中，ρ 是物质的密度；M_B 是物质的摩尔质量。物质的量浓度简称浓度。

(2) 质量浓度 ρ_B 是物质 B 的质量 m_B 与其混合物体积 V 之比：

$$\rho_B = m_B/V \tag{13.5-5}$$

(3) 质量摩尔浓度 b_B 指溶液中溶质 B 的物质的量 v_B 与溶剂 A 的质量 m_A 之比：

$$b_B = v_B/m_A = v_B/(v_A M_A) \tag{13.5-6}$$

式中，v_A 为溶剂 A 的物质的量；M_A 为溶剂 A 的摩尔质量。

(4) 分子浓度 C_B 是指物质 B 的分子数 N_B 与其混合物体积 V 之比：

$$C_B = N_B/V = N_A v_B/V \tag{13.5-7}$$

式中，$N_A = 6.022045 \times 10^{23} \text{mol}^{-1}$ 为Avogadros常数；v_B 为物质 B 的物质的量。

(5) 质量分数 w_B 是物质 B 的质量 m_B 与其混合物质量 m 之比：

$$w_B = m_B/m \tag{13.5-8}$$

(6) 体积分数 φ_B 是物质 B 的体积 V_B 与其混合物体积 V 之比：

$$\varphi_B = V_B/V \tag{13.5-9}$$

(7) 物质的量分数 x_B 是物质 B 的物质的量 v_B 与其混合物的物质的量 v 之比：

$$x_B = v_B/v = N_B/N \tag{13.5-10}$$

式中，N_B 为物质 B 的粒子数；N 为混合物的粒子数。

根据Archimedes原理，浮力 F 等于该物体所排开的液体所受的重力：

$$F = V_0 \rho g \tag{13.5-11}$$

式中，V_0 为浸没在液体中的物体体积；ρ 为液体密度；g 为重力加速度。产生浮力所用物体

被称为浮子的浮体，浮力测定一般使用天平。一般地，密度计可按任意角度安装，参见图 13.5-1。低流速时，建议垂直固定(液体从下向上流动)或与向上流动的液体方向成倾斜角度放置；对于带有固体微粒或黏稠的液体流向应相反；水平安装时，为防止气泡和在密度计形成沉淀物，液体流速要高；泵经常装在下游，但应离开足够远以避免振动和产生涡流；为消除气泡，增加旁道回路压力(略高于系统的最大压力)，迫使气体分解。

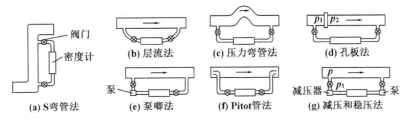

图 13.5-1　液体密度计的常用旁通型安装方式

1. 静压法

利用液柱产生的液体静压力或静压力差来测量液体密度或浓度的方法。隔膜静压式密度计利用插入液体不同位置的压力传感器上的感压膜即隔膜所承受的静压力与其高度关系来测量液体密度或浓度，参见图 13.5-2。两隔膜所承受的静压力差 Δp 为

$$\Delta p = h\rho g \tag{13.5-12}$$

式中，h 为两隔膜插入液体的深度差；ρ 为液体密度；g 为重力加速度。测量准确度为 1%～2%FS，应用于石油、化工、矿冶、船舶等部门。

2. 声学法

利用声学原理，可测量声速、声阻抗及声压变化及其与物质密度或浓度关系来确定液体和气体密度或浓度。在液体介质中，声速 c 为

$$c = \sqrt{K/\rho} = 1/\sqrt{\rho\kappa} \tag{13.5-13}$$

式中，K 为液体的体积弹性模量；ρ 为液体密度；$\kappa=1/K$ 为液体的压缩系数。

在气体介质中，声速 c 为

$$c = \sqrt{rp/\rho} \tag{13.5-14}$$

式中，r 为气体的比热比；ρ 为气体密度；p 为气体的压力。

测量声速 c，通常利用 $c=\lambda f$ 的基本关系式(λ 为声波波长，f 为声波频率)。当波长 λ 或频率 f 一定时，改变波长 λ 来测量声速 c。液体的声速式密度计通过声波发射与接收器接收声波，测定声波在一定长度 l 的液体中循环重复频率或周期与声速的关系来计算液体密度，参见图 13.5-3。测定时，还可由测得的被测液与参考液的频率差 Δf 求得被测液的声速。

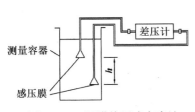

图 13.5-2　隔膜静压式密度计

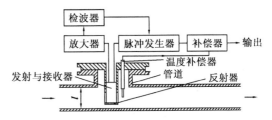

图 13.5-3　液体声速式密度计

3. 浓度测量

浓度与密度有关,已成为工业过程中重要的物性参量。光学法通过测量旋光、折光和吸光变化与其密度或浓度关系来测定液体和气体密度或浓度的方法,既可用于实验室分析,也可用于工业现场进行连续测量。

1) 旋光法

旋光法利用偏振光测量它射入具有旋光性溶液产生的旋光度与其浓度关系来测定液体浓度。当平面偏振光射入物质后,使振动面发生旋转的物质称为旋光性物质,产生向左旋转的物质为左旋物质,相反为右旋物质。对于溶液而言,在一定温度和一定光波长时,其旋光度(旋转角)α与光通过的液层厚度 l 和旋光物质浓度 c 有关:

$$\alpha = \psi l c \tag{13.5-15}$$

式中,ψ为旋光率或旋光常数,其值取决于通过溶液的光波长及测量时的温度。在溶液的旋光率ψ和l条件一定时通过测得的旋光度α可得其浓度c。

旋光式浓度计主要由起偏振器、检偏振器、旋光管和光电系统等组成,参见图13.5-4。从单色光光源射出的光线通过仪器至观察者的眼睛,当起偏振器与检偏振器呈直角时,光全部不能通过,视野变暗,旋转角为 0°。若在旋光管中放入旋光性物质,通过起偏振器时偏振面旋转,黑暗的视野由暗变亮些,要使视野重新变暗,这时必须旋转检偏振器到某一角度,即旋光溶液的旋光度。起偏振器和检偏振器一般可用 Nicol 棱镜。

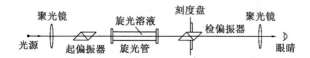

图 13.5-4 旋光式浓度计的原理图

旋光糖量计(糖量计)专用于测定糖溶液的糖度,参见图 13.5-5。在检偏振器和糖溶液之间放置楔形石英,移动石英使其厚度改变,从所移动的长度得知糖浓度(糖度)。

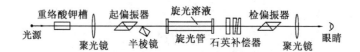

图 13.5-5 旋光糖量计的原理图

2) 折光法

折光法利用光折射定律,测量光从各向同性的一种介质进入到另一种介质时,光的折射率变化与其浓度有关,常用于测定各种溶液的密度或浓度。通常所说的某些介质的折射率数值多是指在一定温度下,对钠黄光(589.4400nm)的折射率。一般地,在一定条件下,溶液的浓度与其折射率呈线性关系。全反射式自动折光浓度计利用一块与被测液相接的棱镜,产生光的全反射,Q 为临界角,参见图 13.5-6。仪器利用光全反射信号变化的电信

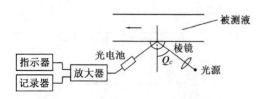

图 13.5-6 全反射式自动折光浓度计

号变化来测量液体浓度，测量准确度为 1%FS，广泛应用于石油、化工、食品、饮料、造纸、制药、酿酒等工业，主要用于生产管线或罐连续测量浓度。

13.6 物　　位

物位是存于容器内的液体表面的高度及所在的液位[31,32]，或固体颗粒、粉料、块料堆积的高度或表面所在料位，或两种密度不同且互不相溶的液体间或液体与固体间的分界面高度（界位），参见表 13-7。对于液体，若不考虑上下层液体温度的不均匀性，可认为密度一致，但液位在有些情况下可能有沸腾或起泡。对于粉粒体，必须考虑颗粒间的空隙，密度表示不含空隙的物料每单位体积的质量，即通常的质量密度ρ，如果乘以重力加速度 g 就成为重量密度γ（重度）；容重是包含空隙在内的单位体积的重量γ_V，即容重重度或宏观重度。

表 13-7　物位检测技术的方法分类和特点

种类	方式	被测介质	测量功能	测量原理
压力式	单法兰	液体	连续	单一测点，测量开口容器底部的压力
	双法兰	液体	连续	两个测点，测量密闭容器上部的压力
	吹起式	液体	连续	深入液体内部，测量吹气管出口处的压力
浮力式	恒浮力	液体	连续	浮子与重物或弹力平衡，测量重物的位置或弹力
	变浮力	液体	连续、开关	测量浮子浮力
电容式		液体、固体	连续、开关	物位变化使两极板间介电常数变化
电导式		导电液体	连续	液位变化使两极板间电导值发生变化
电感式		导电液体	连续	液位变化使串联磁场中激励线圈电感值发生变化
阻力式	重锤探索	固体	开关	重锤下降到达料位处使重锤重力突然变小
	旋桨推板	固体	开关	料位上升旋桨或推板阻力突然增大
	音叉	液体、固体	开关	物位上升阻力增大音叉停振
超声式	窄缝	液体	开关	液位上升进入窄缝，超声波能量被接收
	反射	液体	连续	在液相或气相中发射超声波，在两相界面反射，测时间得距离
	磁致伸缩	液体	连续	利用磁致伸缩原理，将浮子位置的测量信号外传
微波式		液体、固体	连续	在液相或气相中发射微波，在两相界面反射，测时间得距离
射线式		液体、固体	连续	发射γ射线，根据接收器的辐射位置确定物位

1. 压力法

压力法根据液体重量产生的压力进行测量，由于液体对容器底面产生的静压力与液位高度成正比，因此通过测量容器中液体的压力即可测算出液位高度。波纹膜片式光纤光栅传感器的波纹膜片直接与液体压力环境接触，传动杆将波纹膜片中心的变形转换为等强度悬臂梁的挠度，从而导致粘贴于悬臂梁上下表面的波长为 λ_1 和 λ_2 的光纤光栅受应变调制而产生 Bragg 波长移位 $\Delta\lambda_1$ 和 $\Delta\lambda_2$，参见图 13.6-1。传感光栅 Bragg 波长与液压 p 的关系为[33]

$$\frac{(\Delta\lambda_1/\lambda_1 - \Delta\lambda_2/\lambda_2)}{2} = \frac{3(1-p_e)(1-\mu_d^2)r_0^4 h_b}{16 E_d h_d^3 l^2} p \tag{13.6-1}$$

式中，$p_e=0.22$ 为熔石英光纤的有效弹-光系数；波纹膜片是 Young's 模量为 E_d、Poisson 比为 μ_d 的不锈钢；r_0 为波纹膜片的有效半径；h_d 为厚度；悬臂梁的长度为 l，厚度为 h_b。

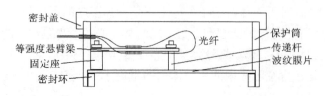

图 13.6-1 波纹膜片式光纤 Bragg 光栅液位传感器

2. 浮力法

利用液体浮力测量液位的原理应用广泛，光源发出的光经光纤传送到遮光转盘，遮光盘上均匀分布的光窗位置与液面高度相关，参见图 13.6-2[34,35]。

3. 微波物位计

发射和接收天线相距 s，成一定角度，波长为 λ 的微波从被测液面反射后进入接收天线，参见图 13.6-3。接收天线接收到的微波功率 P_r 与被测液面的高度有关：

$$P_r = \left(\frac{\lambda}{4\pi}\right)^2 \frac{P_t G_t G_r}{s^2 + 4d^2} \tag{13.6-2}$$

式中，d 是两天线与被测液面间的垂直距离；s 是两天线间的水平距离；P_t 和 G_t 分别是发射天线发射的功率和增益；G_r 是接收天线的增益。当发射功率、波长、增益均恒定时，只要测得接收功率 P_r，可获得被测液面的高度。

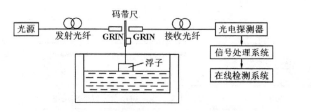
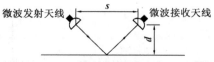

图 13.6-2 浮子遮光式光纤液位传感器　　图 13.6-3 微波液位计的原理图

4. 超声波物位计

利用超声波在介质中的传播速度及在不同相界面之间的反射特性来检测物位。在容器底部或顶部安装超声波发射器和接收器，发射出的超声波在相界面被反射，接收器接收测出超声波从发射到接收的时间差，可得液位高低，参见图 13.6-4。超声波物位传感器精度高、不受被测介质影响、可实现危险场所的非接触连续测量。

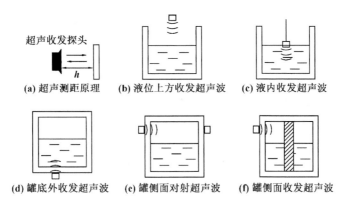

图 13.6-4 超声测距在液位测量中的应用

13.7 黏 度

黏性是相邻两流体层发生相对运动时显示出来的内部摩擦力大小的一个特征参数，与流体分子间的内聚力有关，是流体反抗剪切形变的特性。液体黏度(黏性系数或动力黏度)是液体受外力作用移动时，分子间产生的内摩擦力的量度[36,37]。当某一层流体的移动受到另一层流体移动的影响时，即产生摩擦力，摩擦力越大，就需更大的力量使流体移动。表征流体黏度常用的有如下三种。

(1) 动力黏度。具有相同面积 A 的两平行平面的流体相隔距离为 d_x，以不同流速 v_1 和 v_2 同向流动，Newton 流体满足保持不同流速的力量正比于流体的相对速度或速度梯度：

$$F/A = \eta(v_2 - v_1)/d_x \tag{13.7-1}$$

式中，黏度 η 与材料的性质有关；剪力 F/A 是单位面积下剪切所造成的合力。

(2) 运动黏度(比密黏度)定义为流体的动力黏度与同温同压下密度的比值：

$$v = \mu/\rho \tag{13.7-2}$$

(3) Engler 黏度。200ml 的液体流过 Engler 黏度计所需的时间 t 与温度为 293K 的同体积的蒸馏水流过同一仪器所需的时间 t_0 的比值为 Engler 黏度：

$$^0E = t/t_0 \tag{13.7-3}$$

工业流程细管法是用于工业生产流程中流体黏度的连续、自动测量与控制，将金属细管直接安装在主流管中或并联于主流管上，成为主流管的旁路，参见图 13.7-1。

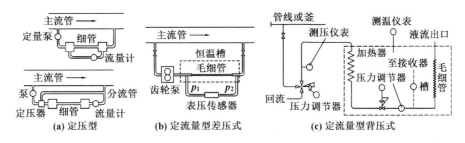

图 13.7-1 工业流程细管法

定量泵将流程从主流管泵入分流管，在毛细管的入口处安装定压器，以维持恒压，在细管的出口或另一分流管中的流量计测流量，参见图 13.7-1(a)，则黏度 η 为

$$\eta = K/Q = \pi R^4 P/(8QL) \tag{13.7-4}$$

定量泵将流程从主流管泵入分流管，由分流管中流出的液体流回主流管，测量细管两端的压力差，参见图 13.7-1(b)，则黏度 η 为

$$\eta = KP = \pi R^4 P/(8QL) \tag{13.7-5}$$

与差压式相似，但由分流管中流出的液体不流回主流管，而是流掉(到大气中)，测量细管入口之压力，参见图 13.7-1(c)，则黏度 η 为

$$\eta = KP = \pi R^4 P/(8QL) \tag{13.7-6}$$

参 考 文 献

[1] 周杏鹏. 传感器与检测技术. 北京: 清华大学出版社, 2010.

[2] 仝卫国, 李国光, 苏杰, 等. 计量测试技术. 北京: 中国计量出版社, 2006.

[3] 陈岭丽, 冯志华. 检测技术和系统. 北京: 清华大学出版社, 2005.

[4] 杨永军, 蔡静. 特殊条件下的温度测量. 北京: 中国计量出版社, 2009.

[5] Wildhack W A, Mason H L, Powell R C. Accuracy in measurements and calibrations. NBS Technical Note, 1965: 262.

[6] NBS. NBS calibration services. Michigan: NBS Special Publication, 1987: 250.

[7] 《计量测试技术手册》编辑委员会.《计量测试技术手册》第3卷 温度. 北京: 中国计量出版社, 1997.

[8] 廖理. 热学计量. 北京: 原子能出版社, 2002.

[9] Kreider K G. Fiber optic thermometry. American Society of Testing and Materials, STP 895, 1985: 151-161.

[10] 李川, 张以谟, 赵永贵, 等. 光纤光栅: 原理、技术于应用. 北京: 科学出版社, 2005.

[11] 李川. 光纤传感器技术. 北京: 科学出版社, 2012.

[12] Measures R M. Structural Monitoring With Fiber Optic Technology. California: Academic Press, 2001.

[13] Dakin J P, Pratt D J, Bibby G W, et al. Distributed optical fibre Raman temperature sensor using a semiconductor light source and detector. Electronics Letters, 1985, 21: 569-570.

[14] 杜水友. 压力测量技术及仪表. 北京: 机械工业出版社, 2005.

[15] GB/T 15478—1995. 压力传感器性能试验. 北京: 中国标准出版社, 1995.

[16] JJG 2023—1989. 压力计量器具检定系统. 北京: 中国计量出版社, 1990.

[17] JJG 2071—2013. (–2.5~2.5) kPa 压力计量器具. 北京: 中国质检出版社, 2013.

[18] JJG 2022—2009. 真空计量器具检定系统表. 北京: 中国计量出版社, 2010.

[19] 《计量测试技术手册》编辑委员会.《计量测试技术手册》第6卷 力学(三). 北京: 中国计量出版社, 1997.

[20] 张洪润. 传感器技术大全(上册). 北京: 北京航空航天大学出版社, 2007.

[21] 刘人怀. 精密仪器仪表弹性元件的设计原理. 广州: 暨南大学出版社, 2006.

[22] 徐峰. 精密机械设计. 北京: 清华大学出版社, 2010.

[23] 唐洪武. 现代流动测试技术及应用. 北京: 科学出版社, 2009.

[24] JJG 2063—2007. 液体流量计器检定系统表检定规程. 北京: 中国计量出版社, 2008.

[25] JJG 2064—1990. 气体流量计量器具检定系统. 北京: 中国计量出版社, 2004.

[26] Olsen L O. Introduction to liquid flow metering and calibration of liquid flowmeters. NBS Technical Note, 1974: 831.

[27] Arnberg B T, Britton C L. Two primary methods of proving gas flow meters. NASA CR-72896, 1971.

[28] 国际标准, 标准节流装置的统一规范, ISO5167—2003.

[29] 国家标准, 标准节流装置的统一规范, GB2624—1993.

[30] GB/T 18940—2003. 封闭管道中气体流量的测量 涡轮流量计. 北京: 中国标准出版社, 2003.

[31] Voss G. The principles of level measurement. Sensors Magazine, 2000: 55-64.

[32] GB/T 11828.1—2002.水位测量仪器 第1部分: 浮子式水位计. 北京: 中国标准出版社, 2003.

[33] 李川, 李丹, 李伟. 波纹膜片式光纤Bragg光栅液位传感器. 专利号: 200920111921.X. 2010年5月12日.

[34] 张爱斌, 曹振新, 阮捷. CCD光纤液位传感器的研究. 仪表技术与传感器, 1999, 11: 35-36.

[35] Manik N B, Mukherjee S C, Basu A N. Studies on the propagation of light from a light-emitting diode through a glass tube and development of an opto sensor for the continuous detection of liquid level. Optical Engineering, 2001, 40(12): 2830-2836.

[36] GB/T 10247—2008. 黏度测试方法. 北京: 中国标准出版社, 2009.

[37] 陈惠钊. 粘度测量. 北京: 中国计量出版社, 1994.

第14章 电磁参量

14.1 引 言

1962年，Josephson效应使电压的测量通过比例常数$2e/h$与频率联系起来（e是电子电荷；h是普朗克常数）；1980年，von Klitzing效应使电阻测量与基本物理常数h/e^2联系起来；从而使电压和电阻单位的复现精度提高到10^{-8}量级。1990年，国际上启用以Josephson常数和von Klitzing常数为基础的电学计量新基准。单电子隧道效应使电流量子基准通过数电子数，测量电荷的方法实现。基于光速c、Planck常数h、电子电荷e三个基本物理常数，再加上时间频率，构成了新单位制基础；同时也为实现质量单位的量子基准创造条件，在NPL实验中，复现质量的不确定度为2×10^{-8}，接近BIPM用千克原器检定砝码的不确定度。此外，还可用核磁共振效应建立磁感应强度的量子基准等。电磁计量基准包括电流基准、电压基准、电阻基准、电容基准（或电感基准）、磁感应强度基准、磁通基准和磁矩基准。随着科学技术的发展，长度、热工、力学、光学、电离辐射、标准物质等都借助各种传感器把被测量变换成电磁信号进行处理，电磁计量测试技术中的各种概念和方法也被其他学科所借鉴，电磁计量测试已成为整个计量科学的重要基础[1-3]，参见表14-1。

表14-1 测量方法的分类

分类	测量原理	形 式
量的单位复现方法	基本测量法(绝对测量法)	
	定义测量法	
测量进行的方法	直读测量法	
	直接比较测量法	微差法(差值法)
		零位法(零值法)
		替代法(完全替代法、不完全替代法)
		调换法(对照法)
		符合法(重合法)
测量时的读数方法	观测法	正反向法(正负误差补偿法)
		对称观测法
		半周期偶数观测法
	推导法	内插法
		外推法
测量线路的原理	补偿法	
	电桥法	
	谐振法	

14.2 电学单位

1938年,IEC将电学单位与力学单位之间的联系选为真空的磁导率$\mu_0=4\pi\times10^{-7}\text{N/A}^2$,即SI单位用电流的力效应来定义电流单位,1A定义为真空中相距1m的两无限长、圆截面可忽略的平行直导线内,两导线之间产生的力在每米长度上等于2×10^{-7}N,电流的测量不确定度为10^{-7}量级[2,3]。

14.2.1 电学标准

Ampere的定义源于力效应[2,3],载有电流I_1和I_2的两回路间的相互作用能量为

$$\begin{cases} W = I_1 I_2 M \\ F_x = \dfrac{\mathrm{d}W}{\mathrm{d}x} = I_1 I_2 \dfrac{\mathrm{d}M}{\mathrm{d}x} = mg \end{cases} \quad (14.2\text{-}1)$$

将两回路中的一个做成固定线圈,另一个做成挂在天平一臂的可动线圈,作用力F_x可通过天平的平衡砝码质量m称出(重力加速度g),通过线圈尺寸可求出$\mathrm{d}M/\mathrm{d}x$,从而算出电流。直接按力学量的基本单位建立电学量单位的方法被称为电学量的绝对测量,参见图14.2-1。电学量可分为两大类:①电量,与电荷有关的电流、电压、电功率和电能等,只能用间接的方法测量;②参量,通过电流或电荷才显示出来的电阻、电容和电感等,可制成实物标准。

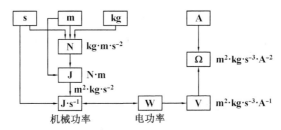

图14.2-1 电学单位与力学单位的关联图

1. 电流单位的确定

由电学绝对测量得到的Ampere(A_{SI})与实物基准所保存的Ampere(A_{LAB})之间存在换算因子$K_A=A_{\text{LAB}}/A_{\text{SI}}$,1985年,国际计量局(BIPM)给出了单位BI85,即

$$A_{\text{BI85}} = V_{\text{BI85}}/\Omega_{\text{BI85}} = (K_V/K_\Omega)A_{st} = K_A A_{st} \quad (14.2\text{-}2)$$

1986年,CODATA推荐的最小二乘平差的结果为

$$A_{\text{BI85}} = \left[1 - (6.03 \pm 0.30)\times 10^{-6}\right] A_{st} \quad (14.2\text{-}3)$$

一般地,用物理常数组合得出的K_A值(间接测量值)的不确定度比用电流天平或电动力计等绝对测量方法测出的K_A值(直接测量值)的不确定度高。

2. 电压单位的确定

Josephson效应(JE)是弱耦合的超导体之间,当温度冷却到低于转变温度以下时形成Josephson器件(结),在频率为ν的微波辐射下,量子化的Josephson电压U_J处会呈现出电流阶梯,参见图14.2-2。第n个阶梯的电压$U_J(n)$和辐射频率ν之间满足关系:

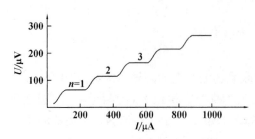

$$U_J(n) = nv/K_J \tag{14.2-4}$$

式中，n 是整数；Josephson 常数 $K_J=2e/h=$ 483597.9GHz/V 是 $n=1$ 时 Josephson 频率对电压的商，即 Josephson 效应可定义和保存 V_{LAB}，不确定度范围为 $10^{-8}\sim10^{-7}$。1976 年 1 月 1 日，BIPM 的电压单位定义为相当于辐照频率为 483594.000GHz 的 Josephson 阶跃电压。

图 14.2-2 Josephson 电流-电压曲线

3. 电阻单位的确定

在 SI 中，Ω_{SI} 可从有功功率的计算公式 $W=I^2R$ 由力学功率和绝对安培导出。1980 年，德国的 Klitzing 提出了量子化 Hall 效应(QHE)，则量子化 Hall 电阻可表示为

$$R_H(i) = \frac{h}{ie^2} \quad (i\text{为正整数}) \tag{14.2-5}$$

$R_H=25812.807\ \Omega$ 仅由电子电荷 e 和 Planck 常数 h 决定，其单位在 SI 中是欧姆。因此，通过 QHE 可建立电阻单位的量子基准。关系式 $R_H(i)=U_H(i)/I=R_K/i$ 是量子化的，i 是整数。$R_K=h/e^2$ 是 $i=1$ 平台的电阻，即冯·克里青常数。这样，量子化 Hall 器件可视为一个电阻器，其阻值仅与基本物理常数组合 h/e^2 有关。QHE 定义和保存的 Ω_{LAB}，准确度仅受器件电阻与标准电阻器的 1 Ω 电阻相比较的不确定度限制。

14.2.2 电流

对电流进行测量时，应考虑被测电流的量值范围(大量值，直流为 $10^2\sim10^5$A，交流为 $10^3\sim10^5$A；中量值，直流为 $10^{-6}\sim10^2$A，交流为 $10^{-3}\sim10^3$A；小量值，直流为 $10^{-17}\sim10^{-6}$A，交流为 $10^{-7}\sim10^{-3}$A)、测量准确度；对于交流电流还需考虑波形和频率的影响[2-5]。

1. 中值电流的测量

测量误差主要取决于所选用仪表的误差，参见表 14-2。

表 14-2 几种主要指示仪表和数字万用表的性能

形式	测量基本量	量限	准确度/%	波形影响	分度特性
磁电系	直流或交流的恒定分量	$10^{-6}\sim10^1$A $10^{-3}\sim10^3$V	1.0～0.1		均匀
整流系	交流平均值	$10^{-6}\sim10^1$A $10^0\sim10^3$V	2.5～0.5	测量交流非正弦波时误差大	接近均匀
电磁系	直流或交流有效值	$10^{-3}\sim10^2$A $10^1\sim10^3$V	2.5～0.2	可测非正弦交流有效值	不均匀
电动系	直流或交流有效值	$10^{-2}\sim10^1$A $10^1\sim10^2$V	1.0～0.2	可测非正弦交流有效值	不均匀
静电系	直流或交流有效值	$10^1\sim5\times10^5$V	1.5～1.0	可测非正弦交流有效值	不均匀
数字万用表	直流、交流有效值或平均值	$10^{-2}\sim10^0$A $10^{-3}\sim10^3$V	1.0～0.2	可测正弦交流有效值	数字显示

2. 直流大电流测量

测量直流大电流可用扩大量限器具来扩大测量仪器、仪表的量限，或用专门的大电流测量仪来测量，参见表 14-3。按照工作原理可分为两大类：①根据被测电流在已知电阻上的电压降来进行测量；②根据被测电流所建立的磁场来进行测量。

表 14-3 几种测量直流大电流装置的原理

名称	分类	原理	表达式	测量范围/A	误差/%
分流器法	根据被测电流在已知电阻上的电压降进行测量	通过分流器的电流与分流器上的电压降成正比	$I_x = \dfrac{U}{R_s}$	$<10^4$	0.5
直流互感器法	根据被测电流可建立的磁场进行测量	辅助交流电压产生交流磁势平衡被测电流产生直流磁势	$I_x = I_A \dfrac{W_2}{W_1}$	$10^3 \sim 10^6$	0.5~1
Hall 效应法		Hall 电势与被测电流产生的磁感应强度成正比	$I_x = \dfrac{U_H}{K_H K_B I_0}$	$10^3 \sim 10^6$	0.2~2
磁位计法		测量被测电流产生的磁势	$\Delta I = M \Delta \psi$	10^2	0.1
核磁共振法		被测电流产生的磁场与共振频率有对应关系	$I_x = \dfrac{2\pi}{k\gamma_p} f$	10^6	0.05

3. 工频和脉冲大电流的测量

常用的工频大电流的测量是互感器法、磁位计法、磁光效应法等；脉冲大电流是快速变化的强电流，具有幅值大（几百安到几兆安）、作用时间短（几微秒或几纳秒）的特点。因此，测量这种电流的装置应有足够宽的频响范围，足够大的过载能力和抗干扰能力。测量脉冲大电流的主要方法是分流器法和磁位计法，参见表 14-4。

表 14-4 几种测量工频和脉冲大电流装置的原理及参数

名称	原理	测量对象	表达式	测量范围/A	误差/%
交流互感器法	电流互感器的初级电流与次级电流之比等于它的次级与初级线圈的匝数比	工频大电流	$\dfrac{I_1}{I_2} = \dfrac{W_2}{W_1}$	$<10^4$	1~0.01
磁位计法	测量由被测电流变化所产生的感应电势	工频或脉冲大电流	$i_x = \dfrac{RC}{M} U$	$10^2 \sim 10^4$	1~0.1
磁光效应法	偏振光振动面旋转的角度正比于晶体处的被测电流所产生的磁场强度	工频或脉冲大电流	$\theta = \gamma H l$	10^4	1~5
分流器法	通过分流器的被测电流与分流器上的电压降成正比	脉冲大电流	$i_x = \dfrac{U}{R}$	$10^1 \sim 10^4$	0.5~1

利用 Rogowski 线圈获取电流信号，转换成光信号后，以光纤作为信号传输介质，把高压侧转换的光信号传输到接收端以得到被测电流信号[6-8]。Rogowski 线圈是一只空心线圈，被测电流从线圈中心穿过时，因电磁感应在二次线圈中得到电压信号。具有以下特点：①测量范围宽，没有铁心；②可测小电流；③频率范围宽，一般为 0.1~1MHz。作为一次电流采样元件，Rogowski 线圈由导线均匀地绕在一个非磁性材料的骨架上，参见图 14.2-3，

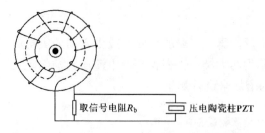

图 14.2-3 输出驱动 PZT 的 Rogowski 线圈

h 是骨架高度，R_a 是骨架外径，R_i 是骨架内径；N 是线圈的总匝数，A 是线圈的横截面积。Rogowski 线圈的感应电势 $u(t)$ 为

$$u(t) = -M\frac{dI}{dt} \quad (14.2\text{-}6)$$

式中，$M=[\mu_0 Nh/(2\pi)]\ln(R_a/R_i)$ 是绕组互感，$\mu_0=4\pi\times10^{-7}\text{H/m}$；$I$ 是导体中流过的瞬时电流。当一次侧流过方均根为 I_N 的正弦电流时，Rogowski 线圈的输出电压方均根为

$$U = \omega M I_N \quad (14.2\text{-}7)$$

当 Rogowski 线圈的内阻为 R_0 时，外接负载 R_s 的电阻形成回路的电流为

$$I = -[(R_0+R_s)/(MR_s)]\int u(t)dt \quad (14.2\text{-}8)$$

这种 Rogowski 线圈及其外接电阻实质上相当于积分。较强的外磁场将对 Rogowski 线圈的二次绕组和测量回路产生干扰，故需屏蔽 Rogowski 线圈，以减小测量误差。

4. 微小直流电流的测量

微小电流的测量由于各种因素造成的影响常产生很大的测量误差，测量时应注意防护，常用的测量微小电流的仪器主要是检流计和各类测量放大器。

14.2.3 电压

电压是基本的电学量[2, 3, 9-11]。在测量电压时，应考虑被测电压的量值范围（大量值，直流为 $10^2\sim10^6$V，交流为 $10^3\sim10^5$V；中量值，直流为 $10^{-4}\sim10^2$V，交流为 $10^{-3}\sim10^3$V；小量值，直流为 $10^{-9}\sim10^{-4}$V，交流为 $10^{-7}\sim10^{-3}$V）、测量准确度，参见表 14-5；而测量交流电压时，还需考虑波形和频率的影响。

表 14-5 测量电压用仪器仪表的范围和误差

仪器、仪表	测量范围/V	测量准确度/%
指示仪表	直流 $10^{-3}\sim5\times10^5$	2.5～0.1
	交流 $10^{-3}\sim5\times10^5$	2.5～0.1
直流电位差计	直流 $10^{-4}\sim2$	0.1～0.001
交流电位差计	交流 $10^{-4}\sim2$	0.5～0.1
检流计	直流 $10^{-9}\sim10^{-7}$	根据定标
电子测量放大器	直流 $10^{-7}\sim10^{-3}$	2.5～0.1
	交流 $10^{-7}\sim10^{-2}$	0.5～0.1
数字电压表	直流 $10^{-4}\sim10^3$	0.1～0.002
	交流 $10^{-4}\sim10^3$	0.1～0.05
附加电阻	直、交流 $10\sim10^3$	0.5～0.01
分压器	直、交流 $10\sim10^3$	0.2～0.001
电压互感器	交流 $10^2\sim10^5$	0.5～0.005
交直流比较仪	交流 $10^{-2}\sim10^2$	0.5～0.01

1. 中值电压的测量

对于中值电压测量一般选用指示仪表,亦可用数字式万用表,参见表14-2。

2. 直流高电压测量

可用静电电压表直接测量直流高电压,也可用电阻分压器扩大电压表的量限,或其他测量方法,如附加电阻法、直流电压互感器法、磁光效应法等,参见表14-6。

表14-6 几种测量直流高电压装置的原理及参数

名称	原理	范围	误差/%	特点
附加电阻法	毫安表和附加电阻串联	<1500V	>1	测量平均值
电阻分压器法	高阻值分压电阻,分压电阻上的压降与电阻值成正比	<100kV	>3	视分压器低压臂上跨接的电压表类型,可测平均值、有效值、最大值
静电电压表法	作用在两个电极间的静电引力与电极间的电压平方成正比	500kV	1~2.5	可直接测量高电压
直流电压互感器法	直流互感器的次级交流平均电压正比于初级被测直流电压	100kV	1	线性度较差,易受外磁场影响
电光效应	通过Kerr元件调制,偏振光的强度正比于加在Kerr元件上的被测电压	500kV	1~5	无接触测量,传输特性好

3. 工频高电压测量

对工频高电压的测量一般要求不高,按照国际电工委员会的要求,无论是有效值或峰值,都只要求误差不超过±3%,参见表14-7。

表14-7 几种测量工频高电压装置的原理及参数

名称	原理	范围	误差/%	特点
测量球隙法	球隙放电电压与球距有关	超高压	<±3	测量范围广,准确度较高
电容分压器法	分压电容两端的电压与电容量成反比	$10^5 \sim 10^6$V	<±3	可测量峰值或有效值
电压互感器法	互感器初级电压与次级电压之比等于初级与次级的匝数比	220kV	1~0.5	主、次回路电气隔离
峰值电压互压表法	高压整流器使电容器充电到被测电压的峰值,电压表测电容器端电压	$10^5 \sim 10^6$V	<±3	测量电压峰值
静电电压表法	作用在两个电极间的静电引力与电极间的电压平均值成正比	500kV	1~2.5	可直接测量高电压
电光效应	通过Kerr元件调制,偏振光的强度正比于加在Kerr元件上的被测电压	500kV	1~5	无接触测量,传输特性好

4. 冲击电压测量

冲击电压是快速变化的电压。对冲击电压的测量包括幅值测量和波形记录。对于标准全波、波峰附近或波尾截断的截波和波前截断(截断时间大于 2 μs)的截波，其幅值测量的测量误差应不大于 3%；截断时间为 0.5～2μs 的波前截断的截波，其峰值测量误差应不大于 5%。波形时间参数的测量误差应不大于 10%。

5. 微小电压测量

微小电压易受外界电磁场干扰，测量仪器主要有两类：①机械式，如检流计；②电子式(包括各种放大器)，如纳伏计、锁相放大器等，参见表 14-8。

表 14-8 几种测量微小电压仪器的主要技术指标

名称	型号	电压灵敏度	全临界电阻	内阻	阻尼时间
磁电式检流计	AC15/1	3×10^4 mm/V	<100kΩ	<1.5kΩ	<4s
	AC15/5	2.5×10^6 mm/V	<70Ω	<30Ω	<4s
冲击检流计	AC4/3	电量常数 $<15\times10^{-9}$ C/mm	<3kΩ	<100Ω	>18s
振动式检流计	ABla	6×10^3 mm/V	谐振频率：(50±5)Hz 谐振宽度：0.6%～2%		
光电放大式检流计	AC11	10^8 mm/V	输入电阻：20Ω 配 AC15/2 座变换检流计		
纳伏计	AZ6	2×10^5 格/伏	输入阻抗：1×10^8Ω 漂移：10μV/8h		
	ND-106	10^{10} 格/伏	输入阻抗：100kΩ 漂移：1μV/周		

6. 超低频电压测量

超低频电压的测量范围一般为 0.0001～100Hz，除了测量正弦波信号外，常遇到非正弦信号、噪声信号、单次振动冲击信号以及慢漂移起伏的随机信号，这类信号有时需用统计处理的方法测量。一般地，低频电压测量的几种交直流变换方法原则上均可用于超低频电压的测量，但需要解决适应超低频的特殊技术问题。

7. 谐波电压测量

非线性整流负荷在电网中产生了大量的高次谐波分量，可造成电力系统设备损坏，对谐波电压的测量主要采用有源滤波器法、快速采样法等。

14.2.4 电功率与电能

功率 $P(t)$ 的测量是测量短时间内(单位时间)的平均能量；电能 W 的测量是测量长时间功率的积分值，即电能是功率对时间的积分：

$$W = \int_{t_1}^{t_2} P(t) \mathrm{d}t = \int_{t_1}^{t_2} u(t) i(t) \mathrm{d}t \tag{14.2-9}$$

若功率恒定，则测量 $P(t)$，再乘以一定的时间间隔 t，就可得在时间间隔 t 所消耗的电能；若功率是变化的，则采用具有累积功能的仪器或仪表[2, 3, 12, 13]，参见表 14-9。

表 14-9 功率、电能测量方法

被测量	测量方法		仪器仪表	测量范围	误差/%
直流功率	直接测量	指示仪表法	功率表	0.025～10A 0～600V	2.5～0.1
		数字仪表法	数字功率表	0～10A 0～600V	1～0.05
		微机化仪器	带微机的数字功率表	0～5A 0～600V	0.5～0.01
	间接测量	电流表、电压表法	电流表 电压表	0.1mA～50A 0～600V	2.5～0.2
		补偿法	直流电位表计	由分压器、分流器定	0.1～0.005
直流电能	直接测量	指示仪表法	直流电能表	0～10A	2～1
		数字仪表法	数字电能表	0～5A 0～600V	0.5～0.01
	间接测量	瓦-秒法	功率表、秒表	0～5A 0～600V	2.5～0.01
单向交流功率	直接测量	指示仪表法	附变换器式功率表	0～5A 0～600V CT、PT	5～2.5
		数字仪表法及微机化仪表	数字功率表	0～5A 0～600V 内附 CT、PT	0.5～0.01
	间接测量	多指示仪表法	电流表 电压表	10^{-4}～10^2A 10^{-3}～10^5V	2.5～0.3
		补偿法	交流电位差计	10^{-4}～2V	0.5～0.1
		交、直流比较仪法	交、直流比较仪	0.05～10A 15～600V	0.05～10^{-6}
单相电能	直接测量	电能表法	电能表	0～50A 0～220V CT、PT	2.5～0.1
		数字仪表法	数字电能表	0.05～1A 0～600V	0.05～0.01
	间接测量	瓦-秒法	功率表、秒表	0～10A 0～600V	2.5～0.01
单相无功功率	直接测量	指示仪表法	无功功率表	0～5A 0～100V 0～220V	1.5～0.5
		数字仪表法	数字仪表	0～5A 0～600V	1～0.05
非正弦波功率	直接测量	微机化仪器	数字功率表(附 FFT)	0～300A 0～500V	1

续表

被测量	测量方法		仪器仪表	测量范围	误差/%
低功率因数功率	直接测量	指示仪表法	低功率因数功率表	0~10A 0~600V	0.5
	间接测量	交、直流比较仪法	热电式交、直流比较仪	0.05~10A 15~600V	0.05
三相功率	直接测量	指示仪表法	三相功率表	0.025~10A 0~1000V	2.5~0.1
		数字仪表法	数字功率表	0~5A 0~1000V	0.1~0.01
	间接测量	一、二、三表法	单相功率表	0.25~10A 0~1000V CT、PT	2.5~0.1
三相电能	直接测量	电能表法	三相电能表	0~5A 0~1000V CT、PT	2.5~0.1
		数字仪表法	三相电子电能表	0~5A 0~100V	0.5~0.01
	间接测量	一、二、三表法	单相电能表	0~0.025A 0~1000V	2.5~0.1
三相无功功率与电能	直接测量	指示仪表法	三相无功功率表与三相无功电能表	0~5A 100V、220V、380V	1.5
		数字仪表法	数字式无功功率表与无功电能表	0~5A 0~600V	2.5~0.5
	间接测量	一、二、三表法	单相功率表	0.025A 0~1000V	2.5~0.1

14.2.5 频率、相位和功率因数

交流信号的频率范围很宽[2, 3]，参见表 14-10。在电磁测量中由于被测频率较低，可用指示仪表中的电动系频率表来测量，也可用示波器法、电桥法、数字频率表来测量。

表 14-10 频率测量仪表

类型	仪器仪表	测量范围	误差	测量特点
指示仪表法	电动系频率表	45~55Hz 900~1100Hz 1350~1650Hz 100~380V	1.5%~0.5%	功能大、过载能力差、易受外磁场影响
	变换式频率表	45~55Hz	1.5%~0.5%	功耗小、结构简单、体积小、读数准确度高
	谐振式频率表	45~1500Hz	0.5%~1%	对机械振动灵敏，电压值变化不会引起误差，结构较复杂

续表

类型	仪器仪表	测量范围	误差	测量特点
数字频率计法	直接法	几赫兹到几百兆赫兹		频率高、误差小、读数无误差、测速快
	间接法	适用于低频	±0.1Hz	要换算、频率低、误差小
示波器法	扫描法	与示波器指标一致,能测高频	0.5%	常用,误差取决于读数方法
	Lissajous 图形法	几赫兹～几十赫兹		准确度取决于标准信号发生器
电桥法	电桥及万用电桥		0.5%～1%	准确度取决于桥路,屏蔽要求高,信号源要求频谱纯度高

相位和功率因数可用指示仪表中的电动系相位表等来测量,也可用示波器及数字相位表来测量。相位测量通常是指两个同频率的正弦信号之间相位差的测量,参见表 14-11。

表 14-11 相位测量仪表

类型	仪器仪表	测量范围	误差	测量特点
多表法	交流电流表、交流电压表、交流功率表(单相或三相)	0°～360°		测量准确度取决于各个表的准确度,并要求计算求得
	无功功率表、有功功率表(三相)	0°～360°		
波形图法	示波器	0°～360°		取决于示波器 x 轴的读数精度,被测信号频率只受示波器的测量范围限制
Lissajous 图形法	示波器			准确度取决于示波器 X、Y 系统的非线性误差及读数误差,被测频率为几十赫兹到几百千赫兹
电动系相位表法	单相相位表	在额定电压、电流、频率范围内	1.5%	
	三相相位表		1.5%	
数字相位表法	瞬时相位转换器	与频率有关 0°～360°		直读
	平均值相位转换器	与频率无关 0°～360°	±0.1%	直读,快速
	相位电压转换器	0°～360°		

功率因数反映了功率的静态储备和动态储备,表征电网和发电机运行的稳定程度,参见表 14-12。同频正弦交流电的功率因数是指同频正弦交流电压和电流的有功功率和它们的视在功率之比。设有功功率为 P,其视在功率为 $S=UI$,则功率因数为

$$\cos\varphi = P/S = P/(UI) \tag{14.2-10}$$

表 14-12 功率因数测量仪表

类型	仪器仪表	测量范围	误差	测量特点
指示仪表法	两个功率表			准确度与两个功率表准确度有关,不能直读
	一个功率表			仪表要求简单,不能直读;局限于对称三相电路,否则误差大
变换器式方法	单相功率因数表	额定电压和电流 $\cos\varphi$=0.5-1-0.5	1.5%~2.5%	
	三相功率因数表		1.5%~2.5%	
数字式方法	智能功率因数表	0.5~1.0	$\cos\varphi$=1.0±0.1% $\cos\varphi$=0.5±0.15%	除显示功率因数外,还带有报警及自动补偿控制

14.3 电参量

电参量是指具体电路或者元器件的电气性能数据。

14.3.1 电阻

电阻是反映物质的一种电气特性,按照导电特性可把物质分为超导体、导体、半导体和绝缘体。根据所用的材料、结构和工艺特点,把电阻元件分为线绕电阻、碳膜电阻、金属膜电阻和金属氧化膜电阻。在工程和实验室中,电阻的测量范围为 $10^{-8} \sim 10^{17}\Omega$,参见表 14-13,可分为低值电阻(小于 1Ω)、中值电阻($1 \sim 10^5 \Omega$)和高值电阻(大于 $10^6 \Omega$)。

表 14-13 测量电阻的主要方法及特点

测量方法	测量范围/Ω	不确定度/%
万用表(Ohm 挡)法	$10^{-2} \sim 10^8$	5~0.5
数字 Ohm 表法	$10^{-6} \sim 10^{11}$	10~0.001
电压表-电流表法	$10^{-8} \sim 10^6$	1~0.2
检流计法	$10^6 \sim 10^{12}$	5~1
单电桥法	$10 \sim 10^{10}$	10~0.002
双电桥法	$10^{-6} \sim 10^3$	2~0.01
万能比例臂法	$10^{-1} \sim 10^6$	0.01~0.002
单电桥替代法	$10^3 \sim 10^6$	0.001~0.0001
三次平衡电桥替代法	$10^{-3} \sim 10^3$	0.001~0.00001
电位差计补偿法	$10^{-3} \sim 10^6$	0.1~0.0001
电流比较仪电桥法	$10^{-4} \sim 10^5$	0.001~0.0001
等电位高阻电桥法	$10^{-4} \sim 10^{12}$	0.1~0.0001
高阻电桥法	$10^8 \sim 10^{13}$	1~0.03
超高阻电桥法	$10^{14} \sim 10^{17}$	5~1
直流放大器法	$10^4 \sim 10^{12}$	5~0.5
标准电压源分压法	$10^4 \sim 10^{12}$	1~0.01
电容充放电法	$10^{11} \sim 10^{14}$	1~0.1
数字测量法	$10^{-4} \sim 10^{14}$	10~0.01
伏安法	$10^8 \sim 10^{13}$	10~0.1

14.3.2 电容

根据被测电容的特性、工作频率、量值大小及所需测量准确度等,大致有 5 种测量方法,参见表 14-14。

表 14-14 测量电容常用的方法

测量原理	典型线路	特性
差值测量法	手动及自动交流电桥	与电源电压幅值无关,准确度高、测量电压高
直接作用法	电容表	与电源电压幅值有关,使用方便
矢量电压比法	数字 LCR 测量仪,GR1689	自动、快速测量,准确度为 0.5%～0.02%,测量电压小于 1V
自动电桥与 A/D 变换相结合	前两位自动平衡,差值用 A/D 变换读数	准确度高,速度较快
反射系数测量法	HP4194A	用于超高频测量,准确度为 0.1%～0.2%

根据电容器的使用特性,可分成 5 种类别,参见表 14-15。

表 14-15 电容器按使用特性分类

类型	特性
直流电容器	设计成用于直流电压的电容器不适用于交流电压,若用于脉冲或交流,必须规定允许电压
极性电容器	直流电压的正极需加在有(+)标记端钮上,如电解电容器
脉冲电容器	瞬时电流很大的间歇充电和放电的电容器
交流电容器	用于指定频率的交流电压下工作的电容器
双极性电容器	能经受所加直流电压方向改变的电解电容器

按照电容量值的大小,可分成表 14-16 所示的 3 种类别。

表 14-16 电容器按量值分类

类别	量值范围	测试频率	常用测量方式
大电容	大于 1μF	50Hz 或 100Hz	四端或四端口
中值电容	10pF～1μF	1kHz	三端或三端口
小电容	小于 10pF	1MHz	两端口、单端口或四端口

14.3.3 电感

电感器的测量方法和线路与被测电感的量值大小有关,参见表 14-17,测试频率也不同。中值电感器的准确度最高,大、小标称值的电感测量均溯源于中值电感标准器的量值。

表 14-17 电感器按量值分类

类别	量值范围	测试频率	骨架材料	常用测量方法
大电感	小于1H	500Hz、100Hz	铁镍软磁合金带、电工钢	电桥法、矢量比法、伏安法
中值电感	10μH～0.1H	1kHz	空气心	电桥法、矢量比法
小电感	小于1μH	1MHz或使用频率	磁性氧化物	谐振法、矢量比法

矢量比法自动阻抗测量仪的量程很宽，几乎包括大、中、小三个量值范围，可测量电容、电感或电阻；但该测量仪的最高准确度只对应整个量程的某一范围。测量电感器的方法还与被测对象的准确度要求、结构、用途等有关，参见表 14-18。

表 14-18 测量电感常用方法

测量方法	特点	应用
交流电桥法	准确度高，与电源幅值无关	实验室精密测量
谐振法	与测试频率准确度有关	高频下测量小电感，音频下测量中值电感
矢量比法	自动测试，准确度较高	实验室或现场
模拟电表法	测量方便	生产车间
伏-安-瓦特表法	可在高额定电压、电流下测量	生产车间和实验室

14.4 电磁兼容性

传感器的电磁兼容性(Electromagnetic Compatibility, EMC)是指传感器在电磁环境中的适应性，即能保持其固有性能，完成规定功能的能力，可分成两类。①由敏感电子线路构成的测量和控制仪器和微型计算机等易受电磁环境干扰的装置。为了保证装置和系统在严酷的电磁干扰环境中能正常、可靠地工作，这些仪器或系统必须经受可能遇到的电磁干扰环境的各种试验，即敏感性试验。②干扰源的设备，如开关、接触器、继电器、电焊机、广播和电视发射机、无线电话机、工业、科学、医疗设备，家用电器和电动工具等，需要测试这些干扰源对电磁环境的污染程度，即电磁干扰试验。

EMC 学科的发展与 EMC 测量技术的发展密切相关，主要有电磁发射和敏感度测量、电磁环境的测量、天线系统 EMC 有关性能的测量、系统 EMC 测量；此外还包括频谱特性测量、滤波器特性测量、接大地电阻和搭接测量、屏蔽效能测量、电线电缆耦合测量、静电放电测量、射频辐射对电爆管和燃油危害的测量、雷电放电敏感度测量、核电磁脉冲敏感度测量等。为了达到 EMC 测量的目标，EMC 测试设施必须满足受试设备(EUT)、电磁干扰能量转换设备-电场、磁场、电压和电流的探测器、发射源，以及相应的测试支持设备等的需求，参见图 14.4-1，主要包括开阔测试场(OATS)，有吸收材料的开阔场、屏蔽室、屏蔽暗室和半暗室、混响室等[14-16]。

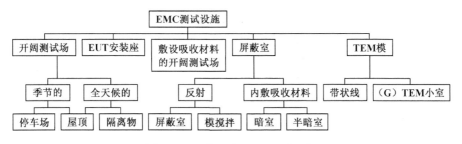

图 14.4-1 典型的 EMC 测试设施

电磁兼容性按 IEC 标准和国家标准的规定,把装置所处环境分成若干严酷度等级,对形成干扰源的装置提出限止值,参见表 14-19。

表 14-19 噪声源分类

类别	噪声产生原理	说 明
火花放电 (电晕噪声)	电路绝缘被破坏时的过程状态下放电	高压系统出现绝缘局部损坏,电流急剧增加,进而形成电晕放电,为高频脉冲(0.2~5MHz),主要对中波段(540~1600kHz)有干扰
接点间隙放电	点火装置、继电器、电气机车等出现电流断续,由此产生火花形成噪声,包括金属化纸介电容器自愈过程形成的噪声	为使接点间隙噪声减小,选择低而稳定的接触电阻和高熔点的材料(如铂、钨)和保证使工作电流小于允许电流,同时加消弧电容器。数字电路易受脉冲噪声干扰,故不宜使用这种电容器
辉光放电	放电时产生高频振动形成噪声源	荧光灯、高压水银灯等,可干扰收音机和电视机接收
静电噪声	绝缘体表面所带的静电在放电时产生噪声	同轴电缆由于弯曲和振动使绝缘带正电和放电,应采用屏蔽网与绝缘间有一层石墨的低噪声电缆作为指示器输入线
接触噪声	接触电阻变化引起电压变化、接触面金属氧化物的检波作用、接触热电势等均产生噪声	增加开关、插头接触压力和采用金、铑等镀层,增加工作电流可减小干扰,热电势仅对直流低压测量有影响
不完全 接触噪声	当接点处于似接触而又非连接状态时,流过接触面的电流产生噪声	焊接松动,由于腐蚀使焊点接触不良、电容器内部接触不良、电阻引出铜帽压接不紧或多股导线部分短线等都会产生噪声
过渡现象干扰	过渡过程的电压、电流引起的干扰	电子开关、电源开关通断,白炽灯、电动机启动和电力馈电线的过渡异常电压均引入噪声
局外信号干扰	对系统不希望有的信号形成的干扰	动力输电线的工频干扰、电源噪声、变压器磁饱和引起的波形失真、邻近工作的电器、数字回路的脉冲信号等
反射干扰	由信号本身反射而引起的干扰	传输线反射波引起的干扰,或由于传输线阻抗不匹配引起的干扰,主要对高频测量、电视等产生影响

电磁干扰经过某种途径或界面侵入测量系统,可大致分成三种传输路径(空间、导线及大地),参见表 14-20。

· 405 ·

表 14-20 电磁干扰的传输途径

传输路径	类别	说明
空间	辐射干扰	同波长相比，距离大的地方由辐射电路场引起，如电视发射机等
	感应干扰	由近距离电磁场引起的静电感应(高阻抗场耦合)和电磁感应(低阻抗场耦合)
导线(体)	电源噪声	由电源回路侵入的噪声
	信号输入线	从信号输入线直接侵入
	控制线等	从信号输出线侵入
	设备外壳	通过寄生导纳侵入
大地及接地回路	地线感应干扰	通过静电耦合或电磁耦合在地线产生干扰电压，间接影响信号输入回路
	接地噪声	接地点相互之间的电位差

抑制干扰的方法分类如表 14-21 所示。

表 14-21 抑制干扰的方法

方法	原 理	说 明
减小寄生电容和互感	干扰电流、干扰电压分别与寄生电容、互感成正比	缩短引线间平行部分的长度，增大引线间距离，尽量垂直交叉布线，压缩往复线回路面积
增大绝缘电阻	绝缘电阻对元件及线路的分流误差与绝缘电阻成反比	在直流仪器中均提出最低绝缘电阻值
降低干扰源与被保护部件间的电位差	干扰电流与电位差成正比	使指零仪端处于低电位，因四周仪器外壳和操作人员均处于低电位
屏蔽	用铜、铝等低阻材料或磁性材料做成容器，将需保护的范围完全包围起来，限制电力线或磁通在一定的范围，使内、外不受影响	按不同场合可分成静电屏蔽、电磁屏蔽、泄漏屏蔽、磁屏蔽等
隔离	使形成干扰源的强电部分与易受影响的测量回路按规定途径传递能量外，不存在寄生的能量交换	采用隔离变压器，安装设计时首先应加以考虑，若安装后再重新考虑则很麻烦
接地	把线路中某些可接线的几何点与线路中的参考电位点或大地相连接，从而消除这几个点的寄生导纳的影响	双 T 电桥、交流电桥等，指示器和电源的低电位端、外壳相接后接地
对称性	使寄生参数按比例分布，或使干扰对称相互抵消	交流电桥的对称辅助接地支路、差动放大器、采取绞合引线等
滤波及锁相技术	阻止高频、低频干扰，只允许所需频率的信号通过	高通、低通、带通滤波器，锁相放大器，电源滤波器等

14.5 磁学单位

磁体周围存在磁场，磁体间的相互作用以磁场为媒介。本质上，磁场是电流、运动电荷、磁体或变化电场周围空间存在的一种特殊形态的物质。磁体的磁性源于电流，电流是电荷的运动，即，磁场是由运动电荷或变化电场产生的。磁性是物质的基本属性之一，按磁化率 χ 的不同，物质磁性可分为弱磁性和强磁性两大类，参见表 14-22。

表 14-22 物质磁性分类

类别	名称	特征	典型物质
弱磁性	抗磁性	χ 为 $-10^{-3} \sim 10^{-6}$，与温度和磁场强度无关	Cu、Zn、Ag、Au
	顺磁性	室温下，χ 为 $10^{-2} \sim 10^{-6}$，与温度有关，但与磁场强度无关	Mn、Cr、W、Mo
强磁性	铁磁性	χ 很高，与温度和磁场强度有关，有磁滞和磁饱和现象，到 Curie 温度以上成顺磁性	Fe、Co、Ni、Gd
	亚铁磁性		$MnFe_2O_4$、$NiFe_2O_4$

磁学单位通常由磁学量的定义方程式来确定，包括：磁矩（及其派生的磁化强度、磁极化强度、比磁化强度、比磁极化强度等）、磁感应强度、磁场强度（以及磁导率、磁化率等）及磁通等单位[2, 3, 17-19]。各种磁性的测量都以空间磁场的测量为基础，磁测量仪器主要是磁场测量仪器，参见表 14-23。

表 14-23 磁测仪器的类别及用途

测量原理	仪器仪表	应用
磁力效应	磁秤（机械式磁力仪） 无定向磁强计 磁变仪	地震预报、地质勘探、地球物理、岩石和矿物分析等
电磁感应	固定线圈磁强计 抛移线圈磁强计 转通线圈磁强计 振动线圈磁强计 磁通表	计量检定 材料磁性测量
磁电效应	Hall 效应磁强计 磁阻效应磁强计 磁敏晶体管磁强计	材料和器件磁性测量
物质磁化特性	铁磁探针 磁通门磁强计 薄膜磁强计	地磁、空间磁场测量，材料探伤
磁共振	核磁共振磁强计 电子顺磁共振磁强计 光泵磁强计	计量检定 生物、化学、医学检验 地磁、空间磁场测量
Josephson 效应	直流超导磁强计 射频超导磁强计	生物、医学检验 岩石和矿物分析
磁光效应	Faraday 效应磁强计 Kerr 效应磁强计 光纤磁强计	低温（超导）强磁测量

磁敏传感器主要用于检测磁场的磁特性变化，通常通过磁场间接测量其他被测物理量，这些被测量通过介入磁场变化而被转换为电压信号。由于磁敏传感器抗环境污染，如灰尘、

油污、湿气等，在工业生产中应用广泛。磁场强度分布范围很宽，例如，生理磁场(心磁、脑磁)为 $10^{-10} \sim 10^{-5}$ Oe；地磁磁场(城市磁场噪声)为 $10^{-6} \sim 10^{0}$ Oe；工业磁场(高密度磁存储)为 $10^{-6} \sim 10^{5}$ Oe；天体磁场(MRI)为 $10^{-6} \sim 10^{3}$ Oe。

14.5.1 磁共振磁强计

具有磁矩 m 的微观粒子，若无外磁场时处于某个能级；引入外磁场 B 时，磁矩在外磁场中的不同取向，该能级分裂为几个磁次能级。相邻两个磁次能级之间的能量差为

$$\Delta E = \gamma h B \tag{14.5-1}$$

当粒子的能量状态在这些磁次能级之间变化时，就要吸收或辐射能量为 $h\omega$ 的电磁波：

$$h\omega = \gamma h B \tag{14.5-2}$$

由此可得

$$\omega = \gamma B \tag{14.5-3}$$

式中，γ 为旋磁比，是一个物理常数，等于微观粒子的磁矩与其动量矩之比。因此，对于某种确定的样品，只要测定电磁波的频率 ω 的值，就可求得外磁场 B 的值。根据产生共振的微观粒子的种类，磁共振可分为核磁共振(共振粒子是原子核)、电子顺磁共振(共振粒子是电子)和光磁共振(共振粒子是碱金属原子或氦原子)。

按照磁场的强弱和样品的不同，观测核磁共振的方法可分为吸收法、感应法、流水式预极化法等。吸收式核磁共振磁强计主要包括探头、射频振荡器、低频振荡器、数字频率计和示波器等，参见图 14.5-1。探头由样品、振荡线圈和调场线圈组成。将样品盒放入射频振荡线圈内，线圈的自感 L 和振荡器的可变电容 C 组成振荡回路，处于边缘振荡状态。当满足共振条件时，振荡器的品质因数 Q 下降，引起振荡电压幅值降低。调场线圈将低频调制磁场加到被测恒定磁场上，使共振信号周期性出现。被共振信号调制的高频信号经放大、检波，在示波器上显示。低频调场信号经移相送到示波器 x 轴扫描，使共振吸收信号显示在示波器中心线上，由频率计读出射频频率，即可求得被测磁场。

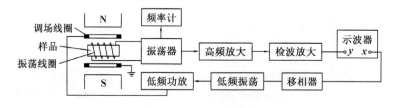

图 14.5-1 吸收式核磁共振磁强计

核磁共振信号的幅值往往只有微伏数量级，甚至被外来的干扰和噪声淹没，因此提高信噪比成为提高测量精度的关键。信噪比 S/N 可表示为

$$\frac{S}{N} = \frac{\eta N V^{1/2} \gamma I(I+1) h^2 f_0^3}{48(kT)^{3/2}} \left(\frac{QT_1}{FT_2 \Delta f} \right)^{1/2} \tag{14.5-4}$$

式中，η 是样品的填充因子；N 是单位体积的核子数；V 是样品体积；I 是核子的自旋量子数；f_0 是共振频率；k 是玻耳兹曼常数；T 是温度；Q 是调谐回路的品质因数；Δf 是低频放

大器带宽；F 是低频放大器干扰因子；T_1 是自旋-晶格弛豫时间；T_2 是自旋-自旋弛豫时间。为了提高信噪比，可用选频放大和快速重复扫描等方法。

共振线的宽度按下式计算：

$$\Delta\omega = 2/T_2 + \gamma\Delta B \tag{14.5-5}$$

式中，ΔB 为样品所在外磁场的不均匀性。当 T_2 较大时，由共振线的宽度可判断样品所在处的磁场不均匀性。

14.5.2 磁光效应磁强计

磁光效应磁强计利用磁光效应制成的磁场测量仪器，参见表 14-24。在强磁场作用下，物质的电磁特性，如介电常数、磁导率、磁化方向、磁化强度、磁畴结构等发生改变，从而使光的传输特性，如偏振状态、相位、频率、光强、传输方向等也发生变化，从而产生磁光效应。磁光效应磁强计适用的温度范围很宽，可用于低温、常温及等离子体中磁场测量，磁场测量范围为 0.1～100T。

表 14-24 磁光效应

名称	光束与磁场关系	工作物质	现象	表达式
Faraday 效应	光束与磁场平行	透明体	光的偏振面发射旋转	$\theta_F = vlB$
Kerr 效应	入射光与磁化方向之间（极向、纵向、横向）	反射膜	反射光的偏振面发生旋转	$\theta_K = K_K M$
Zeeman 效应	纵向、横向	透光体	光谱线劈裂	$\Delta f = \dfrac{e}{2m_e C} B$
Voigt 效应	光束与磁场垂直	稀土盐类原子蒸气	抗磁介质的磁致双折射	$\delta \propto lB^2$
Cotton-Mouton 效应	光束与磁场垂直	透明液体	磁化介质的磁致双折射	$\delta \propto clB^2$

14.5.3 超导量子磁强计

超导量子干涉器(SQUID)磁强计利用含 Josephson 结的超导环作为磁通探测器，是基于磁通量子化和直流 Josephson 效应原理制成的磁场测量仪器。在闭合超导回路中，有

$$\phi = n\phi_0 \tag{14.5-6}$$

式中，n 是整数；ϕ_0 为磁通量子，是磁通量的最小单位：

$$\phi_0 = h/(2e) = 2.067 \times 10^{-15} \quad (\text{Wb}) \tag{14.5-7}$$

式中，h 是 Planck 常数；e 是电子电荷。

1. 直流超导量子磁强计

数字式直流超导量子磁强计(DC SQUID)采用双结超导环超导量子干涉器，参见图 14.5-2，通过环的临界超导电流是环内总磁通量的周期函数，周期为磁通量子 ϕ_0，超导环两端电压 U 是 ϕ 的周期函数。将电压 U 转变为脉冲数目的 A/D 转换器，每个数表示环内磁通量变化一个 ϕ_0。环内磁场变化会引起电压 U 的周期变化，故电路中包含两个整形电路。当磁场增大时，在一端输出脉冲，进行加法计数；当磁场减小时，在另一端输出

脉冲，进行减法计数，即把两组脉冲送到一个可逆计数器计数，可得以 ϕ_0 为单位的环内磁场的变化量，即

$$I_c = 2I_0 \frac{\sin(\pi\phi/\phi_0)}{\pi\phi/\phi_0} \cos(\pi\phi_{环}/\phi_0) \tag{14.5-8}$$

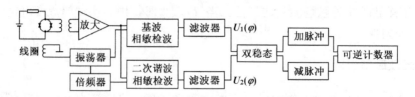

图 14.5-2　数字式直流超导量子磁强计

2. 射频超导量子磁强计

射频超导量子磁强计(RF SQUID)含信号输入电路、射频激励和低频调制电路、前置放大电路、输出电路和反馈电路，参见图 14.5-3。包含一个 Josephson 结的低感超导环与一个 LC 振荡电路耦合，LC 振荡电路由 RF 振荡器激励(振荡频率为几十至几百兆赫兹)，其有效阻抗随超导环内磁通量的改变而变化。低频振荡用来调制 RF 输出电压的振幅，其频率约几十千赫兹。经放大、检波、相敏检波、积分放大，负反馈至 LC 振荡电路，而从积分器的输出电压读出 SQUID 中磁通的变化量，即

$$I_c = I_0 \frac{\sin(\pi\phi/\phi_0)}{\pi\phi/\phi_0} \tag{14.5-9}$$

射频超导量子磁强计的磁场分辨力最高可达 10^{-16}T，是最灵敏的磁强计。

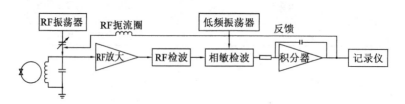

图 14.5-3　射频超导量子磁强计

14.6　电　磁　场

电子计量测试主要涉及无线电电子技术的宏观方面，频率从几十赫兹(甚至更低)到 3000GHz(波长从几万千米到 0.1mm)的电磁波在自由空间或在传输线内传输时的电磁参量。电磁波是电磁场的一种运动形态，以交变的电场和磁场相互作用、相互依赖而存在，是电场和磁场的波动运动，以光速或小于光速的速度在有限区域中传播，广泛采用将电磁波限于一定空间范围内的传输线。

无线电电子技术利用电磁波，对电磁波的完整描述包括：电场和磁场的大小、空间分布及其随时间的变化。电子计量测试以无线电电子技术中经常遇到且要测量的高频和

微波电磁为对象,时间(频率的倒数)和电流单位为国际单位制基本单位,其他单位都是导出单位。与这些导出单位相应的计量标准都直接或间接地依赖于长度、温度、频率、直流电压、低频交流电压等基本单位和电学量单位的基本标准[20-26]。这些参量可分成下列几类。

(1) 电磁波能量的参量:如电流、电压、功率、电场强度、磁场强度、功率通量密度、噪声功率谱密度等。

(2) 电信号特征的参量:如频率、波长、波形参数、脉冲参数、调幅系数、频偏、失真系数等。

(3) 电路元件及材料电磁特性的参量:如电容、电感、电阻或电导、电抗或电纳、复数阻抗或复数导纳、复数相对介电常数、复数相对导磁率等。

(4) 无源和有源网络特性的参量:如网络的反射参量(复数反射系数、电压驻波比等)、网络的传输参量(衰减、增益、相移、群延时等)、网络的复数散射矩阵分量等。

(5) 电子元器件特性的参量:如电子管、晶体管和集成电路的直流参数、交流参数及高频参数等。

(6) 有关电子设备性能特性的参量:如灵敏度、噪声系数等。

(7) 特殊参量:如光纤电特性、激光功率、超低频参数等。

14.6.1 电压

电压测量时,除了被测电压的工作频率和电压量程要适合电压测量仪表外,还应注意合适的输入阻抗、波形响应和合理的连接方式以降低附加测量误差。电压量广泛应用于电子设备的调试和维修;也用在放大器、滤波器、衰减器等网络特性的测量。随着非电量的电测技术发展,电压测量在非电量的测量中得到了广泛应用。温度、长度、角度、重量、力、厚度等非电量的物理量,通过变换器或传感器可转换成电压或电流的电量,利用电压表,可确定各被测非电量物理量的值,参见图14.2-1。

电压测量仪表按照它的用途和准确度,大致可分为三种类型:①电压标准装置主要用来校准、检定电子电压表,一般以高准确度为主要目标,主要包括补偿式标准电压表、热电偶式电压标准(热电转换标准、微电位计、衰减热偶电压表)、热变电阻电压标准、电平监视表和衰减器法等;②普通三用表主要用在电路维修和检查上,对测量的准确度要求不高,但有较宽的量程和较高的输入阻抗;③按工作原理,电子电压表可分为检波放大式、放大检波式、外差式或选频式、取样式和热偶式电压表等。

14.6.2 高频和微波功率

信号的频率高于几十兆赫兹乃至上百吉赫兹时,工作波长接近测量装置尺寸,测量装置大多采用分布参数电路,特别是采用非TEM波的单导体传输线时,电压和电流失去了唯一性定义,因此也就失去了实际意义。此时,功率量值可直接测量,成为高频和微波中的基本物理量。高频和微波功率测量基于同标准直流(或低频)功率替代的原理,参见表14-25。

表 14-25 功率测量方法分类

测量要求	适用的测量方法
低电平功率测量	热敏电阻法、热电偶法、晶体二极管法、量热法
高电平功率测量	衰减器法、定向耦合器法、流量热计法、通过功率的测量方法
脉冲峰值功率测量	平均功率法、峰值检波法

14.6.3 高频和微波噪声

噪声是一种自然现象，是物质运动的一种形式。无线电电子学领域的噪声是干扰有用信号的不带任何信息的电扰动，其干扰信号的传输使信号失真。通信技术常把噪声分为：①内部噪声，指设备内部各种器件、部件产生的热噪声、散弹噪声等，也称电路噪声；②外部噪声，是宇宙和大气辐射的自然界噪声以及各种电器产生的人为噪声。

14.7 光　　学

人类和一切生物都生活在光的世界里，没有光就没有生命，自然界的生命发展过程是与光息息相关的。人类从眼、耳、鼻、舌、皮肤等感觉器官接收外部信息，来自光的信息占 70%；然而，光的定量测定还是近两百年以来的事。明视觉 $V(\lambda)$ 曲线与暗视觉 $V'(\lambda)$ 曲线交于 555.8nm 波长，参见图 14.7-1。SI 把 Candle(cd) 定义为光源在给定方向上的发光强度，即频率为 540×10^{12}Hz 的单色辐射在此方向上的辐射强度为 1/683W/sr，Candle 的大小不受光谱光视效率的影响，即单位本身不受人眼因素的影响。流明为导出单位，这与基本物理量把辐射功率和光功率（光通量）作为基本量不一致。非光学量的光学测试广泛应用于技术物理、大地测量、长度计量、实测天文等领域，光学及光电检测易与计算机联

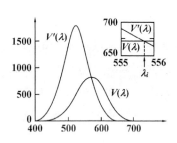

图 14.7-1 光谱光视效率函数网[27, 28]。

14.7.1 辐射度

辐射度学中最基本的是辐射通量，定义为单位时间内通过的辐射能量，即以辐射形式发射、传输或接收的功率。

1. 辐射度量的光谱特性

光辐射以电磁波（或光子）形式进行能量传播，光辐射位于 X 射线和微波之间的波长在 1nm～1mm 的区域。由长波长到短波长的光辐射依次分为极红外、远红外、中红外、近红外、可见光、近紫外、远紫外以及真空紫外等若干区域。

辐射通量 Φ 的光谱密集度函数（光谱辐射通量）定义为 Φ_λ：

$$\Phi_\lambda = \frac{\partial \Phi}{\partial \lambda} \tag{14.7-1}$$

$\lambda_1 \sim \lambda_2$ 的光谱带内的辐射通量 $\Phi(\lambda_1, \lambda_2)$ 为

$$\Phi(\lambda_1,\lambda_2) = \int_{\lambda_1}^{\lambda_2} \Phi_\lambda(\lambda) \mathrm{d}\lambda \tag{14.7-2}$$

因此，总辐射通量 Φ 为

$$\Phi = \int_0^\infty \Phi_\lambda(\lambda) \mathrm{d}\lambda \tag{14.7-3}$$

2. 发射率和吸收率

发射率 ε 是热辐射体的辐射出射度与处在相同温度的 Planck 辐射体的辐射出射度之比；吸收率 α 是在规定条件下，吸收的辐射通量（或光通量）与入射通量之比。考虑到辐射量的光谱特性和几何学特性，方向光谱发射率 $\varepsilon(\lambda,\theta,\phi)$ 和方向光谱吸收率 $\alpha(\lambda,\theta,\phi)$ 分别为

$$\begin{cases} \varepsilon(\lambda,\theta,\phi) = \dfrac{L_{\lambda,e}(\lambda,\theta,\phi)}{L_{\lambda,bb}(\lambda,\theta,\phi)} \\ \alpha(\lambda,\theta,\phi) = \dfrac{L_{\lambda,a}(\lambda,\theta,\phi)}{L_{\lambda,i}(\lambda,\theta,\phi)} \end{cases} \tag{14.7-4}$$

式中，(θ,ϕ) 为方向的角坐标；$L_{\lambda,e}(\lambda,\theta,\phi)$ 为 (θ,ϕ) 方向发射的光谱辐射亮度；$L_{\lambda,bb}(\lambda,\theta,\phi)$ 为该方向黑体的光谱辐射亮度；$L_{\lambda,a}(\lambda,\theta,\phi)$ 和 $L_{\lambda,i}(\lambda,\theta,\phi)$ 分别为吸收和入射的光谱辐射亮度。

根据 Kirchhoff 定律，在热平衡条件下，有

$$\alpha(\lambda,\theta,\phi) = \varepsilon(\lambda,\theta,\phi) \tag{14.7-5}$$

3. 太阳辐射

太阳是与人类关系最密切的辐射源，其辐射特性对辐射度测量有重要意义。太阳是平均半径为 695000km 的 G 类星体，其表面温度以最佳吻合于黑体曲线表示时约 5900K。通常把地球大气外层总辐射照度的年平均叫作太阳常数 E_0=1353W/m^2（CIE TC-2.2 委员会推荐）。在地球表面上的太阳总辐射有直接太阳辐射和天空辐射。

14.7.2 光度

光是能直接引起视觉的辐射，1978 年，CIE 建议，亮度水平在 3cd/m^2 以上者称为明视觉；亮度水平在 10^{-3}cd/m^2 以下者称为暗视觉；亮度水平在 $3\sim10^{-3}$cd/m^2 者称为中间视觉或介视觉。在明视觉范围内，视觉是锥体细胞起作用，其光谱光视效率为 $V(\lambda)$；在暗视觉范围内，是杆体细胞起作用，其光谱光视效率为 $V'(\lambda)$；在中间视觉范围内，两种细胞同时起作用。

天文测光仪器一般以望远镜作为光辐射的收集器，在望远镜的焦面附近安置不同的辐射接收器及相应的仪器系统，便构成天文测光的基本仪器。图 14.7-2 是用于可见光区测量的单光束光电光度计。光阑转盘上开有不同大小的小孔，以限制观测视场，位于望远镜焦点处。滤光片滑板上装有不同的滤光片，以实现多波段测光。星光通过场镜到达光电倍增管光阴极上；光电信号经前置放大器放大后经屏蔽电缆输出到记录仪。为防止地磁场和外界电场对光

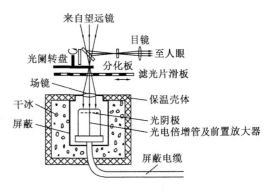

图 14.7-2 单光束光电光度计

电倍增管工作的影响，用接地的铁磁材料壳体将倍增管屏蔽，整个光电倍增管装在隔热室中，室中可加入制冷材料，通常用干冰冷却。冷却倍增管可减小光电倍增管的噪声和保持温度恒定，使测量稳定。输出信号一般用直流放大器或用光子计数器直接记录入射光子数。

14.7.3 光谱光度

图 14.7-3 光谱光度测量体系

光谱光度测量体系给出了基准标准与相关的测试仪器之间的关系，参见图 14.7-3。中间是基准标准装置的总称，与第二层的量相联系即构成一个具体的标准装置。有了光谱光度数据，结合光谱加权函数 $V(\lambda)$，可算出相应的积分量。测量物质的吸收(透射)、反射、荧光和发射光谱的基本仪器是分光光度计、反射光谱仪、荧光光谱仪和发射光谱仪(或摄谱仪)。单色器是这类光谱仪的核心部分。在光谱光度中，光谱范围通常为 0.2～25μm，甚至为 100μm。仪器的波长范围由光学材料的光学特性、光源的发射特性和探测器的响应特性以及单色仪的色散特性决定。

14.7.4 色度

人的视觉能在一定程度上分辨出颜色，色度计量以三基色原理为基础，若以 (R)、(G)、(B) 分别表示红、绿、蓝三基色的单位量，则组合后的颜色 C 为

$$C = \alpha(R) + \beta(G) + \gamma(B) \tag{14.7-6}$$

式中，α、β、γ 是组合(或匹配)系数，分别表示为获得颜色 C 所用的三基色的数值。国际照明委员会(CIE)制定了 CIE 1931-XYZ 表色系及此后补充的 CIE 1964 补充表色系和 CIE 1976 均匀色品标尺图。

在 CIE 1931 标准色度学规定，用 3 个大写的英文字母 X、Y、Z 表示一个颜色，这三个量的数值称为这个颜色的三刺激值。X、Y、Z 之值由下式决定：

$$\begin{cases} X = K \sum_{\lambda} \varphi_\lambda(\lambda) \overline{x}(\lambda) \Delta\lambda \\ Y = K \sum_{\lambda} \varphi_\lambda(\lambda) \overline{y}(\lambda) \Delta\lambda \\ Z = K \sum_{\lambda} \varphi_\lambda(\lambda) \overline{z}(\lambda) \Delta\lambda \end{cases} \tag{14.7-7}$$

式中，K 为归一化系数；$\varphi_\lambda(\lambda)$ 为色刺激函数；$\overline{x}(\lambda)$、$\overline{y}(\lambda)$ 和 $\overline{z}(\lambda)$ 为 CIE 色度函数，即标准色度观察者的色匹配函数；$\Delta\lambda$ 为光谱间隔。

色度测量规定，①标准照明体 A 是全辐射体在热力学温度等于 2856K 时所发出的光，其相对光谱功率分布可根据 Planck 辐射定律计算；②标准照明体 C 代表相关色温为 6774K 的平均昼光；③标准照明体 D_{65} 代表相关色温为 6504K 的昼光。在进行色度测量和计算时，尽可能选用照明体 A 和照明体 D_{65}，光谱范围为 300～870nm，光谱间隔为 1nm。

14.7.5 激光参数

激光源发光的微观机制是受激辐射过程，各发光中心发出的光波都具有相同的频率、方向和严格的相位关系，因而激光辐射在空域、频域、时域都有特异的性能和表现，如亮度高、单色性好、方向性好、脉冲宽度窄等，参见表14-26。

表 14-26 激光参数及其单位

名称	参数或物理量定义	单位	备注
激光功率 P	以受激辐射形式发射、传播和接收的功率	W	
激光能量 Q	以受激辐射形式发射、传播和接收的能量	J	
连续输出功率 P_{out}	连续激光器件从输出端发射的激光功率或单位时间内传输的能量	W	连续激光参数
脉冲输出能量 Q_{out}	脉冲激光器件从输出端发射的每个脉冲所包含的激光能量	J	脉冲激光参数
脉冲平均功率 P	激光脉冲能量与脉冲持续时间(半宽度)之比	W	脉冲激光参数
脉冲峰值功率 P_{max}	脉冲激光器发射的功率时域函数的最大值	W	激光时域参数
平均激光功率 P_m	脉冲激光能量与脉冲重复率之积	W	脉冲激光参数
激光波长 λ	激光功率(能量)的频谱分布曲线中最大值所对应的波长，即激光谱线宽度对应的波长限内的平均光谱波长	m	激光频域参数
激光频率 f	激光功率(能量)的频谱分布曲线中最大值所对应的频率，即激光谱线宽度对应的频率限内的平均光谱频率	Hz	激光频域参数
光谱半宽度 $\Delta\lambda_H(\Delta\nu_H)$	激光波域(频域)功率或能量的半峰点的波长(频率)差	m(Hz)	激光频域参数
光束直径 d_u	在垂直于束轴的平面内，以光束轴为中心且包含规定为 $u\%$总激光束功率(能量)百分比的圆域直径	m	激光空域参数
激光束腰直径 $d_{o,u}$	激光束最细处或腰部横截面上的光束直径	m	激光空域参数
光斑尺寸 d_s	激光靶面含有 86.5%或$(1-1/e^2)$光束功率或能量的最小圆域的直径	m	激光空域参数
激光束宽度 $d_{x,u}$、$d_{y,u}$	在非圆光束横截面的情况下，在给定的相互正交且垂直于束轴而分别在 x 和 y 方向透过 $u\%$光束功率(能量)的最小宽度	m	激光空域参数
激光功率密度、激光辐照度 E	穿过光束横截面的激光功率除以该光束横截面积	W/m²	平均激光功率密度
激光能量密度、激光曝辐量、激光辐照量 H_L	穿过光束横截面的激光能量除以该光束横截面积	J/m²	激光空域参数
激光发散角 θ、θ_x、θ_y	由于激光束宽度在远场区增大而构成的角度	rad	激光空域参数
光束参数积 $d_0\theta/4$	激光束腰半径与其半发散角的乘积	rad·m	激光空域参数、激光束聚焦度量
光束传输因子 K	$K = \frac{\lambda}{\pi}\frac{4}{d_0\theta}$	1	d_0 和 θ分别是光束腰直径和发散角
激光横模模式 TEM_{mn}	在垂直于激光束的传播方向上，激光束的相对功率(能量)密度分布	1	激光空域参数
激光纵模数 q	激光谐振腔反射镜之间的驻波的节点数	1	激光空域参数
激光器效率 n_L	激光器发射的激光束内，总光谱积分辐射功率(能量)与直接供给激光器的泵浦功率(能量)之商	1	

续表

名称	参数或物理量定义	单位	备注
激光器件效率 n_T	激光束发射的总光谱积分辐射功率(能量)与包括冷却等在内的整个激光器件的功率(能量)之商	1	
脉冲重复率 f_p	重复脉冲激光器每秒发出的激光脉冲数	Hz	
脉冲持续时间 τ_H	激光时域脉冲上升和下降到它的50%峰值功率点之间的时间间隔	s	
激光功率(能量)不稳定度 $S_P(S_Q)$	在规定时间内，激光最大和最小功率(能量)的差与和之商	1	
激光束指向不稳定性 S_a	光束轴在95%(2σ值)的规定时间内均处于其中的最小立体角	rad	
偏振度 P	根据两个正交偏振方向的光束功率(能量)计算的量	1	$P>0.1$ 时的激光束为偏振光束
寿命 t_L	激光器输出的平均功率(能量)应保持在不低于厂家50%规定值的时间间隔	h	

14.7.6 光学系统的像差测量和像质鉴定

光学系统是光学仪器的核心组成部分，而光学系统的成像质量评定则是光学仪器产品质量检验的主要项目，第一类基于几何光学，如 Hartmann 法等；第二类基于波动光学，如星点法、干涉法等；第三类基于 Fourier 光学，如光学传递函数等。

14.8 电离辐射

核素自发放出粒子或γ射线，或在轨道电子俘获后放出 X 射线。具有自发核转变或裂变的性质称为放射性，具有放射性的核素称为放射性核素。自然界存在的放射性核素称为天然放射性核素，由辐照等人为方法产生的放射性核素称为人工放射性核素。自发原子核转变的方式主要有：α衰变、β衰变和γ衰变3大类，放出的射线有α射线、β射线、γ射线和 X 射线等。通常称衰变前的原子核为母核，衰变后的原子核为子核[29-36]。

任何放射性核素单独存在时都服从指数衰变规律，即

$$N = N_0 e^{-\lambda t} \tag{14.8-1}$$

式中，N_0 是一种放射性核素在 0 时刻的原子数目；衰变 t 时间后，这种核素剩下的原子数目为 N；λ 为衰变常数，通常还用半衰期 $T_{1/2}$ 和平均寿命 τ。这三个量之间有如下关系：

$$\begin{cases} T_{1/2} = \lambda^{-1} \ln 2 = 0.693 \lambda^{-1} \\ \tau = \lambda^{-1} \\ T_{1/2} = 0.693 \tau \end{cases} \tag{14.8-2}$$

带电粒子(α射线和β射线)与物质作用的主要形式是激发、电离、散射以及核反应和发射次级辐射。β粒子行经物质时，由于电离、激发、散射和激发次级辐射的合成作用，使β射线的强度逐渐衰减，衰减情况在一定的厚度χ范围内，近似服从指数定律：

$$I = I_0 e^{-\mu x} = I_0 e^{-\mu_m \rho x} \tag{14.8-3}$$

式中，I_0 和 I 为β射线穿经厚度为 x、密度为 ρ 的吸收体前后的强度；μ 为线吸收系数 (cm^{-1})；$\mu_m = \mu/e$ 称作质量吸收系数，μ_m 正比于 Z/A，Z 和 A 分别为吸收体的原子序数和原子量。此外，μ_m 与β粒子的能量有关。对于能量大于 0.5MeV 的β粒子可表示为

$$\mu_m = 22 E_{\beta 最大}^{-4/3} \tag{14.8-4}$$

式中，$E_{\beta 最大}$ 为β射线的最大能量。

γ射线通过物质时，会在一次碰撞中丢失全部能量。γ射线与物质的作用方式有多种，其他次视γ射线的能量而定。对于放射性核素衰变时放射的γ射线，或者内层轨道电子跃迁时发射的 X 射线主要发生 3 种效应：光电效应、康普顿效应和电子偶效应。

一束经准直的窄束γ射线通过厚度为 d 的物质吸收层后，其强度减弱可表示为

$$I = I_0 e^{-\mu d} \tag{14.8-5}$$

式中，I_0 和 I 分别为通过吸收层前后的强度。总线吸收系数 μ 等于上述三种效应引起的吸收系数 μ_f、μ_c 和 μ_n 之和：

$$\mu = \mu_f + \mu_c + \mu_n \tag{14.8-6}$$

用于探测核辐射的器件或部件称为核探测器（又叫核辐射探测器），主要包括：气体电离核探测器、闪烁计数器、半导体核探测器、光电记录型核探测器和轨迹型核探测器等。

光纤射线传感器能使检测者和检测对象保持足够的安全距离，按结构可分为两类。第一类是元件型，敏感光纤是特定材料制成的对放射性射线敏感的特殊光纤，可通过增加卷绕光纤的长度来提高元件型传感器的灵敏度，细分为：①吸收型，受放射性射线辐照，光纤的衰减量发生变化；②发光型，受放射性射线辐射，光纤内部发光。第二类传输型，光纤作为信号传输线，参见图 14.8-1。

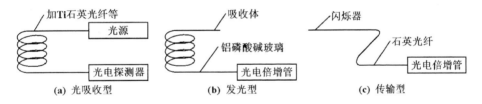

图 14.8-1 光纤射线传感器的结构图

参 考 文 献

[1] 仝卫国, 李国光, 苏杰, 等. 计量测试技术. 北京: 中国计量出版社, 2006.

[2] 《计量测试技术手册》编辑委员会. 《计量测试技术手册》第 7 卷电磁学. 北京: 中国计量出版社, 1997.

[3] 曾令儒. 电磁学计量. 北京: 原子能出版社, 2002.

[4] JJG 2082—1990. 工频电流比例计量器具检定系统. 北京: 中国计量出版社, 1991.

[5] JJG 2084—1990. 交流电流计量器具检定系统. 北京: 中国计量出版社, 1991.

[6] Ning Y N, Chu B C B, Jackson D A. Interrogation of a conventional current transformer via a fibre optic interferometer. Optics Letters, 1991, 16(18): 1448-1450.

[7] Ning Y N, Liu T Y, Jackson D A. Two low-cost robust electro-optic hybrid current sensors capable of

operation at extremely high potential. Review of Scientific Instrument, 1992, 63(12): 5771-5773.

[8] 代云洪, 胡明耀, 王振, 等. Rogowski 线圈的 FBG 电流传感器研究. 压电与声光, 2014, 36(3): 432-436.

[9] JJG 2086—1990. 交流电压计量器具检定系统. 北京: 中国计量出版社, 1991.

[10] JJG 2087—1990. 直流电动势计量器具. 北京: 中国计量出版社, 1991.

[11] JJG 2015—2013. 脉冲波形参数计量器具检定统计表. 北京: 中国标准出版社, 2013.

[12] JJG 2074—1990. 交流电能计量器具检定系统.

[13] JJG 2085—1990. 交流电功率计量器具检定系统. 北京: 中国计量出版社, 1991.

[14] 周开基, 赵刚. 电磁兼容性原理. 哈尔滨: 哈尔滨工程大学出版社, 2012.

[15] 付家才. 传感器与检测技术原理及实践. 北京: 中国电力出版社, 2008.

[16] 陈岭丽, 冯志华. 检测技术和系统. 北京: 清华大学出版社, 2005.

[17] JJG 2021—1989. 磁通计量器具检定系统. 北京: 中国计量出版社, 1990.

[18] JJG 2027—1989. 0.001～2.0 特斯拉磁感应强度计量器具检定系统. 北京: 中国计量出版社, 1990.

[19] JJG 2052—1990. 磁感应强度(恒定弱磁场)计量器具检定系统. 北京: 中国计量出版社, 1991.

[20] 《计量测试技术手册》编辑委员会. 《计量测试技术手册》第 8 卷电子学. 北京: 中国计量出版社, 1997.

[21] 王志田. 无线电电子学计量. 北京: 原子能出版社, 2002.

[22] JJG 2008—1987. 射频电压计量器具检定系统. 北京: 中国计量出版社, 1988.

[23] JJG 2009—1987. 射频与微波功率计量器具检定系统. 北京: 中国计量出版社, 1988.

[24] JJG 2010—2010. 射频与微波衰减计量器具检定系统表. 北京: 中国计量出版社, 2010.

[25] JJG 2013—1987. 射频与微波相移计量器具检定系统. 北京: 中国计量出版社, 1988.

[26] JJG 2014—1987. 射频与微波噪声计量器具检定系统. 北京: 中国计量出版社, 1988.

[27] 《计量测试技术手册》编辑委员会. 《计量测试技术手册》第 10 卷光学. 北京: 中国计量出版社, 1997.

[28] 郑克哲. 光学计量. 北京: 原子能出版社, 2002.

[29] 《计量测试技术手册》编辑委员会. 《计量测试技术手册》第 12 卷电力辐射. 北京: 中国计量出版社, 1997.

[30] 容超凡. 电离辐射计量. 北京: 原子能出版社, 2002.

[31] JJG 2039—1989. 高准确度测量活度及光子发射率计量器具检定系统. 北京: 中国计量出版社, 1990.

[32] JJG 2040—1989. 医用放射性核素活度计量器具检定系统. 北京: 中国计量出版社, 1990.

[33] JJG 2042—1989. 液体闪烁放射性活度计量器具检定系统. 北京: 中国计量出版社, 1990.

[34] JJG 2043—2010. (60～250) kV X 射线空气比释动能计量器具检定系统. 北京: 中国计量出版社, 2011.

[35] JJG 2044—2010. γ 射线空气比释动能计量器具检定系统. 北京: 中国计量出版社, 2011.

[36] JJG 2089—1990. ^{60}Co γ 射线辐射加工级水吸收剂量检定系统. 北京: 中国计量出版社, 1991.

第15章 化 学 参 量

15.1 引 言

1975年，Cali等提出化学准确一致测量系统，使每个实际测量可溯源到基本单位，从而保证任何时间与空间测量结果的一致性、可比性和可靠性[1-8]，参见图15.1-1。化学计量方法基于物理定义的方法，如分析化学中常用的称量法、Coulomb法等；随着质谱及同位素技术的发展，同位素稀释质谱法有很高的准确度。

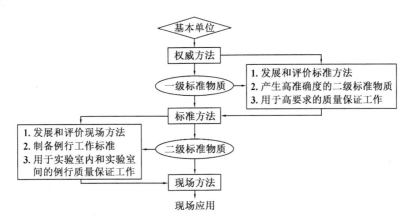

图 15.1-1 化学计量的准确一致测量系统

成分分析测试技术可用来对物质的成分组成和含量以及它的各种物理、化学特性进行分析和测量，参见表15-1，可分为：①实验室分析仪器一般由人参与操作，功能强，运行条件苛刻，分析精度较高；②过程分析仪器安装在现场，能自动连续取样，对试样进行预处理（抽吸、过滤、干燥等），自动进行分析、信号处理和远传。

表 15-1 过程分析仪器

原理	分析仪器
电化学式	电导式、电量式、电位式等
热学式	热导式、热化学式、热谱式等
磁式	磁性氧分析器、核磁共振波谱仪等
光学式	吸收式或发射式红外、紫外光学分析仪等
射线式	X射线分析仪、γ射线分析仪、同位素分析仪等
色谱	气相色谱仪、液相色谱仪等
电子和离子光学式	电子探针、质谱仪、离子探针等
物性测量	水分计、黏度计、湿度计、密度计、酸度计、浓度计、浊度计、电导率测量仪，以及石油产品的闪点、倾点、冰点、浊点、辛烷值测定仪等

15.2 化学计量

1971 年,第十四次国际计量大会定义物质的量的基本单位为摩尔(mol),化学成分量的量值范围,从超纯到超痕跨越约 10 个数量级,量值的相对不确定度为 0.003%～20%。化学成分量的溯源不仅需要质量、容量、温度、电流等物理标准,而且需要各种化学成分量标准,参见图 15.2-1。

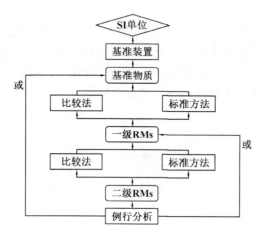

图 15.2-1　化学成分量的溯源链

1965 年,国际纯粹与应用化学联合会(IUPAC)规定,将化学计量纯度为 $(100.00\pm0.02)\%$ 的物质定为基准;纯度为 $(100.00\pm0.05)\%$ 的物质定为工作标准;用基准标定过的纯度较低的物质定为二级标准,其中经过国家权威机构认可的高水平的标准物质(Reference Material, RM)为 CRM(Certified Reference Material)。

基于 Faraday 定律的 Coulomb 滴定法是时间、电流、质量、Faraday 常数和元素的相对原子质量的高准确度绝对方法,是建立化学成分量基准的有效方法。根据准确测量电流 I、时间 t、物质的质量 m,可计算出物质的纯度 p:

$$p = \frac{ItM_r}{nFm} \times 100\% \tag{15.2-1}$$

式中,M_r、n 和 F 分别为相对分子质量、价电子数和法拉第常数。

15.3 物理化学

物理化学是以物理的原理和实验技术为基础,研究化学体系的性质和行为,发现并建立化学体系中特殊规律的学科[9-12]。

15.3.1 燃烧热

热量 Q 是定量表征热作用的物理量,其 SI 单位是焦耳(J),1J 被定义为 1 绝对安培电流在 1 绝对欧姆电阻上 1s 所消耗的能量。燃烧热是物质燃烧反应产生的热效应,燃烧热测定在定容或定压条件下进行,其中,定容燃烧热称为燃烧能,等于燃烧反应内能的变化ΔU_C,如氧弹热量计测得的燃烧热;定压燃烧热称为燃烧焓,等于燃烧反应焓的变化ΔH_C,如水流热量计测得的燃烧热。ΔU_C与ΔH_C之间的关系可表示为

$$\Delta H_C = \Delta U_C + RT\Delta n \tag{15.3-1}$$

式中,Δn是燃烧反应中气相物质增加的摩尔数;R是气体常数;T是燃烧反应温度。标准状态下的燃烧反应是一理想过程,反应物和产物分别处在各自的标准状态。在燃烧热精密测定中,将实际条件下测得的数据换算到标准状态时的数据,可得标准热化学数据。根据规定,放热反应符号为负,吸热反应符号为正。

15.3.2 热容及焓

热容和焓是表征物质蓄热能力的特性量,在工业、科研和国民经济各领域有重要应用。热容是任一过程中加给体系的热量ΔQ与由此体系发生的温度升高ΔT之比,即

$$\bar{C} = \frac{\Delta Q}{\Delta T} \tag{15.3-2}$$

式中,$\bar{C}$为体系的平均热容,单位为J/K。对于无限小的温度变化,体系的真热容C为

$$C = \frac{\mathrm{d}Q}{\mathrm{d}T} \tag{15.3-3}$$

热容与物质的结构及能量相关,可利用定律和理论估算物质热容。

焓H是热力学中表征物质系统能量的状态参量之一,定义为

$$H = U + pV \tag{15.3-4}$$

式中,U为物质的内能;p为压力;V为体积。

在物理或化学过程中,焓特性量定义如下。

(1)反应焓(反应热)ΔH_r是等温下物质在化学反应过程中释放或吸收的热量。
(2)熔化焓ΔH_f是定压下物质从固相转变为同温度的液相过程中所吸收的热量。
(3)蒸发焓ΔH_v是定压下物质由液相变为同温度的气相过程中所吸收的热量。
(4)溶解焓ΔH_s是恒温恒压下物质溶于溶剂生成溶流时所吸收或释放的热量。

15.3.3 pH

酸度测量实际上是对溶液中[H$^+$]即氢离子浓度的测量。在工业过程和实验室中一般采用电化学中电位测量的方法,对酸、碱、盐的水溶液进行测量,其酸碱度用pH来表示,广泛用于石化、轻纺、食品、制药工业以及水产养殖、水质监测等[13]。溶液的氢离子浓度的绝对值很小,一般用pH表示:

$$\mathrm{pH} = -\lg\left[\mathrm{H}^+\right] \tag{15.3-5}$$

所以,当pH=7时为中性溶液,pH>7时为碱性溶液,pH<7时为酸性溶液。

pH的检测一般采用电化学中的电位测量法,参见图15.3-1。将一块铜片插入液体,结果有一些铜原子失去电子变成铜离子,并离开金属铜片进入贴近铜片表面的水层中,这样金属铜表面带负电,而贴近铜片的表面水层则带正电,两者之间出现电位差,即铜的电极电位。电极电位会随着金属片的不同、溶液的不同以及溶液温度的不同而变化。

容器中充以[H⁺]为 1mol/L 的盐酸溶液，溶液中放一块镀有多孔铂黑的金属铂片，用电极导线连接引出容器之外。在铂片的下端通以 1atm 的氢气，氢气吸附在铂黑上，起到与金属电极类似的作用，参见图 15.3-2。氢气产生的电离反应如下：

$$\frac{1}{2}H_2 \Leftrightarrow [H^+] + e \tag{15.3-6}$$

根据 Nernst 方程，氢的电极电位 E 与氢离子浓度[H⁺]的关系为

$$E = E_0 + (RT/F)\ln[H^+] \tag{15.3-7}$$

式中，E_0 是氢的标准电位；R 是气体常数；T 是热力学温度；F 是 Faraday 常数。

图 15.3-1　铜的电极电位

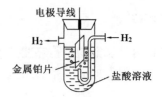

图 15.3-2　氢的电极电位

15.3.4　水溶液电导率

离子在溶液中可独立运动，因此电解质溶液具有导电性及其他一系列电学特性。电解质溶液是构成电化学体系的基本组成部分之一，电导率是电解质溶液的一个固有特性。

物体的电阻与它的形状密切相关，物体的电阻 R 与其长度 l 成正比，而与其截面积 A 成反比，即

$$R = \rho l/A \tag{15.3-8}$$

式中，ρ 为电阻率。物体的电导 G 是电阻的倒数，与该物体形状的关系为

$$G = 1/R = A/(\rho l) = \kappa/K_{cell} \tag{15.3-9}$$

式中，K_{cell} 是电导池常数；$\kappa = 1/\rho$ 是电导率（比电导）。电解质溶液电导率的测量一般采用交流信号作用于电导池的两电极板，由测量到的电导池常数 K_{cell} 和两电极板之间的电导 G 而求得电导率 κ。

15.3.5　聚合物分子量

聚合物由许多小分子（单体）链接而成，在形成过程中，聚合物的各个长分子键中的单体数目不完全相同，因而聚合后各分子键的分子量是不均一的，参见表 15-2。

表 15-2　平均分子量的定义

平均分子量名称	定义	表达式
数均分子量	聚合物体系中，各种分子量组分的 mol 分数与其相应的分子量的乘积所得的总和。m_i 是样品中分子量为 M_i 组分的质量	$\overline{M}_n = \dfrac{\sum m_i}{\sum \dfrac{m_i}{M_i}}$

续表

平均分子量名称	定义	表达式
重均分子量	聚合物体系中,各种分子量组分的质量分数与其相应的分子量相乘,所得各个乘积的总和	$\bar{M}_W = \dfrac{\sum m_i M_i}{\sum m_i}$
粘均分子量	从特性粘数(η)和分子量之间的关系式计算的分子量。a 是经验常数	$\bar{M}_\eta = \left(\dfrac{\sum m_i M_i^a}{\sum m_i}\right)^{1/2}$
Z均分子量	一聚合物试样中,各分子量组分的Z值的分数及其相应的分子量的乘积的总和	$\bar{M}_Z = \dfrac{\sum_i m_i M_i^2}{\sum_i m_i M_i}$

聚合物分子量及其分布是聚合物材料(塑料、橡胶、化纤等)性能研究和生产质量控制过程中的重要参数,参见表15-3。聚合物分子量与聚合物材料的抗张强度、玻璃化温度、耐应力开裂、黏合力、老化性能及加工成型等性能密切相关;分子量分布与聚合物材料的机械强度、合成纤维可纺性、加工成型性能及聚合反应机理等密切相关。

表15-3 聚合物分子量测量法

测量仪器	分子量统计意义	分子量范围	特点
沸点升高法	M_n	3×10^4 以下	适用于难溶聚合物样品,测量精度较低
蒸汽压渗透法(VPO)	M_n	2.5×10^4 以下	样品用量少,测量速度快,可连续测试,测量精度较低
膜渗透法	M_n	$3\times10^4 \sim 1.5\times10^6$	绝对测量分子量仪器。测量范围宽,对未经分级和分子量过大(或小)的样品测定准确度较低
光散射法	M_W	$1\times10^4 \sim 1\times10^7$	绝对测量仪器。以汞弧灯作为光源时有严格除尘要求,低散射角时测量准确度较低;以氦氖激光作为光源时,测定时间较短,且对除尘要求不高
毛细管黏度法	η、M_η	$1\times10^4 \sim 1\times10^7$	测量分子量范围宽,只能直接测η,计算的M_η精度低
超离心机法	M_W、M_Z、M_W/M_n	$1\times10^4 \sim 1\times10^6$	绝对测量仪器。可测定多种平均分子量及分子量分布,并适于测定超高分子量,实验周期长
体积排斥色谱法(GPC)	各种平均分子量及分子量分布	$1\times10^3 \sim 5\times10^6$	相对测量仪器。可测定各种平均分子量及分子量分布,测定速度快、重复性好,能连续测定、自动化程度高等

15.3.6 浊度

浊度为透明介质的清浊程度。微小的不溶性颗粒物质悬浮于或均匀地分散在某种透明介质中,致使入射该介质的光线发生散射,吸收导致入射光强度衰减。当介质为空气,悬浮颗粒为固体时,称为烟度;悬浮颗粒为液滴时,称为雾度;当透明介质为固体(如玻璃或塑料)时称为该介质的透明度。当水中含不溶性物质时,呈浑浊状,称为浊度。浑浊的悬浮液在光线的照射下会产生反射、折射和漫反射等现象,也会产生光能的吸收和散射等现象。当悬浮颗粒的直径小于照射光线的半波长时,光线会产生强烈的散射。

作为计量标准装置的积分球浊度计利用透射光和散射光比较,参见图15.3-3,在试样池外边加一个圆球,球的内壁涂以 MgO,成为白色的反射面,来自光源的光束经透镜变为平行光束,再经光阑后进入试样池,因液体中存在悬浮物而产生散射光进入积分球,各个方向的散射光经球面反射后,被平行的透射光电检测器和垂直的散射光电检测器收集,分别产生信号,最后经差动放大器输出信号,信号值与浊度有关。这种方式接收到的平行的透射光强的信号和垂直的散射光强的信号都比较大,因此灵敏度较高。

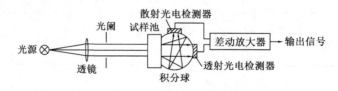

图 15.3-3　积分球浊度计测量原理图

15.3.7　粒度

颗粒是采用一般分散手段不能再分的组成颗粒物质的基本单元,实际测量中常以一定数量的颗粒,即颗粒系统为对象,参见表 15-4。按不同的粒径区间,统计其颗粒数量或质量分数,表示颗粒系统的分散程度,即系统的粒度分布。以一定尺寸间隔内颗粒的个数或质量分数表示粒度分布称为频率分布。最大频率分布的直径为颗粒的最可几直径。以大于或小于某一粒径的颗粒累积数量(或质量)百分数表示的粒度分布为累积分布(又称积分分布)。累积百分数为 50% 处所对应的颗粒直径为中位直径或中值直径。

表 15-4　粒度与粒度分布测量

分类	仪器名称		测量范围/μm	校正方法	备注
图像分析	光学显微镜		1~150	微米尺、单分散球形乳胶颗粒	直观测量,是粒度测量基本方法之一;测量颗粒投影面直径,常用 Martin 和 Feret 直径表示;采样量少,代表性差
	电子显微镜(扫描、透射)		0.001~50	标准线、单分散球形乳胶颗粒,宽板	
	图像分析仪		0.5~200	微米尺、单分散球形乳胶颗粒	
筛分分析	试验筛		>30	光学测量法 用已知粒度分布的玻璃珠标准物质	颗粒分级方法,是力度分布测量的基本方法之一;测量精度和分辨率不高
	微米筛		2~30		
沉降分析	重力沉降	移液管法	2~100	已知粒度分布的玻璃珠、石英粉标准物质	颗粒分级方法,是粒度分布测量的基本方法之一;测量颗粒的 Stokes 直径,大颗粒的存在,影响粒度分布测量;测量时颗粒在分散介质中完全分散,颗粒大小和尺寸适宜;需要考虑对沉降分析影响因素的修正
		光透射法			
		光扫描法			
		沉降天平			
	离心沉降	光透射法	0.01~10 (单离心)	聚苯乙烯单分散乳胶粒子	
		光扫描法	0.01~100 (重力、离心合机)	已知粒度分布的玻璃珠、石英粉标准物质	

续表

分类	仪器名称		测量范围/μm	校正方法	备注
电学分析	电导法(Kurt)		0.2~200	聚苯乙烯单分散乳胶粒子	测量颗粒体积直径,在电解液中测量。为防止重合效应,限定颗粒浓度
	ZETA 电位法		0.01~10	标准电泳池	测量颗粒动力学直径;测量胶体颗粒尺寸
光学分析	光阻法(遮光法)		0.5~200	聚苯乙烯单分散乳胶粒子(悬浮水液)已知分布的玻璃珠,悬浮油液和粉尘	测量颗粒投影面直径;分散介质须透明,颗粒材质和分散介质的折光率不同;为防止重合效应,限定颗粒浓度;可用于测水、有机液体甚至腐蚀液体中的颗粒
	光散射	光散射计数器	0.1~10	单分散乳胶形成的气溶液 振动孔气溶胶发生器等标准装置	用于空气中尘埃粒子大小及浓度测量;测量颗粒投影面直径或质量浓度
		光散射浓度计			
		光子相关光谱	0.01~5		测量颗粒质量直径;测量亚微米和纳米级颗粒直径
	激光衍射法		0.1~600		测量亚微米和纳米级颗粒直径
	X 射线小角衍射		0.005~0.2		
	激光小角散射		0.001~0.2		

15.3.8 湿度

湿度是气体中水蒸气含量的参数。通常把湿气视为由干燥气体和水蒸气组成的二元均匀的气体混合物[14],通常表示如下。

(1)质量混合比定义为湿气中水蒸气的质量 m_v 与干气的质量 m_a 之比:
$$r = m_v/m_a \quad (\text{kg·kg}^{-1}) \tag{15.3-10}$$

(2)湿气的摩尔比定义为湿气中水蒸气的物质的量 n_v 与干气的物质的量 n_a 之比:
$$r_v = n_v/n_a \quad (\text{mol·mol}^{-1}) \tag{15.3-11}$$

(3)湿气的摩尔分数定义为湿气中水蒸气的物质的量与湿气混合物的物质的量之比:
$$x_v = n_v/(n_v + n_a) \quad (\text{mol·mol}^{-1}) \tag{15.3-12}$$

(4)水蒸气的浓度(湿气的摩尔浓度)为湿气中水蒸气的物质的量除以湿气的体积:
$$c_v = n_v/V \quad (\text{mol·m}^{-3}) \tag{15.3-13}$$

式中,V 为湿气的体积。

(5)绝对湿度 AH(水蒸气密度)给出了水分在空气中的具体含量。绝对湿度 H_a 可定义为在一定温度和压力条件下,单位体积空气内所含水蒸气的质量:
$$\rho_v = m_v/V \quad (\text{kg·m}^{-3}) \tag{15.3-14}$$

式中,m_v 是待测空气中水蒸气的质量;V 是待测空气的总体积。

绝对湿度也可用空气中水蒸气的密度 ρ_v 来表示，设空气中水蒸气的分压为 P_v，根据理想气体状态方程，则

$$\rho_v = P_v m/(RT) \tag{15.3-15}$$

式中，m 是水蒸气的摩尔质量；R 是理想气体常数；T 是空气的热力学温度。

(6) 相对湿度 RH 给出了大气的潮湿程度，即被测气体的绝对湿度与同一温度下达到饱和状态的绝对湿度之比，或待测空气中实际所含的湿气摩尔分数 x_v 与相同温度 T 和压力 p 条件下饱和湿气的摩尔分数 x_{vs} 之比：

$$U = (x_v/x_{vs})_{p,T} \times 100\% \tag{15.3-16}$$

(7) 质量分数（比湿）定义为湿气中水蒸气的质量与湿气的总质量之比：

$$w_v = m_v/(m_v + m_a) \tag{15.3-17}$$

(8) 露点温度 T_d 是指压力为 p，温度为 T_a，质量混合比为 $r(p, T_a)$ 的湿气在相同压力条件下与水的平展表面呈热力学相平衡状态时的温度。此时 $r(p, T_a)$ 与露点温度下的饱和混合比 $r_s(p, T_d)$ 相等：

$$r(p, T_a) = r_s(p, T_d) \tag{15.3-18}$$

(9) 霜点温度 T_f 是指压力为 p，温度为 T_a，质量混合比为 $r(p, T_a)$ 的湿气在相同压力条件下与冰的平展表面呈热力学相平衡状态时的温度。此时 $r(p, T_a)$ 与霜点温度下的饱和混合比 $r_s(p, T_d)$ 相等：

$$r(p, T_a) = r_s(p, T_f) \tag{15.3-19}$$

通常情况下将露点温度和霜点温度不加区分地统称为露点。

湿敏传感器感受外界湿度变化，通过器件材料的物理或化学性质变化，将湿度转换成可用信号的器件或装置[14]，通常使用相对湿度、露点温度、混合比或比湿度和体积比等参量。

1. 干湿球湿度计

干湿球湿度计由两只完全相同的玻璃温度计构成，其中，一个感温包直接与空气接触，指示干球温度 t_d；另一个的感温包外有纱布，且纱布下端浸没在水中使上端经常保持湿润，所指示的是湿球温度 t_m。一般情况下空气中的水蒸气不饱和，湿球上的纱布由于水分蒸发吸收潜热，所以 $t_m < t_d$。空气中水蒸气的分压 p_w 是

$$p_w = p_{ms} - Ap(t_d - t_m) \tag{15.3-20}$$

式中，p_{ms} 是在湿球温度 t_m 下的饱和水蒸气压；A 是湿度计常数；p 是湿空气的总压力。

相对湿度为 φ：

$$\varphi = p_w/p_{ds} = [p_{ms} - Ap(t_d - t_m)]/p_{ds} \tag{15.3-21}$$

式中，p_{ds} 是干球温度 t_d 下的饱和水蒸气压。

2. 压电湿度传感器

镀有薄膜的压电材料，可改作为吸收水蒸气的检测器。当压电材料所镀薄膜上吸收周围环境中的水蒸气后，压电材料所在电路的谐振频率便发生变化，测出这一频率变化，就可测出周围环境中水的含量。一般声表面波湿度传感器所用的压电体为 AT 切型晶体，工作频率为 10MHz。在 AT 切型晶体的上下表面制作金质平面，当压电体两面覆盖薄膜后，

就会引起敏感面积的质量变化,使振荡回路的频率发生变化。薄膜吸收水分子后,敏感面积和质量进一步发生变化,于是频率又发生了变化,参见图 15.3-4。这个金质平面可直接感知水蒸气的得失,也可在其上面覆盖聚合物硫酸、SiO_x、环氧树脂和醋酸纤维等吸湿或感湿薄膜。

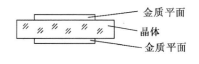

图 15.3-4 敏感面积

3. 露点

露点是在一定大气压下,将含有水蒸气的空气冷却,当温度下降到某一特定值时,空气中的水蒸气达到饱和状态,开始从气态变成液态而凝结成露珠的现象,该特定温度就是露点温度(露点)。空气的相对湿度越高越容易结露,其露点温度就越高,所以测出空气开始结露的温度(露点温度)能反映空气的相对湿度。利用一块 Peltier 效应元件冷却的反射镜,调整冷却电流直至露珠开始在镜面上形成,光纤露点传感器通过光纤探测镜面上的露珠[15]。反射镜的反射系数是入射角的函数,切割聚合物光纤的入射角和接收角分别为 24º 和 66º 时可达到的更佳信噪比,参见图 15.3-5。当露珠在反射镜附近形成的大小和波长的长度相当时,传感器就开始响应。两只光纤之间使用薄而不透明的薄膜(油漆)以消除聚合物光纤发送光和接收光的耦合[16]。

4. 含水量

固体物质中的水分含量是固体物质中所含水分的质量与总质量之比的百分数。红外吸收法根据水在特定红外波段上大量吸收红外辐射的原理进行工作,三波长红外线水分仪把水吸收波长和其两侧难于被水吸收的两个参比波长与物料作用后的信号进行运算,借以消除被测物的质地变化而引起的测量误差,参见图 15.3-6。

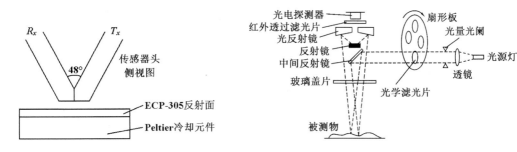

图 15.3-5 基于双切割聚合物光纤的露点反射传感器　　图 15.3-6 三波长红外水分仪

15.4 无机分析测试技术

化学定量分析通过加入某种化学试剂与待测组分起化学反应,测量反应物的质量或反应中消耗试剂的量来求得样品中待测组分的含量[17-20]。

15.4.1 电化学分析法

电化学分析法以物质的化学组成与其电化学性质间的关系为基础,通常以待分析的试样溶液构成化学电池的一个部分来进行定量测定,参见表 15-5。

表 15-5 电化学分析法的分类

电参量	方法		说明
电极电位	电位法	直接电位法（离子选择电极法）	通过电位测量按 Nernst 方程求出待测离子的浓度
		电位滴定	通过电位测量来确定滴定终点
电流-电压关系	伏安法	极谱法	以滴汞电极工作电极的伏安法
		溶出伏安法	先将溶液中待测离子电析在电极上，然后溶出并测定其电流，从而求出待测离子的浓度
电量	Coulomb 分析法	恒电流 Coulomb 法（Coulomb 滴定法）	在恒电流下电解产生滴定剂，测出电解开始至终点的时间，按 Faraday 定律求出待测离子的质量
		控制电位 Coulomb 法	在控制电位下，将试液中待测离子完全电解，测出所耗电量，根据 Faraday 定律求出待测离子的质量
电导	电导分析法	直接电导法	测量电导，计算待测离子浓度
		电导滴定	通过测量电导来确定终点
电流	电流滴定法		用伏安（极谱）法来指示终点的滴定分析法

15.4.2 原子发射光谱法

原子发射光谱法是指利用物质的原子受激后辐射的原子光谱对物质进行定性和定量分析的方法，参见表 15-6。原子发射光谱只涉及原子或离子的外层价电子的能级跃迁，ΔE 较小，所得光谱都分布在紫外可见光区。

表 15-6 原子发射光谱法

方法	激发源	光谱波长范围	仪器
火焰原子发射法（火焰光度法）	火焰	可见光区	火焰光度计（原子吸收分光光度计）
发射光谱法（光学发射光谱法）	电弧、电火花、氩等离子体、气体放电	紫外可见光区	摄谱仪、光电直读光谱仪、ICP 光谱仪
激光显微发射法	激光	紫外可见光区	激光显微光谱仪
X 射线发射法	电子束	X 射线区	X 射线光谱仪
电子探针发射法	电子束	X 射线区	电子探针仪

在确定的激发条件下，某一谱线的强度与样品中相应元素的含量关系为

$$I = ac^b \tag{15.4-1}$$

式中，I 为元素某特征谱线的强度；a 与试样的蒸发、激发条件有关，在一定条件下为常数；b 与谱线的自吸有关，当待测元素含量很低或用 ICP 光源时，谱线的自吸可忽略，$b=1$，故

$$I = ac \tag{15.4-2}$$

可根据谱线强度进行元素的定量分析。由于每条原子发射谱线的产生经离解、蒸发、

电离、激发等过程，因此，每一谱线的强度不仅取决于样品中待测元素的含量，而且受这些过程的制约，即受谱线的性质、激发电位的制约。

实际分析中，一般选择元素的灵敏线(激发电位较低的谱线)作分析线。当用内标法进行定量分析时，内标线的选择必须考虑其激发电位与分析线的激发电位的一致性。发射光谱分析的主要设备可分为三部分，参见图 15.4-1，①激发样品，使用含特征波长的激发光源；②将样品发射的光按波长展开成光谱的分光仪；③光谱检测系统，光电直读光谱仪利用光电倍增管等检测器直接对试样的光谱进行测量。

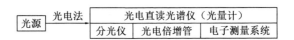

图 15.4-1 发射光谱分析仪的功能图

15.4.3 离子色谱法

1975 年，美国的 Small 等提出液相色谱分析的离子色谱法，集分离与测定于一体，具有较高的选择性，可同时测定多组分离子。根据分离机理，离子色谱法分为高效离子色谱法(HPIC)、离子排斥色谱法(HPICE)和流动相离子色谱法(MPIC)。检测器主要分为两类：电化学(电导、Ampere、脉冲 Ampere)和光学(紫外可见光、荧光)。

离子色谱仪包括输液系统、进样装置、色谱柱、检测器和数据处理等，参见图 15.4-2。样品注入进样阀后，随淋洗液经保护柱到分离柱，样品中各组分离子与分离柱中固定相的亲和力不同，因而不同种离子将自分离柱中按先后次序被淋洗出而进入抑制器，在抑制器中除去(或降低)淋洗液的本底电导，同时增加待测离子的电导响应值，最后进入电导池，按先后次序得到各组分的电导率。此电导率在低浓度下与样品溶液中待测离子的浓度成正比：

$$\gamma = \frac{1}{\rho} = \frac{1}{1000}\frac{A}{L}\sum c_i \Lambda_{mi} = \frac{1}{1000}\frac{1}{K}\sum c_i \Lambda_{mi} \tag{15.4-3}$$

式中，ρ 是样品中某离子的电阻率；A 是电极的截面积；L 是两极间的距离；c_i 是溶液中某离子的浓度；Λ_{mi} 是溶液中某离子的摩尔电导率。保留时间定性，以蜂高或蜂面积定量，记录不同时刻的电导率色谱图可进行定性和定量分析。

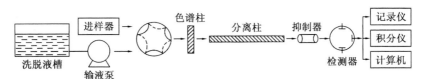

图 15.4-2 离子色谱仪的原理图

15.4.4 X 射线荧光光谱分析

1895 年，Roentgen 发现 X 射线，波长为 0.01~10nm 的电磁波。1913 年，Moseley 建立了原子结构与 X 射线波长之间的关系，为现代 X 射线光谱分析奠定了基础。在 X 射线管内，炽热灯丝发出电子，在高压电场下加速，轰击金属靶极的原子，获得由线状光谱和

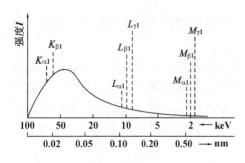

图 15.4-3 钨靶 X 射管在 100kV 下的
X 射线光谱强度分布

连续光谱带组成的 X 射线光谱分布，参见图 15.4-3。

线状光谱（$K_{\alpha 1}$，$K_{\beta 1}$，$L_{\alpha 1}$，$L_{\beta 1}$，…）称为特征谱线，是高速电子与靶原子碰撞时，将原子内层（K、L、M）电子撞出，这时外层电子回填内层的空穴，同时，释放出 X 射线辐射，辐射线的波长相应于转移电子始态与终态的能量差。不同的靶元素具有不同波长的特征谱线，靶元素的原子序数 Z 和特征谱线波长 λ 之间的关系可用 Moseley 定律表示：

$$I = \lambda K(Z-\sigma)^2 \quad (15.4\text{-}4)$$

式中，K 是常数；σ 是屏蔽常数。特征谱线的强度取决于 X 射线管的电压 V 和电流 i。对于 K 谱线，得

$$I_K = ci(V-V_K)^{-1.7} \quad (15.4\text{-}5)$$

式中，c 是常数；I_K 是 K 谱线强度；V_K 是 K 层电子的电离电位。

连续光谱（韧致辐射）是高速电子碰撞靶原子后迅速减速，逐步释放能量，形成了波长连续变化的 X 射线。连续 X 射线的最小波长 $\lambda_{最小}$ 取决于 X 射线管的电压：

$$\lambda_{最小} \approx 12.4/V \quad (15.4\text{-}6)$$

式中，V 是 X 射线管电压。连续谱线的总强度 $I_{连续}$ 取决于靶元素的原子序数 Z、管电压 V 和管电流 i，其关系式为

$$I_{连续} = AiZV^2 \quad (15.4\text{-}7)$$

式中，A 是常数。

15.4.5 质谱分析法

质谱仪利用电磁学的原理进行物质的分离、同位素的测定和化学成分分析。实验室利用质谱仪进行相对原子质量的测量、同位素的分离与分析、有机物结构分析等多种科学研究实验，形成了质谱学，参见表 15-7，只需纳克级（1×10^{-9}g）样品物质中就可获得全部信息。

表 15-7 质谱仪的分类

类型	工作原理	具体质谱仪
静态仪器	单聚焦仪器	扇形磁场仪器
		半圆形磁场仪器
	双聚焦仪器	电场、磁场串列仪器
		摆线质谱计
	其他	无聚焦抛物线质谱仪
		速度聚焦质谱仪

类型	工作原理	具体质谱仪
动态仪器	磁式动态仪器	同步质谱计
		螺旋轨迹质谱计
		回旋质谱计
		电场与磁场脉冲质谱计
	无磁动态仪器	飞行时间质谱计
		射频质谱计
		直线加速器式射频质谱计
		静电质谱计
		四极滤质器
		单极质谱计
		三度空间四极质谱计

物质的分子在气态下被电离，产生的离子在高压电场中加速，在磁场中偏转，然后到达检测器产生信号，参见图 15.4-4。质荷比 m/e 是指离子的质量数 m 与电荷 e 之比，其中电荷是以一个电子所带的电荷作为 1 个单位电荷。在质谱仪中作为定性分析的指标就是质荷比或质量数，它是经过质量色散系统将不同质荷比或质量数的离子分开，形成质谱，其中 m_1、m_2 和 m_3 分别对应着三种不同质荷比的离子，而信号的大小则表示各种离子的含量。

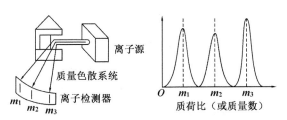

图 15.4-4 质谱仪的工作原理与质谱图

15.5 有机分析测试技术

有机分析包括有机定性和定量分析，以物理和化学的方法研究分离、鉴定和测定有机成分，其中波谱技术只需要微量(微克或毫克级)样品[21-25]。

15.5.1 红外分光光度法

红外光谱在分析测试中的重要用途之一是识别分子中的基团，尽管不同化合物中相同基团的吸收带不在同一位置，但都落在一个较窄的频率区间内。红外光谱利用这种特征吸收带与基团振动之间的对应关系，可判定分子中的基团；另一方面，随着分子环境的改变而引起特征吸收位置和外形的变化，可提示结构的重要细节，推断分子的结构。

在一个由 n 个原子组成的分子中，理论上允许有 $3n-6$ 个基本振动方式，其中 $n-1$ 个为伸缩振动，$2n-5$ 为弯曲振动。只有那些能引起分子偶极矩有规律变化的振动，才能吸收红外辐射。红外分光光度计采用闪耀光栅作为色散元件，光栅自动更换，可使测定的波数范围扩大到微波区，获得更高的分辨率，参见图 15.5-1。

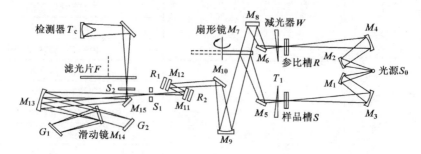

图 15.5-1　红外分光光度计光路图

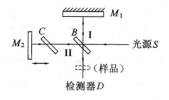

图 15.5-2　Micelson 干涉仪

Fourier 变换红外光谱仪利用 Micelson 干涉仪进行光的干涉调制，参见图 15.5-2。

当光源发出的光为复色光时，由检测器得的干涉图是所有波数光的叠加，即

$$I(\delta)=2\int_0^\infty I(\nu)\left[1+\cos(2\pi\nu\delta)\right]\mathrm{d}\nu \tag{15.5-1}$$

式中，第一项为恒定部分；第二项为变化部分，即

$$F(\delta)=2\int_0^\infty I(\nu)\cos(2\pi\nu\delta)\mathrm{d}\nu=\int_{-\infty}^{+\infty} I(\nu)\cos(2\pi\nu\delta)\mathrm{d}\nu \tag{15.5-2}$$

式中，$I(\nu)$ 是波数为 ν 的光束 I 或 II 的强度；δ 为 I 和 II 的光程差。

如果在干涉仪的出射光路中放置红外吸收样品，因为样品对某些波数光的吸收，结果使干涉图发生相应的变化，$I(\nu)$ 变成 $I_s(\nu)$，$F(\delta)$ 变成 $F_s(\delta)$，即

$$F_s(\delta)=\int_{-\infty}^{+\infty} I_s(\nu)\cos(2\pi\nu\delta)\mathrm{d}\nu \tag{15.5-3}$$

对每个波数的光强 $I_s(\nu)$ 进行计算，从而得到表征吸收与波数关系的红外光谱：

$$I_s(\nu)=\int_{-\infty}^{+\infty} F_s(\delta)\cos(2\pi\nu\delta)\mathrm{d}\delta \tag{15.5-4}$$

测量时，可匀速移动反射镜，记录下相应于不同光程差 δ 的 $F_s(\delta)$，对于每一个波数 ν 按式(15.5-4)进行积分，即可得到 $I_s(\nu)$ 对 ν 的红外吸收光谱。

15.5.2　激光 Raman 光谱

1928 年，Raman 发现，某些分子所散射的一小部分辐射波波长不同于入射光束，其波长的差别与造成散射的分子的结构有关，即 Raman 散射。Raman 散射强度仅为光源的 10^{-7}，激光的引入使 Raman 光谱技术迅速发展，形成激光 Raman 光谱法。有机化合物的 Raman 光谱具有官能团的检测区域和可鉴定特定化合物的指纹区。Raman 和红外光谱相互补充，反映了分子振动率的完整谱图。室温下绝大多数分子处于基态，所以 Raman 散射中的 Stokes 线比 Anti-Stokes 线强度大得多，实际应用中大多测 Stokes 线。引起 Raman 效应的跃迁与

红外吸收的跃迁都是分子在基态和第一振动态之间的跃迁,用于揭示分子的结构。产生机理不同,两者也有差别。红外吸收要求分子振动方式有偶极矩变化,Raman 散射要求分子振动方式产生激化率的变化,参见图 15.5-3。

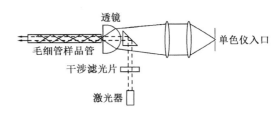

图 15.5-3 Raman 光谱仪的光学系统

15.5.3 核磁共振波谱法

核磁共振仪有顺次改变射频线圈频率的扫频式仪器及固定频率的扫场式仪器两种,普通仪器多采用扫场方式,参见图 6.5-2,电磁铁或永久磁铁形成均匀强磁场 A,B 为磁场扫描线圈,使磁场进行小幅度的扫描。射频发生器的发射线圈 C 安装在仪器中心 X 轴,频率保持恒定。样品管 E 放在磁场的中心,并绕 Y 轴旋转,使能均匀地受到射频场的照射。把核自旋为 1/2 的 ^1H 和 ^{13}C 原子置于外磁场 H_0 时,原子核自旋产生的磁矩与外磁场相互作用的能量 E 为

$$E = \gamma h H_0 / (4\pi) \tag{15.5-5}$$

式中,h 为 Planck 常数;γ 为磁旋比。稳定态与激发态之间的能量差为

$$\Delta E = \gamma h H_0 / (2\pi) \tag{15.5-6}$$

此时,若用一个能量为 $\Delta E = \gamma h H_0/(2\pi)$,频率为 ν_0 的电磁波作用于 ^1H 核,^1H 核就会吸收该电磁波的能量,从稳定态跃迁到激发态,即发生共振。共振频率与磁场的关系为

$$\Delta E = \gamma \frac{h}{2\pi} H_0 \tag{15.5-7}$$

γ 与频率范围为 0.1~100MHz 的射频波相对应。核磁共振波谱可提供化学位移、自旋耦合,包括多重峰数及其强度化、耦合常数 J 值及吸收峰面积等信息,从而得到化合物中氢原子(碳原子)的相对数目、结合形式及各氢原子的位置关系等。有一百多种元素同位素为磁性原子,^1H 丰度大,核磁共振信号灵敏度高,最易测定,是组成有机化合物的基本元素之一;其次是 ^{13}C 核磁共振谱,碳原子是有机化合物分子的骨架。

15.5.4 气相色谱法

气相色谱仪属色谱分析仪器,色谱分析法是物理分析法。色谱柱技术首先把复杂的多组分混合物分离开来,例如,气-固色谱是吸附和脱附的过程;气-液色谱是溶解和析出的过程。经色谱仪分离的组分要进行定性和定量分析,参见表 15-8。过程气相色谱仪在流程工业中一般要求每次对多种组分同时进行分析检测,不同的组分对色谱柱有不同的要求,为提高分析效率,可采用多色谱柱系统。

氢火焰离子化检测器(FID)以氢气和空气燃烧的火焰作为能源,使有机化合物发生电离,在火焰的上下部加一对电极,并施加一定电压,引出并检测产生的离子流,经放大输出给记录系统,参见图 15.5-4。氢焰检测器的灵敏度可达 10^{-12}g/s,响应速度快,线性范围达 7 个数量级,适合作毛细管柱快速分析。

表 15-8　常用检测器的性能比较

检测器	灵敏度	噪声	检测限	线性范围	最高温度/℃	适用范围
热导 TCD	10mV·mL/mg	10^{-2}mV	2×10^{-6}mg/mL	10^5	500	普遍适用
氢焰 FID	0.015A·S/g	10^{-14}A	2×10^{-12}g/s	10^7	～1000	有机化合物
电子捕获 ECD	800A·mL/g	2×10^{-12}A	10^{-14}g/mL	10^4	225(H^3) 350(Ni)	对卤素、硝基、磷等负电性元素及官能团有机物选择性好
火焰光度 FPD	400A·S/g	4×10^{-10}A	10^{-14}g/mL	10^4	270	对一般有机物及部分无机物有响应，对硫磷化合物极灵敏
碱盐焰离子化 AFID	20A·S/g	10^{-14}A	3×10^{-15}g/s	10^3	500	对含氟、硫、磷的化合物有很高的灵敏度和选择性
氢离子化	100A·S/g	5×10^{-12}A	10^{-14}g/s	10^4		痕量永久性气体

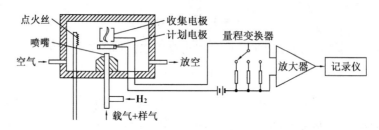

图 15.5-4　氢焰离子化检测器

15.5.5　液相色谱法

液相色谱法是分离和测定有机化合物的一种有效方法，尤其是高沸点、难挥发和热不稳定样品，利用物质的吸附、分配系数、颗粒大小及离子强度等物化性质的差异，将混合物分离成单一组分，再根据各组分的光学、热学、电化学等性质进行检测，按色谱出峰时间进行定性，按峰高或峰面积大小进行定量，参见图 15.5-5。液相色谱是以液体为流动相的色谱方法，按分离原理可分为吸附色谱、分配色谱、离子交换色谱和体积排斥色谱；按使用固定相可分为柱色谱、纸色谱、薄层色谱等；按固定相的状态可分为液-液色谱和液-固色谱。

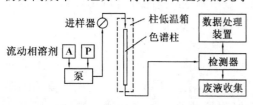

图 15.5-5　高效液相色谱系统方框图

15.6　气体成分

人类的日常生活和生产活动与周围的空气紧密相关，空气环境的变化给人类带来了极大的影响，例如，近年来，酸雨、温室效应、臭氧层破坏、雾霾等成了严重的环境问题。随着人类环保意识的加强，保护人类生存的自然环境，气体成分或含量对质量、环境、安全等具有相当重要的作用[26-32]，参见表 15-9。

表 15-9 气敏传感器类型及其特点

类型	原理	检测对象
半导体式	气体接触如加热的金属氧化物（SnO_2、F_2O_3、ZnO_2 等），电阻值的变化	还原性气体、城市排放气体、丙烷等
接触燃烧式	可燃性气体接触到氧气就会燃烧，使得作为气敏材料的铂丝温度升高，电阻值相应增加	可燃气体
光干涉式	利用与空气的折射率不同而产生的干涉现象	与空气折射率不同，如 CO_2
红外线吸收散射式	利用红外线照射气体分子会发生谐振	CO、CO_2 等
气相色谱法	吸附分离，时间先后代表成分，峰值大小代表浓度	CO、CO_2、NO_x
热传导式	根据热传导率差而放热的发热元件的温度降低而进行检测	与空气热传导不同的气体，如 H_2
压电晶体式	压电芯片表面选择吸附气体引起频率下降	水蒸气、H_2S、苯乙烯
碳纳米管	对气体的吸附引起电阻变化	多种气体及有机蒸汽
化学反应式	化学溶剂与气体反应后电流、颜色、电导率发生变化	CO、H_2、CH_4、C_2H_5OH、SO_2
定电位电解式	透过气体透过膜的对象气体的定电位电解	毒性气体、CO、NH_3、Cl_2
Galvani 电池	电解液中的对象气体的 Galvani 电流	氧气
固体电解式	加热到 800～900℃的氧化锆膜的氧浓差电池	氧气

任何一种化工生产过程，都伴随有化学或物理性质的改变，化学反应过程所表现的物理特征，如温度、压力、流量的控制与检测等，都属于间接测量，不能全面反映工艺过程的特征。自动成分分析仪能及时、直接、连续指示、记录、控制生产过程，及时反馈原料、中间产物和最终产物的质量情况，给出控制指标，从而根据成分分析信号进行操作，使生产过程控制在最佳情况之下，参见表 15-10。

表 15-10 流程用气体分析器的分类

分析器名称	用途	测量对象	含量(体积分数)	精度/%
工业气相色谱仪	石油化工、有机化工树脂、聚合物、橡胶、塑料流程控制、制氧、冶金等领域	裂解气、永久性气体、燃烧尾气、污染物分析	微量至常量	3～10
磁压力式氧分析器	制氧流程控制，窑炉、锅炉最佳燃烧过程控制	O_2	0～30%	2
磁力机械式氧分析器	冶金、建材、水泥窑中 O_2 的分析	O_2	0～25%	2
热磁式氧分析器	冶金、建材、水泥窑中 O_2 的分析	O_2		2
氧化锆氧分析器	烟道气中 O_2 含量检测	O_2		3
极谱式氧分析器	烟道气、水泥窑炉、炼钢炉中的 O_2 分析	O_2		1
红外气体分析器	石油化工流程，热处理炉、加热炉气氛控制，窑炉、锅炉最佳条件控制	CO、CO_2、CH_4、C_2H_6、C_2H_4、C_3H_8、C_2H_2、NH_3	3×10^{-6}～100×10^{-2}	1
紫外气体分析器	化工流程、工业污染控制、锅炉、窑炉废气，钢铁处理过程控制，发电厂排放监测	NO_x SO_2 H_2S Cl_2	100×10^{-6} 200×10^{-6} 500×10^{-6} 0.1%	1～3
热导气体分析器	连续分析流程中气体	H_2、Ar、CO、CO_2、NH_3、N_2、He		3～5

15.6.1 大气监测

大气是指大气层内的空气,对流层是占空气重量约95%的地面上12km的空气层。大气层是人类赖以生存的重要外界环境因素,正常组分是氮气为78.06%,氧气为20.95%,氩气为0.93%,其他气体的总和不到0.1%。正常情况下,每人每日平均吸入$10\sim 12m^3$的空气,在肺泡上进行气体交换与吸收,以维持人体正常生理活动。大气污染是大量有害物质逸散到空气中,使大气增加了许多新成分,当其达到一定浓度并持续一定时间时,就会破坏大气正常组成的物理、化学和生态平衡体系,从而影响工农业生产,对人体、动植物以及物品、材料等产生不利影响。通过对环境空气进行质量监测,可及时了解环境空气质量现状,掌握环境空气质量的时空变化特性和规律,分析影响环境空气质量变化的各种原因,为空气污染防治的立法、管理、规划及相关决策提供科学依据,参见表15-11。

表 15-11 空气中主要污染物的监测分析法

监测项目	自动监测	连续采样-实验分析
SO_2	紫外荧光法(ISO/CD10498) DOAS 法	四氯汞盐吸收副玫瑰苯酚分光光度法(HJ 483—2009) 甲醛吸收副玫瑰苯胺分光光度法(HJ 482—2009)
NO_2	化学发光法(ISO7996) DOAS 法	Saltzman 法(GB/T 15435—1995)
TSP	颗粒物自动监测仪(β射线法、TOEM 法)	大流量采样-重量法(GB/T 15435—1995)
PM_{10}	颗粒物自动监测仪(β射线法、TOEM 法)	重量法(GB/T 15432—1995)
CO	非分散红外法(GB9801—1988)	非分散红外法(GB 9801—1988)
O_3	紫外光度法(GB/T15263—1994) DOAS 法	靛蓝二硫酸钠分光光度法(HJ 504—2009)
Pb	—	火焰光度原子吸收光度法(GB/T 15264—1994)
NMHC 和 CH_4	气相色谱 FID 法(GB/T 15263—1994) PID 检测法	气相色谱 FID 法(GB/T 15263—1994)
CO_2	气相色谱 FID 法	气相色谱 FID 法
有毒有机物	GC/GC-MS/HPLC 等	

1. 差分吸收式光纤监测系统

光纤传感器能在恶劣环境条件下工作,在环境科学领域具有强劲的竞争力,可对有害有毒、易燃易爆环境实现多点实时遥测。氩离子激光器输出$\lambda_1=488.0nm$ 和 $\lambda_2=514.5nm$ 两种单色光波,这两种波长的光一部分I_{02}经校准盒进入监测器;另一部分I_{01}通过耦合器耦合到光纤,传输到待测地点的传感头,传感头由多次反射腔体构成,两端均有反射镜,使光在反射镜之间来回反射,以增加光与待测气体的相互作用长度,提高灵敏度;吸收后的光再经输出光纤送到处理中心,参见图 15.6-1[33]。差分吸收法不仅能补偿或校准光源强度不稳定性,及透镜反射、透镜损耗等对测量的影响,还能消除背景吸收干扰。

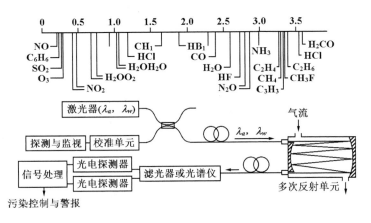

图 15.6-1 基于差分吸收法光纤监测系统

2. 红外线气体分析仪

红外线在大气中传播时，由于大气中不同的气体分子、水蒸气、固体微粒和尘埃等物质对不同波长的红外线都有一定的吸收和散射作用，形成不同的吸收带，即大气窗口，从而会使红外辐射在传播过程中逐渐减弱。一种工业用红外线气体分析仪由红外线辐射光源、滤波气室、红外探测器及测量电路等部分组成，参见图 15.6-2。光源由镍铬丝通电加热发出 $3\sim10\ \mu m$ 的红外线，切光片将连续的红外线调制成脉冲式红外线，以便红外探测器检测。测量气室中通入被分析气体，参比室中注入的是不吸收红外线的气体(如 N_2 等)。红外探测器是薄膜电容型。它有两个吸收气室，充以被测气体，当它吸收了红外辐射能量后，气体温度升高，导致室内压力增大。

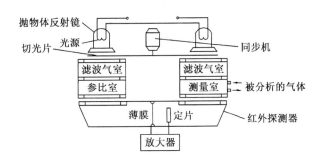

图 15.6-2 红外线气体分析仪的原理图

测量时，两束红外线经反射、切光后射入测量室和参比室，其中，测量室中含有一定量的被分析气体，对红外线有较强的吸收能力；而参比室中的气体不吸收红外线，这样射入红外探测器的两个吸收气室的红外线造成能量差异，使两吸收气室内压力不同，测量边的压力减小，于是薄膜偏向红外线气体分析仪设有一个测量室和一个参比室(对照室)，因此两个气室中的红外线的能量不同。定片方向，改变了薄膜电容两极板间的距离，即改变了电容。若被测气体的浓度越大，两束光强的差值也越大，则电容的变化量也越大，因此电容的变化反映了被分析气体中被测气体的浓度，最后通过测量电路的输出电压或输出频率等来反映。

15.6.2 紫外法

大气中的臭氧是由氧在太阳紫外线照射下或受雷击形成的,是高层大气的重要组分,能吸收来自太阳的大部分紫外光,从而保护人和生物免受其辐射。由于臭氧是强氧化剂,在紫外线作用下,能与烃类和氮氧化物发生光化学反应形成光化学烟雾。另外它还起消毒作用,但量大时又会刺激黏膜和损害中枢神经系统,引起支气管炎和头痛等症状。向吸收池引入参考气,测得光谱为 I_0,然后转换开关,使样品气体通入吸收池,测得光强为 I,参见图 15.6-3,紫外光度法测定 O_3 的原理是利用 O_3 分子对波长 254nm 紫外光的特征吸收,直接测定紫外光通过空气样品后减弱的程度,根据 Lambert-Beer 定律求出 O_3 浓度:

$$I = I_0 e^{-\varepsilon cL} \tag{15.6-1}$$

式中,I_0 为零空气样品通过吸收池时被光度检测器测定的光强度;I 为含臭氧的空气样品通过吸收池时被光度检测器测定的光强度;ε 为吸光系数;c 为臭氧浓度,L 为吸收池的厚度。

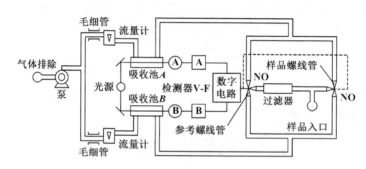

图 15.6-3 紫外臭氧分析器双光路监测系统

15.6.3 化学发光法

氮的氧化物有多种形式,如 NO、NO_2、N_2O_3、N_3O_4 和 N_2O_5 等。大气中的氮氧化物主要以 NO 和 NO_2 形式存在,主要源于汽车尾气、石化燃料高温燃烧以及硝酸、化肥等生产排放的废气。NO 是无色无臭、微溶于水的气体,在大气中易被氧化为 NO_2,NO_2 为棕红色气体,具有刺激性臭味,是污染大气的主要气体之一,对深部呼吸道有强烈的刺激作用,可引起肺损害甚至造成肺水肿。化学发光法是 20 世纪 70 年代发展起来的第一代环境监测分析法。被测物质在进行化学反应时,由于吸收了反应所生成的化学能,而使分子或原子被激发至激发状态,这种受激分子或原子由激发态回复到基态时,以光辐射的方式释放出能量。其光辐射的能量及光谱范围完全由被测物质的化学反应决定,且发光强度与被测物含量成正比。利用某些化学反应产生的发光现象对组分进行分析,适用于环境污染监测中对污染物如硫化物、氮氧化物、臭氧等进行灵敏快速、连续的分析并适合于组分自动监控系统。化学发光法,反应速度快、灵敏度高、选择性好,对于多种物质共存的气体,通过化学发光反应和发光波长选择,可以不经分离地有效测定至 10^{-9},线性范围宽,通常可达 5~6 个数量级,在环境监测、生化分析等领域应用广泛。化学发光是指化合物吸收化学能后，被激发到激发态，在由激发态返回至基态时，以光子(hv)形式释放能量，通过测量化学发光强度来对物质进行分析测定。对于 NO_x 通常采用臭氧化学发光反应来测定，参见图 15.6-4，其反应式为

$$NO + O_3 \rightarrow NO_2^* + O_2 \tag{15.6-2}$$

$$NO_2^* \rightarrow NO_2 + hv \tag{15.6-3}$$

式中，h 为 Planck 常数；v 为发射光子的频率。该反应的发射光谱在 600～3200nm 范围内，最强发光波长为 1200nm。

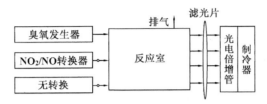

图 15.6-4 化学发光法的测量原理

一氧化氮与臭氧反应产生激发态二氧化氮（NO_2^*），NO_2^* 在返回基态时发射特征光（放出光子），其发光强度可表示为

$$I = k \frac{[NO][O_3]}{[M]} \tag{15.6-4}$$

式中，I 为发光强度；k 为与化学发光反应温度有关的常数；[NO]为 NO 浓度；[O_3]为 O_3 浓度；[M]为参与反应的第三种物质的浓度，通常是空气。

15.6.4 飘尘

粒径(空气动力学直径)小于 10μm 的大气颗粒物[34]，泛称飘尘 PM10，即可吸入颗粒物。颗粒物直径越小，进入呼吸道的部位越深。直径小于 2.5 的颗粒 PM2.5 能通过呼吸过程深入人体肺部，2.5～10μm 的颗粒易沉积在上呼吸道。颗粒物附着在呼吸道的内壁上，能刺激局部组织发生炎症，导致慢性支气管炎、哮喘和肺气肿等疾病，所以可吸入颗粒物对人体健康特别有害。此外，还导致大气能见度减弱及引发大气化学反应和光化学反应。一般而言，粒径为 2.5～10μm 的粗颗粒物主要来自道路扬尘等。PM1 是指大气中动力学直径小于或等于 1μm 的颗粒物，即可入肺颗粒物，进入肺泡血液，对人体健康影响极大。PM1 主要源自日常发电、工业生产、汽车尾气排放等过程中经过燃烧而排放的残留物，大多含有重金属等有毒物质。测定飘尘的方法有重量法、压电晶体振荡法、β射线吸收法及光散射法等。

β射线飘尘测定仪，参见图 15.6-5，在其采样器入口处装有 PM10 切割器和滤纸采样夹，装好滤纸后即可采集空气中的可吸入颗粒物 PM10。采样后，同时测定相同大小的空白滤纸和样品滤纸在单位时间内通过的射线计数($I_0 > I$)。配不同的采样入口装置，可实现对总粉尘、可吸入性粉尘（飘尘）、

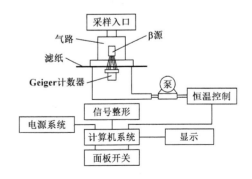

图 15.6-5 β射线飘尘测定仪的原理图

呼吸性粉尘曲线的监测。大气中的悬浮颗粒被吸附在β源和Geiger计数器之间的滤纸表面，抽气前后Geiger计数器计数值的改变反映了滤纸上吸附灰歪的质量，由此可得单位体积空气中悬浮颗粒的质量浓度，测定值不受颗粒物粒径、成分、颜色及分散状态的影响。仪器可按一次性测量法进行间断测定，也可以按两次性测量法进行自动连续测定。已知β粒子对特定介质的吸收系数μ_m、滤纸面积S和采样体积V，即可计算出空气中PM10的质量浓度，计算公式如下：

$$c = \frac{S}{V\mu_m} \ln \frac{I_0}{I} \tag{15.6-5}$$

式中，c为空气中PM10的平均质量浓度(g/m)；V为采样体积，即进气流量与采样时间的乘积再换算成标准状况下的值(m^3)；S为样品滤料的过滤面积(cm^2)，滤料是指对0.3μm粒子的捕集率大于99.9%的玻璃纤维滤纸或聚四氟乙烯滤膜。

参 考 文 献

[1] 《计量测试技术手册》编辑委员会. 《计量测试技术手册》第13卷化学. 北京：中国计量出版社, 1997.

[2] 元天佑. 化学计量. 北京：原子能出版社, 2002.

[3] Seitz W R. Chemical sensors based on fiber optics. Analytical Chemistry, 1984, 56(1): 16A-34A.

[4] Edmonds T E. Chemical Sensors. Gasgow: Blackie and Son, 1988.

[5] Janata J. Principles of Chemical Sensors. New York: Plenum Press, 1989.

[6] JJG 2060—2014. pH(酸度)计量器具检定系统表. 北京：中国质检出版社, 2015.

[7] JJG 2046—1990. 湿度计量器具检定系统. 北京：中国计量出版社, 1990.

[8] 左伯莉, 刘国宏. 化学传感器原理及应用. 北京：清华大学出版社, 2007.

[9] 傅献彩, 沈文霞, 姚天扬, 等. 物理化学(上册). 5版. 北京：高等教育出版社, 2005.

[10] 傅献彩, 沈文霞, 姚天扬, 等. 物理化学(下册). 5版. 北京：高等教育出版社, 2006.

[11] 刘俊吉, 周亚军, 李松林. 物理化学(上册). 5版. 北京：高等教育出版社, 2009.

[12] 刘俊吉, 周亚军, 李松林. 物理化学(下册). 5版. 北京：高等教育出版社, 2009.

[13] 陈希明, 张以谟, 李川, 等. 光纤化学传感器. 光电子技术与信息, 2001, 14(4): 13-16.

[14] 周杏鹏. 传感器与检测技术. 北京：清华大学出版社, 2010.

[15] Muto S, Sato H, Hosaka T. Optical humidity sensor using flurescent plastic fiber and its application to breathing-condition monitor. Japanese Journal of Applied Physics, Part 1, 1994: 6060-6064.

[16] Wiederhold P R. The principles of chilled mirror hygrometry. Sensors, 2000, 17(7): 46-51.

[17] 史启祯. 无机化学与化学分析. 3版. 北京：高等教育出版社, 2011.

[18] 兰叶青. 无机及分析化学. 2版. 北京：中国农业出版社, 2014.

[19] 贾之慎, 张仕勇. 无机及分析化学. 2版. 北京：高等教育出版社, 2008.

[20] 和玲, 高敏, 李银环. 无机及分析化学. 西安：西安交通大学出版社, 2013.

[21] 孟令芝, 龚淑玲, 何永炳. 有机波谱分析. 武汉：武汉大学出版社, 2010.

[22] 薛松. 有机结构分析. 合肥：中国科学技术大学出版社, 2005.

[23] 傅建熙. 有机化学. 北京：高等教育出版社, 2011.

[24] 符斌, 李华昌. 分析化学实验室手册. 北京：化学工业出版社, 2012.

[25] 姚新生. 有机化合物波谱分析. 北京: 中国医药科技出版社, 2004.

[26] GB 12358—2006. 作业场所环境气体检测报警仪通用技术要求. 北京: 中国标准出版社, 2006.

[27] 邓立三. 气体检测与计量. 郑州: 黄河水利出版社, 2009.

[28] 施文. 有毒有害气体检测仪器原理和应用. 北京: 化学工业出版社, 2010.

[29] 谭秋林. 红外光学气体传感器及检测系统. 北京: 机械工业出版社, 2013.

[30] 塞姆, 欧恩. 化学战剂和有毒气体检测技术. 北京: 国防工业出版社, 2010.

[31] 梁汉昌. 气相色谱法在气体分析中的应用. 北京: 化学工业出版社, 2008.

[32] 国网技术学院. 油中溶解气体分析. 北京: 中国电力出版社, 2015.

[33] Culshaw B, Dakin J. Optical Fiber Sensors: Systems and Applications. MA, Artech House, 1989.

[34] Rasmussen N, Knudsen H. Particulate Matter: Sources, Emission Rates, and Health Effects. New York: Nova Science Publishers, 2012.

第 16 章　物联网中的传感器技术与系统

16.1　引　　言

物联网在互联网、移动通信网的基础上，针对不同应用领域，利用具有感知、通信与计算能力的智能物体自动获取物理世界的各种信息，将所有能够独立寻址的物理对象互联起来，实现全面感知、可靠传输、智能处理，构建人与物、物与物互联的智能信息服务系统，参见图 16.1-1。1995 年，Gates 在 The way of the future 提及物物互联。从 1997 年到 2005 年，国际电信联盟（International Telecommunication Union，ITU）发布了七份互联网-移动互联网对电信业发展影响的研究报告[1-7]。2006 年，美国国家基金委员会提出了工业系统的基础，即信息物理融合系统（Cyber Physical Systems，CPS）以人-机-物的融合为目标的计算技术，实现人的控制在时间、空间等方面的延伸，将物理设备联网，特别是连接到互联网，使得物理设备具有计算、通信、精确控制、远程协调和自治五大功能[8]。2009 年，IBM 公司提出智慧地球，将传感器嵌入和装备到电网、铁路、桥梁、隧道、公路、建筑、供水系统、大坝、油气管道等物体中，通过超级计算机和云计算组成物联网，实现人与物的融合[9]。2011 年 6 月和 2012 年 3 月美国先后启动了先进制造伙伴计划与国家制造业创新网络[10]。2013 年，德国提出工业 4.0 的国家战略，利用信息通信和 CPS 将制造业向智能化转型[11]。2015 年，《中国制造 2025》提出了从中国制造到中国智造，体现信息技术与制造技术深度融合的数字化网络化智能化制造[12]。

应用层	行业应用层	对象名字服务	网络服务	服务质量	信息安全
	管理服务层				
网络层	核心交换层				
	汇聚层				
	接入层				
感知层	感知层				

图 16.1-1　物联网层次的结构模型

物联网产业形成了从上游的产品制造产业、中游的集成与软件开发产业，到下游的应用服务产业之间相互依存、相互影响、相互促进的良性循环的关系[13-17]，参见图 16.1-2。

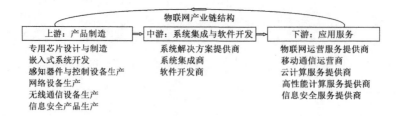

图 16.1-2　物联网产业链结构的示意图

在物联网中，所有物理空间的对象，无论是智能物体或非智能物体，都参与到物联网的感知、通信、计算的全过程，参见图 16.1-3。计算机在获取海量数据的基础上，通过对物理空间的建模和数据挖掘，提取对人类处理物理世界有用的知识。根据这些知识产生正确的控制策略，将策略传递到物理世界的执行设备，实现对物理世界问题的智能处理。

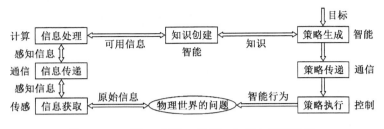

图 16.1-3 感知、通信、计算、知识与智能决策

CPS 集成主要分为模型集成和系统集成两类，参见图 16.1-4。模型集成是系统集成的关键，系统集成则是基于模型的集成。现实世界包括实施应用软件的一些可计算平台，这些计算平台层可与其下的物理系统层（CPS 中的硬件部分）之间进行交互。物理系统层可与外部物理环境进行交互。因此需要为环境、物理系统、计算平台和应用层进行建模。进行建模的过程中，需要支持建模、模型分析和合成的工具[8]。

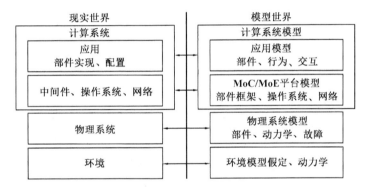

图 16.1-4 CPS 模型图

CPS 包括物理环境层、物理系统层、可计算平台层、应用层。可计算平台与物理系统通过传感器和执行器进行交互，应用层与可计算平台通过接口来进行交互。

16.2 智能材料与结构

1948 年，Wiener 将生物与机器的信息传递、加工、控制和通信联系起来，利用控制论把自动控制、人工智能、信息科学、系统科学等领域紧密联系起来，涵盖了控制、调节、管理、规划、组织、协调、决策、指挥、通信等概念[18]。智能材料与结构是智能系统的扩充，其中，材料由元素、成分或物质构成或制成；结构是由各种元件相互间按一定关系集合在一起的一个整体。1979 年，美国国家宇航局 NASA 开始了光纤机敏结构与蒙皮计划[19]。1985 年，美国空军为美国 21 世纪空间技术发展提出预测计划 II[19]。高速、重载飞行器以及大型工程机构的安全和质量问题形成了智能材料系统与结构领域，从军事应用扩展到诸如建筑、水利、公路、桥梁、机器人结构、康复工程等民用领域[20-28]。

16.2.1 智能材料

基于系统的智能材料（Smart Material Based Systems，SMBS）以一定方式对外部激励进行评估,在评估基础上采取相应的作用,所实施的作用可使外部激励失效或者产生完全不同的功能,参见表16-1,系统由传感器、执行器和反馈控制器组成。

表16-1 材料对外部激励-响应的关系

激励\响应	电	磁	光	热	机械
电	—	—	电磁变色 电致发光 电光 磁光	热电效应	压电效应 电致伸缩 电流变流体
磁	—	—	—	—	磁流变流体 磁致伸缩
光	光电导	—	光致变色	—	—
热	—	—	热色效应 热致变色	—	—
机械	压电效应 电磁伸缩	磁致伸缩	机械变色	—	—

16.2.2 结构健康监测

损伤是指系统的材料或结构的几何性质发生了改变,这种改变包括边界状态和系统连接、连通性能上的改变。结构健康监测(Structural Health Monitoring,SHM)也称为损伤检测,包括检测存在的损伤,检测和定位损伤,检测、定位和定量确定损伤的程度,估算剩余的可使用时间,通过在线实时和终生的自适应具有自诊断和自修复能力。

1. 飞机智能蒙皮结构

光纤具有感知和传输功能,径细、柔韧、质轻、抗电磁干扰、化学稳定、传输频带宽、便于波分和时分复用、可进行分布式传感,与复合材料有良好的相容性等[29-37]。将光纤埋

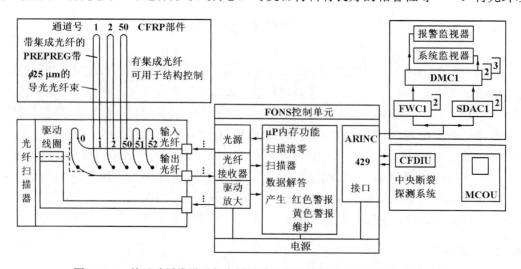

图16.2-1 基于碳纤维增强复合材料的光纤传感技术在飞机结构中的应用

入复合材料，利用外部检测设备可测量复合材料内部的温度、压力、位移、应力、应变等参量，显示破坏程度、预报可能发生的故障等，保证复合材料的安全使用。在平台的蒙皮中植入智能结构，包括探测元件、微处理控制系统和驱动元件，可用于监视、预警、隐身和通信等。在复合材料的制造过程中，各纤维层是用黏合剂压合在一起的，并按照一定的程序进行热处理。图 16.2-1 给出了一种检测喷气式飞机和空中客车的关键零部件的检测系统[38]。

2. 直升机的结构监测系统

图 16.2-2 给出了一种直升机的健康监测系统，主要包括结构健康监测系统的组成、任务、功能及实现。

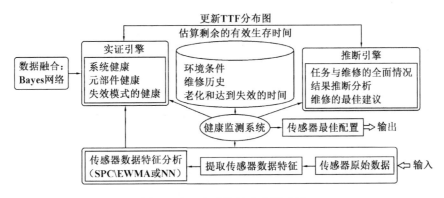

图 16.2-2　直升的健康监测系统

3. 隧道和地下工程

在山区建设高速公路，由于技术的要求，必然要采用隧道来穿山越岭。嵩待公路白泥井3号隧道的出口端K84+500～K84+555段位于一古滑坡体上，在出口端正洞的开挖过程中，基础下沉达40～60cm，拱顶变形，侧壁位移，初衬被破坏，严重影响了隧道的质量和施工安全。为确保该隧道的运营安全，2004年2月建成的云南省第一座光纤传感器检测隧道，包括：110只光纤Bragg光栅构成的十个监测断面和沿三条纵线及一条绕拱组成的基于Brillouin OTDR的光纤分布式传感网络[35, 36]，参见图16.2-3。

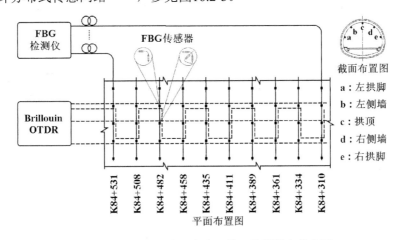

图 16.2-3　光纤传感网在白泥井 3 号隧道中的应用

16.3 工　　业

工业 4.0 包含由集中式控制向分散式增强型控制的基本模式转变，建立高度灵活的个性化和数字化的产品与服务的生产模式，主要包括两大主题：①智能工厂重点研究智能化生产系统及过程，以及网络化分布式生产设施的实现；②智能生产主要涉及整个企业的生产物流管理、人机互动以及 3D 技术在工业生产过程中的应用等。工业 4.0 时代将终结不同现场总线的混乱局面，产生基于具有实时能力的 WLAN 或以太网的一种互联网协议。

16.3.1 坚强智能电网

电力是国家的经济命脉，是支撑国民经济的重要基础设施，电力系统的发展程度与技术水平是一个国家国民经济发展水平的重要标志。2001 年，美国电力科学院提出了智能电网的概念。2005 年，欧洲提出了超级智能电网的概念。2009 年，中国国家电网公司提出了坚强智能电网。物联网技术可广泛应用于智能电网从发电、输电、变电、配电到用电的各个环节，全方位提高智能电网各个环节的信息感知深度与广度，支持电网的信息流、业务流与电力流的可靠传输，以实现电力系统的智能化管理[39]。

1. 山地智能变电站

山地变电站往往通过大量的挖方填方形成变电站地基，雨季时滑坡、泥石流、地基下沉、滑移等地质灾害严重，给变电站的地质安全造成了很大威胁，严重影响了电网的安全稳定运行；并且，变电站内部电气设备众多，尤其是隐蔽部位的超温是危害变电站安全运行的严重隐患，在高电压大电流的作用下，易引起局部高温，各种接触点、连接点由于长期运行，可能出现接触电阻增大，存在安全隐患。利用光纤传感器，建立了集传感与传输于一体的非电量光纤光栅传感器及智能信息在线监测系统，参见图 16.3-1。

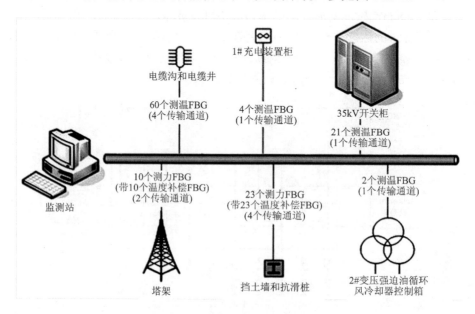

图 16.3-1　山地变电站的光纤传感网

2. 架空线

输电塔是电力输电系统中的重要组成部分,是高负荷电能输送的载体,是重要的生命线工程结构,其结构兼有塔状高耸结构和大跨度结构的共同特点,其中最显著的特点是由导线连接各个输电塔组成了绵延不断的连续体,对地质、环境、人为等荷载因素反应敏感,容易在灾害荷载作用下发生破坏与倒塌现象。采用光纤传感技术,针对输电线路特征参量,研制鸭嘴式杆塔横担应变传感器、组合式正交杆塔倾角传感器、风杯式光纤 Bragg 光栅风速风向传感器等,构建了塔体状态、导线状态、环境气象条件的输电线路多参量综合状态监测系统,实现了输电线路的脱冰跳动、微风振动、线路舞动等模型应用,参见图 16.3-2。

图 16.3-2 高压输电线路的光纤传感网

16.3.2 煤炭工业

2000 年以来,随着国家对煤矿企业安全生产要求的不断提高和企业自身发展的需要,各煤矿陆续装备矿井监测监控系统[40, 41]。工业以太网的煤矿综合自动化系统主要由井下本安型千兆网络交换机和地面千兆环网交换机组成,地面、井下通过光缆构成一个千兆高速光纤环网,矿井各子系统的数据均通过环网传输到地面控制中心,控制中心发布的控制命令也由环网传输到各系统,参见图 16.3-3。主干传输速率可达 1000Mbit/s,不仅提高了信息传输速率,而且提供了冗余链路。发生故障时,网络系统可以自动切换到备用链路,并在监控中心发布报警信息,以便及时、准确地进行维护工作,提高了传输网络的整体生存性和可靠性。

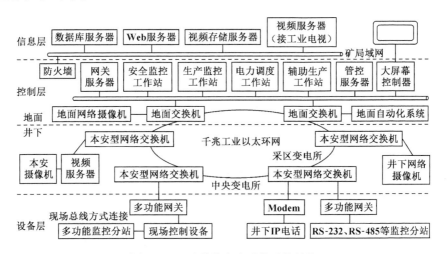

图 16.3-3 矿井综合自动化系统结构

16.3.3 机械工业

1. 机器人传感器

传感器是机器人中不可缺少的部分，参见表 16-2，通过内部检测传感器，机器人可了解自己的工作状态，调整和控制自己按照一定的位置、速度、加速度、压力和轨迹等进行工作；外部检测传感器让机器人认识工作环境，执行检查产品质量、取物、控制操作、应付环境和修改程序等工作，使机器人对环境有自校正和自适应能力[42, 43]。

表 16-2 机器人传感器的分类及应用

传感器	检测对象	传感器装置	应用
视觉	空间形状	面阵 CCD、SSPD、TV 摄像机	物体识别、判断
	距离	激光、超声测距	移动控制
	物体位置	PSD、线阵 CCD	位置决定、控制
	表面形态	面阵 CCD	检查、异常检测
	光亮度	光电管、光敏电阻	判断对象有无
	物体颜色	色敏传感器、彩色 TV 摄像机	物料识别、颜色选择
触觉	接触	微型开关、光电传感器	控制速度、位置、姿态
	握力	应变片、半导体压力元件	控制握力，识别握持物体
	负荷	应变片、负载单元	张力控制、指压控制
	压力大小	导电橡胶、感压高分子元件	姿态、形状判别
	压力分布	应变片、半导体感压元件	装配力控制
	力矩	压阻元件、转矩传感器	控制手腕、伺服控制双向力
	滑动	光电编码器、光纤	修正握力，测量质量或表面特征
接近觉	接近程度	光敏元件、激光	作业程序控制
	接近距离	光敏元件	路径搜索、控制、避障
	倾斜度	超声换能器、电感式传感器	平衡、位置控制
听觉	声音	麦克风	语言识别、人机对话
	超声	超声波换能器	移动控制
嗅觉	气体成分	气体传感器、射线传感器	化学成分分析
	气体浓度		
味觉	味道	离子敏传感器、pH 计	化学成分分析

2. 汽车传感器

汽车内部传感器、控制和执行器之间的通信用点对点的连线方式连成复杂的网状结构。为了减少车内连线实现数据的共享和快速交换，同时提高可靠性等方面在快速发展的计算机网络上，实现基于 CAN、LAN、LIN、MOST 的汽车电子网络系统[42, 43]，即车载网络。传感器、执行器和控制器等构成了现代化汽车的重要部分，可分为安全系统、发动机与动力系统、舒适与便利系统及汽车诊断与健康监测系统。汽车用传感器是用于汽车显示和电控系统的传感器统称，涉及很多的物理量传感器和化学量传感器，参见表 16-3。普通汽车装有几十只到近百只传感器，而高级豪华轿车大约使用 200~300 只传感器。汽车传感器的精度及可靠性对汽车非常重要，目前汽车的竞争是车用传感器的竞争。汽车传感器大致有两类：①使司机了解汽车各部分状态的传感器；②用于控制汽车运行状态的控制传感器。

表 16-3 汽车用传感器的类型

项目	传感器
汽车发动机控制	温度、压力、流量、曲轴转角及转速传感器，氧传感器，爆燃传感器
防打滑的制动器	对地速度传感器、车轮转速传感器
液压转向位置	车速传感器、油压传感器
速度自动控制系统	车速传感器、加速踏板位置传感器
气胎、车距自控	雷达、气胎传感器
死角报警	超声波传感器、图像传感器
自动门锁系统	车速传感器
电子式驾驶	磁传感器、气流方向传感器
自动空调	室内温度传感器、吸气温度传感器、风量传感器、日照传感器
导向行驶系统	方向传感器、车速传感器、GPS 传感器
慢性行驶系统	方向传感器、行驶距离传感器
安全气囊系统	磁性传感器、水银开关传感器、偏心锤式传感器
电动转向系统	扭矩传感器、转角传感器
汽车安全装置	玻璃破裂传感器、振动传感器
液位装置	电容式、浮筒式、压电式、热敏电阻式传感器
灯光控制装置	光敏器件传感器
车高及减振器控制	车辆高度传感器、振动传感器
电子自动恒速装置	节气门开度传感器、车速传感器
电动座椅	座椅调定位置传感器

16.3.4 战场感知体系

战场感知是信息技术与现代战争(特别是战场侦察手段)的结合，现代战争强调战场情报的感知能力和杀伤能力，是新军事理论深化的必然结果。利用无线传感器网络，及时、准确地获取整个战场区域，以及人难以到达区域的地形、气象、水文、敌我双方的兵力部署、武器配备、人员调动情况，透明地洞察战场情况，是现代信息时代战争的取胜法宝[44]。近年来，美军强调网络中心战、行动中心战与传感器到射手的作战模式，突出了无线传感器网络在感知战场态势侦查与预判中的作用。物联网军事应用内容主要包括军事指挥、侦查监控、战场监控、武器监控、装备维护、后勤保障、战场医疗救护。

1. 全球信息网格

1992 年，美国军方提出集指挥、控制、通信、计算机、情报、监视、侦察与目标捕获为一体的 C^4ISRT 项目的研究。在战略计划制定部门组建态势感知特别工作组，以提高对感知信息的融合与分析能力；开展快速攻击识别、探测与报告系统、战场感知广域视觉传感器系统的研究；涉及多兵种、全天候、全空间的战场信息采集、传输、处理的复杂系统。

1999年9月，美国国防部提出建立全球信息栅格（Global Information Grid，GIG），参见图16.3-4，是作战人员与指挥人员对全球作战信息共享的平台，接入全球军事基地、军队、各兵种的监控设施、无线传感器网络、RFID感知、空间遥感等信息，能为作战单位、盟军，直至士兵提供实时、真实图像信息与态势分析信息，构成覆盖全球的端到端的复杂巨系统。可及时发现来自各个地区、各种方面的威胁，并能够快速地对各种威胁从多个视角进行评估和判断，第一时间提供预警信息，先敌发现，先敌攻击，为取得作战主动权提供有力的保障。

图16.3-4　GIG结构框架

2. 智能卫星

MEMS可作为侦察敌情用的微型航空器、芯片级的微型航天器和纳卫星以及能跟踪、监测的分布式无人值守传感器群等，使未来战争改变面貌。为了掌握现代战争的主动权，大力发展微型飞行器、战场侦察传感器、智能军用机器人，以增加武器效能、军用武器装备的小型化作为重要的发展趋势。1995年12月，美国国防部的《MEMS国防部两用技术工业评估最终报告》指出，MEMS主要应用在以下三个领域：武器、制导和平衡中采用MEMS惯性测量；分布式传感、控制维护、智能化和化学识别；大容量数据。

3. 舰船上的传感器信息融合

传感器信息融合是提高海军舰船目标识别能力和战斗力的有效手段。海军舰船的传感器信息融合（雷达、红外、激光等）由船上的中央计算机完成。信息融合计算机连续地从每个传感器那里收集数据，完成探测、识别、捕捉和跟踪过程，还可改变传感器的参数获得优化的目标信号数据。1982年，美国海军评估出易造成假警报的主要传感器包括：淹没（注水、浸渍）传感器、温升速率传感器、固定温度传感器（73℃、93℃、118℃）和烟雾传感器等。1987年，光纤损伤控制系统安装在USS Mobile Bay（GG-53级）号舰上，包括光纤液位、固定温度、温升速率、烟雾和火焰报警传感器等，多路复用器传感接收来自256路光纤传感器环路的光，解复用器接收来自11个区域的信号，参见图16.3-5。

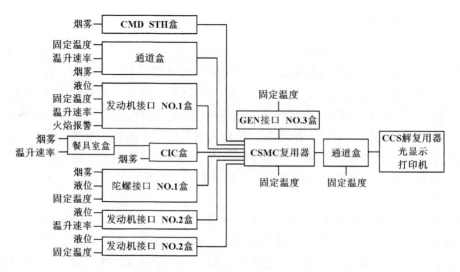

图16.3-5　安装在USS Mobile Bay号舰的光纤损伤控制系统

4. 未来战士

1991年，美国国防部提出21世纪陆军勇士计划单兵数字系统，将小型武器与信息技术紧密结合，增强美国地面战争的军事力量。陆地勇士包括武器子系统、综合头盔子系统、计算机/无线电子系统、软件子系统（战术和任务辅助模块、地图和战术覆盖图、收集和显示视频图像）和防护服与单兵设备子系统，参见图16.3-6。武器子系统的设计基于M-16/M-4步枪，配备有弹道计算器、光电瞄准器摄像机、激光测距仪，以及从GPS获取位置信息、能够提供距离和方向信息的数字罗盘。通过头盔安装显示器，士兵能观看计算机发出的数字化地图部队位置、射击目标与作战指令等信息。在作战过程中，士兵在保持射击姿态的同时，通过步枪扳机位置的按钮来完成变换屏幕图像、调节无线电频率和发送战场数据的操作。

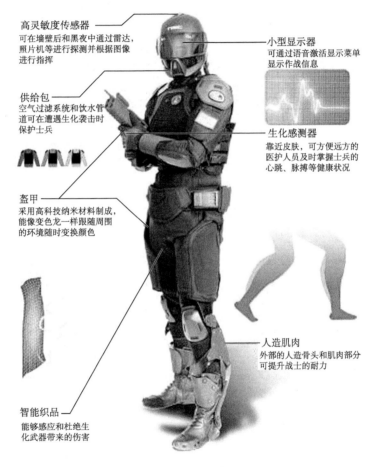

图 16.3-6　智能盔甲

5. 军用机器人

在未来战争中，军用机器人作为一支新军，将成为作战的绝对主力。仅美国已经研发和列入计划的各类军用机器人就达100多种。目前，一些军队的机器人已开始执行侦察和监视任务，替代士兵站岗放哨、排雷除爆。美国国会规定，到2015年前，三分之一的地面战斗将使用机器人士兵。五角大楼认为，10年内智能战争机器人将成为美军的主要战斗力。

（1）作战机器人是美军第一种参加实战的机器人，即特种武器观测侦察探测系统，主要用作狙击手和机枪手,发现、定位和攻击敌军车辆和人员,参见图 16.3-7。这种机器人高 0.9m,最高时速为 9km,能通过楼梯、岩石堆和铁丝网,在雪地及河水中也能行走自如。它装备了一挺经过改造的 M249 型机枪。这种作战机器人装有 4 台摄像机和夜视瞄准具,能使用步枪、手榴弹与火箭发射器,命中精度高,防护力和生存力也比较强。

图 16.3-7　作战机器人

(2)空中军用机器人(无人机)是一种由无线电遥控设备或自身程序控制装置操纵的无人驾驶飞行器。无人机在现代战争中有极其重要的作用,在民用方面更有广阔的前景。同时,无人机在边境巡逻、核辐射探测、航空摄影、航空探矿、灾情监视、交通巡逻、治安监控等方面具有广阔的应用前景。现代无人机已经有靶机、侦察机、攻击机、轰炸机与通信中继无人机等多种机型,参见图 16.3-8。

(3)水下军用机器人是一种有效的水中兵器。美国海军研制的水下作战机器人包括载人潜水器、有缆遥控水下机器人、水下自动机器人,参见图 16.3-9。具有无缆和自学习特征的水下自动机器人简称水下机器人,远程水下机器人是指一次补充能源后能够连续航行超过 100 海里以上的水下机器人;而连续航行能力小于 100 海里的称为近程水下机器人。实现水下远程航行需要解决的关键技术是能源、远程导航和实时通信技术。水下机器人研究的另一个活跃领域是小型的仿生水下机器人。

图 16.3-8　美军 X47 无人机　　　　图 16.3-9　军用水下机器人

16.4 生物医学

世界卫生组织认为，数字健康（数字医疗）是先进的信息技术在健康及健康相关领域，如医疗保健、医院管理、健康监控、医学教育与培训中的一种有效应用。数字健康是医学信息学、公共卫生与商业行模式结合的产物，物联网技术将医院管理、医疗保健、健康监控、医学教育与培训连接成一个有机的整体。智能医疗将物联网应用于医疗领域，借助数字化、可视化、自动感知、智能处理技术，实现感知技术、计算机技术、通信技术、智能技术与医疗技术的融合，患者与医生的融合，大型医院、专科医院与社区医院的融合，将有限的医疗资源提供给更多的人共享，把医院的作用向社区、家庭以及偏远农村延伸和辐射，提升全社会的疾病预防、疾病治疗、医疗保健与健康管理水平。智能医疗覆盖医疗信息感知、医疗监护服务、医院管理、药品管理、医疗用品管理，以及远程医疗等领域，实行医疗信息感知、医疗信息互联与智能医疗控制的功能[45]。

医院信息系统（Hospital Information System，HIS）是现代化医院运营必要的技术支撑环境和基础设施。HIS 以患者为中心，以患者基本信息、治疗过程、医疗经费与物资管理为主线，通过覆盖全院所有医疗、护理与医疗技术科室的管理信息系统，同时接入区域智能医疗网络平台，实现远程医疗、在线医疗咨询与预约服务，参见图 16.4-1。HIS 由医院计算机网络与运行在计算机网络上的 HIS 软件系统组成。HIS 包括的子系统有门诊管理、住院管理、病房管理、费用管理、血库管理、药品管理、手术室管理、器材管理、检验管理、检查管理、患者咨询管理与远程医疗。医院信息系统提供的功能包括医疗信息服务、医院事务管理，以及在线医疗咨询预约、远程医疗培训与远程医疗服务。

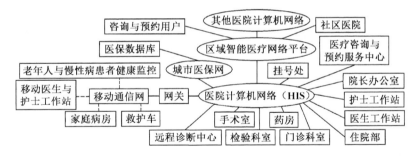

图 16.4-1 智能医疗信息系统的结构

16.5 自然生态

在长期演化过程中，地球形成了大气圈、水圈、土壤岩石圈等不同的圈层，这三个圈层相互重叠、互相渗透、相互作用，形成水中有气，气中有水、土中有水有气的适合生物生存的环境。生物的出现使得地球表面的三个圈层相互进行积极的生命渗透，从而构成生物圈，即地球上所有生命及其生存环境的整体，包括：地球表面向上到 23km 的平流层，向下到 11km 的地壳（太平洋最深的海槽）形成一个有生物存在的包层。实际上，大部分生物都集中在地表以上 100m 到水下 100m 的大气圈、水圈、岩石圈、土壤圈等圈层的交界处，这里是生物圈的核心。1971年，联合国教育、科学及文化组织科学部门发起《人与生物圈计划》（MAB），通过全球范围的合作，利用长期的系统监测，研究人类对生物圈的影响。1992年联合国环境与发展大会后，MAB结合生物多样性公约等重要的国际性公约开展活动，明确提出了通过生物圈保护区网络来研究和保护生物多样性，促进自然资源的可持续利用。

智能环境包括环境信息感知、环境信息互联与智能环境数据分析与预测。环境信息感知通过传感器技术对影响环境的各种物质的含量、排放量以及各种环境状态参数进行监测，跟踪环境质量的变化，确定环境质量水平，为环境污染的治理、防灾减灾工作提供基础数据和决策依据。环境监测的对象包括反映环境质量变化的各种自然因素，如大气、水、土壤、自然环境灾害等。随着工业和科学的发展，环境监测的内涵也在不断扩展。由初期对工业污染源的监测为主，逐步发展到对大环境的监测，延伸到对生物、生态变化的监测。通过网络对环境数据进行实时传输、存储、分析和利用，才能全面、客观、准确揭示监测环境数据的内涵，对环境质量及其变化做出正确的评价、判断和处理。基于物联网技术的环境监测网络可融合无线传感器网络的多种传感器的信息采集能力，利用多种传输网络的宽带通信能力，集成高性能计算、海量数据存储、数据挖掘与数据可视化能力，构成现代化的环境信息采集与处理平台。

Planetary Skin是Cisco公司与美国国家航空航天局联合开展的一个旨在应对全球气候变化的合作研究项目。在过去20年里，地球一方面经历天气变暖、冰川融化、海平面上升，另一方面又经历持续干旱、湖泊干涸、土地沙漠化，以及各种自然灾害。世界银行2009年9月发布的《2010年世界发展报告：发展与气候变化》中指出，气候变暖的威胁，远比金融危机严重且持续时间长得多。建立Planetary Skin的目的是联合世界各国的科研和技术力量，整合所有可连接的环境信息监测系统，利用包括空间的卫星遥感系统和无人飞行器监测设备、陆地的无线传感器网络监测平台、RFID物流监控网络和海上监测平台，以及个人手持智能终端设备，建立一个全球气候监测物联网系统。

16.6 人居环境

人居环境是人为改变了结构、物质循环和能量转化的、受人类生产活动影响的生态系统，包括社会、经济和自然三个子系统：结构合理是适度的人口密度、合理的土地利用、良好的环境质量、充足的绿地系统、完善的基础设施、有效的自然保护；功能高效是资源优化配置、物力经济投入、人力充分发挥、物流畅通有序、信息流快速便捷；关系协调是人与自然、社会关系、城乡、资源利用和资源更新、环境胁迫和环境承载力协调。

16.6.1 安防网

公共安全是指危及人民生命财产、造成社会混乱的安全事件。个人安全与社会公共安全息息相关。公共安全关乎社会稳定与国家安全，社会平安是广大人民安居乐业的根本保证。基于物联网的智能安防系统具有更大范围、更全面、更实时、更智慧的感知、传输与处理能力，已成为智能安防研究与开发的重点。智能安防技术主要研究针对社会属性，以维护社会公共安全的技术，如城市公共安全防护、特定场所安全防护、生产安全防护、基础设施安全防护、金融安全防护、食品安全防护与城市突发事件应急处理的技术问题。安防系统保护各种私宅、公共建筑及工业厂房避免发生火灾或被侵犯，以及个人及名贵物品免受侵害。可能的危险是来犯者、烟火、易燃性物品、有毒气体和液体、机器人或无人驾驶汽车附近的障碍物，人附近的危险物。安防系统必须对相应的环境提供可靠的预期保护，这就要求探测器能灵敏反应并及时发出危险信号。危险不会经常发生，系统平时不引人注意，但工作时要可靠、不发生误警[46]。

1. SensorNet 系统

美国橡树岭国家实验室(ORNL)与美国国家海洋和大气管理局，以及其他国家实验室、大学、公司联合设计和开发的 SensorNet 系统，以应对突发事件与恐怖袭击，针对全国性的化学、生物、核辐射、爆炸的危险，基于化学、物理、生物、辐射传感器与无线传感器网络技术，建立具有全面、系统、实时地检测、识别与评估能力的公共安全防护体系。在美国有线通信网、移动通信网、卫星通信网的基础上，为各种部

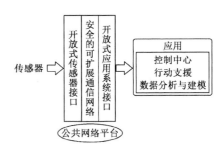

图 16.6-1　SensorNet 系统结构示意图

署在不同地理位置的传感器接入提供开放式接口，为控制中心、行动支持、数据分析与建模的计算机系统，以及各种应用与应用系统的接入提供开放式接口，形成融合、协同与可扩展的系统结构，参见图 16.6-1。

2. 生物识别技术

生物识别技术认定的是人本身，而每个人的生物特征又具有唯一性和相对稳定性，不易伪造和假冒，因此利用生物识别技术进行身份认定，能做到安全、可靠、准确。此外，生物识别技术产品均借助于现代计算机技术实现，很容易配合计算机和安全、监控、管理系统整合，实现自动化管理。适用于生物识别的人体特征有手形、指纹、脸形、虹膜、视网膜、脉搏等，行为特征有签字、声音、按键力度等。基于这些特征，已发展了手形识别、指纹识别、面部识别、虹膜识别、签名识别等多种生物识别技术，其中，指纹机和手形机在人体特征识别技术市场中的占有率最高，分别达到 34% 和 26%。生物识别技术利用生物识别系统对生物特征进行取样，提取具有唯一性的特征并转化成数字代码，再将这些代码组成特征模板，通过识别系统将该模板与数据库中的特征模板进行比对以确定是否匹配。

16.6.2 精准农业

20 世纪农业和农村经济与社会的发展带来了农业用地减少、农田水土流失、土壤生产力下降的问题，大量使用化肥又导致农产品与地下水污染，以及生态环境恶化等问题。精准农业根据空间变异，定位、定时、定量地实施一整套现代化农事操作技术与管理的系统[47]。精准农业包括十个子系统，即全球定位系统、农田信息采集系统、农田遥感监测系统、农田地理信息系统、农业专家系统、智能化农机具系统、环境监测系统、系统集成、网络化管理系统和培训系统，获取农田小区作物产量和影响作物生长的环境因素(如土壤结构、地形、植物营养、含水量、病虫草害等)实际存在的空间及时间差异性信息，分析影响小区产量差异的原因，并采取技术上可行、经济上有效的调控措施，区域对待，按需实施定位调控的处方农业，参见图 16.6-2。

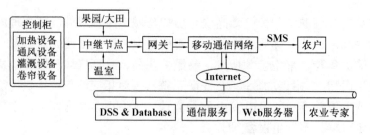

图 16.6-2 精准农业的系统框图

16.6.3 智能家居

智能家居物联网是一个居住环境，是以住宅为平台安装有智能家居系统的居住环境，实施智能家居系统的过程就称为智能家居集成[48]，参见图 16.6-3。智能家居集成利用综合布线技术、网络通信技术、安全防范技术、自动控制技术、音视频技术将家居生活有关的设备集成。由于智能家居采用的技术标准与协议的不同，大多数智能家居系统都采用综合布线方式，但少数系统可能并不采用综合布线技术，如电力载波，不论哪一种情况，都一定有对应的网络通信技术来完成所需的信号传输任务，因此网络通信技术是智能家居集成中关键的技术之一。安全防范技术是智能家居系统中必不可少的技术，在小区及户内可视对讲、家庭监控、家庭防盗报警、与家庭有关的小区一卡通等领域都有广泛应用。自动控制技术是智能家居系统中必不可少的技术，广泛应用在智能家居控制中心、家居设备自动控制模块中，对于家庭能源的科学管理、家庭设备的日程管理都有十分重要的作用。音视频技术是实现家庭环境舒适性、艺术性的重要技术，体现在音视频集中分配、背景音乐、家庭影院等方面。

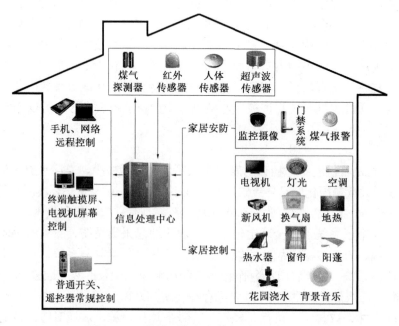

图 16.6-3 物联网技术在家庭网络中的应用

16.6.4 智能交通

交通是支持一个国家与地区经济与社会发展的命脉，也是涉及每一个人日常生活的重要问题。随着城市规模越来越大，汽车越来越多，交通拥堵问题日渐突出，同时也带来了严重的污染与安全隐患。据统计，交通拥堵造成的经济损失能够占到 GDP 的 1.5%~4%。智能交通系统通过在交通基础设施、交通工具中广泛应用信息技术与通信技术，来提高交通运输系统的安全性、可管理性、运输效能，同时降低能源消耗和对环境的负面影响[49]。物联网技术可应用于智能交通中的区域交通控制、动态交通信息服务、公共交通管理、道路电子收费系统，以及智能车辆等，参见图 16.6-4。

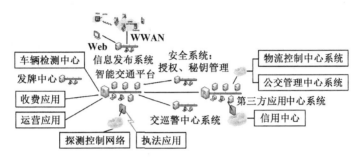

图 16.6-4 智能交通综合管控平台

车联网(Internet of Vehicle，IOV)是指车与车、车与路、车与人、车与传感设备等交互，实现车辆与公众网络通信的动态移动通信系统，参见图 16.6-5。通过车与车、车与人、车与路互联互通实现信息共享，收集车辆、道路和环境的信息，在信息网络平台上对多源采集的信息进行加工、计算、共享和安全发布，根据不同的功能需求对车辆进行有效的引导与监管，提供专业的多媒体与移动互联网应用服务[50]。

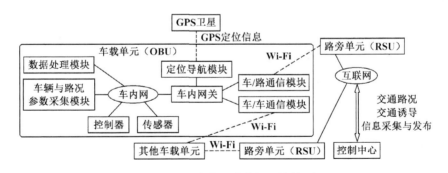

图 16.6-5 车载无线自组网结构图

1999 年 10 月，美国联邦通信委员会在 5.9GHz 频段，为车辆与车辆(Vehicle to Vehicle，V2V)之间、车辆与路边设施(Vehicle to Infrastructure，V2I)之间的专用短距离通信(Dedicated Short-Range Communication，DSRC)划分了一个频带为 5.850~5.925GHz、带宽为 75MHz 的专用频道。5.9GHz 的 DSRC 专用频道电磁波传播受气候影响较小，最大传播距离为 1000m，传输速率高。DSRC 针对车载网中不同的应用，将该频道划分成 8 个信道，其中 1 个用作控制信道，6 个用作服务信道，1 个作为预留信道。与车辆运行安全相关的数据通过控制信道发送，与安全无关的服务类的数据通过服务信道发送。网络上，IOV 系统是一个端管云三层体系。

第一层(端系统)是汽车的智能传感器，负责采集与获取车辆的智能信息，感知行车状态与环境；是具有车内通信、车间通信、车网通信的泛在通信终端；同时还是让汽车具备 IOV 寻址和网络可信标识等能力的设备。

第二层(管系统)解决车与车(V2V)、车与路(V2R)、车与网(V2I)、车与人(V2H)等的互联互通，实现车辆自组网及多种异构网络之间的通信与漫游，在功能和性能上保障实时性、可服务性与网络泛在性，同时它是公网与专网的统一体。

第三层(云系统)是一个云架构的车辆运行信息平台，其生态链包含了智能交通、物流、客货运、危特车辆、汽修汽配、汽车租赁、企事业车辆管理、汽车制造商、4S 店、车管、保险、紧急救援、移动互联网等，是多源海量信息的汇聚，因此需要虚拟化、安全认证、实时交互、海量存储等云计算功能，其应用系统也是围绕车辆的数据汇聚、计算、调度、监控、管理与应用的复合体系。

16.6.5 数字物流

物流是人类最基本的社会经济活动之一。随着社会的发展，物品的生产、流通、销售逐步走向专业化，连接产品生产者与消费者之间的运输、装卸、存储就逐步发展成专业化的物流行业。第二次世界大战中，美军围绕军事后勤保障发展和完善了物流的理念。1998 年，美国物流管理协会对物流的定义为：物流是供应链管理的一部分，是为了满足客户对商品、服务及相关信息从原产地到消费地的高效率、高效益的双向流动与储存进行的计划、实施与控制的过程，参见图 16.6-6。产品电子编码 EPC 标准与网络体系展现了物联网应用的前景。智能物流的特点可总结为精准、协同与智能。利用 RFID 与传感器技术，实现对物品从采购、入库、调拨、配送、运输等环节全过程的准确控制，将制造、采购、库存、运输的成本降到最低，同时将各个环节可能造成的浪费也降到最低，利用信息流精确控制物流过程，使利润达到最大化[51, 52]。要达到这个目标，就需要在智能物流的运行平台之上，实行供应物流、生产物流与销售物流的各个环节的协同工作。要实现资源配置的优化、业务流程的优化，就必须大量采用智能数据感知、智能数据处理技术。

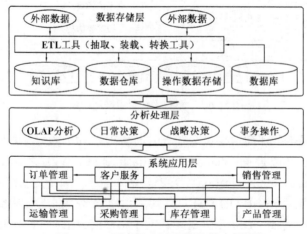

图 16.6-6　面向供应链的物流管理系统

16.6.6 智慧城市

当今世界,一半以上的人口生活在城市,地球已经成为了一个庞大的城市网络和城市联盟,目前城市化已经成为全球最显著的经济特征之一。然而星罗棋布、快速扩张的城市也给人类生活带来了许多痛苦的考验,如交通拥堵、能源短缺、环境污染、自然灾害和突发事件频发等,这不仅降低了城市居民的生活质量,而且令地球的安全面临挑战。城市的可持续发展面临巨大挑战,城市消耗了75%的能源,60%的水资源,排放了80%的温室气体。为应对不断加剧的城市化和人口结构变化带来的严峻挑战,城市正在积极探索提升基础设施效率的有效途径。借助适当的技术,特别是信息化技术,城市可望变得更环保,居民的生活质量得到提高,同时还能降低相关成本。城市感知系统将一个城市的基础设施、计算机、传感网整合为统一的系统,参见图16.6-7,感知系统就像一个城市的感知平台,城市运转就在它上面进行,其中包括物流运行、工作出行、社会管理乃至个人生活[53-55]。

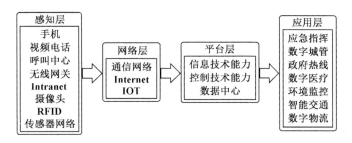

图 16.6-7 智能城市的体系框架

参 考 文 献

[1] ITU Internet Reports 1997: Challenges to the Network: Telecoms and Internet.
[2] ITU Internet Reports 1999: Internet for Development.
[3] ITU Internet Reports 2001: IP Telephony.
[4] ITU Internet Reports 2002: The Internet for a Mobile Generation.
[5] ITU Internet Reports 2003: Birth of Broadband.
[6] ITU Internet Reports 2004: The Portable Internet.
[7] ITU Internet Reports 2005: The Internet of Things.
[8] 李必信, 周颖. 信息物理融合系统导论. 北京: 科学出版社, 2014.
[9] 周洪波. 物联网技术、应用、标准和商业模式. 北京: 电子工业出版社, 2010.
[10] 焦宝文. 物联网与智慧地球. 青岛:中国海洋大学出版社, 2013.
[11] 水木然. 工业4.0大革命. 北京: 电子工业出版社, 2015.
[12] 张琪. 探索中国物联网之路. 北京: 电子工业出版社, 2012.
[13] Iyengar S S, Richard R, University C. Distributed Sensor Networks. London: Chapman & Hall/CRC , 2005.
[14] 杨正洪. 大数据、物联网和云计算之应用. 北京: 清华大学出版社, 2014.
[15] 吴功宜, 吴英. 物联网工程导论. 北京: 机械工业出版社, 2014.

[16] 刘云浩. 物联网导论. 2版. 北京: 科学出版社, 2013.

[17] 李士宁. 传感网原理与技术. 北京: 机械工业出版社, 2014.

[18] Wiener N. Cybernetics. New York: John Wiley & Sons, 1948.

[19] Dehart D W. Air force astronautics laboratory smart structures and skins program overview. SPIE, 1989, 1170: 11-18.

[20] Schulz W L, Seim J, Udd E, Traffic monitoring/control and road condition monitoring using fiber optic based systems. SPIE, 1999, 3671: 109-117.

[21] Johannessen K. Smart structures for sea, land, and space. SPIE, 1997, 3099: 300-304.

[22] Kageyama K, Kimpara I, Suzuki T, et al. Smart marine structures: An approach to the monitoring of ship structures with fiber-optic sensors. Smart Materials and Structures, 1998, 7(4): 472-478.

[23] Brown T. Fiber optic sensors for health monitoring of morphing aircraft. SPIE, 1999, 3674: 60-71.

[24] Kudva J N. Overview of the ARPA/WL "smart structures and materials development-smart wing" contract. SPIE, 1996, 2721: 10-16.

[25] Measures R M. Historical overview of the UTIAS fiber optic smart structures laboratory. Canadian Aeronautics and Space Journal, 1999, 45(2): 184-193.

[26] Culshaw B. Smart structures in Europe- some (personal) recollections. SPIE, 1999, 3670: 2-5.

[27] Habel W R. Embedded quasi-distributed fiber-optic sensors for the long-term monitoring of the grouting area of rock anchors in a large gravity dam. Journal of Intelligent Material Systems and Structures, 2000, 10(4): 330-339.

[28] 张青虎, 岳子平. 智能建筑工程检测技术. 北京: 中国建筑工业出版社, 2005.

[29] 李川, 张以谟, 丁永奎. 光纤智能结构的传感研究. 飞通光电子技术, 2001, 1(4):193-197.

[30] 黄尚廉. 智能结构——工程学科萌生的一场革命. 压电与声光, 1993, 15(1):13-15.

[31] 涂亚庆, 刘兴长. 光纤智能结构. 重庆: 重庆出版社, 2000:296-308.

[32] 李川, 张以谟, 赵永贵, 等. 光纤光栅:原理、技术与传感应用. 北京: 科学出版社, 2005.

[33] Asundi A. Health monitoring of structures using fiber optic sensors. SPIE, 1998, 3666: 506-513.

[34] Li C, Zhang Y M, Liu T G, et al. Distributed optical fiber bi-directional strain sensor for gas trunk pipelines. Optics and Lasers in Engineering, 2001, 36: 41-47.

[35] Li C, Sun Y, Zhao Y G, et al. Monitoring pressure and thermal strain in second lining of tunnel with Brillouin OTDR. Smart Materials and Structures, 2006 (15): N107-N110.

[36] Li C, Zhao Y G, Liu H, et al. Monitoring second lining of tunnel with mounted fiber Bragg grating strain sensors. Automation in Construction, 2008, 17(5): 641-644.

[37] Claus R O, Bennett K D, Vengsarkar A M, et al. Embedded optical fiber sensors for materials evaluation. Journal of Nondestructive Evaluation, 1989, 8(2): 135-145.

[38] Hofer B. Fibre optic damage detection in composite structures. 15th International Congress of the Aeronautical Sciences, 1986: 135-143.

[39] Sioshansi F P. 智能电网——融合可再生、分布式及高效能源. 北京: 机械工业出版社, 2015.

[40] 薛鹏骞, 潘玉民. 煤矿安全监测技术与监控系统. 北京: 煤炭工业出版社, 2010.

[41] 王涛, 李川, 倪建明, 等. 基于FBG传感器网络的煤矿巷道在线监测系统设计. 传感器与微系统, 2014, 33(5):115-117.

[42] 朱名铨, 李晓莹, 刘笃喜. 机电工程智能检测技术与系统. 北京: 高等教育出版社, 2002.

[43] 周翔, 何明, 夏利锋. 物联网与工程机械. 北京: 电子工业出版社, 2012.

[44] 蓝羽石. 物联网军事应用. 北京: 电子工业出版社, 2012.

[45] 唐雄燕, 李建功, 贾雪琴. 基于物联网的智慧医疗技术及其应用. 北京: 电子工业出版社, 2013.

[46] 雷玉堂. 安防&物联网物联网智能安防系统实现方案. 北京: 电子工业出版社, 2014.

[47] 李道亮. 农业物联网导论. 北京: 科学出版社, 2012.

[48] 刘修文. 物联网技术应用——智能家居. 北京: 机械工业出版社, 2015.

[49] 邹力. 物联网与智能交通. 北京: 电子工业出版社, 2012.

[50] 何蔚. 面向物联网时代的车联网研究与实践. 北京: 科学出版社, 2013.

[51] 王喜富, 苏树平, 秦予阳. 物联网与现代物流. 北京: 电子工业出版社, 2013.

[52] 张玉斌, 张云辉, 吴绒. 物联网技术下的供应链管理. 北京: 中国财富出版社, 2011.

[53] 王克照. 智慧政府之路——大数据、云计算、物联网架构应用. 北京: 清华大学出版社, 2014.

[54] 张学记. 智慧城市物联网体系架构及应用. 北京: 电子工业出版社, 2014.

[55] 丁熠, 王瑞锦, 曹晟. 智慧城市中的物联网技术. 北京: 人民邮电出版社, 2015.